|山东省实用水文预报方案丛书|

山东省内黄河、海河流域实用水文预报方案

王海军　侯世文　冯志刚　马书涛　张乃鹏　常　成　孙　超　甘信娟◎著

河海大学出版社
HOHAI UNIVERSITY PRESS
·南京·

图书在版编目(CIP)数据

山东省内黄河、海河流域实用水文预报方案 / 王海军等著. -- 南京 : 河海大学出版社, 2024.7
(山东省实用水文预报方案丛书)
ISBN 978-7-5630-7780-9

Ⅰ. ①山… Ⅱ. ①王… Ⅲ. ①黄河流域-水文预报-方案-山东 ②海河-流域-水文预报-方案-山东 Ⅳ. ①P338

中国国家版本馆 CIP 数据核字(2022)第 211611 号

书　　名　山东省内黄河、海河流域实用水文预报方案
　　　　　SHANDONG SHENG NEIHUANGHE、HAIHE LIUYU SHIYONG SHUIWEN YUBAO FANG'AN
书　　号　ISBN 978-7-5630-7780-9
责任编辑　章玉霞
特约校对　姚　婵
装帧设计　徐娟娟
出版发行　河海大学出版社
地　　址　南京市西康路 1 号(邮编:210098)
电　　话　(025)83737852(总编室)　(025)83722833(营销部)
经　　销　江苏省新华发行集团有限公司
排　　版　南京布克文化发展有限公司
印　　刷　广东虎彩云印刷有限公司
开　　本　787 毫米×1092 毫米　1/8
印　　张　42
字　　数　988 千字
版　　次　2024 年 7 月第 1 版
印　　次　2024 年 7 月第 1 次印刷
定　　价　990.00 元

目　录

海河流域

漳卫南运河

徒骇河水系

黄河流域（河道站）

大汶河水系

南大沙河水系

北大沙河水系

玉符河水系

黄河流域（水库站）

大汶河大汶口以上北支

大汶河大汶口以上南支

大汶河大汶口以下

第一章　漳卫南运河恩县洼水文预报方案编制说明

1　流域概况

恩县洼滞洪区是1954年6月国家正式命名的滞洪区，是海河流域漳卫南运河最后一个滞洪区，1963年滞洪启用过后，未再启用。

恩县洼滞洪区为海河流域重点蓄滞洪区之一，是漳卫河防洪体系的重要组成部分，是防御漳卫河系规划标准洪水及超标准洪水的重要措施，对保障其下游京沪铁路、京台高速公路、德州城区等国家基础设施及人民生命财产安全起着极其重要的作用。

1.1　流域自然地理特征

恩县洼滞洪区位于山东省德州市武城县北部的卫运河下游右岸，滞洪区东以陈公堤为界，南至平武公路（S318），西部为自然地形，北部为卫运河右岸大堤，总面积325 km^2，最大滞洪水量7.0亿 m^3，最大淹没水深4.02 m。

恩县洼是由黄河故道左岸河滩高地与卫运河相交形成的封闭碟形洼地，三面环堤，四周高、中间低，历史上称为高鸡泊。马庄至代官屯的微高地将大洼分为东、西两洼，分别为卜官屯一带和付家坊一带，洼底高程均为20.80 m。卫运河在其西、北部绕过，滞洪区内背河地面高程沿河由25.50 m降至22.50 m，距洼中心8~12 km，地面坡度为1/2 500~1/4 500。东部边界陈公堤外侧地面高程由南部的25.50 m降至北部的23.00 m，沿堤内外地面高差为2~3 m。

滞洪区内耕作层土壤质地以中壤土、重壤土为主，洼底部分土质黏重，二坡地、盐碱地较多；地下水位高，矿化度大。

1.2　水利工程概况

恩县洼滞洪区总面积325 km^2，设计蓄洪水位24.82 m，设计滞洪量7.0亿 m^3，蓄洪淹没面积271 km^2。

西郑庄分洪闸是恩县洼滞洪区分洪口门，位于山东省武城县西郑庄村东，闸门11孔，上游设计水位27.77 m，校核水位29.27 m，设计流量1 200 m^3/s，校核流量1 640 m^3/s。

牛角峪退水闸是恩县洼滞洪区退水口门，位于山东省武城县四女寺镇减河右岸堤防上，由一孔闸（利民河北支）、五孔闸（西三孔为利民河，东两孔为六五河）、二孔闸（六五河）组成，设计流量分别为37 m^3/s、257 m^3/s、84 m^3/s，三闸设计流量合计为378 m^3/s。

利民河西起鲁权屯镇西部兰庄村，向东经陈珩村、付家坊村、南郑庄村于朱庄村处折向东北，经张庄村于四女寺镇高海村折向东，于辛桥庄村西南折回东北，经西佛堂村、卧虎庄村于温庄村西部收纳东支，至牛角峪退水闸入漳卫新河，全长22.73 km，流域面积205.2 km^2，排涝流量46.18 m^3/s，水位21.07~22.21 m，水深2.57 m，底宽5.5~32.0 m，边坡1∶3，比降0.05。恩县洼滞洪区还有多条排水渠道，其中利民河东支长16.4 km，利民河南支长14.2 km，利民河北支长27.0 km，头屯干沟长6.27 km，八屯干沟长15.2 km，滞洪区内的退排水河道承担着恩县洼滞洪后的退排水任务。恩县洼滞洪区水系图见图1-1。

1.3　滞洪区分洪能力

2019年5月，利用Trimble UX5 HP无人机对恩县洼滞洪区及其周边共410 km^2 范围内的地形进行了航拍，采用BIM技术场地处理软件Geopak Site进行建模，经复核，恩县洼滞洪区按50年一遇洪水标准分洪，最高滞洪水位23.64 m，滞洪水量4.89亿 m^3；按100年一遇及超标准洪水分洪，最高滞洪水位24.82 m，滞蓄水量7.0亿 m^3。

根据卫运河的洪水分配、漳卫河现状及恩县洼滞洪区在漳卫河防洪体系中的重要作用，恩县洼滞洪区的设计分洪标准有50年一遇、100年一遇及超标准洪水两种情况，两种情况下采用的设计洪水分洪成果见表1-1。

表1-1　恩县洼滞洪区设计洪水分洪成果表

50年一遇			100年一遇及超标准洪水		
分洪流量（m^3/s）	分洪时间（d）	分洪水量（亿 m^3）	分洪流量（m^3/s）	分洪时间（d）	分洪水量（亿 m^3）
1 200	4.7	4.89	1 200	6.8	7.0

1.4　水文站网

漳卫河系水文站网设置比较完善，漳河有石梁、天桥断、刘家庄、匡门口、观台、岳城水库、蔡小庄等站点，卫河设有大堤屯、合河、新村、淇门、共渠淇门、五陵、元村、安阳等站点，卫运河设有馆陶、四女寺闸、庆云闸、辛集闸等站点。

2　预报方案编制

受暴雨特性及流域下垫面综合影响，漳河流域东、西两区洪水特性有所差异。东区暴雨量级大，且下垫面以石质山区为主，有很好的产汇流条件，是漳河流域产生大洪水的主要地区，该区洪水出现频次多、峰高量大、汇流时间短，且年际变化大。西区洪水发生的频次较少，洪水过程平缓，量级也比东区小。

卫河山区支流均处于太行山迎风坡，洪水频次多、量级大，且源短流急，洪水迅猛，是

---

* 为有水文资料站点水文预报方案。

卫河洪水的主要发源地。各支流洪水多由同一场暴雨形成，因此支流洪水常常在卫河干流同时汇聚。卫河洪水主要来自淇门以上，而淇门以上洪水又主要来自淇河或共渠淇门以上山区的支流。

卫运河主要承泄漳河、卫河汇流后的洪水。恩县洼滞洪区位于卫运河右岸下游段，该河段洪水峰形较平缓，但洪量较大，洪水持续时间长。恩县洼滞洪区不同分洪方案见表 1-2，水位与面积、库容关系见图 1-2。

表 1-2 恩县洼滞洪区不同分洪方案计算表

标准	序号	方案	分洪量（亿 m^3）	底水量（亿 m^3）	蓄水总量（亿 m^3）	淹没面积（km^2）	最终水位（m）
50 年一遇	1	分洪闸敞泄分洪	2.12	0.33	2.45	207.82	23.00
	2	控泄 1 000 m^3/s	2.08	0.33	2.41	207.00	22.98
	3	控泄 800 m^3/s	1.67	0.33	2.00	195.06	22.75
	4	控泄 600 m^3/s	1.25	0.33	1.58	172.93	22.50
100 年一遇	5	分洪闸敞泄分洪	6.11	0.89	7.00	281.45	24.90
	6	控泄 1 200 m^3/s	6.11	0.89	7.00	281.45	24.90
	7	控泄 1 000 m^3/s	5.56	0.89	6.45	271.35	24.70
	8	控泄 800 m^3/s	4.45	0.89	5.34	249.89	24.29
	9	控泄 600 m^3/s	3.34	0.89	4.23	234.68	23.83
按分洪量计算	10	分洪 1 亿 m^3	1.00	0	1.00	164.71	22.10
	11	分洪 2 亿 m^3	2.00	0	2.00	197.24	22.76
	12	分洪 3 亿 m^3	3.00	0	3.00	211.42	23.28
	13	分洪 4 亿 m^3	4.00	0	4.00	232.22	23.74
	14	分洪 5 亿 m^3	5.00	0	5.00	246.27	24.16
	15	分洪 6 亿 m^3	6.00	0	6.00	260.49	24.55
	16	分洪 7 亿 m^3	7.00	0	7.00	281.45	24.90

3 恩县洼滞洪区启用规则

恩县洼的分洪运用由海河防汛抗旱总指挥部会商山东省防汛抗旱指挥部提出意见，报国家防汛抗旱总指挥部批准实施。恩县洼滞洪区启用时的水情预报以及分洪口西郑庄分洪闸的启闭由漳卫南运河管理局负责。

西郑庄分洪闸的调度由水利部海河水利委员会负责，报国家防汛抗旱总指挥部、海河防汛抗旱总指挥部备案，同时通报相关省防汛抗旱指挥部。

当西郑庄分洪闸以下卫运河及漳卫新河超过保证水位［南陶站 42.80 m，临清桥上 36.78 m，西郑庄分洪闸上 27.79 m（参考流量均为 4 000 m^3/s）］，并已充分利用河道强迫行洪，且河道堤防已发生严重险情时，为避免堤防决口，开启西郑庄分洪闸向恩县洼滞洪区分洪。

4 历史洪水

（1）1963 年 8 月 2—8 日，漳卫南运河流域上游普降特大暴雨，漳河观台站洪峰流量 5 470 m^3/s。漳河决口 80 余处，卫河决口 1 处，全流域共决口漫溢达 600 余处，淹地 1 500 万亩①，塌房近 60 万间，死亡近 1 000 人，并相继启用卫河沿河滞洪区及卫运河恩县洼滞洪区。

（2）1996 年 8 月 2—4 日，漳卫河系发生大洪水，漳河流域平均降雨量 143.0 mm，实测最大点雨量 424.0 mm，卫河流域平均降雨量 244.0 mm，实测最大点雨量 629.0 mm。岳城水库最大入库流量 8 520 m^3/s（观台站实测整编），最大下泄流量 1 500 m^3/s，卫河支流淇河新村站洪峰流量 2 790 m^3/s，上游洪水经坡洼滞洪后，至卫运河南陶站洪峰流量为 1 950 m^3/s，临清站洪峰流量为 1 840 m^3/s，四女寺枢纽洪峰流量为 1 600 m^3/s，向南运河下泄 100 m^3/s，其余由漳卫新河下泄，恩县洼滞洪区未分洪。

① 1 亩≈667 m^2。

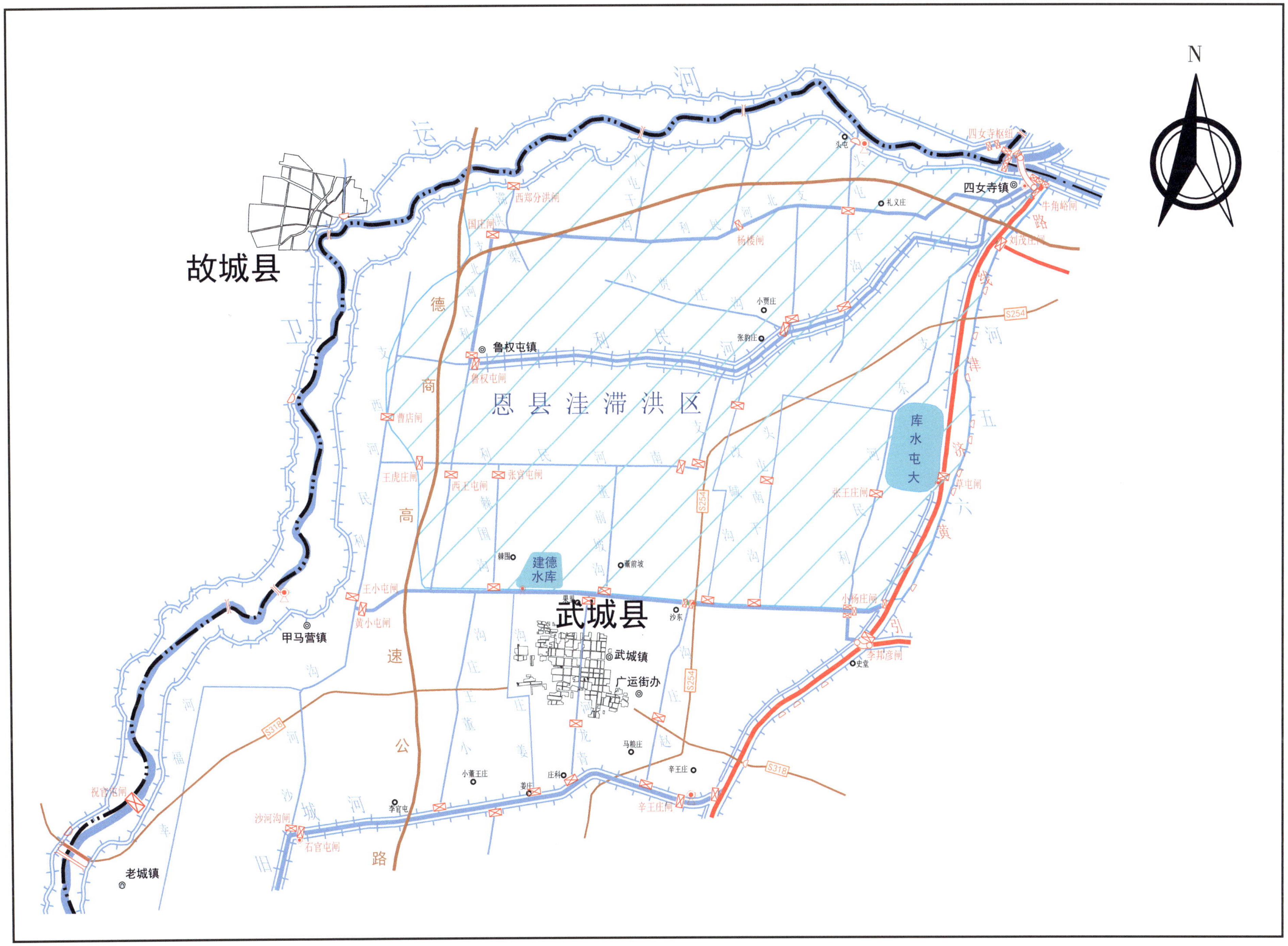

图 1-1　漳卫南运河恩县洼滞洪区水系图

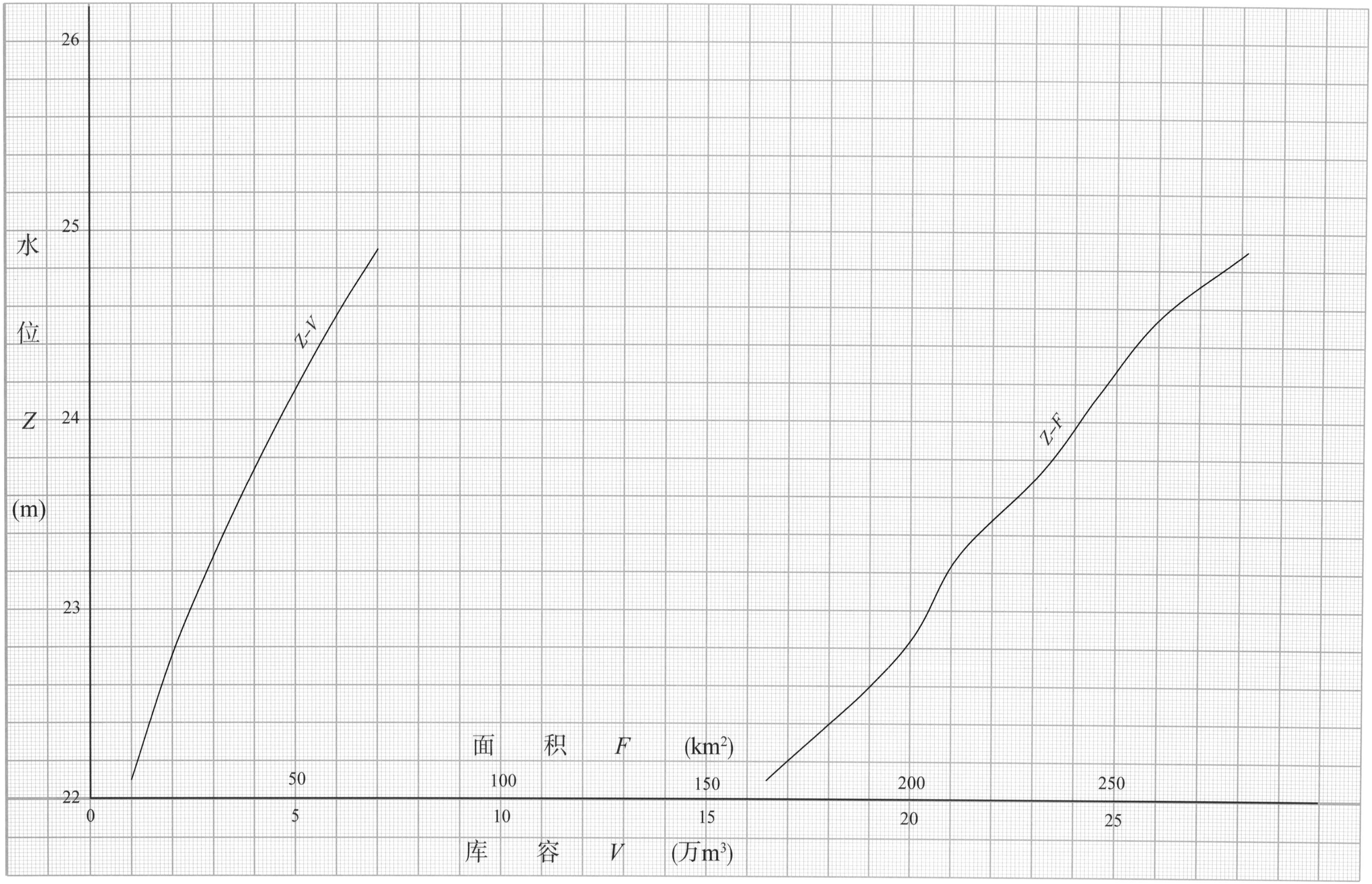

图 1–2　漳卫南运河恩县洼滞洪区水位与面积、库容关系图

第二章　徒骇河聊城站水文预报方案编制说明

1　流域概况

1.1　流域自然地理特征

徒骇河属海河流域独立入海的河流，位于山东省境内黄河以北。徒骇河流域面积13 902 km²，河流全长436 km。流域呈狭长形，流域坡度一般为1/5 000~1/10 000。该流域沉积了极厚的松散土层，沉积物主要为黄河冲积泥沙。土壤岩性大部分为黏土、亚黏土、亚砂土和粉细砂。包气带与潜水变幅带主要为亚砂土与亚黏土构成的弱透水层。

徒骇河自1965年开始按1964年雨型（45天降雨400 mm）排涝、1961年雨型（45天降雨600 mm）防洪进行扩大治理，于1971年基本完成。徒骇河扩大治理后，干流下游防洪保证流量由636 m³/s提高到1 746 m³/s。

徒骇河干流在聊城市境内长169.5 km，流域面积5 182.65 km²，约占聊城市总面积的60%。现有拦河闸（坝）13座，直接汇入徒骇河干流的流域面积在100 km²以上的支流有13条。1996—2000年对徒骇河干流进行了综合治理，2019年再次进行防洪治理，其行洪、排涝能力基本得到恢复。

本流域位于暖温带季风气候区，冬季在蒙古高压控制之下，空气寒冷而干燥，雨雪稀少；夏季亚热带太平洋暖气团势力增强，冷暖气团交汇机会较多，降雨集中；春季干燥多风，秋季天高气爽。全流域多年平均年降水量在600 mm左右，汛期（6—9月）多年平均降水量占全年降水量的70%~80%。从年际变化来看，丰水年降水量约为枯水年的3~4倍。徒骇河主要为排涝河道，径流时空分布与降水量基本一致，多年平均年径流深约为50 mm。在气候、水文、地质、土壤诸因素综合影响下，徒骇河易旱、易涝、易碱。徒骇河聊城站以上流域图见图2-1。

1.2　水利工程概况

为拦蓄地表水资源，徒骇河聊城站以上先后建成9座拦河闸坝及橡胶坝，分别为安楼闸、远庙闸、马集闸、滑营闸、杨庄闸、郑庄橡胶坝、李凤桃闸、王堤口闸、昌东橡胶坝等拦河工程，对洪水有较大的调控作用，在洪水预报时应充分考虑各拦河闸的蓄水情况。各闸坝的设计指标见表2-1。

表2-1　徒骇河部分拦河闸（橡胶坝）情况统计表

闸（橡胶坝）名称	位置	设计闸底高程（m）	闸门尺寸			除涝设计		防洪设计		汛期控制水位（m）
			闸孔数量（个）	宽（m）	高（m）	水位（m）	流量（m³/s）	水位（m）	流量（m³/s）	
安楼闸	聊城莘县	41.72	3	3.0	3.0	44.72	55.0	—	—	—
远庙闸	聊城莘县	39.75	3	4.0	3.5	43.75	65.6	—	103.7	42.75
马集闸	聊城莘县	38.93	3	4.0	5.0	42.13	74.1	—	—	—
滑营闸	聊城莘县	34.15	5	4.0	4.0	38.15	147.0	39.35	225.0	37.15
杨庄闸	聊城莘县	32.60	6	4.0	4.0	36.60	157.0	37.79	238.0	35.60
郑庄橡胶坝	聊城莘县	32.00	1	52.7	4.0	35.51	180.0	36.78	273.0	—
李凤桃闸	聊城莘县	31.17	5	8.0	4.0	35.27	226.0	36.61	343.0	—
王堤口闸	聊城东昌府区	29.14	6	10.0	5.5	33.64	323.0	35.35	488.0	32.64
昌东橡胶坝	聊城东昌府区	27.15	1	93.5	4.6	31.10	323.0	32.60	498.0	29.50

1.3　测站情况

聊城水文站位于聊城市昌东橡胶坝下游200 m处，该站经历多次变迁，1999年1月，原王堤口站下迁21 km至东板桥，改名为聊城站；2020年6月由东板桥再下迁2.6 km至昌东橡胶坝下游，当前聊城站至河口距离342 km，流域面积2 915 km²，保证水位为32.80 m，警戒水位为31.30 m，洪水落水较快。聊城水文站测站沿革见表2-2。

表2-2　徒骇河聊城水文站测站沿革表

断面名称沿革	断面所在位置	集水面积（km²）	断面存在时间	断面迁移情况
王堤口站	王堤口闸	2 114	1976年6月至1999年1月	无
聊城站	东昌路徒骇河大桥	2 915	1999年1月至2020年6月	由王堤口站下迁21 km
聊城站	昌东橡胶坝下游200 m	2 915	2020年6月至今	由原聊城站位置下迁2.6 km

2　预报方案编制

2.1　资料情况

自1999年以来，聊城站有21年的实测年鉴水文摘录资料，但2020年断面下迁2.6 km，下迁后断面上200 m为昌东橡胶坝，橡胶坝对河道洪水传播有一定影响。

本次选取1999年至2020年间的5场洪水进行分析。通过分析发现，洪水普遍受橡胶坝影响较大，部分场次洪水监测到的最大流量多是由橡胶坝落坝导致的，而不是受降雨影响产生的。由于聊城站所处的徒骇河为平原河道，且近 20 年来监测的洪水洪量也都较小，加之受橡胶坝影响，选取的几场洪水的洪峰与降水量之间不成关系，断面下迁后橡胶坝对断面的影响更大。刘桥闸水文站监测的年数较长，洪水场次较多，与聊城站位于同一条河道上，因此聊城站方案的建立参考下游刘桥闸站的方案。

2.2 参证站选择

聊城站流域资料、地形地貌和下垫面基本特征与刘桥闸站相似，故以刘桥闸站作为聊城站的参证站。参证站刘桥闸站以上流域面积 $F_{参}=4\ 444\ \text{km}^2$，设计站聊城站以上流域面积 $F_{设}=2\ 915\ \text{km}^2$。

2.3 产流方案

利用刘桥闸站的产流方案推求聊城站的产流过程，聊城站降雨径流相关图（$P-E-P_a-R$）见图 2-2。

2.3.1 流域平均雨量 P 的计算

根据聊城、安乐镇、莘县、张鲁、阳谷、朝城雨量站的雨量，采用算术平均法计算流域平均雨量 P。

2.3.2 流域平均前期影响雨量 P_a 的计算

一般汛期每逢 1 日时，水系内的墒情站监测一次墒情并上报，从这时开始计算 P_a 初值。$P_{a上}$、$P_{a下}$采用该日实测的流域平均土壤含水量换算。$P_{a下}=0.35\times1\ 000\times(\rho-5\%)\times\gamma_0$，式中：0.35 为下层土壤厚度，以 m 计；$\rho$ 为流域平均含水量；5% 为土壤凋萎含水量；γ_0 为土壤干容重，采用 1.3 g/cm^3。

由于土壤水分在上下两层的蒸发损失过程中有很大差别，所以分层计算 P_a 值。

有降雨时，完全满足上层缺水量（$I_{m上}-P_{a上}$）后才开始渗透补给下层，下层缺水量满足后才开始产流。

无降雨时，上层土壤水分按蒸发能力递减，直至上层土壤含水量达到枯竭（土壤含水量 5%，$P_{a上}=0$），此时下层土壤水分才按消退系数 K 消退，当 $P_{a下}=0$ 时，下层土壤水分停止消退。

（1）$P_{a上}$的计算

当 $P_{a上,t}+P_t\geqslant E_t$ 时，

$$P_{a上,t+1}=P_{a上,t}+P_t-R_t-E\qquad(0\leqslant P_{a上,t+1}\leqslant I_{m上})$$

（2）$P_{a下}$的计算

当 $P_t+P_{a上,t}=0$ 时，

$$P_{a下,t+1}=KP_{a下,t}$$

式中：K 为消退系数，采用公式 $K=1-E_m/I_{m下}$ 求得。聊城站不同月份不同天气情况的 K 值见表 2-3。

当 $P_{a上,t}+P_t-R_t-E_t>I_{m上}$ 时，

$$P_{a下,t+1}=P_{a下,t}+(P_{a上,t}+P_t-R_t-E_t-I_{m上})\qquad(P_{a下,t+1}\leqslant I_{m下})$$

（3）$P_{a上}$、$P_{a下}$混合计算

$$P_{a上,t+1}=0$$

$$P_{a下,\ t+1}=P_{a下,\ t}\left(1-\frac{E_t-P_t-P_{a上,\ t}}{I_{m下}}\right)\qquad(0<P_t+P_{a上,\ t}<E_t)$$

表 2-3　聊城站前期影响雨量递减系数 K 值

类型			4 月	5 月	6 月	7 月	8 月	9 月	10 月
无雨日	I_m（mm）	100	0.940	0.920	0.920	0.945	0.956	0.965	0.975
		110	0.946	0.927	0.927	0.950	0.950	0.968	0.977
		120	0.950	0.933	0.933	0.954	0.954	0.971	0.979
		130	0.954	0.938	0.938	0.958	0.958	0.973	0.981
晴雨日	I_m（mm）	100	0.945	0.945	0.945	0.950	0.962	0.973	0.980
		110	0.950	0.950	0.950	0.955	0.965	0.975	0.982
		120	0.954	0.954	0.954	0.958	0.968	0.978	0.983
		130	0.958	0.958	0.958	0.962	0.971	0.979	0.985
全雨日	I_m（mm）	100	0.980	0.975	0.970	0.975	0.980	0.985	0.990
		110	0.982	0.977	0.973	0.977	0.982	0.986	0.991
		120	0.983	0.979	0.975	0.979	0.983	0.988	0.992
		130	0.985	0.981	0.977	0.981	0.985	0.988	0.992

2.3.3 最大初损值 I_m 的确定

本方案采用的 I_m 是刘桥闸站 1990 年编制方案时分析得出的，本次未重新分析。I_m 采用下式计算：

$$I_m=P+P_a-R-E$$

式中：P 为流域平均降雨量（mm）；P_a 为流域平均前期影响雨量（mm）；R 为径流深（mm）；E 为雨间蒸发量（mm）。

分析时，考虑不同深浅的土层具有不同的蒸发能力，把流域下垫面土壤分为上、下两层。上层即耕作层，厚度约 0.15 m；下层即上层以下至水分强烈活动层的下限处，厚度为 0.3～0.5 m。上层的最大损失量 $I_{m上}=S$+填洼量+截留量，式中：S 为上层田间持水量（mm）；截留量定为 6 mm；由于河道治理以后，洼地排水一般比较畅通，暂不考虑填洼量，但由于河道淤积及田间排水工程的破坏，填洼损失将越来越大。上层深度采用 0.15 m，田间持水量为 25%，

土壤凋萎含水量为 5%，土壤干容重为 1.3 g/cm³。则 $S=0.15\times1\,000\times(25\%-5\%)\times1.3=39$ mm，再加上截留量 6 mm，所以 $I_{m上}=45$ mm。$I_{m下}=I_m-I_{m上}$。由于采用计算出来的 $I_{m上}$、$I_{m下}$ 计算 $P_{a上}$、$P_{a下}$ 所点绘的降雨径流相关图有时不佳，在这种情况下，又采用了试算法。通过变动 $I_{m上}$、$I_{m下}$，再次计算 $P_{a上}$、$P_{a下}$，并点绘降雨径流相关图，最后选用相关关系好的 $I_{m上}$、$I_{m下}$。徒骇河 $I_{m上}=40\sim70$ mm，$I_{m下}=110\sim130$ mm，各站 I_m 分析成果见表 2-4。

表 2-4　流域最大损失量 I_m 表

河名	站名	$I_{m上}$（mm）	$I_{m下}$（mm）
徒骇河	刘桥闸	40	130
	刘桥闸—宫家闸	40	130
	宫家闸	60	120
	宫家闸—堡集闸	70	110
	堡集闸	60	110

2.3.4　蒸发能力 E_m 的推求

在土壤充分供水的条件下，蒸发量近似等于蒸发能力。一般情况下，土壤蒸发量小于蒸发能力。本流域内有三处蒸发站，均采用 E601 型蒸发皿观测资料。由于夜间无光照、温度低，所以蒸发能力极微，大量水分均在白天蒸发掉。因此，把单站蒸发资料按月份分为三种情况进行统计：①无雨日——全日无雨；②全雨日——白天（8—20 时）降雨历时达到或超过 6 h，或白天降雨量达到或超过 20 mm；③晴雨日——白天降雨历时不足 6 h 或白天降雨量不足 20 mm。

按照上述三种情况分别求得月平均蒸发量，最后综合对比多站分析成果，发现成果比较接近。因此，流域采用统一的蒸发分析成果参加计算。蒸发能力综合成果见表 2-5。

表 2-5　蒸发能力 E_m 表　　单位：mm

类型	4 月	5 月	6 月	7 月	8 月	9 月	10 月
无雨日	6.0	8.0	8.0	5.5	4.4	3.5	2.5
晴雨日	5.5	5.5	5.5	5.0	3.8	2.7	2.0
全雨日	2.0	2.5	3.0	2.5	2.0	1.5	1.0

2.4　汇流方案

受断面迁移、橡胶坝等综合影响，实测资料产生了严重的“失真”现象，由于河道行洪能力发生变化，洪水传播情况非常复杂。采用刘桥闸站单位线进行缩放。将刘桥闸站 130814 场次洪水的单位线（$\Delta t=2$ h）进行缩放后作为聊城站单位线，130814 场次洪水降水中心位于中游，前期土壤比较湿润，是比较贴近自然状态下的洪水，详见图 2-3。

单位线的缩放按下列公式计算：

$$\alpha=(F_{设}/F_{参})^{0.5}$$

$$T_{设i}=\alpha T_{参i}$$

$$q_{设i}=\alpha q_{参i}$$

式中：α 为单位线缩放系数；$F_{参}$、$F_{设}$ 分别为参证站、设计站以上控制流域面积；$T_{参i}$ 为参证站单位线逐时段，$T_{参i}=1, 2, \cdots, N$；$T_{设i}$ 为设计站单位线逐时段，通常为小数，为满足实际要求，可进一步对缩放结果进行插值，从而得到整时段单位线结果；$q_{参i}$ 为参证站单位线逐时段流量；$q_{设i}$ 为设计站单位线逐时段流量。

聊城水文站大断面图见图 2-4。

3　方案使用说明

今后若出现超标准洪水，预报时要全面分析，加强预报会商，尽量使预报值符合实际情况。由于影响因素太多，特别是近几年河床淤积变化较大，断面迁移，且河道中水利工程影响也较大，方案不能完全反映实际情况，因而不能照搬，应具体问题具体分析。

（1）由于流域内人类活动影响比较大，当出现全流域大暴雨进行洪水作业预报时，需要具体分析。

（2）应随时掌握上游蓄水及闸门启闭情况，对预报值要根据实际情况及时修正。

本方案适用于防洪标准以下的洪水作业预报。如遇超标准洪水，则需根据当时具体情况酌情修正。

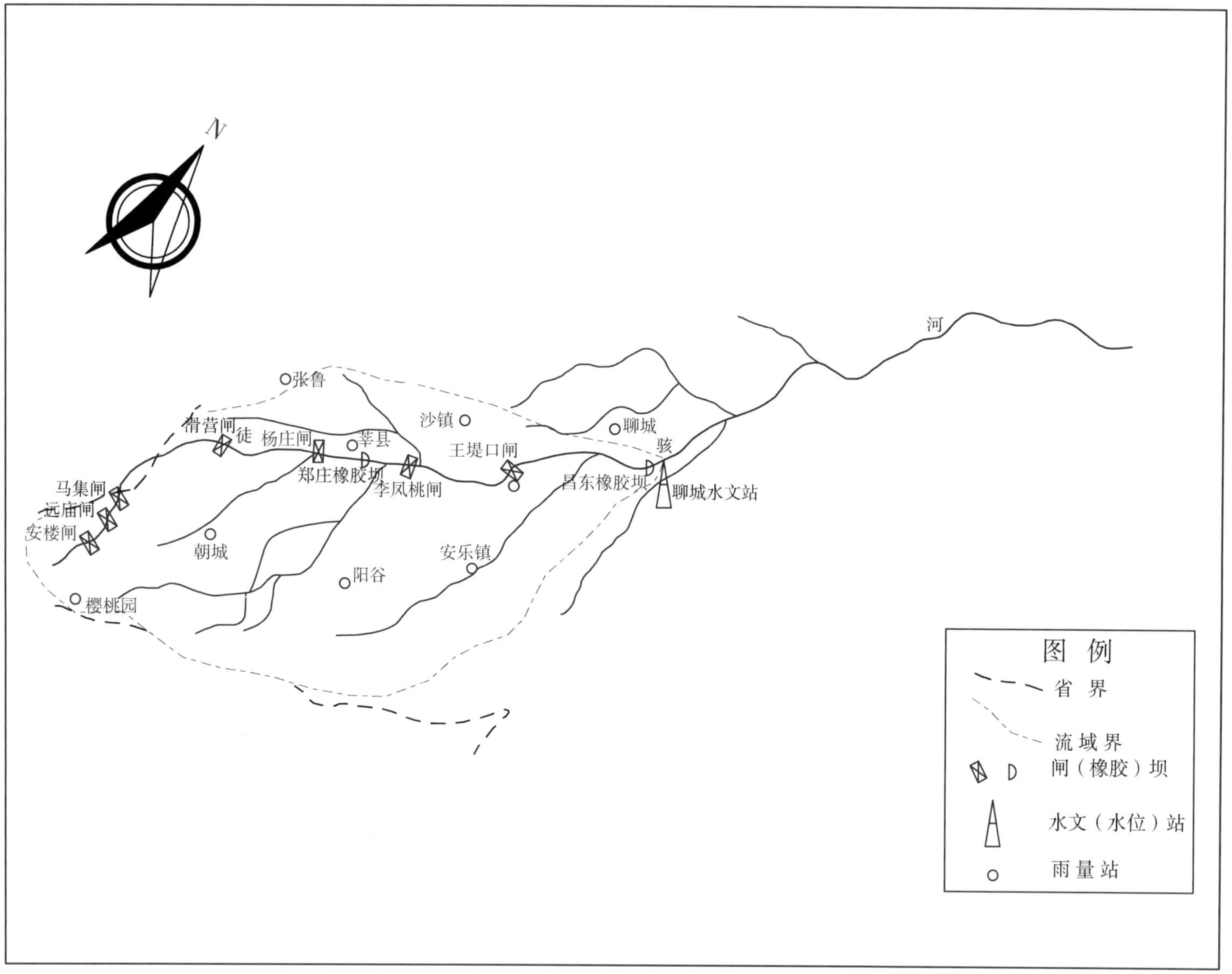

图 2-1　徒骇河聊城站以上流域图

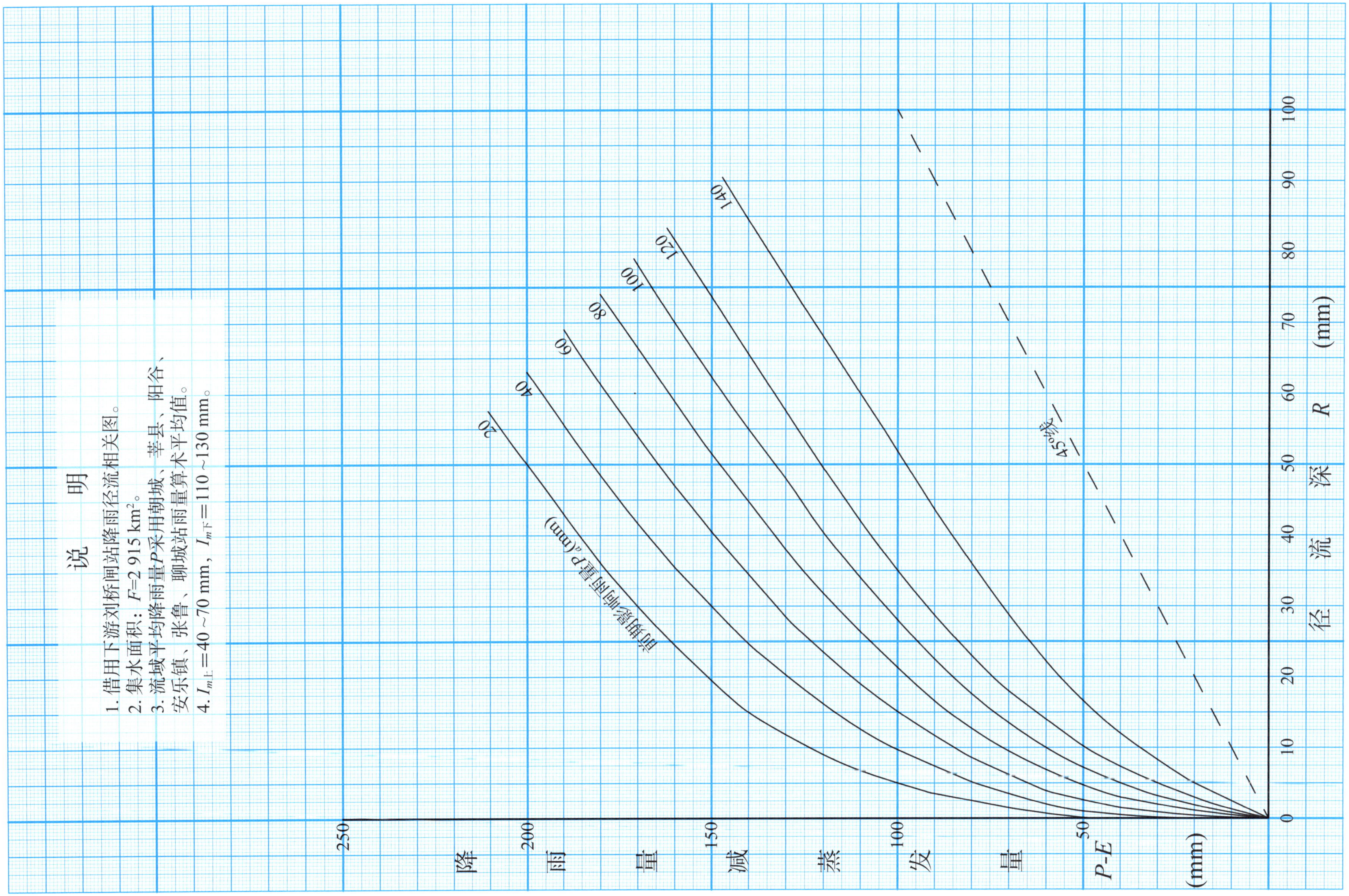

图 2-2　徒骇河聊城站降雨径流相关图

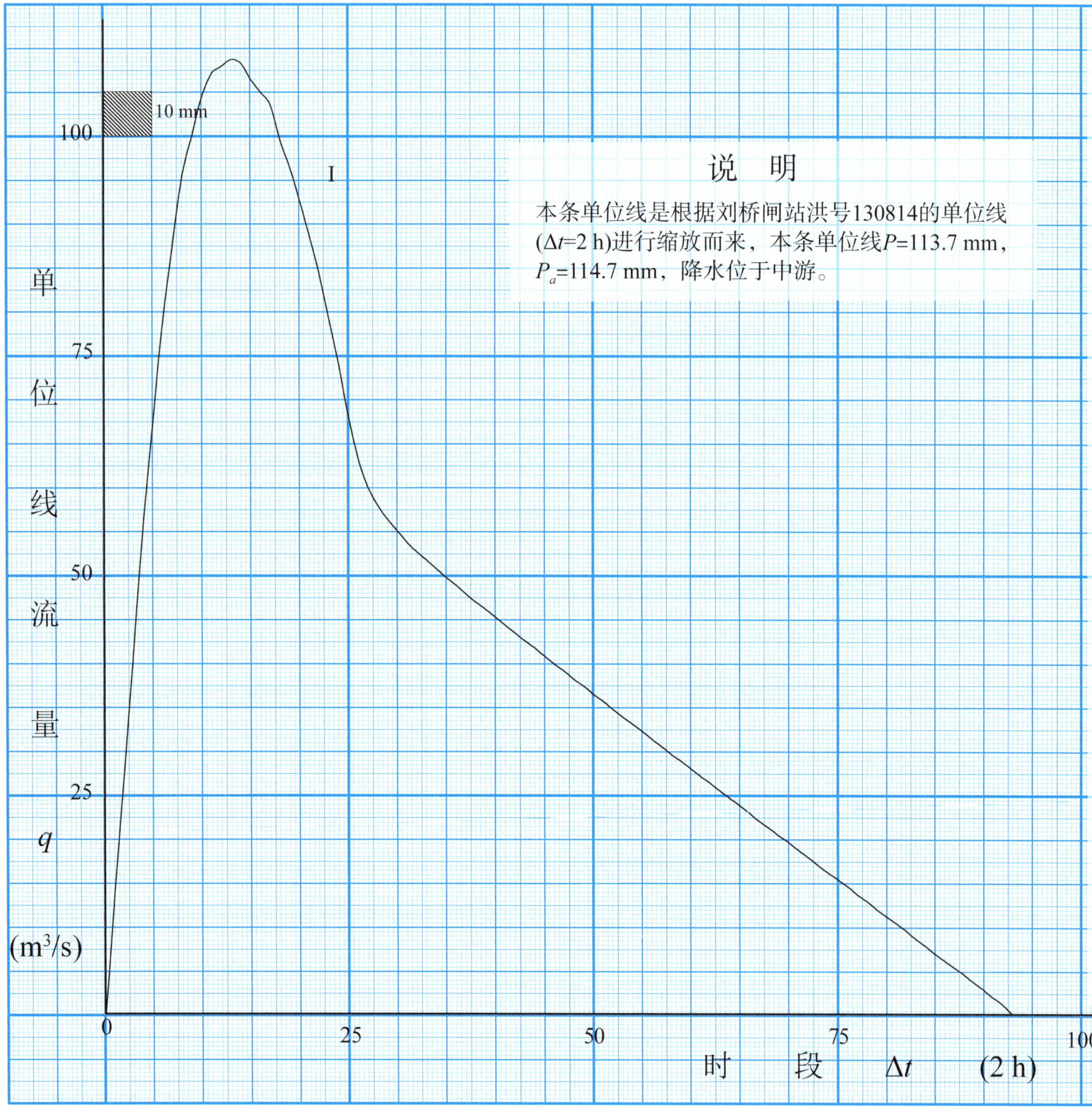

单位线成果表

F=605 km^2，Δt=1 h

时段	单位线流量q(m^3/s)			备 注
	1线	2线	3线	
0	0.0	0.0	0.0	1号线洪水原型为20180820、20200824，适用于降雨集中，有效降雨历时小于10h，降雨中心在中下游等有利于产流等情况
1	45.5	139.1	40.4	
2	303.6	178.0	86.6	
3	275.2	169.9	100.1	
4	230.8	157.7	103.1	
5	186.7	144.1	102.5	
6	145.6	129.8	99.6	2号线洪水原型为20180804，适用于降雨较为均匀且偏下游的情况
7	111.4	115.4	95.7	
8	85.2	101.5	91.3	
9	66.4	88.6	86.5	
10	53.4	76.7	81.5	
11	44.6	66.1	76.5	
12	38.3	57.1	71.5	3号线洪水原型为20190811，适用于前期干旱，降雨历时较长（有效降雨历时大于20h），降雨较为均匀且偏上游等不利于产流的的情况
13	32.0	48.9	66.6	
14	25.6	42.4	61.6	
15	18.5	36.3	57.2	
16	12.3	31.2	52.7	
17	5.5	26.3	48.3	
18	0.0	22.0	44.6	
19		17.7	40.9	
20		13.8	37.3	
21		9.9	34.2	
22		5.9	31.2	
23		2.1	28.2	
24		0.0	25.5	
25			22.9	
26			20.3	
27			17.7	
28			15.4	
29			13.0	
30			10.6	
31			8.2	
32			5.8	
33			3.2	
34			0.0	
Σ	1680.5	1680.5	1680.5	

图 2-3　徒骇河聊城站汇流单位线图

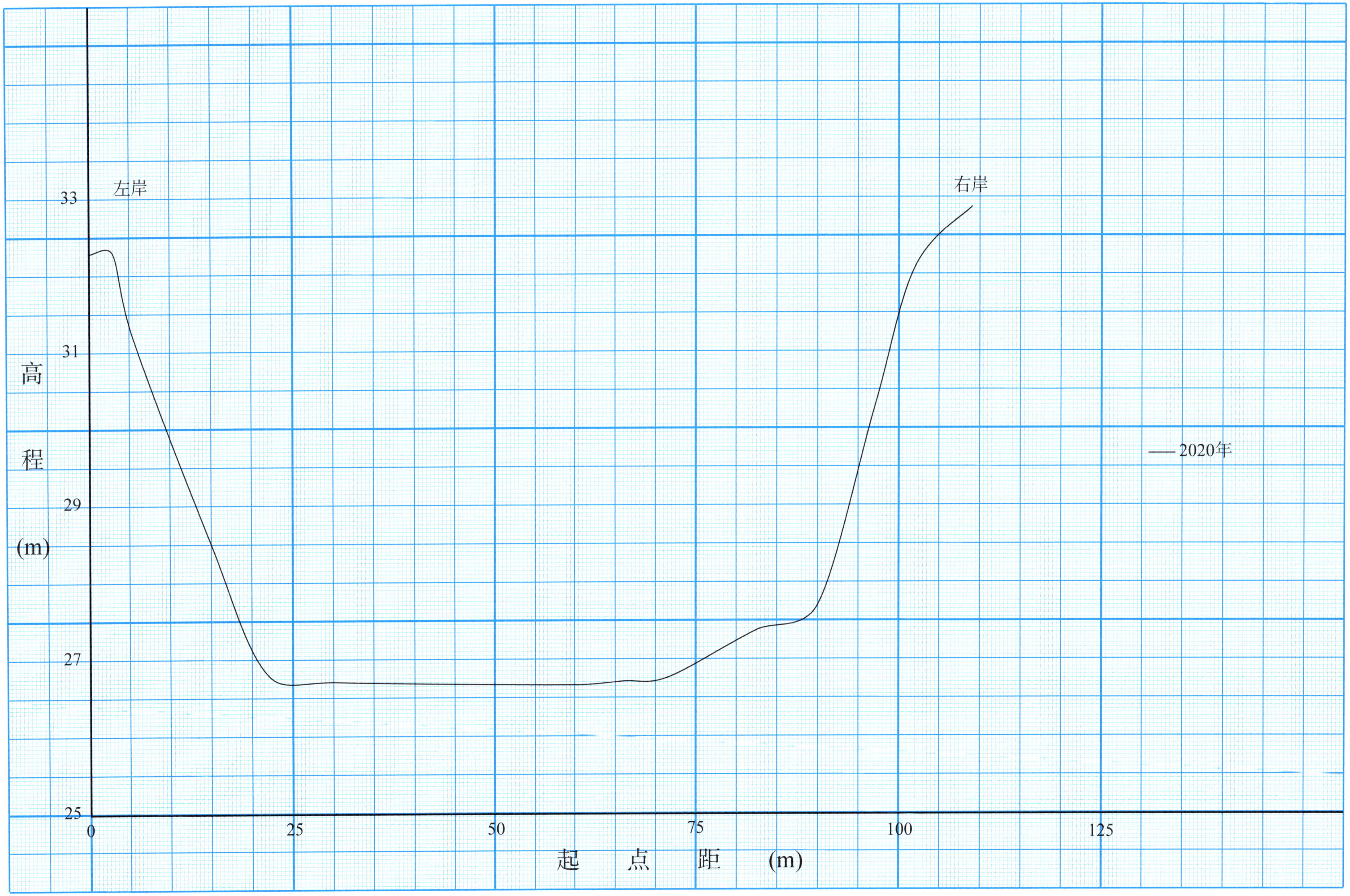

图 2-4 徒骇河聊城站实测大断面图

第三章　西新河刁庄站水文预报方案编制说明

1　流域概况

1.1　流域自然地理特征

西新河是聊城市东昌府区中部及茌平区西部的主要排涝河道，是徒骇河的一级支流。西新河是 1949 年为排沙镇范家洼的积水开挖的新河。该河源于沙镇附近的聊莘公路沟，流向东北至侯营镇康营村附近穿过京杭运河，至北城街道辛闸村北穿运河故道进入茌平区境内，流经洪官屯、杨官屯、博平三个乡镇，在茌平区博平镇崔庄村南入徒骇河，河道全长 42 km，流域面积 467 km^2，设计排涝流量 95.9 m^3/s（1964 年雨型），设计行洪流量 162 m^3/s（1961 年雨型）。

西新河流域上游位于东昌府区西部和北部，是东昌府区西部高亢区与中部洼地的分界线，肩负着东昌府区西部的防洪排涝任务，对拦截西部高亢区径流、减轻白家洼一带的客水压力、保护城市安全起着极其重要的作用。

西新河流域处于暖温带季风气候区，属于半干旱半湿润大陆性气候，多年平均气温 13.1 ℃，光照充足，温度适宜，四季分明。降水时空分布不均，空间上自东南向西北依次递减，时间上年际与年内变化很大，区域多年平均（1956—2000 年）年降水量为 572.8 mm，最大为 1 073.0 mm（1964 年），最小为 319.0 mm（1992 年）。1956—2000 年降水量观测资料分析表明，茌平区降水量年际变化较大，丰枯周期变化明显，既存在 1961—1964 年、1969—1971 年、1990—1991 年等连续丰水年，又存在 1959—1960 年、1965—1968 年、1978—1981 年、1986—1989 年等连续枯水年，年降水量总体上呈减少趋势。

多年平均水面蒸发量 927.0 mm，单站最大年蒸发量 1 320 mm，最小年蒸发量 661 mm。多年平均大风日数为 22 天，以春季最多，最多年份可达 8 天，最少年份仅 1 天，大风风向以偏北风为主，最大 10 分钟平均风速 17.0 m/s。最大冻土深度 0.47 m。刁庄站以上流域图见图 3-1。

1.2　水利工程概况

2010 年对西新河 42 km 进行清淤疏浚，沿线配套建筑物 8 座（涵闸），分别为王连节制闸、西新河节制闸、西新河水闸、康营进水闸、康营西闸、陈化屯节制闸、坡舒节制闸、仁和大闸，对洪水有较大的调控作用，在洪水预报时应充分考虑各拦河闸的蓄水情况。各闸坝的设计指标见表 3-1。

表 3-1　西新河拦河闸情况统计表

闸（橡胶坝）名	位置	闸孔数量（个）	闸孔总净宽（m）	过闸流量（m^3/s）	设计标准（年）	校核标准（年）
王连节制闸	聊城市东昌府区	1	2	1.50	5	20
西新河节制闸	聊城市东昌府区	2	5	10.0	5	20
西新河水闸	聊城市东昌府区	2	8	26.0	5	20
康营进水闸	聊城市东昌府区	1	2.5	10.0	5	20
康营西闸	聊城市东昌府区	3	12		5	20
陈化屯节制闸	聊城市东昌府区	4	12	36.0	5	20
坡舒节制闸	聊城市东昌府区	4	12	98.5	5	20
仁和大闸	聊城市茌平区	5	15	95.9	5	20

1.3　测站情况

西新河刁庄水文站位于东昌府区闫寺街道刁庄村，控制流域面积约 252 km^2。刁庄站以上流域呈狭长形，流域坡度一般为 1/5 000～1/10 000。该流域沉积了极厚的松散土层，沉积物主要为黄河冲积泥沙。土壤岩性大部分为黏土、亚黏土、亚砂土和粉细砂。包气带与潜水变幅带主要为亚砂土与亚黏土构成的弱透水层。

2　预报方案编制

2.1　资料情况

刁庄站为新建站，无长系列实测年鉴水文摘录资料，本次方案借鉴同流域的刘桥闸站方案。

2.2　参证站选择

刁庄站流域资料、地形地貌和下垫面基本特征与刘桥闸站相似，故以刘桥闸站作为刁庄站的参证站。参证站刘桥闸站以上流域面积 $F_{参}=4\ 444\ km^2$，设计站刁庄站以上流域面积 $F_{设}=252\ km^2$。

2.3　产流方案

利用刘桥闸站的产流方案推求刁庄站的产流过程，刁庄站降雨径流相关图（P-E-P_a-R）见图 3-2。

2.3.1　流域平均雨量 P 的计算

根据刁庄、闫觉寺、道口铺、张炉集、候营等雨量站的雨量采用算术平均法计算流域平均雨量 P。

2.3.2 流域平均前期影响雨量 P_a 的计算

一般每年的6月16日或6月26日对水系内的墒情站监测一次墒情并上报，从这时开始计算 P_a 初值。$P_{a上}$、$P_{a下}$采用该日实测的流域平均土壤含水量换算。$P_{a下}=0.35\times1\,000\times(\rho-5\%)\times\gamma_0$，式中：0.35为下层土壤厚度，以m计；$\rho$ 为流域平均含水量；5%为土壤凋萎含水量；γ_0 为土壤干容重，采用1.3 g/cm^3。

由于土壤水分在上下两层的蒸发损失过程中有很大差别，所以分层计算 P_a 值。

刁庄站计算 P_a 值采用聊城、王铺闸、沙镇的墒情数据。

有降雨时，完全满足上层缺水量（$I_{m上}-P_{a上}$）后才开始渗透补给下层，下层缺水量满足后才开始产流。

无降雨时，上层土壤水分按蒸发能力递减，直至上层土壤含水量达到枯竭（土壤含水量5%，$P_{a上}=0$），此时下层土壤水分才按消退系数 K 消退，当 $P_{a下}=0$ 时，下层土壤水分停止消退。

（1）$P_{a上}$的计算

当 $P_{a上,t}+P_t\geq E_t$ 时，

$$P_{a上,\ t+1}=P_{a上,\ t}+P_t-R_t-E\quad(0\leq P_{a上,\ t+1}\leq I_{m上})$$

（2）$P_{a下}$的计算

当 $P_t+P_{a上,t}=0$ 时，

$$P_{a下,\ t+1}=KP_{a下,\ t}$$

式中：K 为消退系数，采用公式 $K=1-E_m/I_{m下}$ 求得。刁庄站不同月份不同天气情况的 K 值见表3-2。

当 $P_{a上,t}+P_t-R_t-E_t>I_{m上}$ 时，

$$P_{a下,\ t+1}=P_{a下,\ t}+(P_{a上,\ t}+P_t-R_t-E_t-I_{m上})\quad(P_{a下,\ t+1}\leq I_{m下})$$

（3）$P_{a上}$、$P_{a下}$混合计算

$$P_{a上,\ t+1}=0$$

$$P_{a下,\ t+1}=P_{a下,\ t}\left(1-\frac{E_t-P_t-P_{a上,\ t}}{I_{m下}}\right)\quad(0<P_t+P_{a上,\ t}<E_t)$$

表3-2 刁庄站前期影响雨量递减系数 K 值

类型			4月	5月	6月	7月	8月	9月	10月
无雨日	I_m（mm）	100	0.940	0.920	0.920	0.945	0.956	0.965	0.975
		110	0.946	0.927	0.927	0.950	0.950	0.968	0.977
		120	0.950	0.933	0.933	0.954	0.954	0.971	0.979
		130	0.954	0.938	0.938	0.958	0.958	0.973	0.981

续表

类型			4月	5月	6月	7月	8月	9月	10月
晴雨日	I_m（mm）	100	0.945	0.945	0.945	0.950	0.962	0.973	0.980
		110	0.950	0.950	0.950	0.955	0.965	0.975	0.982
		120	0.954	0.954	0.954	0.958	0.968	0.978	0.983
		130	0.958	0.958	0.958	0.962	0.971	0.979	0.985
全雨日	I_m（mm）	100	0.980	0.975	0.970	0.975	0.980	0.985	0.990
		110	0.982	0.977	0.973	0.977	0.982	0.986	0.991
		120	0.983	0.979	0.975	0.979	0.983	0.988	0.992
		130	0.985	0.981	0.977	0.981	0.985	0.988	0.992

2.3.3 最大初损值 I_m 的确定

本方案采用的 I_m 是1990年编制方案时分析得出的，本次未重新分析。I_m 采用下式计算：

$$I_m=P+P_a-R-E$$

式中：P 为流域平均降雨量（mm）；P_a 为流域平均前期影响雨量（mm）；R 为径流深（mm）；E 为雨间蒸发量（mm）。

分析时，考虑不同深浅的土层具有不同的蒸发能力，把流域下垫面土壤分为上、下两层。上层即耕作层，厚度约0.15 m；下层即上层以下至水分强烈活动层的下限处，厚度为0.3~0.5 m。上层的最大损失量 $I_{m上}=S+$填洼量+截留量，式中：S 为上层田间持水量（mm）；截留量定为6 mm；由于河道治理以后，洼地排水一般比较畅通，暂不考虑填洼量，但由于河道淤积及田间排水工程的破坏，填洼损失将越来越大。上层深度采用0.15 m，田间持水量为25%，土壤凋萎含水量为5%，土壤干容重为1.3 g/cm^3。则 $S=0.15\times1\,000\times(25\%-5\%)\times1.3=39$ mm，再加上截留量6 mm，所以 $I_{m上}=45$ mm。$I_{m下}=I_m-I_{m上}$。由于采用计算出来的 $I_{m上}$、$I_{m下}$值计算 $P_{a上}$、$P_{a下}$所点绘的降雨径流相关图有时不佳，在这种情况下，又采用了试算法。通过变动 $I_{m上}$、$I_{m下}$值，再次计算 $P_{a上}$、$P_{a下}$值，并点绘降雨径流相关图，最后选用相关关系好的 $I_{m上}$、$I_{m下}$。徒骇河 $I_{m上}=40\sim70$ mm；$I_{m下}=110\sim130$ mm，各站 I_m 分析成果见表3-3。

表3-3 流域最大损失量 I_m 表

河名	站名	$I_{m上}$（mm）	$I_{m下}$（mm）
徒骇河	刘桥闸	40	130
	刘桥闸—宫家闸	40	130
	宫家闸	60	120
	宫家闸—堡集闸	70	110
	堡集闸	60	110

2.3.4 蒸发能力 E_m 的推求

在土壤充分供水的条件下，蒸发量近似等于蒸发能力。一般情况下，土壤蒸发量小于蒸发能力。本流域内有三处蒸发站，均采用 E601 型蒸发皿观测资料。由于夜间无光照、温度低，所以蒸发能力极微，大量水分均在白天蒸发掉。因此，把单站蒸发资料按月份分为三种情况进行统计：①无雨日——全日无雨；②全雨日——白天（8—20 时）降雨历时达到或超过 6 h，或白天降雨量达到或超过 20 mm；③晴雨日——白天降雨历时不足 6 h 或白天降雨量不足 20 mm。

按照上述三种情况分别求得月平均蒸发量，最后综合对比多站分析成果，发现成果比较接近。因此，流域采用统一的蒸发分析成果参加计算。蒸发能力综合成果见表 3-4。

表 3-4 蒸发能力 E_m 值表　　单位：mm

类型	4 月	5 月	6 月	7 月	8 月	9 月	10 月
无雨日	6.0	8.0	8.0	5.5	4.4	3.5	2.5
晴雨日	5.5	5.5	5.5	5.0	3.8	2.7	2.0
全雨日	2.0	2.5	3.0	2.5	2.0	1.5	1.0

2.4 汇流方案

受监测年限较短、河道闸坝等因素综合影响，刁庄站洪水传播情况分析起来较为困难。刁庄站汇流方案将刘桥闸站单位线（$\Delta t=2$ h）进行缩放，作为其单位线，详见图 3-3。

单位线的缩放按下列公式计算：

$$\alpha = (F_{设}/F_{参})^{0.5}$$

$$T_{设i} = \alpha T_{参i}$$

$$q_{设i} = \alpha q_{参i}$$

式中：α 为单位线缩放系数；$F_{参}$、$F_{设}$ 分别为参证站、设计站以上控制流域面积；$T_{参i}$ 为参证站单位线逐时段，$T_{参i}=1, 2, \cdots, N$；$T_{设i}$ 为设计站单位线逐时段，通常为小数，为满足实际要求，可进一步对缩放结果进行插值，从而得到整时段单位线结果；$q_{参i}$ 为参证站单位线逐时段流量；$q_{设i}$ 为设计站单位线逐时段流量。

刁庄水文站大断面图见图 3-4。

3 方案使用说明

今后若出现超标准洪水，预报时要全面分析，加强预报会商，尽量使预报值符合实际情况。

（1）由于影响因素太多，特别是近几年河床淤积变化较大，断面迁移，且河道中水利工程影响也较大，当出现全流域大暴雨进行洪水作业预报时，方案不能完全反映实际情况，因而不能照搬，应具体问题具体分析。

（2）应随时掌握上游蓄水及闸门启闭情况，对预报值要根据实际情况及时修正。

本方案适用于防洪标准以下的洪水作业预报。如遇超标准洪水，则需根据当时具体情况酌情修正。

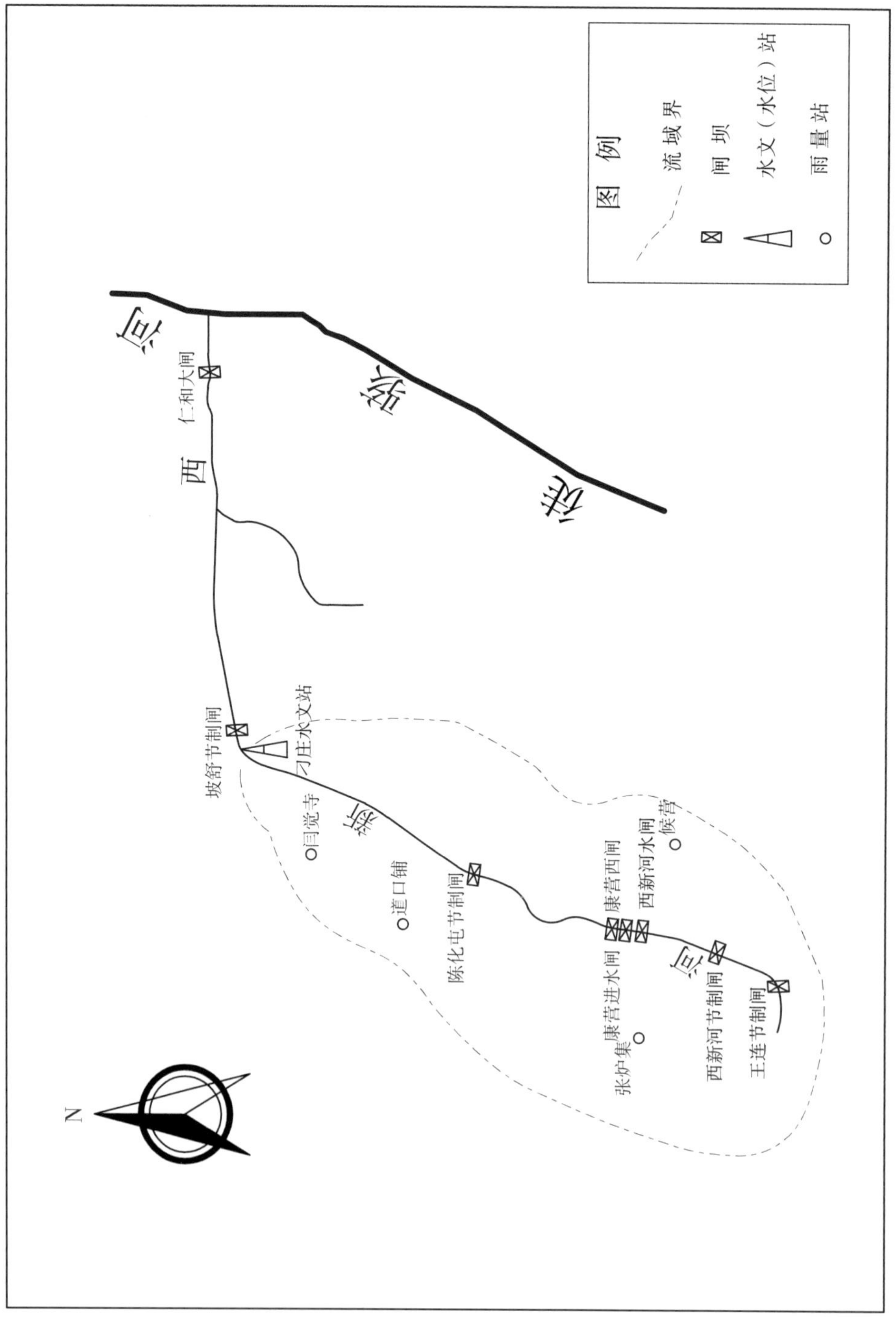

图 3-1 西新河刁庄站以上流域图

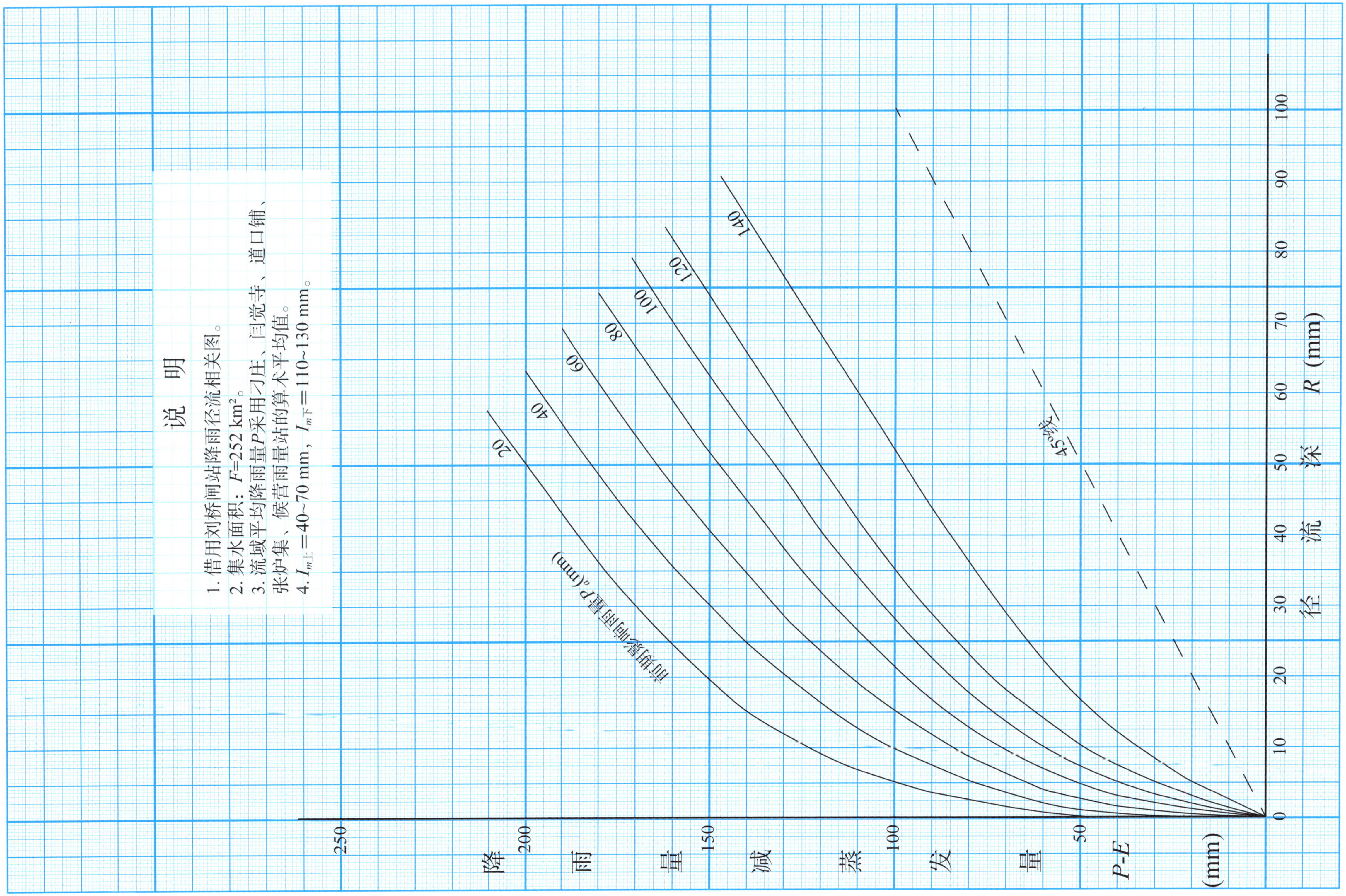

图 3-2 西新河刁庄站降雨径流相关图

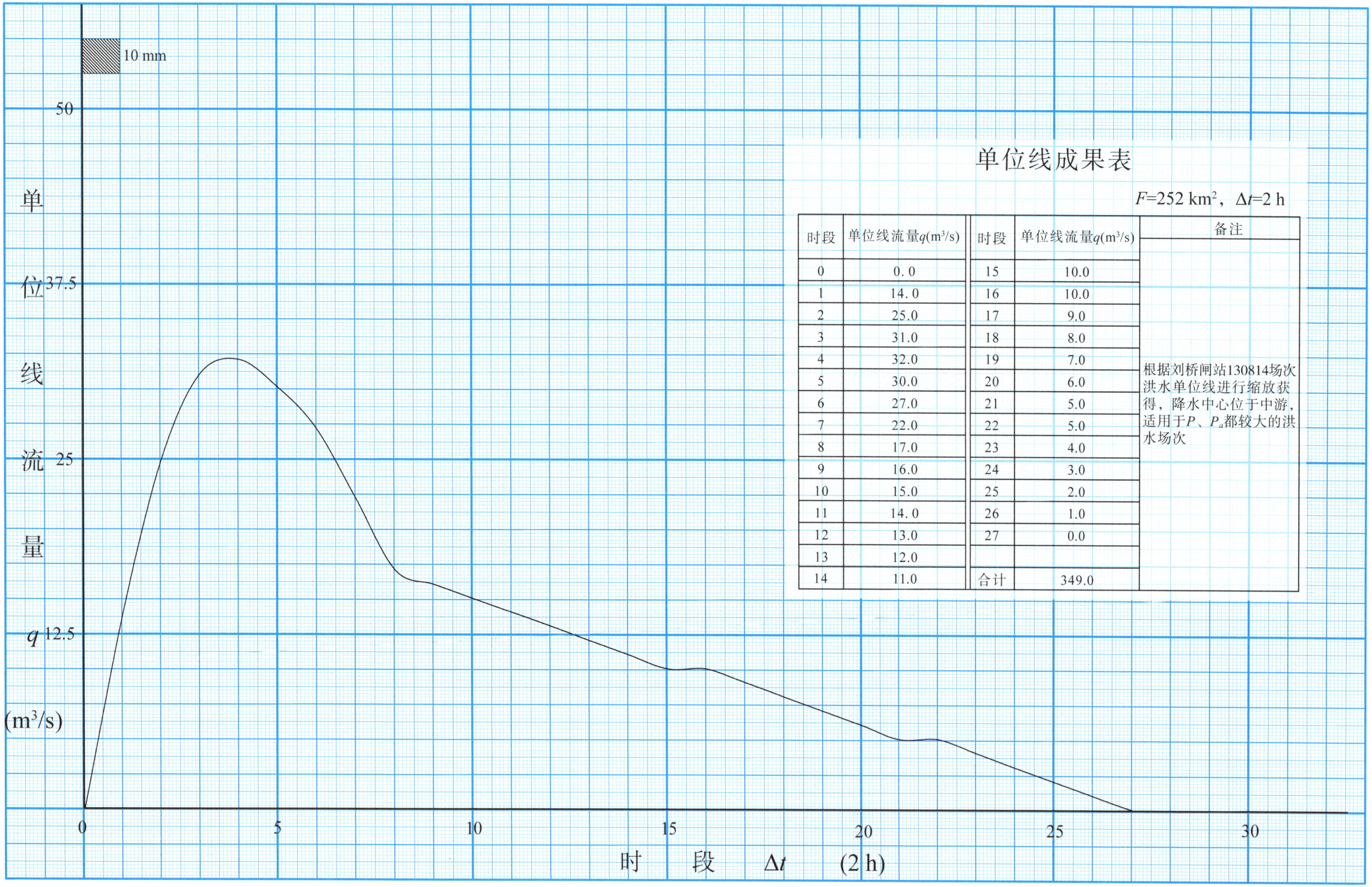

单位线成果表

F=252 km², Δt=2 h

时段	单位线流量q(m³/s)	时段	单位线流量q(m³/s)	备注
0	0. 0	15	10.0	根据刘桥闸站130814场次洪水单位线进行缩放获得，降水中心位于中游，适用于P、P_a都较大的洪水场次
1	14. 0	16	10.0	
2	25.0	17	9.0	
3	31.0	18	8.0	
4	32.0	19	7.0	
5	30.0	20	6.0	
6	27.0	21	5.0	
7	22.0	22	5.0	
8	17.0	23	4.0	
9	16.0	24	3.0	
10	15.0	25	2.0	
11	14. 0	26	1.0	
12	13.0	27	0.0	
13	12.0			
14	11.0	合计	349.0	

图 3-3　西新河刁庄站汇流单位线图

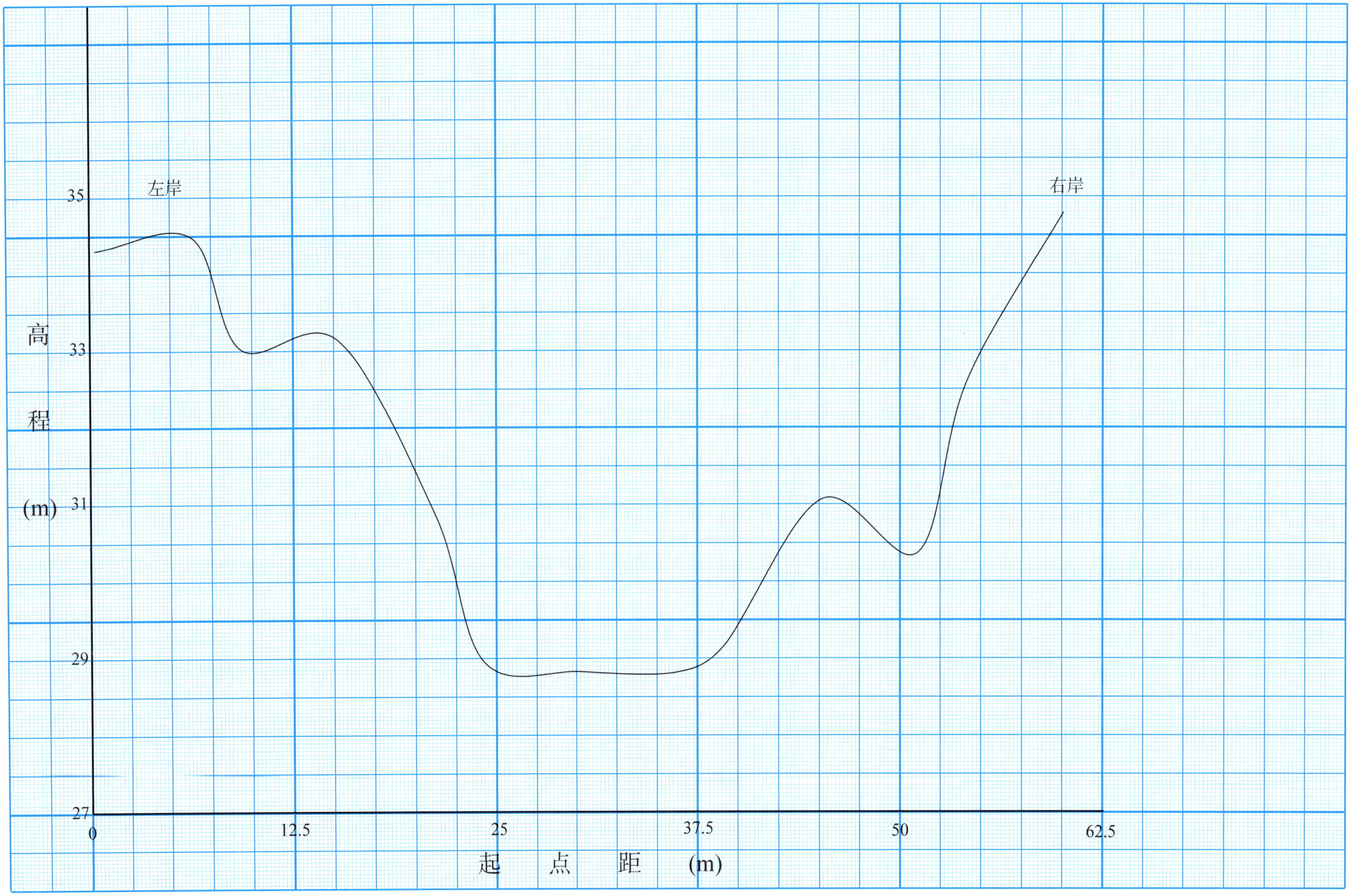

图 3-4 西新河刁庄站大断面图

第四章 老赵牛河刘连屯闸站水文预报方案编制说明*

1 流域概况

1.1 流域自然地理特征

老赵牛河上游自十八户河起，向东穿济聊公路，经刘桥西沿禹城市、齐河县边界，于王桥村穿过津浦铁路进入禹城市境后，于郝桥村复入齐河县，向东北流至宣章屯镇甘隅头村后东入徒骇河，全长 62.4 km，流域面积 846 km^2。其主要支流有十八户河、邓金河、温聪河、倪伦河、双庙屯干沟、柳官干沟、晏黄沟等。该河是齐河县东部、禹城市东南部的主要排水出路。刘连屯闸站以上流域图见图 4-1。

1.2 水利工程概况

刘连屯闸为拦河闸，混凝土质平板闸门，共8孔，每孔宽 5.8 m，建成于 1978 年 6 月，闸上、下游 1 000 m 范围内测验河段基本顺直，河床为黏土质，冲淤不严重。主槽左岸无滩地；右岸滩地宽约 40.0 m，两岸有堤防。闸上基本水尺断面布设于闸上游 82.0 m 右岸侧，闸下基本水尺断面布设于闸下游 205.0 m 右岸侧。闸上游 15 km 有千户屯拦河闸，建于 1971 年 10 月，共 4 孔，每孔宽 6.0 m、高 3.5 m，闸上左右岸有排水沟汇入；闸下左岸约 70.0 m 处有排水沟汇入，老赵牛河于闸下游约 5.0 km 处汇入徒骇河，入口位于宫家闸下游 500 m 处。

1.3 测站情况

刘连屯闸水文站位于山东省齐河县大黄乡刘连屯闸，由山东省水文总站（现山东省水文中心）于 1978 年 7 月设立。该站属于海河流域徒骇河水系老赵牛河，流域面积 846 km^2，是鲁北平原的小流域试验站，测洪标准为 50 年一遇。该站测验项目有水位、流量、降水、冰情、水化学等。该站使用冻结基面高程，与 1985 年国家高程基准高程相差 -0.006 m，其警戒水位为 18.03 m。本站的测验方法主要为桥测，桥测断面位于闸下 3 100 m 的生产桥上。刘连屯闸站基本情况见表 4-1。

表 4-1 老赵牛河刘连屯闸站基本情况说明表

<table>
<tr><td rowspan="11">测站沿革</td><td colspan="3">设立或变动</td><td>发生时间</td><td>站名</td><td>站别</td><td>领导机关</td><td>说明</td></tr>
<tr><td colspan="3">设立</td><td>1978 年 7 月</td><td>刘连屯闸</td><td>水文</td><td>山东省水文总站</td><td>汛期站，降水量自 1956 年 1 月观测，集水面积为 846 km^2</td></tr>
<tr><td colspan="3">闸下基本水尺断面迁移</td><td>1979 年 6 月</td><td>刘连屯闸</td><td>水文</td><td>山东省水文总站</td><td>上迁 545 m 至闸下游 205 m</td></tr>
<tr><td colspan="3">改级</td><td>1980 年 6 月</td><td>刘连屯闸</td><td>水文</td><td>山东省水文总站</td><td>改为常年站</td></tr>
<tr><td colspan="3">闸上基本水尺断面迁移</td><td>1982 年 6 月</td><td>刘连屯闸</td><td>水文</td><td>山东省水文总站</td><td>迁至闸墩上观测</td></tr>
<tr><td colspan="3">闸上基本水尺断面迁移</td><td>1984 年 7 月</td><td>刘连屯闸</td><td>水文</td><td>山东省水文总站</td><td>迁至闸上游 60 m</td></tr>
<tr><td colspan="3">闸上基本水尺断面迁移</td><td>1989 年 6 月</td><td>刘连屯闸</td><td>水文</td><td>山东省水文总站</td><td>迁至闸上游 82 m</td></tr>
<tr><td colspan="3">改级</td><td>1992 年 10 月</td><td>刘连屯闸</td><td>水文</td><td>山东省水文总站</td><td>改为汛期站</td></tr>
<tr><td colspan="3">改级</td><td>1993 年 6 月</td><td>刘连屯闸</td><td>水文</td><td>山东省水文总站</td><td>恢复常年站</td></tr>
<tr><td colspan="3" rowspan="2">领导机关更名</td><td>1998 年 4 月</td><td>刘连屯闸</td><td>水文</td><td>山东省水文水资源勘测局</td><td></td></tr>
<tr><td>2021 年 3 月</td><td>刘连屯闸</td><td>水文</td><td>山东省水文中心</td><td></td></tr>
<tr><td rowspan="2">堰闸工程指标</td><td>型式</td><td>钢筋混凝土开敞式</td><td>孔径宽</td><td>5.8 m</td><td>墩头型式</td><td>半圆形</td><td>孔数</td><td>8 孔</td></tr>
<tr><td>堰顶闸底形状</td><td>平底闸</td><td>孔径高</td><td>4.2 m</td><td>翼墙型式</td><td>圆弧形</td><td>设计最大流量</td><td>540 m^3/s</td></tr>
<tr><td rowspan="6">水文特征</td><td>实测最高水位</td><td>18.56 m</td><td>出现日期</td><td>1977 年 8 月 7 日</td><td>相应流量</td><td>200 m^3/s</td><td>施测方法</td><td>水尺</td></tr>
<tr><td>调查最高水位</td><td>18.56 m</td><td>出现日期</td><td>1977 年 8 月 7 日</td><td>估算流量</td><td>200 m^3/s</td><td>施测方法</td><td>水尺</td></tr>
<tr><td>实测最大流量</td><td>200 m^3/s</td><td>出现日期</td><td>1977 年 8 月 7 日</td><td>相应水位</td><td>18.56 m</td><td>施测方法</td><td>流速仪</td></tr>
<tr><td>建站以来最大流量</td><td>200 m^3/s</td><td>出现日期</td><td>1977 年 8 月 7 日</td><td>相应水位</td><td>18.56 m</td><td>施测方法</td><td>流速仪</td></tr>
<tr><td>实测最大流速</td><td>1.92 m/s</td><td>出现日期</td><td>1977 年 8 月 7 日</td><td>相应流量</td><td>200 m^3/s</td><td>施测方法</td><td>流速仪</td></tr>
<tr><td>实测最大水深</td><td>4.87 m</td><td>出现日期</td><td>1977 年 8 月 7 日</td><td>相应流量</td><td>200 m^3/s</td><td>施测方法</td><td>铅鱼</td></tr>
<tr><td rowspan="5">断面及主要测验设施布设情况</td><td colspan="5">名称</td><td>位置</td><td>布设年月</td><td>使用情况</td></tr>
<tr><td colspan="5">闸上基本水尺断面</td><td>闸上游 82 m</td><td>1989 年 6 月</td><td>各级水位使用</td></tr>
<tr><td colspan="5">闸下基本水尺断面兼流速仪测流断面</td><td>闸下游 205 m</td><td>1979 年 6 月</td><td>各级水位使用</td></tr>
<tr><td colspan="5">水文缆道</td><td>闸下游 205 m</td><td>1979 年 7 月</td><td>各级水位使用</td></tr>
<tr><td colspan="5">断面标志索</td><td>闸下游 205 m</td><td>1979 年 7 月</td><td>各级水位使用</td></tr>
<tr><td rowspan="3">基本水尺水位观测设备</td><td colspan="3">名称和型式</td><td colspan="3">水尺质料或自记台类型</td><td colspan="2">位置</td></tr>
<tr><td colspan="3">闸上基本水尺，直立式</td><td colspan="3">钢筋水泥刻画分划水尺</td><td colspan="2">闸上游 82 m 右岸侧</td></tr>
<tr><td colspan="3">闸下基本水尺，直立式</td><td colspan="3">钢筋水泥刻画分划水尺</td><td colspan="2">闸下游 205 m 右岸侧</td></tr>
</table>

备注：编号为“鲁水文 031-1”、基面为“85 基准”的水准点，抄自山东省测绘局成果，名称为“Ⅲ刘连屯原水文站基点”。

2 预报方案编制

2.1 资料情况

根据《水文情报预报规范》（GB/T 22482—2008）（以下简称“规范”）规定，本着对实测洪水点掌握“中高水不漏，小洪水不凑”的原则，本方案从 1978—2020 年共分析了 21 场次洪水，径流深变幅为 3.40~62.23 mm，起涨流量为 0~338 m^3/s，基本满足规范要求。

2.2 产流方案

本方案采用降雨径流经验相关图 $P+P_a-R$，利用分析计算的 21 个点据点绘定线，详见图 4-2。其中：P 为次降雨流域平均雨量（mm）；P_a 为流域平均前期影响雨量（mm）；R 为次降雨所产生的径流深（mm）。

2.2.1 主要参数的计算

2.2.1.1 流域平均雨量 P 的计算

流域平均雨量根据五站雨量采用算术平均法计算求得，雨量站名见表 4-2。

表 4-2 刘连屯闸站以上流域内雨量站权重分配表

站名	李官屯闸	刘桥闸	齐河	晏城	刘连屯闸
权重	0.2	0.2	0.2	0.2	0.2

2.2.1.2 流域平均前期影响雨量 P_a 的计算

每年自汛初开始连续计算 P_a，先以算术平均法计算流域平均雨量，然后计算前期影响雨量 P_a。P_a 计算公式如下：

$$P_{a,\ t+1}=K(P_{a,\ t}+P_t)$$

式中：$P_{a,t+1}$ 为第 t+1 日的前期影响雨量（mm）；$P_{a,t}$ 为第 t 日的前期影响雨量（mm）；P_t 为第 t 日的流域平均雨量（mm）；K 为前期影响雨量递减系数。

2.2.1.3 最大初损值 I_m 和 K 值的确定

I_m 采用下式计算：

$$I_m=P+P_a-R-E$$

式中：P 为流域平均降雨量（mm）；P_a 为前期影响雨量（mm）；R 为径流深（mm）；E 为雨间蒸发量（mm）。

选用 $I_{m上}$=30 mm，$I_{m下}$=70 mm，K、E_m 值见表 4-3。

表 4-3 前期影响雨量递减系数及最大雨间蒸发量表

类型		6 月	7 月	8 月	9 月
无雨日	K	0.986	0.954	0.937	0.950
	E_m（mm）	8.0	5.5	4.4	3.5
晴雨日	K	0.921	0.958	0.946	0.961
	E_m（mm）	5.5	5.0	3.8	2.7
全雨日	K	0.957	0.979	0.971	0.979
	E_m（mm）	3.0	2.5	2.0	1.5

2.2.1.4 暴雨中心位置分区

按雨量站数量将流域分为上游、下游两个区，流域普遍降水时，作均匀处理。

2.2.1.5 径流深的推求

降雨径流分割的目的是将非本次降雨形成的径流割去，得到本次洪水的径流总量。由于不同水源的水流运动规律不同，所以还需将洪水径流总量划分为不同的水源，包括地表径流、壤中流和地下径流。径流总量除以相应集水面积即可求得径流深。刘连屯闸站降雨径流分析成果见表 4-4。

2.2.2 精度评定

按许可误差为 20% 实测值的标准（并当许可误差大于 20.0 mm 时以 20.0 mm 为上限，小于 3.0 mm 时以 3.0 mm 为下限）逐次进行场次洪水评定。$P+P_a-R$ 相关图共选用 21 个点据，17 个合格，合格率为 81%，属于乙级方案，详见表 4-5。

2.3 汇流方案

汇流方案主要采用峰量关系图方法。

2.3.1 峰量关系曲线 R-P_ϕ-$Q_{m净}$、$Q_{m净}$-P_ϕ-t_p

洪峰流量预报采用峰量相关法，以暴雨中心位置为参数，建立峰量关系曲线 R-P_ϕ-$Q_{m净}$、$Q_{m净}$-P_ϕ-t_p。其中，R 为一次降雨径流深，由次洪水总量除以相应集水面积而得；P_ϕ 为暴雨中心位置；$Q_{m净}$ 为一次降雨过程所产生的区间净峰流量；t_p 为洪峰滞时，是指从有降雨开始至洪峰出现的时间。

平原地区峰量关系比较复杂，选用的实测洪峰流量大部分受闸门影响，定线困难。刘连屯闸站峰量关系采用合轴相关图的形式，详见图 4-3。

2.3.2 峰量关系精度评定

R-P_ϕ-$Q_{m净}$ 相关图选用 17 个点据，其中 8 个合格，合格率为 47.1%，仅供参考，详见表 4-6。峰量关系 R-P_ϕ-$Q_{m净}$ 中实测值普遍偏小，其主要原因是径流过程受到人为调节闸门的影响，徒骇河流域河道相互串通，滞蓄时间较长，加大了降水损失量。同时，拦河闸闸门调控蓄水改变了洪水过程，直接影响了洪水峰量关系，这也是合格率较低的重要原因。

$Q_{m净}$-P_ϕ-t_p 相关图，因洪水资料中畅流洪峰较少，洪峰与雨峰不对应，关系不好，故不进行评定，仅供参考。

2.4 水位预报

通过上述方案，可以预报出洪峰流量。但为了防汛需要，尚需预报出洪峰水位，为此根据刘连屯闸 2020 年实测资料绘制水位与流量、面积、流速关系曲线，详见图 4-4，以便在预报出洪峰流量之后，再根据断面淤积、洪水涨落趋势等情况预报出洪峰水位或水位过程。在今后作业预报中，应结合汛前实测大断面图及上下游河道清淤情况做适当插补修正。

2.5 大断面图

根据刘连屯闸站 2020 年实测资料绘制了大断面图，详见图 4-5。另外，在预报出洪峰水位后可在大断面图上清楚地看到安全、危险程度，洪峰水位到堤顶的距离是否超过防洪水位等，以便及时向防汛指挥部门报警。

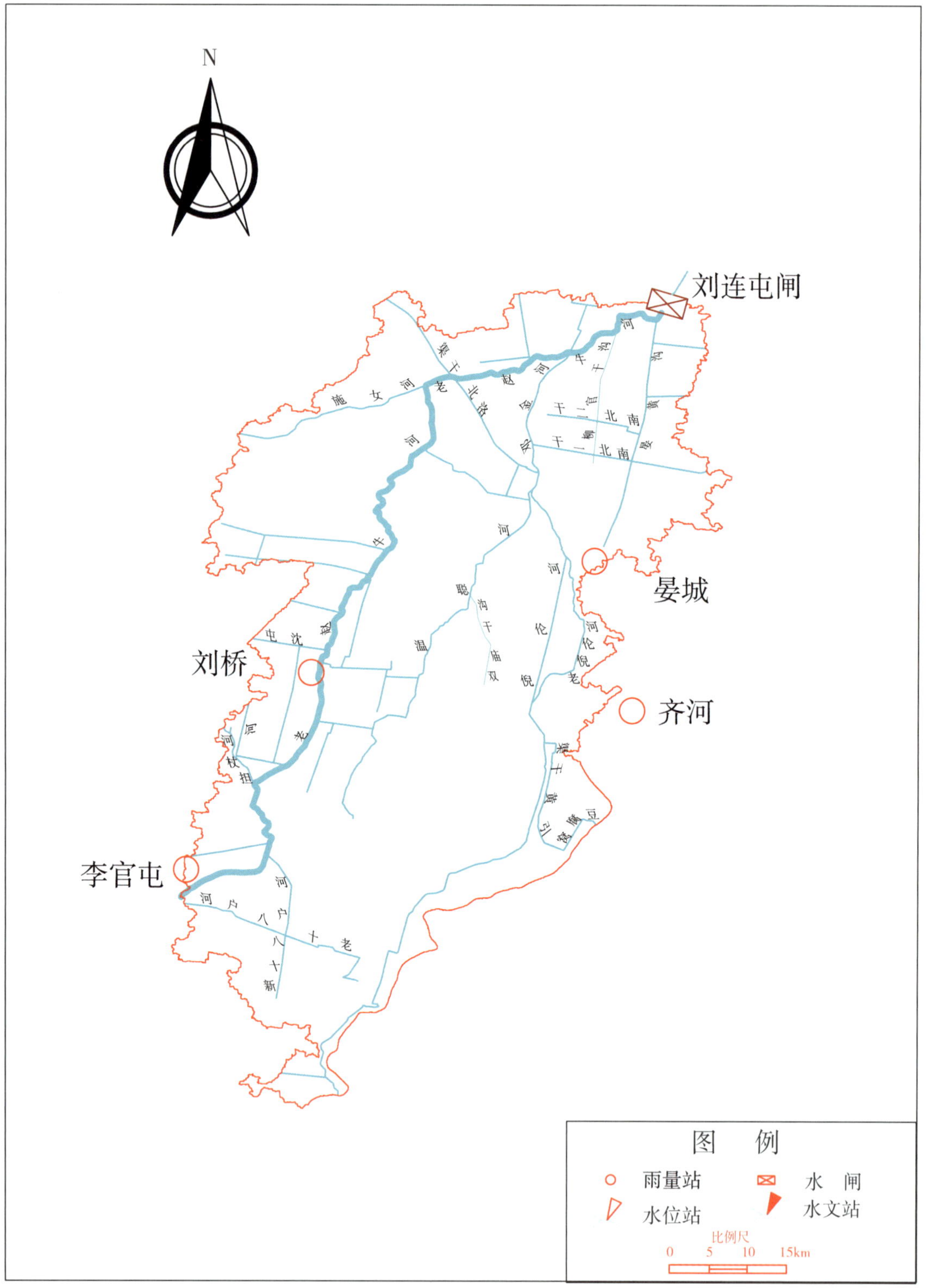

图 4-1　老赵牛河刘连屯闸站以上流域图

表 4-4　老赵牛河刘连屯闸站降雨径流分析成果表

序号	洪号	降雨起止时间		流域平均雨量 P（mm）	前期影响雨量 P_a（mm）	$P+P_a$（mm）	降雨历时（h）		暴雨中心位置或特点	洪水起止时间			起涨流量 Q_0（m^3/s）	洪水总历时 $T_{洪}$（h）	涨洪历时 $T_{涨洪}$（h）	净峰流量 $Q_{m净}$（m^3/s）	径流深 R（mm）	径流系数 α	洪水总量 W（万 m^3）	地表径流总量 $W_{径}$（万 m^3）	洪峰滞时 t_p（h）
		起	止				全部 T	有效 T_c		起涨	峰顶	落平									
1	780714	7月13日10：00	7月14日4：00	46.5	100.0	146.5	18	15	上游	7月14日2：00	7月14日13：00	7月17日8：00	26	78	11	148	11.8	0.25	1 681	998	16
2	780726	7月25日4：00	7月25日18：00	101.3	81.1	182.4	14	12	下游	7月25日10：00	7月26日1：00	7月31日12：00	19	146	15	156	34.3	0.34	3 257	2 903	18
3	780809	8月8日16：00	8月9日10：00	65.8	74.0	139.8	18	8	上游	8月9日5：00	8月9日7：00	8月10日20：00	2	39	2	121	12.1	0.18	1 095	1 026	2
4	790713	7月12日8：00	7月12日16：00	14.6	96.7	111.3	8	6	下游	7月12日12：00	7月13日8：00	7月14日8：00	4	44	20	23.4	1.8	0.12	218	153	20
5	790722	7月21日16：00	7月22日10：00	22.4	94.1	116.5	18	6	上游	7月21日20：00	7月22日7：00	7月24日20：00	5	72	11	24.6	2.5	0.11	319	208	10
6	800607	6月6日6：00	6月7日0：00	37.2	77.9	115.1	18	10	下游	6月6日8：00	6月7日20：00	6月11日19：00	5	131	36	107	7.2	0.19	1 203	608	28
7	800629	6月29日0：00	6月30日12：00	128.1	61.5	189.6	36	26	上游	6月29日14：00	6月29日18：00	7月8日0：00	1	202	4	133	29.3	0.23	2 726	2 482	6
8	810816	8月16日2：00	8月16日22：00	57.2	63.2	120.4	20	16	上游	8月16日18：00	8月16日19：00	8月20日8：00	0	86	1	75.0	4.2	0.07	391	359	4
9	820811	8月11日4：00	8月11日16：00	41.7	82.7	124.4	12	12	下游	8月11日8：00	8月11日9：00	8月13日4：00	1	44	1	71.9	3.5	0.08	466	295	4
10	830729	7月29日2：00	7月29日22：00	35.9	58.8	94.7	20	12	下游	7月29日16：00	7月29日16：00	7月31日6：00	4	38	0	108	3.7	0.10	472	312	2
11	840702	7月1日18：00	7月3日0：00	105.6	76.8	182.4	30	6	下游	7月1日23：00	7月2日17：00	7月9日8：00	5	177	18	142	26.5	0.25	2 861	2 240	18
12	860801	7月25日22：00	8月6日14：00	60.8	49.1	109.9	280	6	下游	7月27日8：00	8月1日6：00	8月9日8：00	0	312	118	12.7	7.2	0.12	606	606	26
13	890718	7月17日10：00	7月19日18：00	135.8	24.8	160.6	56	6	下游	7月17日14：00	7月18日16：00	7月28日6：00	2	256	26	123	35.7	0.26	3 161	3 021	22
14	900719	7月18日22：00	7月19日10：00	37.9	94.7	132.6	12	8	下游	7月19日2：00	7月19日13：00	7月22日8：00	16	78	11	85.5	10.3	0.27	1 504	872	10
15	910730	7月28日8：00	7月29日0：00	90.3	94.7	185.0	16	10	上游	7月28日14：00	7月30日3：00	8月6日2：00	13	204	37	78.5	33.2	0.37	3 526	2 807	36
16	940707	7月5日22：00	7月13日16：00	192.8	100.0	292.8	186	30	上游	7月5日22：00	7月8日4：00	7月21日0：00	38	362	54	201	116.9	0.61	12 760	9 886	34
17	960807	7月29日18：00	7月31日16：00	132.1	98.5	230.6	46	42	上游	7月30日8：00	8月1日8：00	8月8日4：00	11	212	48	191	57.2	0.43	7 679	4 836	46
18	100822	8月18日14：00	8月25日2：00	190.9	92.8	283.7	156	42	下游	8月19日8：00	8月22日20：00	9月13日20：00	35	612	84	161	97.3	0.51	14 526	8 232	84
19	120803	7月30日4：00	8月5日16：00	143.6	69.7	213.3	156	10	下游	8月1日6：00	8月3日8：00	8月16日8：00	0	362	50	107	62.9	0.44	5 777	5 317	46
20	120819	8月18日4：00	8月19日0：00	112.1	84.3	196.4	20	2	下游	8月18日8：00	8月19日17：00	8月29日11：00	9	267	33	115	34.2	0.30	4 552	2 890	22
21	130730	7月22日20：00	7月30日6：00	195.7	94.6	290.3	178	78	上游	7月23日8：00	7月30日11：00	8月7日20：00	16	372	171	140	95.3	0.49	10 205	8 061	134

表 4-5　老赵牛河刘连屯闸站降雨径流预报精度评定表

序号	洪号	流域平均雨量 P（mm）	前期影响雨量 P_a（mm）	$P+P_a$（mm）	实测径流深 $R_{实}$（mm）	预报径流深 $R_{预}$（mm）	预报误差（mm）	许可误差（mm）	评定结果	
									合格	不合格
1	780714	46.5	100.0	146.5	11.8	12.7	0.9	3.0	√	
2	780726	101.3	81.1	182.4	34.3	29.6	-4.7	6.9	√	
3	780809	65.8	74.0	139.8	12.1	10.8	-1.3	3.0	√	
4	790713	14.6	96.7	111.3	1.8	5.5	3.7	3.0		√
5	790722	22.4	94.1	116.5	2.5	6.1	3.6	3.0		√
6	800607	37.2	77.9	115.1	7.2	5.9	-1.3	3.0	√	
7	800629	128.1	61.5	189.6	29.3	34.2	4.9	5.9	√	
8	810816	57.2	63.2	120.4	4.2	6.6	2.4	3.0	√	
9	820811	41.7	82.7	124.4	3.5	7.3	3.8	3.0		√
10	830729	35.9	58.8	94.7	3.7	4.2	0.5	3.0	√	
11	840702	105.6	76.8	182.4	26.5	29.6	3.1	5.3	√	
12	860801	60.8	49.1	109.9	7.2	5.4	-1.8	3.0	√	
13	890718	135.8	24.8	160.6	35.7	18.3	-17.4	7.1		√
14	900719	37.9	94.7	132.6	10.3	8.9	-1.4	3.0	√	
15	910730	90.3	94.7	185.0	33.2	31.2	-2.0	6.6	√	
16	940707	192.8	100.0	292.8	116.9	116.0	-0.9	20.0	√	
17	960807	132.1	98.5	230.6	57.2	64.8	7.6	11.4	√	
18	100822	190.9	92.8	283.7	97.3	108.2	10.9	19.5	√	
19	120803	143.6	69.7	213.3	62.9	51.7	-11.2	12.6	√	
20	120819	112.1	84.3	196.4	34.2	39.2	5.0	6.8	√	
21	130730	195.7	94.6	290.3	95.3	113.8	18.5	19.1	√	

备注：1. 预报误差=预报值-实测值；2. 许可误差=实测值的20%，以20.0 mm为上限，以3.0 mm为下限；3. 合格率=81%，为乙级方案。

表 4-6　老赵牛河刘连屯闸站峰量关系精度评定表

序号	洪号	实测径流 $R_{实}$（mm）	洪峰滞时 t_p（h）	净峰流量（m^3/s）		预报误差（m^3/s）	许可误差（m^3/s）	评定结果		暴雨中心位置
				实测 $Q_{m净实}$	预报 $Q_{m净预}$			合格	不合格	
1	780714	11.8	16	148	121	-27	29.6	√		上游
2	780726	34.3	18	156	186	30	31.2	√		下游
3	780809	12.1	2	121	119	-2	24.2	√		上游
4	790713	1.8	20	23.4	22.7	-0.7	4.68	√		下游
5	790722	2.5	10	24.6	27.6	3	4.92	√		上游
6	800607	7.2	28	107	91.8	-15.2	21.4	√		下游
7	800629	29.3	6	133	185	52	26.6		√	上游
8	810816	4.2	4	75	55.2	-19.8	15		√	上游
9	820811	3.5	4	71.9	31.2	-40.7	14.4		√	下游
10	830729	3.7	2	108	51.4	-56.6	21.6		√	下游
11	840702	26.5	18	142	134	-8	28.4	√		下游
12	860801	7.2	26	12.7	55.4	42.7	2.54		√	下游
13	890718	35.7	22	123	162	39	24.6		√	下游
14	900719	10.3	10	85.5	72.2	-13.3	17.1	√		下游
15	910730	33.2	36	78.5	195	117	15.7		√	上游
16	120803	62.9	46	107	210	103	21.4		√	下游
17	120819	34.2	22	115	157	42	23		√	下游

备注：1. 预报误差=预报值-实测值；2. 许可误差=实测值的 20%；3. 合格率=47.1%。

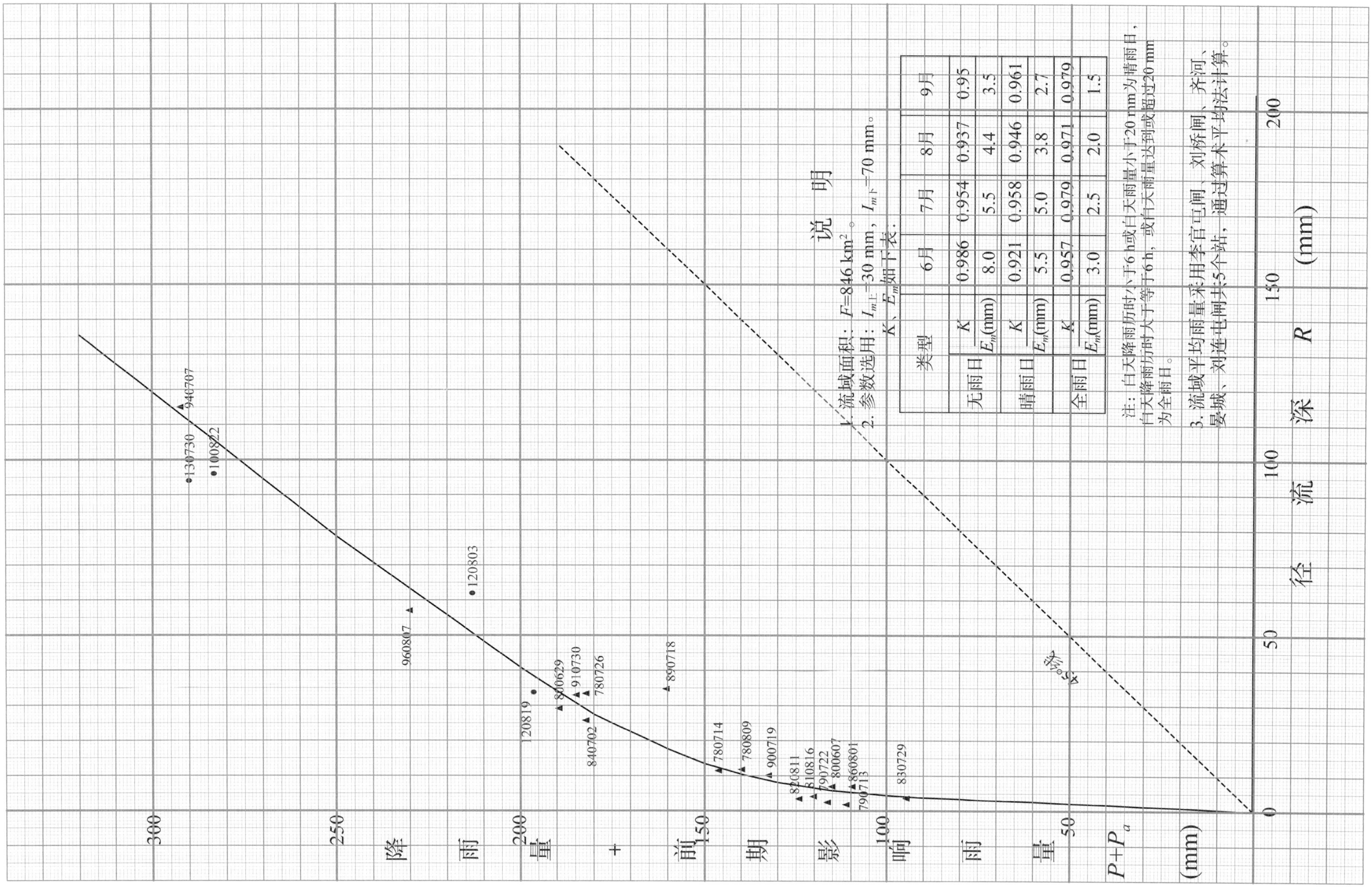

图 4-2　老赵牛河刘连屯闸站降雨径流相关图

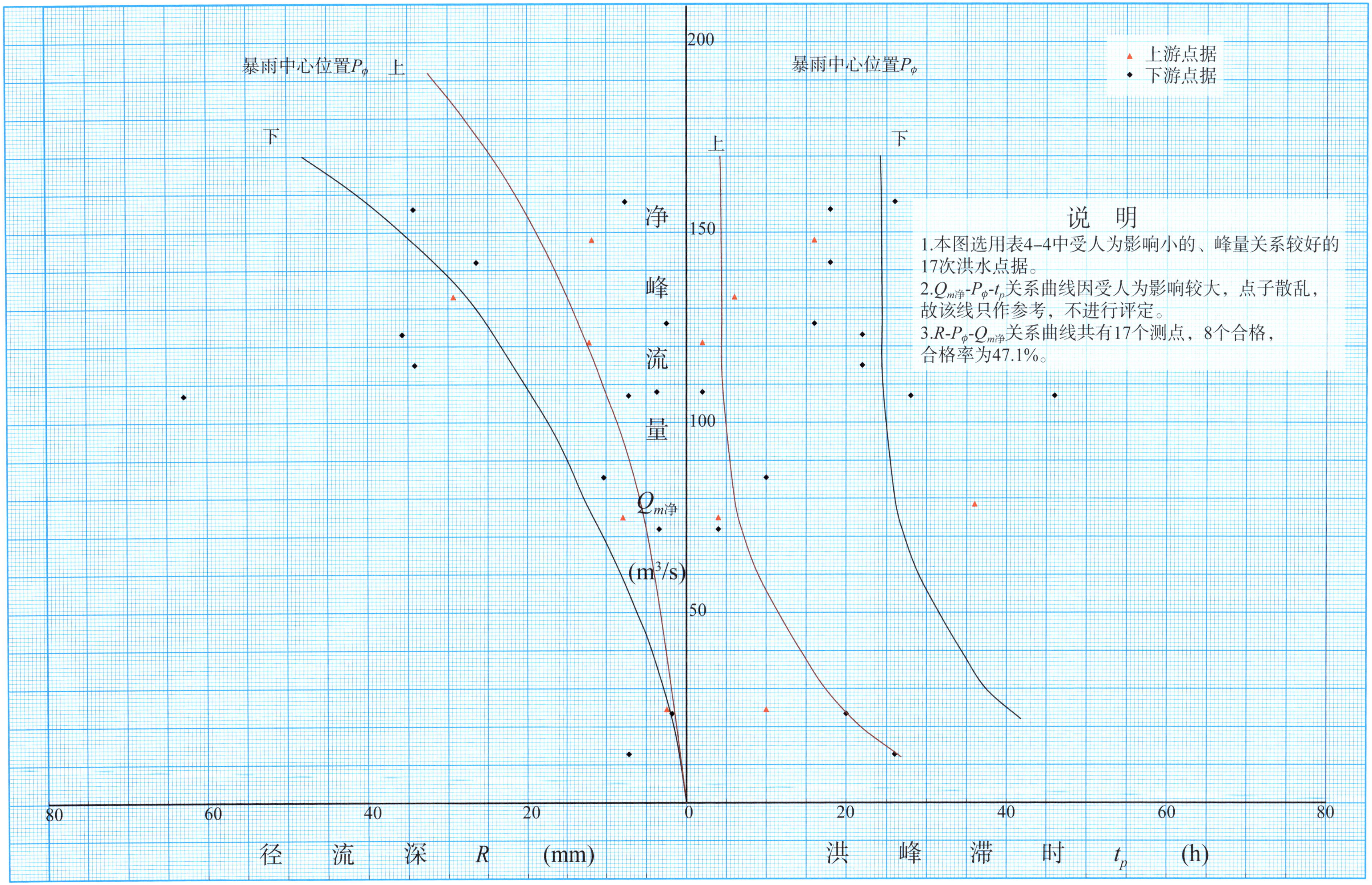

图 4–3 老赵牛河刘连屯闸站峰量关系合轴相关图

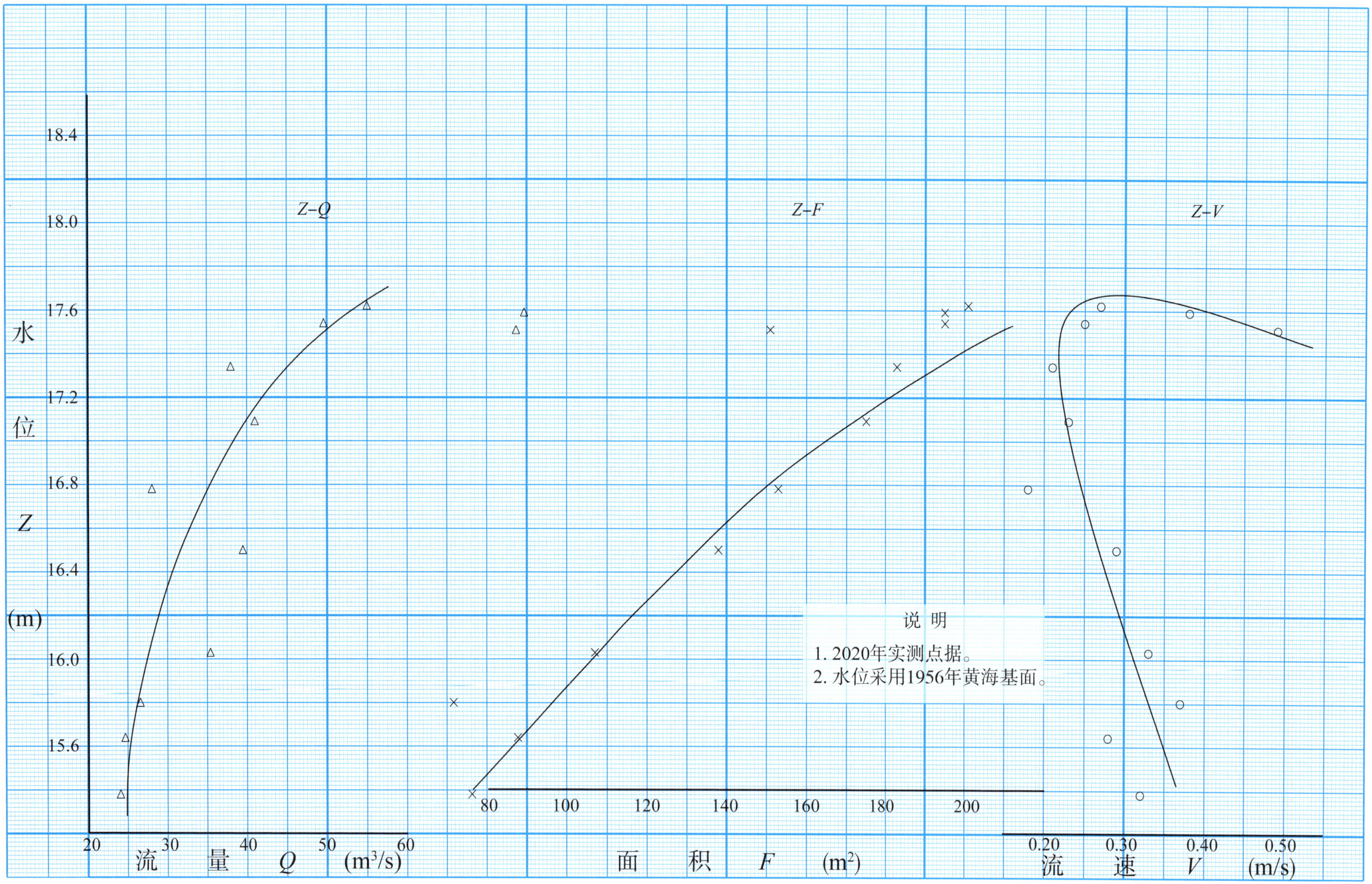

图 4-4 老赵牛河刘连屯闸站水位–流量、水位–面积、水位–流速关系曲线图

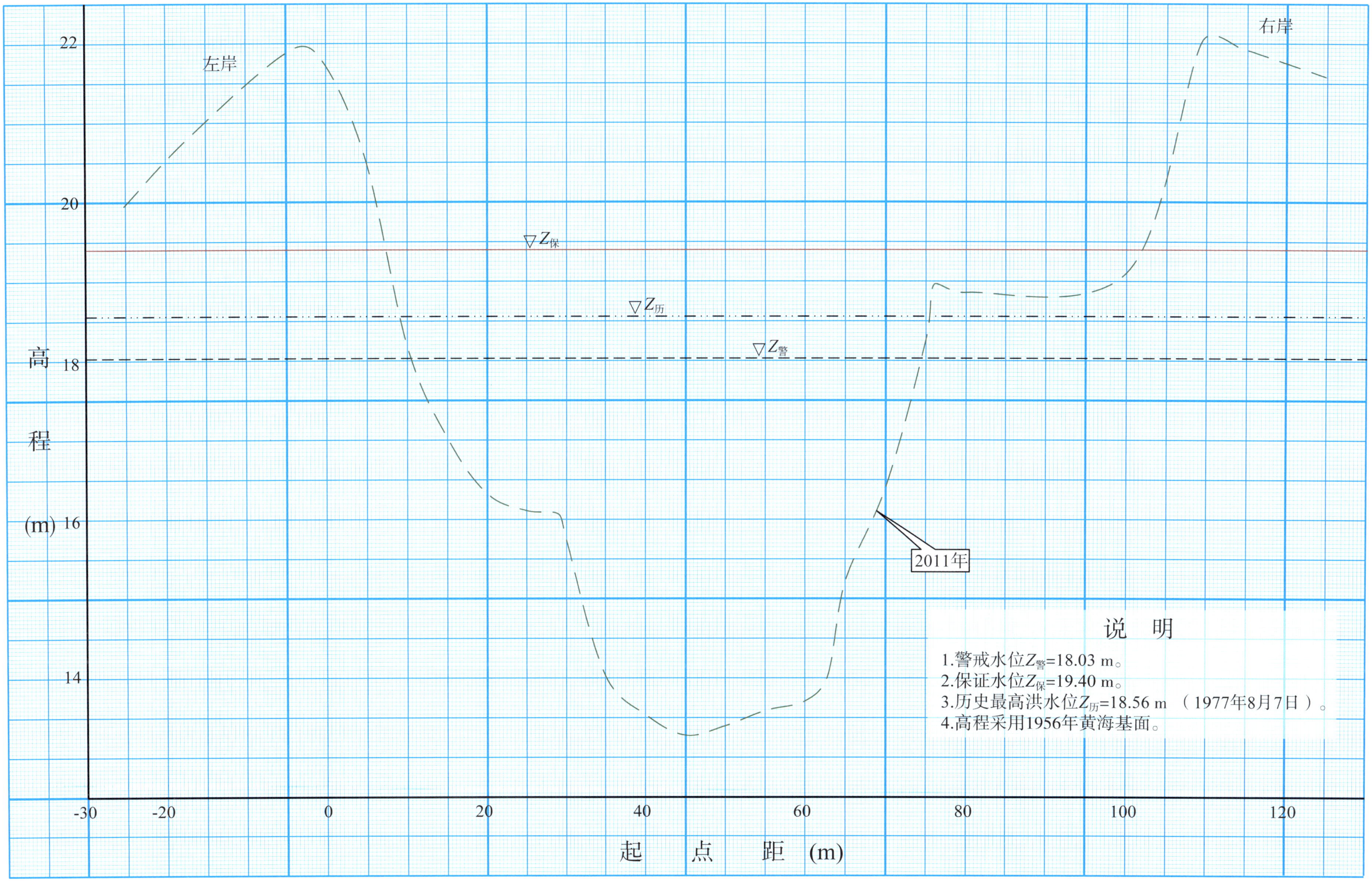

图 4-5　老赵牛河刘连屯闸站实测大断面图

第五章 徒骇河马家店站水文预报方案编制说明

1 流域概况

1.1 流域自然地理特征

徒骇河属海河流域独立入海的河流，为黄河冲积平原，位于山东省境内黄河以北，属于鲁西北地区。徒骇河全长 436 km，流域面积 13 902 km^2。该流域沉积了极厚的松散土层，沉积物主要为黄河冲积泥沙。土壤岩性大部分为黏土、亚黏土、亚砂土和粉细砂。包气带与潜水变幅带主要为亚砂土与亚黏土构成的弱透水层。

本流域位于暖温带季风气候区，冬季在蒙古高压控制之下，空气寒冷而干燥，雨雪稀少，夏季亚热带太平洋暖气团势力增强，冷暖气团交汇机会较多，降雨集中，春季干燥多风，秋季天高气爽。全流域多年平均年降水量在 600 mm 左右，丰水年达 1 000 mm 以上，枯水年仅 400 mm 左右，汛期降水量占年降水量的 70%～80%，主要集中于 7 月和 8 月。马家店站以上流域图见图 5-1。

1.2 水利工程概况

徒骇河是鲁北地区一条主要排洪河道，但新中国成立初期河道狭窄，安全行洪能力仅 50 m^3/s 左右，之后曾多次治理，1968 年开始干支流按 1964 年雨型（45 天降雨 400 mm）排涝标准开挖，按 1961 年雨型（45 天降雨 600 mm）防洪标准筑堤，设计防洪能力 1 080 m^3/s。1971 年治理工程全部完成后，干流下游防洪保证流量由 636 m^3/s 提高到 1 746 m^3/s，干流建闸 11 座，总蓄水能力 1.06 亿 m^3。

1.3 测站概况

马家店站以上流域面积 390 km^2。雨量站监测站网包括张集、孙庵、牛堡、龙桑寺、郑路、孙集、玉皇庙、夏口、新市、淄角镇等。

2 预报方案编制

2.1 资料情况

马家店站无实测年鉴水文摘录资料。

2.2 参证站选择

马家店站地形地貌和下垫面基本特征与刘庄闸站相似，故以鄄郓河刘庄闸站作为马家店站的参证站。参证站刘庄闸站以上流域面积 $F_{参}=520\ km^2$，设计站马家店站以上流域面积 $F_{设}=390\ km^2$。

2.3 产流方案

利用刘庄闸站的产流方案推求马家店站的产流过程，马家店站降雨径流相关图（$P+P_a-R$）见图 5-2。

2.3.1 流域平均雨量 P 的计算

根据张集、孙庵、牛堡、龙桑寺、郑路、孙集、玉皇庙、夏口、新市、淄角镇等 10 站雨量采用算术平均法计算流域平均雨量 P。

2.3.2 流域平均前期影响雨量 P_a 的计算

$$P_{a,t+1}=K(P_{a,t}+P_t)$$

式中：$P_{a,t+1}$ 为第 $t+1$ 日的前期影响雨量（mm）；$P_{a,t}$ 为第 t 日的前期影响雨量（mm）；P_t 为第 t 日的流域平均雨量（mm）；K 为前期影响雨量递减系数。

2.3.3 产流参数 I_m、K 的确定

本方案采用刘庄闸站的参数，即 $I_m=120$ mm，$K=0.9$。

2.4 汇流方案

采用参证站刘庄闸站单位线进行缩放。将刘庄闸站单位线（$\Delta t=2$ h）进行缩放后作为马家店站单位线，详见图 5-3。

单位线的缩放按下列公式计算：

$$\alpha=(F_{设}/F_{参})^{0.5}$$

$$T_{设i}=\alpha T_{参i}$$

$$q_{设i}=\alpha q_{参i}$$

式中：α 为单位线缩放系数；$F_{参}$、$F_{设}$ 分别为参证站、设计站以上控制流域面积；$T_{参i}$ 为参证站单位线逐时段，$T_{参i}=1, 2, \cdots, N$；$T_{设i}$ 为设计站单位线逐时段，通常为小数，为满足实际要求，需进一步对缩放结果进行插值，从而得到整时段单位线结果；$q_{参i}$ 为参证站单位线逐时段流量；$q_{设i}$ 为设计站单位线逐时段流量。

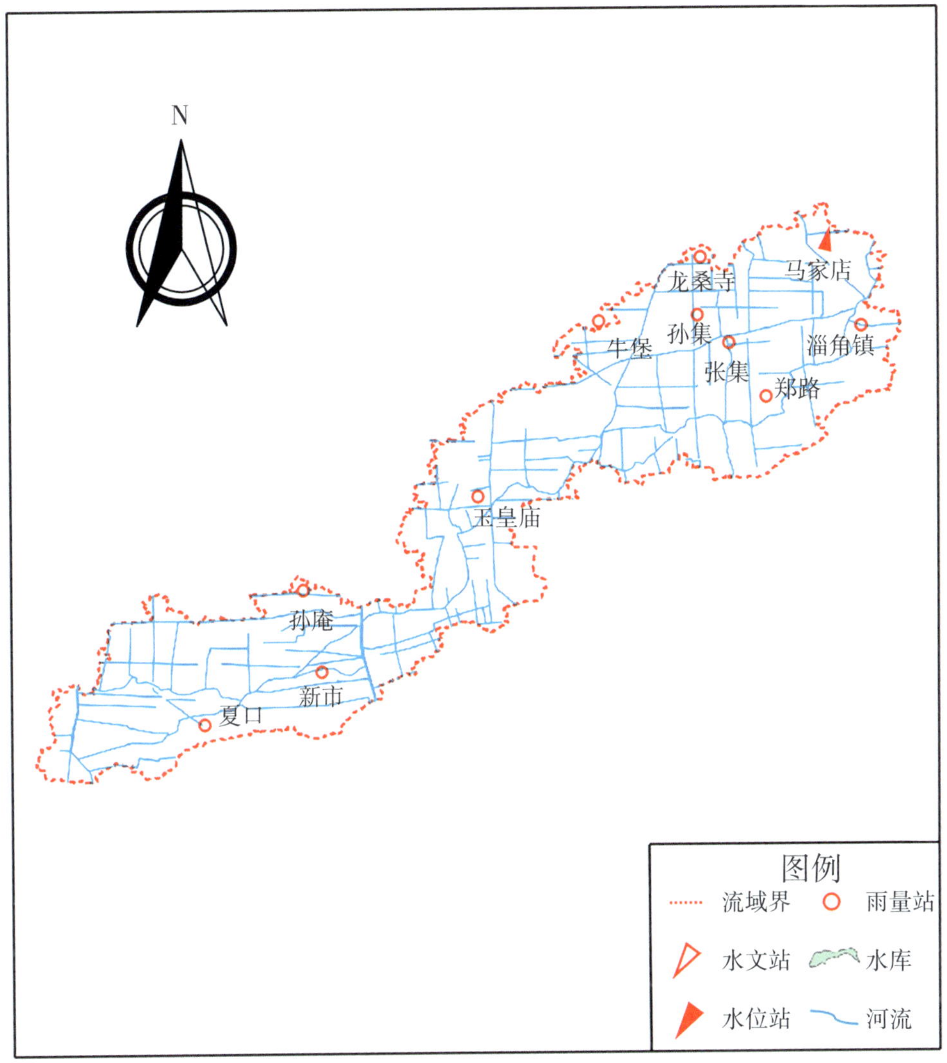

图 5-1　徒骇河马家店水文站以上流域图

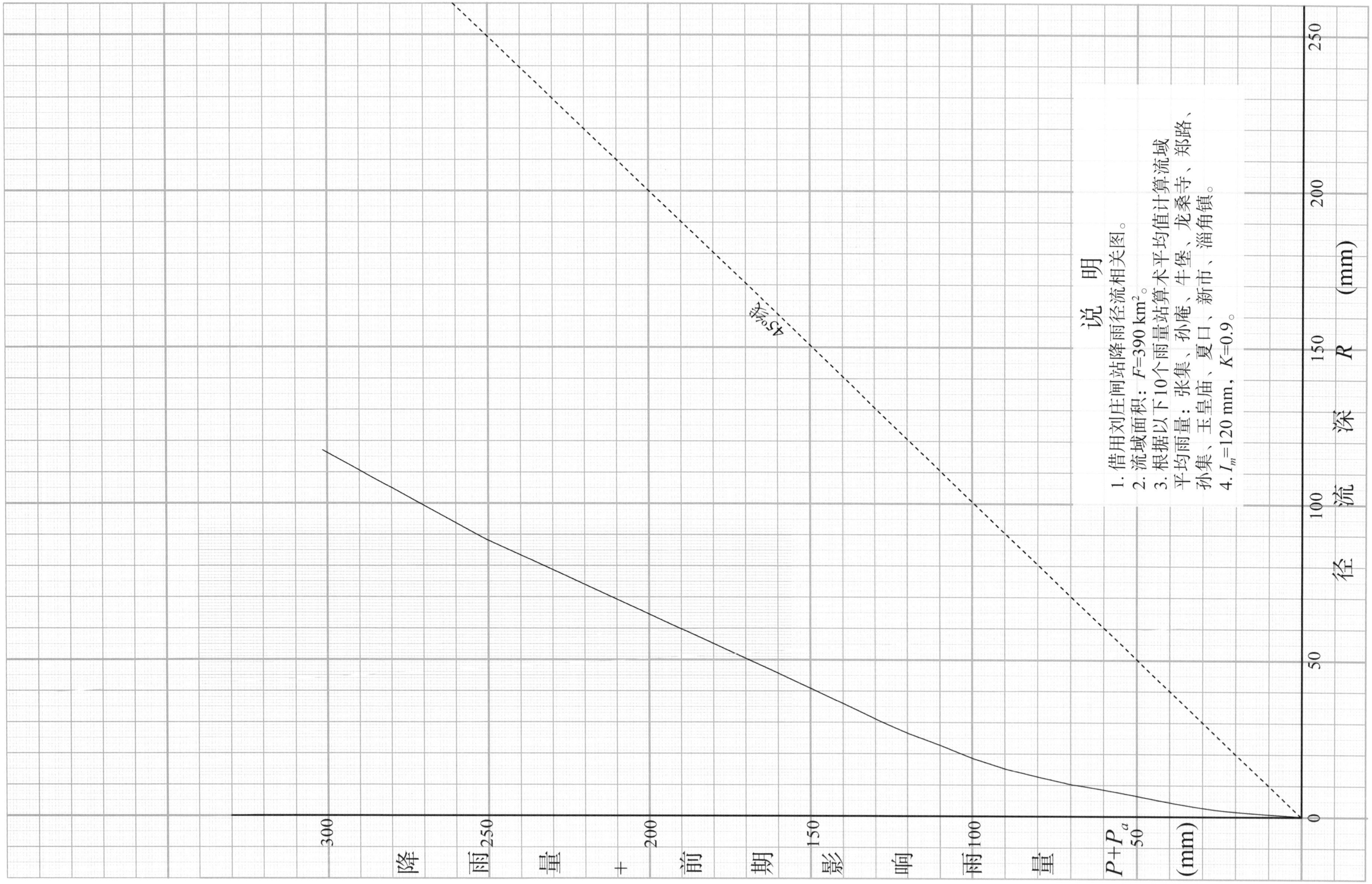

图 5-2 徒骇河马家店站降雨径流相关图

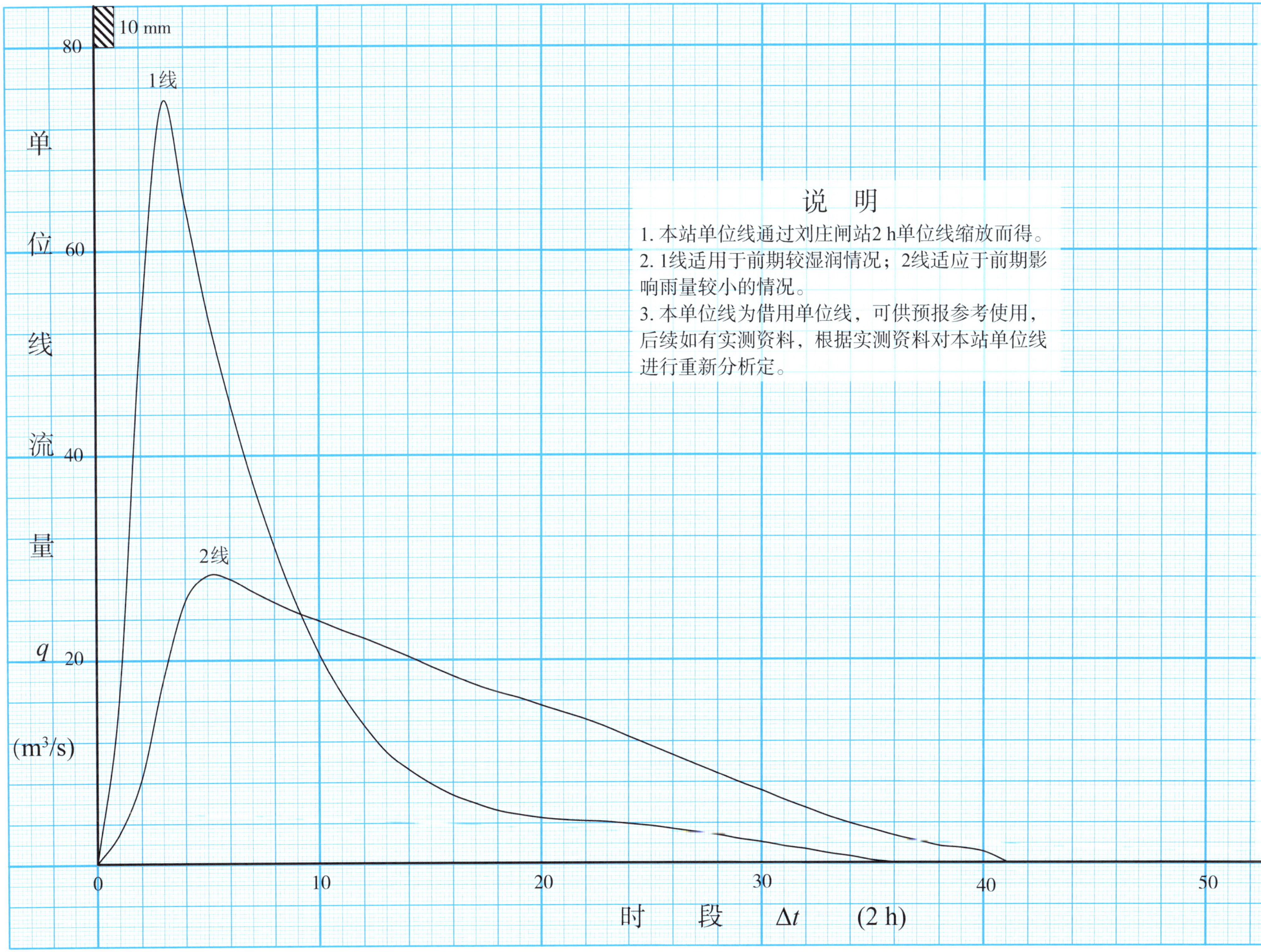

说　明

1. 本站单位线通过刘庄闸站2 h单位线缩放而得。
2. 1线适用于前期较湿润情况；2线适应于前期影响雨量较小的情况。
3. 本单位线为借用单位线，可供预报参考使用，后续如有实测资料，根据实测资料对本站单位线进行重新分析定。

单位线成果表

F=390 km^2，Δt=2 h

时段	单位线流量q(m^3/s)	
	1线	2线
0	0.0	0.0
1	16.2	3.0
2	52.2	8.4
3	74.4	18.1
4	64.6	25.8
5	53.8	28.2
6	45.0	27.8
7	37.4	26.6
8	30.8	25.5
9	25.1	24.5
10	20.4	23.7
11	16.5	22.8
12	13.4	22.0
13	10.8	21.1
14	9.1	20.2
15	7.7	19.2
16	6.6	18.3
17	5.8	17.4
18	5	16.7
19	5	16.1
20	4.4	15.4
21	4.2	14.7
22	4.1	14.0
23	4.0	13.2
24	3.8	12.3
25	3.6	11.4
26	3.3	10.5
27	3.0	9.6
28	2.7	8.7
29	2.3	7.8
30	2.0	7.0
31	1.6	6.1
32	1.3	5.3
33	0.9	4.5
34	0.6	3.8
35	0.2	3.2
36	0.0	2.6
37		2.1
38		1.6
39		1.4
40		1.0
41		0.0
∑	542	542

图 5-3　徒骇河马家店站单位线图

第六章　勾盘河黄井闸站水文预报方案编制说明

1　流域概况

1.1　流域自然地理特征

徒骇河属海河流域独立入海的河流，为黄河冲积平原，位于山东省境内黄河以北，属于鲁西北地区。徒骇河全长 436 km，流域面积 13 902 km^2。该流域沉积了极厚的松散土层，沉积物主要为黄河冲积泥沙。土壤岩性大部分为黏土、亚黏土、亚砂土和粉细砂。包气带与潜水变幅带主要为亚砂土与亚黏土构成的弱透水层。

本流域位于暖温带季风气候区，冬季在蒙古高压控制之下，空气寒冷而干燥，雨雪稀少，夏季亚热带太平洋暖气团势力增强，冷暖气团交汇机会较多，降雨集中，春季干燥多风，秋季天高气爽。全流域多年平均年降水量在 600 mm 左右，丰水年达 1 000 mm 以上，枯水年仅 400 mm 左右，汛期降水量占年降水量的 70%~80%，主要集中于 7 月和 8 月。

勾盘河黄井闸站以上流域图见图 6-1。

1.2　水利工程概况

徒骇河是鲁北地区一条主要排洪河道，但新中国成立初期河道狭窄，安全行洪能力仅 50 m^3/s 左右，之后曾多次治理，1968 年开始干支流按 1964 年雨型（45 天降雨 400 mm）排涝标准开挖，按 1961 年雨型（45 天降雨 600 mm）防洪标准筑堤，设计防洪能力 1 080 m^3/s。1971 年治理工程全部完成后，干流下游防洪保证流量由 636 m^3/s 提高到 1 746 m^3/s，干流建闸 11 座，总蓄水能力 1.06 亿 m^3。

1.3　测站概况

勾盘河黄井闸站为中小河流堰闸水文站，流域面积 152 km^2，其设站目的是系统积累水文资料，研究区域水文规律，为防汛抗旱、工程运行管理、水资源管理、水生态保护等服务。雨量站监测站网包括二十里堡闸、惠民、温店、阳信等。

2　预报方案编制

2.1　资料情况

黄井闸站无实测年鉴水文摘录资料。

2.2　参证站选择

黄井闸站地形地貌和下垫面基本特征与刘庄闸站相似，故以鄄郓河刘庄闸站作为黄井闸站的参证站。参证站刘庄闸站以上流域面积 $F_{参}=520\ km^2$，设计站黄井闸站以上流域面积 $F_{设}=152\ km^2$。

2.3　产流方案

利用刘庄闸站的产流方案推求黄井闸站的产流过程，黄井闸站降雨径流相关图（$P+P_a-R$）见图 6-2。

2.3.1　流域平均雨量 *P* 的计算

根据二十里堡闸、惠民、温店、阳信等 4 站雨量采用算术平均法计算流域平均雨量 P。

2.3.2　流域平均前期影响雨量 P_a 的计算

$$P_{a,\ t+1}=K(P_{a,\ t}+P_t)$$

式中：$P_{a,t+1}$ 为第 t+1 日的前期影响雨量（mm）；$P_{a,t}$ 为第 t 日的前期影响雨量（mm）；P_t 为第 t 日的流域平均雨量（mm）；K 为前期影响雨量递减系数。

2.3.3　产流参数 I_m、K 的确定

本方案采用刘庄闸站的参数，即 $I_m=120$ mm，$K=0.9$。

2.4　汇流方案

采用参证站刘庄闸站单位线进行缩放。将刘庄闸站单位线（$\Delta t=2$ h）进行缩放后作为黄井闸站单位线，详见图 6-3。

单位线的缩放按下列公式计算：

$$\alpha=(F_{设}/F_{参})^{0.5}$$

$$T_{设i}=\alpha T_{参i}$$

$$q_{设i}=\alpha q_{参i}$$

式中：α 为单位线缩放系数；$F_{参}$、$F_{设}$ 分别为参证站、设计站以上控制流域面积；$T_{参i}$ 为参证站单位线逐时段，$T_{参i}=1, 2, \cdots, N$；$T_{设i}$ 为设计站单位线逐时段，通常为小数，为满足实际要求，需进一步对缩放结果进行插值，从而得到整时段单位线结果；$q_{参i}$ 为参证站单位线逐时段流量；$q_{设i}$ 为设计站单位线逐时段流量。

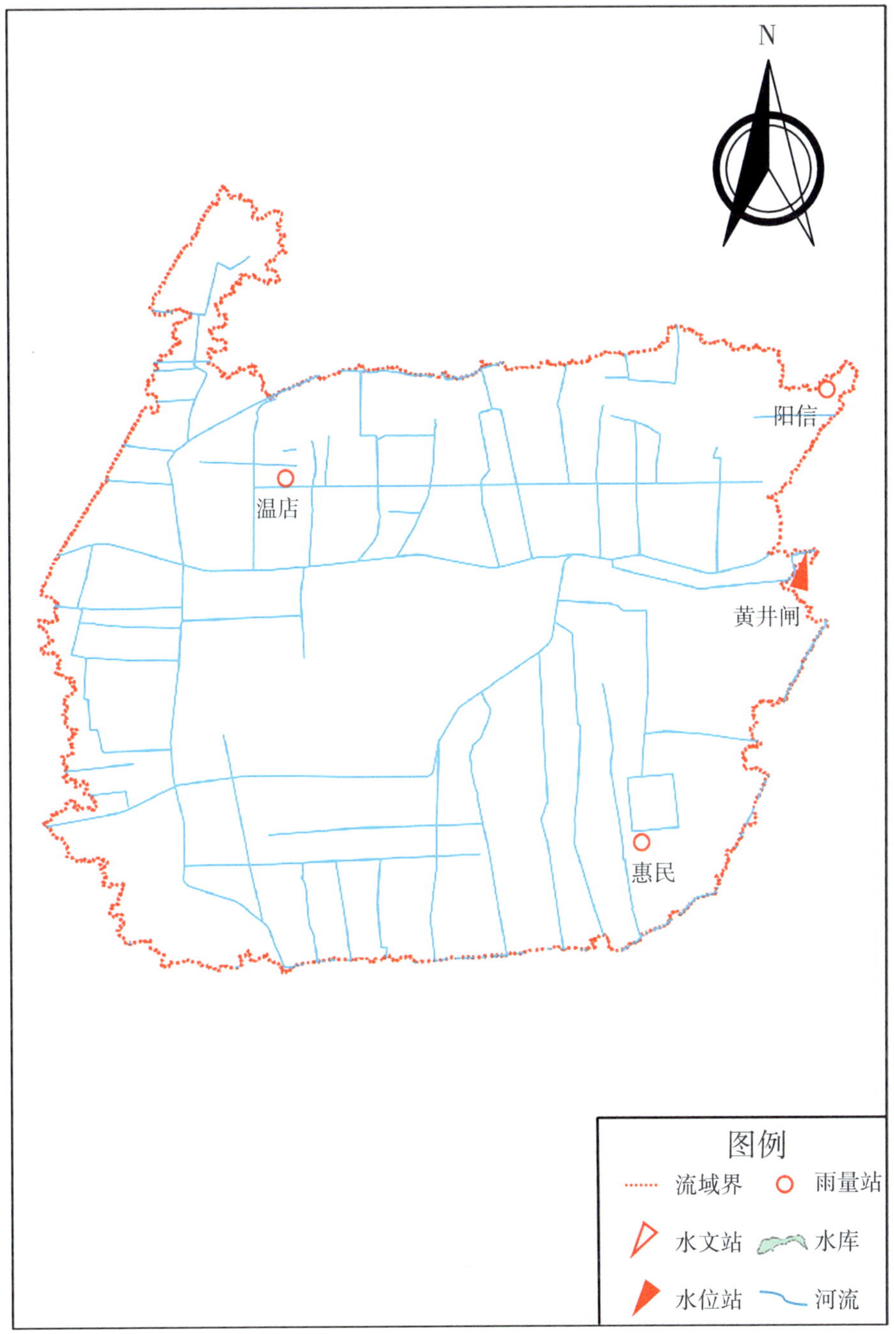

图 6-1　勾盘河黄井闸水文站以上流域图

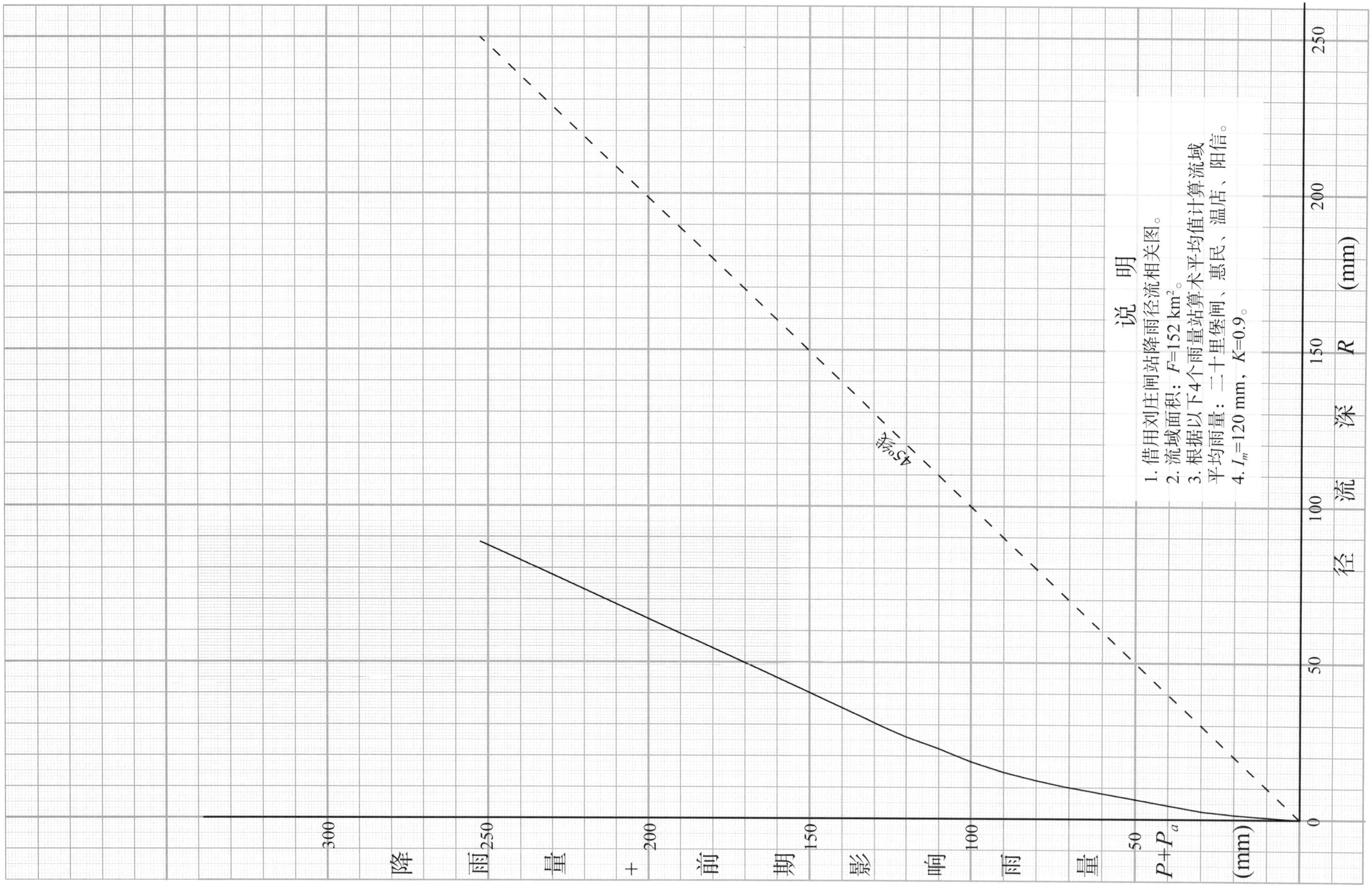

图 6-2　勾盘河黄井闸站降雨径流相关图

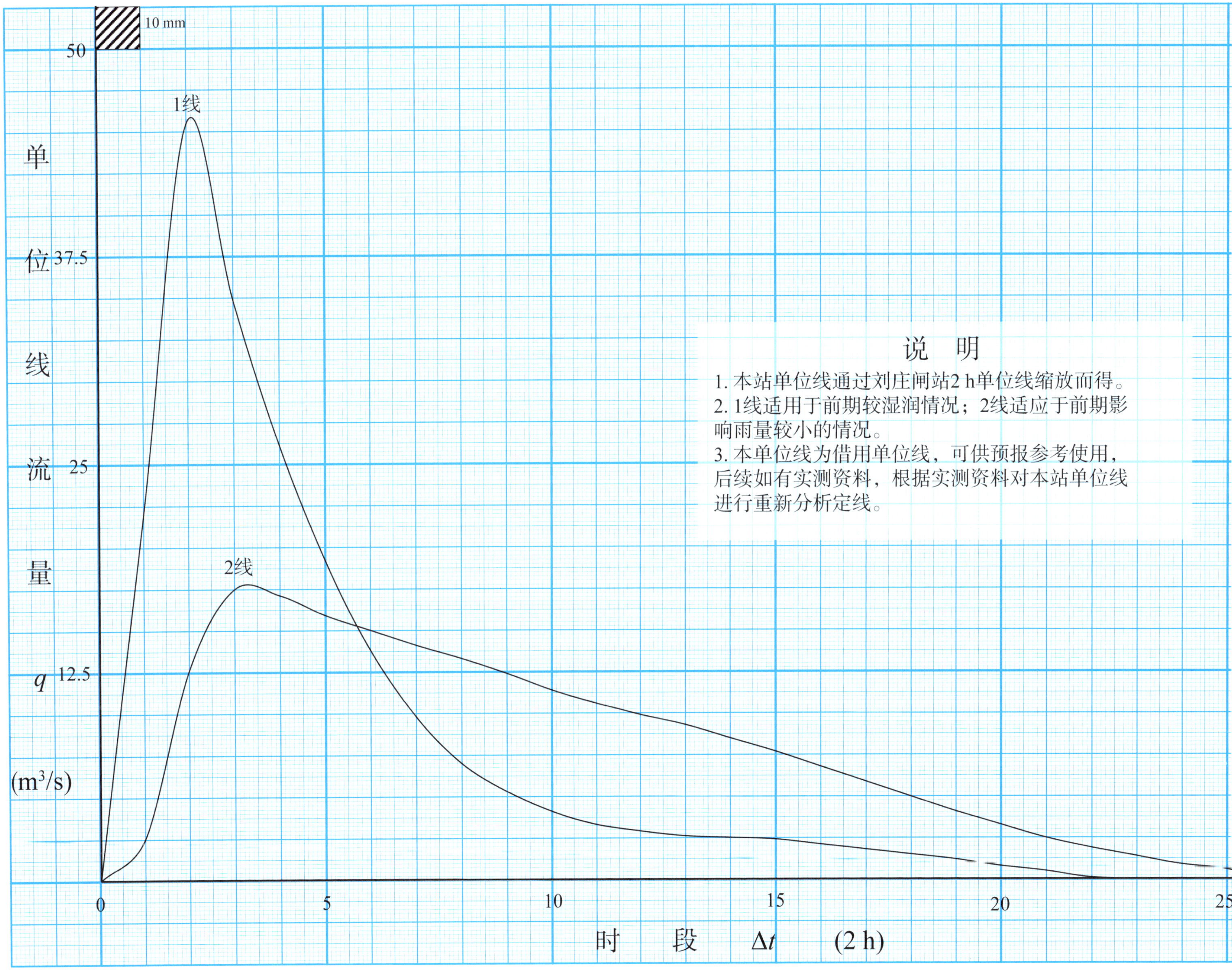

说 明

1. 本站单位线通过刘庄闸站2 h单位线缩放而得。
2. 1线适用于前期较湿润情况；2线适应于前期影响雨量较小的情况。
3. 本单位线为借用单位线，可供预报参考使用，后续如有实测资料，根据实测资料对本站单位线进行重新分析定线。

单位线成果表

F=152 km^2，Δt=2 h

时段	单位线流量q(m^3/s)	
	1线	2线
0	0.0	0.0
1	22.3	2.6
2	45.6	12.7
3	34.8	17.5
4	26.1	17.1
5	19.2	15.9
6	13.8	15.0
7	9.8	14.1
8	7.0	13.3
9	5.3	12.4
10	4.1	11.4
11	3.3	10.6
12	2.9	9.9
13	2.6	9.3
14	2.5	8.5
15	2.4	7.7
16	2.1	6.8
17	1.8	5.9
18	2.0	5.0
19	1.0	4.1
20	0.8	3.3
21	0.5	2.5
22	0.1	1.9
23	0.0	1.4
24		0.9
25		0.6
26		0.0
∑	210	210

图 6-3　勾盘河黄井闸站单位线图

第七章　白杨河王家集站水文预报方案编制说明

1　流域概况

1.1　流域自然地理特征

白杨河是鲁北东部人工开挖的一条排涝行洪河道，位于滨州市阳信、无棣、沾化三县（区）境内，全长55.9 km。该河是1965年春季由阳信县新开挖的一条排涝河道，当时全长28.3 km。白杨河开挖前，该流域处在勾盘河和青坡沟之间，内有纸坊、河西营、官庄等诸多洼地，面积在8.7万亩以上。原来这些洼地的涝水是靠纸坊、官庄、毛寨等7条排水支沟向青坡沟排泄，诸支沟的下游穿越盆型洼地，地形特别低洼，一遇暴雨，上游洪涝积水，滚坡直下，向青坡沟奔涌，但此时的青坡沟因处同一雨区，大量上游来水往往使河水陡涨，支沟泄水受青坡沟洪水顶托，难以下泄，以致积涝成灾，且常引起上下游边界水利纠纷。1965年2月25日由惠民地区水利建设指挥部提出了“白杨河工程设计”，按10年一遇除涝标准规划设计，暂按3年一遇标准开挖，设计防洪标准按20年一遇。流域面积为203.7 km^2。断面设计按宽浅式，河槽边坡1∶3，设计水深2.5 m，设计底宽7.5~12.5~14.0 m，设计河底高程起点5.10 m、入秦口河处高程1.93 m。

白杨河流域地处黄河下游冲积平原，属暖温带东亚季风区域大陆性气候，具有夏热多雨、冬寒少雪、春季干燥多风、秋季天高气爽的特点。由于气候随季节变化明显，故降雨等气象因素随季节变化较大。该地区多年平均年降水量578 mm，主要集中在汛期，且75%的雨量集中在7、8月份。由于年降水量高度集中，夏季的暴雨往往形成较大洪水，甚至造成洪涝灾害。

王家集站以上流域图见图7-1。

1.2　水利工程概况

1965年3月8日白杨河开挖工程开工，至4月2日，全部竣工。白杨河西起阳信县大寨村，东至秦口河，长达28.3 km，共完成土方任务119.2万 m^3，投资23.6万元。该工程的竣工使流域内约9万亩的洼地可免除涝灾，1万亩洼地可减轻涝灾，3万亩低洼地免除客水侵袭，大大减轻了流域涝灾。

1976年至1979年又进行了扩大治理，将原白杨河向西接长约27 km，新起点为阳信县温店镇闫张村西的德惠新河处，全长55.9 km，流域面积377 km^2。

1.3　测站概况

白杨河王家集站以上流域面积167 km^2。雨量站监测站网为王家集站。

2　预报方案编制

2.1　资料情况

王家集站无实测年鉴水文摘录资料。

2.2　参证站选择

王家集站地形地貌和下垫面基本特征与刘庄闸站相似，故以郓郓河刘庄闸站作王家集站的参证站。参证站刘庄闸站以上流域面积 $F_{参}=520\ km^2$，设计站王家集站以上流域面积 $F_{设}=167\ km^2$。

2.3　产流方案

利用刘庄闸站的产流方案推求王家集站的产流过程，王家集站降雨径流相关图（$P+P_a-R$）见图7-2。

2.3.1　流域平均雨量 *P* 的计算

王家集站雨量即为流域平均雨量 P。

2.3.2　流域平均前期影响雨量 P_a 的计算

$$P_{a,\ t+1}=K(P_{a,\ t}+P_t)$$

式中：$P_{a,t+1}$ 为第 t+1 日的前期影响雨量（mm）；$P_{a,t}$ 为第 t 日的前期影响雨量（mm）；P_t 为第 t 日的流域平均雨量（mm）；K 为前期影响雨量递减系数。

2.3.3　产流参数 I_m、*K* 的确定

本方案采用刘庄闸站的参数，即 $I_m=120$ mm，$K=0.9$。

2.4　汇流方案

采用参证站刘庄闸站单位线进行缩放。将刘庄闸站单位线（$\Delta t=2$ h）进行缩放后作为王家集站单位线，详见图7-3。

单位线的缩放按下列公式计算：

$$\alpha=(F_{设}/F_{参})^{0.5}$$
$$T_{设i}=\alpha T_{参i}$$
$$q_{设i}=\alpha q_{参i}$$

式中：α 为单位线缩放系数；$F_{参}$、$F_{设}$ 分别为参证站、设计站以上控制流域面积；$T_{参i}$ 为参证站单位线逐时段，$T_{参i}=1,\ 2,\ \cdots,\ N$；$T_{设i}$ 为设计站单位线逐时段，通常为小数，为满足实际要求，需进一步对缩放结果进行插值，从而得到整时段单位线结果；$q_{参i}$ 为参证站单位线逐时段流量；$q_{设i}$ 为设计站单位线逐时段流量。

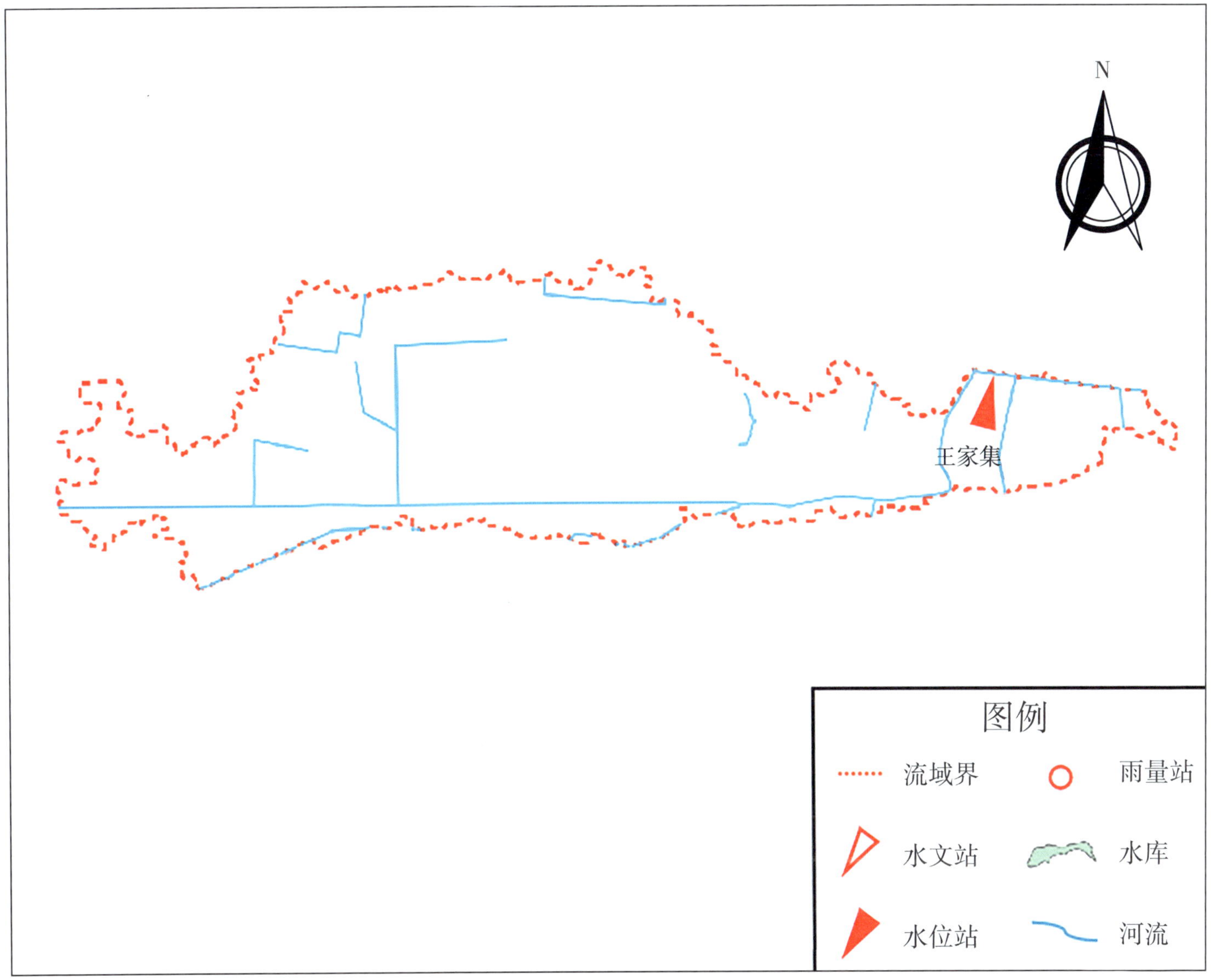

图 7-1　白杨河王家集水文站以上流域图

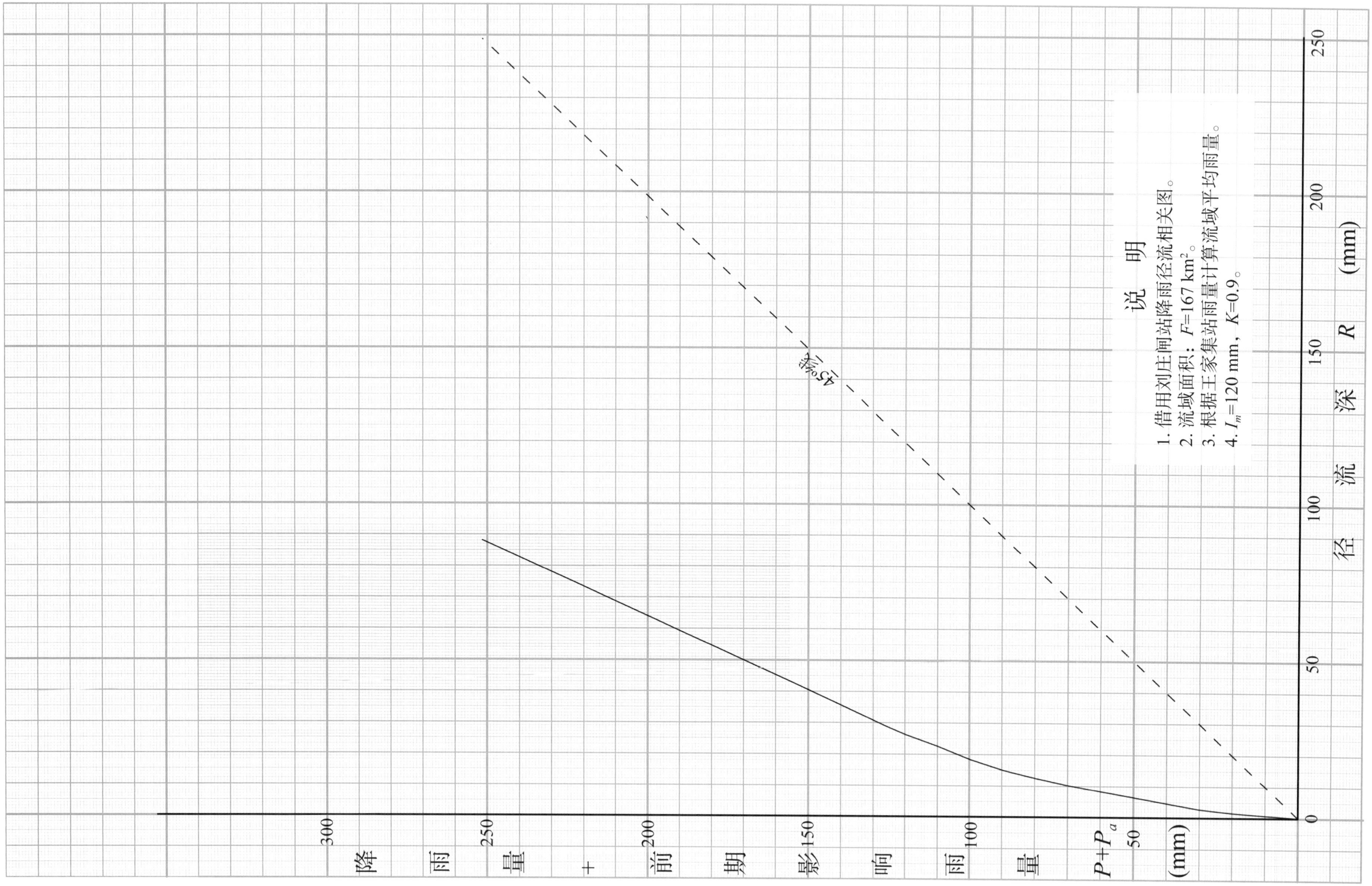

图 7-2　白杨河王家集站降雨径流相关图

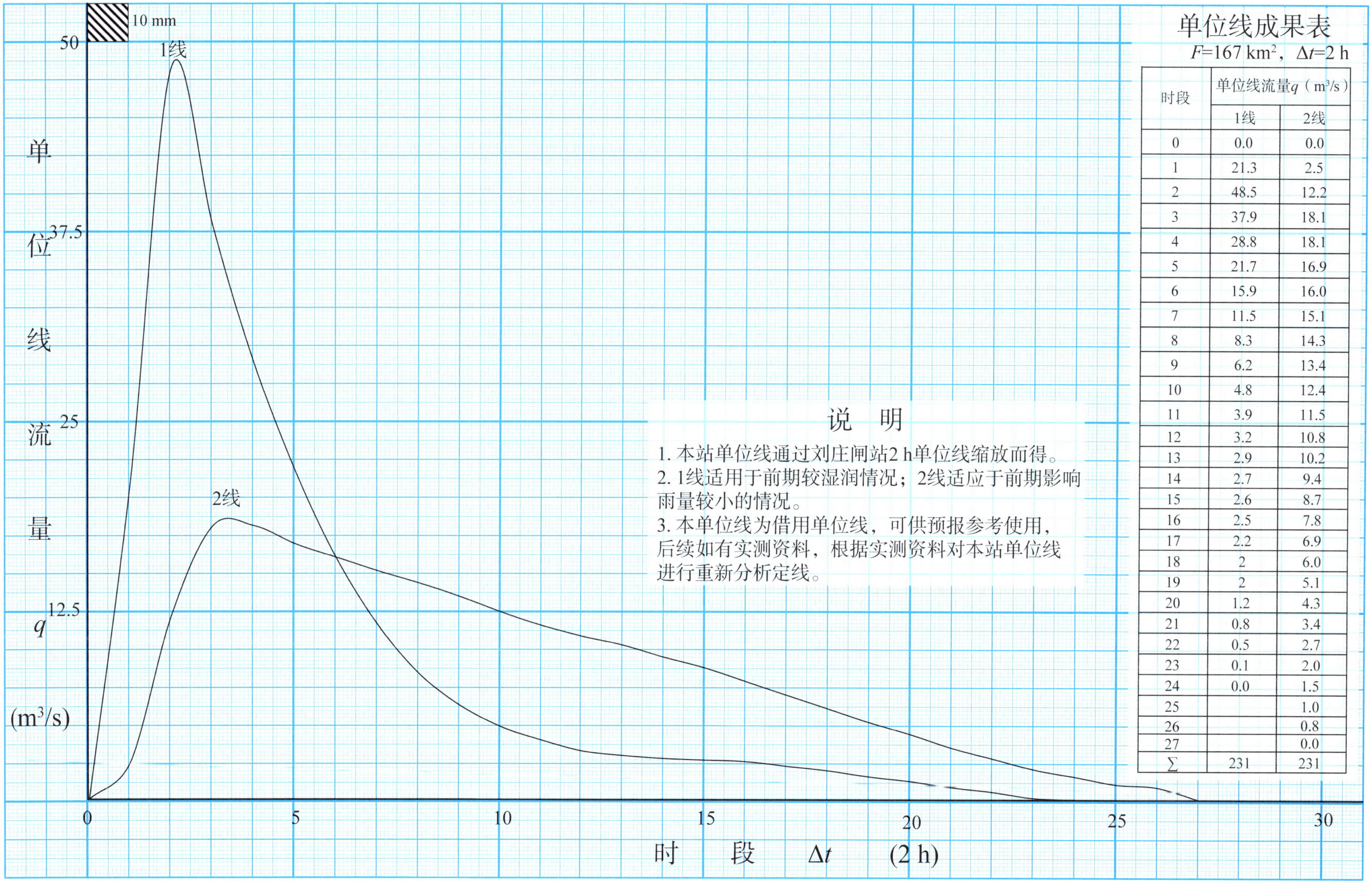

单位线成果表

F=167 km²，Δt=2 h

时段	单位线流量q（m³/s）	
	1线	2线
0	0.0	0.0
1	21.3	2.5
2	48.5	12.2
3	37.9	18.1
4	28.8	18.1
5	21.7	16.9
6	15.9	16.0
7	11.5	15.1
8	8.3	14.3
9	6.2	13.4
10	4.8	12.4
11	3.9	11.5
12	3.2	10.8
13	2.9	10.2
14	2.7	9.4
15	2.6	8.7
16	2.5	7.8
17	2.2	6.9
18	2	6.0
19	2	5.1
20	1.2	4.3
21	0.8	3.4
22	0.5	2.7
23	0.1	2.0
24	0.0	1.5
25		1.0
26		0.8
27		0.0
∑	231	231

图 7-3　白杨河王家集站单位线图

第八章 潮河贾家站水文预报方案编制说明

1 流域概况

1.1 流域自然地理特征

潮河是黄河与徒骇河之间人工开挖的一条独流入海的排水河道，起自滨州市双刘村西之西沙河，东北经滨城区、沾化区，至洼拉沟入海，全长75.46 km，流域面积1 241.3 km^2。其主要支流有西沙河、张课干沟、新立河、秦台干沟、单寺干沟、太平河、朝阳河等，形成了以潮河为干流的排水系统。贾家水文站距河口77 km，控制面积396 km^2，是潮河中下游控制站。贾家水文站以上流域图见图8-1。

1.2 水利工程概况

贾家站上游11 km处有瓦刀赵水文站，下游17 km处有沾东水文站，两处水文站均为中小河流水文站，是汛期站。潮河干流上目前只有贾家水文站一处常年水文站，且按照目前测站任务书无法满足对水量的控制。

目前本站断面以上有一座小型水库，即店子水库。该水库位于沾化区泊头镇，建成于1999年，设计库容60万 m^3，对本站测验河段基本无影响。

1.3 测站概况

贾家水文站为中小河流水文监测系统项目新建水文站，2017年试运行，2018年正式运行，同时刊印资料。其测验断面位于滨州市沾化区泊头镇贾家村，设站目的是系统积累水文资料，研究区域水文规律，为防汛抗旱、水资源管理、水生态保护等服务。目前监测项目目为水位和流量。现有基本水尺断面、流速仪测流断面，水位观测为人工观测，另建设有一处雷达水位计；流量测验为中心巡测，使用声学多普勒流速剖面仪（ADCP）桥测。贾家水文站测验河段平整顺直，河床窄深，主槽宽40 m。两岸由堤坝组成，系沙壤土。两岸主要种植谷子、玉米、小麦、棉花等作物。

该站基上20 m为S312省道公路桥，便于开展桥测。

2 预报方案编制

2.1 资料情况

贾家站无实测年鉴水文摘录资料。

2.2 参证站选择

根据地形地貌和下垫面基本特征，选择南四湖上级湖湖西区路菜园闸站作为贾家站的参证站。参证站路菜园闸站以上流域面积 $F_{参}=646\ km^2$，设计站贾家站以上流域面积 $F_{设}=396\ km^2$。

2.3 产流方案

利用路菜园闸站的产流方案推求贾家站控制流域的产流过程，贾家站降雨径流相关图（$P+P_a-R$）见图8-2。

2.3.1 流域平均前期影响雨量 P_a 的计算

$$P_{a,\ t+1}=K(P_{a,\ t}+P_t)$$

式中：$P_{a,t+1}$ 为第 $t+1$ 日的前期影响雨量（mm）；$P_{a,t}$ 为第 t 日的前期影响雨量（mm）；P_t 为第 t 日的流域平均雨量（mm）；K 为前期影响雨量递减系数。

2.3.2 产流参数 I_m、K 的确定

本方案采用路菜园闸站的参数，即 $I_m=120$ mm，$K=0.9$。

2.4 汇流方案

采用参证站路菜园闸站单位线进行缩放。将路菜园闸站单位线（$\Delta t=2$ h）进行缩放后作为贾家站单位线，详见图8-3。

单位线的缩放按下列公式计算：

$$\alpha=(F_{设}/F_{参})^{0.5}$$

$$T_{设i}=\alpha T_{参i}$$

$$q_{设i}=\alpha q_{参i}$$

式中：α 为单位线缩放系数；$F_{参}$、$F_{设}$ 分别为参证站、设计站以上控制流域面积；$T_{参i}$ 为参证站单位线逐时段，$T_{参i}=1, 2, \cdots, N$；$T_{设i}$ 为设计站单位线逐时段，通常为小数，为满足实际要求，需进一步对缩放结果进行插值，从而得到整时段单位线结果；$q_{参i}$ 为参证站单位线逐时段流量；$q_{设i}$ 为设计站单位线逐时段流量。

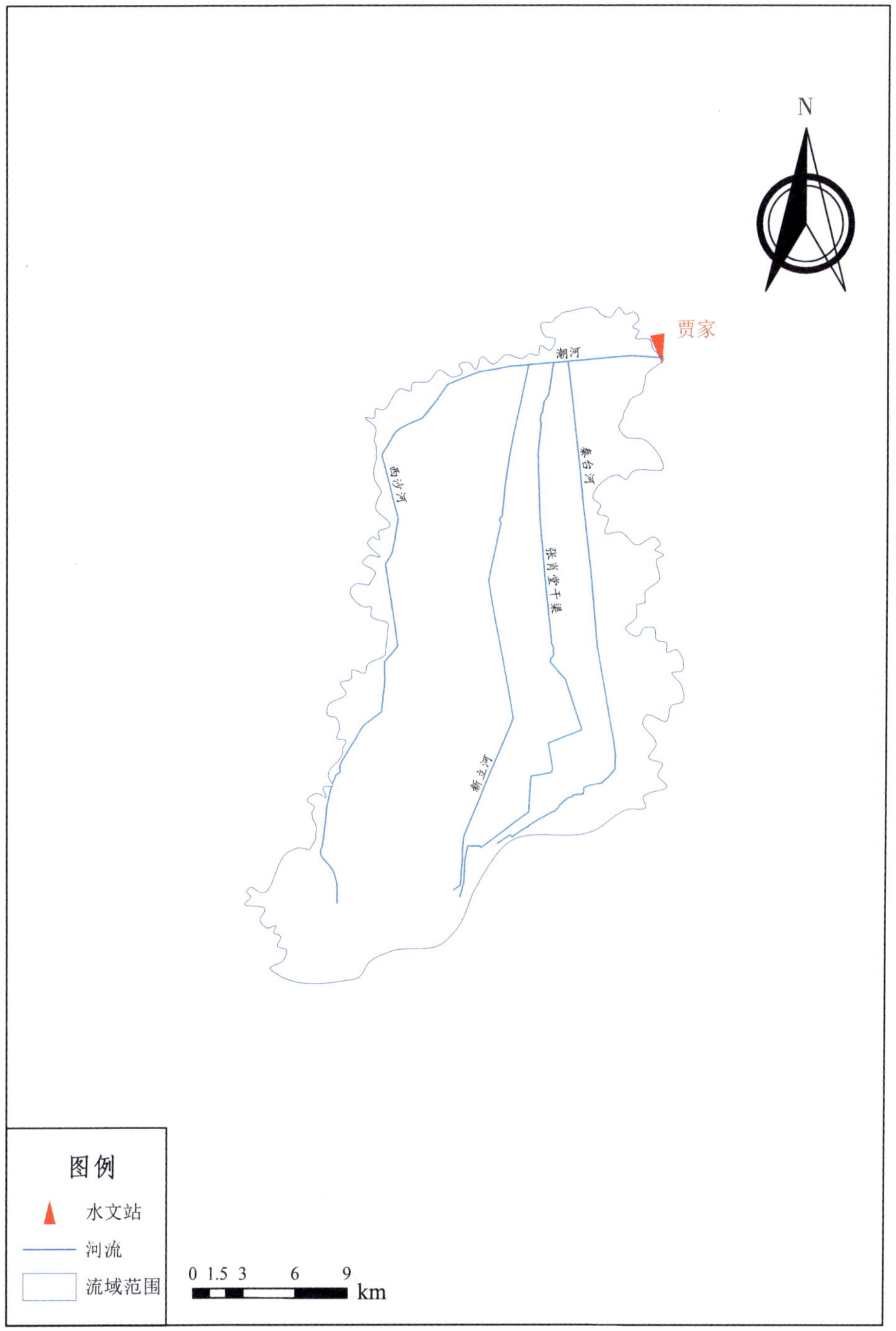

图 8-1　潮河贾家水文站以上流域图

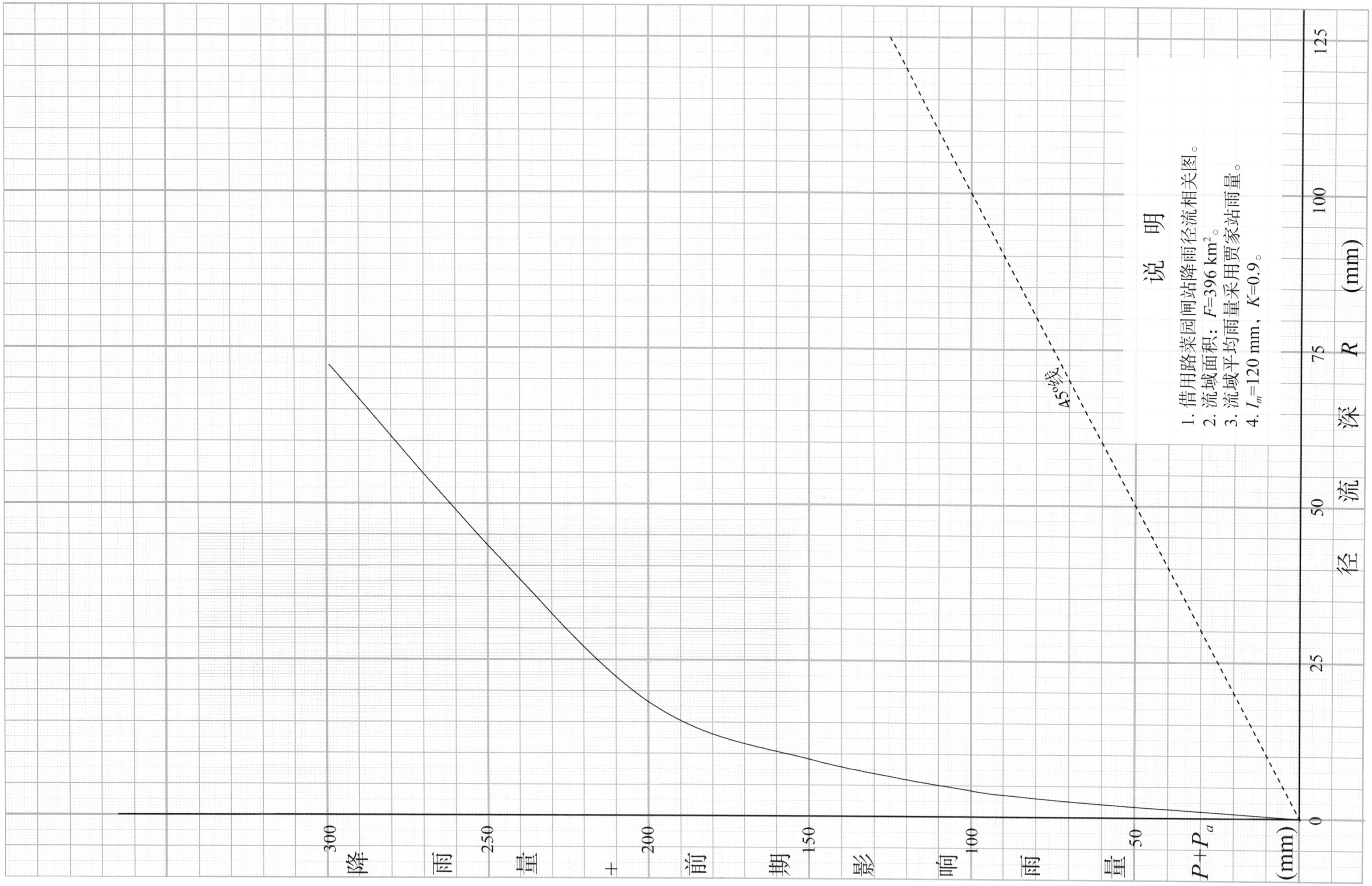

图 8-2　潮河贾家站降雨径流相关图

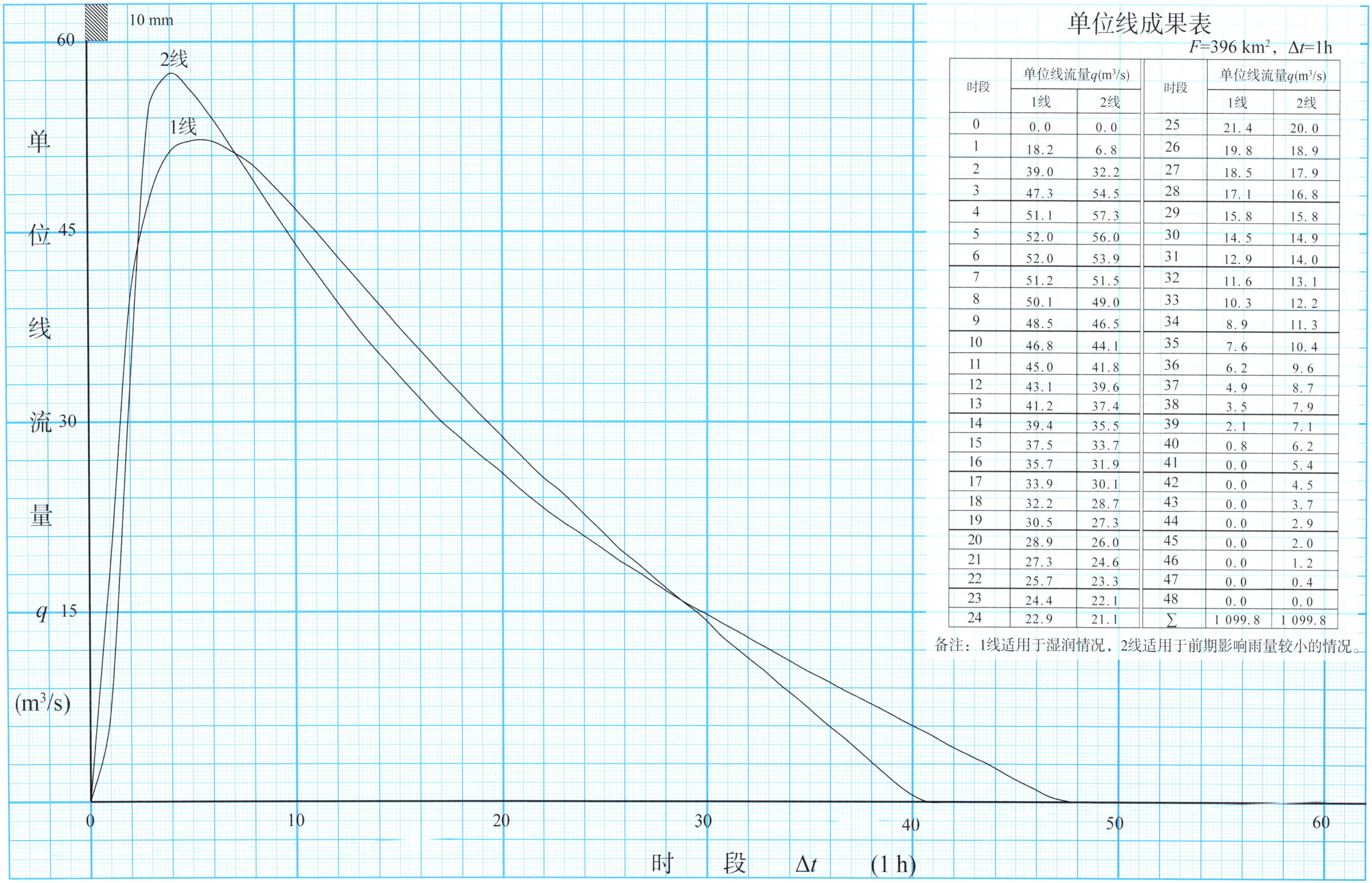

单位线成果表

F=396 km²，Δt=1h

时段	单位线流量q(m³/s)		时段	单位线流量q(m³/s)	
	1线	2线		1线	2线
0	0.0	0.0	25	21.4	20.0
1	18.2	6.8	26	19.8	18.9
2	39.0	32.2	27	18.5	17.9
3	47.3	54.5	28	17.1	16.8
4	51.1	57.3	29	15.8	15.8
5	52.0	56.0	30	14.5	14.9
6	52.0	53.9	31	12.9	14.0
7	51.2	51.5	32	11.6	13.1
8	50.1	49.0	33	10.3	12.2
9	48.5	46.5	34	8.9	11.3
10	46.8	44.1	35	7.6	10.4
11	45.0	41.8	36	6.2	9.6
12	43.1	39.6	37	4.9	8.7
13	41.2	37.4	38	3.5	7.9
14	39.4	35.5	39	2.1	7.1
15	37.5	33.7	40	0.8	6.2
16	35.7	31.9	41	0.0	5.4
17	33.9	30.1	42	0.0	4.5
18	32.2	28.7	43	0.0	3.7
19	30.5	27.3	44	0.0	2.9
20	28.9	26.0	45	0.0	2.0
21	27.3	24.6	46	0.0	1.2
22	25.7	23.3	47	0.0	0.4
23	24.4	22.1	48	0.0	0.0
24	22.9	21.1	∑	1 099.8	1 099.8

备注：1线适用于湿润情况，2线适用于前期影响雨量较小的情况。

图 8-3　潮河贾家站单位线图

第九章　马新河利国站水文预报方案编制说明

1　流域概况

1.1　流域自然地理特征

利国水位站位于山东省滨州市沾化区利国乡裴家村，其测验河段平整顺直，河床窄深，主槽宽 30 m。两岸由堤坝组成，系沙壤土。两岸主要种植谷子、玉米、小麦、棉花等作物。汛前，河槽内生长水草。利国站以上流域图见图 9-1。

1.2　水利工程概况

该站上游有岩马水库和马河水库两大水库，水库相关情况见表 9-1。

岩马水库位于枣庄市山亭区，于 1958 年 11 月兴建，主要承担防洪、灌溉、发电和养殖的功能。水库大坝的主坝是砂壳坝，最大坝高为 27.8 m；副坝为均质坝，最大坝高为 15.0 m。水库承担下游防洪任务，保护面积 266.7 km^2，保护人口 50 万人，保护耕地 40 万亩，保护下游京沪铁路、京福高速公路、滕州城区、湖东煤矿等重要设施或区域。其设计灌溉面积为 21.3 万亩，实际灌溉面积为 11.0 万亩。

马河水库位于滕州市，于 1959 年 11 月兴建，主要承担防洪、灌溉、工业供水、发电和养殖等功能，为大（2）型水库。大坝为黏土心墙砂壳坝，最大坝高为 23.3 m。水库承担下游防洪任务，保护面积 364 km^2，保护人口 40 万人，保护耕地 30 万亩，保护下游京沪铁路、京福高速公路、104 国道、滕州城区、滕西煤矿等重要设施或区域。其设计灌溉面积为 14.0 万亩，实际灌溉面积为 8.0 万亩。

表 9-1　流域上游水利工程情况

序号	水库名称	所在地区	规模	库容（万 m^3）			设计防洪标准			水位（m）				
				总库容	兴利库容	防洪库容	设计（年）	校核（年）	防洪高水位对应控泄流量（m^3/s）	校核水位	设计水位	防洪高水位	兴利水位	死水位
1	岩马水库	枣庄	大（2）型	20 310	11 322	7 674	100	10 000	2 000	132.55	128.00	128.00	128.00	117.00
2	马河水库	滕州	大（2）型	13 800	6 989	7 304	100	5 000	1 200	113.91	112.55	112.00	111.00	100.50

1.3　测站概况

利国站于 2016 年 1 月设站，所在河流向下 53 km 流入渤海。该站以上河流长度 55.6 km，控制流域面积 135 km^2，报汛站等级 4 级。

2　预报方案编制

2.1　资料情况

利国站无实测年鉴水文摘录资料。

2.2　参证站选择

利国站地形地貌和下垫面基本特征与路菜园闸水文站相似，故以南四湖上级湖湖西区路菜园闸站作为利国站的参证站。参证站路菜园闸站以上流域面积 $F_{参}=646\ km^2$，设计站利国站以上流域面积 $F_{设}=135\ km^2$。

2.3　产流方案

利用路菜园闸站的产流方案推求利国站的产流过程，利国站降雨径流相关图（$P+P_a-R$）见图 9-2。

2.3.1　流域平均雨量 *P* 的计算

将利国站雨量作为流域平均雨量。

2.3.2　流域平均前期影响雨量 P_a 的计算

$$P_{a,\ t+1}=K(P_{a,\ t}+P_t)$$

式中：$P_{a,t+1}$ 为第 t+1 日的前期影响雨量（mm）；$P_{a,t}$ 为第 t 日的前期影响雨量（mm）；P_t 为第 t 日的流域平均雨量（mm）；K 为前期影响雨量递减系数。

2.3.3　产流参数 I_m、*K* 的确定

本方案采用路菜园闸站的参数，即 $I_m=120$ mm，$K=0.9$。

2.4　汇流方案

采用参证站路菜园闸站单位线进行缩放。将菜园闸站单位线（$\Delta t=1$ h）进行缩放后作为利国站单位线，详见图 9-3。

单位线的缩放按下列公式计算：

$$\alpha=(F_{设}/F_{参})^{0.5}$$

$$T_{设i}=\alpha T_{参i}$$

$$q_{设i}=\alpha q_{参i}$$

式中：α 为单位线缩放系数；$F_{参}$、$F_{设}$ 分别为参证站、设计站以上控制流域面积；$T_{参i}$ 为参证站单位线逐时段，$T_{参i}=1,\ 2,\ \cdots,\ N$；$T_{设i}$ 为设计站单位线逐时段，通常为小数，为满足实际要求，需进一步对缩放结果进行插值，从而得到整时段单位线结果；$q_{参i}$ 为参证站单位线逐时段流量；$q_{设i}$ 为设计站单位线逐时段流量。

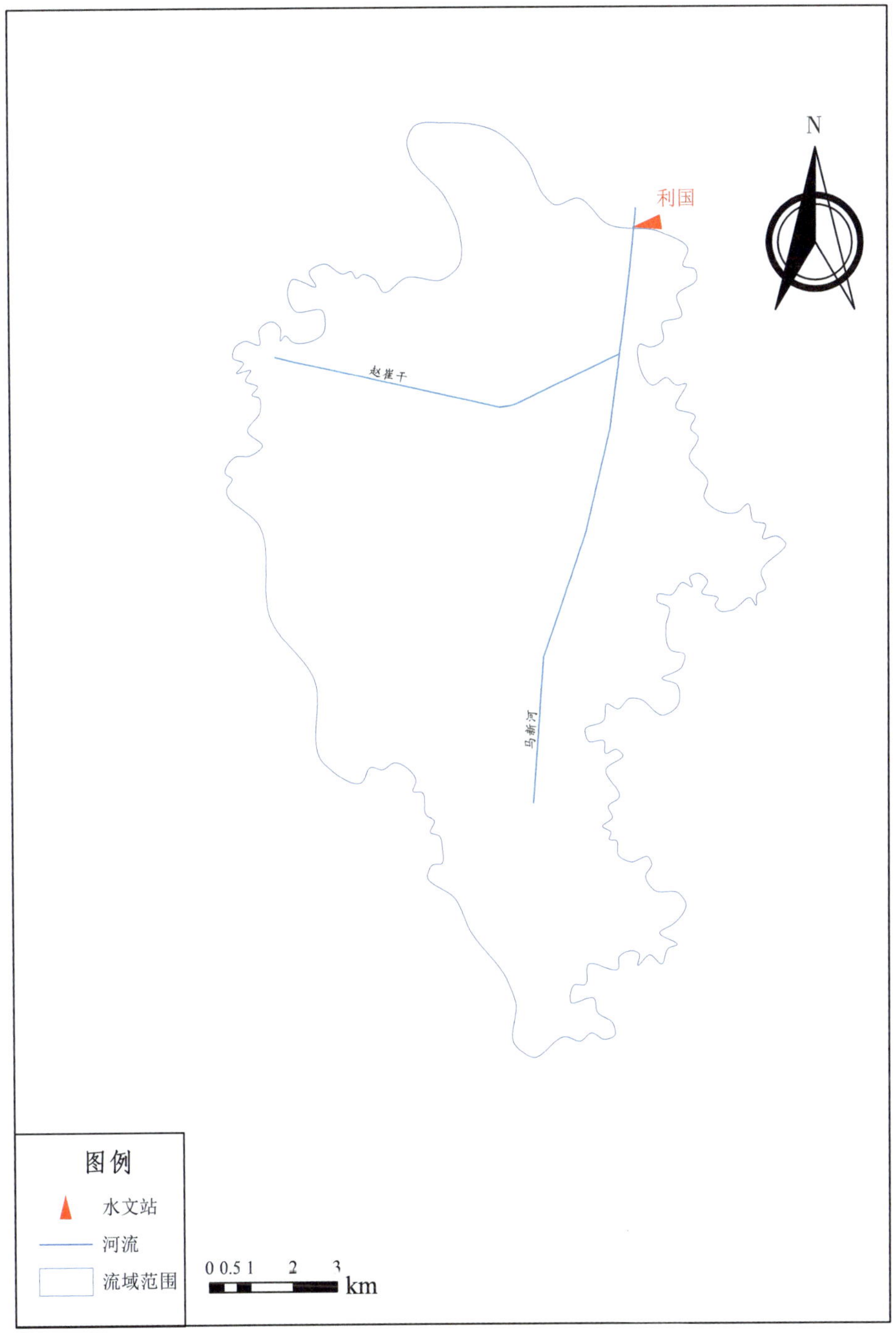

图 9-1　马新河利国站以上流域图

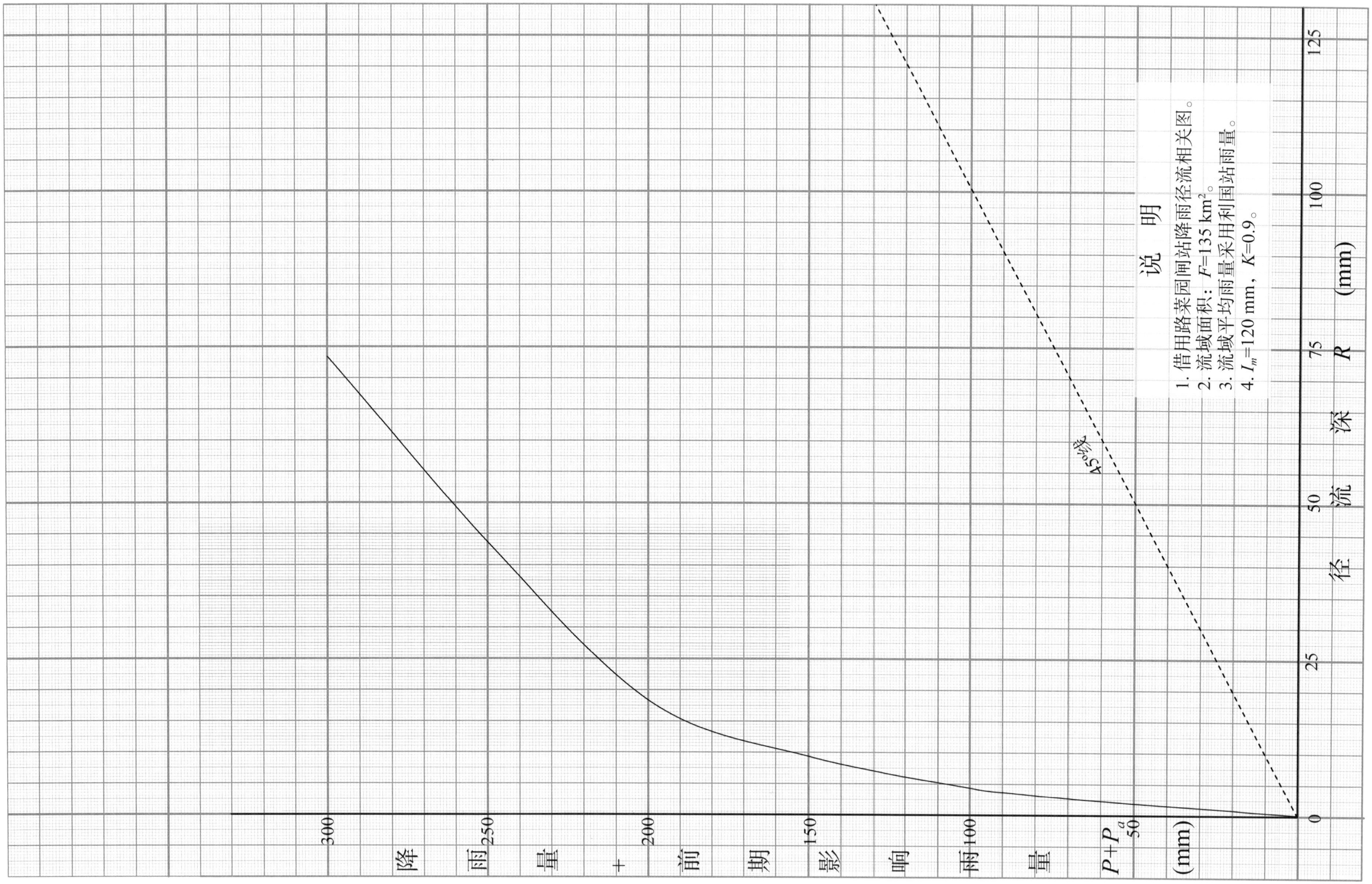

图 9-2　马新河利国站降雨径流相关图

单位线成果表

F=135 km²，Δt=1 h

时段	单位线流量q(m³/s)	
	1线	2线
0	0.0	0.0
1	20.8	11.6
2	28.7	33.3
3	30.4	32.8
4	30.0	30.5
5	28.7	28.0
6	27.0	25.6
7	25.2	23.3
8	23.3	21.3
9	21.5	19.5
10	19.6	17.7
11	18.0	16.1
12	16.3	14.7
13	14.8	13.5
14	13.3	12.4
15	11.8	11.3
16	10.4	10.2
17	9.0	9.2
18	7.7	8.3
19	6.5	7.4
20	5.1	6.5
21	3.6	5.6
22	2.4	4.8
23	0.9	3.9
24	0.0	3.1
25		2.3
26		1.4
27		0.7
28		0.0
Σ	375.0	375.0

备注：1线适用于湿润情况，
2线适用于前期影响雨量较小的情况。

图 9-3　马新河利国站单位线图

第十章　沾利河沾利闸站水文预报方案编制说明

1　流域概况

1.1　流域自然地理特征

沾利河发源于东营市利津县大李庄村，于新立村东南入沾化区境内，在郭局村北弯弯沟注入渤海，全长58.62 km，流域面积300.9 km^2，是一条防洪、排涝、防潮的多功能河道。流域地处黄河三角洲冲积平原，地势平坦，海拔高程在2 m左右，地形总趋势东南高、西北偏低，流域两岸均为壤土，左岸滩地种植小麦，右岸为湿地。河底为潮土，全流域只局部有树木，无大面积森林和草地，沾利闸站左右岸种植树木，有芦苇，右岸为湿地。

2003年，东营市水务局成立沾利河治理工程指挥部，对沾利河全线进行疏浚治理，治理长度55.50 km。排涝标准按鲁北滨海区“1964年雨型”，设计排涝流量20.30~119.70 m^3/s；防洪标准按鲁北滨海区“1961年雨型”，设计防洪流量34.60~219.50 m^3/s。工程共完成土方305.00万 m^3，同时，对26座建筑物进行拆除改建，工程总投资1 623.50万元。

沾利闸站以上流域图见图10-1。

1.2　水利工程概况

沾利河流域内有小（1）型水库3座、小（2）型水库26座、水闸19座，详见表10-1和表10-2。

1.3　测站概况

沾利闸站于2016年设立，断面位于河口区新户镇，集水面积251 m^2，属区域监测站，目前无历史资料。

2　预报方案编制

2.1　资料情况

沾利闸站无实测年鉴水文摘录资料。

2.2　参证站选择

沾利闸站地形地貌和下垫面基本特征与东鱼河马庄闸站相似，故以东鱼河马庄闸站作为沾利闸站的参证站。参证站东鱼河马庄闸站以上流域面积 $F_{参}=755\ km^2$，设计站沾利闸站以上流域面积 $F_{设}=251\ km^2$。

2.3　产流方案

利用马庄闸站的产流方案推求沾利闸站的产流过程，沾利闸站降雨径流相关图（$P+P_a-R$）见图10-2。

2.3.1　流域平均雨量 P 的计算

根据利津、虎滩、河口泵、沾利闸4站雨量采用算术平均法计算流域平均雨量 P。

2.3.2　流域平均前期影响雨量 P_a 的计算

$$P_{a,\ t+1}=K(P_{a,\ t}+P_t)$$

式中：$P_{a,t+1}$ 为第 t+1日的前期影响雨量（mm）；$P_{a,t}$ 为第 t 日的前期影响雨量（mm）；P_t 为第 t 日的流域平均雨量（mm）；K 为前期影响雨量递减系数。

2.3.3　产流参数 I_m、K 的确定

本方案采用东鱼河马庄闸站的参数，即 $I_m=130$ mm，K 值参考表10-3。

表10-3　K 值情况表

月份	1月	2月	3月	4月	5月	6月	7月	8月	9月	10月	11月	12月
K 值	0.90	0.90	0.90	0.90	0.90	0.92	0.93	0.97	0.98	0.90	0.90	0.90

2.4　汇流方案

采用参证站东鱼河马庄闸站单位线进行缩放。将东鱼河马庄闸站单位线（$\Delta t=2$ h）进行缩放后作为沾利闸站单位线，详见图10-3。

单位线的缩放按下列公式计算：

$$\alpha=(F_{设}/F_{参})^{0.5}$$

$$T_{设i}=\alpha T_{参i}$$

$$q_{设i}=\alpha q_{参i}$$

式中：α 为单位线缩放系数；$F_{参}$、$F_{设}$ 分别为参证站、设计站以上控制流域面积；$T_{参i}$ 为参证站单位线逐时段，$T_{参i}$=1，2，…，N；$T_{设i}$ 为设计站单位线逐时段，通常为小数，为满足实际要求，需进一步对缩放结果进行插值，从而得到整时段单位线结果；$q_{参i}$ 为参证站单位线逐时段流量；$q_{设i}$ 为设计站单位线逐时段流量。

表 10-1　沾利闸站以上流域内水库信息汇总表

序号	水库名称	流域	水系	河名	市	区（县）	镇（街道）	水库类型（大中小）	总库容（万 m^3）
1	中合堂水库	海河	沾利河	沾利河	东营市	河口区	新户镇	小（1）型	650
2	义和水库	海河	沾利河	沾利河	东营市	河口区	新户镇	小（1）型	200
3	王集水库	海河	沾利河	沾利河	东营市	河口区	义和镇	小（1）型	650
4	中合水库	海河	沾利河	沾利河	东营市	河口区	新户镇	小（2）型	10
5	兴合水库	海河	沾利河	沾利河	东营市	河口区	新户镇	小（2）型	10
6	郭局水库	海河	沾利河	沾利河	东营市	河口区	新户镇	小（2）型	10
7	义盛水库	海河	沾利河	沾利河	东营市	河口区	义和镇	小（2）型	30
8	镇南水库	海河	沾利河	沾利河	东营市	河口区	义和镇	小（2）型	30
9	梁家水库 1 号	海河	沾利河	沾利河	东营市	河口区	义和镇	小（2）型	25
10	六顷水库	海河	沾利河	沾利河	东营市	河口区	义和镇	小（2）型	20
11	梁家水库 2 号	海河	沾利河	沾利河	东营市	河口区	义和镇	小（2）型	20
12	大牟水库	海河	沾利河	沾利河	东营市	河口区	义和镇	小（2）型	18
13	蒲台水库	海河	沾利河	沾利河	东营市	河口区	义和镇	小（2）型	15
14	薄家水库	海河	沾利河	沾利河	东营市	河口区	义和镇	小（2）型	15
15	北太平水库	海河	沾利河	沾利河	东营市	河口区	义和镇	小（2）型	12
16	王一水库	海河	沾利河	沾利河	东营市	河口区	义和镇	小（2）型	12
17	河二水库	海河	沾利河	沾利河	东营市	河口区	义和镇	小（2）型	11
18	河一水库	海河	沾利河	沾利河	东营市	河口区	义和镇	小（2）型	10
19	韩大庄水库	海河	沾利河	沾利河	东营市	利津县	利津街道	小（2）型	16.7
20	南苏 1 号水库	海河	沾利河	沾利河	东营市	利津县	盐窝镇	小（2）型	15.87
21	林河 1 号水库	海河	沾利河	沾利河	东营市	利津县	盐窝镇	小（2）型	13.13
22	盐西水库	海河	沾利河	沾利河	东营市	利津县	盐窝镇	小（2）型	12
23	南一 1 号水库	海河	沾利河	沾利河	东营市	利津县	盐窝镇	小（2）型	11.76
24	新村 1 号水库	海河	沾利河	沾利河	东营市	利津县	盐窝镇	小（2）型	11.25
25	西后水库	海河	沾利河	沾利河	东营市	利津县	盐窝镇	小（2）型	11.25
26	新董水库	海河	沾利河	沾利河	东营市	利津县	盐窝镇	小（2）型	11.03
27	新村 2 号水库	海河	沾利河	沾利河	东营市	利津县	盐窝镇	小（2）型	10.8
28	黄东 2 号水库	海河	沾利河	沾利河	东营市	利津县	盐窝镇	小（2）型	10.5
29	良种场水库	海河	沾利河	沾利河	东营市	利津县	盐窝镇	小（2）型	10.13

表 10-2　沾利闸站以上流域内闸坝信息汇总表

序号	工程名称	管理单位名称	工程位置				所在河流	建设时间	工程等别	工程特性指标			闸孔		是否划界	是否确权
			市	区（县）	镇（街道）	村				设计防洪标准（年）	校核洪水标准（年）	过闸流量（m^3/s）	闸孔数量（孔）	闸孔总净宽（m）		
1	刘官斗进水闸	利津县灌溉管理所	东营市	利津县	利津街道	后张窝村	沾利河	2008 年	Ⅴ			10	1	3	否	否
2	赵崔干闸	利津县盐窝镇水利服务中心	东营市	利津县	盐窝镇	大赵王庄村	沾利河	2004 年	Ⅴ			5	3	4.5	否	否
3	中和支渠进水闸	利津县盐窝镇水利服务中心	东营市	利津县	盐窝镇	盖西村	沾利河	2003 年	Ⅴ			5	1	2	否	否
4	八顷节制闸	东营市河口区新户镇水利站	东营市	河口区	新户镇	八顷村	沾利河	2002 年	Ⅴ			10	2	2.5	否	否
5	和平节制闸	东营市河口区水利灌溉管理站	东营市	河口区	新户镇	和平村	沾利河	2002 年	Ⅴ			10	2	4	否	否
6	太和节制闸	东营市河口区水利灌溉管理站	东营市	河口区	新户镇	太和村	沾利河	2000 年	Ⅴ			5	1	2	否	否
7	义太支渠节制闸	东营市河口区水利灌溉管理站	东营市	河口区	义和镇	德民村	沾利河	1992 年	Ⅴ			8	1	1.2	是	是
8	蒲台节制闸	东营市河口区水利灌溉管理站	东营市	河口区	义和镇	蒲台村	沾利河	1998 年	Ⅳ			20	2	2	是	是
9	王庄一干节制闸	利津县灌溉管理所	东营市	利津县	利津街道	前张窝村	沾利河	2008 年	Ⅳ			20	2	5	否	否
10	沾利河支沟七里节制闸	利津县盐窝镇水利服务中心	东营市	利津县	盐窝镇	七里村	沾利河	2004 年	Ⅴ	10	20	5	1	2	否	否
11	沾利河前丰节制闸	东营市河口区水利灌溉管理站	东营市	利津县	盐窝镇	前丰村	沾利河	2005 年	Ⅳ	10	30	80.7	4	12	是	是
12	沾利河支沟前丰节制闸	利津县盐窝镇水利服务中心	东营市	利津县	盐窝镇	前丰村	沾利河	2004 年	Ⅴ	10	20	10	2	5	否	否
13	中合堂防潮排水闸	东营市河口区新户镇水利站	东营市	河口区	新户镇	中合堂村	沾利河	1999 年	Ⅴ			6	2	4	否	否
14	沾利河中合排水闸	东营市河口区新户镇水利站	东营市	河口区	新户镇	中合村	沾利河	1996 年	Ⅴ			8	1	4	否	否
15	六义干排水闸	东营市河口区义和镇水利站	东营市	河口区	义和镇	义胜村	沾利河	1994 年	Ⅳ			20	2	3	是	是
16	六支渠出水闸	东营市河口区水利灌溉管理站	东营市	河口区	义和镇	西河村	沾利河	1996 年	Ⅴ			15	1	2	是	是
17	沾利河拦河闸	东营市河口区水利灌溉管理站	东营市	河口区	新户镇	兴合村	沾利河	2006 年	Ⅲ	5	20	138.9	5	20	否	否
18	沾利河郭局防潮闸	东营市河口区新户镇水利站	东营市	河口区	新户镇	郭局村	沾利河	1999 年	Ⅴ			5	1	2	否	否
19	郭局防潮闸	东营市河口区新户镇水利站	东营市	河口区	新户镇	郭局村	沾利河	1996 年	Ⅳ			20	2	5	否	否

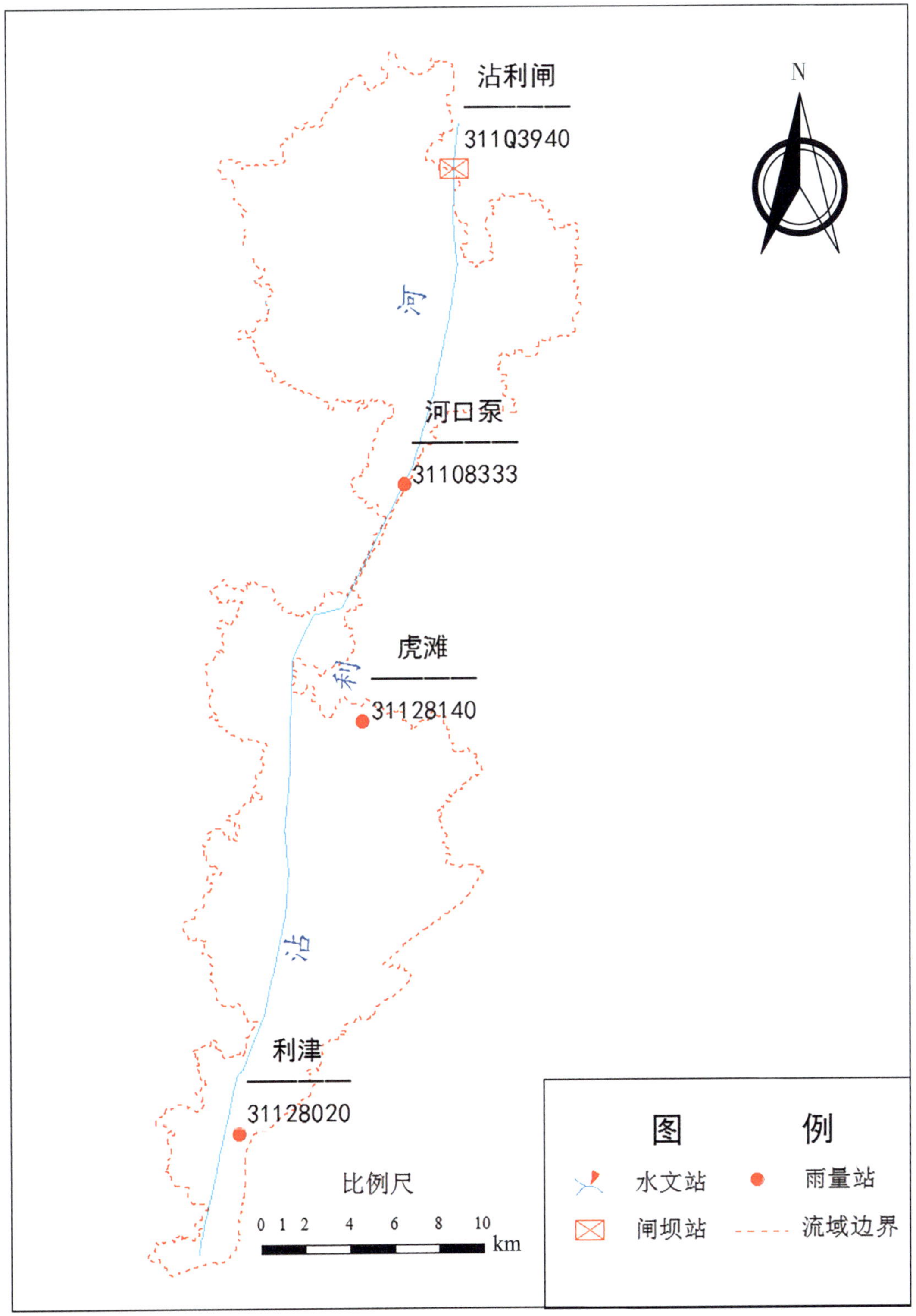

图 10-1　沾利河沾利闸站以上流域图

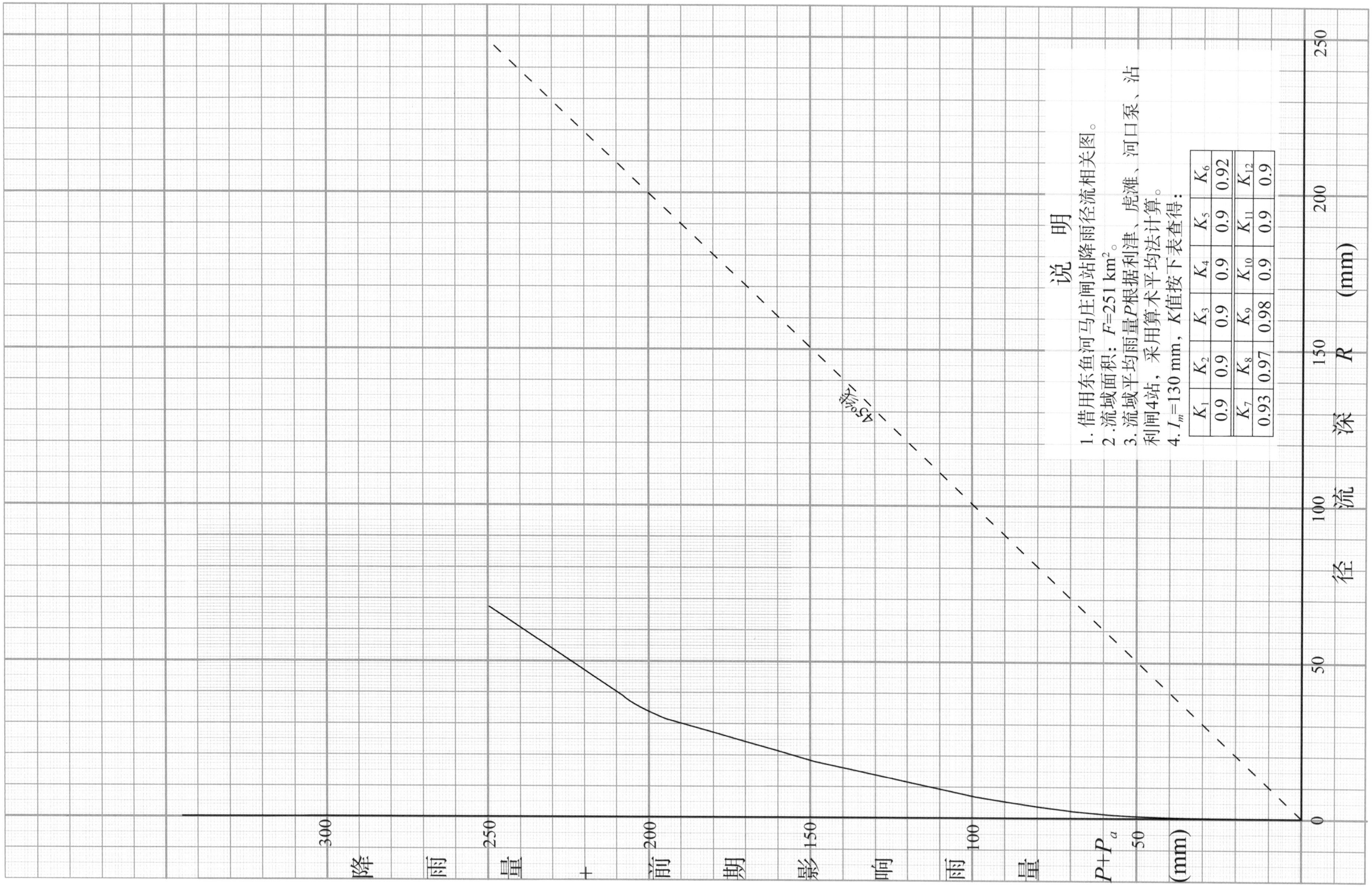

图 10-2　沾利河沾利闸站降雨径流相关图

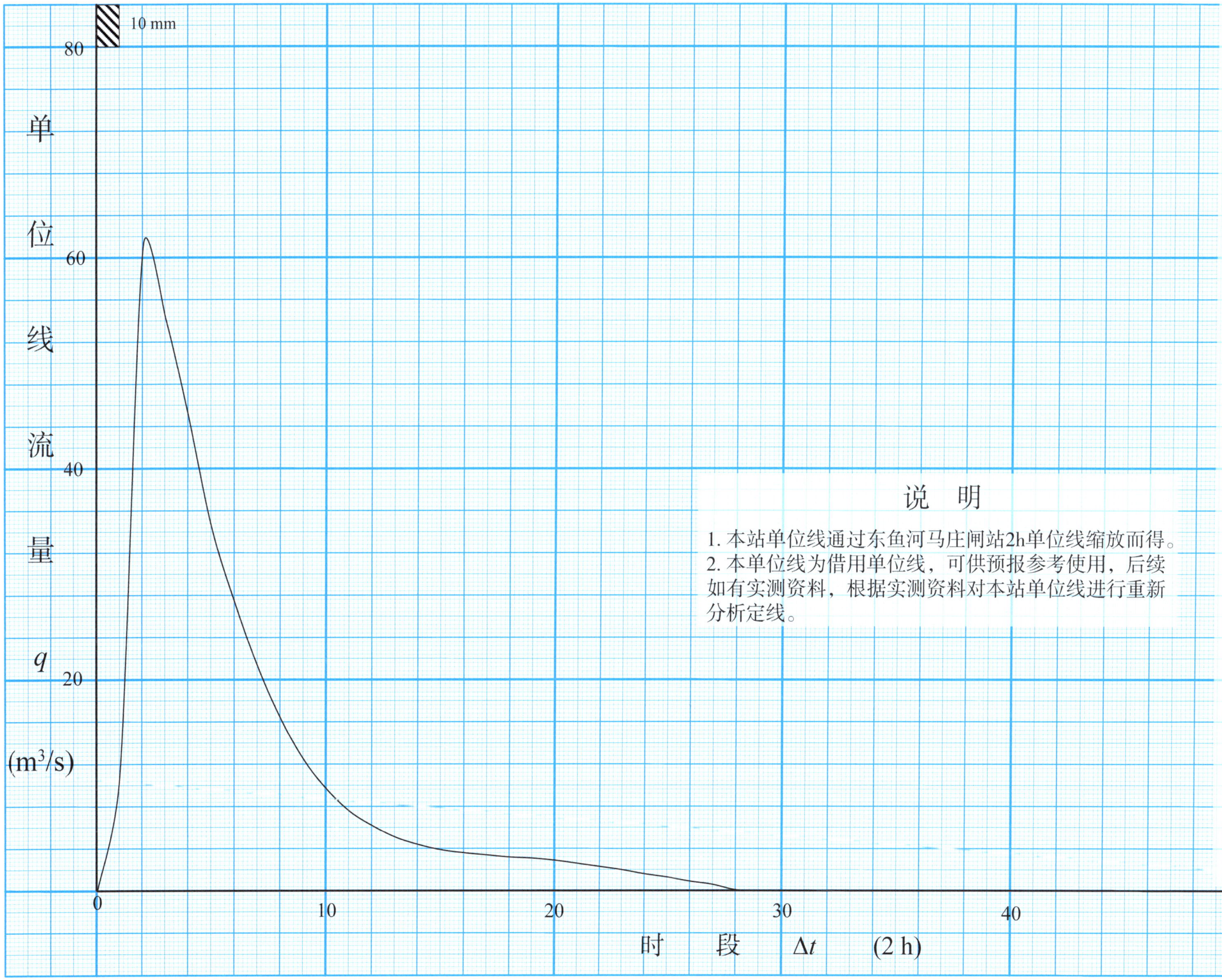

单位线成果表

F=251 km²，Δt=2 h

时段	单位线流量q（m³/s）
0	0.0
1	11.1
2	61.3
3	54.4
4	45.0
5	34.6
6	27.4
7	21.3
8	16.4
9	12.5
10	9.7
11	7.6
12	6.2
13	5.1
14	4.4
15	3.9
16	3.6
17	3.4
18	3.2
19	3.1
20	2.9
21	2.6
22	2.3
23	2.0
24	1.6
25	1.3
26	0.9
27	0.6
28	0.1
29	0.0
Σ	348.5

说　明

1. 本站单位线通过东鱼河马庄闸站2h单位线缩放而得。
2. 本单位线为借用单位线，可供预报参考使用，后续如有实测资料，根据实测资料对本站单位线进行重新分析定线。

图 10-3　沾利河沾利闸站单位线图

第十一章　挑河挑河闸站水文预报方案编制说明

1　流域概况

1.1　流域自然地理特征

挑河为排涝、防潮河道，上游自利津县陈庄镇薄扣村起，向北经渤海农场西、汀罗镇、河口区政府驻地东侧至刁口乡西北入渤海，全长 37.17 km，流域面积 324.9 km^2，设计比降 1：12 500。

东营市河口区位于山东省北部，黄河入海口北侧，东、北两面濒临渤海，西以潮河（下游为顺江沟）与沾化区为界，南与利津县接壤，东南与垦利区隔黄河相望。东西最宽 70 km，南北最长 43 km，总面积 2 267.44 km^2。河口区境域属典型的黄河三角洲地貌，地势南高北低、西高东低，由内地向沿海平缓降低，其坡度内侧较大，外侧较平缓，自然比降为 1：10 000~1：15 000。海拔一般 5~6 m，近海 2~3 m，义和庄南部黄河故道处为境内最高点，最高高程 7.60 m（1956 年黄海基准面）。境域地表浅层的土壤母质主要是黄河冲积物。由于历史上黄河在境内不断改道、积淤，河水反复冲切，又有淤积套叠，故形成了多种地貌类型。根据有关资料，境域主要地貌类型有缓岗、河滩高地、浅平洼地、微斜平地和海滩地。

挑河挑河闸站以上流域图见图 11-1。

1.2　水利工程概况

挑河流域内有中型水库 1 座（孤河水库，总库容 2 780 万 m^3）、小（1）型水库 4 座、小（2）型水库 3 座、水闸 12 座、橡胶坝 1 座。工程详细信息分别见表 11-1 和表 11-2。

表 11-1　挑河闸站以上水库基本情况表

序号	水库名称	流域	水系	河名	市	区（县）	镇（街道）	水库类型	总库容（万 m^3）
1	孤河水库	海河	挑河	挑河	东营市	河口区	六合街道	中型	2 780
2	五号水库	海河	挑河	挑河	东营市	河口区	六合街道	小（1）型	780
3	范家水库	海河	挑河	挑河	东营市	河口区	六合街道	小（1）型	175
4	羊栏河水库	海河	挑河	挑河	东营市	河口区	六合街道	小（1）型	950
5	陈北水库	海河	挑河	挑河	东营市	利津县	陈庄镇	小（1）型	980
6	六合乡北水库	海河	挑河	挑河	东营市	河口区	六合街道	小（2）型	12.5

续表

序号	水库名称	流域	水系	河名	市	区（县）	镇（街道）	水库类型	总库容（万 m^3）
7	六合南水库	海河	挑河	挑河	东营市	河口区	六合街道	小（2）型	12.5
8	汪二河水库	海河	挑河	挑河	东营市	利津县	陈庄镇	小（2）型	42

表 11-2　挑河闸站以上闸坝基本情况表

序号	工程名称	管理单位名称				建设时间	工程等别	工程特性指标			闸孔		是否划界	是否确权
			区（县）	镇（街道）	村			设计防洪标准（年）	校核洪水标准（年）	过闸流量（m^3/s）	闸孔数量（个）	闸孔总净宽（m）		
1	一支沟引水闸	东营市河口区水利灌溉管理站	河口区	六合街道	六合村	1987 年	Ⅴ	—	—	5	2	3.0	否	否
2	东崔引水闸	东营市河口区水利灌溉管理站	河口区	六合街道	东崔村	2009 年	Ⅴ	—	—	5	1	1.5	否	否
3	西崔北闸	东营市河口区水利灌溉管理站	河口区	六合街道	西崔村	2005 年	Ⅴ	—	—	5	1	1.5	否	否
4	西崔南闸	东营市河口区水利灌溉管理站	河口区	六合街道	西崔村	2006 年	Ⅴ	—	—	5	4	6.0	否	否
5	三干进水闸	王庄灌区管理所	利津县	陈庄镇	崔范村	2000 年	Ⅴ	—	—	10	3	5.4	否	否
6	河王渠西崔节制闸	东营市河口区水利灌溉管理站	河口区	六合街道	西崔村	1996 年	Ⅳ	—	—	78	3	6.0	是	是
7	付窝节制闸	王庄灌区管理所	利津县	陈庄镇	付窝村	2000 年	Ⅳ	—	—	40	3	10.8	是	是
8	东崔村东排水闸	东营市河口区水利灌溉管理站	河口区	六合街道	东崔村	2004 年	Ⅴ	—	—	5	1	1.5	否	否
9	挑河东崔闸	东营市河口区水利灌溉管理站	河口区	六合街道	东崔村	1994 年	Ⅲ	—	—	102	5	15.0	是	是
10	付窝沉砂池出水闸	王庄灌区管理所	利津县	陈庄镇	付窝村	1996 年	Ⅳ	—	—	40	3	10.8	是	是
11	挑河拦河闸	东营市河口区水利灌溉管理站	河口区	河口街道	东五村	2001 年	Ⅲ	—	—	167.9	6	27.0	是	是
12	一号涵洞闸	利津县刁口乡农业综合服务站	利津县	刁口乡	海铺村	1970 年	Ⅴ	10	20	13	1	2.5	否	否

1.3 测站概况

挑河闸站于 2016 年设立，断面位于东营市河口区河口街道河滨路挑河桥，集水面积 244 km^2，属区域监测站，目前无历史资料。

2 预报方案编制

2.1 资料情况

挑河闸站无实测年鉴水文摘录资料。

2.2 参证站选择

挑河闸站地形地貌和下垫面基本特征与东鱼河马庄闸站相似，故以东鱼河马庄闸站作为挑河闸站的参证站。参证站东鱼河马庄闸站以上流域面积 $F_{参}=755\ km^2$，设计站挑河闸站以上流域面积 $F_{设}=244\ km^2$。

2.3 产流方案

利用马庄闸站的产流方案推求挑河闸站的产流过程，挑河闸站降雨径流相关图（$P+P_a-R$）见图 11-2。

2.3.1 流域平均雨量 *P* 的计算

根据六合、挑河闸两站雨量采用算术平均法计算流域平均雨量 P。

2.3.2 流域平均前期影响雨量 P_a 的计算

$$P_{a,\ t+1}=K(P_{a,\ t}+P_t)$$

式中：$P_{a,t+1}$ 为第 $t+1$ 日的前期影响雨量（mm）；$P_{a,t}$ 为第 t 日的前期影响雨量（mm）；P_t 为第 t 日的流域平均雨量（mm）；K 为前期影响雨量递减系数。

2.3.3 产流参数 I_m、K 的确定

本方案采用东鱼河马庄闸站的参数，即 $I_m=130$ mm，K 值参考表 11-3。

表 11-3　*K* 值情况表

月份	1月	2月	3月	4月	5月	6月	7月	8月	9月	10月	11月	12月
K 值	0.9	0.9	0.9	0.9	0.9	0.92	0.93	0.97	0.98	0.9	0.9	0.9

2.4 汇流方案

采用参证站东鱼河马庄闸站单位线进行缩放。将东鱼河马庄闸站单位线（$\Delta t=2$ h）进行缩放后作为挑河闸站单位线，详见图 11-3。

单位线的缩放按下列公式计算：

$$\alpha=(F_{设}/F_{参})^{0.5}$$

$$T_{设i}=\alpha T_{参i}$$

$$q_{设i}=\alpha q_{参i}$$

式中：α 为单位线缩放系数；$F_{参}$、$F_{设}$ 分别为参证站、设计站以上控制流域面积；$T_{参i}$ 为参证站单位线逐时段，$T_{参i}=1,2,\cdots,N$；$T_{设i}$ 为设计站单位线逐时段，通常为小数，为满足实际要求，需进一步对缩放结果进行插值，从而得到整时段单位线结果；$q_{参i}$ 为参证站单位线逐时段流量；$q_{设i}$ 为设计站单位线逐时段流量。

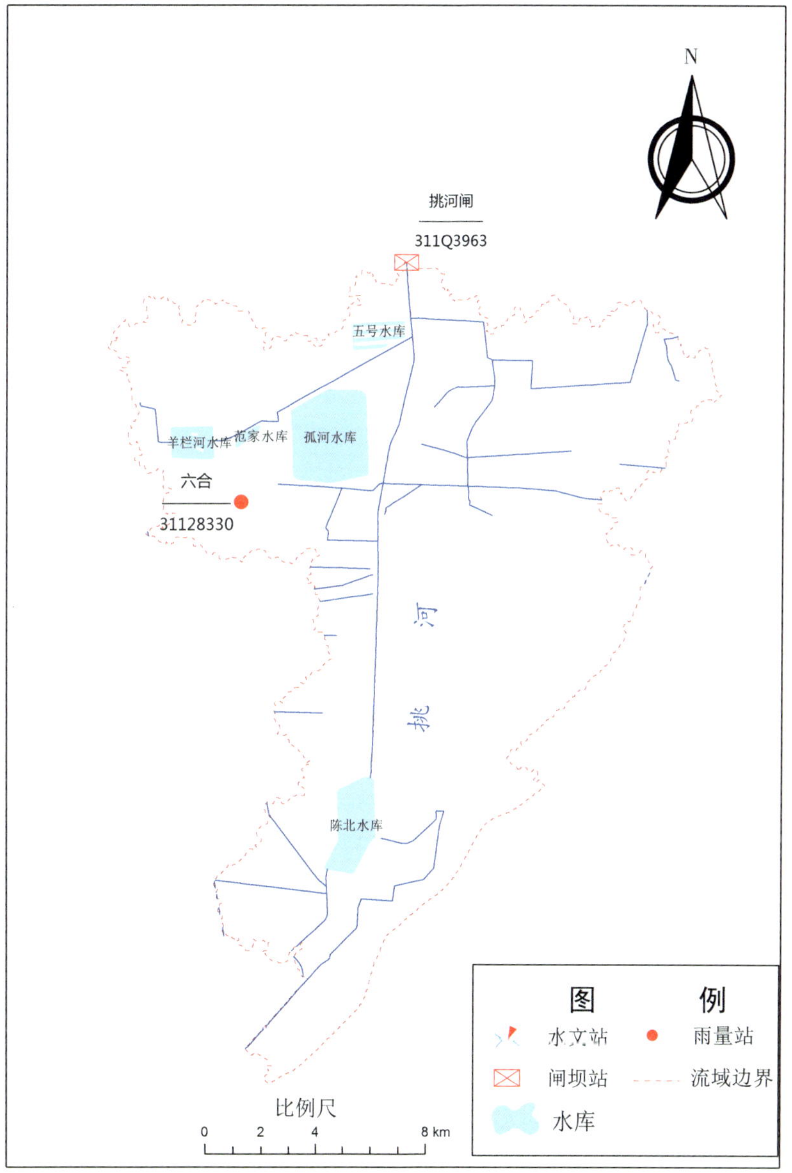

图 11-1　挑河挑河闸站以上流域图

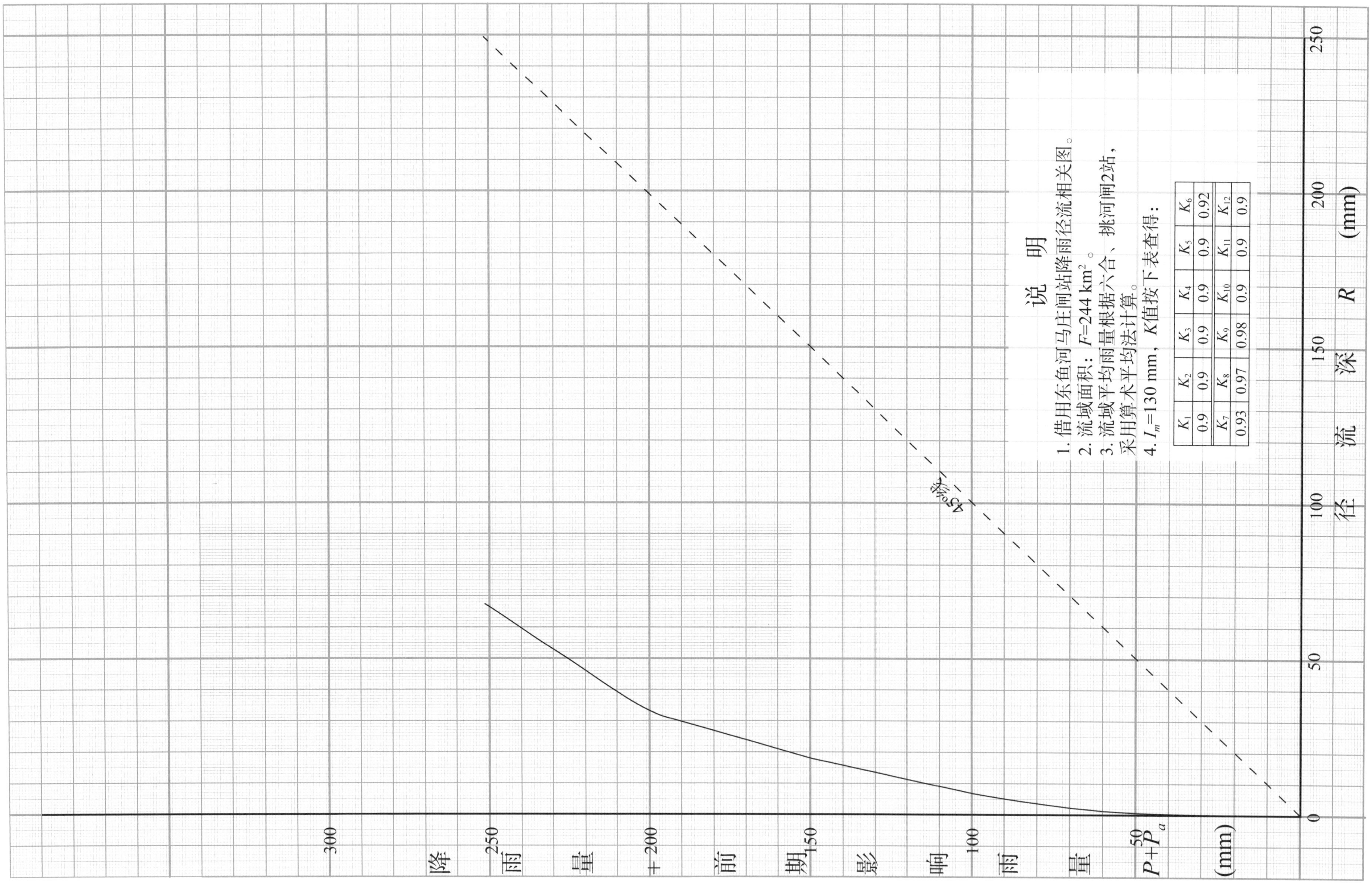

图 11-2　挑河挑河闸站降雨径流相关图

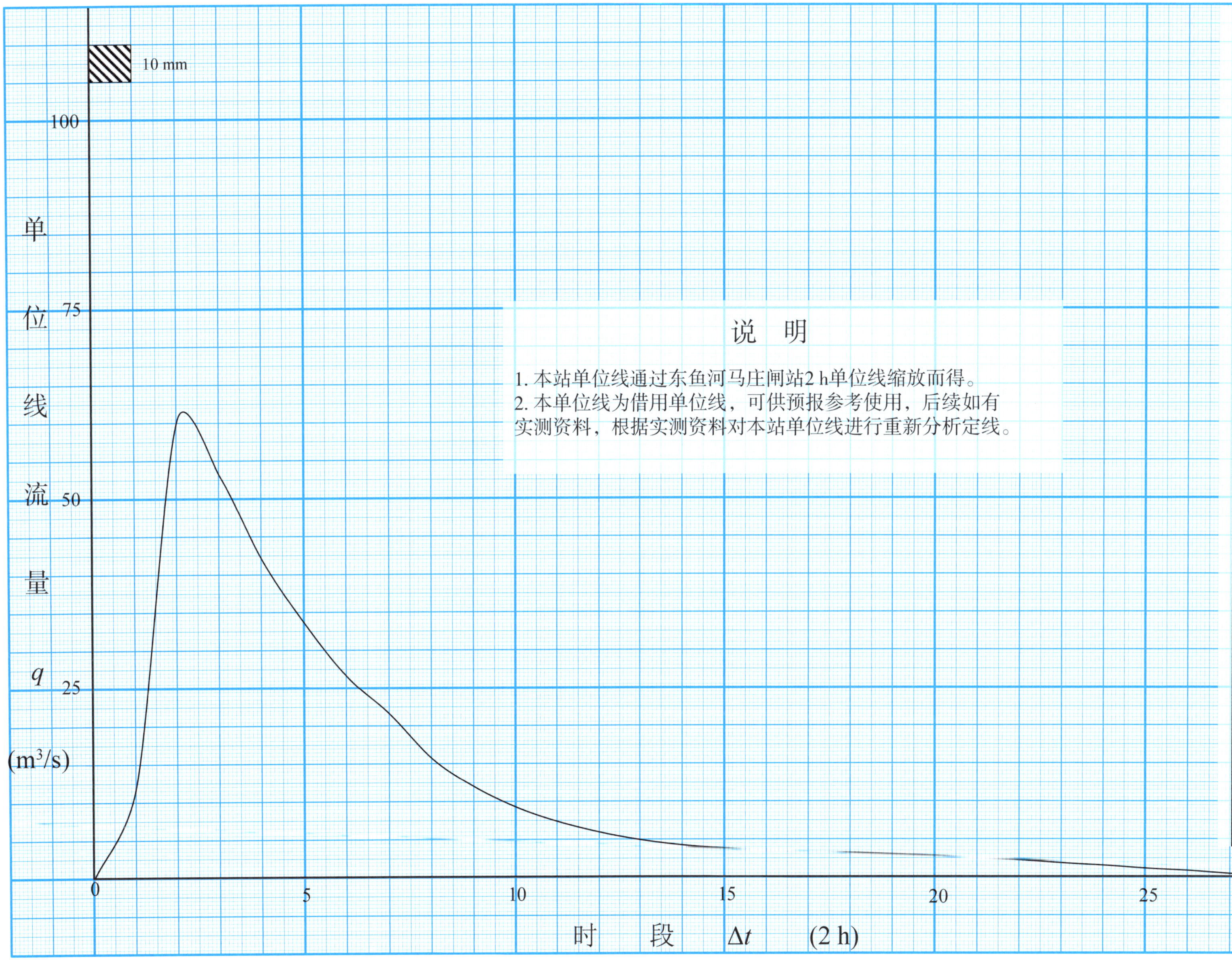

说 明

1. 本站单位线通过东鱼河马庄闸站2 h单位线缩放而得。
2. 本单位线为借用单位线，可供预报参考使用，后续如有实测资料，根据实测资料对本站单位线进行重新分析定线。

单位线成果表

F=244 km^2，Δ*t*=2 h

时段	单位线流量*q* (m^3/s)
0	0.0
1	12.3
2	60.6
3	53.1
4	42.0
5	33.5
6	26.5
7	21.5
8	15.6
9	11.9
10	9.2
11	7.3
12	5.9
13	4.9
14	4.2
15	3.8
16	3.5
17	3.3
18	3.2
19	3.0
20	2.8
21	2.5
22	2.2
23	1.8
24	1.5
25	1.1
26	0.8
27	0.4
28	0.0
∑	338.4

图 11-3　挑河挑河闸站单位线图

第十二章　大汶河盘龙站水文预报方案编制说明

1　流域概况

1.1　流域自然地理特征

大汶河，古称汶水，发源于山东旋崮山北麓沂源县境内，汇泰山山脉、蒙山支脉诸水，自东向西流经济南、新泰、泰安、肥城、宁阳、汶上、东平等地，汇注东平湖，出陈山口后入黄河，干流河道长 239 km，流域面积 9 098 km^2。习惯上，东平县马口以上称为大汶河，干流长 209 km，流域面积 8 633 km^2（一说“全长 208 km，流域面积 8 536 km^2”），泰安大汶口以上为上游；大汶口至东平县戴村坝为中游；戴村坝以下为下游，称作大清河。

大汶河多年平均年径流量约 18.2 亿 m^3，多年平均年输沙量约 182 万 t，水、沙都集中在洪水时期，7—8 月径流量占全年径流量的 64%，输沙量占全年的 84%；1—6 月水、沙量只占全年的 5% 左右。年际间水、沙丰枯悬殊，实测最大年径流量 60.7 亿 m^3（1964 年），最小年径流量只有 5 亿 m^3（1968 年，还原工农业用水后，最小天然径流量约 6 亿 m^3）；最大年输沙量 915 万 t（1957 年），最小年输沙量只有 1.2 万 t（1968 年）。实测最大洪峰流量 6 930 m^3/s。盘龙站以上流域图见图 12-1。

1.2　水利工程概况

盘龙水文站位于山东省济南市莱芜区鹏泉街道马盘龙村，距河口 173 km，盘龙站以上流域面积 581 km^2。流域内有 4 座中型水库、7 座小（1）型水库和多座小（2）型水库。盘龙站以上主要水利工程统计情况见表 12-1。

表 12-1　盘龙站以上主要水利工程统计表

序号	水库名称	类型	建成时间	控制面积（km^2）	总库容（万 m^3）	兴利库容（万 m^3）
1	杨家横水库	中型	1960 年	39.0	1 281	911
2	乔店水库	中型	1967 年	85.0	2 540	1 970
3	葫芦山水库	中型	1965 年	187.0	2 273	717
4	金水河水库	中型	2020 年	41.0	1 264.86	643.68
5	古德范水库	小（1）型	1967 年	3.0	104	79.1
6	裴家庄水库	小（1）型	1973 年	7.9	268.25	179.5

续表

序号	水库名称	类型	建成时间	控制面积（km^2）	总库容（万 m^3）	兴利库容（万 m^3）
7	桃行水库	小（1）型	1976 年	3.8	245.08	167.8
8	黄崖水库	小（1）型	1966 年	3.7	133	79
9	霞峰水库	小（1）型	1966 年	12.5	316.04	174
10	八大庄水库	小（1）型	1977 年	2.6	136.2	80.6
11	黑石涧水库	小（1）型	1977 年	2.5	132.4	92.4
合计				388.0	8 693.83	5 098.08

备注：大中型水库数据来自山东省大中型水库 2024 年汛期调度运用指标表，下同。

1.3　测站概况

盘龙水文站基本水尺断面设置直立式水尺和雷达式自记水位计，采用基面为 1956 年黄海基面。测验河段顺直，断面宽 265 m，河床由细沙组成。盘龙站实测大断面图见图 12-2，测站特征值详见表 12-2。

表 12-2　盘龙水文站测站特征值表

多年平均年径流量	0.845 5 亿 m^3			多年平均年降水量	767.1 mm		
最大年径流量	2.149 亿 m^3	出现年份	2021 年	最小年径流量	0.121 6 亿 m^3	出现年份	2015 年
最大年降水量	1 050.5 mm	出现年份	2021 年	最小年降水量	598.6 mm	出现年份	2019 年
最大流量	638 m^3/s	出现时间	2019 年 8 月	最小流量	0	出现时间	2019 年 6 月
最高水位	194.43 m	出现时间	2018 年 8 月	最低水位	191.13 m	出现时间	2019 年 6 月

2　预报方案编制

2.1　资料情况

盘龙站为新建站，无实测年鉴水文摘录资料。

2.2　参证站选择

盘龙站地形地貌和下垫面基本特征与莱芜站相似，故以莱芜站作为盘龙站的参证站。参证站莱芜站以上流域面积 $F_{参}=737\ km^2$，设计站盘龙站以上流域面积 $F_{设}=581\ km^2$。

2.3 产流方案

利用莱芜站的产流方案推求盘龙站的产流过程，盘龙站降雨径流相关图（$P+P_a-R$）见图12-3。其中：P 为次降雨流域平均雨量（mm）；P_a 为流域平均前期影响雨量（mm）；R 为次降雨所产生的径流深（mm）。

2.3.1 流域平均雨量 P 的计算

流域内设有三岔村、盘龙、颜庄、乔店水库、杨家横水库、寨子、艾山、霞峰、台子、黄庄、桃峪、北围、西坡共13处雨量站，分布较均匀，故流域平均雨量采用以上13站雨量的算术平均值。

2.3.2 流域平均前期影响雨量 P_a 的计算

先统计流域内各站逐日降水量，采用算术平均法计算求得流域平均日雨量，前期影响雨量 P_a 的计算公式为

$$P_{a,\ t+1}=K(P_{a,\ t}+P_t)$$

式中：$P_{a,t}$、$P_{a,t+1}$ 分别为第 t 日和第 t+1 日前期影响雨量（mm）；P_t 为第 t 日流域平均降水量（mm）；K 为前期影响雨量递减系数。

2.3.3 产流参数 I_m、K 的确定

本方案采用莱芜站的参数，即 I_m=65 mm、K=0.9。

2.4 汇流方案

采用莱芜站单位线进行缩放。将莱芜站单位线（Δt=1 h）进行缩放后作为马盘龙站单位线，详见图12-4。

单位线的缩放按下列公式计算：

$$\alpha=(F_{设}/F_{参})^{0.5}$$

$$T_{设i}=\alpha T_{参i}$$

$$q_{设i}=\alpha q_{参i}$$

式中：α 为单位线缩放系数；$F_{参}$、$F_{设}$ 分别为参证站、设计站以上控制流域面积；$T_{参i}$ 为参证站单位线逐时段，$T_{参i}$=1，2，…，N；$T_{设i}$ 为设计站单位线逐时段，通常为小数，为满足实际要求，可进一步对缩放结果进行插值，从而得到整时段单位线结果；$q_{参i}$ 为参证站单位线逐时段流量；$q_{设i}$ 为设计站单位线逐时段流量。

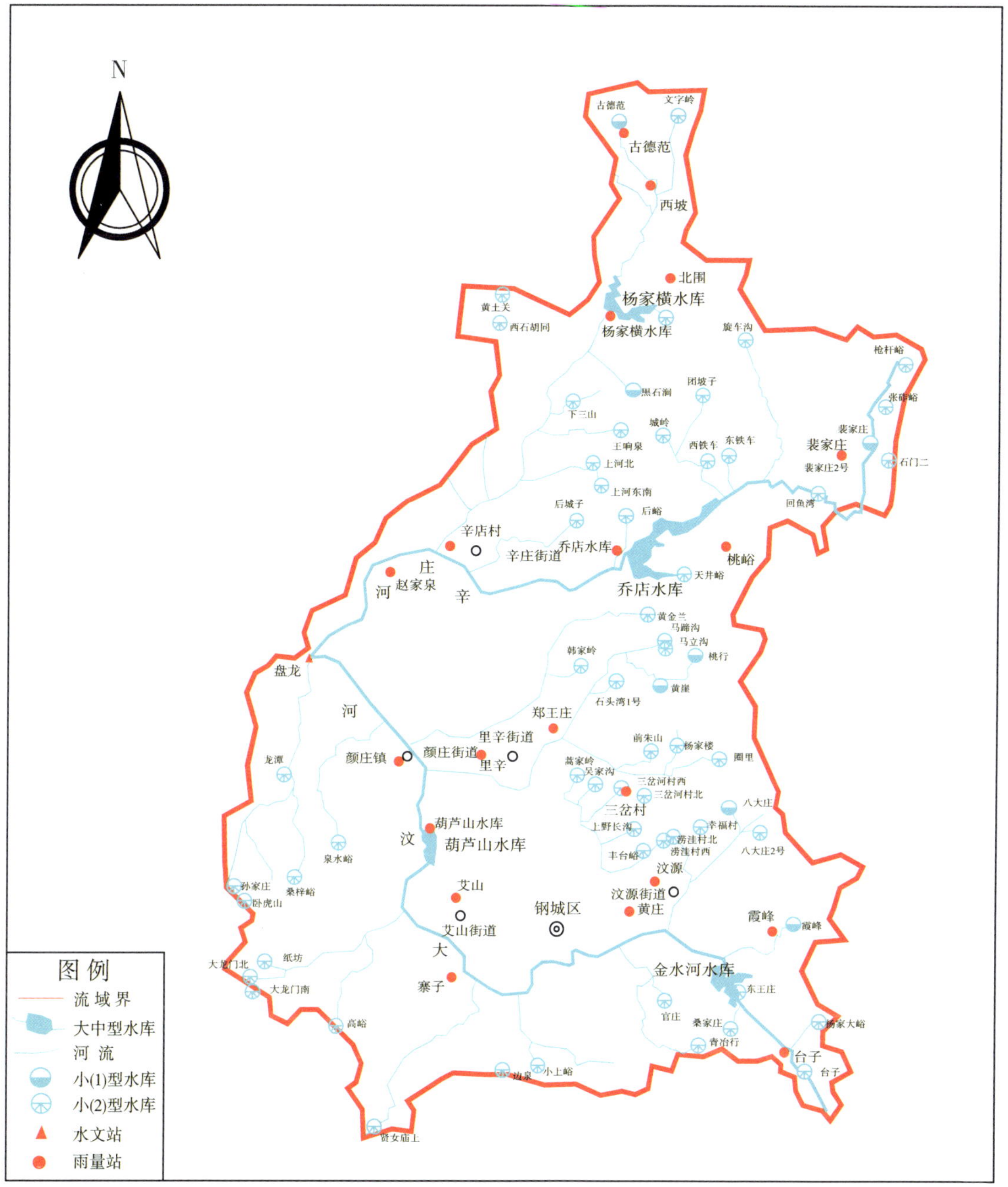

图12-1 大汶河盘龙站以上流域图

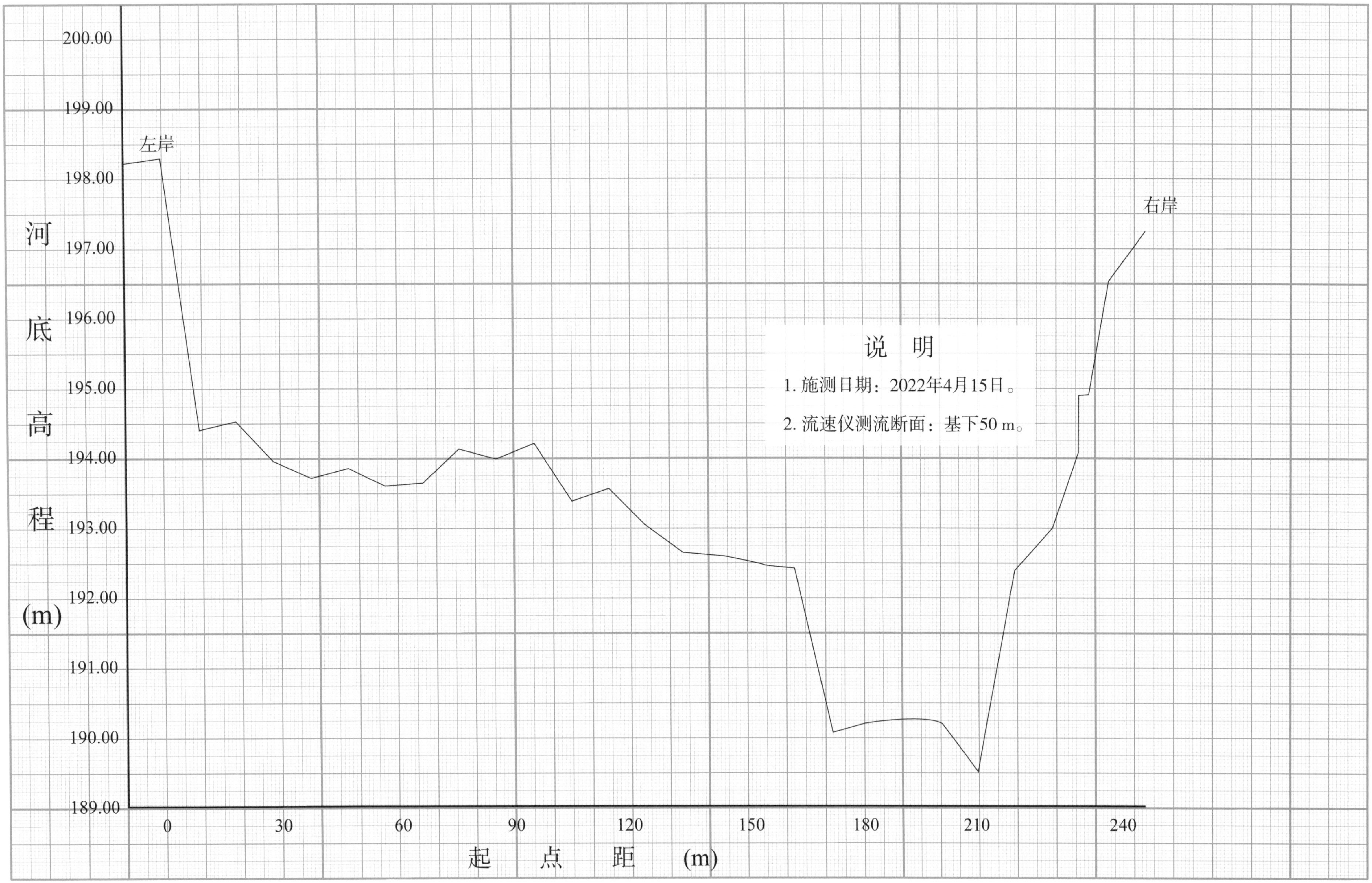

图 12-2　大汶河盘龙站实测大断面图

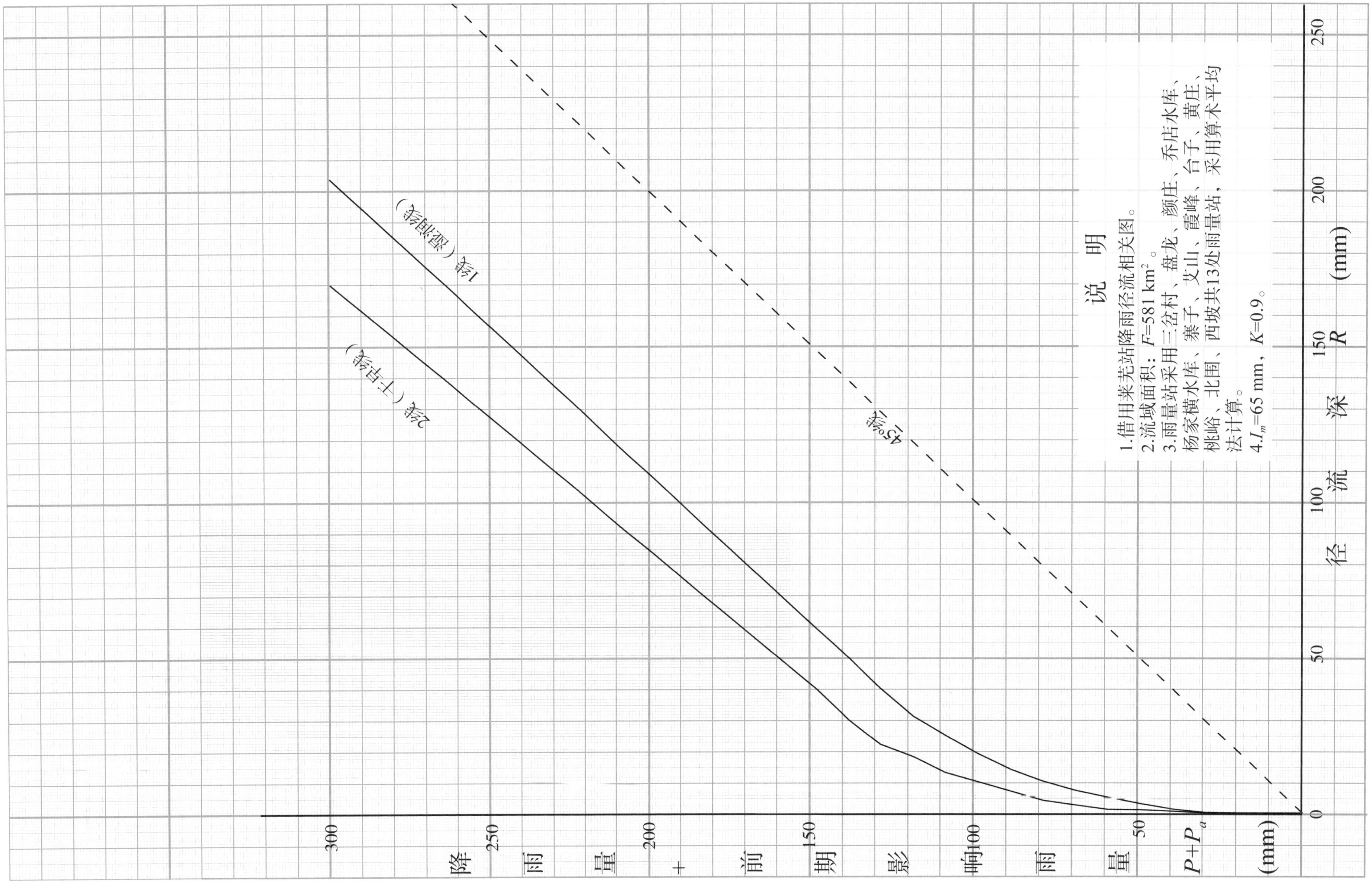

图 12-3　大汶河盘龙水文站降雨径流相关图

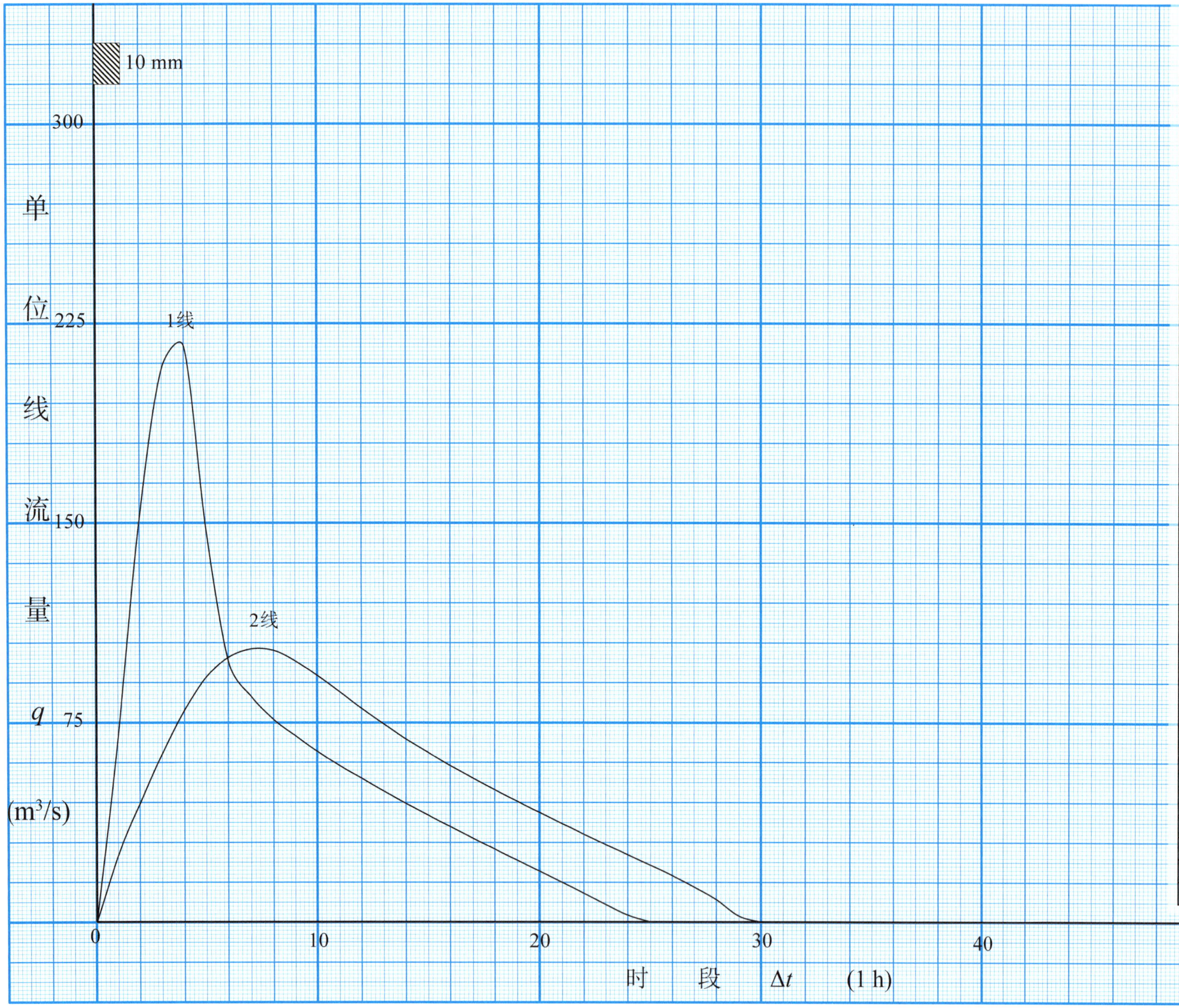

单位线成果表

F=581 km², Δt=1 h

时段	单位线流量(m³/s)		备注
	1线	2线	
0	0	0	
1	70.0	25.3	1线适用于适用于降雨集中，降雨中心在中下游等有利于产流等情况
2	153	44.8	
3	208	63.4	
4	216	79.6	
5	148	91.9	
6	97.5	99.4	
7	84.5	103	
8	75.9	102	
9	69.8	97.9	
10	64.0	92.4	
11	58.5	86.3	
12	53.8	80.0	2线适用于降雨较为均匀，前期比较湿润的情况。
13	49.0	74.2	
14	44.3	68.6	
15	40.0	63.5	
16	35.7	58.6	
17	31.4	53.9	
18	27.1	49.5	
19	23.0	45.2	
20	18.9	41.0	
21	14.8	36.9	
22	10.7	32.9	
23	6.6	29.0	
24	2.5	25.1	
25	0.0	21.2	
26		17.3	
27		13.1	
28		8.3	
29		2.1	
30		0.0	
Σ	1 603	1 606	

图 12-4 大汶河盘龙水文站单位线图

第十三章　大汶河莱芜站水文预报方案编制说明*

1　流域概况

1.1　流域自然地理特征

莱芜站所处的大汶河流域位于济南市东南部和泰安市境内，该流域属暖温带大陆性半湿润季风气候，四季分明，寒暑适宜，光温同步，雨热同季。春季干燥多风，夏季高温多雨，秋季天高气爽，冬季寒冷少雪。河流皆为源短流急的季节性河道，每当雨季，河水猛涨，水流急湍，及至翌年枯水季节，流量很小甚至干涸。大汶河莱芜站以上流域图见图 13-1。

1.2　上游水利工程情况

莱芜站测流断面上游 20 m 处有一座高 1.5 m 的溢流坝，基本水尺断面设立于溢流坝上 80 m，再向上 414 m 处有鄂庄大桥，桥上 28 m 处有充水式橡胶拦河坝一座，鄂庄大桥以上 480 m 处有孝义河汇入。流域内有 4 座中型水库，详见表 13-1。

表 13-1　流域内主要水利工程表

水库名称	所在乡镇	流域面积（km^2）	总库容（万 m^3）	兴利库容（万 m^3）	建成时间
乔店水库	山东省济南市钢城区辛庄街道	85.0	2 540	1 970	1967 年
葫芦山水库	山东省济南市钢城区颜庄街道	187.0	2 273	717	1965 年
杨家横水库	山东省济南市钢城区辛庄街道	39.0	1 281	911	1960 年
沟里水库	山东省济南市莱芜区高庄街道	44.6	1 073	698	1965 年

1.3　测站概况

莱芜水文站位于山东省济南市莱芜区凤城街道东方红村，测站编码 41500101，设立于 1960 年 6 月。1963 年 6 月，测验断面下迁 600 m 至莱芜市莱城区（现济南市莱芜区）凤城办事处小曹村，更名为莱芜（二）站。2004 年 1 月，测验断面上迁 2.4 km 至现在位置，改名为莱芜（三）水文站。莱芜（三）站位于大汶河上游，集水面积 737 km^2，至河口距离 164 km，是黄河流域大汶河水系大汶河上游的区域代表站。测验河段顺直平整，断面宽 310 m。两岸为块石护坡堤防，其中主槽宽 281 m，主槽为标准矩形河道。测流断面处主槽河底为块石衬砌，非常平整，断面无冲淤现象。测验项目有水位、流量、泥沙、水质、降水量、蒸发、冰情、墒情、水文调查。大汶河莱芜测站沿革见表 13-2。

表 13-2　大汶河莱芜站测站沿革表

	设立或变动	发生年月	站名	站别	领导机关	说明
历史沿革	设立	1960 年 6 月	莱芜	水文	山东省水利厅	常年站
	下迁约 600 m，更改站名	1963 年 6 月	莱芜（二）	水文	山东省水利厅	集水面积由 650 km^2 新量算为 758 km^2
	集水面积变动	1971 年 1 月	莱芜（二）	水文	山东省水文总站	集水面积由 758 km^2 新量算为 763 km^2
	上迁约 2.4 km，更改站名	2004 年 1 月	莱芜（三）	水文	山东省水文水资源勘测局	集水面积由 763 km^2 新量算为 737 km^2

1.4　采用基面

莱芜站采用基面为 1985 年国家高程基准。

1.5　历史洪水调查资料

根据 1982 年 12 月山东省水利厅刊印的《山东省洪水调查资料》中有关大汶河莱芜站的历史洪水调查成果，历史调查最大流量为 7 060 m^3/s，发生在 1908 年 8 月；实测最大洪峰流量为 2 920 m^3/s，发生于 1966 年 7 月。

2　预报方案编制

2.1　资料情况

莱芜站实测资料年限为 55 年（1966—2020 年），本方案选用 57 场次洪水资料分析。

2.2　大断面图

莱芜站测验断面是 2004 年至今上迁 2 400 m 后的新断面，大断面图详见图 13-2。

2.3　产流方案

本方案采用降雨径流相关法（$P+P_a-R$），首先分别计算流域平均雨量 P、前期影响雨量 P_a 及次径流深 R，再将所得点据点绘在 $P+P_a-R$ 相关图中，详见图 13-3。

2.3.1　主要参数计算

2.3.1.1　流域平均雨量 P 的计算

共采用莱芜（三）站以上流域的杨家横、乔店、赵家泉、霞峰、蒙阴寨、郑王庄、谭家楼、莱芜共 8 处雨量站，分布较均匀，故流域平均雨量采用以上 8 站的算术平均值，详见表 13-3。

表 13-3　大汶河莱芜站以上流域内雨量站统计表

站名	站码	设站年份	详细地址
杨家横	41520300	1963 年	济南市钢城区辛庄街道杨家横村
乔店	41520250	1965 年	济南市钢城区辛庄街道后峪村
赵家泉	41520350	1968 年	济南市钢城区辛庄街道秦家洼村
霞峰	41520050	1966 年	济南市钢城区汶源街道黄庄村
蒙阴寨	41520100	1952 年	济南市钢城区艾山街道寨子村
郑王庄	41520150	1964 年	济南市钢城区里辛街道里辛村
谭家楼	41520400	1965 年	济南市莱芜区高庄街道谭家楼村
莱芜	41520500	1960 年	济南市莱芜区凤城街道东方红村

2.3.1.2　流域平均前期影响雨量 P_a 的计算

每年自汛初开始连续计算，先统计流域内各站逐日降水量，再基于 8 站雨量算术平均法计算求得流域平均日雨量，然后计算前期影响雨量 P_a。其计算公式为

$$P_{a,\ t+1} = K(P_{a,\ t} + P_t)$$

式中：$P_{a,t}$、$P_{a,t+1}$ 分别为第 t 日和第 $t+1$ 日前期影响雨量（mm）；P_t 为第 t 日平均降水量（mm）；K 为前期影响雨量递减系数，$K=1-\frac{E_m}{I_m}$，本方案采用 0.9；E_m 为流域最大蒸发能力（mm）；I_m 为流域最大损失量（mm），$I_m=P-R-E$，本方案采用 65 mm；E 为蒸发量（mm）。

2.3.1.3　径流深 R 的推求

在一次洪水过程线上采用斜线分割法将实测流量过程线的基流及前期径流分割，得到本次降雨所形成的地表径流总量后，再除以集水面积即可求得本次径流深。其计算公式为

$$W = 0.36\Delta t \sum_{i=1}^{n} Q_i$$

$$R = 10W/F$$

式中：W 为次洪水总量（万 m^3）；Q_i 为流量过程线分割基流后的纵标值（m^3/s）；Δt 为时段长（h）；F 为流域面积（km^2）；R 为次径流深（mm）。

莱芜站降雨径流分析成果见表 13-4。

2.3.2　精度评定

按"许可误差=20%实测值"的标准（并当许可误差大于 20.0 mm 时以 20.0 mm 为上限，小于 3.0 mm 时以 3.0 mm 为下限）进行逐次洪水评定。本方案共选用 57 个点据，37 个合格，合格率为 64.9%，属于丙级方案，详见表 13-5。

2.4　汇流方案

本方案主要采用峰量相关图、经验单位线法。

2.4.1　峰量相关图

以有效降雨历时 T_c 作为参数，建立峰量关系曲线 $R\text{-}T_c\text{-}Q_{m净}$。其中，$R$ 为一次降雨径流深，由次洪水总量除以相应集水面积而得；T_c 为有效降雨历时，是指实际能产生径流、对造峰有明显影响的降雨历时，一般采取占总降雨量 80% 的降雨时段数或采用时段平均降雨量大于 5 mm 的时段数；$Q_{m净}$ 为一次降雨过程所产生的区间净峰流量。

根据 1966—2020 年 57 个洪水点据分析，通过点群中心并照顾同一 R 值的 $Q_{m净}$ 逐渐减少的趋势定线，$R\text{-}T_c\text{-}Q_{m净}$ 关系图见图 13-4。

精度评定：按"许可误差 = 20% 实测值"的标准进行逐次洪水评定。本方案共选用 1966—2020 年 57 个点据，39 个合格，合格率为 68.4%，属于丙级方案，详见表 13-6。

2.4.2　经验单位线法

从 1966—2020 年暴雨洪水资料中，根据不同降雨类型选取了实测洪水资料，分析出大汶河莱芜站 3 条单位线，Δt 取 1 h。大汶河莱芜站单位线见图 13-5。

2.5　水位流量关系曲线

莱芜站水位流量关系曲线见图 13-6。

3　方案使用说明

3.1　产流方案

计算出流域平均雨量 P 和流域平均前期雨量 P_a，根据 P 及 P_a 在 $P+P_a\text{-}R$ 关系线上查得 R。

3.2　汇流方案

3.2.1　峰量关系曲线

依据查得的径流深 R 及求出的有效降雨历时 T_c，通过峰量关系曲线可查得流域中型水库以下莱芜站集水面积上所产生的净峰流量 $Q_{m净}$，加上基流 $Q_基$ 及上游水库放水即为所预报的洪峰流量。查图时，当 $T_c \geq 14$ h 时，查 $T_c = 14$ h 的线；当 $T_c \leq 4$ h 时，查 $T_c = 4$ h 的线。

3.2.2　经验单位线

在进行洪水作业预报时，视本次降雨情况选定与其降雨特点相近的经验单位线。

3.3　方案合理性检查及精度评定

在方案建立过程中，随时根据规范要求及有关文件规定进行合理性检查，特别对突出点据从原始资料反复查对，对中间处理过程也进行了认真审查，发现不合理的问题基本上都做了检查改正。方案建立后，先从线形进行比较，防止出现矛盾现象，然后对每个方案尽量根据规范规定采用表格形式进行了精度评定（用许可误差法）。其中，$P+P_a\text{-}R$ 相关图合格率为 64.9%；$R\text{-}T_c\text{-}Q_{m净}$ 相关图合格率为 68.4%。

3.4　方案适应能力

本方案适用于防洪标准以下的洪水作业预报。如遇超标准洪水，则需根据当时具体情况酌情修正。方案具体应用时，应考虑上游水利工程实际调度情况。

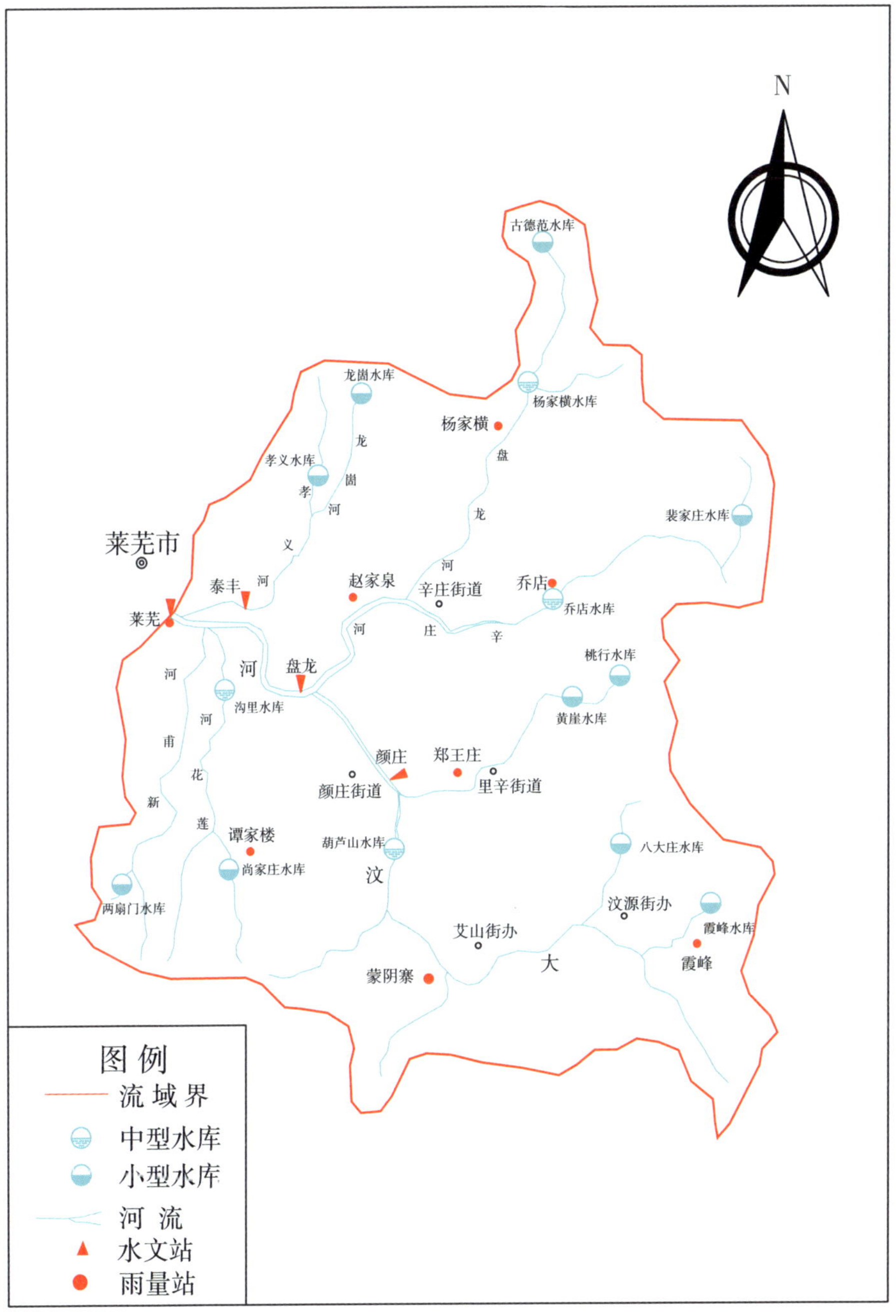

图 13-1　大汶河莱芜站以上流域图

表 13-4　大汶河莱芜站降雨径流分析成果表

序号	洪号	降雨起止时间		流域平均雨量 P（mm）	前期影响雨量 P_a（mm）	降雨历时（h）		暴雨中心位置或特点	洪水起止时间			起涨流量 Q_0（m^3/s）	洪峰流量 Q_m（m^3/s）	净峰流量 $Q_{m净}$（m^3/s）	洪水总历时 $T_洪$（h）	次洪径流量 W（万 m^3）	集水面积 F（km^2）	次洪径流深 R（mm）	径流系数 α
		起	止			全部 T	有效 T_c		起涨	峰顶	落平								
1	660624	1966/6/24 8：00	1966/6/24 14：00	50.0	34.5	6	4	霞峰	1966/6/24 8：00	1966/6/24 14：12	1966/6/25 22：00	11.6	398	386.4	38	1 061	758	14.0	0.28
2	660714	1966/7/14 2：00	1966/7/14 14：00	72.0	25.9	12	4	杨家横	1966/7/14 2：00	1966/7/14 5：00	1966/7/14 22：25	4.36	560	555.6	20.4	821	758	10.8	0.15
3	660715	1966/7/14 20：00	1966/7/15 4：00	122.0	65.0	8	8	乔店	1966/7/14 22：25	1966/7/15 2：30	1966/7/19 20：00	82.8	2 920	2 837	117.6	4 031	758	53.2	0.44
4	680720	1968/7/20 2：00	1968/7/20 8：00	36.0	23.0	6	4	杨家横	1968/7/20 2：30	1968/7/20 4：18	1968/7/23 8：00	5.8	304	298.2	77.5	939.5	758	12.4	0.34
5	700907	1970/9/7 18：00	1970/9/8 8：00	58.0	6.6	14	6	赵家泉	1970/9/7 21：30	1970/9/8 2：30	1970/9/11 8：00	3.5	446	442.5	82.5	1 568	758	20.7	0.36
6	710701	1971/7/2 4：00	1971/7/4 0：00	56.0	53.8	44	4	赵家泉	1971/7/2 21：00	1971/7/3 22：30	1971/7/6 8：00	28	367	339	83	1 490	763	19.5	0.35
7	710706	1971/7/6 20：00	1971/7/7 14：00	65.0	47.0	18	6	霞峰	1971/7/6 19：20	1971/7/7 2：00	1971/7/9 16：20	17	486	469	69	2 069	763	27.1	0.42
8	710821	1971/8/21 6：00	1971/8/22 4：00	90.0	45.7	22	6	谭家楼	1971/8/21 14：30	1971/8/22 3：17	1971/8/25 2：00	18	339	321	83.5	2 610	763	34.2	0.38
9	720827	1972/8/27 6：00	1972/8/27 12：00	55.0	47.3	6	5	上游	1972/8/27 7：00	1972/8/27 13：30	1972/8/29 3：00	7	212	205	44	691	763	9.1	0.16
10	720901	1972/9/1 16：00	1972/9/3 2：00	108.0	40.0	34	10	普雨	1972/9/1 14：00	1972/9/2 5：00	1972/9/2 22：00	7.8	1 410	1 402	32	4 841	763	63.4	0.59
11	740729	1974/7/30 0：00	1974/7/30 18：00	37.0	50.0	18	6	蒙阴寨	1974/7/30 0：00	1974/7/30 7：12	1974/7/31 23：00	13.4	352	338.6	47	1 220	763	16.0	0.43
12	740813	1974/8/13 8：00	1974/8/13 21：00	73.0	65.0	13	6	霞峰	1974/8/13 9：30	1974/8/13 19：00	1974/8/18 18：00	81	636	555	128.5	3 963	763	51.9	0.71
13	750730	1975/7/30 3：00	1975/7/30 12：00	55.0	53.0	9	5	郑王庄	1975/7/30 0：00	1975/7/30 13：00	1975/8/1 20：00	14	440	426	68	2 431	763	31.9	0.58
14	750831	1975/8/31 22：00	1975/9/2 8：00	84.0	18.0	34	7	莱芜	1975/8/31 22：00	1975/9/1 4：42	1975/9/4 0：00	8.4	529	520.6	74	1 686	763	22.1	0.26
15	760721	1976/7/21 6：00	1976/7/21 16：00	50.0	15.0	10	3	乔店	1976/7/21 18：00	1976/7/21 18：42	1976/7/22 14：00	1	224	223	20	497	763	6.5	0.13
16	760728	1976/7/28 13：00	1976/7/28 20：00	33.0	39.0	7	5	郑王庄	1976/7/28 16：00	1976/7/28 17：48	1976/7/31 15：00	6	240	234	71	774	763	10.1	0.31
17	760811	1976/8/12 6：00	1976/8/13 8：00	89.0	17.0	26	11	莱芜	1976/8/12 4：00	1976/8/13 6：30	1976/8/18 8：00	7	257	250	148	1 901	763	24.9	0.28
18	770807	1977/8/7 0：00	1977/8/7 14：00	44.0	41.0	14	4	蒙阴寨	1977/8/7 6：00	1977/8/7 17：42	1977/8/11 2：00	6	290	284	92	1 084	763	14.2	0.32
19	790625	1979/6/25 14：00	1979/6/26 0：00	72.0	47.0	10	6	霞峰	1979/6/25 20：00	1979/6/26 3：18	1979/6/30 0：00	13	525	512	100	1 712	763	22.4	0.31
20	800629	1980/6/29 4：00	1980/6/30 5：00	110.0	13.0	25	5	普雨	1980/6/29 8：00	1980/6/30 5：54	1980/7/3 8：00	4	478	474	96	2 378	763	31.2	0.28
21	820807	1982/8/7 15：00	1982/8/7 19：00	39.0	30.0	4	3	乔店	1982/8/7 18：42	1982/8/7 19：48	1982/8/9 8：00	3	315	312	37.3	598	763	7.8	0.20
22	840711	1984/7/11 3：00	1984/7/12 6：00	165.0	38.0	27	5	郑王庄	1984/7/11 8：00	1984/7/12 3：48	1984/7/17 8：00	8	1 900	1 892	144	4 975	763	65.2	0.40
23	850708	1985/7/9 0：00	1985/7/9 22：00	119.0	25.0	22	7	普雨	1985/7/9 0：00	1985/7/9 13：30	1985/7/11 8：00	2	625	623	56	2 136	763	28.0	0.24
24	850712	1985/7/11 5：00	1985/7/11 20：00	70.0	65.0	15	7	郑王庄	1985/7/11 8：00	1985/7/11 22：30	1985/7/15 8：00	31	478	447	96	2 050	763	26.9	0.38
25	860730	1986/7/29 21：00	1986/7/31 13：00	143.0	42.0	40	7	霞峰	1986/7/29 21：40	1986/7/30 11：00	1986/7/31 23：00	8	472	464	49.3	1 942	763	25.5	0.18
26	860801	1986/7/31 21：00	1986/8/1 7：00	45.0	65.0	10	5	郑王庄	1986/7/31 23：00	1986/8/1 2：48	1986/8/4 0：00	58	570	512	73	1 633	763	21.4	0.48
27	860815	1986/8/15 6：00	1986/8/15 23：00	56.0	29.0	17	7	谭家楼	1986/8/15 8：24	1986/8/15 13：00	1986/8/19 0：00	12	304	292	87.6	1 137	763	14.9	0.27
28	900617	1990/6/17 18：00	1990/6/18 13：00	177.0	47.0	19	10	赵家泉	1990/6/17 19：24	1990/6/18 3：48	1990/6/22 8：00	4	1 030	1 026	108.6	4 563	763	59.8	0.34
29	900716	1990/7/16 20：00	1990/7/17 7：00	105.0	48.0	11	5	霞峰	1990/7/16 0：00	1990/7/17 4：42	1990/7/19 14：00	14	1 970	1 956	86	4 984	763	65.3	0.62
30	900721	1990/7/21 6：00	1990/7/22 7：00	142.0	52.0	25	11	普雨	1990/7/21 6：30	1990/7/22 4：42	1990/7/28 16：14	61	1 830	1 769	177.7	8 619	763	113.0	0.80
31	900815	1990/8/15 13：00	1990/8/16 12：00	60.0	49.0	23	8	普雨	1990/8/16 0：00	1990/8/16 10：56	1990/8/21 8：00	27	620	593	128	3 006	763	39.4	0.66
32	930715	1993/7/15 18：00	1993/7/16 8：00	73.0	48.0	14	5	普雨	1993/7/15 20：00	1993/7/16 2：30	1993/7/18 8：00	30	527	497	60	1 812	763	23.7	0.33
33	940629	1994/6/29 6：00	1994/6/30 21：00	93.0	37.0	39	5	杨家横	1994/6/29 6：00	1994/6/29 12：00	1994/7/1 0：00	2	524	522	42	1 675	763	22.0	0.24
34	940705	1994/7/5 20：00	1994/7/6 19：00	60.0	44.0	23	4	郑王庄	1994/7/5 20：00	1994/7/6 17：00	1994/7/11 6：00	10	372	362	130	2 242	763	29.4	0.49

续表

序号	洪号	降雨起止时间 起	降雨起止时间 止	流域平均雨量 P（mm）	前期影响雨量 P_a（mm）	降雨历时（h） 全部 T	降雨历时（h） 有效 T_c	暴雨中心位置或特点	洪水起止时间 起涨	洪水起止时间 峰顶	洪水起止时间 落平	起涨流量 Q_0（m^3/s）	洪峰流量 Q_m（m^3/s）	净峰流量 $Q_{m净}$（m^3/s）	洪水总历时 $T_洪$（h）	次洪径流量 W（万 m^3）	集水面积 F（km^2）	次洪径流深 R（mm）	径流系数 α
35	940807	1994/8/7 14：00	1994/8/9 9：00	149.0	20.5	43	15	霞峰	1994/8/7 17：00	1994/8/8 12：00	1994/8/13 8：00	8	876	868	135	6 275	763	82.2	0.55
36	950815	1995/8/16 4：00	1995/8/17 22：00	77.0	32.0	42	8	赵家泉	1995/8/16 8：00	1995/8/18 4：00	1995/8/22 0：00	12.5	210	197.5	136	1 813	763	23.8	0.31
37	950821	1995/8/21 23：00	1995/8/22 14：00	64.0	40.0	15	5	蒙阴寨	1995/8/22 6：00	1995/8/22 14：00	1995/8/25 8：00	34	357	323	74	1 886	763	24.7	0.39
38	960724	1996/7/24 22：00	1996/7/25 12：00	221.0	8.8	14	11	郑王庄	1996/7/24 23：00	1996/7/25 11：06	1996/7/27 14：00	2	2 140	2 138	63	6 693	763	87.7	0.40
39	960729	1996/7/30 0：00	1996/7/31 7：00	93.0	40.7	31	6	谭家楼	1996/7/30 0：00	1996/7/30 5：50	1996/8/5 8：00	27.6	613	585.4	152	3 049	763	40.0	0.43
40	970819	1997/8/19 9：00	1997/8/20 12：00	114.0	25.0	27	11	乔店	1997/8/19 20：00	1997/8/20 9：50	1997/8/25 8：00	6	356	350	132	2 433	763	31.9	0.28
41	980723	1998/7/23 19：00	1998/7/24 8：00	88.0	33.0	13	6	谭家楼	1998/7/23 18：00	1998/7/24 2：45	1998/7/27 7：30	2	742	740	85.5	1 801	763	23.6	0.27
42	980807	1998/8/7 6：00	1998/8/7 16：00	65.0	51.0	10	3	普雨	1998/8/7 10：00	1998/8/7 14：00	1998/8/9 18：30	26.5	392	365.5	56.5	1 598	763	20.9	0.32
43	000809	2000/8/9 17：00	2000/8/10 15：00	97.0	13.0	22	6	莱芜	2000/8/9 20：00	2000/8/10 13：00	2000/8/13 8：00	5	540	535	84	1 713	763	22.5	0.23
44	010721	2001/7/21 4：00	2001/7/21 12：00	61.0	18.5	8	6	普雨	2001/7/21 6：00	2001/7/21 16：30	2001/7/24 8：00	4	221	217	74	724	763	9.5	0.16
45	010729	2001/7/29 21：00	2001/7/31 4：00	83.0	57.5	31	7	普雨	2001/7/30 9：20	2001/7/31 2：20	2001/8/2 8：00	50	600	550	70.7	2 326	763	30.5	0.37
46	010804	2001/8/4 3：00	2001/8/4 15：00	128.0	41.0	12	8	谭家楼	2001/8/4 6：00	2001/8/4 9：00	2001/8/11 8：00	65	1 680	1 615	170	6 187	763	81.1	0.63
47	040826	2004/8/26 12：00	2004/8/28 6：00	108.0	16.7	42	7	普雨	2004/8/27 5：00	2004/8/28 3：30	2004/9/4 8：00	8	568	560	195	3 398	737	46.1	0.43
48	040914	2004/9/14 4：00	2004/9/14 20：00	100.0	36.0	16	13	普雨	2004/9/14 8：00	2004/9/14 23：00	2004/9/19 8：00	15	213	198	120	1 477	737	20.0	0.20
49	070816	2007/8/16 5：00	2007/8/18 6：00	165.0	48.8	49	13	杨家横	2007/8/16 8：00	2007/8/18 4：00	2007/8/21 18：20	21	898	877	130.3	7 370	737	100.0	0.61
50	080718	2008/7/18 4：00	2008/7/18 22：00	84.0	52.6	18	5	普雨	2008/7/17 19：00	2008/7/18 15：50	2008/7/22 8：00	9.5	340.5	331	109	1 739	737	23.6	0.28
51	090826	2009/8/26 8：00	2009/8/26 14：00	57.0	46.0	6	4	郑王庄	2009/8/26 12：00	2009/8/26 17：00	2009/8/28 20：00	10	418	408	56	1 466	737	19.9	0.35
52	110911	2011/9/11 16：00	2011/9/15 15：00	185.0	17.0	95	16	普雨	2011/9/13 8：00	2011/9/14 16：50	2011/9/20 17：00	9	741	732	177	6 811	737	92.4	0.50
53	120707	2012/7/7 18：00	2012/7/8 15：00	118.0	58.0	21	9	赵家泉	2012/7/8 6：00	2012/7/8 13：00	2012/7/9 12：00	6	696	690	30	1 555	737	21.1	0.18
54	160818	2016/8/17 0：00	2016/8/17 9：00	59.0	33.5	9	7	普雨	2016/8/17 4：00	2016/8/17 11：00	2016/8/18 20：00	30	209	179	40	774	737	10.5	0.18
55	190810	2019/8/10 10：00	2019/8/12 7：00	235.0	58.7	45	20	谭家楼	2019/8/10 10：00	2019/8/11 13：00	2019/8/18 8：00	13	1 036	1 023	190	7 930	737	107.6	0.46
56	200813	2020/8/13 17：00	2020/8/13 21：00	73.6	41.0	4	4	普雨	2020/8/13 17：00	2020/8/14 20：00	2020/8/15 20：00	19	231	212	51	736	737	10.0	0.14
57	200821	2020/8/19 21：00	2020/8/21 6：00	86.0	50.0	33	10	霞峰	2020/8/20 2：00	2020/8/20 10：00	2020/8/26 8：00	29	304	275	150	1 916	737	26.0	0.30

表 13-5 大汶河莱芜站降雨径流预报精度评定表

序号	洪号	流域平均雨量 P（mm）	流域平均前雨 P_a（mm）	实测径流深 $R_{实}$（mm）	预报径流深 $R_{预}$（mm）	预报误差（mm）	许可误差（mm）	评定结果		序号	洪号	流域平均雨量 P（mm）	前期影响雨量 P_a（mm）	实测径流深 $R_{实}$（mm）	预报径流深 $R_{预}$（mm）	预报误差（mm）	许可误差（mm）	评定结果	
								合格	不合格									合格	不合格
1	660624	50.0	34.5	14.0	13.0	−1.0	3.0	√		30	900721	142.0	52.0	113.0	96.0	−17.0	20.0	√	
2	660714	72.0	25.9	10.8	12.0	1.2	3.0	√		31	900815	60.0	49.0	39.4	26.0	−13.4	7.9		√
3	660715	122.0	65.0	53.2	88.0	34.8	10.6		√	32	930715	73.0	48.0	23.7	25.0	1.3	4.7	√	
4	680720	36.0	23.0	12.4	3.5	−8.9	3.0		√	33	940629	93.0	37.0	22.0	32.0	10.0	4.4		√
5	700907	58.0	6.6	20.7	4.0	−16.7	4.1		√	34	940705	60.0	44.0	29.4	20.0	−9.4	5.9		√
6	710701	56.0	53.8	19.5	19.0	−0.5	3.9	√		35	940807	149.0	20.5	82.2	76.0	−6.2	16.4	√	
7	710706	65.0	47.0	27.1	26.0	−1.1	5.4	√		36	950815	77.0	32.0	23.8	26.0	2.2	4.8	√	
8	710821	90.0	45.7	34.2	35.0	0.8	6.8	√		37	950821	64.0	40.0	24.7	20.0	−4.7	4.9	√	
9	720827	55.0	47.3	9.1	12.0	2.9	3.0	√		38	960724	221.0	8.8	87.7	123.0	35.3	17.5		√
10	720901	108.0	40.0	63.4	58.0	−5.4	12.7	√		39	960729	93.0	40.7	40.0	41.0	1.0	8.0	√	
11	740729	37.0	50.0	16.0	13.5	−2.5	3.2	√		40	970819	114.0	25.0	31.9	50.0	18.1	6.4		√
12	740813	73.0	65.0	51.9	48.0	−3.9	10.4	√		41	980723	88.0	33.0	23.6	25.0	1.4	4.7	√	
13	750730	55.0	53.0	31.9	26.0	−5.9	6.4	√		42	980807	65.0	51.0	20.9	24.0	3.1	4.2	√	
14	750831	84.0	18.0	22.1	20.0	−2.1	4.4	√		43	000809	97.0	13.0	22.5	18.0	−4.5	4.5	√	
15	760721	53.0	15.0	6.5	4.5	−2.0	3.0	√		44	010721	61.0	18.5	9.5	10.0	0.5	3.0	√	
16	760728	33.0	39.0	10.1	7.2	−2.9	3.0	√		45	010729	83.0	57.5	30.5	40.0	9.5	6.1		√
17	760811	89.0	17.0	24.9	22.0	−2.9	5.0	√		46	010804	128.0	41.0	81.1	68.0	−13.1	16.2	√	
18	770807	44.0	41.0	14.2	13.2	−1.0	3.0	√		47	040826	108.0	16.7	46.1	37.0	−9.1	9.2	√	
19	790625	72.0	47.0	22.4	25.0	2.6	4.5	√		48	040914	100.0	36.0	20.0	35.0	15.0	4.0		√
20	800629	110.0	13.0	31.2	32.0	0.8	6.2	√		49	070816	165.0	48.8	100.0	108.0	8.0	20.0	√	
21	820807	39.0	30.0	7.8	7.0	−0.8	3.0	√		50	080718	84.0	52.6	23.6	28.0	4.4	4.7	√	
22	840711	165.0	38.0	65.2	98.0	32.8	13.0		√	51	090826	57.0	46.0	19.9	20.0	0.1	4.0	√	
23	850708	119.0	25.0	28.0	42.0	14.0	5.6		√	52	110911	185.0	17.0	92.4	96.0	3.6	18.5	√	
24	850712	70.0	65.0	26.9	35.0	8.1	5.4		√	53	120707	118.0	58.0	21.1	72.0	50.9	4.2		√
25	860730	143.0	42.0	25.5	82.0	56.5	5.1		√	54	160818	59.0	33.5	10.5	13.0	2.5	3.0	√	
26	860801	45.0	65.0	21.4	25.0	3.6	4.3	√		55	190810	235.0	58.7	107.6	192.0	84.4	20.0		√
27	860815	56.0	29.0	14.9	13.5	−1.4	3.0	√		56	200813	73.6	41.0	10.0	21.0	11.0	3.0		√
28	900617	177.0	47.0	59.8	116.0	56.2	12.0		√	57	200821	86.0	50.0	26.0	18.8	−7.2	5.2		√
29	900716	105.0	48.0	65.3	98.0	32.8	13.0		√										

备注：1. 合格率=64.9%；2. 预报误差=预报值−实测值；3. 许可误差=实测值的 20%，以 20.0 mm 为上限，以 3.0 mm 为下限；4. 方案等级属丙级。

表 13-6　大汶河莱芜站峰量关系精度评定表

序号	洪号	实测径流深 $R_{实}$（mm）	有效降雨历时 T_c（h）	净峰流量（m^3/s）		预报误差（m^3/s）	许可误差（m^3/s）	评定结果	
				实测 $Q_{m净实}$	预报 $Q_{m净预}$			合格	不合格
1	660624	14.0	4	386.4	420	33.6	77.3	√	
2	660714	10.8	4	555.6	320	−235.6	111		√
3	660715	53.2	8	2 837	890	−1 947	567		√
4	680720	12.4	4	298.2	350	51.8	59.6	√	
5	700907	20.7	6	442.5	460	17.5	88.5	√	
6	710701	19.5	4	339	580	241	67.8		√
7	710706	27.1	6	469	550	81	93.8	√	
8	710821	34.2	6	321	750	429	64.2		√
9	720827	9.1	5	205	180	−25	41	√	
10	720901	63.4	10	1 402	900	−502	280		√
11	740729	16.0	6	338.6	340	1.4	67.7	√	
12	740813	51.9	6	555	1 120	565	111		√
13	750730	31.9	5	426	700	274	85.2		√
14	750831	22.1	7	520.6	450	−70.6	104	√	
15	760721	6.5	3	223	200	−23	44.6	√	
16	760728	10.1	5	234	280	46	46.8	√	
17	760811	24.9	11	250	280	30	50	√	
18	770807	14.2	4	284	340	56	56.8	√	
19	790625	22.4	6	512	510	−2	102	√	
20	800629	31.2	5	474	510	36	94.8	√	
21	820807	7.8	3	312	280	−32	62.4	√	
22	840711	65.2	5	1 892	1 700	−192	378	√	
23	850708	28.0	7	623	580	−43	125	√	
24	850712	26.9	7	447	510	63	89.4	√	
25	860730	25.5	7	464	500	36	92.8	√	
26	860801	21.4	5	512	550	38	102	√	
27	860815	14.9	7	292	330	38	58.4	√	
28	900617	59.8	10	1 026	840	−186	205	√	
29	900716	65.3	5	1 956	1 750	−206	391	√	
30	900721	113.0	11	1 769	1 450	−319	354	√	
31	900815	39.4	8	593	700	107	119	√	
32	930715	23.7	5	497	580	83	99.4	√	
33	940629	22.0	5	522	440	−82	104	√	
34	940705	29.4	4	362	920	558	72.4		√
35	940807	82.2	15	868	700	−168	174	√	
36	950815	23.8	8	197.5	520	322.5	39.5		√
37	950821	24.7	5	323	600	277	64.6		√
38	960724	87.7	11	2 138	1 000	−1 138	428		√
39	960729	40.0	6	585.4	900	314.6	117		√
40	970819	31.9	11	350	380	30	70	√	
41	980723	23.6	6	740	670	−70	148	√	
42	980807	20.9	3	365.5	610	244.5	73.1		√
43	000809	22.5	6	535	500	−35	107	√	
44	010721	9.5	6	217	220	3	43.4	√	
45	010729	30.5	7	550	600	50	110	√	
46	010804	81.1	8	1 615	1 400	−215	323	√	
47	040826	46.1	7	560	700	140	112		√
48	040914	20.0	13	198	180	−18	39.6	√	
49	070816	100.0	13	877	950	73	175	√	
50	080718	23.6	5	331	550	219	66.2		√
51	090826	19.9	4	408	600	192	81.6		√
52	110911	92.4	16	732	780	48	146	√	
53	120707	21.1	9	690	320	−370	138		√
54	160818	10.5	7	179	190	11	35.8	√	
55	190810	107.6	20	1 023	900	−123	205	√	
56	200813	10.0	4	212	300	88	42.4		√
57	200821	26.0	10	275	320	45	55	√	

备注：1. 合格率=68.4%；2. 预报误差=预报值−实测值；3. 许可误差=实测值的20%；4. 方案等级属丙级。

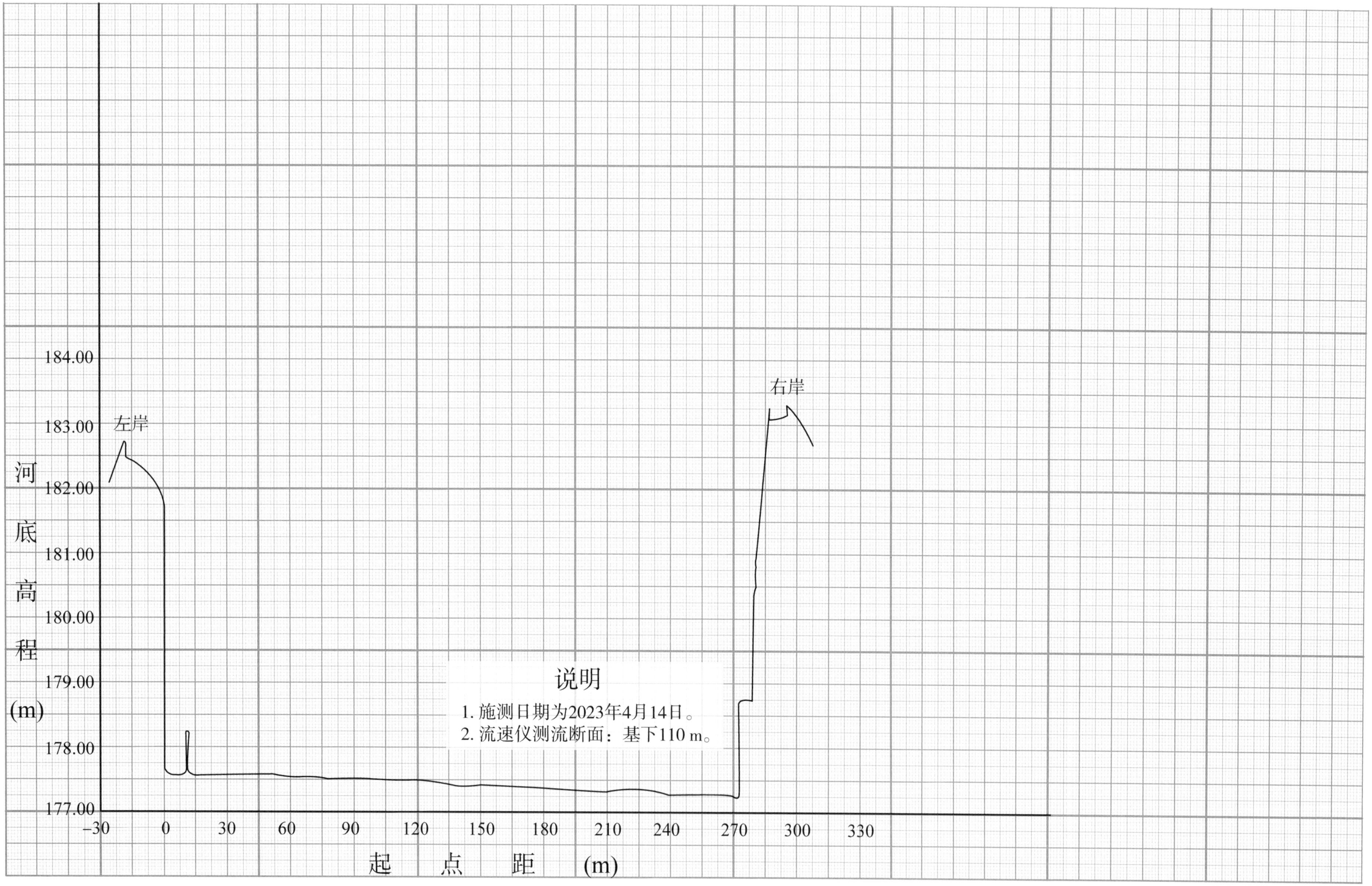

图 13-2 大汶河莱芜站大断面图

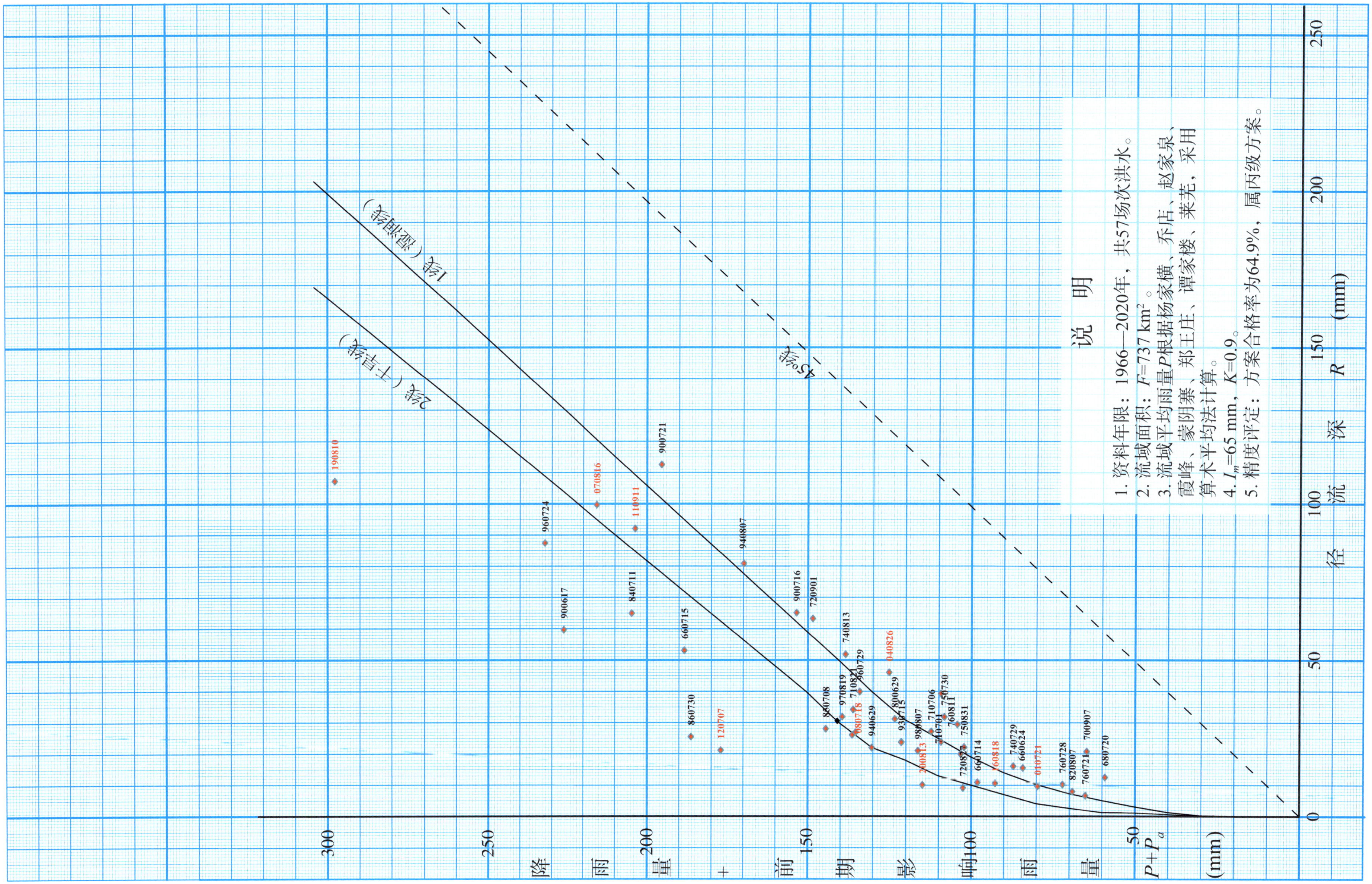

图 13-3　大汶河莱芜站降雨径流相关图

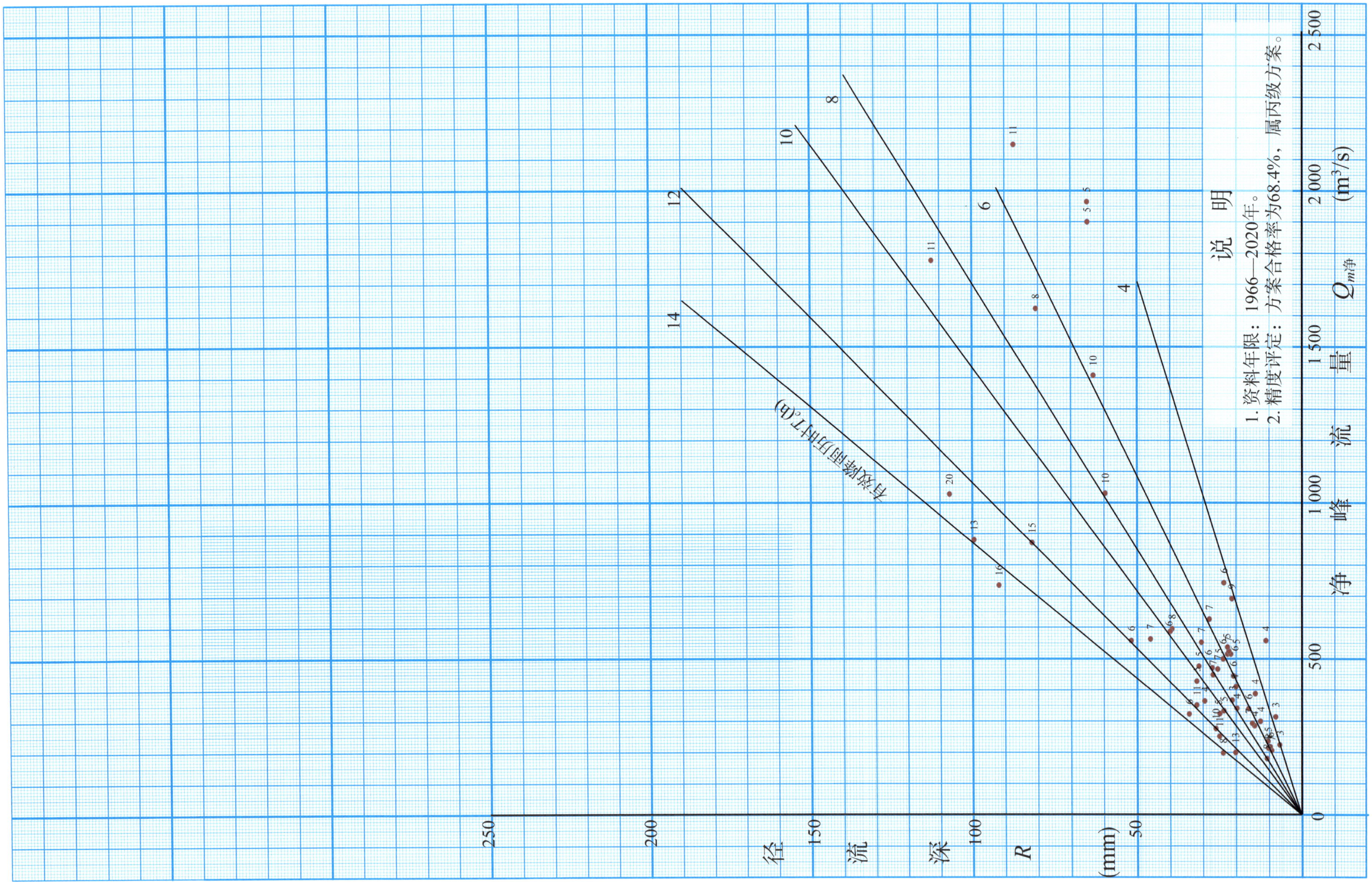

图 13-4　大汶河莱芜站峰量相关图

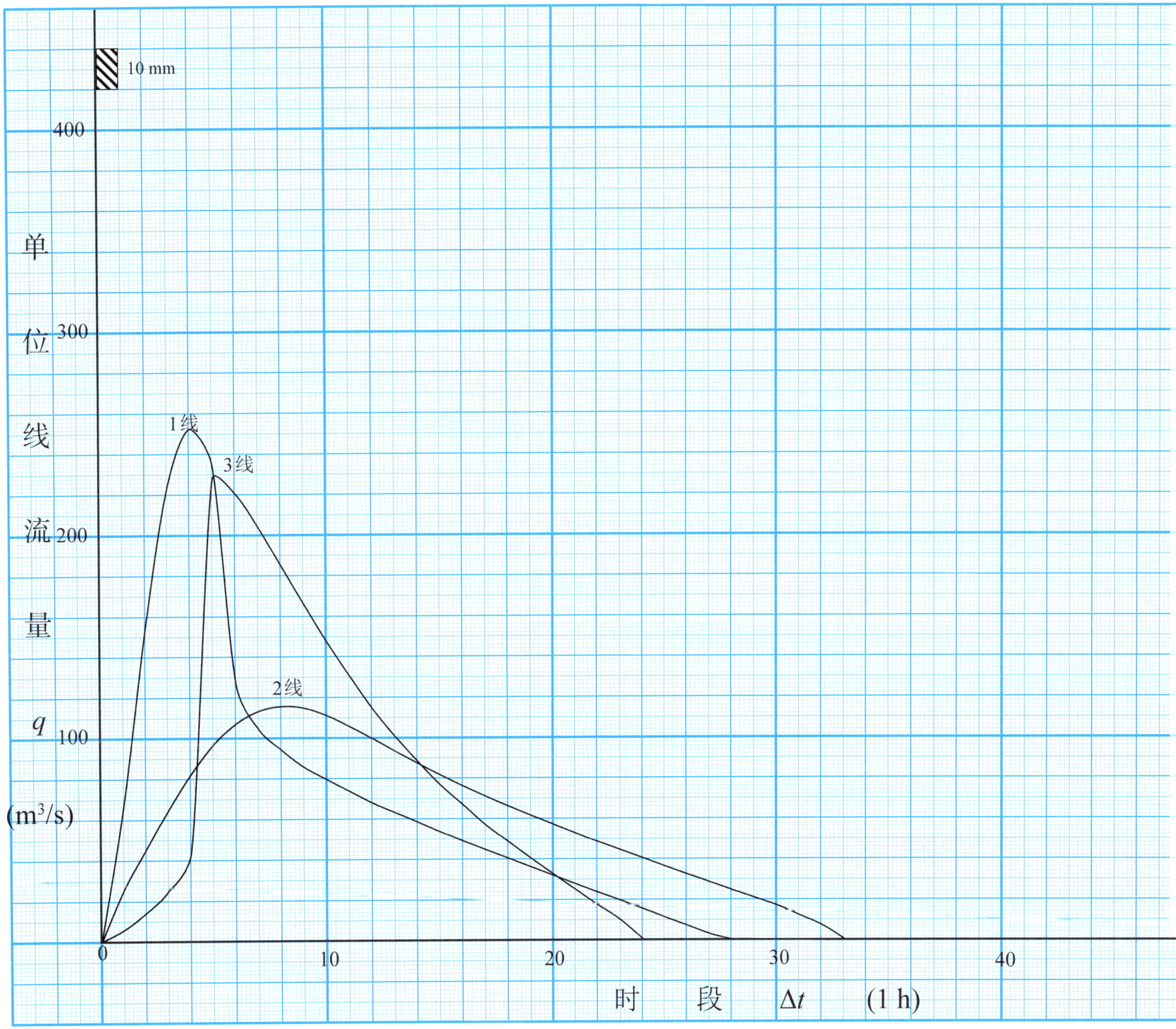

单位线成果表

F=737 km²，Δt=1 h

时段	单位线流量q（m³/s）			备 注
	1线	2线	3线	
0	0.0	0.0	0.0	
1	67.9	26.0	5.96	
2	155	45.6	14.3	1号线洪水原型为090826，适用于降雨集中、降雨中心在中下游等有利于产流等情况
3	224	64.7	25.0	
4	253	82.3	44.4	
5	234	96.9	228	
6	127	107	220	
7	104	113	204	
8	94.0	116	185	
9	85.5	115	166	
10	79.4	111	147	
11	73.6	106	130	
12	67.8	99.6	114	
13	63.0	93.3	101	
14	58.3	87.2	88.0	
15	53.5	81.5	76.5	2号线洪水原型为040914，适用于降雨较为均匀的情况
16	48.9	76.0	66.6	
17	44.6	70.9	56.7	
18	40.3	66.1	48.4	
19	36.0	61.4	40.1	
20	31.7	56.9	32.2	
21	27.6	52.6	24.7	
22	23.5	48.4	17.1	
23	19.4	44.2	9.57	
24	15.2	40.2	0.0	
25	11.1	36.2		
26	6.99	32.2		3号线洪水原型为190810，适用于降雨历时较长、雨量大、有利于产流的情况
27	2.87	28.4		
28	0.0	24.5		
29		20.6		
30		16.8		
31		11.9		
32		7.06		
33		0.0		
34				
Σ	2 047.2	2 039.0	2 045.2	

图 13-5　大汶河莱芜站单位线图

第十四章　大汶河角峪大桥站水文预报方案编制说明

1　流域基本情况

1.1　流域自然地理特征

角峪大桥预报断面位于大汶河干流上游牟汶河上，泰安市岱岳区角峪镇角峪大桥附近，断面以上流域面积为 1 321 km^2，主要支流有辛庄河、莲花河、孝义河、方下河、牛泉河等。流域以上多为山区，山区面积约占总控制面积的 80%，丘陵平原面积约占 20%，河谷迂回曲折于山谷丘陵之中，该河流自上而下流经济南市钢城区和莱芜区两个区。该区域根据成因类型划分为剥蚀、剥蚀堆积和侵蚀堆积三种地貌单元。山区主要以青石山和砂石山为主，主要岩石为花岗岩，花岗片麻岩和部分灰岩、石灰岩、砂砾石等；丘陵平原主要为第四纪沉积岩，也有变质岩。土壤性质多为砂土、亚砂土、沙壤土。一般说来，上游山区的青石山区植树造林较好，草皮生长较密，水土流失不严重；而砂石山区植树造林较差，草皮生长不好，水土流失较重。从农作物种植情况来看，山区以地瓜、花生为主，小麦、玉米较少；丘陵平原以玉米、小麦、地瓜为主。

大汶河角峪大桥站以上流域图见图 14-1。

1.2　水利工程情况

角峪大桥预报断面以上流域内有 6 座中型水库，控制面积 543.5 km^2，兴利库容 8 904.5 万 m^3，详见表 14-1。

表 14-1　角峪大桥预报断面以上主要水利工程情况表

水库名称	建成年份	流域面积（km^2）	库容（万 m^3）	
			总	兴利
杨家横	1960 年	39	1 281	911
乔店	1967 年	85	2 540	1 970
葫芦山	1965 年	187	2 273	717
大冶	1958 年	163	5 622	3 914
沟里	1965 年	44.6	1 073	698
鹁鸽楼	1978 年	24.9	1 095	694.5
合计		543.5	13 884	8 904.5

1.3　测站概况

角峪大桥站为中小河流水位站，设立于 2018 年 1 月，是汛期站，目前该站主要观测项目有水位、流量等。大汶河角峪大桥站大断面图见图 14-2。

角峪大桥站以上流域内参加面雨量计算的雨量站有 10 处，详见表 14-2。

表 14-2　角峪大桥站以上流域内雨量站情况表

序号	站名	站码	设站年份	详细地址
1	郑王庄	41520150	1964 年	济南市钢城区里辛街道里辛村
2	蒙阴寨	41520100	1952 年	济南市钢城区艾山街道寨子村
3	霞峰	41520050	1966 年	济南市钢城区汶源街道黄庄村
4	谭家楼	41520400	1965 年	济南市莱芜区高庄街道谭家楼村
5	赵家泉	41520350	1968 年	济南市钢城区辛庄街道秦家洼村
6	乔店	41520250	1965 年	济南市钢城区辛庄街道后峪村
7	杨家横	41520300	1963 年	济南市钢城区辛庄街道杨家横村
8	莱芜	41520500	1960 年	济南市莱芜区凤城街道东方红村
9	大冶	41520550	1965 年	济南市莱芜区张家洼街道港里村
10	角峪（纸坊）	41500288	1963 年	泰安市角峪镇角峪水库

2　预报方案编制

受上游黄前水库调蓄影响，首先分析区间的洪水过程，然后将上游黄前水库泄洪演算到预报断面，与区间洪水过程叠加，即为预报断面洪水过程。

2.1　预报区间的确定

将角峪大桥预报断面以上大中型水库作为上游入流站，确定预报区间为大中型水库至角峪大桥预报断面，则预报区间面积为 777.5 km^2。

2.2　资料情况

角峪大桥站预报区间无实测水文整编系列资料。

2.3　参证站选择

角峪大桥站预报区间位于北望水文站上游，两站属同一流域，由于其地形地貌和下垫面基本特征与北望水文站相似，故以北望水文站作为角峪大桥站预报区间的参证站。北望水文站以上区间流域面积（扣除大中型水库）$F_{参}=2\ 044\ km^2$。

2.4 产流方案

利用北望水文站的产流方案推求角峪大桥站预报区间的产流，角峪大桥站预报区间降雨径流相关图（$P+P_a-R$）见图 14-3。

2.4.1 流域平均雨量 P 的计算

根据大冶、杨家横、郑王庄、莱芜、角峪 5 站雨量采用算术平均法计算流域平均雨量 P。

2.4.2 流域平均前期影响雨量 P_a 的计算

$$P_{a,\ t+1} = K(P_{a,\ t} + P_t)$$

式中：$P_{a,t+1}$ 为第 t+1 日的前期影响雨量（mm）；$P_{a,t}$ 为第 t 日的前期影响雨量（mm）；P_t 为第 t 日的流域平均雨量（mm）；K 为前期影响雨量递减系数。

2.4.3 产流参数 I_m、K 的确定

本方案采用 I_m=90 mm，K=0.9。

2.4.4 暴雨中心位置的确定

根据流域特性和代表站分布情况划分为：上游、中游、下游区域。

上游区：大冶、杨家横、郑王庄站；

中游区：莱芜站；

下游区：角峪站。

2.5 汇流方案

采用参证站北望水文站单位线进行缩放。将北望水文站单位线（Δt=2 h）进行缩放后作为角峪大桥站预报区间的单位线，详见图 14-4。

单位线的缩放按下列公式计算：

$$\alpha = (F_{预} / F_{参})^{0.5}$$

$$T_{预i} = \alpha T_{参i}$$

$$q_{预i} = \alpha q_{参i}$$

式中：α 为单位线缩放系数；$F_{参}$、$F_{预}$分别为参证站、预报站以上控制流域面积；$T_{参i}$ 为参证站单位线逐时段，$T_{参i}$=1，2，…，N；$T_{预i}$ 为预报站单位线逐时段，通常为小数，为满足实际要求，需进一步对缩放结果进行插值，从而得到整时段单位线结果；$q_{参i}$ 为参证站单位线逐时段流量；$q_{预i}$ 为预报站单位线逐时段流量。

2.6 河道流量演算

本方案中，上游入流站为 6 座中型水库，采用传播时间法进行河道流量演算，在实时预报中，将上游水库实测下泄流量与预报区间计算得到的径流过程错时段叠加，从而得到预报断面的流量过程。各水库不同下泄流量至角峪大桥站传播时间见表 14-3。

表 14-3　各水库不同下泄流量至角峪大桥站传播时间

站名		杨家横	沟里	乔店	葫芦山	鹁鸽楼	大冶
距离（km）		71	49	67	61	35	32
传播时间（h）	300 m³/s	15	10	14	13	8	7
	1 000 m³/s	11	7	10	9	5	5

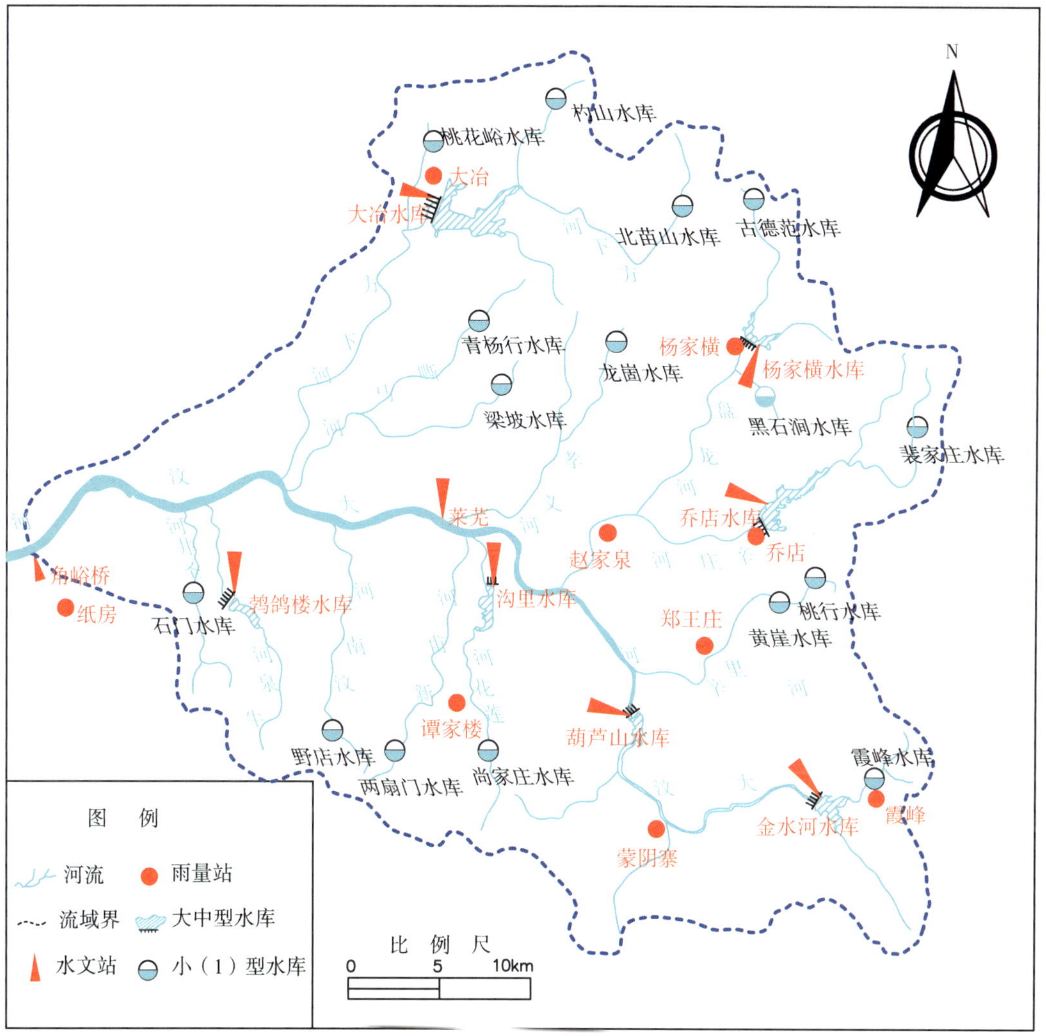

图 14-1　大汶河角峪大桥站以上流域图

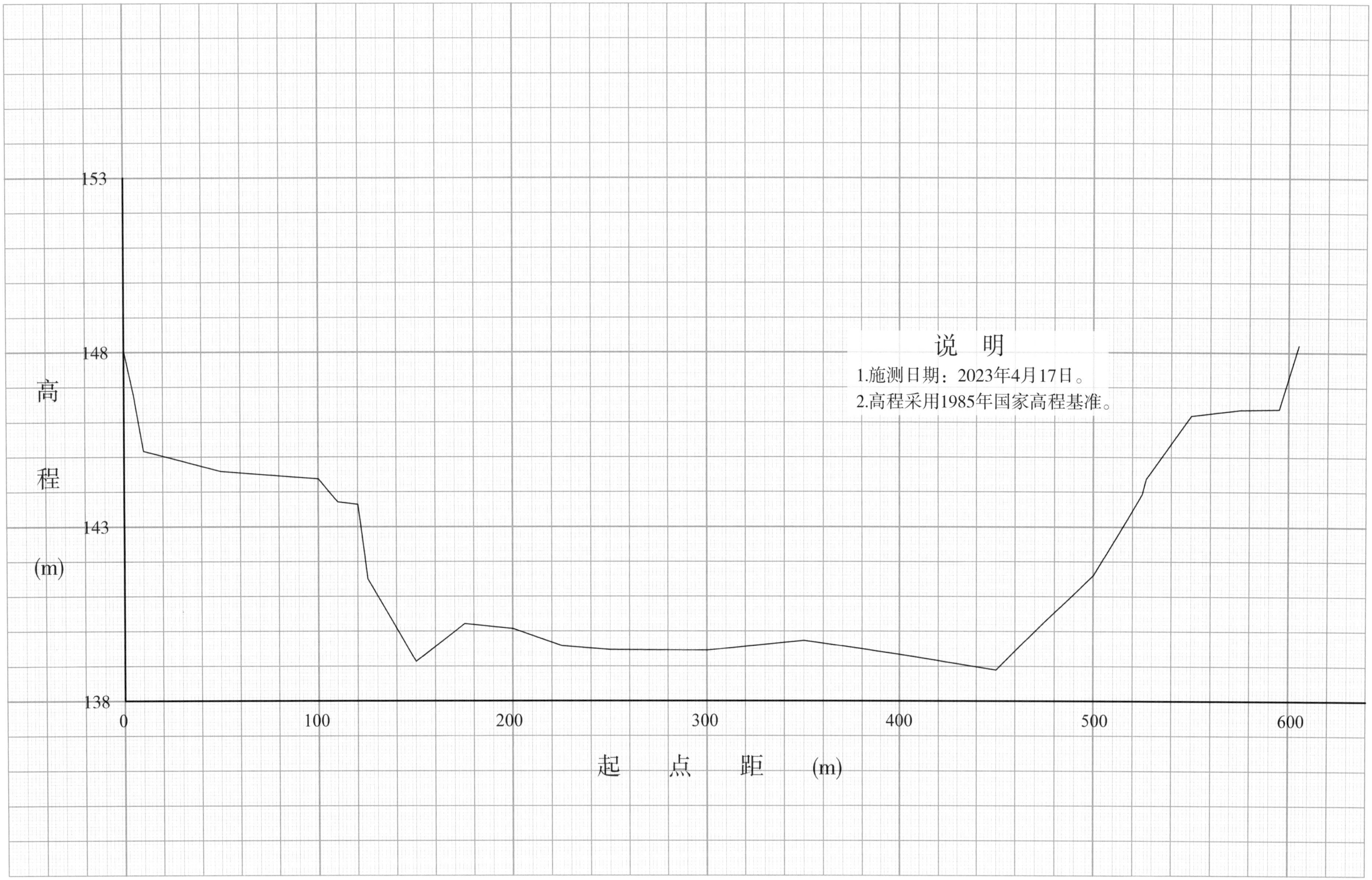

图 14–2 大汶河角峪大桥站大断面图

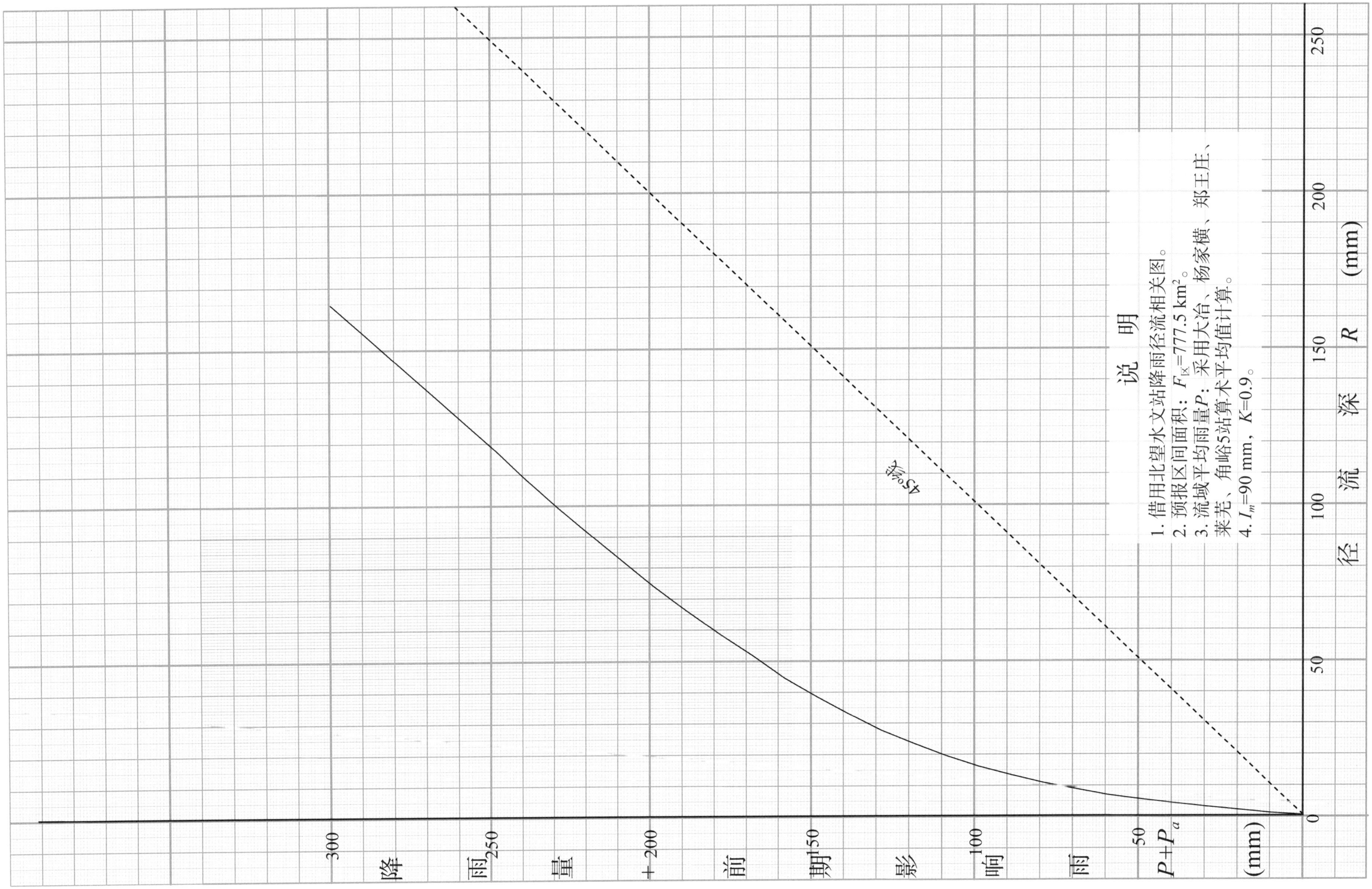

图 14-3　大汶河角峪大桥站预报区间降雨径流相关图

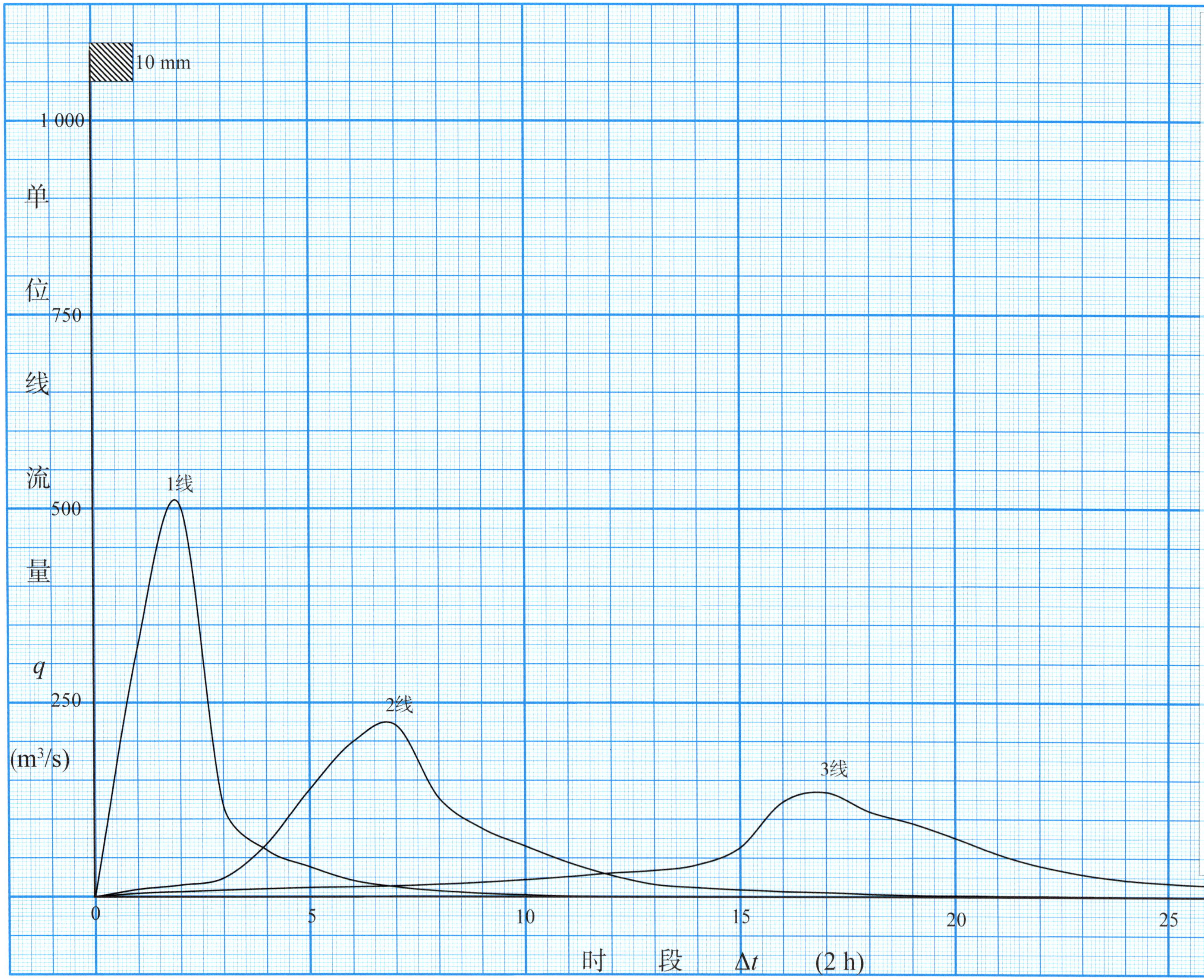

单位线成果表

$F_{区}=777.5\ km^2$，$\Delta t=2\ h$

时段	单位线流量 $q(m^3/s)$		
	1线	2线	3线
0	0.0	0.0	0.0
1	314	9.21	4.50
2	502	14.8	6.50
3	117	23.8	8.50
4	59.8	67.2	10.1
5	38.3	137	11.7
6	20.8	198	12.7
7	12.6	219	13.9
8	7.70	126	16.2
9	4.39	87.3	18.5
10	2.44	65.0	21.9
11	0.88	44.0	25.8
12	0.19	27.5	30.5
13	0.0	15.8	34.0
14		11.8	41.1
15		9.11	63.2
16		6.91	121
17		5.51	133
18		3.50	109
19		2.20	93.7
20		1.80	75.2
21		1.50	54.7
22		1.20	39.6
23		0.90	28.8
24		0.60	21.8
25		0.30	17.7
26		0.0	15.1
27			13.6
28			11.5
29			8.6
30			5.4
31			4.2
32			3.2
33			2.2
34			1.2
35			0.6
36			0.2
37			0.0
$\sum$	1 080.1	1 079.9	1 079.4
当暴雨中心位于上游时选 3 号线；位于中游时选 2 号线，位于下游时选 1 号线			

图 14-4 大汶河角峪大桥站预报区间单位线图

第十五章 大汶河北望水文站水文预报方案编制说明*

1 流域基本情况

1.1 流域自然地理特征

大汶河发源于济南市钢城区台子村，自东向西流经济南市钢城区、莱芜区，泰安市新泰市、岱岳区、泰山区、肥城市、宁阳县，济宁市汶上县，泰安市东平县等县（市、区），在东平县马口注入东平湖，经东平湖流入黄河，是黄河下游的重要支流，全长 209 km，流域面积 8 633 km^2。

北望水文站位于大汶口站上游 18.3 km 处，控制大汶河北支（大汶河主流）以上流域，流域面积 3 551 km^2，北望水文站以上大中型水库控制面积 1 507 km^2，占其总集水面积的 42.4%，大中型水库至北望站区间面积 2 044 km^2，为该站总控制面积的 57.6%。上游干流长约 99.5 km，流域平均坡度为 1.7‰，大汶河北望站以上流域图见图 15-1。

流域内有大型水库 1 座、中型水库 12 座、小型水库 300 余座、较大规模的拦河坝 42 座。上游修建了大量的拦蓄水工程，削减了本测验断面的洪峰流量。

该流域分布于济南市钢城区、莱芜区和泰安市岱岳区、泰山区，测站上游以山区、丘陵为主，上游山区主要岩石为花岗岩、花岗片麻岩、灰岩等；丘陵、平原地区的岩石为第四纪沉积岩和部分变质岩。两岸多为低山丘陵区，为片麻状二长花岗岩或片麻状英云闪长岩等，土壤性质多为砂土、亚砂土、细砂土、沙壤土和壤土，土层厚薄不均，山区、丘陵土层较薄，一般为 0.3~0.5 m；平原较厚，一般为 6~10 m。青石山区土质较好，植被也较好，水土流失不严重。低山丘陵区植被有板栗、茶叶、松树、果树及杂草等。农作物主要以小麦、玉米、地瓜为主，兼有杂粮红小豆、绿豆、豇豆等，油料作物主要有花生、大豆等。

该流域位于温带季风区，属大陆性气候。四季分明，降水量有显著的季节性。总的旱涝特点是春旱夏涝，晚秋又旱，旱多涝少。降水量年内和年际变化都较大，降水量在年内分配上多集中在汛期 6—9 月份，占全年降水量的 70%~80%，其中 7—8 月份降水量约占汛期降水量的 70%。

1.2 水利工程情况

北望站以上流域内有大中型水库 13 座，其中大型 1 座，其余为中型，兴利库容合计 35 666.5 万 m^3。大汶河流域北望站以上大中型水利工程见表 15-1；大汶河流域北望站以上大中型水库控制面积变化见表 15-2。

表 15-1 大汶河流域北望站以上大中型水利工程统计表

水库名称	县（市、区）	建成年份	蓄水年份	集水面积 F（km^2）	兴利库容 $V_{兴}$（万 m^3）	死库容（万 m^3）	备注
雪野	济南市莱芜区	1959 年	1960 年	438	14 797	741	大型
乔店	济南市钢城区	1967 年	1965 年	85	1 970	49	中型
大冶	济南市莱芜区	1958 年	1958 年	163	3 914	70	中型
沟里	济南市莱芜区	1965 年	1965 年	44.6	698	25	中型
公庄	济南市莱芜区	1978 年	1979 年	31.1	663	135	中型
鹁鸽楼	济南市莱芜区	1978 年	1978 年	24.9	694.5	52.5	中型
葫芦山	济南市钢城区	1965 年	1966 年	187	717	124.54	中型
杨家横	济南市钢城区	1960 年	1960 年	39.0	911	3.98	中型
大河	泰安市岱岳区	1960 年	1960 年	84.53	2 029	204.7	中型
黄前	泰安市岱岳区	1960 年	1960 年	292	5 913	440	中型
角峪	泰安市岱岳区	1959 年	1960 年	44	924	166	中型
彩山	泰安市岱岳区	1978 年	1978 年	37.5	1 056	129	中型
小安门	泰安市岱岳区	1959 年	1960 年	36.3	1 380	15	中型
合计				1 506.93	35 666.5	2 155.72	

表 15-2 大汶河流域北望站以上大中型水库控制面积变化表

年份	建成后开始蓄水水库名称	水库控制面积（km^2）	累计控制面积（km^2）	区间面积（km^2）	说明
1957 年	无	—	—	3 551	第二栏内水库名称后括号内的数为该水库控制面积（km^2）
1958 年	大冶（163）	163	163	3 388	
1964 年	雪野（438）、黄前（292）、大河（84.53）、杨家横（39.0）、角峪（44）、小安门（36.3）	933.83	1 096.83	2 454.17	
1965 年	沟里（44.6）、乔店（85.0）	129.6	1 226.43	2 324.57	
1966 年	葫芦山（187）	187	1 413.43	2 137.57	
1978 年	彩山（37.5）、鹁鸽楼（24.9）	62.4	1 475.83	2 075.17	
1979 年	公庄（31.1）	31.1	1 506.93	2 044.07	

大汶河干流北望站以上拦河坝（闸）39 座，其中，济南市境内有拦河坝（闸）36 座，泰安市境有拦河坝 3 座。大汶河干流北望站以上主要拦河闸坝参数统计情况见表 15-3、表 15-4。

表 15-3　大汶河干流北望站以上济南市境内主要拦河闸坝参数统计表

坝名	所处位置	坝长（m）	坝高（m）	孔数	闸门		回水长度（m）	水面（亩）	蓄水量（万 m^3）	建成时间
					孔数	规格（m×m）				
东丈橡胶坝	钢城区黄庄镇	100	4.5	1			900	135	23	2008 年 7 月 1 日
北丈橡胶坝	钢城区黄庄镇	160	3.5	2			1 000	225	30	2005 年 7 月 1 日
西丈橡胶坝	钢城区黄庄镇	100	4	1			1 000	200	30	2007 年 7 月 1 日
李椤橡胶坝	钢城区黄庄镇	64	6	1			1 500	300	120	2003 年 7 月 1 日
李椤村东溢流坝	钢城区黄庄镇	80	2	1			667	40	3.6	
李椤村南溢流坝	钢城区黄庄镇	76	2	1			667	50	3.6	
李椤村西溢流坝	钢城区黄庄镇	80	2	1			667	70	5	
莱钢工处溢流坝	钢城区黄庄镇	80	2	1			667	50	5	
傅家桥溢流坝	钢城区经济开发区	78	2	1			667	40	3.6	2003 年 7 月 1 日
傅家桥村溢流坝	钢城区经济开发区	76	2	1			667	50	5	2002 年 7 月 1 日
宋家庄东橡胶坝	钢城区经济开发区	80	4	1			1 200	224	30	2003 年 7 月 1 日
石河子口溢流坝	钢城区经济开发区	40	1	1			333	15	0.8	2002 年 7 月 1 日
宋家庄村南橡胶坝	钢城区经济开发区	100	3.2	1			1 000	253	30	2001 年 7 月 1 日
寨子大桥下溢流坝	钢城区艾山街道	100	1.5	1			500	60	4	2006 年 7 月 1 日
九寨橡胶坝	钢城区艾山街道	100	5	1			1 300	200	35	2007 年 7 月 1 日
三岔沟橡胶坝	钢城区颜庄街道	140	4.5	2			1 300	300	40	2006 年 7 月 1 日
颜庄橡胶坝	钢城区颜庄街道	200	4.5	3			1 500	500	60	2005 年 7 月 1 日
颜庄溢流坝	钢城区颜庄街道	238	2	1			667	180	16	2006 年 7 月 1 日
黄花店橡胶坝	钢城区颜庄街道	166	4.5	2			1 500	450	60	2007 年 7 月 1 日

坝名	所处位置	坝长（m）	坝高（m）	孔数	闸门		回水长度（m）	水面（亩）	蓄水量（万 m^3）	建成时间
					孔数	规格（m×m）				
下北港橡胶坝	钢城区下北港村北	171.5	4				1 700	510	85	
前盘龙溢流坝	莱芜区前盘龙村南	200	2.5		1		1 400	300	60	
马盘龙溢流坝	莱芜区马盘龙村南	240	3	1	1	3×2	400	144	19.2	2006 年 4 月
泰丰橡胶坝	莱芜区站里村东	200	4				3 000	900	180	2005 年
官厂橡胶坝	莱芜区官厂村南	240	3.5				2200	1 000	100	2000 年
鄂庄桥橡胶坝	莱芜区鄂庄桥东	317	3.5				2 150	1 050	213.5	2005 年
东风溢流坝	莱芜区东风村南	282	1.5				550	250	16.5	2005 年
西海橡胶坝	莱芜区西海公园西	330	3.5				3 100	1 536	280	2003 年
曹西溢流坝	莱芜区小曹村西	380	2.5				700	400	32	2005 年
泰钢橡胶坝	莱芜区叶家庄村	360	3.5				2 500	1 125	300	2006 年
东泉河溢流坝	莱芜区东泉河村	320	1.7				1 700	816	163.2	2006 年
西泉河溢流坝	莱芜区方下镇街道刘家庙村	300	3	2	2	7×6	1 300	580	50	2006 年 10 月
方下橡胶坝	莱芜区泰山造纸厂南	300	3.5	3			1 000	450	200	2006 年 11 月
东牛泉溢流坝	莱芜区牛泉镇东牛泉村	350	2.2	4	4	5.9×6.8	1 200	630	45	2006 年 10 月
西牛泉溢流坝	莱芜区牛泉镇西牛泉村	350	2.2	4	4	5.9×6.8	1 200	630	45	2006 年 10 月
杨小庄溢流坝	莱芜区牛泉镇杨小庄村	350	2.2	4	4	5.9×6.8	1 200	630	45	2006 年 10 月
马小庄溢流坝	莱芜区牛泉镇马小庄村	350	2.2	4	4	5.9×6.8	1 200	630	45	2006 年 10 月
合计	36 座								2 384	

表 15-4 大汶河干流北望站以上泰安市境内主要拦河坝参数统计表

坝名	所处位置	设计标准				回水长度（m）	水面（亩）	蓄水量（万 m^3）
		长度（m）	高度（m）	流量（m^3/s）	水深（m）			
唐庄坝	岱岳区范镇—角峪镇	452.0	5.0	5 757	6.3	4 300	3 150	670
颜张坝	泰山区邱家店镇—岱岳区徂徕镇	530.0	5.5	6 646	8.0	6 400	5 650	1 820
泉林坝	岱岳区北集坡街道泉林庄村	421.5	4.5	6 640	5.5	8 000	7 400	1 300
合计	3 座							3 790

1.3 测站概况

北望站于 1952 年 7 月由华东军政委员会水利部设立，属国家二类水文站，受水利工程影响迁站两次，2006 年 6 月上迁 4 km 更名为北望（二）站，2013 年 1 月下迁 7 km 更名为北望（三）站。历史调查最大洪水发生在 1918 年 6 月 29 日，洪峰流量为 6 250 m^3/s；实测最大洪水发生在 1964 年 9 月 12 日，洪峰流量为 8 640 m^3/s。测验河段顺直，两岸植被以绿化树木为主，其次为杨树和柳树。本方案中的北望站为 2013 年 1 月迁址后的北望（三）水文站，使用冻结基面（冻结基面高程-0.108 m=1985 年国家高程基准高程），流域面积 3 551 km^2，扣除大中型水库后区间面积 2 044 km^2。

该站测验项目有水位、流量、水质、降水量、土壤含水率、冰情、水准测量、断面测量、水文调查等。报汛任务有雨情、水情、墒情。北望站河道特征情况见表 15-5。

表 15-5 大汶河流域北望站河道特征情况表

站名	建站（迁站）时间	集水面积（km^2）	流域河道特征				
			流域形状	主河道长度（km）	干流长度（km）	干流平均坡度	河道断面形状
北望	1952 年 7 月	3 499	扇形	96.5	—	1.72‰	—
北望（二）	2006 年 6 月	3 111	扇形	92.5	95.8	1.72‰	梯形
北望（三）	2013 年 1 月	3 551	扇形	99.5	99.5	1.70‰	梯形

说明：北望站经过两次迁址，本方案指的北望站为 2013 年 1 月迁址后的北望（三）水文站。

本流域自上而下流经山区、丘陵、平原至本站测验断面，测验河段比较顺直，两岸建有公路并绿化。该河道为宽浅河道，断面宽 600 余米，其中主河槽约 550 m，河床由沙砾石组成。大洪水期间流向较好，水面宽一般在 400 m 左右，水深在 2.0 m 左右；枯水时全河多处出现沙滩，并有串沟分流现象。测桥长约 750 m，宽 15.0 m，高约 8.0 m，桥墩为圆柱形，直径约 1.50 m，对测验影响不大。基本水尺断面上游 3.2 km 处建有橡胶坝一处，下游约 5 km 处建有颜谢橡胶坝一处，蓄水时对本站测验有影响。测验断面平面图见图 15-2。

北望站以上流域内共有国家基本水文站 4 处，专用水文站 18 处、水位站 6 处，基本雨量站 19 处，中小河流雨量站 100 余处。北望站以上参加流域平均雨量计算的雨量站情况见表 15-6。

表 15-6 大汶河北望站以上流域参加面雨量计算的雨量站情况表

河名	站名	站地址	设站时间	附注
大汶河	郑王庄	济南市钢城区里辛街道郑王庄村	1964 年 6 月	
大汶河	莱芜	济南市莱芜区凤城街道	1960 年 6 月	
大汶河	大冶	济南市莱芜区大冶水库	1965 年 6 月	
大汶河	纸房	泰安市岱岳区角峪镇角峪水库	1963 年 3 月	报汛站名为角峪水库
大汶河	范家镇	泰安市岱岳区范镇范西村	1952 年 7 月	
瀛汶河	雪野水库	济南市莱芜区雪野街道雪野水库	1952 年 7 月	1961 年、1962 年无资料
瀛汶河	王大下	济南市莱芜区寨里镇寨西村	1951 年 4 月	1961 年无资料
石汶河	黄前水库	泰安市黄前镇黄前水库	1962 年 6 月	
泮汶河	泰安	泰安市泰山区岱宗大街 264 号	1912 年 1 月	1987 年由泰安气象局迁来，相距 4.0 km
大汶河	北望	泰安市北集坡街道	1952 年 7 月	

北望站断面以上国家基本水文站情况如下：

雪野水库水文站位于大汶河北支牟汶河支流瀛汶河的上游，于 1962 年 6 月设水文站，流域面积 438 km^2，水库总库容 1.997 7 亿 m^3，距入牟汶河河口 71 km。雪野水库水文站测验项目有水位、流量、水质、降水量、土壤含水率、冰情、水准测量、断面测量、水文调查，报汛任务有雨情、水情、墒情。

莱芜水文站位于大汶河上游，于 1960 年 6 月设站，流域面积 737 km^2，属大汶河流域水文区域代表站，该站以上兴建杨家横、沟里、葫芦山、乔店 4 座中型水库。其测验项目有水位、流量、单沙、水质、降水量、土壤含水率、蒸发、冰情、水准及断面测量、水文调查，报汛任务有雨情、水情、墒情。

黄前水库水文站位于瀛汶河支流石汶河上游，于 1962 年 6 月设水文站，流域面积 292 km^2，总库容 8 248 万 m^3，黄前水库水文站为大汶河北支区域代表站。其测验项目有水位、流量、水质、降水量、土壤含水率、蒸发、冰情、水准及断面测量、水文调查等，报汛任务有雨情、水情、墒情。

下港水文站位于黄前水库上游，于 1981 年 1 月设水文站，流域面积 145 km^2，2002 年 1 月停测，2022 年 6 月恢复测验任务，为小流域代表站。其测验项目有水位、流量、降水量、水准及断面测量、水文调查等，报汛任务有雨情、水情。

2 预报方案编制

2.1 资料情况及方案沿革

2022 年第一次编制完成北望站水文预报方案，并通过审查。本次分析选用实测资料年限为 58 年（1964—2021 年），共计 43 场次降雨洪水资料。

2.2 产流方案

产流方案采用降雨径流关系建立经验相关图 $P+P_a-R$ 和 $P-P_a-R$，详见图 15-3 和图 15-4。其中：P 为次降雨流域平均雨量（mm）；P_a 为流域平均前期影响雨量（mm）；R 为次降雨所产生的径流深（mm）。

2.2.1 主要参数的计算

2.2.1.1 流域平均雨量 P 的计算

对北望站 1964—2021 年的资料进行分析，共选用 43 场次大、中、小洪水资料，参加流域平均雨量计算的雨量站逐年略有变化。1964 年为：莱芜、郑王庄、雪野水库、王大下、范家镇、纸房、黄前水库、北望共 8 处雨量站；1964 年后为：莱芜、郑王庄、雪野水库、王大下、大冶、泰安、范家镇、纸房、黄前水库、北望共 10 处雨量站。流域平均雨量 P 采用算术平均法求得。

2.2.1.2 流域平均前期影响雨量 P_a 的计算

选取汛前长时间连续无降雨（约 20 d 以上）的日期开始连续计算，先计算流域平均雨量，然后计算前期影响雨量 P_a。在分析逐日前期影响雨量递减系数 K 时，考虑到白天、夜间蒸发损失不同，把每日的折减损失量按照黄金分割进行划分，白天乘以 0.618 并按时段划分，夜间乘以 0.382 并按时段划分，分别计算出各时段的前雨影响雨量。P_a 的计算公式如下：

$$P_{a,\ t+1} = K(P_{a,\ t} + P_t)$$

式中：$P_{a,t+1}$ 为第 t+1 日的前期影响雨量（mm）；$P_{a,t}$ 为第 t 日的前期影响雨量（mm）；P_t 为第 t 日的流域平均雨量（mm）；K 为前期影响雨量递减系数，本方案采用 0.9。

2.2.1.3 最大损失量 I_m 和 K 值的确定

按照久旱少雨和突降大雨产生较小径流这个条件，选取了自 1964 年以来 4 场暴雨洪水资料重新进行了分析计算，I_m 在 100~115 mm，分别按照 100 mm、110 mm 进行分析，发现不同最大损失量对场次洪水前期影响雨量影响很小，本次确定 I_m 取值为 100 mm。I_m 采用下式计算：

$$I_m = P + P_a - R - E$$

式中：P 为流域平均降雨量（mm）；P_a 为前期影响雨量（mm）；R 为径流深（mm）；E 为雨间蒸发量（mm），采用所在降雨日的日蒸发量代替。

K 值采用下式计算：

$$K = 1 - E_m/I_m$$

式中：E_m 为流域日蒸散发能力（mm）；I_m 为流域最大损失量（mm）。

由于北望站实测蒸发资料较少，E_m 采用莱芜、黄前水库、大汶口站历年蒸发数据的平均值计算该流域日蒸散发能力。各月最大日蒸发量极值见表 15-7。

表 15-7 各月最大日蒸发量极值计算表

单位：mm

站名	1月	2月	3月	4月	5月	6月	7月	8月	9月	10月	11月	12月	年均值
莱芜	2.6	6.5	7.0	14.0	14.8	14.0	11.6	12.5	9.1	7.3	7.0	3.4	9.2
黄前水库	6.3	8.3	11.4	11.7	14.4	12.9	12.5	15.2	9.6	8.2	5.1	7.9	10.3
大汶口	6.4	6.0	9.5	10.0	9.6	12.8	11.0	8.6	8.1	7.2	6.0	4.5	8.3
平均	5.1	6.9	9.3	11.9	12.9	13.2	11.7	12.1	8.9	7.6	6.0	5.3	9.2

根据表 15-7，以 9.2 mm 作为北望站流域日蒸散发能力 E_m。由此可计算出 K=0.908。鉴于本次为新建方案，参考上下游邻站已有方案中 K 值均为 0.90，本方案确定 K=0.90，待本站实测资料系列延长后再行补充修订。

2.2.1.4 径流深 R 的推求

本次编制的产流预报方案，未考虑上游小水库工程的拦蓄影响。洪水径流总量 W（万 m^3）除以相应集水面积 F（km^2）即可求得径流深 R（mm），其公式如下：

$$R = 10 \times \frac{W}{F}$$

绘制各次洪水的流量过程，用斜线分割（或平割）法切除基流，扣除相应大中型水库放水量，求出次洪水径流总量，次洪水径流总量经过集水面积改正后得到洪水径流总量。

洪水径流总量改正公式为

$$W = W_{次}\left(\frac{F_{现}}{F_{原}}\right)$$

式中：W 为经过集水面积改正后得到的洪水径流总量（万 m^3）；$W_{次}$ 为次洪水径流量（万 m^3）；$F_{现}$ 为经大中型水库拦截后北望站以上区间集水面积，根据水库建成年份不同，1964 年采用 2 454 km^2，1966 年采用 2 138 km^2，1978 年采用 2 075 km^2，1979 年及以后采用 2 044 km^2；$F_{原}$ 为经大中型水库拦截后北望（一）、北望（二）站以上区间集水面积，根据水库建成年份和迁址时间不同，1964 年采用 2 402 km^2，1966 年采用 2 086 km^2，1978 年采用 2 023 km^2，1979 年至 2005 年采用 1 992 km^2，2006 年至 2012 年采用 1 604 km^2。北望水文站降雨径流分析成果见表 15-9。

2.2.1.5 有效降雨历时 T_c 和洪峰滞时 T_p 的确定

有效降雨历时 T_c：占总降雨量 80% 的降雨连续时段数，即形成地表径流的净雨小时数。

洪峰滞时 T_p：最大时段平均降雨量到断面洪峰出现的时距。

2.2.1.6 暴雨中心位置的确定

根据流域特性和代表站分布情况，一般划分为：上游、中游、下游、中上游、中下游区域。

上游区：雪野水库、大冶、郑王庄站以上；

中上游区：莱芜站；

中游区：黄前水库、王大下站；

中下游区：纸房、范家镇站；

下游区：泰安、北望站以下。

2.2.2 精度评定

按许可误差=20%实测值的标准，并当许可误差大于20.0 mm时以20.0 mm为上限，小于3.0 mm时以3.0 mm为下限，进行逐次洪水评定。

北望站 $P+P_a-R$ 相关图共选用实测点据43个，综合评定35个合格，合格率为81.4%，属于乙级方案，详见表15-10。

$P-P_a-R$ 相关图共选用43个点据，综合评定32个合格，合格率为74.4%，属于乙级方案，详见表15-11。

2.2.3 突出点分析

分析产流方案的 $P+P_a-R$ 相关图，共有8个点据不合格，其中180820、190811两场较大洪水偏离较多。180820场次洪水偏小原因：本次降雨为入汛后首场大暴雨，且极不均匀，最大降水量为范家镇站的269.0 mm，最小为泰安站的112.0 mm，流域前期平均蓄水量小，致使本次初损较大、洪水偏小。190811场次洪水偏小原因：本次降雨为入汛后首场大暴雨，且极不均匀，最大降水量为郑王庄站的236.5 mm，最小为泰安站的99.5 mm，流域前期平均蓄水量小，致使本次初损较大、洪水偏小。

2.3 汇流方案

汇流方案主要采用峰量关系图和经验单位线等方法。

2.3.1 峰量关系图

2.3.1.1 峰量关系曲线 $R-T_c-Q_{m净}$

以有效降雨历时 T_c 作为参数，建立峰量关系曲线 $R-T_c-Q_{m净}$。其中，$Q_{m净}$ 为 $Q'_{m净}$ 经过集水面积改正后的净峰流量，其改正公式为

$$Q_{m净} = Q'_{m净}\left(\frac{F_{现}}{F_{原}}\right)^{2/3}$$

式中：$Q_{m净}$ 为经过集水面积改正后的净峰流量（m^3/s）；$Q'_{m净}$ 为实测净峰流量，即洪峰流量减去基流（m^3/s）；2/3为经验指数；其他符号意义同前。

根据对43次洪水点据的分析，通过点群中心并照顾同一 R 值、随 T_c 增大 $Q_{m净}$ 逐渐减少的趋势定线，$R-T_c-Q_{m净}$ 关系图见图15-5。

精度评定：按许可误差=20%实测值的标准进行逐次洪水评定。本方案选用北望站1964—2021年实测点据43个，合格31个，合格率为72.1%，属乙级方案，详见表15-12。

2.3.1.2 径流深与洪水总历时相关曲线 $R-T_c-T_{洪}$

$T_{洪}$ 为洪水总历时，即洪水起涨至落平的时间。

以有效降雨历时 T_c 作为参数，建立径流深与洪水总历时相关曲线 $R-T_c-T_{洪}$。根据1964—2021年43个洪水总历时的点据分析定线。

通过点群中心并照顾同一 R 值、随 T_c 增大 $T_{洪}$ 逐渐增大的趋势定线，绘制了 T_c=6 h、8 h、12 h、14 h、16 h五条曲线，其余时间插补，详见图15-6。

精度评定：按许可误差=30%实测值的标准，并当许可误差小于3 h时以3 h为下限，进行逐次洪水评定。本方案共选用北望站1964—2021年实测点据43个，合格36个，合格率83.7%，属乙级方案，详见表15-13。

2.3.1.3 峰量关系曲线 $R-P_{\phi}-Q_{m净}$

选用1964—2021年43场次洪水，通过点群中心并照顾同一 R 值、由上游向下游逐渐增大的趋势定线，绘制了暴雨中心位置分别为上游、中上游、中游、中下游、下游五条曲线，详见图15-7。

2.3.1.4 净峰流量与洪峰滞时相关曲线 $Q_{m净}-T_c-T_p$

以有效降雨历时 T_c 作为参数，建立净峰流量与洪峰滞时相关曲线 $Q_{m净}-T_c-T_p$。根据1964—2021年43个洪峰滞时的点据分析定线。

通过点群中心并照顾同一 $Q_{m净}$ 值、随 T_c 增大 T_p 逐渐增大的趋势定线，绘制了 T_c=6 h、8 h、16 h、20 h四条曲线，其余时间插补，详见图15-8。

精度评定：按许可误差=30%实测值的标准，并当许可误差小于3 h时以3 h为下限，进行逐次洪水评定。本方案共选用1964—2021年43个点据，32个合格，合格率为74.4%，属于乙级方案，详见表15-14。

另外，选用1964—2021年共43场次洪水，按暴雨中心位置绘制了北望站峰现时间相关曲线 $Q_{m净}-P_{\phi}-T_p$，详见图15-9。

2.3.2 经验单位线

从1964—2021年暴雨洪水资料中，选取640912、040731、110915场次实测洪水资料，分析出大汶河流域北望站3条单位线，Δt 取2 h。1线适用于降雨集中、有效降雨历时较短、降雨中心在中下游等有利于产流的情况；2线适用于降雨历时中等、降雨中心偏中游的情况；3线适用于降雨历时较长、降雨较为均匀且降雨中心偏上游、前期较为干旱等不利于产流的情况。大汶河流域北望站单位线图见图15-10。

2.4 水位-流量、水位-面积、水位-流速关系曲线

依据2013—2021年实测洪水资料，点绘北望站水位-流量、水位-面积、水位-流速关系曲线图，详见图15-11。

2.5 大断面图

依据 2013 年、2015 年、2019 年、2022 年实测大断面资料，点绘北望站大断面图，详见图 15-12。

3 方案使用说明

3.1 径流深预报

首先计算出流域平均雨量和流域平均前期影响雨量，再根据降雨径流关系图 $P+P_a-R$ 和 $P-P_a-R$ 的查算结果进行综合分析，最后确定地表径流深 R 的预报值。

3.2 洪峰流量及洪水历时预报

3.2.1 查 $R-T_c-Q_{m净}$ 关系图

根据 R、T_c 查询 $R-T_c-Q_{m净}$ 关系曲线得到 $Q_{m净}$，当 T_c 介于两条关系曲线之间时，首先查出两条曲线中对应 $Q_{m净}$ 的数值，然后进行插补；当 T_c 大于 24 h 或者小于 6 h 时，使用最近的关系线。另外，还可参照 $R-P_{\phi}-Q_{m净}$ 关系曲线，查算对应 $Q_{m净}$ 的数值进行综合分析。

由北望站净峰流量预报值与基流计算洪峰流量，再查水位-流量关系曲线图，得出北望站洪峰水位。

3.2.2 查 $Q_{m净}-T_c-T_p$ 关系图

根据 $Q_{m净}$、T_c，查询 $Q_{m净}-T_c-T_p$ 相关曲线图得到 T_p，当 T_c 介于两条关系曲线之间时，首先查出两条曲线中对应 T_p 的数值，然后进行插补；当 T_c 大于 20 h 或者小于 6 h 时使用最近的关系线。

3.2.3 经验单位线法

由次雨径流深 R、时段降雨量采用扣损法得到各时段净雨，然后根据暴雨中心位置选择相应单位线，各时段净雨错时段与 0.1 倍的单位线各时段流量相乘，同时段流量相加，再加上基流量即为洪水过程。最大洪峰流量及其出现时间即可得到。

3.2.4 上游水库站洪水历时计算

当上游水库站出现溢洪放水等调洪情况时，可根据不同下泄流量通过表 15-8 计算上游水库站洪水历时。

表 15-8 各水库不同下泄流量至北望站传播时间

水库名称		雪野	大冶	黄前	小安门	角峪	大河	杨家横	沟里	乔店	葫芦山	彩山	鹁鸽楼	公庄
距离（km）		68	66	41	42	35	27	84	62	80	74	34	48	45
传播时间（h）	300 m^3/s	14.5	14.2	8.9	9.0	7.3	6.0	18.1	13.1	17.2	16.0	6.9	10.2	9.3
	1 000 m^3/s	9.9	9.5	6.2	6.2	5.3	4.2	12.3	9.2	11.5	10.4	4.6	7.3	6.4

3.3 洪水总量预报

预报径流深 R 值乘以相应集水面积即可得到北望站洪水总量 W。

3.4 方案合理性检查及评定

在方案建立过程中，随时根据规范要求及有关文件规定进行合理性检查，特别对突出点据从原始资料反复查对，对中间处理过程也进行了认真审查，发现不合理的问题基本上都做了检查改正。方案建立后，先从线形进行比较，防止出现矛盾现象，然后对每个方案尽量根据规范规定采用表格形式进行了精度评定（用许可误差法）。其中，$P+P_a-R$ 相关图合格率为 81.4%，属乙级方案；$R-T_c-Q_{m净}$ 相关图合格率为 72.1%，属乙级方案。综合来说，本方案属于乙级方案。

3.5 方案适应能力

本方案适用于防洪标准以下的洪水作业预报。如遇超标准洪水，需根据具体情况酌情修正。

3.6 注意事项

（1）方案的制作未考虑上游小水库、塘坝的影响，作业预报时也要根据前期降雨情况进行适当修正。

（2）应随时掌握上游工程蓄水及泄洪情况，尤其是拦河闸坝变动调蓄等，对预报值要根据实际情况进行及时修正。

（3）局部暴雨时要注意超渗产流，可适当加大查算的 R 值；久旱初雨时产流偏小，应适当修正所查 R 值。

（4）若当年汛期第三场、第四场洪水时上游水库蓄满，流域面积仍按扣除水库流域面积进行分析，会导致径流深偏大，应适当修正所查 R 值。

总之，由于影响因素太多，本方案不能完全反映实际情况，因而不能照搬，应具体问题具体分析，并采用多种方法，考虑各种因素进行综合分析，确定采用的预报值。

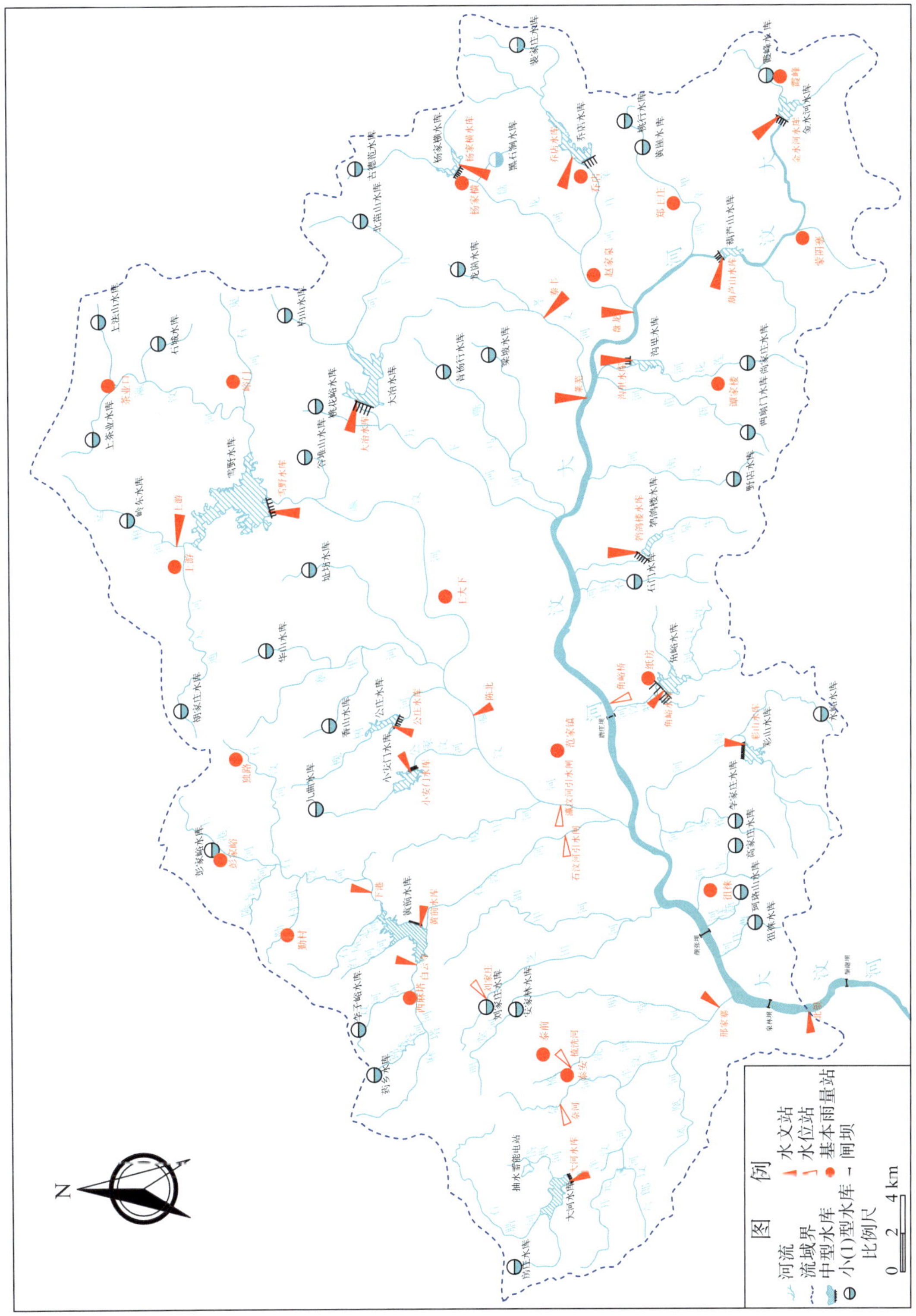

图 15-1 大汶河北望站以上流域图

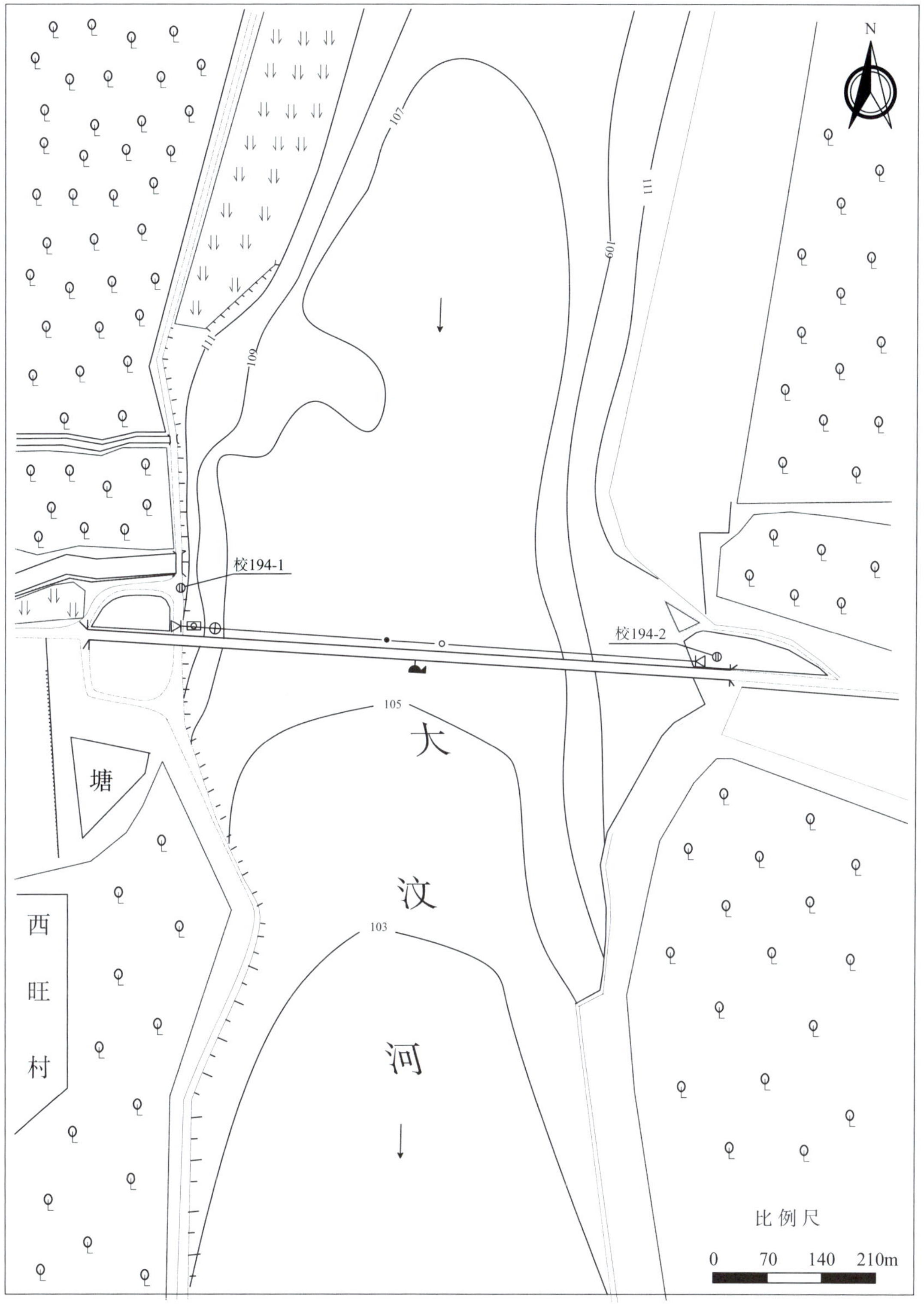

图 15-2 大汶河北望站测验断面平面图（单位：m）

表 15-9　大汶河北望站降雨径流分析成果表

序号	洪号	降雨开始时间	降雨重心时间	降雨结束时间	流域平均雨量 P (mm)	前期影响雨量 P_a (mm)	$P+P_a$ (mm)	降雨历时 (h)		暴雨中心位置	洪水发生时间			洪水历时 $T_{洪}$ (h)	洪峰流量 Q_m (m^3/s)	净峰流量 $Q'_{m净}$ (m^3/s)	改正后净峰流量 $Q_{m净}$ (m^3/s)	次洪径流总量 W (万 m^3)	集水面积 F (km^2)	径流深 R (mm)	洪峰滞时 T_p' (h)	传播时间修正 (h)	修正后的洪峰滞时 T_p (h)	备注
								全部	有效		起涨	峰顶	落平											
1	640728	7月27日 12：00	7月28日 2：00	7月29日 0：00	125.1	71.3	196.4	36	20	上游	7月28日 2：00	7月28日 16：36	8月1日 8：00	102	3 665	3 431	3 623	21 440	2 868	74.8	14.6	0.4	15	黄前、雪野水库放水共6 600万 m^3，其他水库面积加入区间
2	640831	8月30日 2：00	8月30日 10：00	8月31日 8：00	114.9	67.4	182.3	30	20	下游	8月30日 8：00	8月31日 6：30	9月3日 8：00	96	3 770	3 635	3 838	20 982	3 269	64.2	20.5	0.4	20.9	大河、黄前、雪野水库共放水6 000万 m^3，其他水库面积加入区间
3	640912	9月12日 2：00	9月12日 8：00	9月12日 18：00	121.1	68.8	189.9	16	6	中下游	9月12日 6：00	9月12日 12：40	9月15日 20：00	86	6 600	6 416	6 775	17 184	2 454	70.0	4.7	0.2	4.9	经调查分析实测洪峰8 640 m^3/s 存疑，分析采用6 600 m^3/s
4	660715	7月14日 0：00	7月14日 4：00	7月15日 6：00	179.2	30.1	209.3	30	23	中上游	7月14日 3：00	7月15日 3：36	7月17日 8：00	77	5 600	5 600	5 785	15 885	2 138	74.3	23.6	0.2	23.8	
5	700730	7月29日 2：00	7月29日 18：00	7月29日 20：00	108.9	81.7	190.6	18	9	中上游	7月29日 2：00	7月30日 0：38	8月2日 8：00	102	3 300	3 200	3 306	14 159	2 138	66.2	6.6	0.4	7	
6	720902	9月1日 14：00	9月1日 22：00	9月2日 8：00	127.5	65.7	193.2	18	10	上游	9月1日 20：00	9月2日 12：30	9月7日 14：00	138	1 710	1 680	1 736	12 952	2 138	60.6	14.5	0.7	15.2	
7	750901	8月31日 18：00	9月1日 0：00	9月1日 14：00	144.1	38.3	182.4	20	12	中下游	8月31日 20：00	9月1日 12：00	9月4日 20：00	96	1 950	1 930	1 994	15 372	2 138	71.9	12	0.7	12.7	
8	760813	8月12日 2：00	8月13日 0：00	8月13日 8：00	144.2	32.5	176.7	30	23	中下游	8月12日 5：00	8月13日 8：00	8月16日 8：00	99	1 120	1 110	1 147	11 518	2 138	53.9	8	0.7	8.7	
9	790626	6月25日 16：00	6月25日 20：00	6月26日 4：00	42.4	48.1	90.5	12	7	上游	6月26日 0：00	6月26日 16：45	6月29日 20：00	92	432	400	414	2 801	2 044	13.7	20.8	1	21.8	
10	800630	6月29日 2：00	6月29日 22：00	6月30日 4：00	122.2	22.0	144.2	26	11	中游	6月29日 21：00	6月30日 8：00	7月3日 8：00	83	915	893	924	8 137	2 044	39.8	10	0.9	10.9	
11	840712	7月11日 0：00	7月12日 0：00	7月12日 6：00	147.6	53.9	201.5	30	8	上游	7月11日 2：00	7月12日 9：24	7月15日 8：00	102	3 000	2 940	3 043	13 367	2 044	65.4	9.4	0.4	9.8	
12	840812	8月12日 2：00	8月12日 6：00	8月12日 14：00	64.7	64.3	129	12	6	中下游	8月12日 6：00	8月12日 16：30	8月15日 20：00	86	765	703	728	5 190	2 044	25.4	10.5	0.9	11.4	
13	850710	7月8日 22：00	7月9日 10：00	7月9日 22：00	74.9	19.2	94.1	24	12	上游	7月9日 4：00	7月10日 2：00	7月12日 4：00	72	539	530	549	2 763	2 044	13.5	16	0.9	16.9	
14	850712	7月11日 4：00	7月11日 16：00	7月11日 20：00	54.8	75.2	130	16	10	上游	7月11日 20：00	7月12日 9：30	7月16日 8：00	108	631	540	559	3 121	2 044	15.3	17.5	0.9	18.4	
15	870904	9月3日 12：00	9月4日 0：00	9月4日 2：00	56.2	46.4	102.6	14	10	中游	9月3日 20：00	9月4日 12：30	9月6日 8：00	60	653	620	642	3 725	2 044	18.2	12.5	0.9	13.4	
16	900717	7月16日 22：00	7月17日 4：00	7月17日 8：00	61.5	93.2	154.7	10	4	中游	7月17日 6：00	7月17日 11：42	7月20日 18：00	84	1 940	1 760	1 822	8 954	2 044	43.8	7.7	0.7	8.4	
17	900722	7月21日 4：00	7月22日 2：00	7月22日 6：00	113.3	73.8	187.1	26	18	中上游	7月21日 10：00	7月22日 10：30	7月25日 20：00	106	2 420	2 120	2 195	15 256	2 044	74.6	8.5	0.5	9	

序号	洪号	降雨开始时间	降雨重心时间	降雨结束时间	流域平均雨量 P（mm）	前期影响雨量 P_a（mm）	$P+P_a$（mm）	降雨历时（h）		暴雨中心位置	洪水发生时间			洪水历时 $T_{洪}$（h）	洪峰流量 Q_m（m^3/s）	净峰流量 $Q'_{m净}$（m^3/s）	改正后净峰流量 $Q_{m净}$（m^3/s）	次洪径流总量 W（万 m^3）	集水面积 F（km^2）	径流深 R（mm）	洪峰滞时 T_p'（h）	传播时间修正（h）	修正后的洪峰滞时 T_p（h）	备注
								全部	有效		起涨	峰顶	落平											
18	900816	8月15日14：00	8月16日4：00	8月16日12：00	88.8	63.9	152.7	22	8	下游	8月16日0：00	8月16日14：00	8月19日20：00	92	1 330	1 238	1 282	11 121	2 722	40.9	10	0.7	10.7	除雪野、黄前水库外，其他水库面积加入区间
19	950731	7月30日16：00	7月30日22：00	7月31日2：00	102.0	45.2	147.2	10	4	中下游	7月30日20：00	7月31日8：00	8月3日20：00	96	1 120	1 111	1 150	5 372	2 044	26.3	10	0.7	10.7	
20	950903	9月2日20：00	9月3日4：00	9月3日22：00	79.1	51.5	130.6	26	10	上游	9月3日8：00	9月3日19：00	9月6日14：00	78	1 040	993	1 028	7 045	2 044	34.5	15	0.7	15.7	
21	960725	7月24日20：00	7月25日2：00	7月25日16：00	205.2	25.1	230.3	20	12	上游	7月25日6：00	7月25日16：30	7月30日2：00	114	3 480	3 463	3 585	19 435	2 044	95.1	14.5	0.4	14.9	
22	960731	7月29日22：00	7月30日18：00	7月31日14：00	132.0	69.4	201.4	40	24	下游	7月30日0：00	7月31日2：30	8月3日20：00	116	2 140	2 050	2 122	22 496	2 722	82.6	8.5	0.5	9	除雪野、黄前水库外，其他水库面积加入区间
23	990909	9月9日0：00	9月9日4：00	9月9日10：00	125.0	5.4	130.4	10	7	中下游	9月9日6：00	9月9日13：00	9月12日20：00	86	620	614	636	4 584	2 044	22.4	9	0.9	9.9	
24	000810	8月9日2：00	8月9日18：00	8月10日14：00	148.2	22.6	170.8	36	20	中上游	8月9日8：00	8月10日18：48	8月14日8：00	120	1 580	1 563	1 618	8 809	2 044	43.1	24.8	0.7	25.5	
25	030904	9月3日22：00	9月4日6：00	9月4日10：00	123.7	69.2	192.9	12	8	下游	9月4日2：00	9月4日13：30	9月7日20：00	90	1 900	1 708	1 768	12 976	2 044	63.5	7.5	0.7	8.2	
26	040718	7月16日14：00	7月17日10：00	7月17日20：00	93.3	47.8	141.1	30	16	中游	7月16日20：00	7月18日0：00	7月21日0：00	100	839	810	839	7 675	2 044	37.5	14	0.9	14.9	
27	040731	7月29日20：00	7月30日20：00	7月31日10：00	97.9	68.1	166.0	38	28	中游	7月30日8：00	7月31日6：00	8月3日6：00	94	1 720	1 630	1 687	10 405	2 044	50.9	10	0.7	10.7	
28	040828	8月26日18：00	8月28日0：00	8月28日2：00	115.6	36.4	152.0	32	12	中下游	8月27日6：00	8月28日13：00	8月31日20：00	110	1 070	1 000	1 035	11 634	2 722	42.7	13	0.7	13.7	除雪野、黄前水库外，其他水库面积加入区间
29	050702	7月2日0：00	7月2日6：00	7月2日12：00	89.2	85.5	174.7	12	6	下游	7月2日2：00	7月2日13：18	7月6日8：00	102	1 180	1 130	1 170	9 821	2 044	48.0	7.3	0.7	8	
30	050806	8月6日4：00	8月6日12：00	8月6日16：00	68.5	57.3	125.8	12	6	上游	8月6日9：40	8月6日22：00	8月10日2：00	88.3	737	660	683	4 880	2 044	23.9	10	0.9	10.9	
31	050921	9月18日22：00	9月19日8：00	9月21日8：00	133.6	56.3	189.9	58	48	中游	9月19日8：00	9月21日12：00	9月23日8：00	96	894	817	846	16 438	2 044	80.4	52	0.9	52.9	
32	070810	8月9日20：00	8月10日8：00	8月10日14：00	77.2	52.6	129.8	18	12	上游	8月10日9：30	8月10日19：30	8月12日20：00	58.5	767	687	807	5 689	2 044	27.8	11.5	2	13.5	
33	070818	8月16日0：00	8月18日2：00	8月18日4：00	123.1	62.6	185.7	52	40	上游	8月16日8：00	8月18日9：30	8月21日8：00	120	2 060	2 030	2 385	15 213	2 044	74.4	7.5	1.3	8.8	雪野、黄前、大河、乔店、角峪、杨家横水库累计放水7 449万 m^3
34	110915	9月11日20：00	9月14日10：00	9月14日14：00	124.5	15.9	140.4	66	48	上游	9月12日10：30	9月15日0：00	9月17日8：00	117.5	595	565	664	6 517	2 044	31.9	14	2	16	
35	120708	7月7日16：00	7月8日4：00	7月8日12：00	143.7	29.7	173.4	20	8	上游	7月7日10：20	7月8日20：50	7月11日20：00	105.7	509	504	592	4 009	2 044	19.6	16.8	2	18.8	

续表

序号	洪号	降雨开始时间	降雨重心时间	降雨结束时间	流域平均雨量 P（mm）	前期影响雨量 P_a（mm）	$P+P_a$（mm）	降雨历时（h）		暴雨中心位置	洪水发生时间			洪水历时 $T_洪$（h）	洪峰流量 Q_m（m^3/s）	净峰流量 $Q'_{m净}$（m^3/s）	改正后净峰流量 $Q_{m净}$（m^3/s）	次洪径流总量 W（万 m^3）	集水面积 F（km^2）	径流深 R（mm）	洪峰滞时 T_p'（h）	传播时间修正（h）	修正后的洪峰滞时 T_p（h）	备注
								全部	有效		起涨	峰顶	落平											
36	160722	7月21日 14：00	7月22日 2：00	7月22日 10：00	73.9	96.9	170.8	20	7	中游	7月21日 20：00	7月22日 12：00	7月26日 8：00	108	1 470	1 360	1 360	5 697	2 044	27.9	10	0	10	
37	160817	8月16日 6：00	8月16日 12：00	8月17日 8：00	102.1	52.9	155.0	26	21	下游	8月16日 8：00	8月17日 10：30	8月20日 8：00	96	709	570	570	8 361	2 044	40.9	22.5	0	22.5	
38	180820	8月18日 6：00	8月19日 14：00	8月19日 22：00	189.0	45.7	234.7	40	24	中下游	8月18日 16：00	8月20日 1：00	8月23日 8：00	112	1 290	1 269	1 269	12 804	2 044	62.6	11	0	11	
39	190811	8月10日 10：00	8月11日 6：00	8月11日 20：00	160.8	67.0	227.8	34	18	上游	8月10日 20：00	8月11日 21：00	8月15日 6：00	106	1 220	1 110	1 110	11 101	2 044	54.3	15	0	15	
40	200813	8月13日 10：00	8月13日 17：00	8月13日 22：00	74.9	60.5	135.4	12	4	中下游	8月13日 15：00	8月13日 22：30	8月16日 14：00	71	855	800	800	5 717	2 044	28.0	5.5	0	5.5	
41	210714	7月11日 22：00	7月13日 2：00	7月13日 2：00	59.6	37.6	97.2	28	22	上游	7月13日 20：00	7月14日 13：28	7月17日 6：00	82	531	501	501	2 761	2 044	13.5	35.5	0	35.5	
42	210729	7月28日 8：00	7月28日 20：00	7月29日 18：00	77.6	26.7	104.3	34	16	下游	7月27日 15：55	7月29日 10：32	7月31日 8：00	88.1	445	395	395	3 596	2 044	17.6	14.5	0	14.5	
43	210920	9月18日 22：00	9月19日 22：00	9月20日 4：00	135.6	24.4	160.0	30	12	中游	9月19日 14：00	9月20日 6：08	9月23日 8：00	90	1 840	1 731	1 731	9 605	2 044	47.0	8.1	0	8.1	水库累计放水 10 365 万 m^3

表 15-10　大汶河北望站 $P+P_a$-R 精度评定表

序号	洪号	$P+P_a$（mm）	径流深 R（mm）		预报误差（mm）	许可误差（mm）	评定结果	
			实测	预报			合格	不合格
1	640728	196.4	74.8	71.3	-3.5	15.0	√	
2	640831	182.3	64.2	60.8	-3.4	12.8	√	
3	640912	189.9	70.0	66.4	-3.6	14.0	√	
4	660715	209.3	74.3	81.4	7.1	14.9	√	
5	700730	190.6	66.2	67.0	0.8	13.2	√	
6	720902	193.2	60.6	68.9	8.3	12.1	√	
7	750901	182.4	71.9	60.9	-11.0	14.4	√	
8	760813	176.7	53.9	56.7	2.8	10.8	√	
9	790626	90.5	13.7	13.2	-0.5	3.0	√	
10	800630	144.2	39.8	35.0	-4.8	8.0	√	
11	840712	201.5	65.4	75.2	9.8	13.1	√	
12	840812	129.0	25.4	26.9	1.5	5.1	√	
13	850710	94.1	13.5	14.2	0.7	3.0	√	
14	850712	130.0	15.3	27.3	12.0	3.1		√
15	870904	102.6	18.2	16.7	-1.5	3.6	√	
16	900717	154.7	43.8	41.3	-2.5	8.8	√	
17	900722	187.1	74.6	64.4	-10.2	14.9	√	
18	900816	152.7	40.9	40.1	-0.8	8.2	√	
19	950731	147.2	26.3	36.8	10.5	5.3		√
20	950903	130.6	34.5	27.6	-6.9	6.9	√	
21	960725	230.3	95.1	98.3	3.2	19.0	√	
22	960731	201.4	82.6	75.1	-7.5	16.5	√	
23	990909	130.4	22.4	27.5	5.1	4.5		√
24	000810	170.8	43.1	52.4	9.3	8.6		√
25	030904	192.9	63.5	68.7	5.2	12.7	√	
26	040718	141.1	37.5	33.2	-4.3	7.5	√	
27	040731	166.0	50.9	48.9	-2.0	10.2	√	
28	040828	152.0	42.7	39.6	-3.1	8.5	√	
29	050702	174.7	48.0	55.2	7.2	9.6	√	
30	050806	125.8	23.9	25.5	1.6	4.8	√	
31	050921	189.9	80.4	66.4	-14.0	16.1	√	
32	070810	129.8	27.8	27.2	-0.6	5.6	√	
33	070818	185.7	74.4	63.3	-11.1	14.9	√	
34	110915	140.4	31.9	32.8	0.9	6.4	√	
35	120708	173.4	19.6	54.3	34.7	3.9		√
36	160722	170.8	27.9	52.4	24.5	5.6		√
37	160817	155.0	40.9	41.5	0.6	8.2	√	
38	180820	234.7	62.6	102.2	39.6	12.5		√
39	190811	227.8	54.3	96.2	41.9	10.9		√
40	200813	135.4	28.0	30.2	2.2	5.6	√	
41	210714	97.2	13.5	15.1	1.6	3.0	√	
42	210729	104.3	17.6	17.2	-0.4	3.5	√	
43	210920	160.0	47.0	44.6	-2.4	9.4	√	

备注：共选用北望站 1964—2021 年实测点据 43 个，35 个合格，合格率为 81.4%，属乙级方案。

表 15-11　大汶河北望站 P-P_a-R 精度评定表

序号	洪号	降雨量 P（mm）	前期影响雨量 P_a（mm）	径流深 R（mm）		预报误差（mm）	许可误差（mm）	评定结果	
				实测	预报			合格	不合格
1	640728	125.1	71.3	74.8	68.1	-6.7	15.0	√	
2	640831	114.9	67.4	64.2	57.7	-6.5	12.8	√	
3	640912	121.1	68.8	70.0	63.0	-7.0	14.0	√	
4	660715	179.2	30.1	74.3	63.9	-10.4	14.9	√	
5	700730	108.9	81.7	66.2	65.5	-0.7	13.2	√	
6	720902	127.5	65.7	60.6	64.2	3.6	12.1	√	
7	750901	144.1	38.3	71.9	51.6	-20.3	14.4		√
8	760813	144.2	32.5	53.9	47.0	-6.9	10.8	√	
9	790626	42.4	48.1	13.7	11.8	-1.9	3.0	√	
10	800630	122.2	22.0	39.8	30.9	-8.9	8.0		√
11	840712	147.6	53.9	65.4	66.3	0.9	13.1	√	
12	840812	64.7	64.3	25.4	26.1	0.7	5.1	√	
13	850710	74.9	19.2	13.5	16.0	2.5	3.0	√	
14	850712	54.8	75.2	15.3	24.4	9.1	3.1		√
15	870904	56.2	46.4	18.2	17.1	-1.1	3.6	√	
16	900717	61.5	93.2	43.8	35.6	-8.2	8.8	√	
17	900722	113.3	73.8	74.6	62.1	-12.5	14.9	√	
18	900816	88.8	63.9	40.9	39.2	-1.7	8.2	√	
19	950731	102.0	45.2	26.3	36.4	10.1	5.3		√
20	950903	79.1	51.5	34.5	28.6	-5.9	6.9	√	
21	960725	205.2	25.1	95.1	76.6	-18.5	19.0	√	
22	960731	132.0	69.4	82.6	71.0	-11.6	16.5	√	
23	990909	125.0	5.4	22.4	23.0	0.6	4.5	√	
24	000810	148.2	22.6	43.1	40.6	-2.5	8.6	√	
25	030904	123.7	69.2	63.5	65.1	1.6	12.7	√	
26	040718	93.3	47.8	37.5	33.7	-3.8	7.5	√	
27	040731	97.9	68.1	50.9	47.4	-3.5	10.2	√	
28	040828	115.6	36.4	42.7	37.5	-5.2	8.5	√	
29	050702	89.2	85.5	48.0	53.1	5.1	9.6	√	
30	050806	68.5	57.3	23.9	25.5	1.6	4.8	√	
31	050921	133.6	56.3	80.4	59.6	-20.8	16.1		√
32	070810	77.2	52.6	27.8	28.1	0.3	5.6	√	
33	070818	123.1	62.6	74.4	58.4	-16.0	14.9		√
34	110915	124.5	15.9	31.9	28.2	-3.7	6.4	√	
35	120708	143.7	29.7	19.6	44.6	25.0	3.9		√
36	160722	73.9	96.9	27.9	47.4	19.5	5.6		√
37	160817	102.1	52.9	40.9	40.3	-0.6	8.2	√	
38	180820	189.0	45.7	62.6	89.5	26.9	12.5		√
39	190811	160.8	67.0	54.3	89.8	35.5	10.9		√
40	200813	74.9	60.5	28.0	29.8	1.8	5.6	√	
41	210714	59.6	37.6	13.5	16.5	3.0	3.0	√	
42	210729	77.6	26.7	17.6	19.3	1.7	3.5	√	
43	210920	135.6	24.4	47.0	37.2	-9.8	9.4		√

备注：共选用北望站 1964—2021 年实测点据 43 个，32 个合格，合格率为 74.4%，属乙级方案。

表 15-12 大汶河北望站 R-T_c-$Q_{m净}$ 精度评定表

序号	洪号	$R_{实}$（mm）	T_c（h）	净峰流量（m^3/s）		预报误差（m^3/s）	许可误差（m^3/s）	评定结果	
				实测	预报			合格	不合格
1	640728	74.8	20	3 623	2 228	-1 395	725		√
2	640831	64.2	20	3 838	1 671	-2 167	768		√
3	640912	70.0	6	6 775	3 522	-3 253	1 355		√
4	660715	74.3	23	5 785	1 883	-3 902	1 157		√
5	700730	66.2	9	3 306	2 765	-541	661	√	
6	720902	60.6	10	1 736	2 071	335	347	√	
7	750901	71.9	12	1 994	2 878	884	399		√
8	760813	53.9	23	1 147	959	-188	229	√	
9	790626	13.7	7	414	482	68	82.8	√	
10	800630	39.8	11	924	1 069	145	185	√	
11	840712	65.4	8	3 043	2 796	-247	609	√	
12	840812	25.4	6	728	828	100	146	√	
13	850710	13.5	12	549	450	-99	110	√	
14	850712	15.3	10	559	542	-17	112	√	
15	870904	18.2	10	642	597	-45	128	√	
16	900717	43.8	4	1 822	1 659	-163	364	√	
17	900722	74.6	18	2 195	2 217	22	439	√	
18	900816	40.9	8	1 282	1 307	25	256	√	
19	950731	26.3	4	1 150	1 004	-146	230	√	
20	950903	34.5	10	1 028	995	-33	206	√	
21	960725	95.1	12	3 585	4 223	638	717	√	
22	960731	82.6	24	2 122	2 154	32	424	√	
23	990909	22.4	7	636	759	123	127	√	
24	000810	43.1	20	1 618	1 308	-310	324	√	
25	030904	63.5	8	1 768	2 657	889	354		√
26	040718	37.5	16	839	847	8	168	√	
27	040731	50.9	28	1 687	1 414	-273	337	√	
28	040828	42.7	12	1 035	1 187	152	207	√	
29	050702	48.0	6	1 170	1 888	718	234		√
30	050806	23.9	6	683	944	261	137		√
31	050921	80.4	48	846	2 058	1 212	169		√
32	070810	27.8	12	807	724	-83	161	√	
33	070818	74.4	40	2 385	1 782	-603	477		√
34	110915	31.9	48	664	324	-340	133		√
35	120708	19.6	8	592	695	103	118	√	
36	160722	27.9	7	1 360	1 044	-316	272		√
37	160817	40.9	21	570	675	105	114	√	
38	180820	62.6	24	1 269	1 254	-15	254	√	
39	190811	54.3	18	1 110	1 326	216	222	√	
40	200813	28.0	4	800	887	87	160	√	
41	210714	13.5	22	501	410	-91	100	√	
42	210729	17.6	16	395	430	35	79	√	
43	210920	47.0	12	1 731	1 424	-307	346	√	

备注：共选用北望站 1964—2021 年实测点据 43 个，合格 31 个，合格率为 72.1%，属乙级方案。

表 15-13 大汶河北望站 R-T_c-$T_{洪}$ 精度评定表

序号	洪号	$R_{实}$（mm）	T_c（h）	$T_{洪}$（h）		预报误差（h）	许可误差（h）	评定结果	
				实测	预报			合格	不合格
1	640728	74.8	20	102	127	25	30.6	√	
2	640831	64.2	20	96	125	29	28.8		√
3	640912	70.0	6	86	88	2	25.8	√	
4	660715	74.3	23	77	127	50	23.1		√
5	700730	66.2	9	102	97	-5	30.6	√	
6	720902	60.6	10	138	99	-39	41.4	√	
7	750901	71.9	12	96	107	11	28.8	√	
8	760813	53.9	23	99	123	24	29.7	√	
9	790626	13.7	7	92	50	-42	27.6		√
10	800630	39.8	11	83	97	14	24.9	√	
11	840712	65.4	8	102	93	-9	30.6	√	
12	840812	25.4	6	86	70	-16	25.8	√	
13	850710	13.5	12	72	71	-1	21.6	√	
14	850712	15.3	10	108	68	-40	32.4		√
15	870904	18.2	10	60	74	14	18	√	
16	900717	43.8	4	84	82	-2	25.2	√	
17	900722	74.6	18	106	127	-21	31.8	√	
18	900816	40.9	8	92	87	-5	27.6	√	
19	950731	26.3	4	96	71	-25	28.8	√	
20	950903	34.5	10	78	91	13	23.4	√	
21	960725	95.1	12	114	112	-2	34.2	√	
22	960731	82.6	24	116	129	13	34.8	√	
23	990909	22.4	7	86	70	-16	25.5	√	
24	000810	43.1	20	120	121	1	36	√	
25	030904	63.5	8	90	93	3	27	√	
26	040718	37.5	16	100	119	19	30	√	
27	040731	50.9	28	94	122	28	28.2	√	
28	040828	42.7	12	110	101	-9	33	√	
29	050702	48.0	6	102	83	-19	30.6	√	
30	050806	23.9	6	88.3	68	-20.3	26.5	√	
31	050921	80.4	48	96	128	32	28.8		√
32	070810	27.8	12	58.5	94	35.5	17.6		√
33	070818	74.4	40	120	127	7	36	√	
34	110915	31.9	48	117.5	117	-0.5	35.3	√	
35	120708	19.6	8	105.7	69	-36.7	31.7		√
36	160722	27.9	7	108	76	-32	32.4	√	
37	160817	40.9	21	96	120	24	28.8	√	
38	180820	62.6	24	112	125	13	33.6	√	
39	190811	54.3	18	106	123	17	31.8	√	
40	200813	28.0	4	71	73	2	21.3	√	
41	210714	13.5	22	82	97	15	24.6	√	
42	210729	17.6	16	88.1	106	17.9	26.4	√	
43	210920	47.0	12	90	102	12	27	√	

备注：共选用北望站 1964—2021 年实测点据 43 个，合格 36 个，合格率为 83.7%，属乙级方案。

表 15-14 大汶河北望站 $Q_{m净}$-T_c-T_p 精度评定表

序号	洪号	$Q_{m净}$ (m^3/s)	T_c (h)	T_p (h)		预报误差 (h)	许可误差 (h)	评定结果	
				实测	预报			合格	不合格
1	640728	3 623	20	15	17.7	2.7	4.5	√	
2	640831	3 838	20	20.9	17.6	-3.3	6.3	√	
3	640912	6 775	6	4.9	4.2	-0.7	3	√	
4	660715	5 785	23	23.8	16.9	-6.9	7.1	√	
5	700730	3 306	9	7	9	2	3	√	
6	720902	1 736	10	15.2	12.5	-2.7	4.6	√	
7	750901	1 994	12	12.7	11.7	-1	3.8	√	
8	760813	1 147	23	8.7	19.1	10.4	3		√
9	790626	414	7	21.8	17.6	-4.2	6.5	√	
10	800630	924	11	10.9	13.5	2.6	3.3	√	
11	840712	3 043	8	9.8	8.6	-1.2	3	√	
12	840812	728	6	11.4	12.9	1.5	3.4	√	
13	850710	549	12	16.9	15.6	-1.3	5.1	√	
14	850712	559	10	18.4	15	-3.4	5.5	√	
15	870904	642	10	13.4	14.1	0.7	4	√	
16	900717	1 822	4	8.4	6.5	-1.9	3	√	
17	900722	2 195	18	9	18.4	9.4	3		√
18	900816	1 282	8	10.7	11	0.3	3.2	√	
19	950731	1 150	4	10.7	7.7	-3	3.2	√	
20	950903	1 028	10	15.7	12.4	-3.3	4.7	√	
21	960725	3 585	12	14.9	12.1	-2.8	4.5	√	
22	960731	2 122	24	9	18.4	9.4	3		√
23	990909	636	7	9.9	13.5	3.6	3		√
24	810	1 618	20	25.5	11.3	-14.2	7.7		√
25	30904	1 768	8	8.2	10	1.8	3	√	
26	40718	839	16	14.9	16.3	1.4	4.5	√	
27	40731	1 687	28	10.7	13.6	2.9	3.2	√	
28	40828	1 035	12	13.7	13.2	-0.5	4.1	√	
29	50702	1 170	6	8	7.7	-0.3	3	√	
30	50806	683	6	10.9	9.4	-1.5	3.3	√	
31	50921	846	48	52.9	19.6	-33.3	15.9		√
32	70810	807	12	13.5	13.9	0.4	4.1	√	
33	70818	2 385	40	8.8	18.2	9.4	3		√
34	110915	664	48	16	20.3	4.3	4.8	√	
35	120708	592	8	18.8	13.9	-4.9	5.6	√	
36	160722	1 360	7	10	7.3	-2.7	3	√	
37	160817	570	21	22.5	22	-0.5	6.8	√	
38	180820	1 269	24	11	19	8	3.3		√
39	190811	1 110	18	15	18	3	4.5	√	
40	200813	800	4	5.5	12.5	7	3		√
41	210714	501	22	35.5	16.6	-18.9	10.7		√
42	210729	395	16	14.5	18.7	4.2	4.4	√	
43	210920	1 731	12	8.1	11.6	3.5	3		√

备注：共选用北望站 1964—2021 年 43 个点据，32 个合格，合格率为 74.4%，属乙级方案。

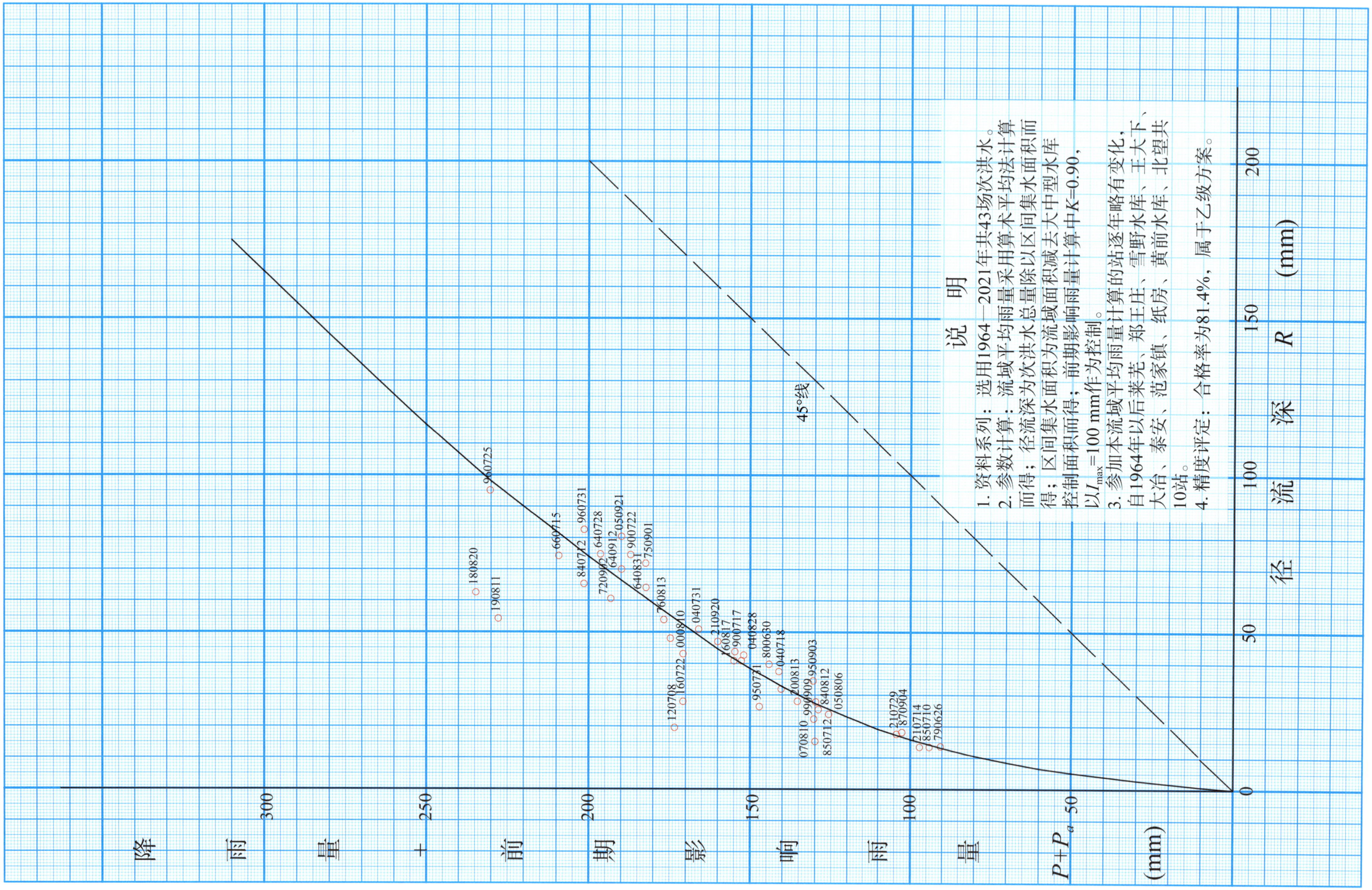

图 15-3 大汶河北望站 $P+P_a$-R 关系曲线图

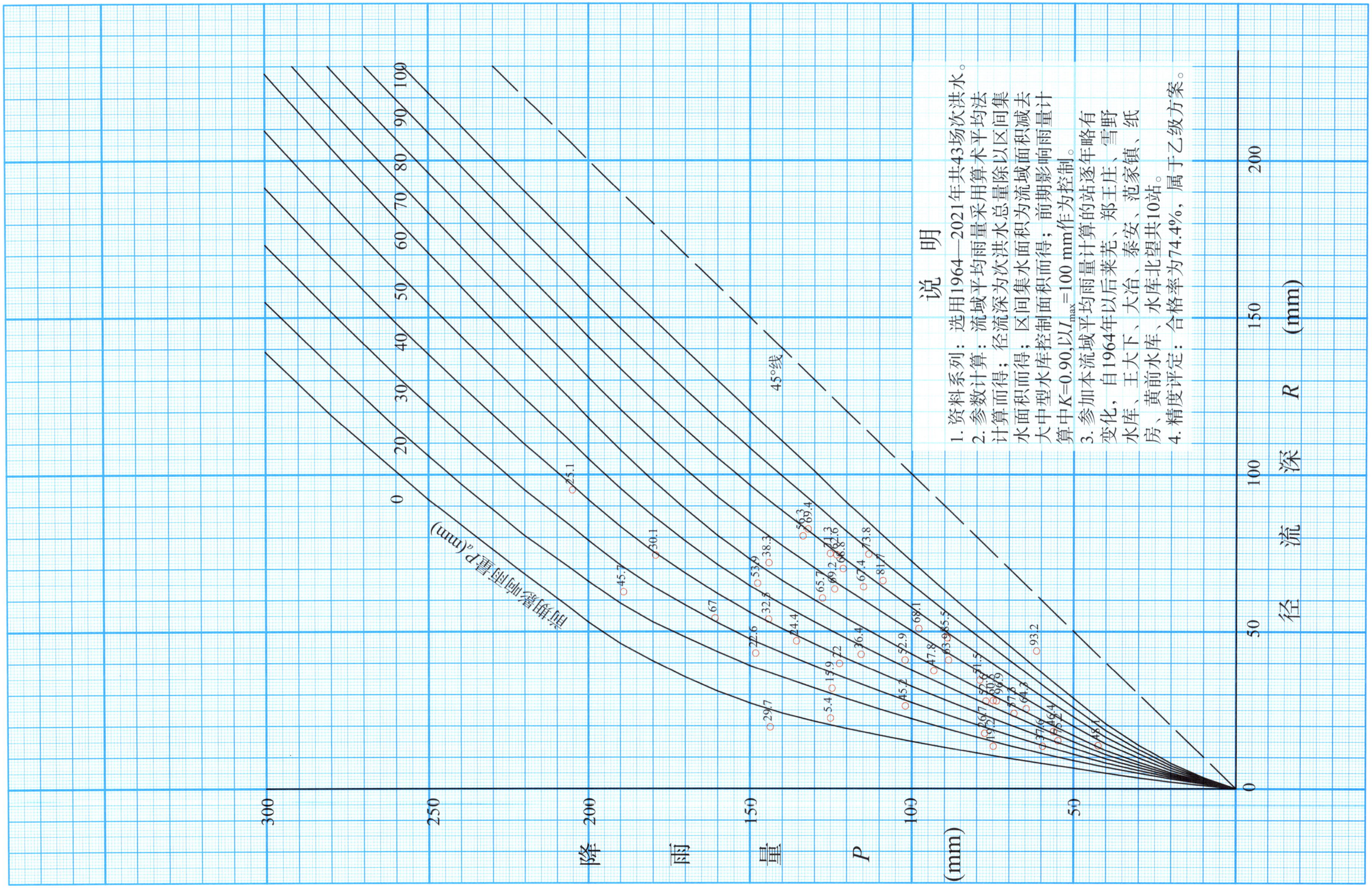

图 15-4　大汶河北望站 P-P_a-R 关系曲线图

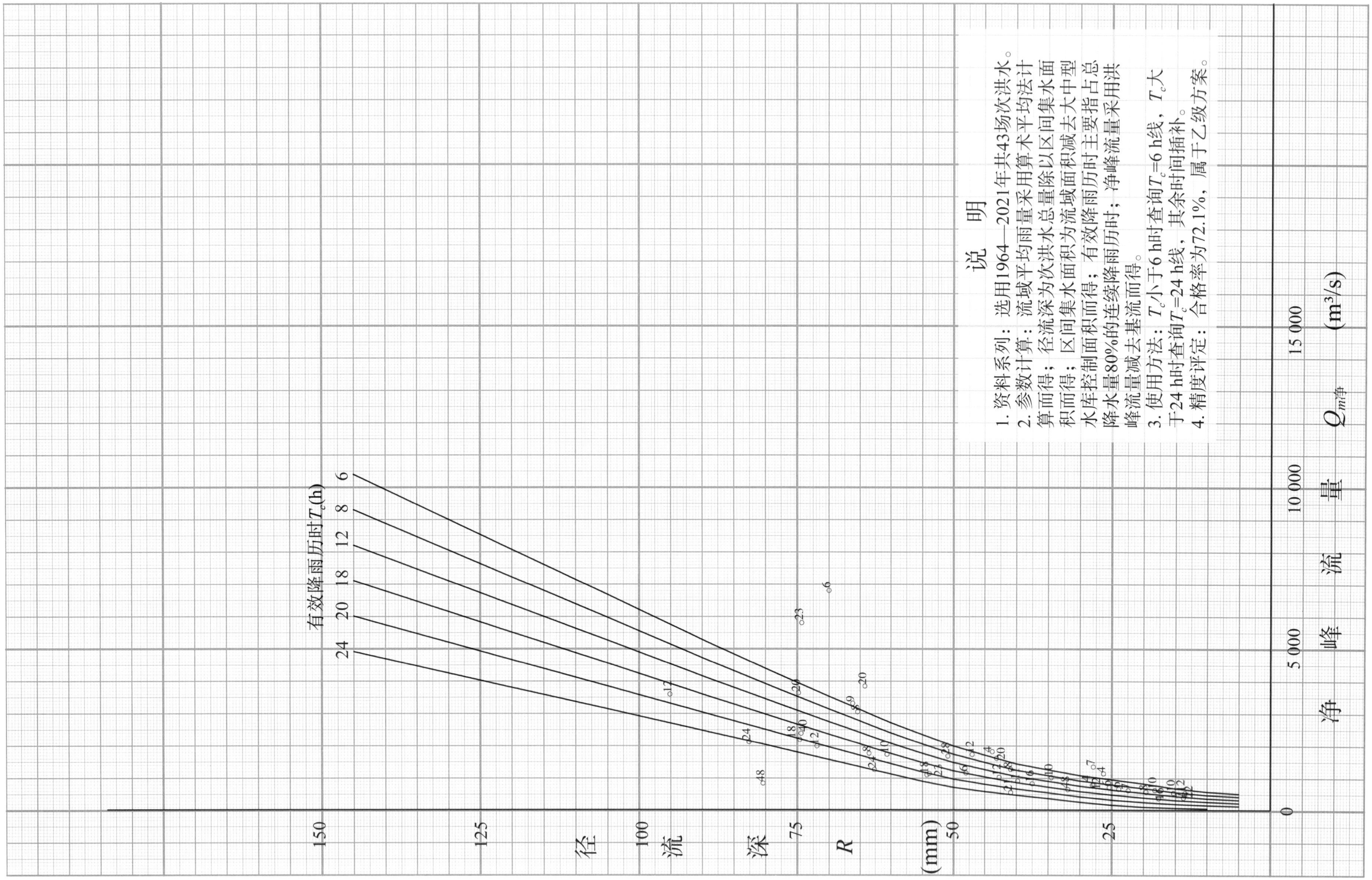

图 15-5　大汶河北望站 R-T_c-$Q_{m净}$ 关系曲线图

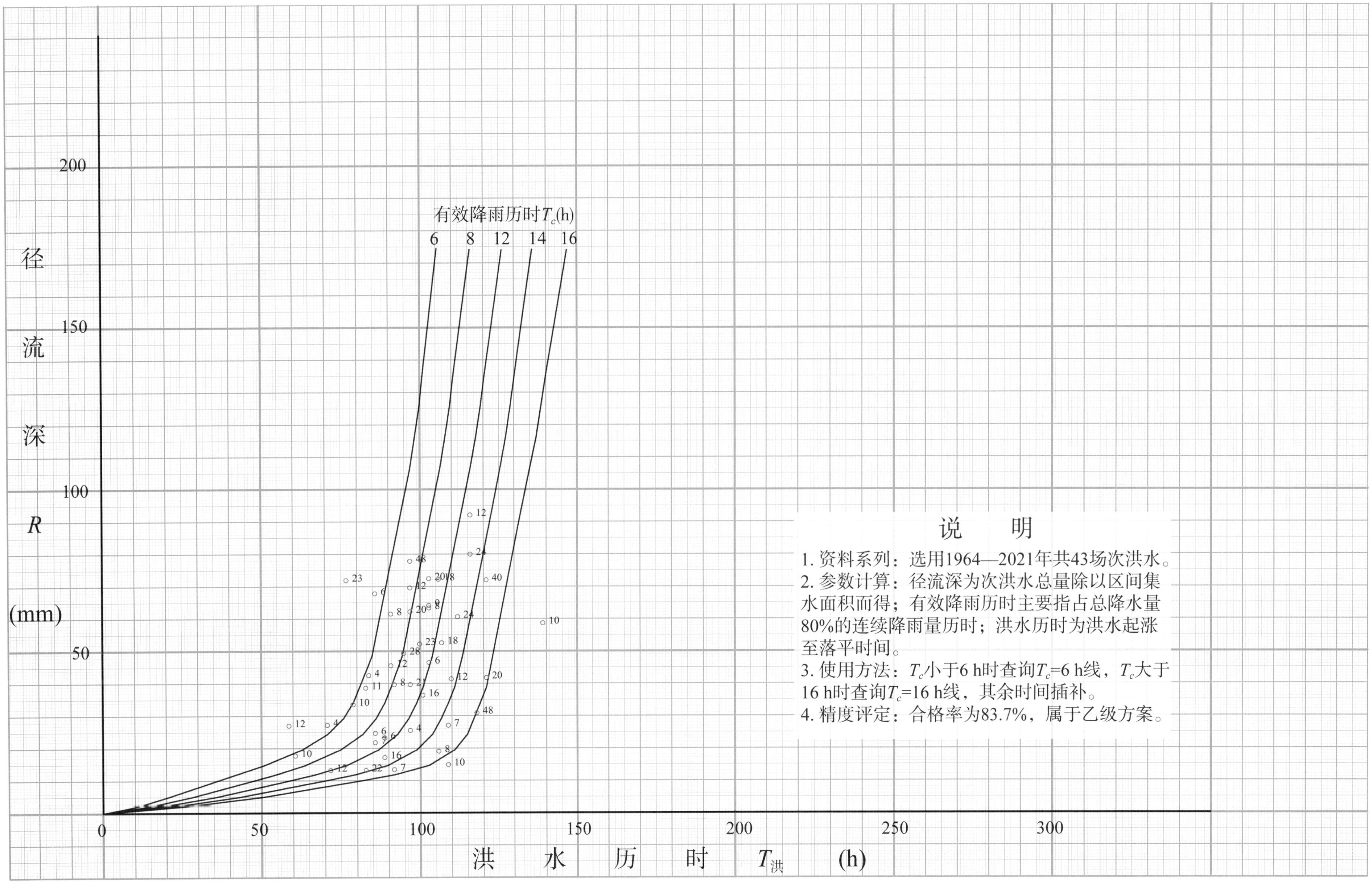

图 15-6　大汶河北望站 R-T_c-$T_{洪}$ 关系曲线图

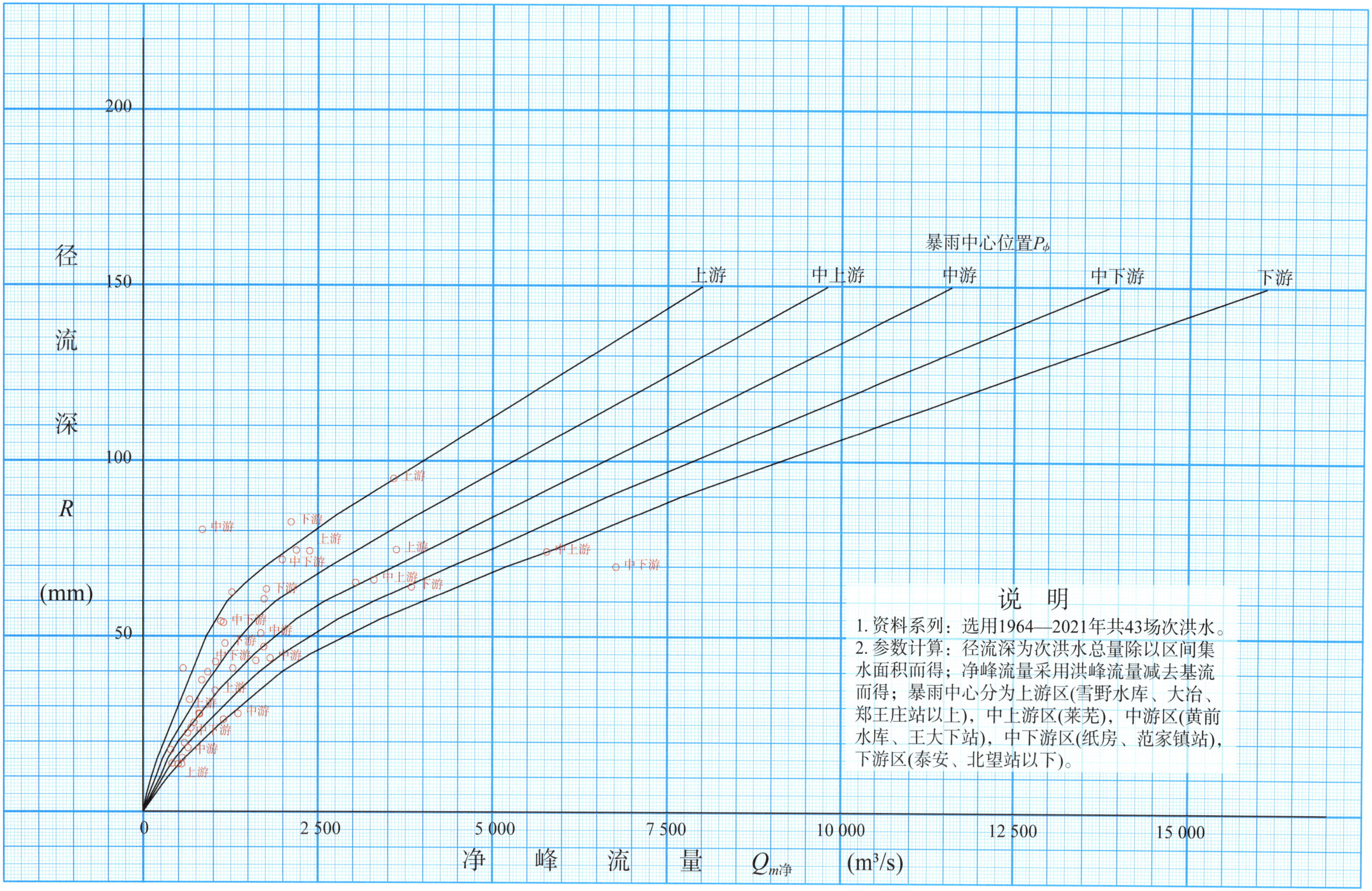

图 15-7　大汶河北望站 R-P_ϕ-$Q_{m净}$ 关系曲线图

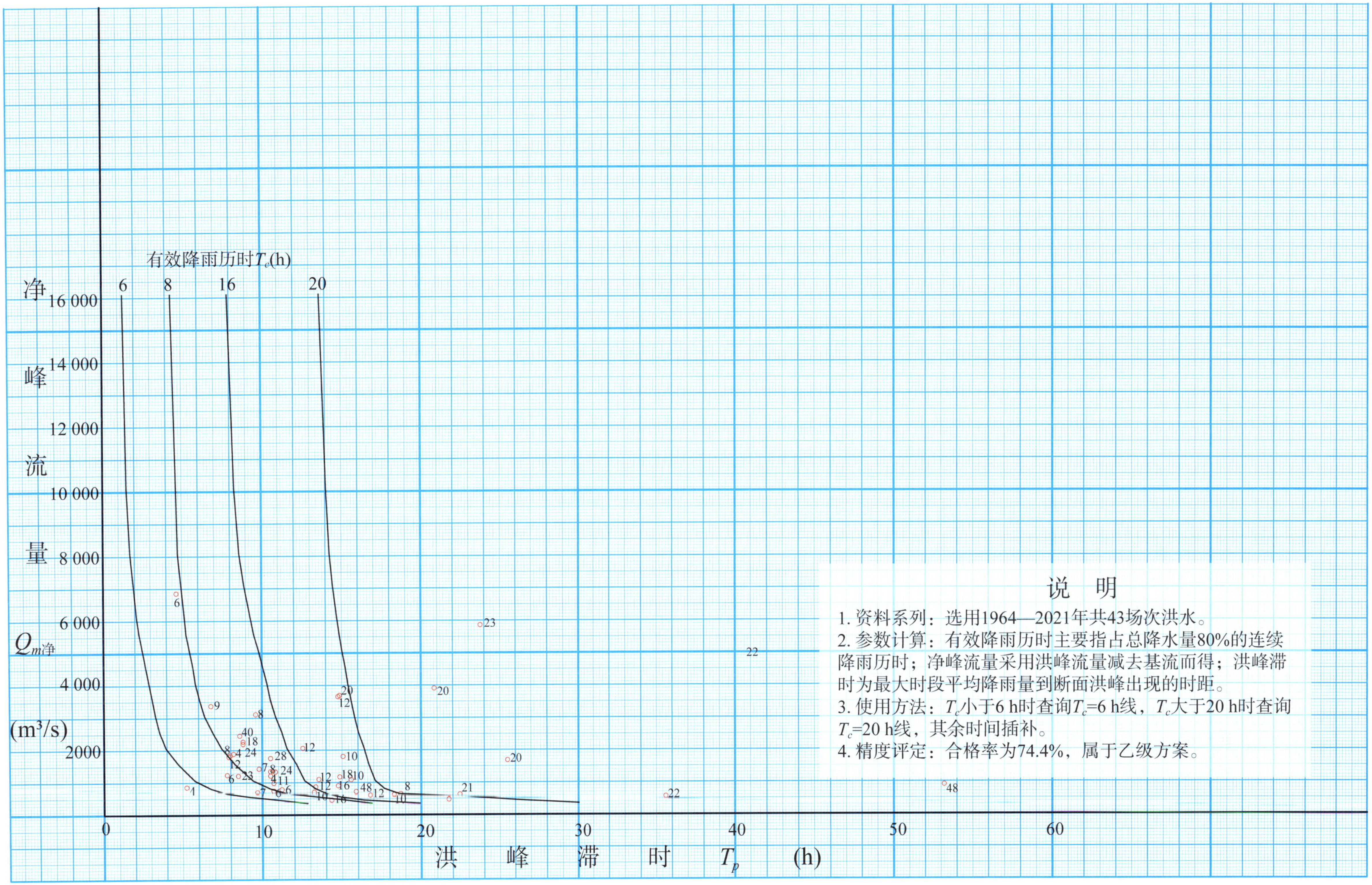

图 15-8 大汶河北望站 $Q_{m净}$-T_c-T_p 关系曲线图

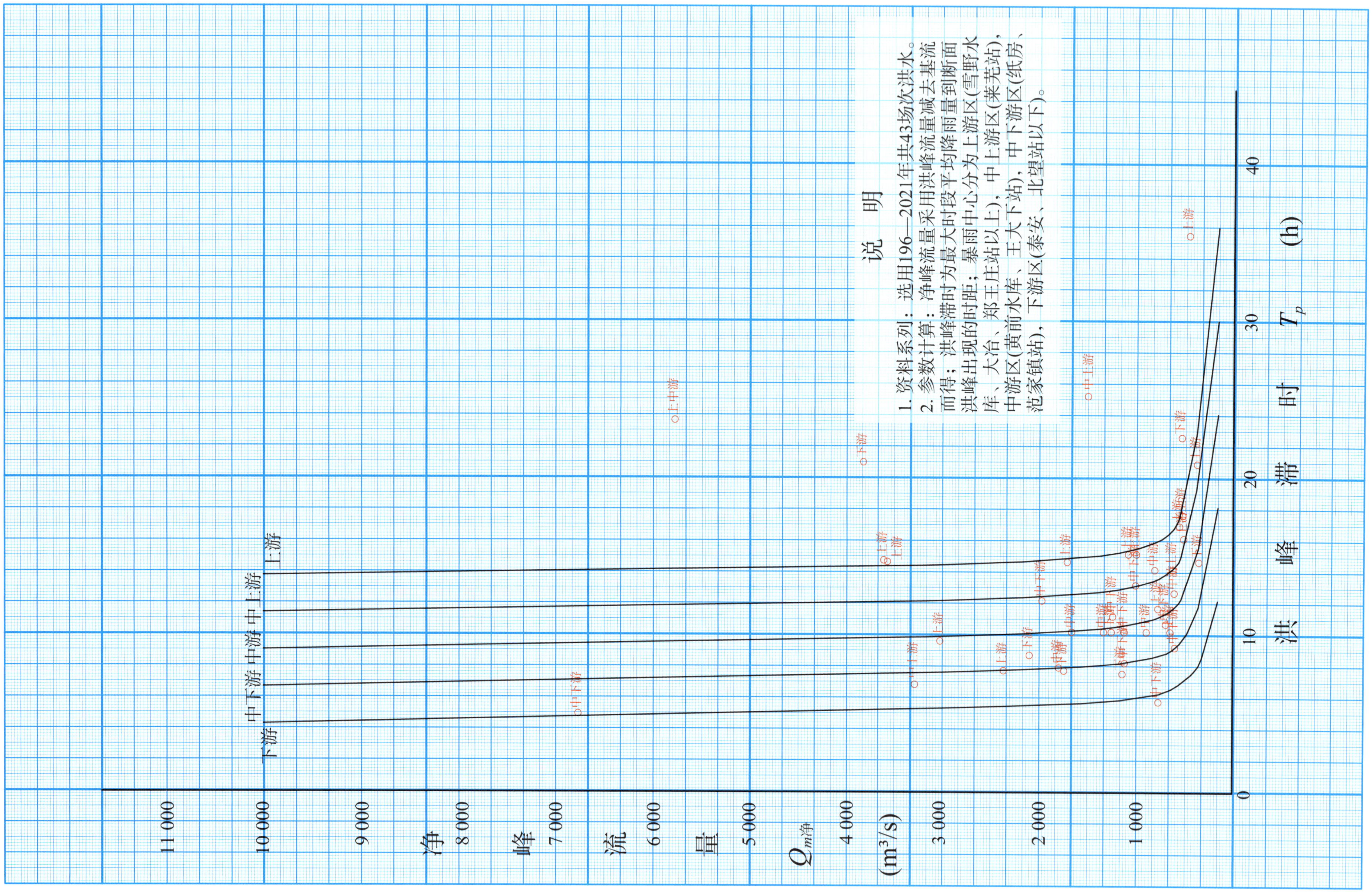

图 15-9　大汶河北望站 $Q_{m净}$-P_{ϕ}-T_p 关系曲线图

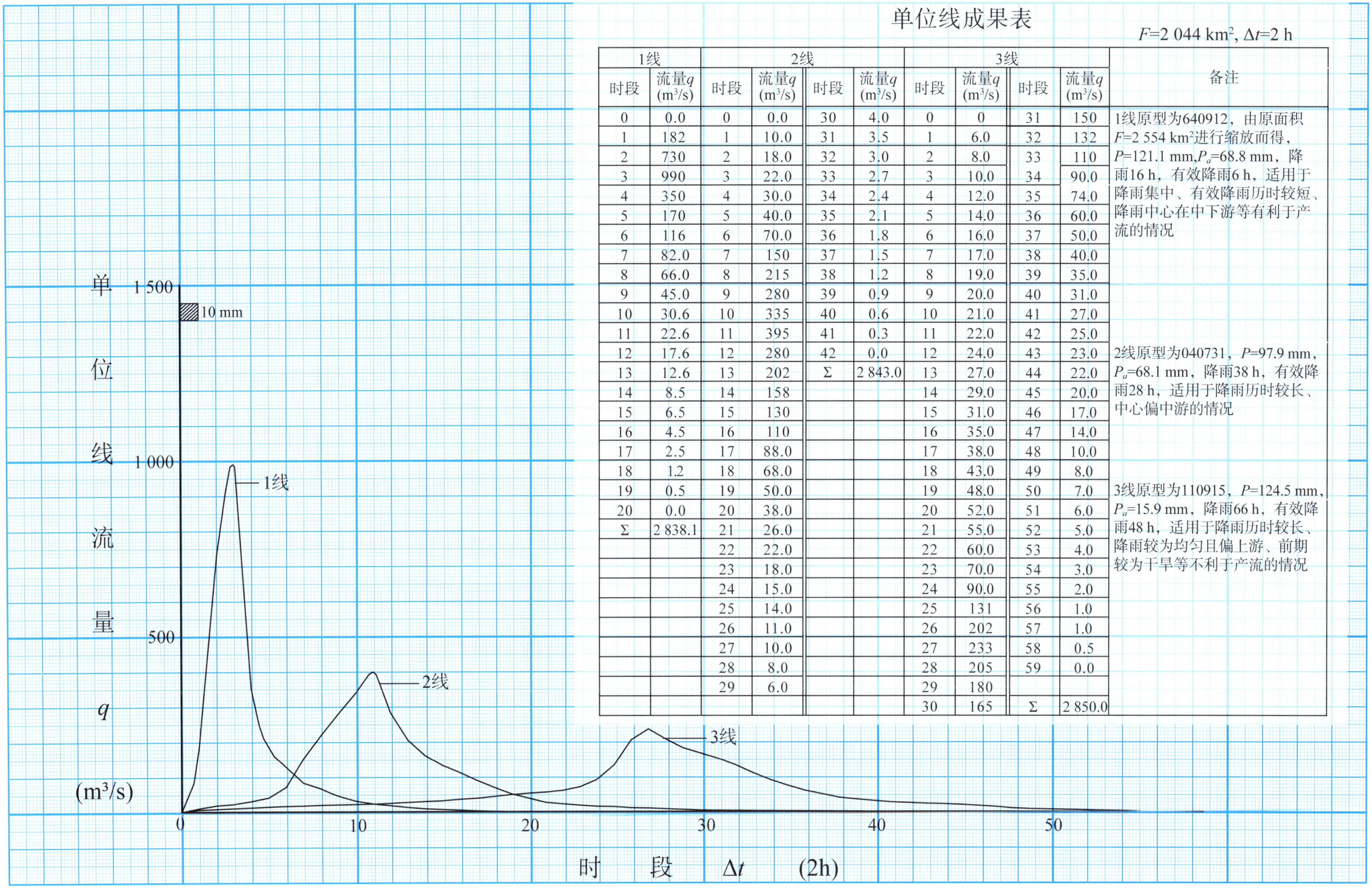

单位线成果表

F=2 044 km², Δt=2 h

1线		2线				3线				备注
时段	流量q (m³/s)	时段	流量q (m³/s)	时段	流量q (m³/s)	时段	流量q (m³/s)	时段	流量q (m³/s)	
0	0.0	0	0.0	30	4.0	0	0	31	150	1线原型为640912，由原面积F=2 554 km²进行缩放而得，P=121.1 mm,P_a=68.8 mm，降雨16 h，有效降雨6 h，适用于降雨集中、有效降雨历时较短、降雨中心在中下游等有利于产流的情况
1	182	1	10.0	31	3.5	1	6.0	32	132	
2	730	2	18.0	32	3.0	2	8.0	33	110	
3	990	3	22.0	33	2.7	3	10.0	34	90.0	
4	350	4	30.0	34	2.4	4	12.0	35	74.0	
5	170	5	40.0	35	2.1	5	14.0	36	60.0	
6	116	6	70.0	36	1.8	6	16.0	37	50.0	
7	82.0	7	150	37	1.5	7	17.0	38	40.0	
8	66.0	8	215	38	1.2	8	19.0	39	35.0	
9	45.0	9	280	39	0.9	9	20.0	40	31.0	
10	30.6	10	335	40	0.6	10	21.0	41	27.0	
11	22.6	11	395	41	0.3	11	22.0	42	25.0	
12	17.6	12	280	42	0.0	12	24.0	43	23.0	2线原型为040731，P=97.9 mm，P_a=68.1 mm，降雨38 h，有效降雨28 h，适用于降雨历时较长、中心偏中游的情况
13	12.6	13	202	Σ	2 843.0	13	27.0	44	22.0	
14	8.5	14	158			14	29.0	45	20.0	
15	6.5	15	130			15	31.0	46	17.0	
16	4.5	16	110			16	35.0	47	14.0	
17	2.5	17	88.0			17	38.0	48	10.0	
18	1.2	18	68.0			18	43.0	49	8.0	
19	0.5	19	50.0			19	48.0	50	7.0	3线原型为110915，P=124.5 mm，P_a=15.9 mm，降雨66 h，有效降雨48 h，适用于降雨历时较长、降雨较为均匀且偏上游、前期较为干旱等不利于产流的情况
20	0.0	20	38.0			20	52.0	51	6.0	
Σ	2 838.1	21	26.0			21	55.0	52	5.0	
		22	22.0			22	60.0	53	4.0	
		23	18.0			23	70.0	54	3.0	
		24	15.0			24	90.0	55	2.0	
		25	14.0			25	131	56	1.0	
		26	11.0			26	202	57	1.0	
		27	10.0			27	233	58	0.5	
		28	8.0			28	205	59	0.0	
		29	6.0			29	180			
						30	165	Σ	2 850.0	

图 15-10　大汶河北望站单位线图

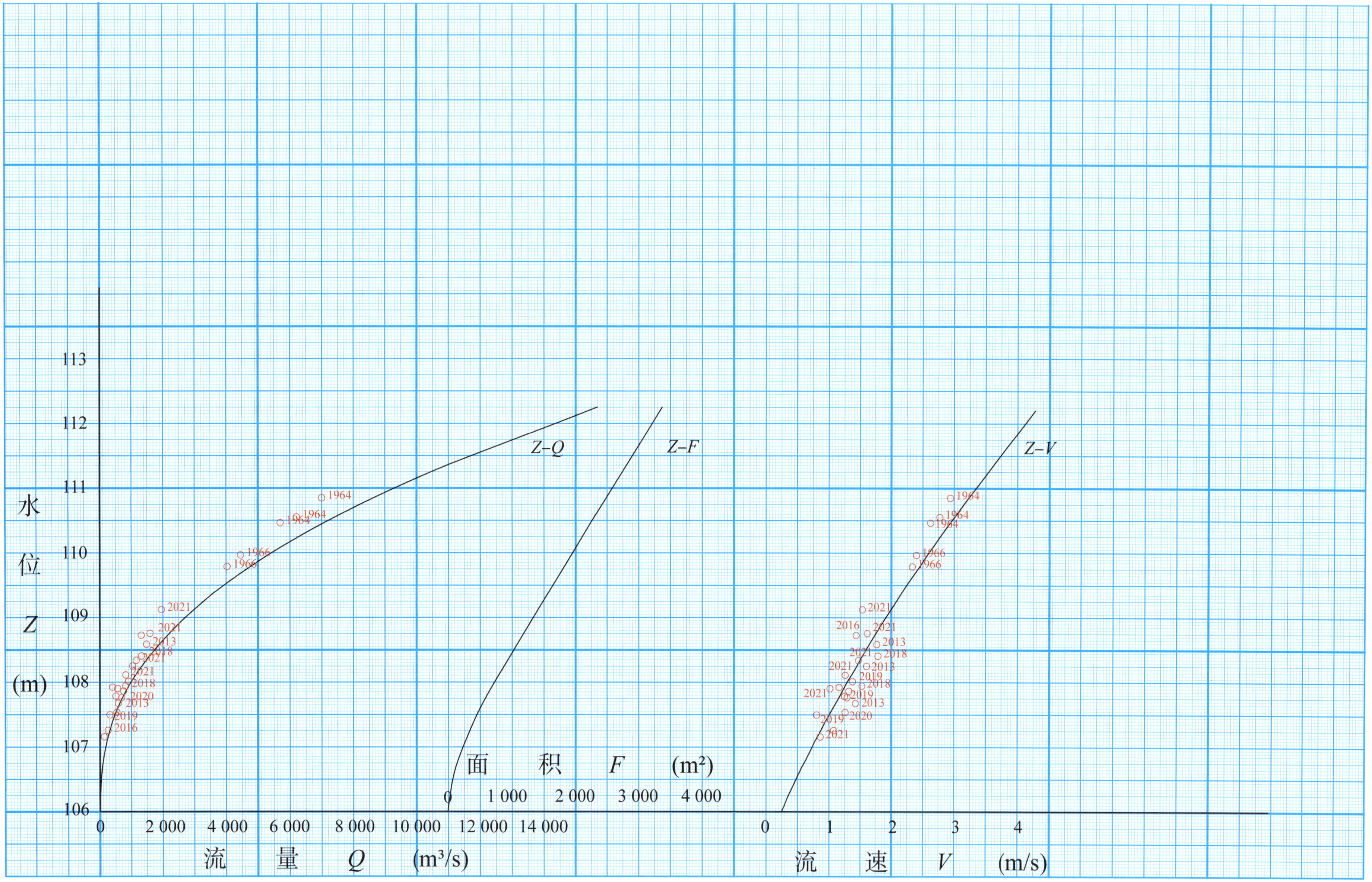

图 15–11 大汶河北望站水位 Z 与流量 Q、面积 F、流速 V 关系曲线图

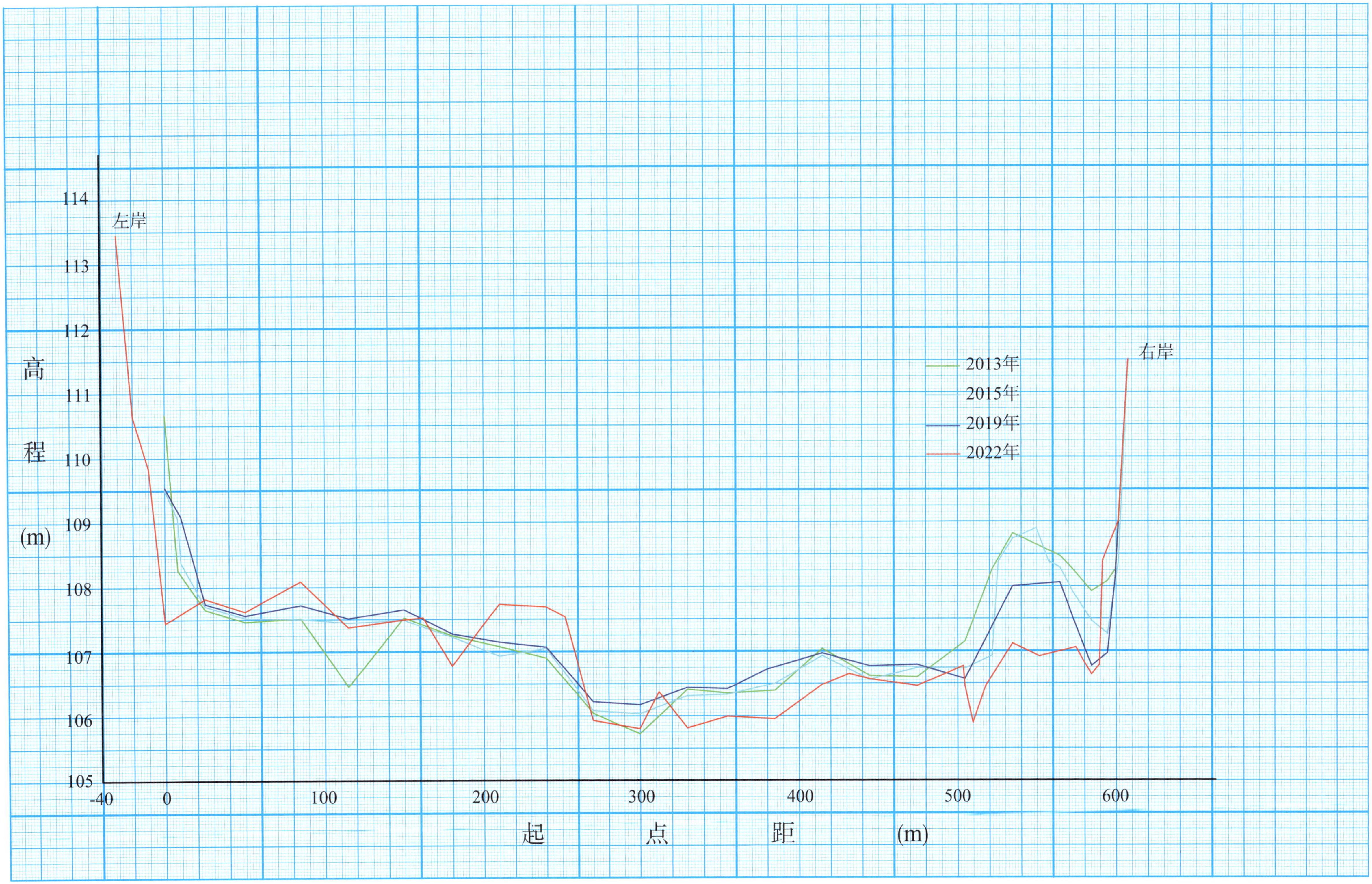

图 15-12　大汶河北望站实测大断面图

第十六章　孝义河泰丰站水文预报方案编制说明

1　流域概况及水利工程情况

泰丰水文站位于大汶河一级支流孝义河上。孝义河总长 17 km，平均比降 4.25‰，流域面积 76.6 km^2，多年平均年降水量 741.1 mm，多年平均年径流深 189.3 mm。

泰丰水文站位于山东省济南市莱芜区鹏泉街道泰丰桥处，距孝义河河口 5.0 km，泰丰站以上流域面积 62 km^2。流域内有 2 座小（1）型水库和 3 座小（2）型水库，控制面积 19.95 km^2，总库容 650.14 万 m^3，详见表 16-1。泰丰站以上流域图见图 16-1。

表 16-1　泰丰站上游水利工程统计表

序号	水库名称	类型	建成年份	集水面积（km^2）	总库容（万 m^3）	兴利库容（万 m^3）
1	孝义水库	小（1）型	1958 年	13.00	460.00	268.00
2	龙崮水库	小（1）型	1977 年	3.80	126.50	87.00
3	孔家庄水库	小（2）型	2000 年	0.58	10.14	4.10
4	东沈家庄水库	小（2）型	1958 年	1.33	25.00	8.80
5	北沟水库	小（2）型	1970 年	1.24	28.50	15.00
合计				19.95	650.14	382.90

2　测站概况

泰丰水文站设立于 2017 年 8 月，为汛期站。基本水尺断面设置直立式水尺和浮子式自记水位计。测验河段顺直，长约 700 m，断面宽 165 m，河床由砂砾组成。测站特征值详见表 16-2。

表 16-2　泰丰水文站测站特征值

最大年径流量	0.209 4 亿 m^3	出现年份	2020 年	最小年径流量	0.051 1 亿 m^3	出现年份	2018 年
最大年降水量	800.0 mm	出现年份	2021 年	最小年降水量	490.5 mm	出现年份	2019 年
最大流量	65.7 m^3/s	出现时间	2019 年 8 月	最小流量	0	出现时间	2018 年 5 月
最高水位	196.99 m	出现时间	2018 年 6 月	最低水位	195.29 m	出现时间	2021 年 8 月

2.1　采用基面

泰丰站采用基面为 1956 年黄海基面。

2.2　资料情况

泰丰站为新建站，无实测年鉴水文摘录资料。

2.3　参证站选择

泰丰站地形地貌和下垫面基本特征与金斗水库站相似，故以金斗水库站作为泰丰站的参证站。参证站金斗水库站以上流域面积 $F_{参}=88.6\ km^2$，设计站泰丰站以上流域面积 $F_{设}=62\ km^2$。

3　预报方案编制

3.1　产流方案

利用金斗水库站的产流方案推求泰丰站的产流过程，泰丰站降雨径流相关图 $P+P_a-R$ 见图 16-2。其中：P 为次降雨流域平均雨量（mm）；P_a 为流域平均前期影响雨量（mm）；R 为次降雨所产生的径流深（mm）。

3.1.1　流域平均雨量 P 的计算

流域内设有龙崮和泰丰 2 处雨量站，流域平均雨量采用以上 2 站雨量的算术平均值。

3.1.2　流域平均前期影响雨量 P_a 的计算

首先统计流域内各站逐日降水量，计算流域平均日雨量，再计算前期影响雨量 P_a，其计算公式为

$$P_{a,\ t+1}=K(P_{a,\ t}+P_t)$$

式中：$P_{a,t}$、$P_{a,t+1}$ 分别为第 t 日和第 $t+1$ 日前期影响雨量（mm）；P_t 为第 t 日平均雨量（mm）；K 为前期影响雨量递减系数。

3.1.3　产流参数 I_m、K 的确定

本方案采用金斗水库站的参数，即 $I_m=65$ mm，$K=0.9$。

3.2　汇流方案

采用金斗水库站单位线进行缩放。将金斗水库站单位线（$\Delta t=1$ h）进行缩放后作为泰丰站单位线，详见图 16-3。

单位线的缩放按下列公式计算：

$$\alpha=(F_{设}/F_{参})^{0.5}$$

$$T_{设i}=\alpha T_{参i}$$

$$q_{设i}=\alpha q_{参i}$$

式中：α 为单位线缩放系数；$F_{参}$、$F_{设}$ 分别为参证站、设计站以上控制流域面积；$T_{参i}$ 为参证站单位线逐时段，$T_{参i}=1,\ 2,\ \cdots,\ N$；$T_{设i}$ 为设计站单位线逐时段，通常为小数，为满足实际要求，可进一步对缩放结果进行插值，从而得到整时段单位线结果；$q_{参i}$ 为参证站单位线逐时段流量；$q_{设i}$ 为设计站单位线逐时段流量。

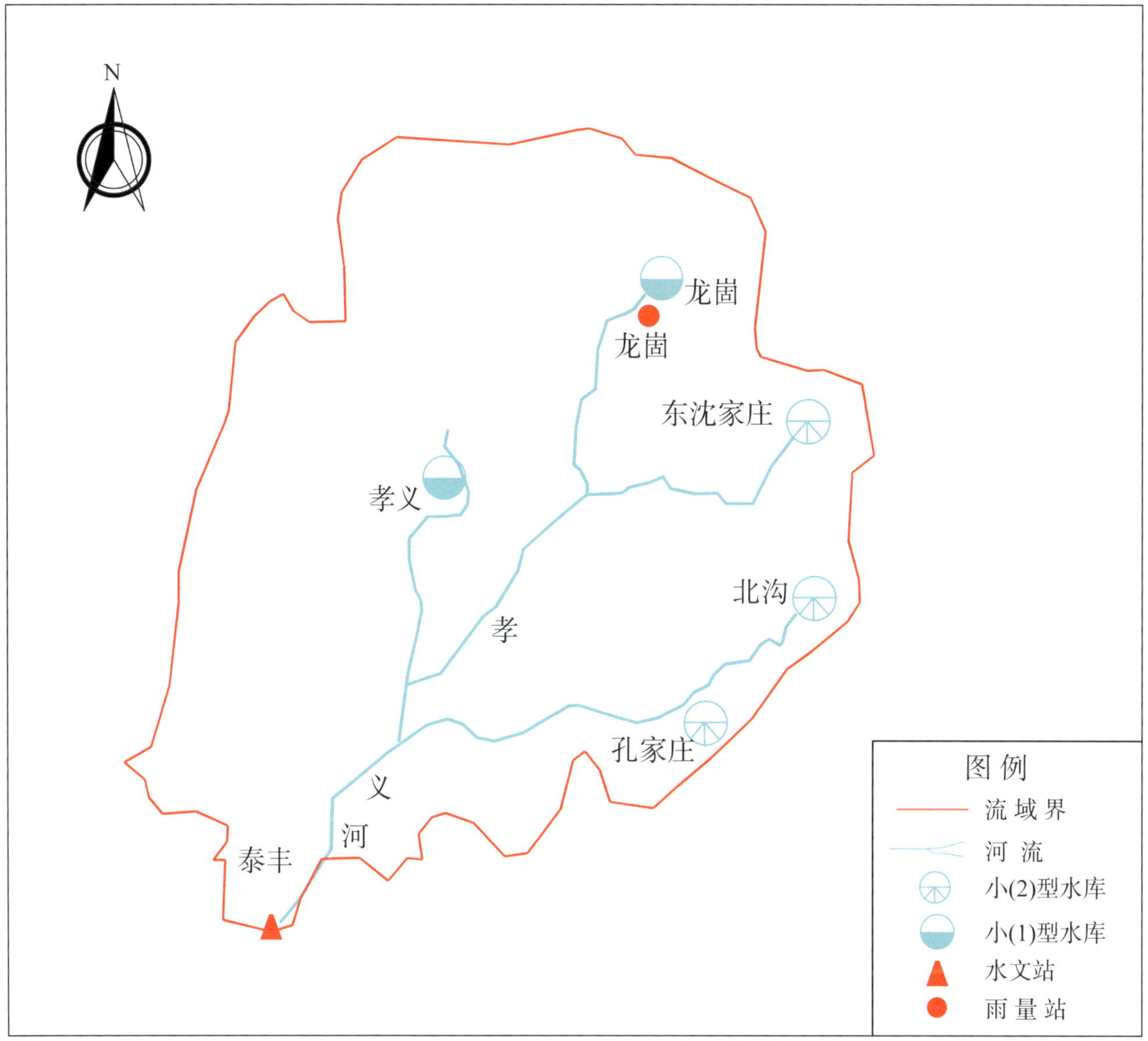

图 16-1 孝义河泰丰水文站以上流域图

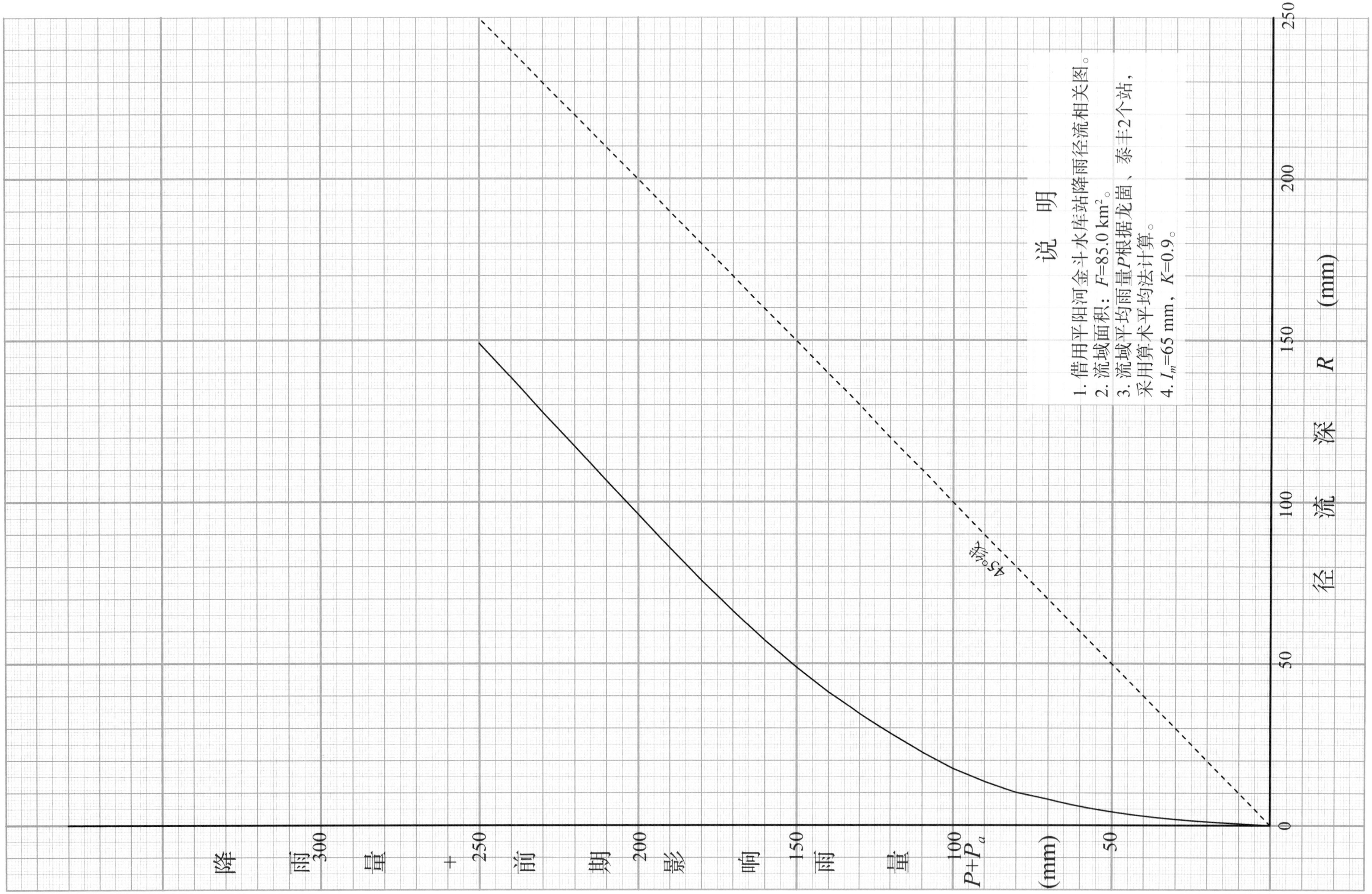

图 16-2　孝义河泰丰站降雨径流相关图

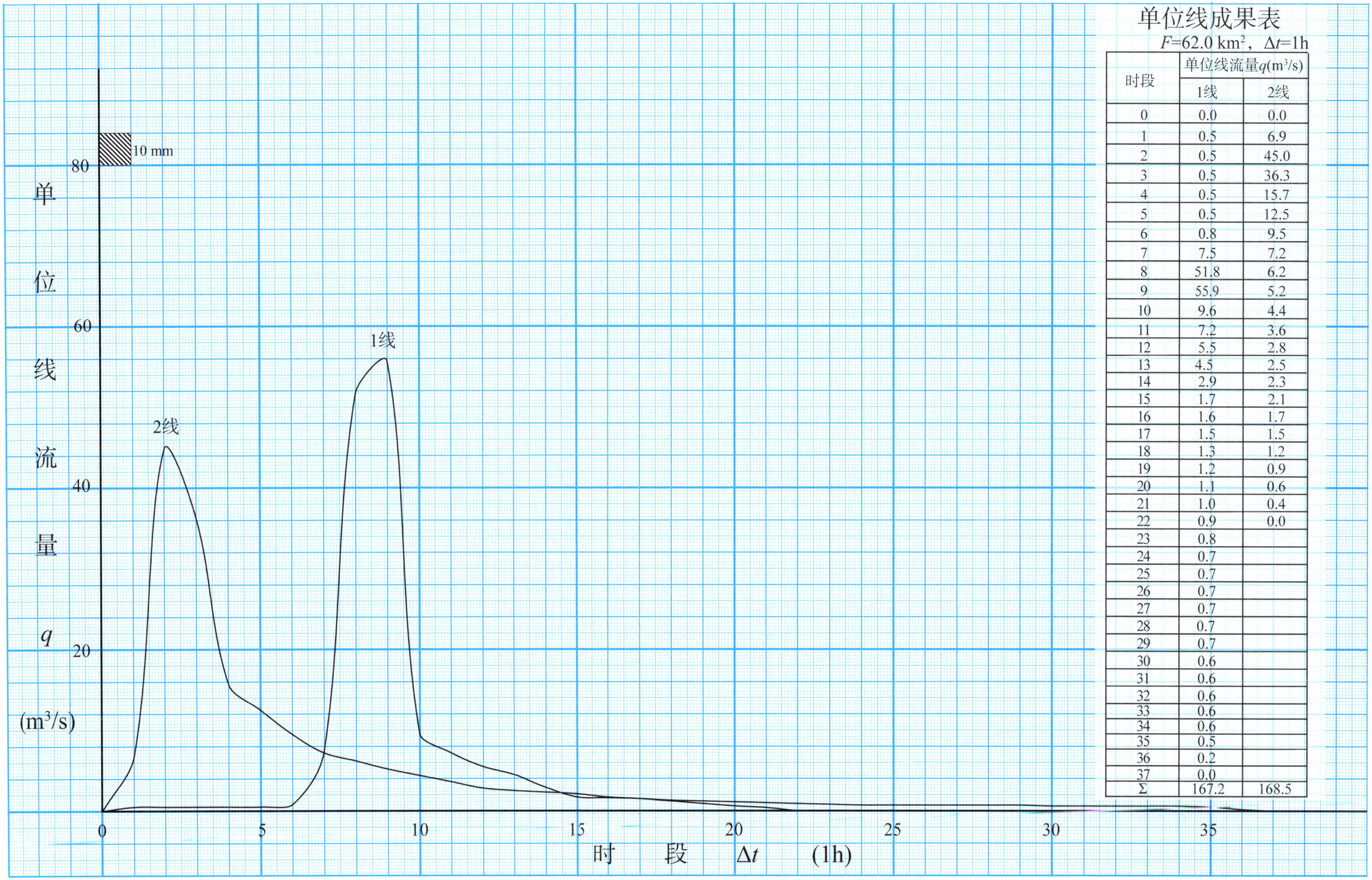

单位线成果表

F=62.0 km^2，Δt=1h

时段	单位线流量q(m^3/s)	
	1线	2线
0	0.0	0.0
1	0.5	6.9
2	0.5	45.0
3	0.5	36.3
4	0.5	15.7
5	0.5	12.5
6	0.8	9.5
7	7.5	7.2
8	51.8	6.2
9	55.9	5.2
10	9.6	4.4
11	7.2	3.6
12	5.5	2.8
13	4.5	2.5
14	2.9	2.3
15	1.7	2.1
16	1.6	1.7
17	1.5	1.5
18	1.3	1.2
19	1.2	0.9
20	1.1	0.6
21	1.0	0.4
22	0.9	0.0
23	0.8	
24	0.7	
25	0.7	
26	0.7	
27	0.7	
28	0.7	
29	0.7	
30	0.6	
31	0.6	
32	0.6	
33	0.6	
34	0.6	
35	0.5	
36	0.2	
37	0.0	
Σ	167.2	168.5

图 16-3　孝义河泰丰站单位线图

第十七章　瀛汶河陈北站水文预报方案编制说明

1　流域概况及水利工程情况

陈北水文站位于山东省济南市莱芜区杨庄镇陈北村瀛汶河。瀛汶河也称“嬴汶河”，又名汇河，属于季节性山洪河道，因流经古嬴县而得名，是大汶河三大源流的北支，流经济南市、泰安市，是汇集济南市莱芜区北部山区诸水的主要河流。瀛汶河发源于济南市章丘区官庄街道的池凉泉，自河源至山口长 46 km，是汶河水系中最长的山谷河道。瀛汶河出山后，沿泰山南麓流向西南，穿泰莱公路和泰辛铁路至刘家疃与石汶河合流，至渐汶河村南汇入牟汶河，全长 87 km，其中莱芜区境内 75 km。瀛汶河位于大汶河右岸，北以泰山山脉分水岭为界，东到济南市莱芜区望鲁山，西与泰山东部下港镇九曲水库相连。整个流域呈扫帚形，汇纳自北向南流的各条支流，流域面积 1 331 km^2，占大汶河流域总面积的 14.8%，河底落差 364 m，平均比降 2.63‰。流域内长 5 km 以上的支流有 28 条，其中流域面积在 100 km^2 以上的有通天河。陈北站以上流域图见图 17-1。

陈北站以上流域面积 784.8 km^2，该流域水系呈单侧羽毛状分布。流域内有 2 座小（1）型水库和 8 座小（2）型水库，控制面积 17.34 km^2，总库容 482.89 万 m^3，详见表 17-1。

表 17-1　陈北站上游水利工程统计表

序号	水库名称	类型	建成时间	集水面积（km^2）	总库容（万 m^3）	兴利库容（万 m^3）
1	址坊水库	小（1）型	1977 年 4 月	5.25	180	128.2
2	谷堆山水库	小（1）型	1964 年 12 月	3.0	134.6	105
3	水西水库	小（2）型	1971 年 6 月	2.0	43.39	17.81
4	摩天峪水库	小（2）型	1977 年 9 月	0.7	33.4	20.6
5	谷堆山 2 号水库	小（2）型	1965 年 3 月	1.15	22.8	20.2
6	中土屋水库	小（2）型	1966 年 6 月	2.0	22.3	13.9
7	北峪水库	小（2）型	1971 年 10 月	0.65	13.0	9.0
8	贾庄水库	小（2）型	1975 年 5 月	0.49	12.7	8.0
9	西魏庄水库	小（2）型	1967 年 4 月	0.6	10.4	6.4
10	西温石水库	小（2）型	1971 年 3 月	1.5	10.3	5.0
合计				17.34	482.89	334.11

2　测站概况

陈北水文站设立于 2011 年 1 月，为常年站。基本水尺断面设置直立式水尺和浮子式自记水位计。测验河段顺直，断面宽约 130 m。2022 年对测验河段进行河道整治，整治后，河床为浆砌块石。

2.1　采用基面

陈北站采用基面为 1956 年黄海基面。

2.2　资料情况

陈北站为新建站，无实测年鉴水文摘录资料。

2.3　参证站选择

陈北站地形地貌和下垫面基本特征与莱芜站相似，故以莱芜站作为陈北站的参证站。参证站莱芜站以上流域面积 $F_{参}=737\ km^2$，设计站陈北站以上流域面积 $F_{设}=784.8\ km^2$。

3　预报方案编制

3.1　产流方案

利用莱芜站的产流方案推求陈北站的产流过程，陈北站降雨径流相关图 $P+P_a$-R 见图 17-2。其中：P 为次降雨流域平均雨量（mm）；P_a 为流域平均前期影响雨量（mm）；R 为次降雨所产生的径流深（mm）。

3.1.1　流域平均雨量 P 的计算

流域内有陈北、西下游、西嵬石、雪野水库、娘娘庙、上游、鹿野、胡家庄水库、上龙子、上茶业村、茶业口、船厂村、峪门、中榆林村、寨里、王大下、羊里共 17 处雨量站，分布较均匀。流域平均雨量 P 采用以上 17 个站雨量的算术平均值。

3.1.2　流域平均前期影响雨量 P_a 的计算

首先统计流域内各站逐日降水量，计算出流域平均日雨量，再计算前期影响雨量 P_a，其计算公式为

$$P_{a,\ t+1}=K(P_{a,\ t}+P_t)$$

式中：$P_{a,t}$、$P_{a,t+1}$ 分别为第 t 日和第 $t+1$ 日前期影响雨量（mm）；P_t 为第 t 日平均雨量（mm）；K 为前期影响雨量递减系数。

3.1.3　产流参数 I_m、K 的确定

本方案采用莱芜站的参数，即 $I_m=65$ mm，$K=0.9$。

3.2 汇流方案

采用莱芜站单位线进行缩放。将莱芜站单位线（$\Delta t=1$ h）进行缩放后作为陈北站单位线，详见图 17-3。

单位线的缩放按下列公式计算：

$$\alpha=(F_{设}/F_{参})^{0.5}$$

$$T_{设i}=\alpha T_{参i}$$

$$q_{设i}=\alpha q_{参i}$$

式中：α 为单位线缩放系数；$F_{参}$、$F_{设}$ 分别为参证站、设计站以上控制流域面积；$T_{参i}$ 为参证站单位线逐时段，$T_{参i}=1, 2, \cdots, N$；$T_{设i}$ 为设计站单位线逐时段，通常为小数，为满足实际要求，可进一步对缩放结果进行插值，从而得到整时段单位线结果；$q_{参i}$ 为参证站单位线逐时段流量；$q_{设i}$ 为设计站单位线逐时段流量。

图 17-1　瀛汶河陈北水文站以上流域图

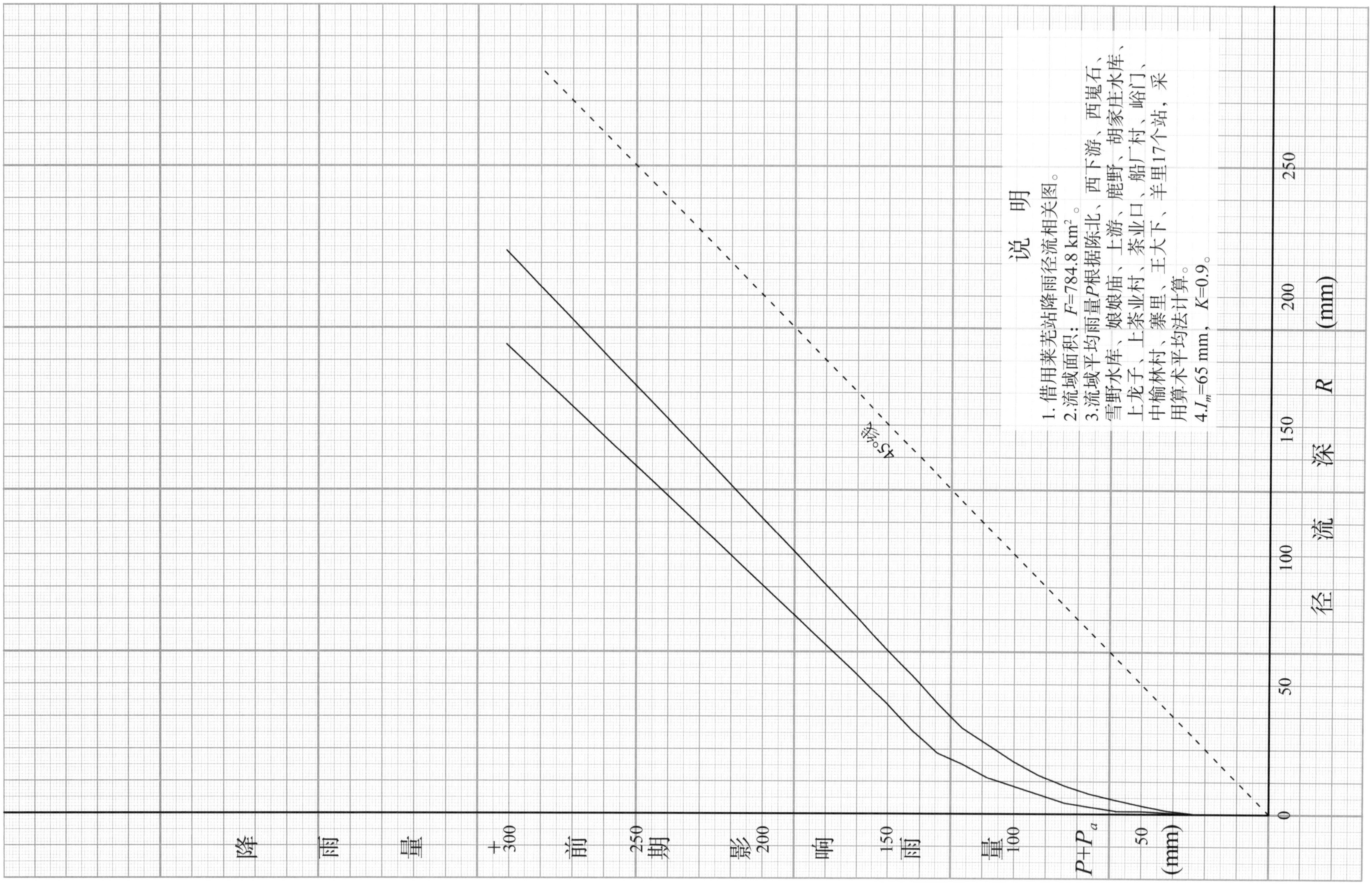

图 17-2　瀛汶河陈北站降雨径流相关图

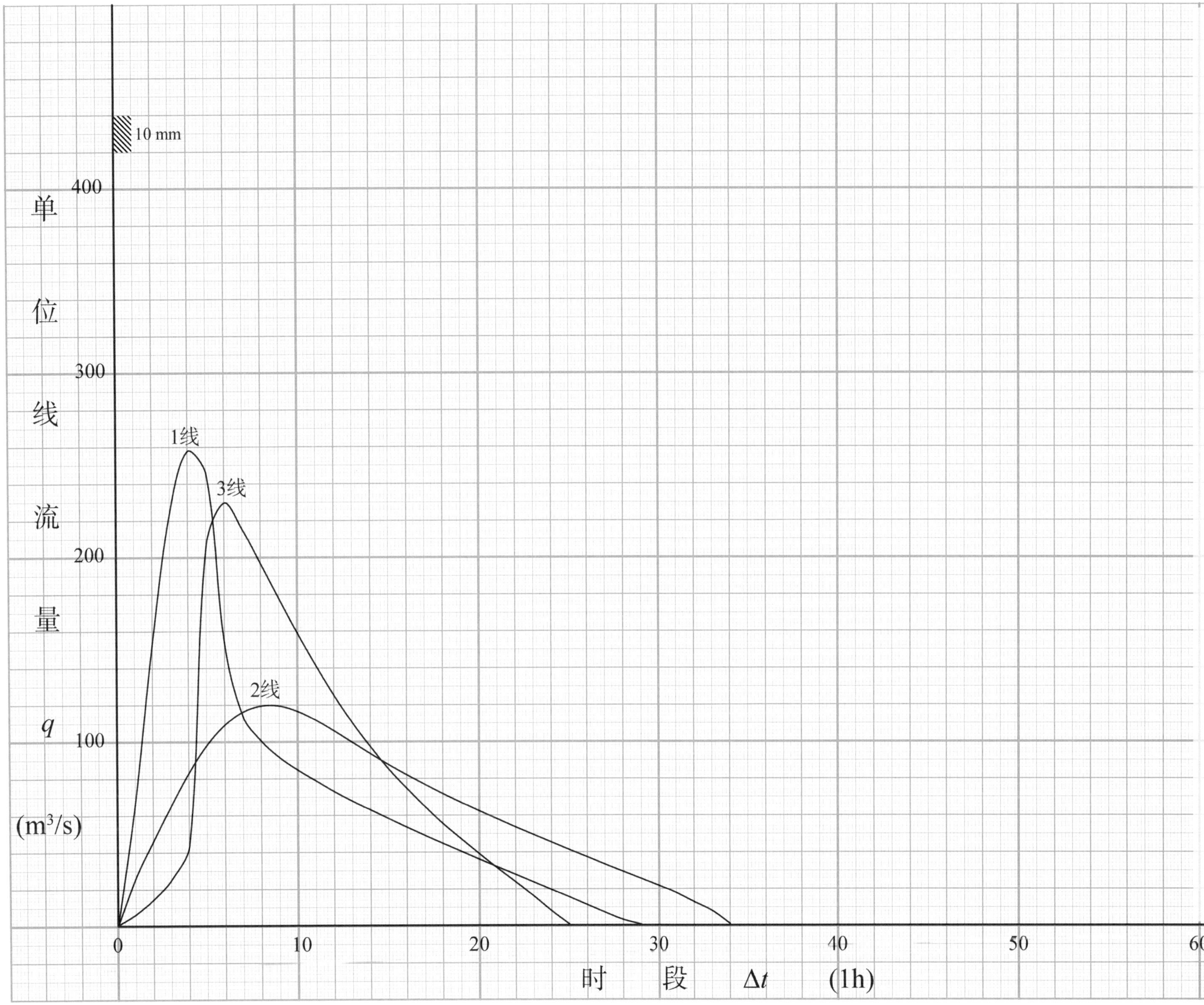

单位线成果表

F=784.8km²，Δt=1h

时段	单位线流量q(m/s³)		
	1线	2线	3线
0	0.0	0.0	0.0
1	67.9	26.0	6.0
2	154.2	45.8	14.2
3	224.1	64.9	24.8
4	256.9	82.7	43.4
5	244.7	97.7	205.9
6	151.4	108.7	228.9
7	112.7	115.6	214.2
8	99.6	118.8	195.6
9	90.7	118.7	176.6
10	83.9	115.7	15.9
11	78.0	110.9	140.5
12	72.2	105.1	124.2
13	67.0	98.9	109.5
14	62.2	92.7	96.4
15	57.5	86.2	84.4
16	52.8	81.2	73.8
17	48.3	76.0	63.9
18	44.0	71.0	54.7
19	39.7	66.2	46.4
20	35.4	61.6	38.3
21	31.2	57.2	30.5
22	27.1	52.8	23.0
23	23.0	48.7	15.4
24	18.9	44.6	7.3
25	14.8	40.5	0.0
26	10.6	36.6	
27	6.5	32.6	
28	2.6	28.7	
29	0.0	24.8	
30		21.0	
31		17.1	
32		12.2	
33		7.4	
34		0.4	
35		0.0	
Σ	2 178	2 170	2 716

图 17-3 瀛汶河陈北站单位线图

第十八章　瀛汶河瀛汶河引水闸站水文预报方案编制说明

1　流域概况

1.1　流域自然地理特征

瀛汶河是大汶河上游三大源流的北支，是汇集济南市莱芜区北部山区诸水的主要河流，发源于济南市章丘区官庄街道西南峪村，至泰安市邱家店镇渐汶河村南汇入牟汶河，根据2013年河湖普查数据，瀛汶河河长87 km，流域面积1 331 km^2，河底落差364 m，平均比降2.63‰。瀛汶河引水闸站以上流域图见图18-1。

瀛汶河流域地形较复杂，地貌起伏变化很大，东高西低，呈不对称羽状，整个流域为东北—西南走向。东部、北部多是石灰岩与片麻岩山区，地表坡度较陡，汛期来水猛，洪峰集中。先后有支流嵬石河、通天河、大王河、寨里河、槐树河等汇入。瀛汶河引水闸预报断面位于瀛汶河下游老泰莱路跨瀛汶河桥以南泰安市岱岳区范镇北单村，断面以上流域面积为933.4 km^2，本流域属泰山山脉东麓，系纯山区，流域界限分明。山区岩石出露明显，土层较薄，一般平均厚度0.3~0.5 m，土壤一般为砂土、黄砂土和沙壤土。流域内梯田较多，下垫面植被覆盖较好，水土流失不甚明显。区内地层主要为太古界泰山群泰山杂岩和第四纪松散堆积物。上游地处山麓残积坡积带和山前冲洪积平原的结合部，地势北高南低，出露有交代式花岗岩和斑纹状混合岩，岩体内穿插有北西走向的闪长岩脉、辉绿岩脉和石英岩脉，岩脉具有一定的隔水作用。

1.2　水利工程情况

瀛汶河引水闸预报断面以上流域内有1座大型水库（雪野水库）、2座中型水库（公庄水库和小安门水库）、9座小（1）型水库及诸多小（2）型水库、塘坝等其他水利工程，流域内主要水利工程情况见表18-1。

表18-1　瀛汶河引水闸预报断面以上流域内主要水利工程情况表

水库名称	规模	建成年份	流域面积（km^2）	总库容（万 m^3）	兴利库容（万 m^3）	灌溉面积（万亩）
雪野	大（2）型	1959年	444	19 782	14 797	20
公庄	中型	1978年	31.1	1 216	663	1.5
小安门	中型	1959年	36.3	1 964	1 380	2.03
胡家庄	小（1）型	1973年	5.5	128	93.9	0.1
岭东	小（1）型	1967年	27.8	335.8	186	0.2
上茶业	小（1）型	1971年	10.5	132	97	0.55
上法山	小（1）型	1968年	3.9	127	96	0.02
石城	小（1）型	1979年	5.9	137	100.6	0.02
谷堆山	小（1）型	1964年	3.0	134.6	105	0.05
址坊	小（1）型	1977年	5.25	180	128.2	0.4
华山	小（1）型	1966年	3.5	128.7	85	0.1
陡崖	小（1）型	1967年	5.7	120	84	0.27

1.3　测站概况

瀛汶河引水闸预报断面控制面积933.4 km^2，流域内设有国家基本水文站雪野水库水文站，小安门水库和公庄水库中小河流水文站，基本雨量站有茶业口、峪门、上游、王大下、范家镇；中小河流雨量站有杨家庄、八亩地、辛庄。

瀛汶河引水闸站测验断面位置见图18-2。流域内参加面雨量计算的站点情况见表18-2。

表18-2　瀛汶河引水闸预报断面以上流域内面雨量计算选用的雨量站统计表

站名	站码	站类	设站年份	详细地址
雪野水库	41520900	水文站	1952年	济南市莱芜区雪野镇雪野水库
公庄水库	41502650	水文站	2011年	济南市莱芜区公庄水库
小安门水库	41521140	水文站	2011年	泰安市岱岳区祝阳镇金井北
王大下	41520950	雨量站	1951年	济南市莱芜区寨里镇寨东村
范家镇	41520650	雨量站	1952年	泰安市岱岳区范镇范西村
瀛汶河引水闸	41502630	雨量站	2018年	泰安市老泰莱路跨瀛汶河桥以南

2　预报方案编制

受上游水库调蓄影响，首先分析区间的洪水过程，然后将上游水库泄洪过程汇流演算到预报断面，再与区间洪水过程叠加，即为预报断面洪水过程。

2.1　预报区间的确定

瀛汶河引水闸断面以上建有雪野、公庄、小安门三座大中型水库，共计流域面积511.4 km^2，因此将三座水库作为上游入流站，确定预报区间为大中型水库至瀛汶河引水闸断面，预报区间面积为 422 km^2。

2.2 资料情况

瀛汶河引水闸站预报区间无实测水文整编系列资料。

2.3 参证站选择

预报区间位于北望水文站上游，由于其地形地貌和下垫面基本特征与北望水文站相似，故以北望水文站作为预报区间的参证站。北望水文站以上区间流域面积（扣除大中型水库）$F_{参}$=2 044 km^2。

2.4 产流方案

利用北望水文站的产流方案推求预报区间的产流过程，瀛汶河引水闸站预报区间降雨径流相关图（$P+P_a-R$）见图 18-3。

2.4.1 流域平均雨量 P 的计算

根据雪野水库、王大下、范家镇、瀛汶河引水闸站算术平均值计算流域平均雨量 P。

2.4.2 流域平均前期影响雨量 P_a 的计算

$$P_{a,\ t+1} = K(P_{a,\ t} + P_t)$$

式中：$P_{a,t+1}$ 为第 t+1 日的前期影响雨量（mm）；$P_{a,t}$ 为第 t 日的前期影响雨量（mm）；P_t 为第 t 日的流域平均雨量（mm）；K 为前期影响雨量递减系数。

2.4.3 产流参数 I_m、K 的确定

本方案 I_m=90 mm，K=0.9。

2.4.4 暴雨中心位置的确定

根据流域特性和代表站分布情况划分为：上游、中游、下游区域。

上游区：雪野水库站；

中游区：王大下站；

下游区：范家镇、瀛汶河引水闸站。

2.5 汇流方案

采用参证站北望水文站单位线进行缩放。将北望水文站单位线（Δt=2 h）进行缩放后作为预报区间单位线，详见图 18-4。

单位线的缩放按下列公式计算：

$$\alpha = (F_{预} / F_{参})^{0.5}$$

$$T_{预i} = \alpha T_{参i}$$

$$q_{预i} = \alpha q_{参i}$$

式中：α 为单位线缩放系数；$F_{参}$、$F_{预}$ 分别为参证站、预报站以上控制流域面积；$T_{参i}$ 为参证站单位线逐时段，$T_{参i}$=1，2，…，N；$T_{预i}$ 为预报站单位线逐时段，通常为小数，为满足实际要求，需进一步对缩放结果进行插值得到整时段单位线结果；$q_{参i}$ 为参证站单位线逐时段流量；$q_{预i}$ 为预报站单位线逐时段流量。

2.6 河道流量演算

本方案中，上游入流站为各大中型水库，采用传播时间法进行河道流量演算，在实时预报中，将上游水库实测下泄流量与预报区间计算得到的径流过程错时段叠加，从而得到瀛汶河引水闸预报断面的流量过程。各水库不同下泄流量至瀛汶河引水闸预报断面传播时间见表 18-3。

表 18-3　各水库不同下泄流量至瀛汶河引水闸预报断面传播时间

站名		雪野	小安门	公庄
距离（km）		43	14	17
传播时间（h）	300 m^3/s	9	3	3
	1 000 m^3/s	6	2	2

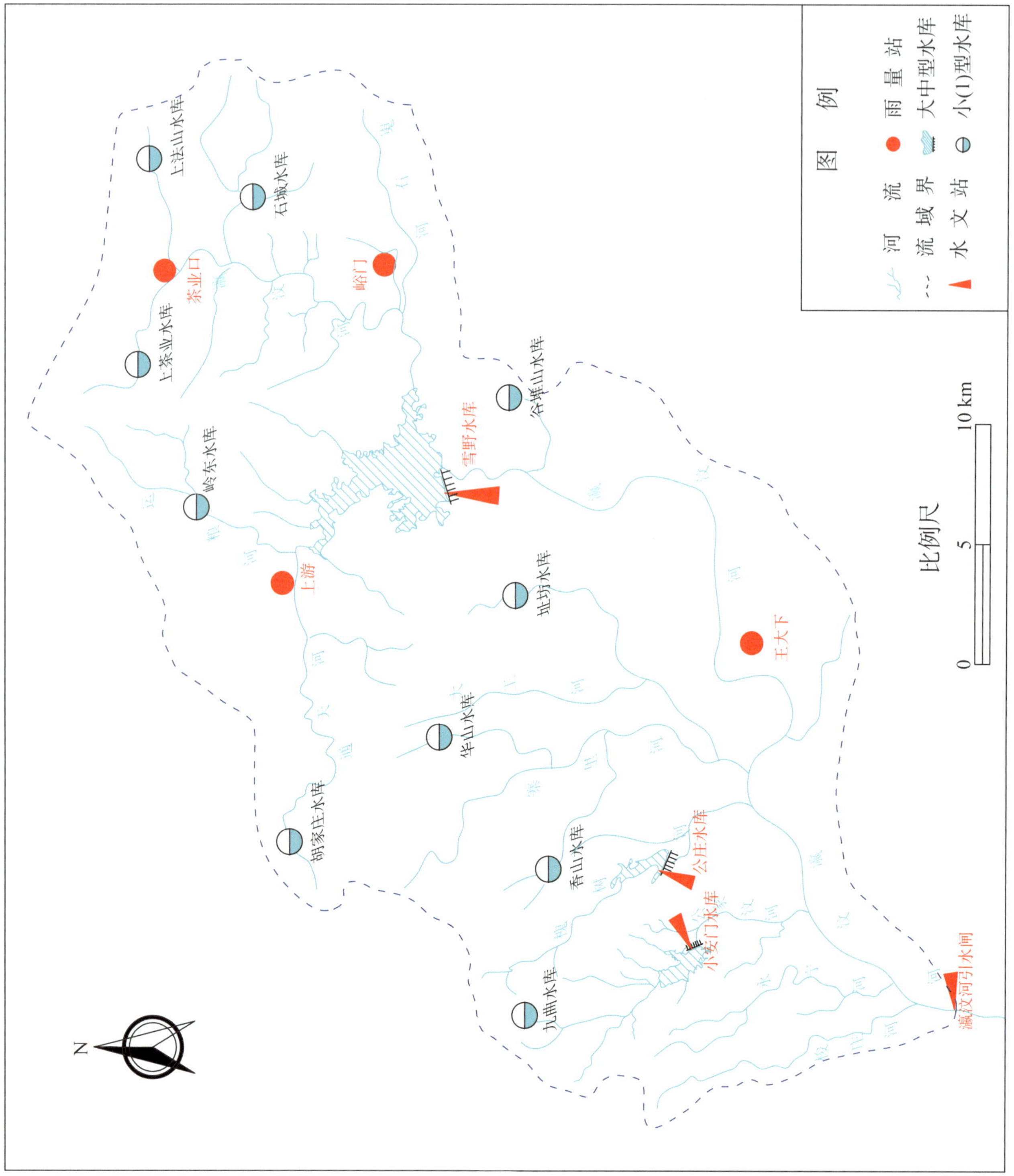

图 18-1　瀛汶河瀛汶河引水闸站以上流域图

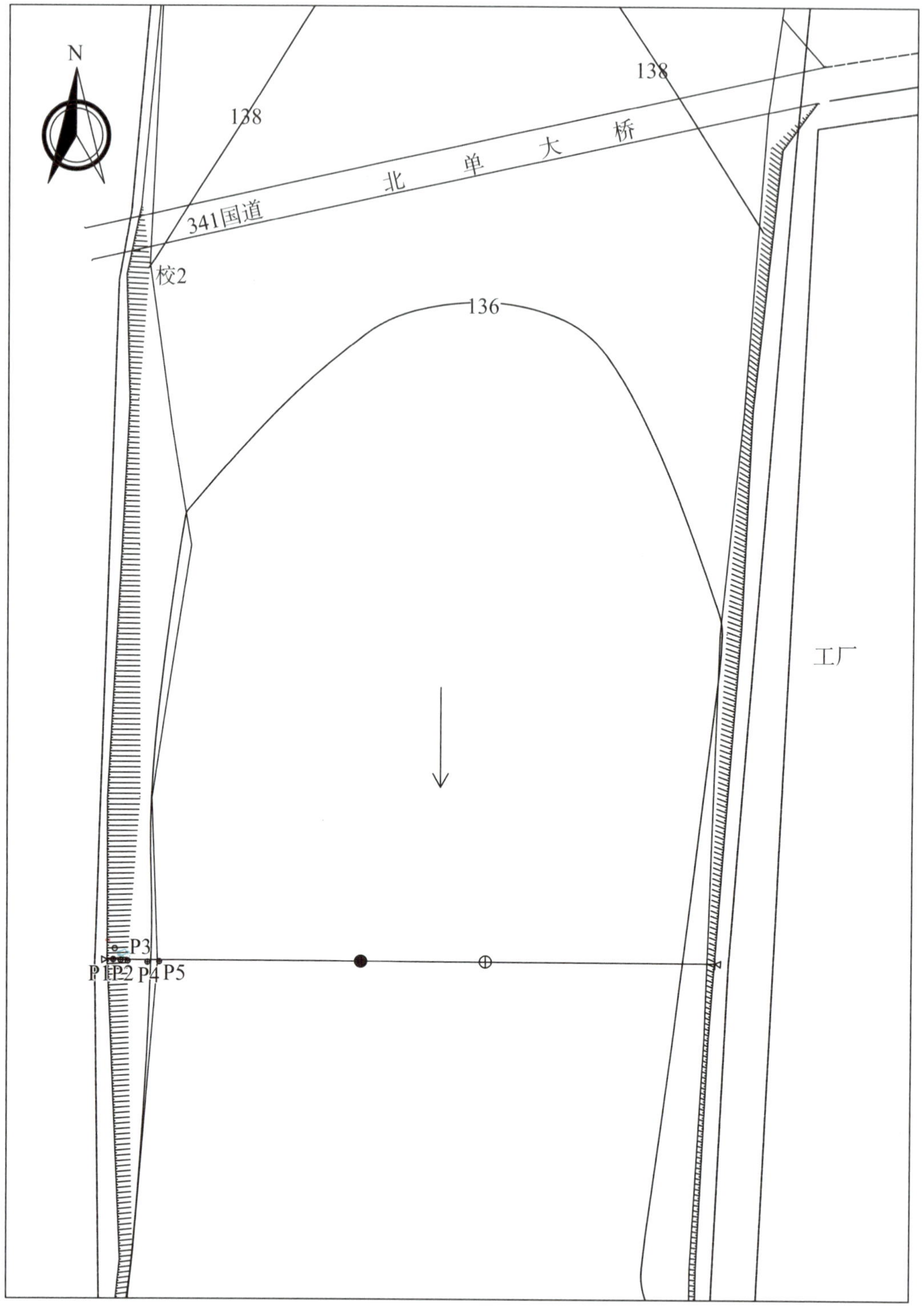

图 18-2　瀛汶河瀛汶河引水闸站测验断面平面图（单位：m）

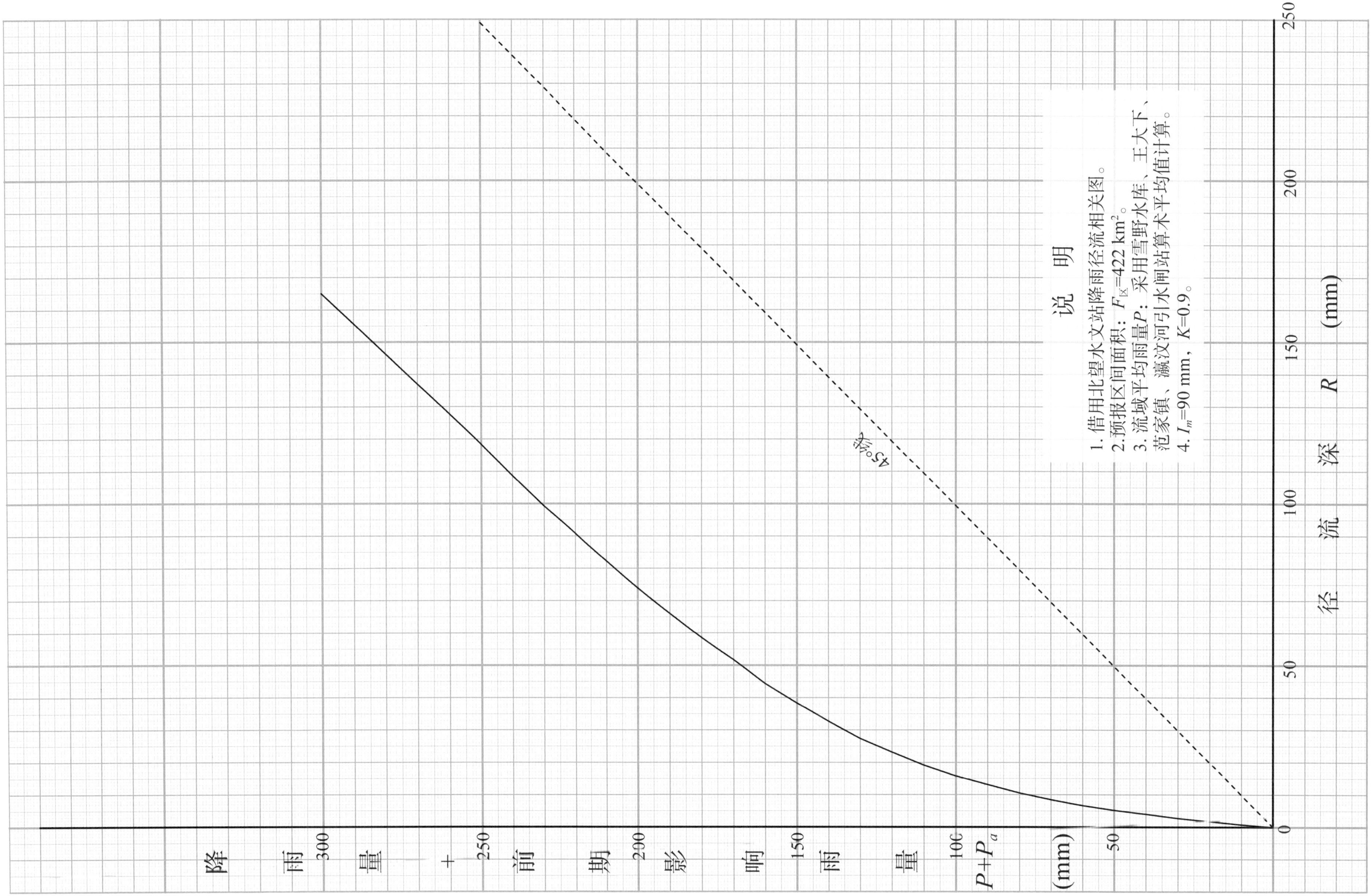

图 18-3 瀛汶河瀛汶河引水闸站预报区间降雨径流相关图

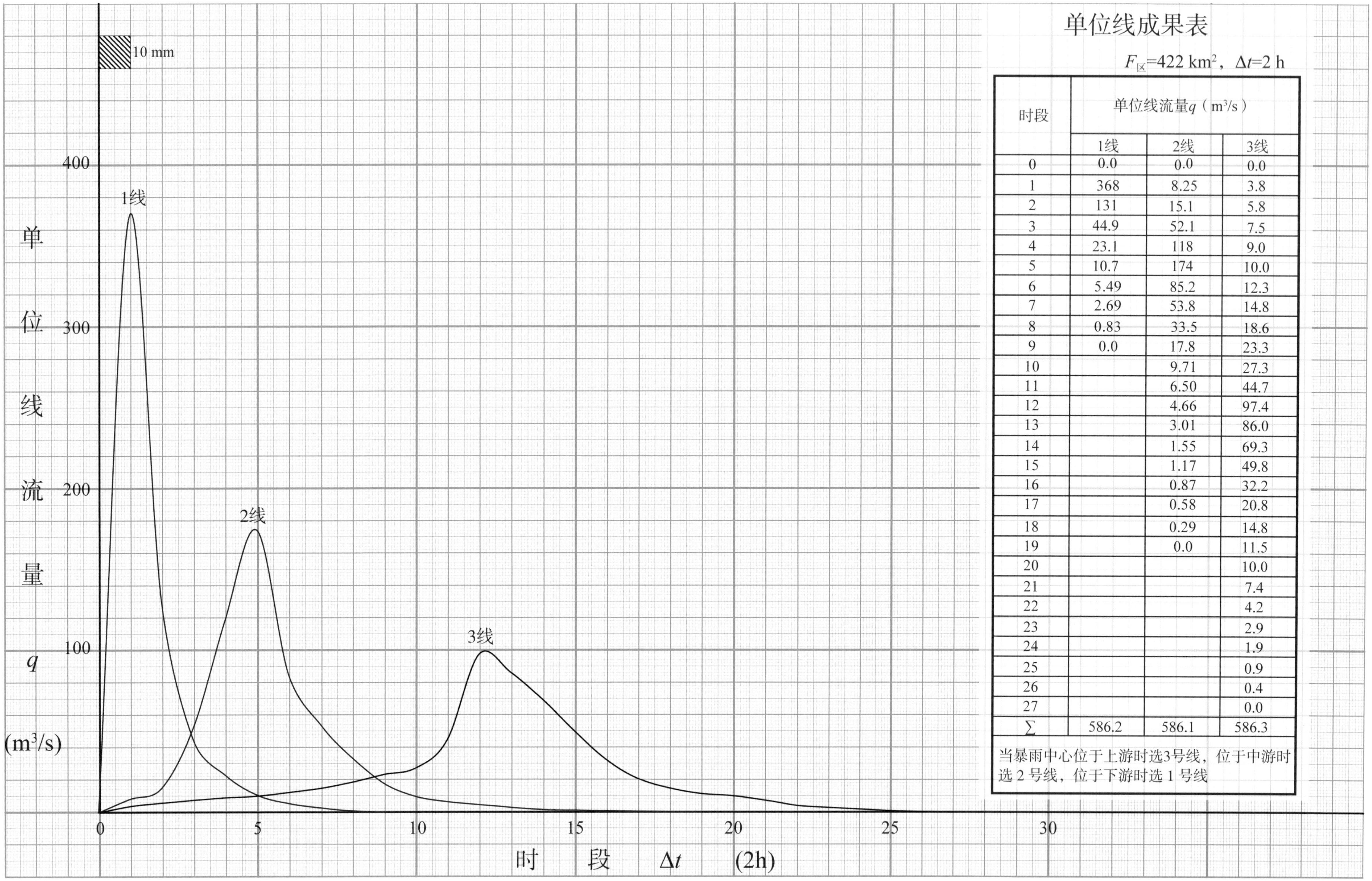

单位线成果表

$F_{区}$=422 km²，Δt=2 h

时段	单位线流量q（m³/s）		
	1线	2线	3线
0	0.0	0.0	0.0
1	368	8.25	3.8
2	131	15.1	5.8
3	44.9	52.1	7.5
4	23.1	118	9.0
5	10.7	174	10.0
6	5.49	85.2	12.3
7	2.69	53.8	14.8
8	0.83	33.5	18.6
9	0.0	17.8	23.3
10		9.71	27.3
11		6.50	44.7
12		4.66	97.4
13		3.01	86.0
14		1.55	69.3
15		1.17	49.8
16		0.87	32.2
17		0.58	20.8
18		0.29	14.8
19		0.0	11.5
20			10.0
21			7.4
22			4.2
23			2.9
24			1.9
25			0.9
26			0.4
27			0.0
Σ	586.2	586.1	586.3

当暴雨中心位于上游时选3号线，位于中游时选 2 号线，位于下游时选 1 号线

图 18-4　灜汶河灜汶河引水闸站预报区间单位线图

第十九章　运粮河下村站水文预报方案编制说明

1　流域概况

1.1　流域自然地理特征

下村水文站位于山东省济南市莱芜区雪野街道上游村，测站以上流域面积 58 km^2。

该流域属暖温带大陆性季风气候区，春季干旱多风，夏季炎热多雨，秋季天高气爽，冬季寒冷少雨雪，降水量有显著的季节性。总的旱涝特点是春旱夏涝，晚秋又旱，旱多涝少。降水量年内分配不均，降水多集中在汛期，雨热同期。暴雨成因主要为气旋、暖锋、静止锋、低压倒槽、台风五类，而气旋雨最多，以雷阵雨为主，有暴雨量集中、降雨强度大的特点。气温年内差别较大，年平均气温 10.5 ℃，月平均最高气温为 7 月份的 32.1 ℃，极端最高气温 39.2 ℃，极端最低气温 -21.8 ℃。最大冻土深 0.50 m。历年平均风速 1.8 m/s，风速大于 17 m/s 的大风历年平均有 9.4 天，大风多发于 4 月份。下村水文站以上流域图见图 19-1。

1.2　水利工程情况

下村水文站以上流域内有 1 座小（1）型水库、5 座小（2）型水库，详见表 19-1。

表 19-1　下村水文站以上流域内主要水利工程情况表

序号	水库名称	类型	建成时间	控制面积（km^2）	总库容（万 m^3）	兴利库容（万 m^3）
1	岭东水库	小（1）型	1967 年 7 月	27.8	335.8	186
2	吕祖泉水库	小（2）型	1967 年年 5 月	0.40	11.68	8.98
3	吕祖泉 2 号水库	小（2）型	2004 年 1 月	0.69	36.4	32.4
4	北栾宫水库	小（2）型	1977 年 4 月	0.40	18.48	15.5
5	东栾宫 1 号水库	小（2）型	1973 年 3 月	0.74	32.8	23.4
6	东栾宫 2 号水库	小（2）型	1981 年 5 月	2.1	11.85	6.3

2　测站概况

下村水文站设立于 2020 年 1 月，其基本水尺断面设置直立式水尺和浮子式自记水位计。测验河段地势变化明显，主河槽宽约 30 m。河床由砂砾石组成。

2.1　采用基面

下村站采用基面为 1956 年黄海基面。

2.2　资料情况

下村站为新建站，无实测年鉴水文摘录资料。

2.3　参证站选择

下村站地形地貌和下垫面基本特征与金斗水库站相似，故以金斗水库站作为下村站的参证站。参证站金斗水库站以上流域面积 $F_{参}=88.6$ km^2，设计站下村站以上流域面积 $F_{设}=58$ km^2。

3　预报方案编制

3.1　产流方案

利用金斗水库站的产流方案推求下村站的产流过程，下村站降雨径流相关图（$P+P_a-R$）见图 19-2。其中：P 为次降雨流域平均雨量（mm）；P_a 为流域平均前期影响雨量（mm）；R 为次降雨所产生的径流深（mm）。

3.1.1　流域平均雨量 P 的计算

流域内有上游、娘娘庙、下村 3 处雨量站，流域平均雨量采用以上 3 站的算术平均值。

3.1.2　流域平均前期影响雨量 P_a 的计算

首先统计流域内各站逐日降水量，再采用算术平均法计算求得流域平均日雨量，前期影响雨量 P_a 的计算公式为

$$P_{a,\ t+1}=K(P_{a,\ t}+P_t)$$

式中：$P_{a,t}$、$P_{a,t+1}$ 分别为第 t 日和第 $t+1$ 日前期影响雨量（mm）；P_t 为第 t 日平均降水量（mm）；K 为前期影响雨量递减系数。

3.1.3　产流参数 I_m、K 的确定

本方案采用金斗水库站的参数，即 $I_m=65$ mm，$K=0.9$。

3.2　汇流方案

采用金斗水库站单位线进行缩放。将金斗水库站单位线（$\Delta t=1$ h）进行缩放后作为下村站单位线，详见图 19-3。

单位线的缩放按下列公式计算：

$$\alpha = (F_{设} / F_{参})^{0.5}$$

$$T_{设i} = \alpha T_{参i}$$

$$q_{设i} = \alpha q_{参i}$$

式中：α 为单位线缩放系数；$F_{参}$、$F_{设}$ 分别为参证站、设计站以上控制流域面积；$T_{参i}$ 为参证站单位线逐时段，$T_{参i}=1，2，\cdots，N$；$T_{设i}$ 为设计站单位线逐时段，通常为小数，为满足实际要求，可进一步对缩放结果进行插值，从而得到整时段单位线结果；$q_{参i}$ 为参证站单位线逐时段流量；$q_{设i}$ 为设计站单位线逐时段流量。

图 19-1　运粮河下村水文站以上流域图

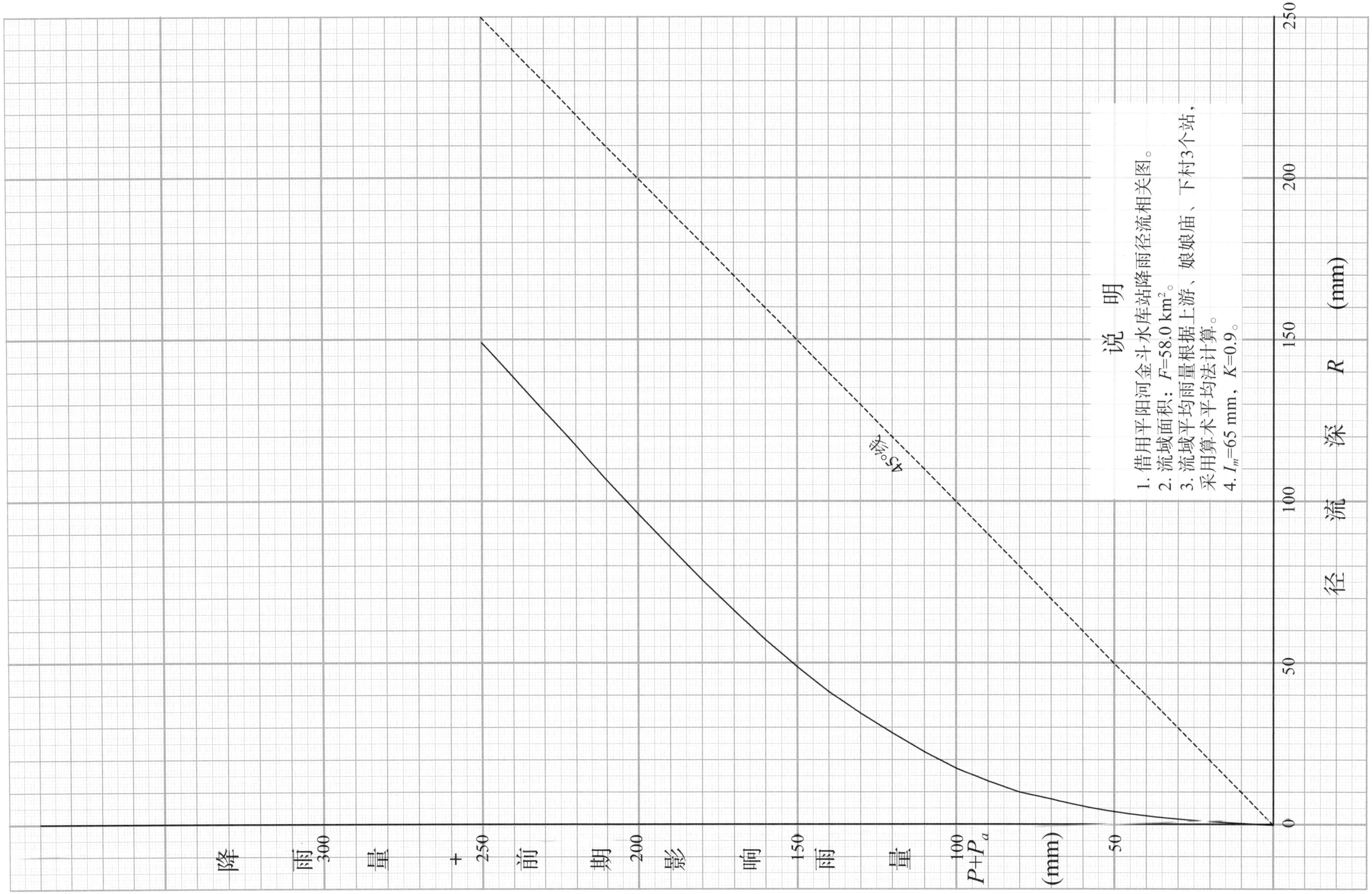

图 19-2　运粮河下村站降雨径流相关图

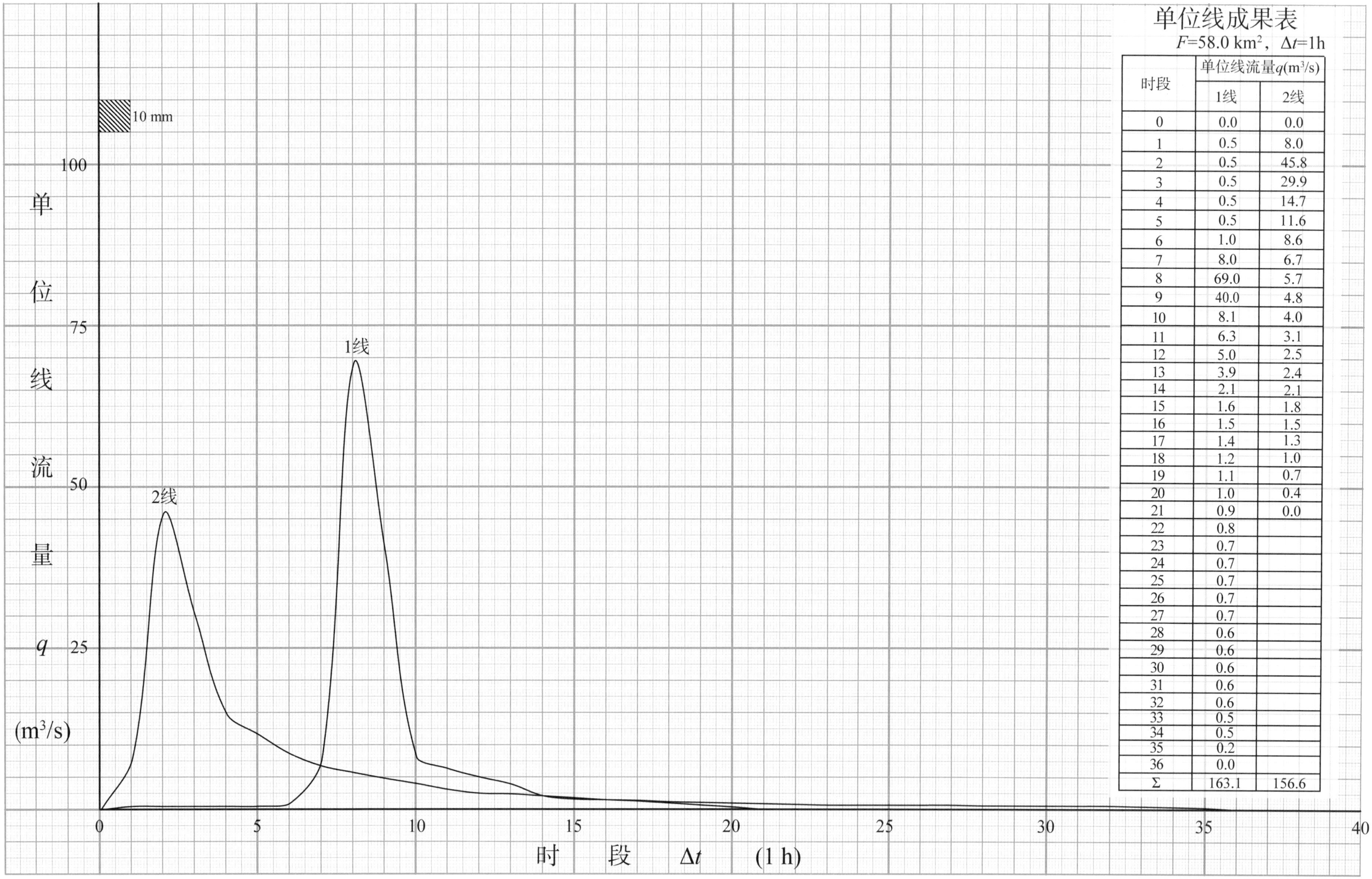

单位线成果表

F=58.0 km²，Δt=1h

时段	单位线流量q(m³/s)	
	1线	2线
0	0.0	0.0
1	0.5	8.0
2	0.5	45.8
3	0.5	29.9
4	0.5	14.7
5	0.5	11.6
6	1.0	8.6
7	8.0	6.7
8	69.0	5.7
9	40.0	4.8
10	8.1	4.0
11	6.3	3.1
12	5.0	2.5
13	3.9	2.4
14	2.1	2.1
15	1.6	1.8
16	1.5	1.5
17	1.4	1.3
18	1.2	1.0
19	1.1	0.7
20	1.0	0.4
21	0.9	0.0
22	0.8	
23	0.7	
24	0.7	
25	0.7	
26	0.7	
27	0.7	
28	0.6	
29	0.6	
30	0.6	
31	0.6	
32	0.6	
33	0.5	
34	0.5	
35	0.2	
36	0.0	
Σ	163.1	156.6

图 19–3　运粮河下村站单位线图

第二十章 大汶河石汶河引水闸站水文预报方案编制说明

1 流域基本情况

1.1 流域自然地理特征

石汶河引水闸预报断面位于石汶河入瀛汶河河口上游约 3 km 处，在泰安市岱岳区佟家庄村东部老泰莱路跨石汶河桥南侧石汶河与胜利渠交叉处。该断面以上流域位于泰山山麓，地势东北高、西南低，分布有中低山、丘陵及平原。北部为山区丘陵区，地形起伏变化较大；西部为低缓丘陵，地形起伏不大，标高为 170~200 m；东、南部为大汶河冲积平原，地形平坦，标高 120~160 m，河流冲积堆积物具有明显的漫滩和阶地地貌类型特征；中部为泰山山前冲洪积平原，地形由泰山山麓地面标高 200 m 向南至大汶河逐渐降低为 116 m，自然地形坡降为 6‰。该流域地貌属于剥蚀堆积地貌类型，山间平原面积较大，土层厚薄不均，一般平均厚度 0.3~0.5 m，土壤性质一般为壤土、沙壤土和部分黏土和砂土，土壤性质较好，山区植树造林比较普遍，植被率 57%，水土流失较轻。石汶河引水闸站以上流域图见图 20-1。

1.2 水利工程情况

石汶河引水闸预报断面以上流域内有中型水库 1 座，即黄前水库，其上游有小型水库 17 座，均为套库。流域内主要水利工程情况见表 20-1。

表 20-1 石汶河引水闸预报断面以上流域内主要水利工程情况表

水库名称	工程类别	所在乡镇	流域面积（km^2）	总库容（万 m^3）	兴利库容（万 m^3）	最大泄洪流量（m^3/s）	设计洪水标准（年）	校核设计标准（年）
黄前	中型	黄前	292	8 248	5 913	1 320	100	2 000
彭家峪	小（1）型	下港	20.8	756	526	663.2	50	500
李子峪	小（1）型	黄前	3.5	101.9	72.1	129	50	500
药乡	小（1）型	大津口	2.0	115	79.6	568	30	500
石屋志	小（2）型	黄前	13.0	87.0	76.0	168	20	100
马蹄峪	小（2）型	下港	2.55	15.4	1.9	113.5	20	200
赵峪	小（2）型	下港	1.8	13.4	8.2	72	20	200

续表

水库名称	工程类别	所在乡镇	流域面积（km^2）	总库容（万 m^3）	兴利库容（万 m^3）	最大泄洪流量（m^3/s）	设计洪水标准（年）	校核设计标准（年）
蛤蟆营	小（2）型	下港	1.0	12.5	10.0	40.0	20	200
白家庄	小（2）型	下港	1.61	18.4	11.4	63.0	20	200
黑峪	小（2）型	下港	2.5	18.9	9.9	106	20	200
宋罗峪	小（2）型	下港	0.65	12.2	7.3	65.22	20	200
臭泉	小（2）型	黄前	3.0	11.0	5.5	117	20	200
大岭沟	小（2）型	黄前	0.5	23.2	18.3	20.4	20	200
花果峪	小（2）型	黄前	1.9	15.4	1.9	87.5	20	100
栗杭	小（2）型	大津口	49.5	86.9	37.5	548	20	300
牛山口	小（2）型	大津口	1.7	11.8	9.0	55.2	20	200
青杨峪	小（2）型	大津口	2.55	10.6	8.5	107.8	20	200
天龙	小（2）型	大津口	6.0	15.0	9.5	260	20	200
合计			406.56	9 572.6	6 805.6			

1.3 测站概况

石汶河引水闸预报断面以上流域控制面积为 350 km²，流域内设有 2 处国家基本水文站：黄前水库水文站和下港水文站。此外还有独路、彭家峪、勤村、西麻塔 4 处基本雨量站，药乡水库、牛山口水库、大津口、栗杭水库、李子峪水库、大岭沟、石屋志、赵峪水库、宋罗峪、黄前镇政府 10 处中小河流雨量站。

石汶河引水闸站以上流域内参加面雨量计算的雨量站情况见表 20-2。

表 20-2 石汶河引水闸站以上流域内雨量站情况表

站名	站码	设站年份	详细地址
黄前水库	41521800	1962 年	泰安市岱岳区黄前镇黄前水库
陈家峪水库	41521045	2018 年	泰安市岱岳区祝阳镇陈家峪水库

2 预报方案编制

受上游黄前水库调蓄影响，首先分析区间的洪水过程，然后将上游黄前水库防洪演算到石汶河引水闸预报断面，再与区间洪水过程叠加，即为该预报断面洪水过程。

2.1 预报区间的确定

石汶河引水闸预报断面以上建有黄前水库，流域面积 292 km²，因此将黄前水库作为上游入流站，确定预报区间为大中型水库至石汶河引水闸预报断面，则预报区间面积为 58 km²。

2.2 资料情况

石汶河引水闸站预报区间无实测水文整编系列资料。

2.3 参证站选择

石汶河引水闸站预报区间位于黄前水库水文站下游，两站属同一流域，由于其地形地貌和下垫面基本特征与黄前水库水文站相似，故以黄前水库水文站作为石汶河引水闸站预报区间的参证站。黄前水库水文站流域面积 $F_{参}=292\ km^2$。

2.4 产流方案

利用黄前水库水文站的产流方案推求石汶河引水闸站预报区间的产流过程，石汶河引水闸站预报区间降雨径流相关图（$P+P_a-R$）见图 20-2。

2.4.1 流域平均雨量 *P* 的计算

根据黄前水库站、陈家峪水库站雨量采用算术平均法计算流域平均雨量 P。

2.4.2 流域平均前期影响雨量 P_a 的计算

$$P_{a,\ t+1}=K(P_{a,\ t}+P_t)$$

式中：$P_{a,t+1}$ 为第 t+1 日的前期影响雨量（mm）；$P_{a,t}$ 为第 t 日的前期影响雨量（mm）；P_t 为第 t 日的流域平均雨量（mm）；K 为前期影响雨量递减系数。

2.4.3 产流参数 I_m、*K* 的确定

本方案采用 $I_m=90$ mm，$K=0.9$。

2.4.4 暴雨中心位置的确定

根据流域特性和代表站分布情况划分为：上游、下游区域。

上游区：黄前水库站；

下游区：陈家峪水库站。

2.5 汇流方案

采用参证站黄前水库水文站单位线进行缩放。将黄前水库水文站单位线（$\Delta t=1$ h）进行缩放后作为石汶河引水闸站预报区间的单位线，详见图 20-3。

单位线的缩放按下列公式计算：

$$\alpha=(F_{预}/F_{参})^{0.5}$$

$$T_{预i}=\alpha T_{参i}$$

$$q_{预i}=\alpha q_{参i}$$

式中：α 为单位线缩放系数；$F_{参}$、$F_{预}$ 分别为参证站、预报站以上控制流域面积；$T_{参i}$ 为参证站单位线逐时段，$T_{参i}=1,\ 2,\ \cdots,\ N$；$T_{预i}$ 为预报站单位线逐时段，通常为小数，为满足实际要求，需进一步对缩放结果进行插值，从而得到整时段单位线结果；$q_{参i}$ 为参证站单位线逐时段流量；$q_{预i}$ 为预报站单位线逐时段流量。

2.6 河道流量演算

本方案中，上游入流站为黄前水库站，采用传播时间法进行河道流量演算，在实时预报中，将上游水库实测下泄流量与预报区间计算得到的径流过程错时段叠加，从而得到预报断面的流量过程。黄前水库不同下泄流量至石汶河引水闸预报断面的传播时间见表 20-3。

表 20-3　黄前水库不同下泄流量至石汶河引水闸预报断面传播时间

站名		黄前水库
距离（km）		14
传播时间（h）	300 m^3/s	3
	1 000 m^3/s	2

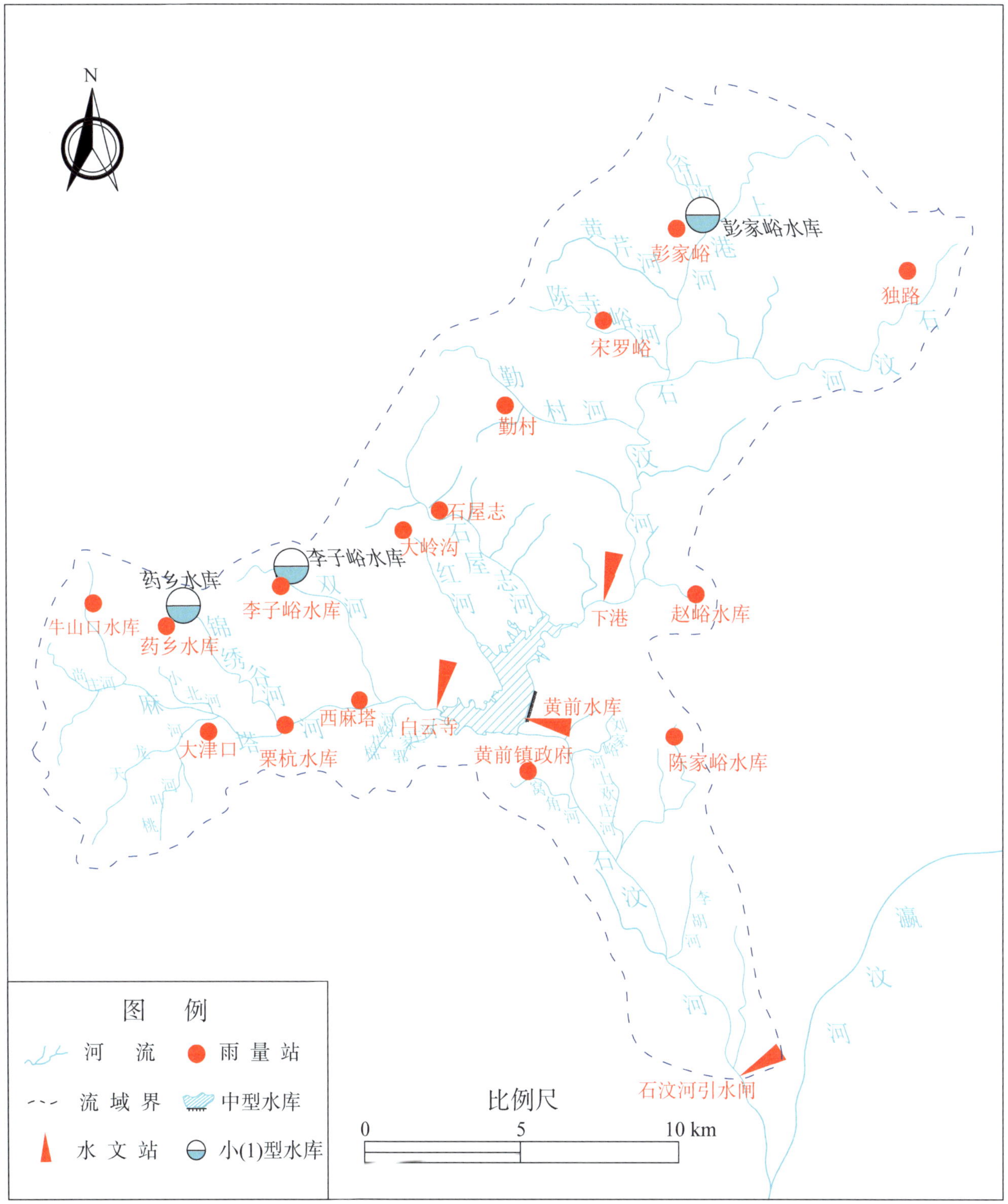

图 20-1　大汶河石汶河引水闸站以上流域图

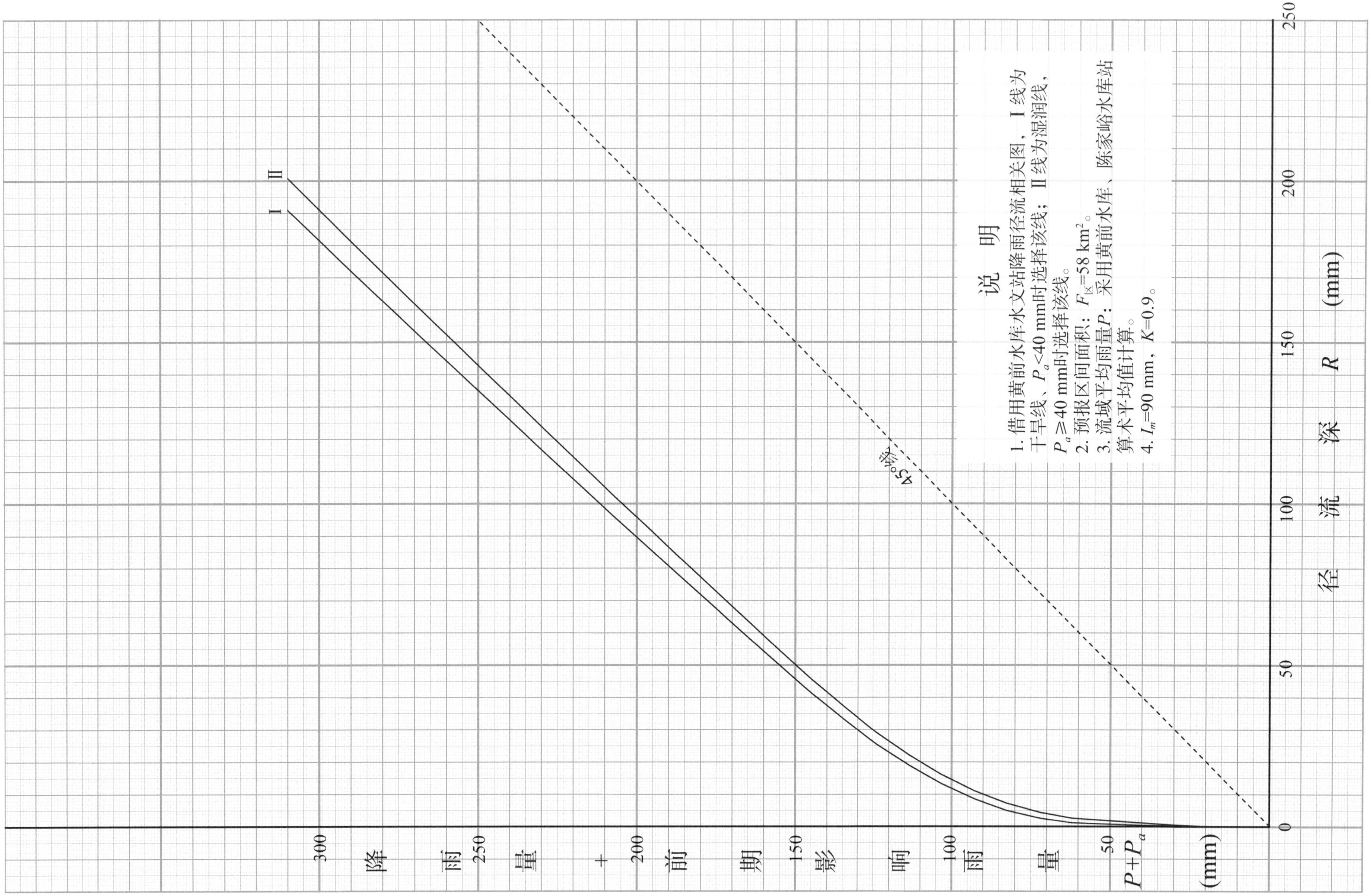

图 20-2 大汶河石汶河引水闸站预报区间降雨径流相关图

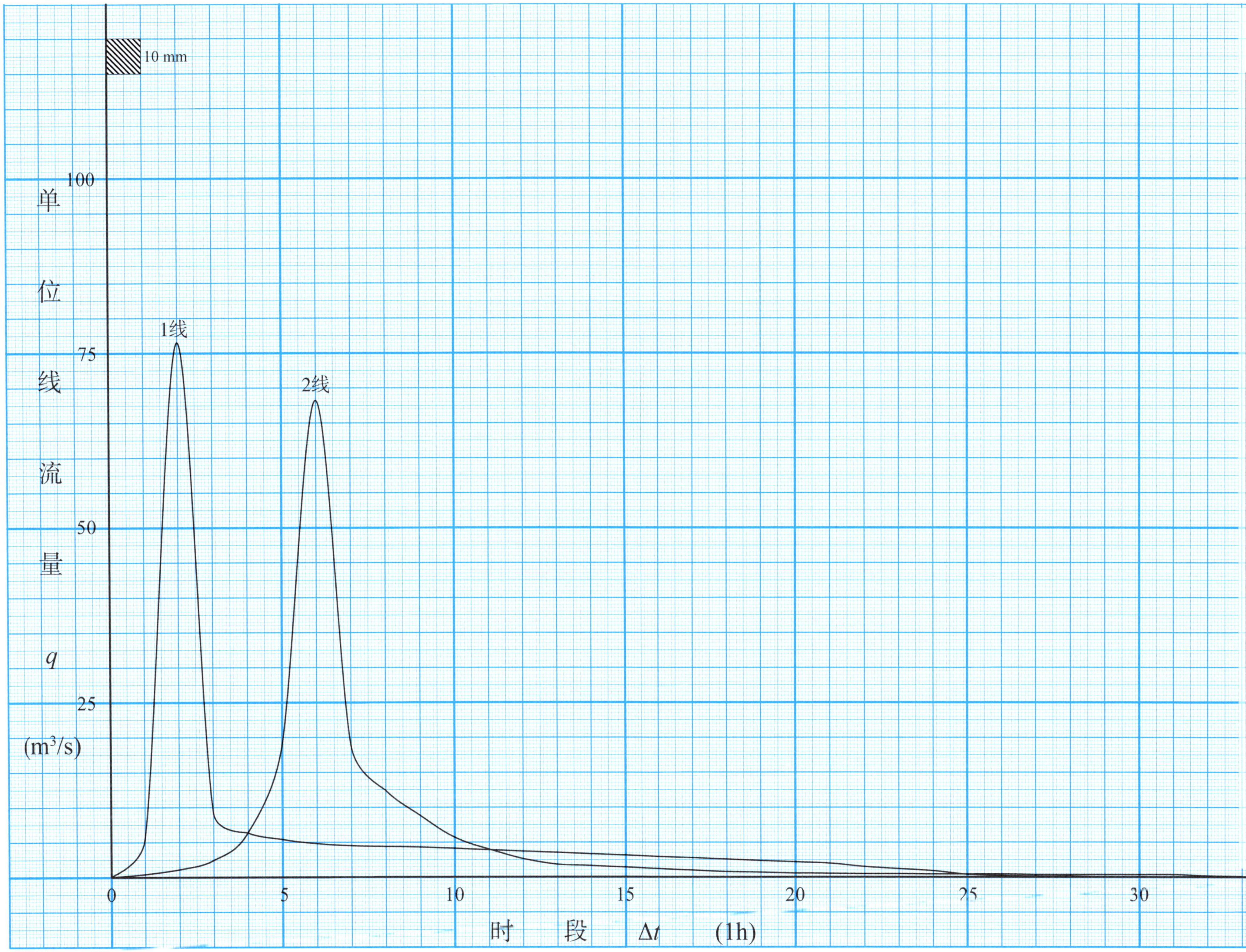

单位线成果表

$F_{区}=58\ km^2$，$\Delta t=1\ h$

时段	单位线流量q(m^3/s)	
	1线	2线
0	0.00	0.00
1	5.45	0.43
2	76.3	1.11
3	9.25	2.40
4	6.33	68.1
5	5.36	18.9
6	4.77	68.1
7	4.48	18.8
8	4.38	12.3
9	4.28	8.77
10	4.09	5.66
11	3.89	3.96
12	3.70	2.63
13	3.51	0.00
14	3.31	1.60
15	3.12	1.37
16	2.92	1.16
17	2.73	0.95
18	2.53	0.76
19	2.34	0.66
20	2.14	0.56
21	1.95	0.51
22	1.46	0.45
23	1.17	0.44
24	0.88	0.43
25	0.39	0.43
26	0.19	0.43
27	0.10	0.34
28	0.10	0.34
29	0.00	0.34
30		0.34
31		0.34
32		0.17
33		0.09
34		0.00
∑	161.1	161.1

当暴雨中心位于上游时选2号线，位于下游时选 1 号线

图 20-3　大汶河石汶河引水闸站预报区间单位线

第二十一章　泮汶河入河口（邢家寨）水文预报方案编制说明

1　流域基本情况

1.1　流域自然地理特征

泮汶河为牟汶河一级支流，位于牟汶河右岸，属黄河中下游水系，其发源于泰安市泰山山脉之玉皇顶，北以泰山山脉分水岭为界，东以泰山天烛峰、黄山头向下至省庄镇旧县为界，西与三官寨、羊山、金牛山、胜利水库相连。泮汶河自西北向东南蜿蜒前行，于岱岳区北集坡街道南店子村南 200 m 处汇入牟汶河。其特点是源短流急，河水暴涨暴落，河曲发育，属季节性河流，根据 2022 年河湖普查数据，河流平均干流坡度 6.21‰，河长 44 km，流域面积 379 km^2。

邢家寨断面位于泰安市北集坡街道东夏村南，牟汶河支流泮汶河上，断面以上流域面积 355 km^2。泮汶河入河口（邢家寨）以上流域图见图 21-1。

1.2　水利工程情况

流域内建有 1 座中型水库即大河水库，2 座小（1）型水库即房庄水库、碧霞湖水库，25 座小（2）型水库和众多塘坝。流域内主要水利工程情况见表 21-1。

表 21-1　泮汶河入河口（邢家寨）预报断面以上流域内主要水利工程情况表

水库名称	规模	建成年份	流域面积（km^2）	总库容（万 m^3）	兴利库容（万 m^3）
大河水库	中型	1960 年	84.53	2 997	2 029
房庄水库	小（1）型	1975 年	3.0	130	100
碧霞湖水库	小（1）型	1968 年	49.3	819	426

1.3　测站概况

泮汶河入河口（邢家寨）预报断面以上流域内设邢家寨、大河水库 2 处中小河流水文站，奈河、梳洗河、碧霞湖 3 处中小河流水位站，基本雨量站有 2 处：泰安、泰前；中小河流雨量站有 7 处：樱桃园、泰前街道办、经石峪、上高、泰汶路桥、徐家楼、省庄。泮汶河入河口（邢家寨）断面图见图 21-2。泮汶河入河口（邢家寨）以上流域内雨量站情况见表 21-2。

表 21-2　泮汶河入河口（邢家寨）以上流域内雨量站情况表

站名	站码	类型	设站年份	详细地址
邢家寨	41502930	水文站	2018 年	泰安市岱岳区北集坡街道东夏村
大河水库	41502910	水文站	2018 年	泰安市岱岳区粥店街道大河水库
奈河	41502955	水位站	2018 年	泰安市泰山区岱宗大街农大院内
梳洗河	41502960	水位站	2018 年	泰安市泰山区岱宗大街梳洗河桥南
碧霞湖	41502985	水位站	2018 年	泰安市泰山区泰前街道碧霞湖放水洞处
泰前	41521550	雨量站	1958 年	泰安市泰山区泰前街道上峪村
泰安	41521600	雨量站	1912 年	泰安市泰山区岱宗大街 264 号
泰前街道办	41521595	雨量站	2018 年	泰安市泰山区泰前街道
樱桃园	41521596	雨量站	2018 年	泰安市岱岳区粥店街道下旺村
上高	41521560	雨量站	2018 年	泰安市泰山区上高街道
泰汶路桥	41521620	雨量站	2018 年	泰安市泰山区徐家楼街道泰汶路桥西
徐家楼	41521630	雨量站	2018 年	泰安市泰山区徐家楼街道
省庄	41521580	雨量站	2018 年	泰安市泰山区省庄镇政府驻地
经石峪	41521590	雨量站	2018 年	泰安市泰山区泰前街道黄山头村
房庄水库	41523360	雨量站	2018 年	泰安市岱岳区道朗镇房庄水库

2　预报方案编制

受上游大河水库调蓄影响，首先分析区间的洪水过程，然后将上游大河水库防洪演算到泮汶河入河口（邢家寨）预报断面，再与区间洪水过程叠加，即为预报断面洪水过程。

2.1　预报区间的确定

将大河水库作为上游入流站，确定预报区间为大中型水库至泮汶河入河口（邢家寨）预报断面，预报区间面积为 270.47 km^2。

2.2　资料情况

泮汶河入河口（邢家寨）预报区间无实测水文整编系列资料。

2.3　参证站选择

泮汶河入河口（邢家寨）预报区间附近有黄前水库水文站，由于其地形地貌和下垫面基本特征与黄前水库水文站相似，故以黄前水库水文站作为泮汶河入河口（邢家寨）预报区间的参证站。黄前水库水文站以上区间流域面积 $F_{参}=292\ km^2$。

2.4 产流方案

利用黄前水库水文站的产流方案推求泮汶河入河口（邢家寨）预报区间的产流过程，泮汶河入河口（邢家寨）预报区间降雨径流相关图（$P+P_a-R$）见图 21-3。

2.4.1 流域平均雨量 P 的计算

根据大河水库、泰安、碧霞湖、徐家楼、邢家寨 5 站雨量采用算术平均法计算流域平均雨量 P。

2.4.2 流域平均前期影响雨量 P_a 的计算

$$P_{a,\ t+1} = K(P_{a,\ t} + P_t)$$

式中：$P_{a,t+1}$ 为第 t+1 日的前期影响雨量（mm）；$P_{a,t}$ 为第 t 日的前期影响雨量（mm）；P_t 为第 t 日的流域平均雨量（mm）；K 为前期影响雨量递减系数。

2.4.3 产流参数 I_m、K 的确定

本方案采用 I_m=90 mm，K=0.9。

2.4.4 暴雨中心位置的确定

根据流域特性和代表站分布情况划分为：上游、下游区域。

上游区：大河水库、泰安、碧霞湖站；

下游区：徐家楼、邢家寨站。

2.5 汇流方案

采用参证站黄前水库水文站单位线进行缩放。将黄前水库水文站单位线（Δt=1 h）进行缩放后作为泮汶河入河口（邢家寨）预报区间的单位线，详见图 21-4。

单位线的缩放按下列公式计算：

$$\alpha = (F_{预} / F_{参})^{0.5}$$

$$T_{预i} = \alpha T_{参i}$$

$$q_{预i} = \alpha q_{参i}$$

式中：α 为单位线缩放系数；$F_{参}$、$F_{预}$ 分别为参证站、预报站以上控制流域面积；$T_{参i}$ 为参证站单位线逐时段，$T_{参i}$=1，2，…，N；$T_{预i}$ 为预报站单位线逐时段，通常为小数，为满足实际要求，需进一步对缩放结果进行插值，从而得到整时段单位线结果；$q_{参i}$ 为参证站单位线逐时段流量；$q_{预i}$ 为预报站单位线逐时段流量。

2.6 河道流量演算

本方案中，上游入流站为大河水库站，采用传播时间法进行河道流量演算，在实时预报中，将上游水库实测下泄流量与预报区间计算得到的径流过程错时段叠加，从而得到预报断面的流量过程。大河水库不同下泄流量至泮汶河入河口（邢家寨）预报断面传播时间见表 21-3。

表 21-3 大河水库不同下泄流量至泮汶河入河口（邢家寨）预报断面传播时间

站名		大河水库
距离（km）		22
传播时间（h）	300 m^3/s	5
	1 000 m^3/s	3

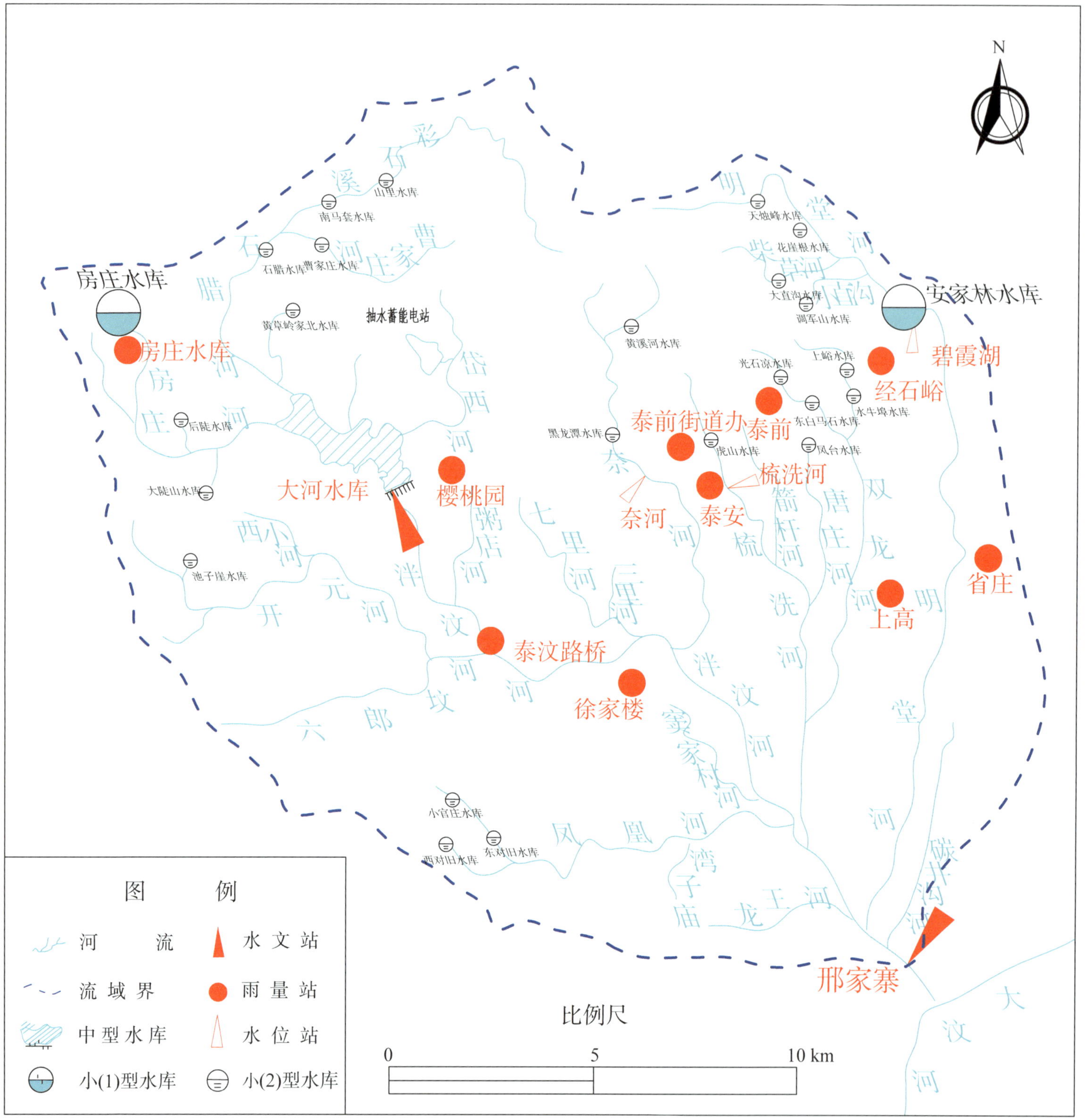

图 21-1 泮汶河入河口（邢家寨）以上流域图

图 21-2　洋汶河入河口（邢家寨）断面图

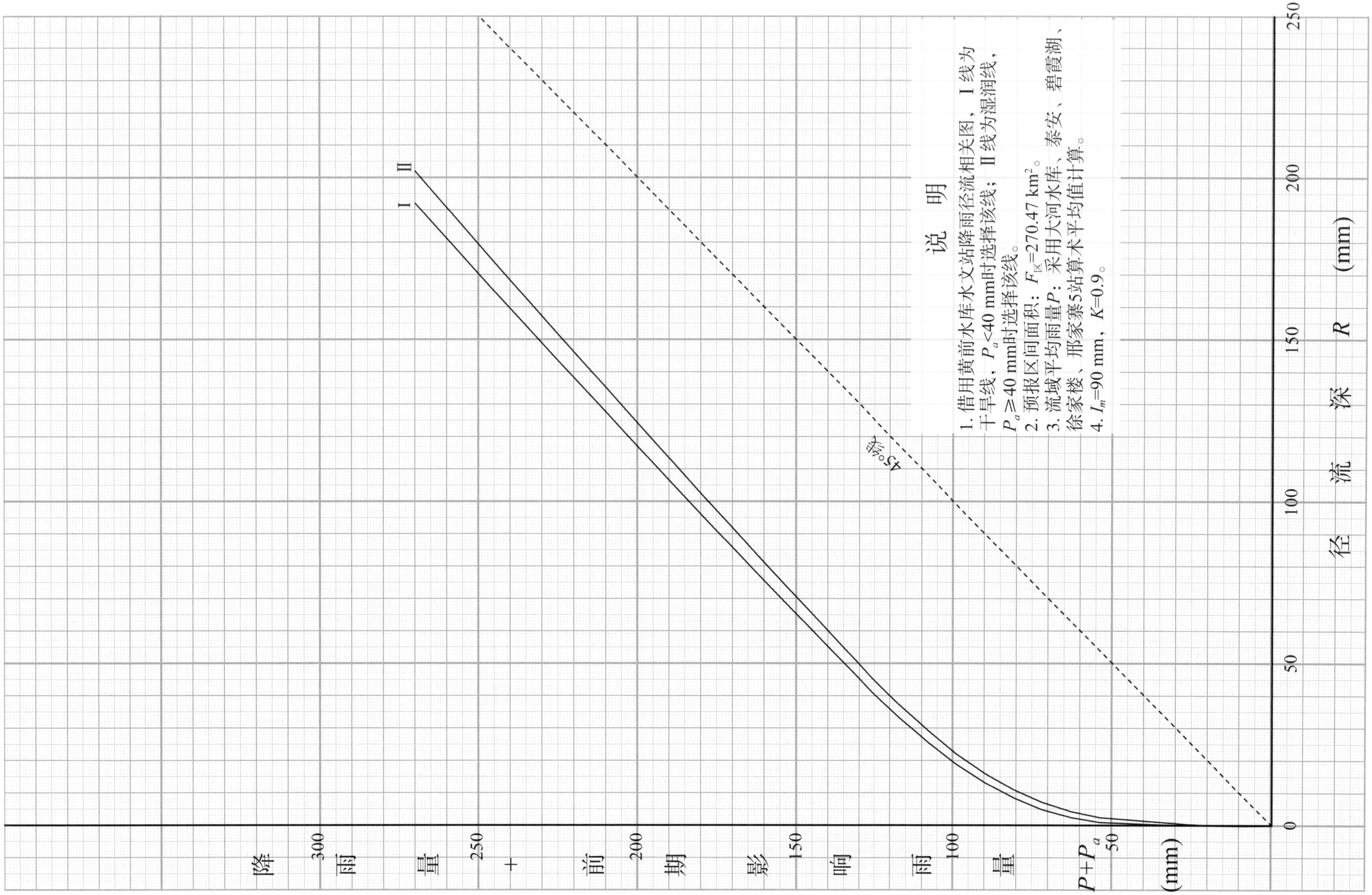

图 21-3 洋汶河入河口（邢家寨）预报区间降雨径流相关图

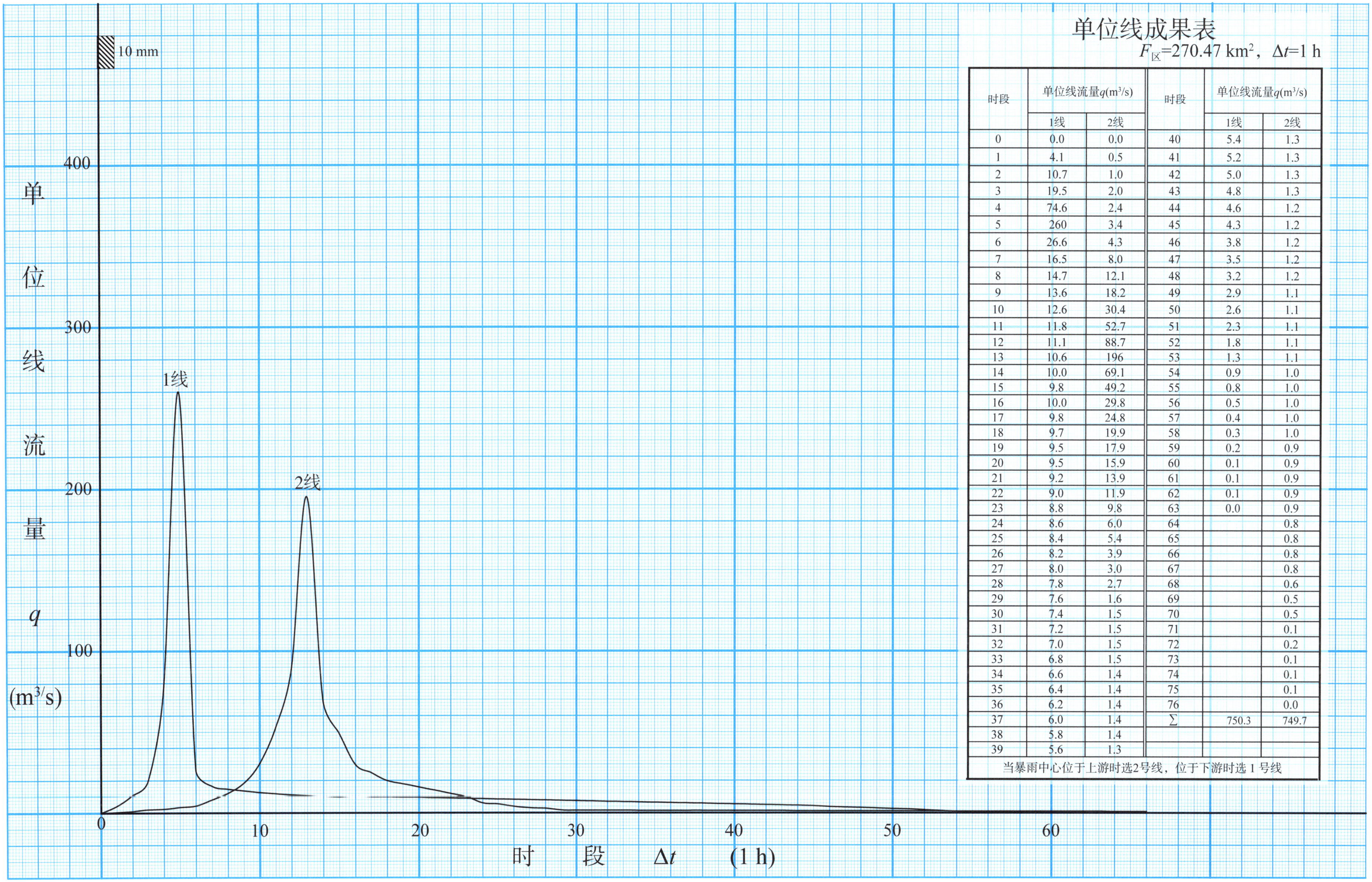

单位线成果表

$F_{区}$=270.47 km²，Δt=1 h

时段	单位线流量q(m³/s)		时段	单位线流量q(m³/s)	
	1线	2线		1线	2线
0	0.0	0.0	40	5.4	1.3
1	4.1	0.5	41	5.2	1.3
2	10.7	1.0	42	5.0	1.3
3	19.5	2.0	43	4.8	1.3
4	74.6	2.4	44	4.6	1.2
5	260	3.4	45	4.3	1.2
6	26.6	4.3	46	3.8	1.2
7	16.5	8.0	47	3.5	1.2
8	14.7	12.1	48	3.2	1.2
9	13.6	18.2	49	2.9	1.1
10	12.6	30.4	50	2.6	1.1
11	11.8	52.7	51	2.3	1.1
12	11.1	88.7	52	1.8	1.1
13	10.6	196	53	1.3	1.1
14	10.0	69.1	54	0.9	1.0
15	9.8	49.2	55	0.8	1.0
16	10.0	29.8	56	0.5	1.0
17	9.8	24.8	57	0.4	1.0
18	9.7	19.9	58	0.3	1.0
19	9.5	17.9	59	0.2	0.9
20	9.5	15.9	60	0.1	0.9
21	9.2	13.9	61	0.1	0.9
22	9.0	11.9	62	0.1	0.9
23	8.8	9.8	63	0.0	0.9
24	8.6	6.0	64		0.8
25	8.4	5.4	65		0.8
26	8.2	3.9	66		0.8
27	8.0	3.0	67		0.8
28	7.8	2.7	68		0.6
29	7.6	1.6	69		0.5
30	7.4	1.5	70		0.5
31	7.2	1.5	71		0.1
32	7.0	1.5	72		0.2
33	6.8	1.5	73		0.1
34	6.6	1.4	74		0.1
35	6.4	1.4	75		0.1
36	6.2	1.4	76		0.0
37	6.0	1.4	Σ	750.3	749.7
38	5.8	1.4			
39	5.6	1.3			

当暴雨中心位于上游时选2号线，位于下游时选 1 号线

图 21-4 洋汶河入河口（邢家寨）预报区间单位线图

第二十二章　柴汶河楼德站水文预报方案编制说明*

1　流域基本情况

1.1　流域自然地理特征

楼德水文站位于山东省新泰市楼德镇苗庄村西，在大汶河支流柴汶河上，楼德站以上流域面积为 1 668 km^2，流域形状为扇形，流域形状系数 0.30，不对称系数 0.864，流域长度 74.5 km，干流长度 92.0 km，流域平均宽度 22.4 km，干流平均坡度 1.18‰。柴汶河楼德站以上流域图见图 22-1。

楼德水文站以上流域多为青石山和部分砂石山，岩石多为花岗岩、片麻岩和灰岩。中下游为丘陵和河谷平原，右岸为花岗岩、片麻岩和部分灰岩；左岸为灰岩和部分花岗岩。柴汶河两岸为第四纪沉积物，土壤为砂土或沙壤土。山区面积占流域面积的 24%，丘陵占 56%，平原占 20%。上游山区植被条件较差，水土流失严重，含沙量较大，一般种植地瓜、花生，丘陵、平原区多种植地瓜、小麦、玉米等。

该流域位于温带季风区，属大陆性气候，四季分明，降水量有显著的季节性。总的旱涝特点是春旱夏涝，晚秋又旱，旱多涝少。降水量的年内和年际变化都较大，在年内分配上多集中在汛期 6—9 月份，占全年降水量的 70% ~ 80%，其中 7—8 月份降水量约占汛期降水量的 70%。

1.2　水利工程情况

楼德水文站以上流域内有 1 座大型水库、4 座中型水库、100 余座小型水库和塘坝。其中大中型水库控制面积 451.9 km^2，兴利库容 15 634 万 m^3。流域内主要水利工程情况见表 22-1。

表 22-1　柴汶河楼德水文站以上流域内主要水利工程情况表

水库名称	建成时间	流域面积（km^2）	库容（万 m^3）		兴利水位（m）	防洪指标			
			总	兴利		校核水位（m）	汛限水位（m）	警戒水位（m）	允许最高水位（m）
光明	1958 年 9 月	134	1 0001	5 295	176.85	180.67	175.50	178.30	179.35
东周	1977 年 10 月	189	8 612.5	6 626	229.50	230.92	227.65	230.78	230.92
金斗	1960 年 6 月	88.6	3 408	2 228	231.20	233.89	230.20	232.40	233.33
苇池	1978 年 5 月	25.3	1 219	845	198.60	200.65	197.90	199.80	200.64
田村	1979 年 5 月	15	1 068.5	640	182.74	185.18	182.74	184.55	185.18
合计		451.9	24 309	15 634					

1.3　测站概况

楼德水文站于 1987 年由山东省水文总站设立，为柴汶河的区域代表站、国家二类水文站，观测至今，资料连续性较好。目前该站主要测验项目有水位、流量、单样含沙量、悬移质输沙率、水质、降水量、土壤含水率、冰情、水准测量、断面测量、水文调查，报汛任务有雨情、水情、墒情。主要测验断面为基本水尺断面兼流速仪测流断面，主要测验设施有浮子式水位计；主要测流方式为流速仪测流，低水时涉水测量，中高水时采用桥测；单样含沙量主要测验方法为固定一线水面一点法。该站冻结基面高程-0.027 m＝1985 年国家高程基准高程。

楼德水文站测验断面平面图见图 22-2，测站沿革见表 22-2，测洪方案见表 22-3，特征值见表 22-4，参加流域平均面雨量计算的有金斗水库、东周水库、光明水库、羊流店、楼德、天宝、汶南、翟镇共 8 处雨量站，详见表 22-5。

表 22-2　柴汶河楼德水文站测站沿革表

设立或变动	发生年月	站名	站别	领导机关	说明
设立	1987 年 1 月	楼德	水文	山东省水文总站	常年站

表 22-3　柴汶河楼德水文站测洪方案

水情级别		中高水	一般洪水	低水
测流方法	常用方案	流速仪桥测	流速仪桥测	流速仪涉水测量
	备用方案	ADCP	ADCP	ADCP
测深方法		借用断面	悬索	悬杆

表 22-4　柴汶河楼德水文站水文特征值表

最大年降水量	1 492.5 mm	出现年份	1964 年	多年平均年径流量	3.010 亿 m^3
最小年降水量	347.0 mm	出现年份	2002 年		
最大 24 h 降水量	270.0 mm	出现年份	2001 年	多年平均年输沙量	22.9 万 t
最大 72 h 降水量	455.5 mm	出现年份	1970 年		
最大年径流量	7.792 亿 m^3	出现年份	2007 年	多年平均年降水量	749.6 mm
最小年径流量	0.126 7 亿 m^3	出现年份	2002 年		

续表

最大流量	2 660 m^3/s	出现时间	2001 年 8 月 4 日
最小流量	0	出现时间	1993 年 4 月 2 日

表 22-5　柴汶河楼德站以上流域参加面雨量计算的雨量站情况表

站名	设站年份	详细地址	备注
东周水库	1977 年	山东省新泰市汶南镇东周水库	
汶南	1971 年	山东省新泰市汶南镇汶南村	
金斗水库	1962 年	山东省新泰市青云街道金斗水库	
光明水库	1962 年	山东省新泰市小协镇光明水库	
羊流店	1952 年	山东省新泰市第三中学	1987 年撤站，1993 年恢复
天宝	1965 年	山东省泰安市高新区天宝镇天宝村	
楼德	1952 年	山东省新泰市楼德镇苗庄	
翟镇	1968 年	山东省新泰市翟镇翟镇村	

楼德站预报断面以上设有东周水库、光明水库 2 处国家基本水文站，杨庄、苇池、石河庄、谷里、祝福庄、金斗 6 处中小河流水文站，小协、岳家庄、张庄、果园、北师、龙廷 6 处中小河流水位站。上游主要入流断面情况如下：

东周水库位于大汶河支流柴汶河上游，于 1977 年设立东周水库水文站，流域面积 189 km^2，总库容 8 612.5 万 m^3，距河口 82.6 km，测验项目有水位、流量、水质、降水量、水面蒸发量、土壤含水率、冰情、水准测量、断面测量、水文调查，报汛任务有雨情、水情、墒情。

光明水库位于大汶河支流柴汶河上游光明河上，于 1962 年设立光明水库水文站，流域面积 132 km^2，总库容 10 001 万 m^3，距河口 4 km，测验项目有水位、流量、水质、降水量、土壤含水率、冰情、水准测量、断面测量、水文调查，报汛任务有雨情、水情、墒情。

2　预报方案编制

2.1　预报方法的确定

预报方案采用经验和半经验法，根据水文现象形成和演变的基本规律，充分分析历史资料，建立预报要素与前期水文气象要素之间的关系。产流方案采用 API 模型，汇流方案采用峰量关系图和经验单位线等方法。

2.2　预报区间的确定

楼德水文站预报断面以上建有大中型水库 5 座，将上游东周、金斗、光明、苇池、田村水库作为上游入流站，预报区间为大中型水库至楼德站区间，区间面积为 1 216.1 km^2。

2.3　资料选取及方案沿革

2.3.1　资料情况

本次分析选用 1987—2020 年共 29 场次降雨洪水资料进行编制，采用 2021—2022 年资料进行检验。根据楼德站历年频率曲线确定大、中、小洪水，详见图 22-3。

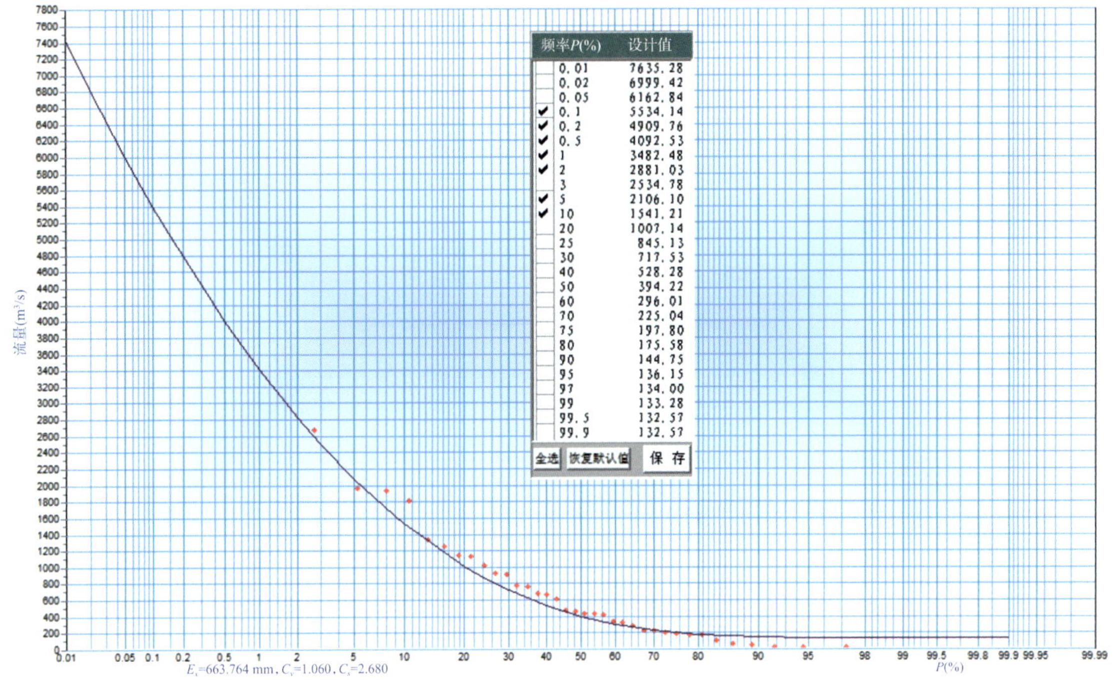

图 22-3　楼德站历年最大频率曲线图

本方案选取有代表性的大洪水 1 场、中洪水 7 场、小洪水 21 场，满足了方案编制规范要求，详见表 22-6。

表 22-6　柴汶河楼德水文站 1987—2020 年参与洪水预报的实测洪水量级统计表

洪水等级	重现期 N（年）	相应洪峰流量 Q_m（m^3/s）	发生次数（次）	洪峰流量（m^3/s）（洪峰发生时间）
大洪水	$20 \leq N < 50$	$2\,106 \leq Q_m < 2\,881$	1	2 660（2001-08-04）
中洪水	$5 \leq N < 20$	$1\,007 \leq Q_m < 2\,106$	7	1 950（2007-08-17）；1 930（1990-07-22）；1 800（1991-07-24）；1 330（1996-07-25）；1 130（2019-08-11）；1 120（2005-07-02）；1 010（2020-08-14）

续表

洪水等级	重现期 N（年）	相应洪峰流量 Q_m（m^3/s）	发生次数（次）	洪峰流量（m^3/s）（洪峰发生时间）
小洪水	$N<5$	$Q_m<1\ 007$	21	909（2018-08-19）；901（1993-07-16）；763（2003-09-04）；753（1988-07-16）；676（2011-09-14）；658（1998-08-04）；600（2004-08-28）；459（1999-09-09）；452（2021-08-31）；419（1995-08-22）；415（2009-07-09）；331（2008-07-18）；321（2013-07-04）；280（2016-07-20）；225（2006-08-29）；214（2000-08-10）；193（1994-08-08）；178（1987-07-11）；170（2010-08-25）；161（1997-08-20）；94.9（2017-07-28）

2.3.2 资料一致性处理

由于雨量站观测段制差异，各雨量站资料监测时间不一致，本方案在计算流域时段平均降雨量时，对各雨量站时段降雨资料按 1 h 进行插补，以提高资料系列一致性。

2.3.3 资料代表性处理

受上游水库调蓄影响，区间洪水含有上游水库放水，在进行洪水分析时应扣除上游水库放水量，而上游水库整编资料只有东周、光明水库的泄水资料。为了提高资料成果的代表性和可靠性，通过对 2005—2020 年的水库泄水资料统计分析，金斗、苇池、田村水库采用报汛资料，其他缺测洪水资料依据上游降雨情况，参照光明水库本场次洪水的时段平均流量，采用水文比拟法进行分析计算。

2.3.4 方案沿革

楼德水文站预报方案为新编制预报方案。

2.4 产流方案

产流方案采用 API 模型，流域产流机制一般分为蓄满产流、超渗产流和混合产流。受降雨强度影响，区间产流机制不一样，根据不同雨强划分两种产流方案，由于主雨强主要发生在 2 h 内，按 2 h 雨强（I_{2h}）与总雨强（$I_{总}$）比值建立两条降雨径流关系线。当该比值较大时，2 h 雨强起的作用较大。降雨径流关系曲线见图 22-12。主要参数的计算如下。

2.4.1 流域平均雨量 P 的计算

流域平均雨量统一采用泰森多边形法求得，由于设站年份、站类的不同，参与泰森多边形法计算的站点数量略有差别。1987—1992 年雨量站点为金斗水库、东周水库、光明水库、楼德、天宝、汶南、翟镇共 7 处雨量站，其中金斗水库、东周水库、光明水库、楼德四站为常年站；1993—2020 年雨量站点为金斗水库、东周水库、光明水库、羊流店、楼德、天宝、汶南、翟镇共 8 处雨量站，其中金斗水库、东周水库、光明水库、羊流店、楼德五站为常年站。泰森多边形权重见表 22-7。

表 22-7 柴汶河楼德水文站以上流域内雨量站的控制权重表

年份	月份	权重							
		楼德	金斗水库	东周水库	光明水库	羊流店	天宝	汶南	翟镇
1987—1992 年	枯季	0.283	0.097	0.161	0.458				
	汛期	0.097	0.034	0.060	0.178		0.298	0.121	0.211
1993—2020 年	枯季	0.218	0.094	0.161	0.209	0.318			
	汛期	0.097	0.034	0.060	0.120	0.214	0.198	0.121	0.155

2.4.2 流域平均前期影响雨量 P_a 的计算

流域平均前期影响雨量 P_a 反映降雨前土壤干湿程度，其计算公式如下：

$$P_{a,t}=K(P_{a,t-1}+P_{t-1})$$

式中：$P_{a,t}$ 为当日的流域平均前期影响雨量（mm）；$P_{a,t-1}$ 为前一日的流域平均前期影响雨量（mm）；P_{t-1} 为前一日流域平均降雨量（mm）；K 为前期影响雨量递减系数。

2.4.3 最大损失量 I_m 和 K 值的确定

本次选择久旱少雨和突降大雨产生径流较小的洪水，共选取 5 场次暴雨洪水进行分析计算，I_m 取值范围在 97.3~118.7 mm，均值为 107.5 mm，经综合考虑，本次采用 $I_m=100$ mm，详见表 22-8。其中 I_m 采用如下公式计算：

$$I_m=P+P_a-R-E$$

式中：P 为流域平均降雨量（mm）；P_a 为前期影响雨量（mm）；R 为径流深（mm）；E 为雨间蒸发量（mm），采用降雨日的大汶口（临汶）站日蒸发量而得。

表 22-8 柴汶河楼德水文站区间流域最大损失量 I_m 计算表 单位：mm

洪号	P	P_a	E	R	I_m
940808	86.9	25.0	3.0	9.2	99.7
960725	146.5	16.2	8.9	35.1	118.7
970820	86.8	40.0	3.1	10.6	113.1
990909	102.2	18.4	2.4	20.9	97.3
110914	104.0	45.7	1.2	39.7	108.8
平均					107.5

$K=1-E_m/I_m$，其中 E_m 是依据邻站大汶口（临汶）水文站历年各月最大日蒸发量分析而得的，分别为 6.4 mm、6.0 mm、9.5 mm、10.0 mm、9.6 mm、12.8 mm、11.0 mm、8.6 mm、8.1 mm、7.2 mm、6.0 mm、4.5 mm。根据公式 $K=1-E_m/I_m$ 分析计算各月前期影响雨量递减系数，见表 22-9。

表 22-9　柴汶河楼德水文站各月前期影响雨量递减系数 *K* 值表

月份	1月	2月	3月	4月	5月	6月	7月	8月	9月	10月	11月	12月
K	0.94	0.94	0.91	0.90	0.90	0.87	0.89	0.91	0.92	0.93	0.94	0.96

在分析逐日前期影响雨量递减系数时，考虑到白天、夜间蒸发损失不同，将每日的折减损失量按照黄金分割进行划分，白天乘以 0.618 并按时段划分，夜间乘以 0.382 并按时段划分，再分别计算出各时段的前期影响雨量。

2.4.4　径流深 *R* 的推求

在区间洪水过程线上采用斜线分割法切除基流，求出次洪水总量，次洪水总量除以区间面积即可求得径流深 *R*。楼德水文站降雨径流分析成果见表 22-13。

2.4.5　暴雨中心位置的确定

根据流域特性和代表站分布情况，一般划分为上游、中游、下游区域，见图 22-4。

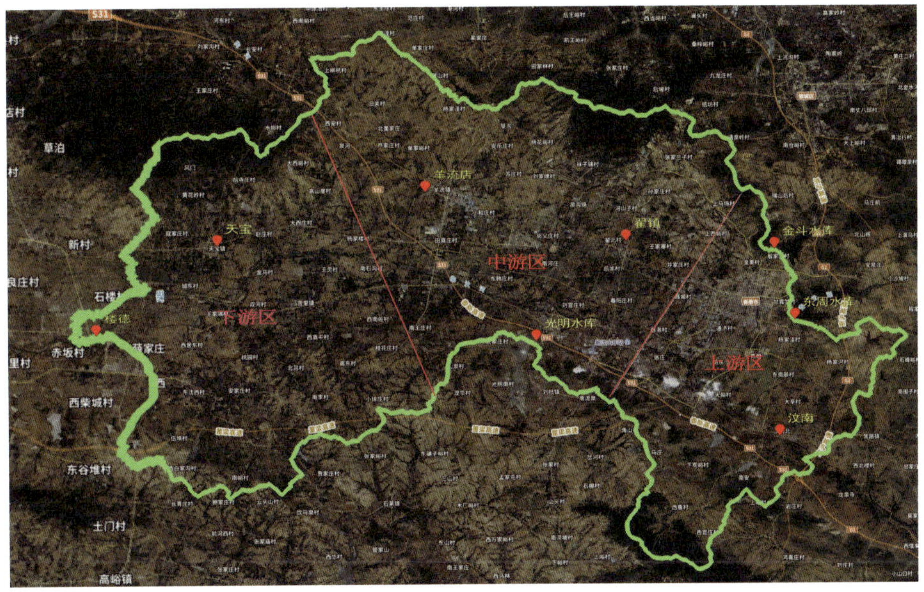

图 22-4　楼德区间暴雨中心位置划分示意图

上游区：东周水库、金斗水库、汶南站；

中游区：光明水库、羊流店、翟镇站；

下游区：天宝、楼德站。

2.5　汇流方案

汇流方案主要采用峰量关系图和经验单位线等方法。

在使用方案时，采用马斯京根法将上游水库的泄洪流量演算到楼德站预报断面，再与区间洪水叠加，从而得到预报断面的流量过程。

编制方案时，需要分析确定区间的马斯京根参数 *K* 和 *X*，并将上游入流（水库）断面演算到楼德断面，根据实测的楼德断面洪水过程扣除上游水库的洪水过程，即为区间汇流的洪水过程。将分析得到的区间汇流洪水过程割除基流，即可分析得出本场次洪水的净峰流量 $Q_{m净}$，以有效降雨历时为参数，建立峰量关系曲线 R-T_c-$Q_{m净}$。

2.5.1　汇流主要参数的计算

2.5.1.1　马斯京根参数 *K* 和 *X* 的分析

（1）经验推求法

楼德水文站上游有谷里和瑞谷庄两处水文站，下游有大汶口水文站，谷里、瑞谷庄—楼德段为上游河段；楼德—大汶口段为下游河段；选择代表性资料分别分析参数。谷里水文站为中小河流水文站，2018 年设站，瑞谷庄水文站 2022 年恢复测验，楼德、谷里、瑞谷庄三站同时有整编资料的只有 2022 年，故以 2022 年谷里、瑞谷庄两站合成流量为入流站，以楼德站为出流站。根据 2022 年 6 月 27 日和 2022 年 7 月 7 日两场洪水资料分析出谷里、瑞谷庄—楼德河段 *K* 和 *X* 参数；根据 1990 年 7 月 22 日和 2001 年 8 月 4 日两场洪水资料分析出楼德—大汶口河段 *K* 和 *X* 参数。

采用试算法，令 $Q'=XI+(1-X)I$，建立 Q' 与 W 的关系图，详见图 22-5。由图可知，选

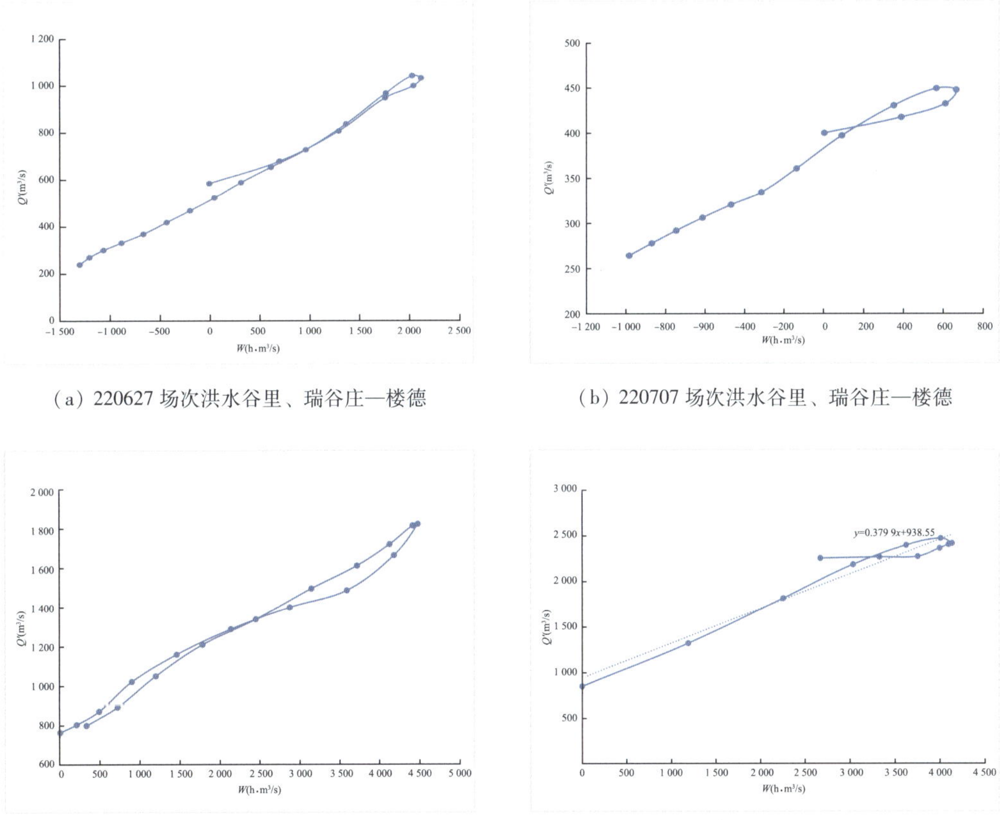

（a）220627 场次洪水谷里、瑞谷庄—楼德　（b）220707 场次洪水谷里、瑞谷庄—楼德

（c）900722 场次洪水楼德—大汶口　（d）010804 场次洪水楼德—大汶口

图 22-5　楼德断面上下游河段 Q'- *W* 关系图

择适当的 X，可使涨落洪段基本合拢，关系大体单一，坡度即为所求的 K，经分析上下游河段马斯京根参数范围：X 为 0.40~0.55，K 为 2.6~8.1 h，详见表 22-10。

表 22-10　楼德断面上下游河段试算法分析参数表

河段	时间	上游洪峰流量（m^3/s）	K（h）	X
谷里、瑞谷庄—楼德	2022-06-27	1 053	4.3	0.55
	2022-07-07	509	8.1	0.55
楼德—大汶口	1990-07-22	1 930	4.0	0.40
	2001-08-04	2 660	2.6	0.45

（2）水力学法

马斯京根参数 X 与特征河长 l 的关系见下式：

$$l = \frac{Q_0}{i_0}\left(\frac{\partial Z}{\partial Q}\right)_0$$

从 K 的物理意义可知，

$$K = \frac{dW}{dQ'} = \frac{dW}{dQ_0} = \frac{L}{C_0}$$

根据上述水力学公式，分别计算谷里、瑞谷庄—楼德、楼德—大汶口河段 K 和 X 参数，得到上下游河段马斯京根参数范围：X 为 0.44~0.59，K 为 2~7 h。

综上两种方法，确定参数 X 取值范围在 0.4~0.5，K 取值范围在 3~7 h。为进一步确定参数 K、X，将其代入实测资料来推求验证。当 X 取值为 0.4 时，确定性系数最大，拟合最好，详见图 22-6。

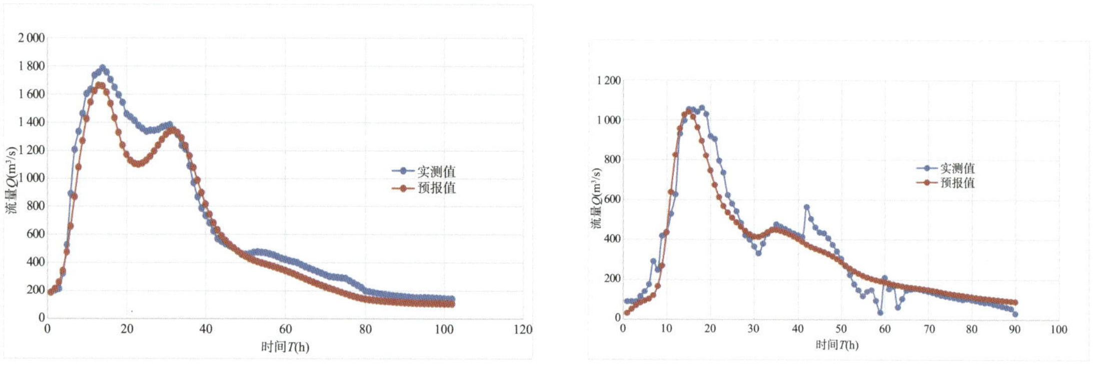

（a）910725 场次洪水过程线　　（b）050704 场次洪水过程线

图 22-6　楼德—大汶口段马斯京根演算对比分析图

天然河道的 X 值，从上游向下游逐渐减小，东周、光明、金斗、苇池水库位于谷里、瑞谷庄—楼德河段上游，最终确定 X 为 0.42，各水库不同下泄流量的传播时间 K 见表 22-11。

表 22-11　各水库不同下泄流量至楼德站传播时间 K

水库名称		光明	金斗	东周	苇池	田村
距离 L（km）		36.9	59.6	61.0	37.2	18.4
传播时间（h）	<300 m^3/s	9	15	16	10	5
	300~800 m^3/s	7	12	12	7	4
	>800 m^3/s	5	9	9	5	3

2.5.1.2　马斯京根分段连续演算法

取 $K_n=\Delta t=1$ h，由此算得单元河段数 $n=K/K_n$，单元河段长 $L_n=L/n$，按公式 $X_n=1/2-n(1-2X)/2$ 计算，将分析计算的参数 X_n、n 按照线性叠加原理进行分段演算，分析出各水库演算到楼德断面的洪水过程。

2.5.2　退水曲线分析

洪水场次划分是指将非本次降雨产生形成的径流分割出去。多数情况下，与本次降雨所对应的径流过程，不仅有本次降雨形成的地表、地下径流，而且包括前期降雨的地下径流。另外，还有该次洪水尚未退完又遇降雨时混入的后期洪水，因此在分析本场次洪水过程时，既要扣除前场次洪水的退水，还要厘清本场次洪水的退水过程。本方案选取了较有代表性的 6 场洪水退水过程进行尾部拟合（图 22-7），进而选取最佳退水过程（图 22-8）。

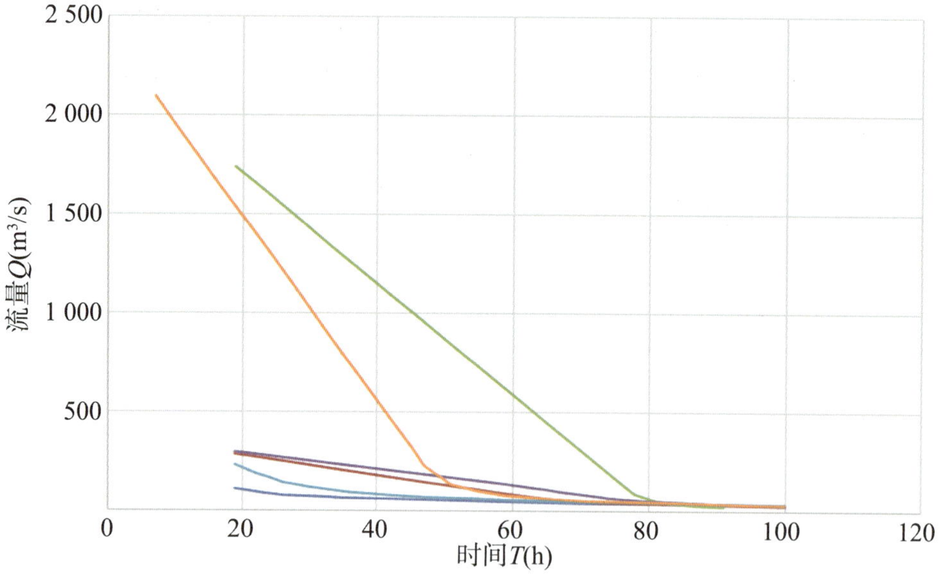

图 22-7　柴汶河楼德水文站区间不同场次洪水退水曲线

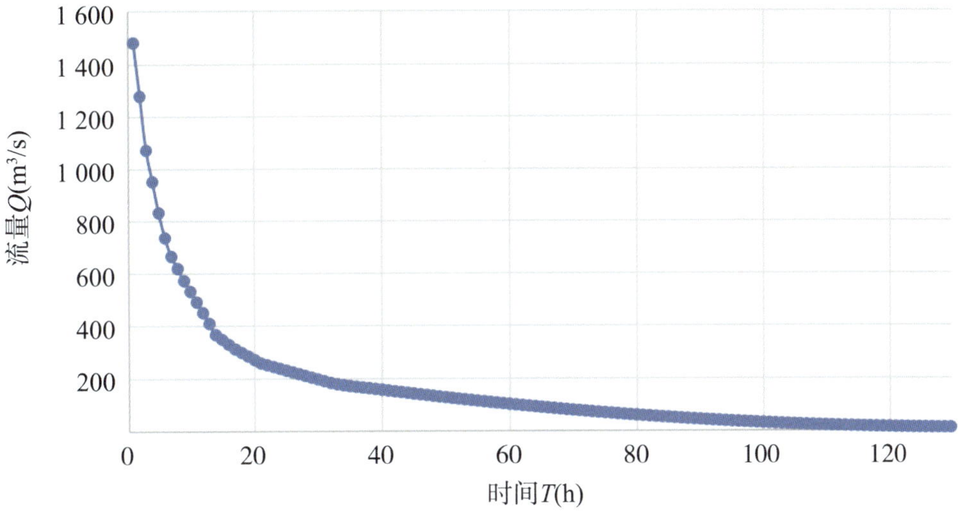

图 22-8 柴汶河楼德水文站区间退水曲线图

采用上述分析方法，扣除上一场洪水的退水，补全本场次洪水的尾水，即可推求本场次洪水过程，由此得出相应的降雨径流关系及峰量关系，详见图 22-9。

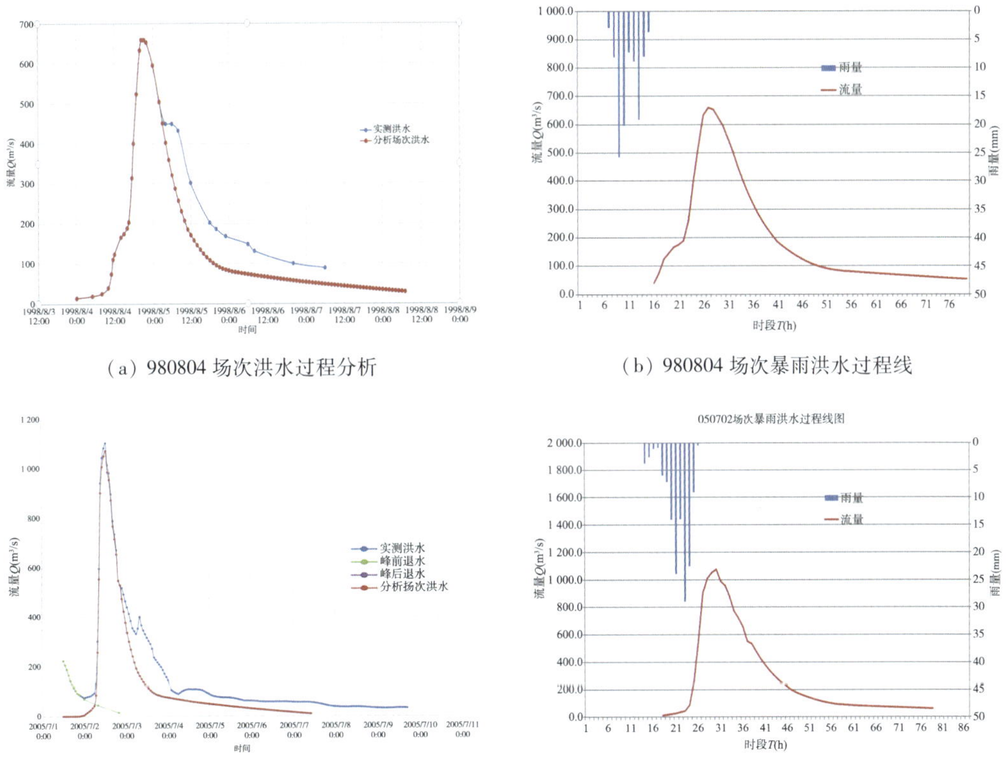

(a) 980804 场次洪水过程分析

(b) 980804 场次暴雨洪水过程线

(c) 050702 场次洪水过程分析

(d) 050702 场次暴雨洪水过程线

图 22-9 柴汶河楼德水文站区间暴雨洪水过程线

2.5.3 峰量关系图法

2.5.3.1 峰量关系曲线 R-T_c-$Q_{m净}$

以有效降雨历时 T_c 作为参数，建立峰量关系曲线 R-T_c-$Q_{m净}$。T_c 为有效降雨历时①，是指实际能产生径流、对造峰有明显影响的降雨历时，一般采取占总降雨量 80% 的降雨时段数，当时段降雨分布较分散时，采用时段平均降雨量大于 5 mm 的时段数；R 为一次降雨产生的径流深，采用积分法将现状条件下的实测径流量（扣除水库放水的次洪水总量）除以相应集水面积而得；$Q_{m净}$ 为一次降雨过程所产生的区间净峰流量，采用洪峰流量减去基流而得。

根据 29 个洪水点据分析，通过点群中心并照顾同一 R 值 $Q_{m净}$ 逐渐减少的趋势定线，R-T_c-$Q_{m净}$ 关系图见图 22-13。

2.5.3.2 径流深与洪水总历时相关曲线 R-T_c-$T_洪$

以有效降雨历时 T_c 作为参数，建立径流深与洪水总历时相关曲线 R-T_c-$T_洪$。根据 1987—2020 年 29 个洪水总历时的点据分析定线。

通过点群中心并照顾同一 R 值 $T_洪$ 逐渐增大的趋势定线，绘制了 $T_c=2$ h、$T_c=8$ h 及 $T_c=14$ h 三条曲线，其余时间插补，详见图 22-14。

2.5.3.3 洪峰流量与洪峰滞时相关曲线 $Q_{m净}$-T_c-T_P

以有效降雨历时 T_c 作为参数，建立洪峰流量与洪峰滞时相关曲线 $Q_{m净}$-T_c-T_P。根据 1987—2020 年 29 个洪峰滞时的点据分析定线。

通过点群中心并照顾同一 $Q_{m净}$ 值 T_p 逐渐增大的趋势定线，绘制了 $T_c=4$ h、$T_c=16$ h 2 条曲线，其余时间插补。详见图 22-15。

2.5.4 经验单位线法

根据暴雨中心位置不同，从 1987—2020 年暴雨洪水资料中，选取了 010804、050702、910724 三场次实测洪水，采用试算法分析出柴汶河流域楼德水文站 3 条单位线，Δt 取 1 h。柴汶河流域楼德水文站单位线见图 22-16。

在分析单位线时，要分析时段净雨过程，使参数率定方法与方案使用方法保持一致。

2.5.5 水位-流量、水位-面积、水位-流速关系曲线

依据楼德站实测洪水资料，点绘水位-流量、水位-面积、水位-流速关系曲线，详见图 22-17。

2.5.6 大断面图

1987 年楼德站建站，将不同时期有代表性的大断面资料绘制在同一张图内，即 1987 年大

① 降雨集中与分散不易界定，在分析有效降雨历时的时候，为了便于统计分析规律，方案对占总降雨量 80% 的降雨时段数与时段平均降雨量大于 5 mm 的时段数进行对比分析（当选择 5 mm 时，雨量从大到小选择，当达到总雨量的 80% 时，停止选取），哪个数值小，哪个就作为有效降雨历时。同样，在选取洪峰滞时的时候，如果 80% 的降雨时段数小，那么说明降雨较集中，取该时段中降雨最大的时刻作为降雨重心时刻，而若时段平均降雨量大于 5 mm 的时段数小，那么说明降雨较分散，取这些时段起止时刻的中间时段为降雨重心时刻。

断面、2001 年大断面（实测历史最大洪峰流量 2 660 m^3/s）、2012 年大断面（南宋大桥改建）以及近三年大断面，详见图 22-18。

3 方案评定

3.1 降雨径流关系曲线 $P+P_a-R$

精度评定：楼德水文站 $P+P_a-R$ 相关图共选用实测点据 29 个。按许可误差=20%实测值的标准，并当许可误差大于 20.0 mm 时以 20.0 mm 为上限，小于 3.0 mm 时以 3.0 mm 为下限，进行逐次洪水评定。经综合评定，有 23 个合格，合格率为 79.3%，属于乙级方案，详见表 22-14。

突出点分析：900722 场次洪水偏大原因主要是入汛以来降雨不断，土壤较湿润，降雨后损失较小，产流量大，降雨主要发生在下游，产流快且峰量大。

3.2 峰量关系曲线 $R-T_c-Q_{m净}$

精度评定：按许可误差 = 20% 实测值的标准进行逐次洪水评定。本方案共选用楼德站 1987—2020 年实测点据 29 个，其中合格 22 个，合格率为 75.9%，属于乙级方案，详见表 22-15。

突出点分析：960725 场次洪水实测流量大，其主要原因是降雨空间分布不均，暴雨中心位于翟镇、光明水库、羊流店、天宝附近，平均降雨量为 128.9 mm，其他站点仅为 50 mm，局部强降雨中心位于流域中下游，致使产流快且峰量大。

3.3 径流深与洪水总历时相关曲线 $R-T_c-T_洪$

精度评定：按许可误差=30%实测值的标准，并当许可误差小于 3 h 时以 3 h 为下限，进行逐次洪水评定。本方案共选用 1987—2020 年 29 个点据，其中 26 个合格，合格率为 89.7%，属于甲级方案，详见表 22-16。

突出点分析：060829 场次洪水历时较长，其主要原因是流域内前期影响雨量较大，本场次降水强度小且降雨历时较长，产流范围相对较广，涨落水历时较长。

3.4 洪峰流量与洪峰滞时相关曲线 $Q_{m净}-T_c-T_P$

精度评定：按许可误差=30%实测值的标准，并当许可误差小于 3 h 时以 3 h 为下限，进行逐次洪水评定。本方案共选用 1987—2020 年 29 个点据，其中 22 个合格，合格率为 75.9%，属于乙级方案，详见表 22-17。

突出点分析：970820 场次洪水降雨历时较长，无明显强降雨，洪水过程为各时段降雨共同作用的结果，洪水过程矮胖，按照方案预设的统计规律分析的有效降雨历时较长，以此为参数的 T_P 较大，差别较突出。

3.5 单位线评定

由 010804、050702、910724 三场洪水分析的单位线，暴雨中心位于下游的单位线较上游的峰值高，峰现时间早，三场洪水的预报过程与实测洪水过程的确定性系数均大于 0.90，精度为甲等，详见表 22-12，确定性系数公式如下：

$$DC = 1 - \frac{\sum_{i=1}^{n}[y_c(i) - y_0(i)]^2}{\sum_{i=1}^{n}[y_0(i) - \bar{y}_0]^2}$$

式中：DC 为确定性系数（取 2 位小数）；y_0（i）为实测值；y_c（i）为预报值；$\bar{y}_0$ 为实测值的均值；n 为资料序列长度。

表 22-12　单位线精度评定表

洪号	实测洪峰流量（m^3/s）	预报洪峰流量（m^3/s）	实测发生时间	预报发生时间	确定性系数	精度
010804	2 526	2 530	2001-8-4 16：00	2001-8-4 17：00	0.96	甲等
050702	1 055	1 025	2005-7-2 13：00	2005-7-2 12：00	0.97	甲等
910724	1 751	1 753	1991-7-24 14：00	1991-7-24 13：00	0.97	甲等

4 方案的检验

4.1 方案使用说明

对于产汇流计算，在分析参数在洪水中的特性及变化规律时，参数率定方法与方案使用方法应保持一致。

4.1.1 径流深预报

首先计算出流域平均降雨量和流域平均前期影响雨量，再根据降雨径流关系图 $P+P_a-R$ 的查算结果，确定地表径流深 R 的预报值。

4.1.2 洪峰流量及洪水历时预报

4.1.2.1　查 $R-T_c-Q_{m净}$ 图

根据 R、T_c 查询 $R-T_c-Q_{m净}$ 关系曲线得到 $Q_{m净}$，当 T_c 介于两条关系曲线之间时，首先查出两条曲线中对应 $Q_{m净}$ 的数值，然后进行插补，当 T_c 大于 18 h 或者小于 2 h 时根据最近两条关系线插补外延。

由查出的净峰流量加上预报场次洪水的起涨流量可得出楼德站预报洪水的洪峰流量。

由楼德站洪峰流量预报值查楼德站的水位流量关系线，可得出楼德站洪峰水位。

4.1.2.2　查峰现时间相关曲线图

当降雨达到预报要求时，将占总降雨量 80% 的降雨时段数与时段平均降雨量大于 5 mm 的时段数进行对比分析，分析出有效降雨历时，当占总降雨量 80% 的降雨时段数较小时，说明降雨较集中，以此作为有效降雨历时，根据 $Q_{m净}-T_c-T_P$ 关系曲线，查询出洪峰滞时 T_p，由降雨最大时刻加上洪峰滞时得出洪峰出现时间；当时段平均降雨量大于 5 mm 的时段数较小时，说明降雨较分散，以此作为有效降雨历时，根据 $Q_{m净}$-T_c-T_P 关系曲线，查询出洪峰滞时 T_p，由这些时段降雨中间时刻加上洪峰滞时得出洪峰出现时间。

4.1.2.3 单位线法

由次雨径流深 R、时段降雨量采用扣损法割除基流得到各时段净雨，然后根据暴雨中心位置选择相应单位线，各时段净雨错时段与 0.1 倍的单位线各时段流量相乘，同时段流量相加，得出区间洪水过程，再与上游水库演算的洪水过程叠加即为楼德断面预报的洪水过程，最大洪峰流量及其出现时间即可得出。

4.2 实测暴雨洪水检验

4.2.1 210831 场次洪水

2021 年 8 月 30 日 2 时至 8 月 31 日 12 时流域平均降雨 116.6 mm，受本次降雨影响，2021 年 8 月 31 日 21 时 30 分大汶河南支楼德站洪峰流量为 452 m^3/s，根据本方案对该场次暴雨洪水进行检验，详见图 22-10。

经分析，前期影响雨量 P_a 为 50.5 mm，径流深 R 为 21.6 mm，有效降雨历时 T_c 为 7 h。经查算的净峰流量加基流，其预报的洪峰流量为 475 m^3/s，预报分级指标为 23.2%，达到优秀等次；预报洪峰发生时间为 2021 年 8 月 31 日 23 时，峰现时间分级指标为 34.4%，达到良好等次。

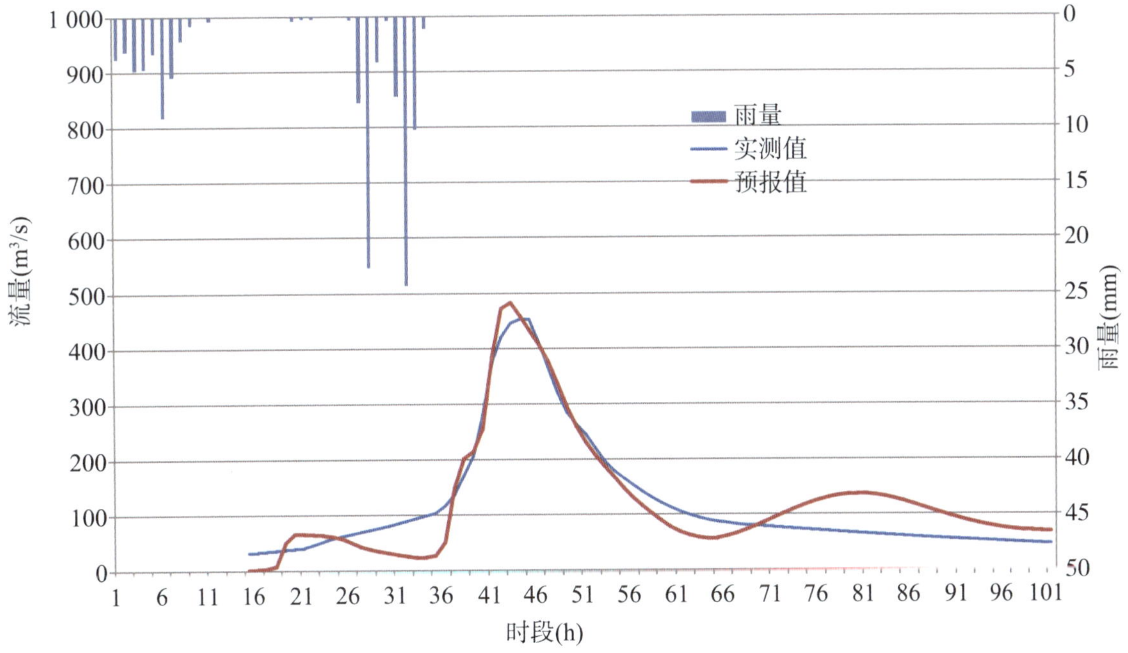

图 22-10　楼德水文站区间 210831 场次洪水对比分析图

该场洪水暴雨中心发生在中游，根据单位线分析出区间汇流过程，将上游水库放水按马斯京根法演算到下游，与区间过程叠加，分析出楼德站洪水过程。经分析，预报洪水发生时间为 2021 年 8 月 31 日 21 时，洪峰流量为 481 m^3/s，该场洪水过程确定性系数为 82.7%，预报精度为乙等。

4.2.2 220627 场次洪水

2022 年 6 月 27 日，泰安市普降大暴雨，受本次降雨影响，2022 年 6 月 27 日 22 时 15 分大汶河南支楼德站洪峰流量为 1 240 m^3/s，根据本方案对该场次暴雨洪水进行检验，详见图 22-11。

经分析，2022 年 6 月 26 日 14 时至 6 月 27 日 23 时流域平均降雨 207.9 mm，前期影响雨量 P_a 为 66.3 mm，查询降雨径流关系线得到的径流深 R 为 59.4 mm。有效降雨历时 T_c 为 11 h，根据峰量关系查得净峰流量为 987 m^3/s，加上基流 82 m^3/s，预报洪峰流量为 1 069 m^3/s，预报误差为-171 m^3/s，许可误差为 248 m^3/s，预报分级指标为 69.0%，达到合格等次；峰现时间为 2022 年 6 月 27 日 20 时，预报误差为-2.3 h，许可误差为 5.2 h，峰现时间分级指标为 44.2%，达到良好等次。

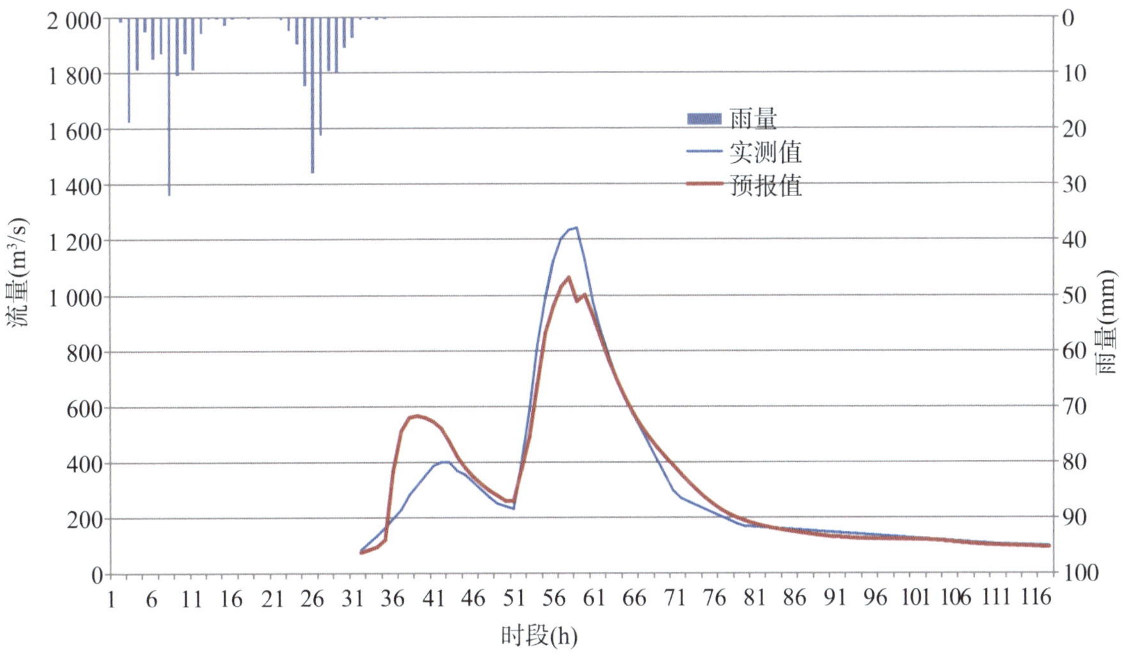

图 22-11　楼德水文站区间 220627 场次洪水对比分析图

该场洪水暴雨中心发生在中游，根据单位线分析出区间汇流过程，将上游水库放水按照马斯京根法演算到下游，与区间过程叠加，分析出楼德站洪水过程。经分析，预报洪水发生时间为 2022 年 6 月 27 日 22 时，洪峰流量为 1 062 m^3/s，该场洪水过程确定性系数为 92.0%，预报精度为甲等。

5 方案合理性检查

在方案建立过程中，随时根据规范要求及有关文件规定进行合理性检查，特别对突出点据从原始资料反复查对，对中间处理过程也进行了认真审查，发现不合理的问题基本上都做了检查改正。方案建立后，先从线形进行比较，防止出现矛盾现象，然后对每个方案尽量根据规范规定采用表格形式进行了精度评定（用许可误差法）。其中，$P+P_a-R$ 相关图合格率为79.3%，属乙级方案；$R-T_c-Q_{m净}$ 相关图合格率为75.9%，属乙级方案；$R-T_c-T_{洪}$ 相关图合格率为89.7%，属甲级方案；$Q_{m净}-T_c-T_P$ 相关图合格率为75.9%，属乙级方案。综合来说，本方案精度为80.2%，属于乙级方案。根据近几年洪水资料检验，方案符合规范编制要求，综上所述，本方案为乙级方案，可用于正式预报。

6 方案适应能力

本方案适用于防洪标准以下的洪水作业预报。如遇超标准洪水，则需根据当时具体情况酌情修正。

7 注意事项

（1）方案的制作未考虑上游小水库、塘坝的影响，作业预报时也要根据前期降雨情况进行适当修正。

（2）应随时掌握上游工程蓄水及泄洪情况，尤其是拦河闸坝变动调蓄等，对预报值要根据实际情况进行及时修正。

总之，由于影响因素太多，本方案不能完全反映实际情况，因而不能照搬，应具体问题具体分析，并采用多种方法，考虑各种因素进行综合分析，确定采用的预报值。

8 方案不足之处

本方案为地表径流预报，洪水资料较少，较理想的退水曲线较少，随着资料的不断更新完善，应进一步补充不同暴雨中心位置的退水曲线。

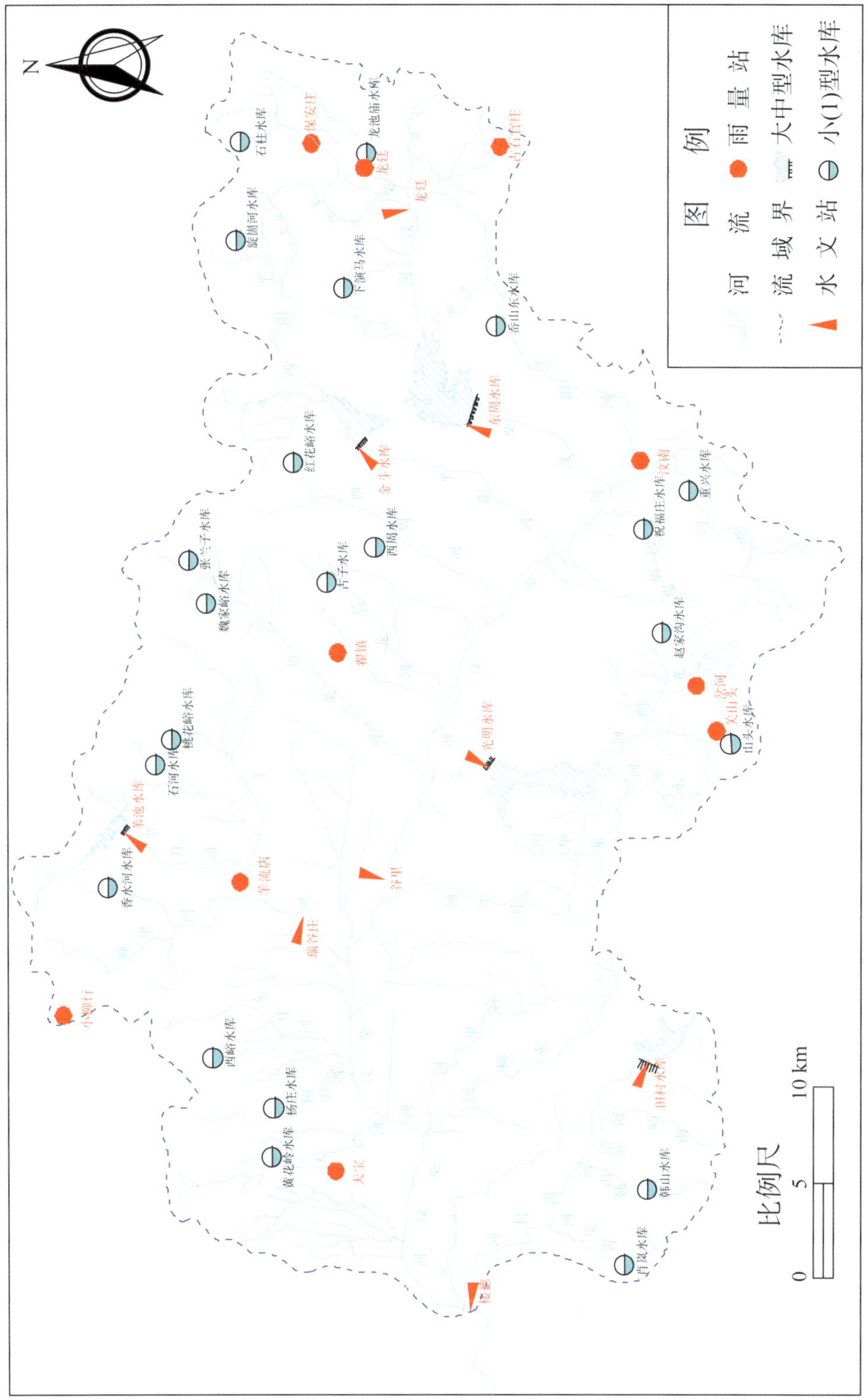

图 22-1　柴汶河楼德水文站以上流域图

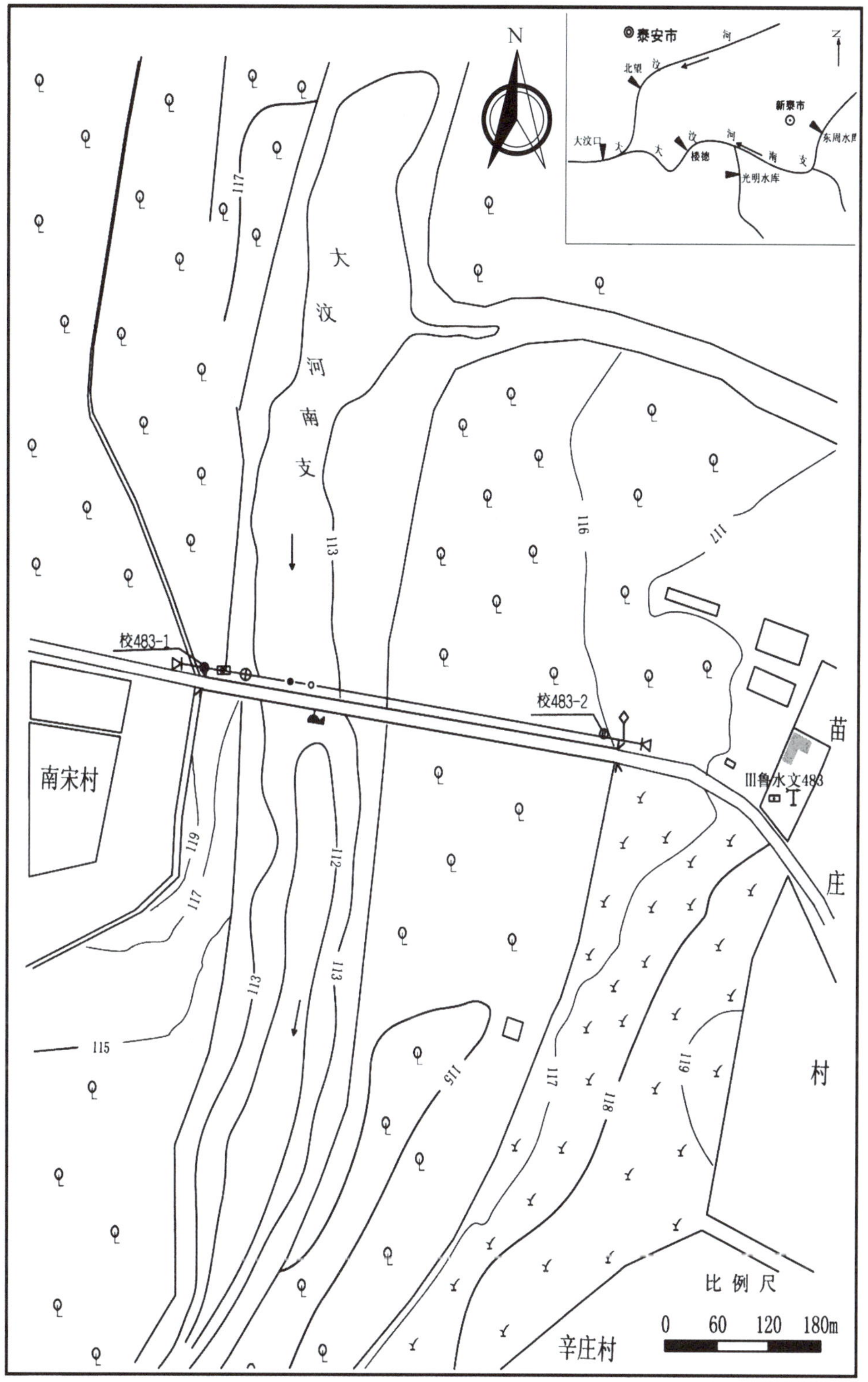

图 22-2　柴汶河楼德水文站测验断面平面图（单位：m）

表 22-13　柴汶河楼德站降雨径流分析成果表

序号	洪号	降雨起止时间		流域平均雨量 P（mm）	流域平均前期影响雨量 P_a（mm）	$P+P_a$（mm）	降雨历时（h）		暴雨中心位置或特点	洪水起止时间			起涨流量 Q_0（m^3/s）	洪水总历时 $T_{洪}$（h）	涨洪历时 $T_{涨洪}$（h）	净峰流量 $Q_{m净}$（m^3/s）	径流深 R（mm）	径流系数 α	洪水总量 $W_{总}$（万 m^3）	地表径流总量 W（万 m^3）	洪峰滞时 T_P（h）	两小时雨强 I_{2h}（mm/h）	总雨强 $I_{总}$（mm/h）
		起	止				全部 T	有效 T_c		起涨	峰顶	落平											
1	870711	07/10 01：00	07/10 16：00	36.0	65.2	101.2	15	2	下游	07/10 16：00	07/11 00：50	07/13 04：00	15.6	60	8.8	130	7.4	0.21	1 278	905	9.8	15.3	2.4
2	880716	07/15 13：00	07/16 06：00	134.4	44.8	179.2	17	7	下游	07/16 02：00	07/16 06：00	07/18 19：00	12.2	65	4	740	30.0	0.22	4 172	3 646	9.0	28.6	10.1
3	900722	07/21 04：00	07/22 08：00	149.3	71.4	220.7	28	14	下游	07/21 09：00	07/22 07：00	07/24 22：00	45.6	85	22	1 868	101.2	0.68	14 690	12 301	14.0	12.6	5.3
4	910724	07/23 18：00	07/24 13：00	141.5	59.8	201.3	19	7	上游	07/24 02：00	07/24 13：21	07/26 16：00	34.2	62	11.3	1 761	81.0	0.57	10 918	9 850	10.4	24.2	7.4
5	930716	07/15 10：00	07/16 01：00	81.3	78.7	160.0	15	4	中游	07/15 21：00	07/16 09：00	07/19 00：00	55.8	75	12	844	40.7	0.50	6 531	4 951	11.0	21.9	5.4
6	940808	08/07 12：00	08/08 16：00	86.9	25.0	111.9	28	7	中游	08/08 08：00	08/08 18：10	08/11 01：00	28.4	65	10.2	162	9.2	0.11	1 937	1 115	19.2	7.9	3.1
7	950822	08/21 17：00	08/22 13：00	64.1	75.7	139.8	20	6	中游	08/22 02：00	08/22 19：00	08/25 07：00	10.3	77	17	391	28.9	0.45	4 352	3 515	13.0	11.3	3.2
8	960725	07/24 22：00	07/25 18：00	146.5	16.2	162.7	20	6	中游	07/25 14：00	07/25 18：30	07/28 06：00	28.2	64	4.5	1 300	35.1	0.24	5 136	4 264	7.5	31.6	7.3
9	970820	08/19 12：00	08/20 11：00	86.8	40.0	126.8	23	9	下游	08/20 04：00	08/20 19：00	08/23 12：00	6.9	80	15	151	10.6	0.12	1 698	1 293	17.0	9.4	3.5
10	980804	08/04 00：00	08/04 09：00	104.3	45.6	149.9	9	6	上游	08/04 10：00	08/04 20：30	08/07 02：00	39.1	64	10.5	617	27.3	0.26	4 368	3 324	16.5	23.0	7.0
11	990909	09/09 01：00	09/09 10：00	102.2	18.4	120.6	9	5	中游	09/09 07：00	09/09 14：00	09/12 03：00	6.1	68	7	451	20.9	0.20	2 921	2 539	10.0	27.4	11.4
12	000810	08/09 16：00	08/10 14：00	71.0	12.9	83.9	22	3	中游	08/10 10：00	08/10 22：00	08/12 20：00	4.2	58	12	207	5.1	0.07	755	616	20.0	17.7	3.2
13	010804	08/03 16：00	08/04 16：00	158.6	72.6	231.2	24	7	下游	08/04 07：00	08/04 15：30	08/06 22：00	81.9	63	8.5	2 569	120.4	0.76	17 296	14 644	8.5	26.6	6.6
14	030904	09/03 12：00	09/04 16：00	79.3	90.7	170.0	28	6	下游	09/03 21：00	09/04 15：00	09/07 04：00	54.5	79	18	705	37.7	0.48	6 319	4 579	12.0	13.9	3.7
15	040828	08/26 18：00	08/28 06：00	112.5	38.8	151.3	36	7	中游	08/27 10：00	08/28 10：30	08/31 03：00	34.8	89	24.5	561	36.8	0.33	5 852	4 474	19.5	12.3	3.1
16	050702	07/01 20：00	07/02 09：00	134.9	93.8	228.7	13	6	中游	07/02 01：00	07/02 13：00	07/04 14：00	9.6	61	12	1 055	43.5	0.32	6 037	5 288	8.0	25.8	10.4
17	060829	08/28 22：00	08/29 19：00	64.7	51.0	115.7	21	4	中游	08/29 06：00	08/29 09：30	09/02 01：00	14.4	91	3.5	210	12.0	0.19	1 965	1 455	6.5	16.2	3.1
18	070817	08/17 01：00	08/17 15：00	111.1	106.1	217.2	14	7	上游	08/17 04：00	08/17 20：30	08/20 08：00	0.7	76	16.5	1 938	86.2	0.78	11 210	10 486	12.5	16.0	3.9
19	080718	07/18 03：00	07/19 01：00	80.8	54.2	135.0	22	7	中游	07/18 11：00	07/18 17：00	07/21 04：00	44.4	65	6	281	15.5	0.19	3 091	1 881	13.0	11.0	3.7
20	090709	07/08 10：00	07/09 00：00	88.2	54.0	142.2	14	6	上游	07/09 00：00	07/09 09：00	07/11 22：00	14.6	70	9	396	15.9	0.18	2 612	1 931	17.0	15.4	6.3
21	100825	08/23 20：00	08/25 08：00	55.5	74.9	130.4	36	2	中游	08/25 00：00	08/25 08：00	08/27 03：00	34.9	51	8	134	6.8	0.12	1 466	830	22.0	5.8	1.5
22	110914	09/12 17：00	09/14 19：00	104.0	45.7	149.7	50	4	下游	09/14 00：00	09/14 20：00	09/17 06：00	129.2	78	20	538	39.7	0.38	8 482	4 829	21.0	16.0	2.1
23	120710	07/09 12：00	07/10 04：00	56.5	97.9	154.4	16	6	上游	07/09 21：00	07/10 11：00	07/13 03：00	3.1	78	14	404	17.7	0.31	2 661	2 148	13.0	8.2	3.5
24	130704	07/04 00：00	07/04 21：00	67.5	11.0	78.5	21	8	上游	07/04 16：00	07/04 23：10	07/06 03：00	8.9	35	7	312	8.8	0.13	1 183	1 069	14.2	9.5	3.2
25	160720	07/19 19：00	07/20 18：00	109.0	35.7	144.7	23	6	下游	07/20 09：00	07/20 19：12	07/23 13：00	4.0	76	10.2	275	12.5	0.11	1 771	1 526	16.2	12.4	4.7
26	170728	07/26 14：00	07/27 14：00	70.2	27.7	97.9	24	4	中游	07/27 10：00	07/28 06：00	07/30 19：00	12.6	81	20	79.5	6.8	0.10	1 297	822	27.0	15.4	2.9
27	180819	08/18 05：00	08/19 21：00	226.1	63.1	289.2	40	17	下游	08/18 15：00	08/19 21：00	08/22 14：00	14.2	95	30	877	67.0	0.30	9 535	8 143	20.0	15.8	5.7
28	190811	08/10 10：00	08/11 15：00	168.7	79.1	247.8	29	9	上游	08/11 09：00	08/11 15：30	08/13 23：00	35.1	62	6.5	1 093	50.6	0.30	7 177	6 159	13.5	15.5	5.8
29	200814	08/13 17：00	08/14 03：00	89.8	60.9	150.7	10	4	上游	08/13 22：00	08/14 06：00	08/16 12：00	49.6	62	8	938	32.3	0.36	5 073	3 932	11.0	22.0	9.0

表 22-14　柴汶河楼德站降雨径流预报精度评定表（$P+P_a-R$）

序号	洪号	流域平均雨量 P（mm）	前期影响雨量 P_a（mm）	$P+P_a$（mm）	实测径流深 $R_{实}$（mm）	预报径流深 $R_{预}$（mm）	预报误差（mm）	许可误差（mm）	评定结果	
									合格	不合格
1	870711	36.0	65.2	101.2	7.4	10.4	3.0	3.0	√	
2	880716	134.4	44.8	179.2	30.0	25.4	-4.6	6.0	√	
3	900722	149.3	71.4	220.7	101.2	39.2	-62.0	20.0		√
4	910724	141.5	59.8	201.3	81.0	76.8	-4.2	16.2	√	
5	930716	81.3	78.7	160.0	40.7	39.0	-1.7	8.1	√	
6	940808	86.9	25.0	111.9	9.2	6.6	-2.6	3.0	√	
7	950822	64.1	75.7	139.8	28.9	25.8	-3.1	5.8	√	
8	960725	146.5	16.2	162.7	35.1	41.5	6.4	7.0	√	
9	970820	86.8	40.0	126.8	10.6	10.4	-0.2	3.0	√	
10	980804	104.3	45.6	149.9	27.3	32.0	4.7	5.5	√	
11	990909	102.2	18.4	120.6	20.9	8.8	-12.1	4.2		√
12	000810	71.0	12.9	83.9	5.1	7.6	2.5	3.0	√	
13	010804	158.6	72.6	231.2	120.4	106.7	-13.7	20.0	√	
14	030904	79.3	90.7	170.0	37.7	48.2	10.5	7.5		√
15	040828	112.5	38.8	151.3	36.8	33.0	-3.8	7.4	√	
16	050702	134.9	93.8	228.7	43.5	42.0	-1.5	8.7	√	
17	060829	64.7	51.0	115.7	12.0	14.7	2.7	3.0	√	
18	070817	111.1	106.1	217.2	86.2	92.7	6.5	17.2	√	
19	080718	80.8	54.2	135.0	15.5	12.5	-3.0	3.1	√	
20	090709	88.2	54.0	142.2	15.9	14.4	-1.5	3.2	√	
21	100825	55.5	74.9	130.4	6.8	20.9	14.1	3.0		√
22	110914	104.0	45.7	149.7	39.7	31.9	-7.8	7.9	√	
23	120710	56.5	97.9	154.4	17.7	17.8	0.1	3.5	√	
24	130704	67.5	11.0	78.5	8.8	2.1	-6.7	3.0		√
25	160720	109.0	35.7	144.7	12.5	15.1	2.6	3.0	√	
26	170728	70.2	27.7	97.9	6.8	9.7	2.9	3.0	√	
27	180819	226.1	63.1	289.2	67.0	65.5	-1.5	13.4	√	
28	190811	168.7	79.1	247.8	50.6	48.8	-1.8	10.1	√	
29	200814	89.8	60.9	150.7	32.3	16.8	-15.5	6.5		√

备注：1. 合格率=79.3%；2. 许可误差=实测值的 20%，以 20.0 mm 为上限，以 3.0 mm 为下限；3. 本方案等级为乙等。

表 22-15　柴汶河楼德站 $R-T_c-Q_{m净}$ 精度评定表

序号	洪号	实测径流深 $R_{实}$（mm）	有效降雨历时 T_c（h）	净峰流量		预报误差（m^3/s）	许可误差（m^3/s）	评定结果	
				实测 $Q_{m净实}$（m^3/s）	预报 $Q_{m净预}$（m^3/s）			合格	不合格
1	870711	7.4	2	130	148	18	26	√	
2	880716	30.0	7	740	621	-119	148	√	
3	900722	101.2	14	1 868	1 556	-312	374	√	
4	910724	81.0	7	1 761	1 690	-71	352	√	
5	930716	40.7	4	844	978	134	169	√	
6	940808	9.2	7	162	133	-29	32.4	√	
7	950822	28.9	6	391	640	249	78.2		√
8	960725	35.1	6	1 300	776	-524	260		√
9	970820	10.6	9	151	147	-4	30.2	√	
10	980804	27.3	6	617	605	-12	123	√	
11	990909	20.9	5	451	483	32	90.2	√	
12	000810	5.1	3	207	96	-111	41.4		√
13	010804	120.4	7	2 569	2 515	-54	514	√	
14	030904	37.7	6	705	833	128	141	√	
15	040828	36.8	7	561	763	202	112		√
16	050702	43.5	6	1055	960	-95	211	√	
17	060829	12.0	4	210	236	26	42	√	
18	070817	86.2	7	1 938	1 799	-139	388	√	
19	080718	15.5	7	281	291	10	56.2	√	
20	090709	15.9	6	396	324	-72	79.2	√	
21	100825	6.8	2	134	136	2	26.8	√	
22	110914	39.7	4	538	954	416	108		√
23	120710	17.7	6	404	377	-27	80.8	√	
24	130704	8.8	8	312	123	-189	62.4		√
25	160720	12.5	6	275	224	-51	55	√	
26	170728	6.8	4	79.5	119	39.5	15.9		√
27	180819	67.0	17	877	885	8	175	√	
28	190811	50.6	9	1 093	927	-166	219	√	
29	200814	32.3	4	938	776	-162	188	√	

备注：1. 合格率=75.9%；2. 预报误差=预报值-实测值；3. 许可误差=实测值的 20%；4. 本方案等级为乙等。

表 22-16　柴汶河楼德站 R-T_c-$T_{洪}$ 精度评定表

序号	洪号	实测径流深 $R_{实}$（mm）	有效降雨历时 T_c（h）	洪水总历时		预报误差（h）	许可误差（h）	评定结果	
				$T_{洪实}$（h）	$T_{洪预}$（h）			合格	不合格
1	870711	7.4	2	60	42	−18	18	√	
2	880716	30.0	7	65	62	−3	20	√	
3	900722	101.2	14	85	76	−9	26	√	
4	910724	81.0	7	62	64	2	19	√	
5	930716	40.7	4	75	58	−17	23	√	
6	940808	9.2	7	65	53	−12	20	√	
7	950822	28.9	6	77	60	−17	23	√	
8	960725	35.1	6	64	61	−3	19	√	
9	970820	10.6	9	80	57	−23	24	√	
10	980804	27.3	6	64	60	−4	19	√	
11	990909	20.9	5	68	57	−11	20	√	
12	000810	5.1	3	58	42	−16	17	√	
13	010804	120.4	7	63	64	1	19	√	
14	030904	37.7	6	79	61	−18	24	√	
15	040828	36.8	7	89	63	−26	27	√	
16	050702	43.5	6	61	61	0	18	√	
17	060829	12.0	4	91	50	−41	27		√
18	070817	86.2	7	76	64	−12	23	√	
19	080718	15.5	7	65	58	−7	20	√	
20	090709	15.9	6	70	56	−14	21	√	
21	100825	6.8	2	51	42	−9	15	√	
22	110914	39.7	4	78	58	−20	23	√	
23	120710	17.7	6	78	57	−21	23	√	
24	130704	8.8	8	35	54	19	11		√
25	160720	12.5	6	76	54	−22	23	√	
26	170728	6.8	4	81	45	−36	24		√
27	180819	67.0	17	95	80	−15	29	√	
28	190811	50.6	9	62	67	5	19	√	
29	200814	32.3	4	62	57	−5	19	√	

备注：1. 合格率=89.7%；2. 许可误差=实测值的 30%，以 3 h 为下限；3. 本方案等级为甲等。

表 22-17　柴汶河楼德站 $Q_{m净}$-T_c-T_P 精度评定表

序号	洪号	实测净峰流量 $Q_{m净实}$（m^3/s）	有效降雨历时 T_c（h）	洪峰滞时		预报误差（h）	许可误差（h）	评定结果	
				$T_{p实}$（h）	$T_{p预}$（h）			合格	不合格
1	870711	130	2	9.8	21	11.2	3.0		√
2	880716	740	7	9.0	12	3.0	3.0	√	
3	900722	1 868	14	14.0	16	2.0	4.2	√	
4	910724	1 761	7	10.4	10	−0.4	3.1	√	
5	930716	844	4	11.0	8	−3.0	3.3	√	
6	940808	162	7	19.2	27	7.8	5.8		√
7	950822	391	6	13.0	16	3.0	3.9	√	
8	960725	1 300	6	7.5	10	2.5	3.0	√	
9	970820	151	9	17.0	30	13.0	5.1		√
10	980804	617	6	16.5	12	−4.5	5.0	√	
11	990909	451	5	10.0	13	3.0	3.0	√	
12	000810	207	3	20.0	18	−2.0	6.0	√	
13	010804	2 569	7	8.5	10	1.5	3.0	√	
14	030904	705	6	12.0	11	−1.0	3.6	√	
15	040828	561	7	19.5	14	−5.5	5.9	√	
16	050702	1 055	6	8.0	10	2.0	3.0	√	
17	060829	210	4	6.5	19	12.5	3.0		√
18	070817	1 938	7	12.5	10	−2.5	3.8	√	
19	080718	281	7	13.0	21	8.0	3.9		√
20	090709	396	6	17.0	16	−1.0	5.1	√	
21	100825	134	2	22.0	21.0	−1.0	6.6	√	
22	110914	538	4	21.0	10	−11.0	6.3		√
23	120710	404	6	13.0	15	2.0	3.9	√	
24	130704	312	8	14.2	21	6.8	4.3		√
25	160720	275	6	16.2	20	3.8	4.9	√	
26	170728	79.5	4	27.0	27	0.0	8.1	√	
27	180819	877	17	20.0	24	4.0	6.0	√	
28	190811	1 093	9	13.5	13	−0.5	4.1	√	
29	200814	938	4	11.0	8	−3.0	3.3	√	

备注：1. 合格率=75.9%；2. 许可误差=实测值的 30%，以 3 h 为下限；3. 本方案等级为乙等。

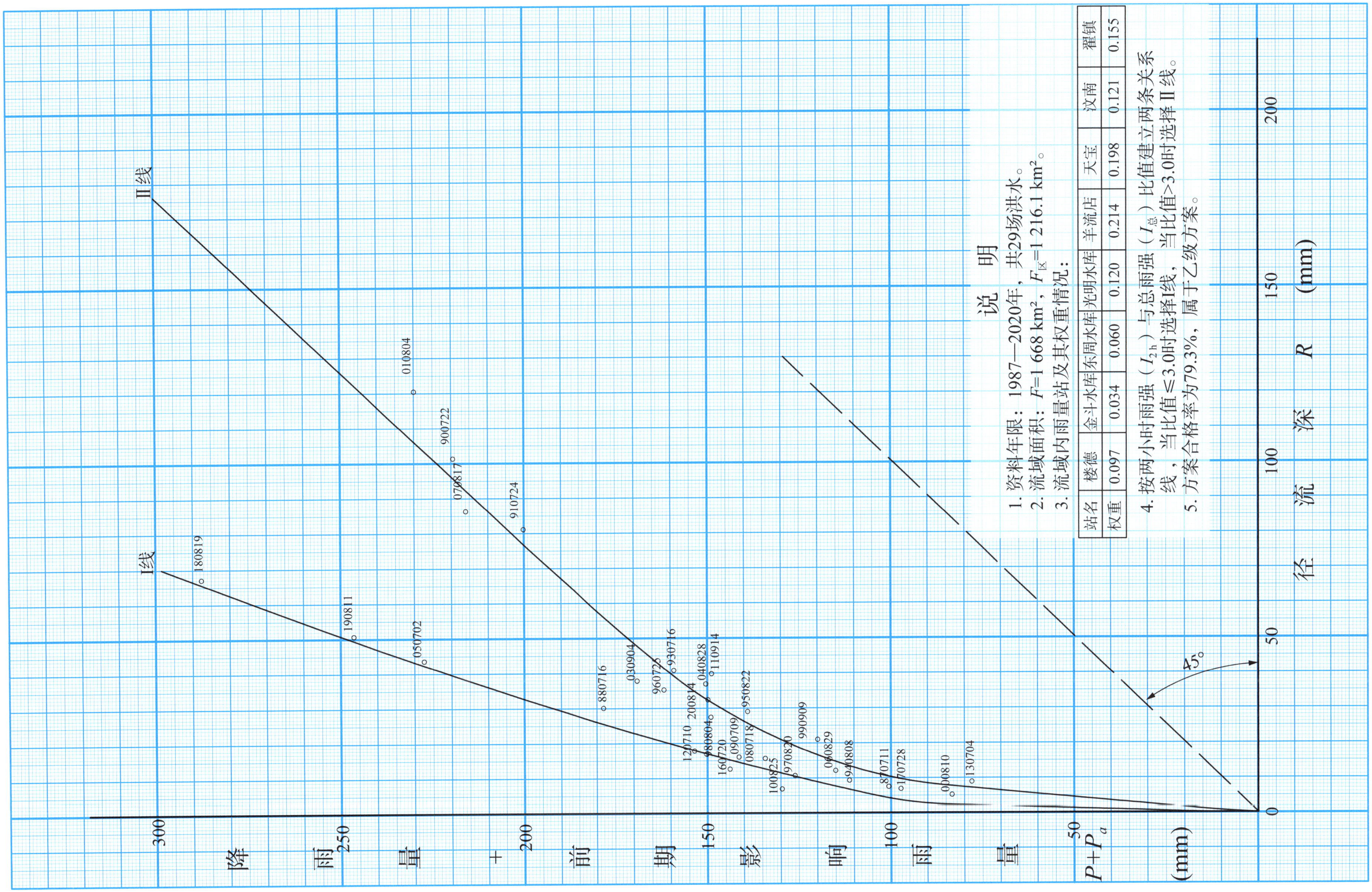

图 22-12　柴汶河楼德站降雨径流相关图（$P+P_a-R$）

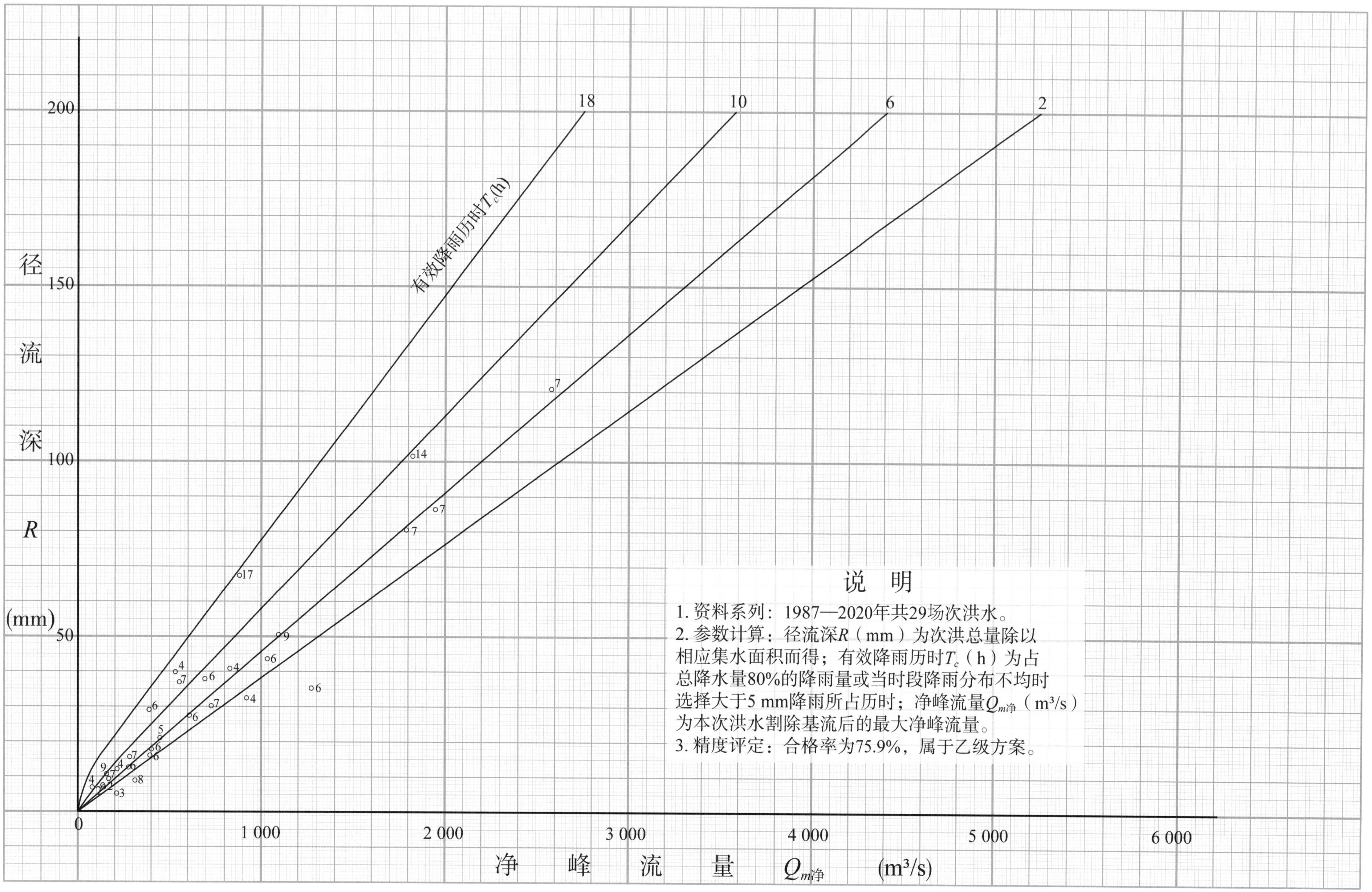

图 22-13　柴汶河楼德站峰量关系图（R-T_c-$Q_{m净}$）

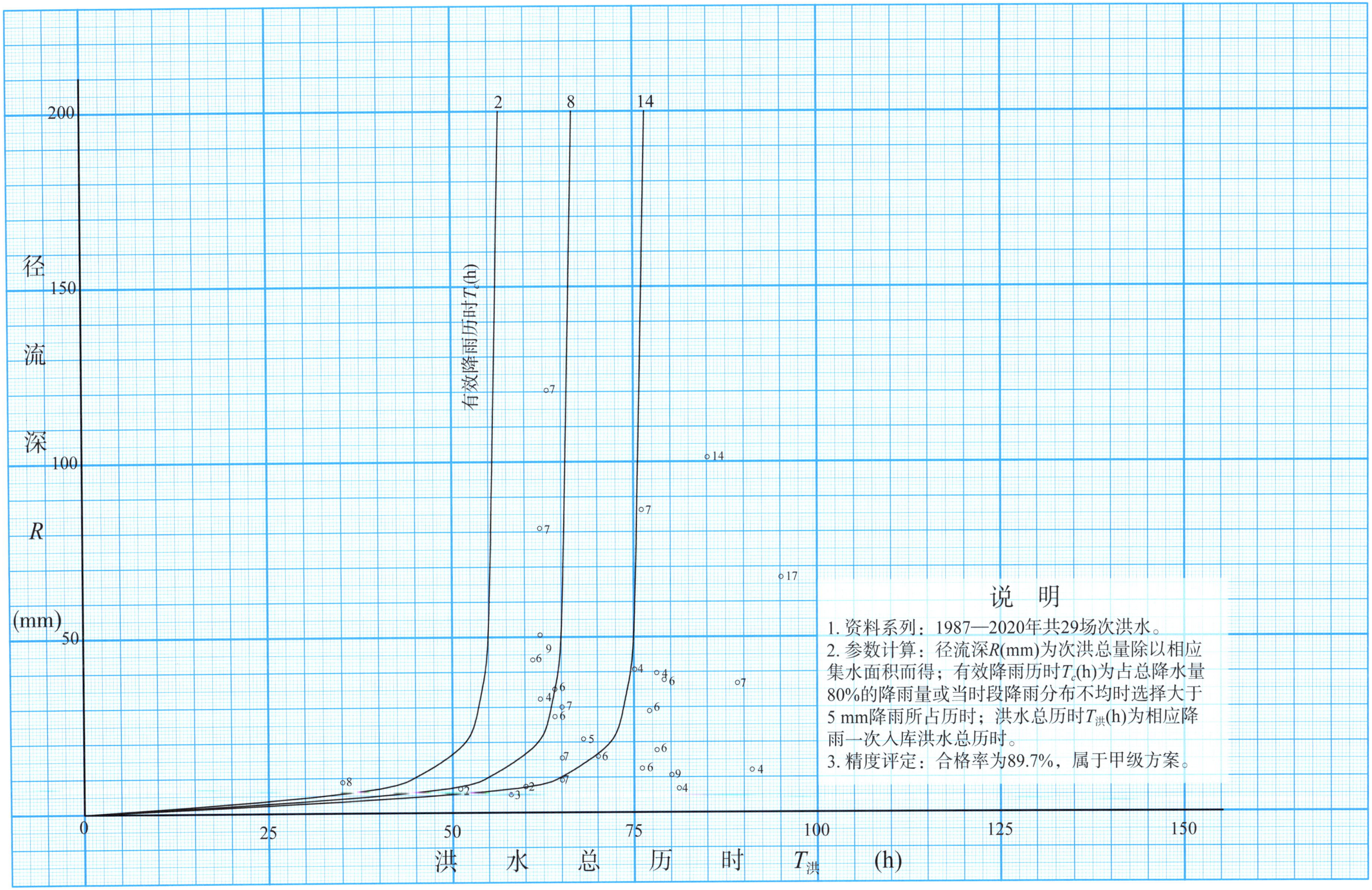

图 22-14　柴汶河楼德站 R-T_c-$T_{洪}$ 关系曲线图

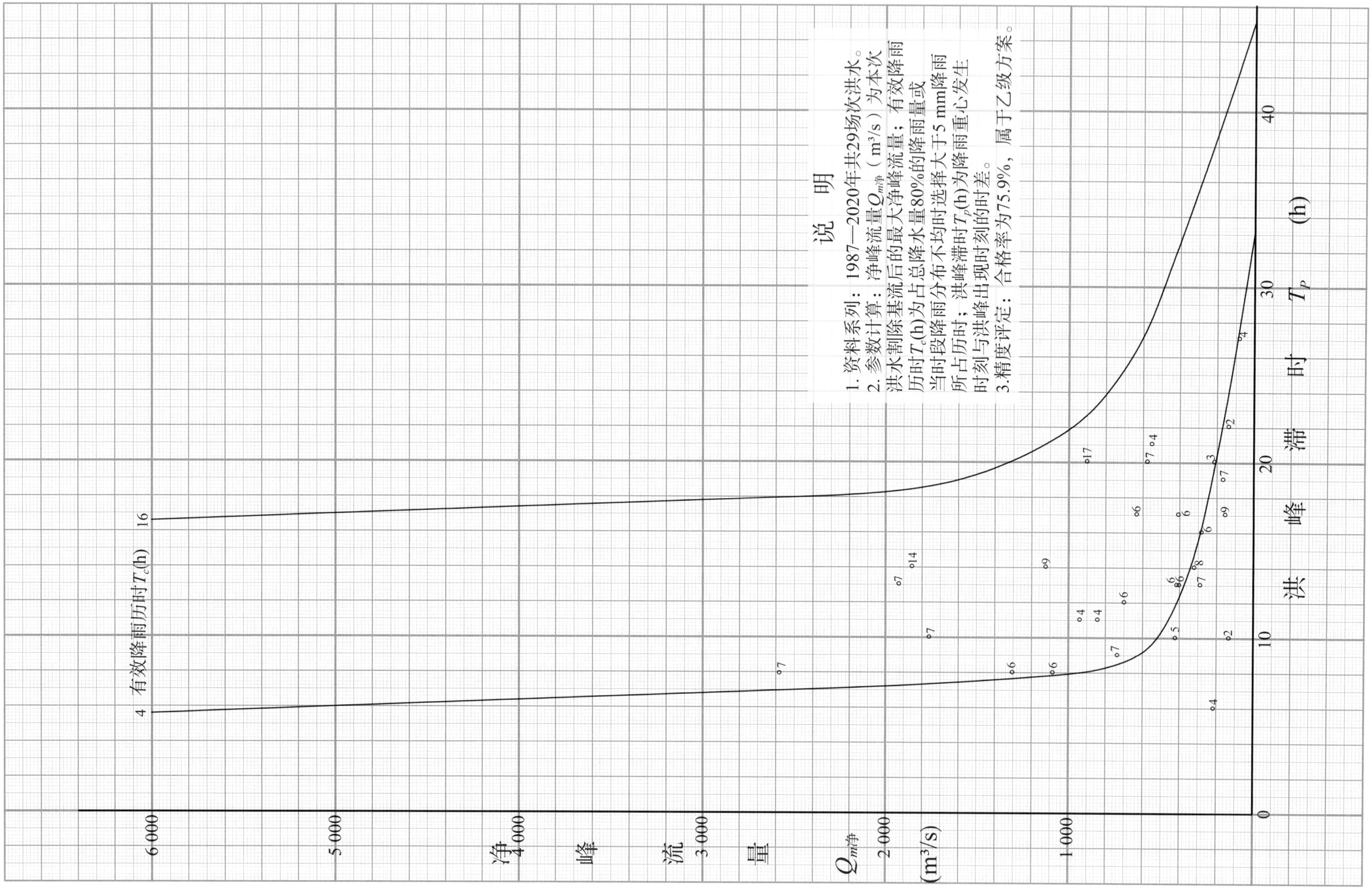

图 22-15　柴汶河楼德站 $Q_{m净}$-T_c-T_P 关系曲线图

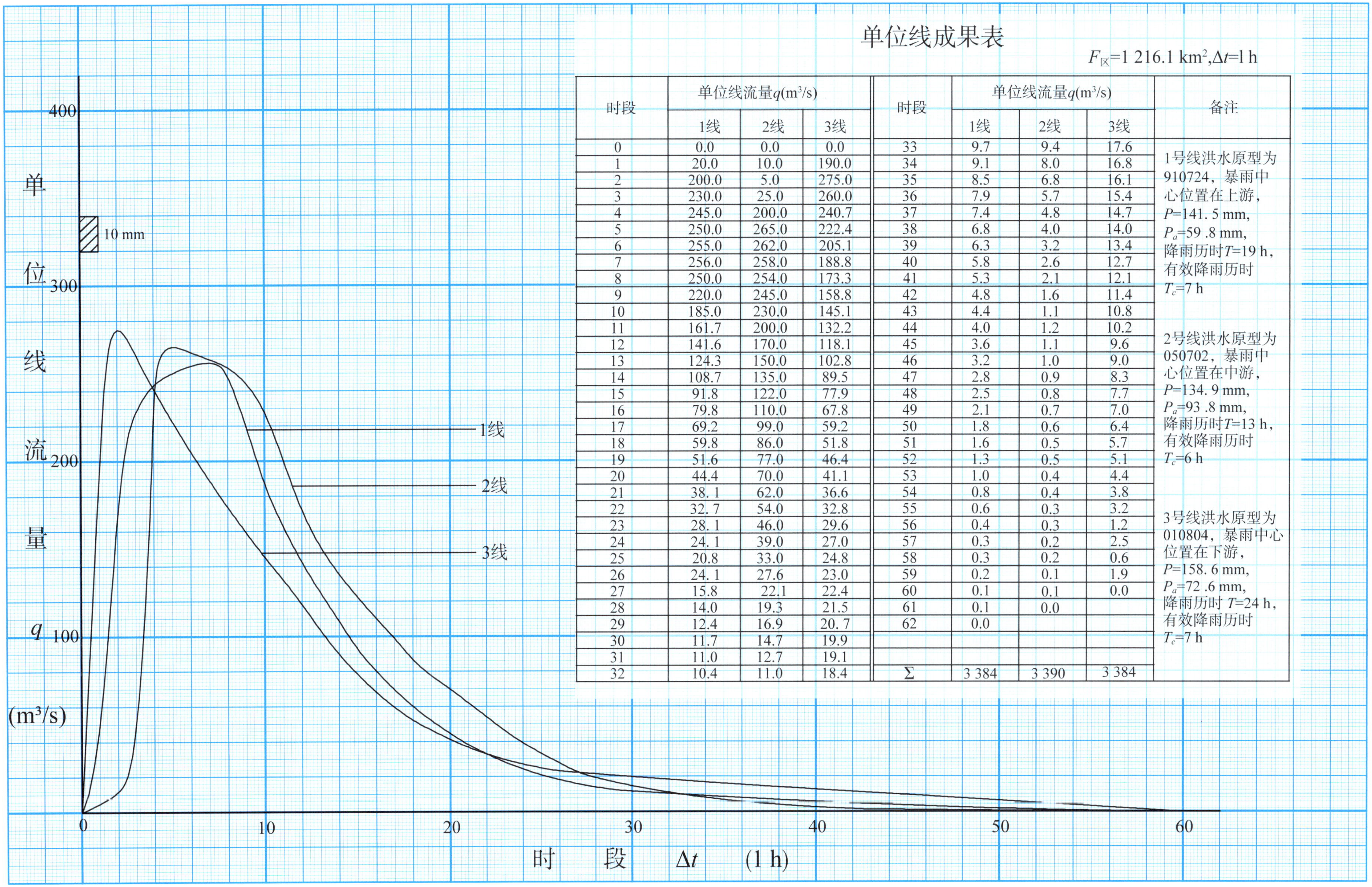

单位线成果表

$F_{区}$=1 216.1 km²,Δt=1 h

时段	单位线流量q(m³/s)			时段	单位线流量q(m³/s)			备注
	1线	2线	3线		1线	2线	3线	
0	0.0	0.0	0.0	33	9.7	9.4	17.6	
1	20.0	10.0	190.0	34	9.1	8.0	16.8	1号线洪水原型为910724，暴雨中心位置在上游，P=141. 5 mm，P_a=59 .8 mm，降雨历时T=19 h，有效降雨历时T_c=7 h
2	200.0	5.0	275.0	35	8.5	6.8	16.1	
3	230.0	25.0	260.0	36	7.9	5.7	15.4	
4	245.0	200.0	240.7	37	7.4	4.8	14.7	
5	250.0	265.0	222.4	38	6.8	4.0	14.0	
6	255.0	262.0	205.1	39	6.3	3.2	13.4	
7	256.0	258.0	188.8	40	5.8	2.6	12.7	
8	250.0	254.0	173.3	41	5.3	2.1	12.1	
9	220.0	245.0	158.8	42	4.8	1.6	11.4	
10	185.0	230.0	145.1	43	4.4	1.1	10.8	
11	161.7	200.0	132.2	44	4.0	1.2	10.2	
12	141.6	170.0	118.1	45	3.6	1.1	9.6	2号线洪水原型为050702，暴雨中心位置在中游，P=134. 9 mm，P_a=93 .8 mm，降雨历时T=13 h，有效降雨历时T_c=6 h
13	124.3	150.0	102.8	46	3.2	1.0	9.0	
14	108.7	135.0	89.5	47	2.8	0.9	8.3	
15	91.8	122.0	77.9	48	2.5	0.8	7.7	
16	79.8	110.0	67.8	49	2.1	0.7	7.0	
17	69.2	99.0	59.2	50	1.8	0.6	6.4	
18	59.8	86.0	51.8	51	1.6	0.5	5.7	
19	51.6	77.0	46.4	52	1.3	0.5	5.1	
20	44.4	70.0	41.1	53	1.0	0.4	4.4	
21	38. 1	62.0	36.6	54	0.8	0.4	3.8	
22	32. 7	54.0	32.8	55	0.6	0.3	3.2	
23	28. 1	46.0	29.6	56	0.4	0.3	1.2	3号线洪水原型为010804，暴雨中心位置在下游，P=158. 6 mm，P_a=72 .6 mm，降雨历时 T=24 h，有效降雨历时T_c=7 h
24	24. 1	39.0	27.0	57	0.3	0.2	2.5	
25	20.8	33.0	24.8	58	0.3	0.2	0.6	
26	24. 1	27.6	23.0	59	0.2	0.1	1.9	
27	15.8	22.1	22.4	60	0.1	0.1	0.0	
28	14.0	19.3	21.5	61	0.1	0.0		
29	12.4	16.9	20. 7	62	0.0			
30	11.7	14.7	19.9					
31	11.0	12.7	19.1					
32	10.4	11.0	18.4	Σ	3 384	3 390	3 384	

图 22-16 柴汶河楼德站单位线图

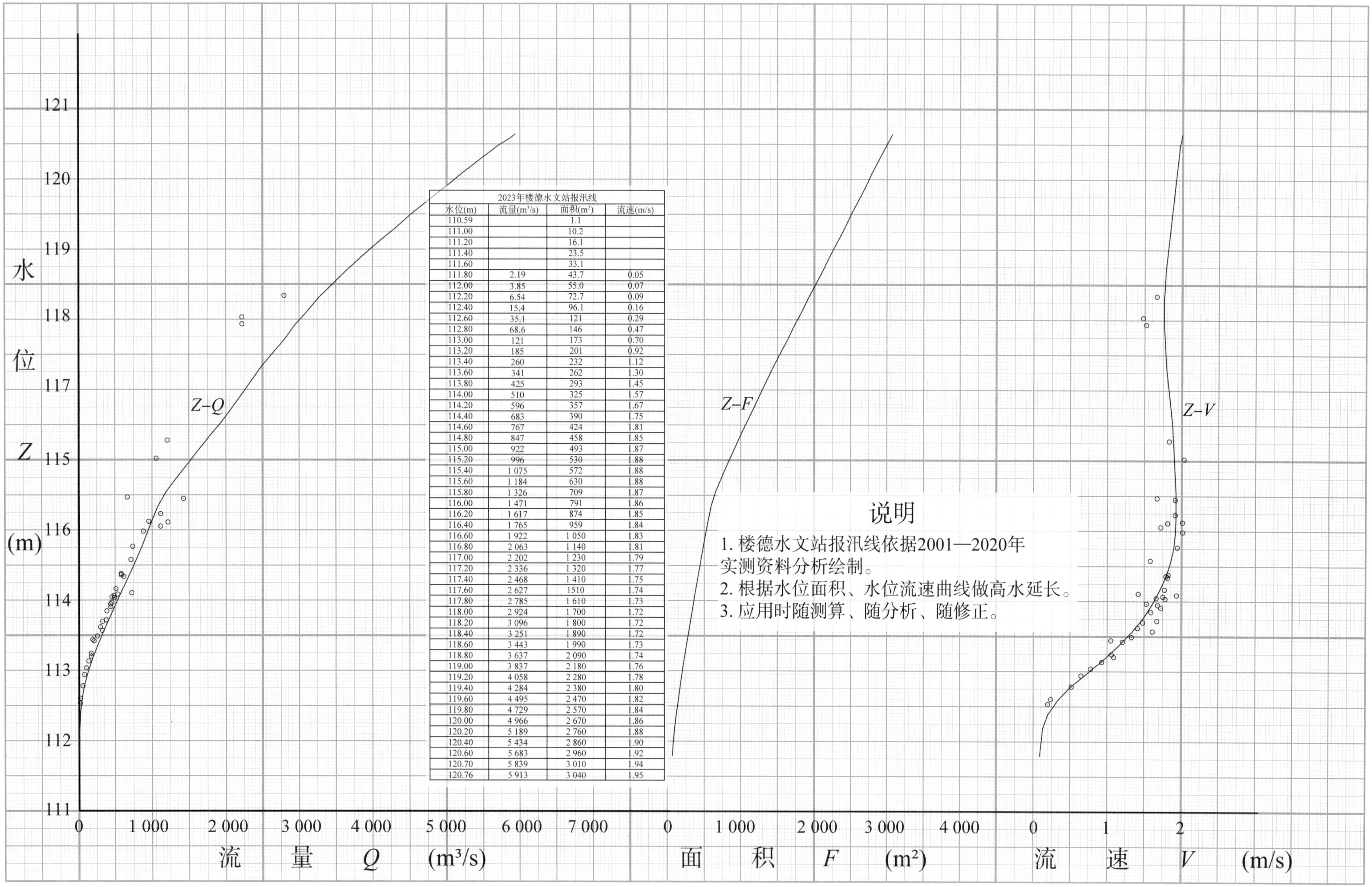

2023年楼德水文站报汛线

水位(m)	流量(m^3/s)	面积(m^2)	流速(m/s)
110.59		1.1	
111.00		10.2	
111.20		16.1	
111.40		23.5	
111.60		33.1	
111.80	2.19	43.7	0.05
112.00	3.85	55.0	0.07
112.20	6.54	72.7	0.09
112.40	15.4	96.1	0.16
112.60	35.1	121	0.29
112.80	68.6	146	0.47
113.00	121	173	0.70
113.20	185	201	0.92
113.40	260	232	1.12
113.60	341	262	1.30
113.80	425	293	1.45
114.00	510	325	1.57
114.20	596	357	1.67
114.40	683	390	1.75
114.60	767	424	1.81
114.80	847	458	1.85
115.00	922	493	1.87
115.20	996	530	1.88
115.40	1 075	572	1.88
115.60	1 184	630	1.88
115.80	1 326	709	1.87
116.00	1 471	791	1.86
116.20	1 617	874	1.85
116.40	1 765	959	1.84
116.60	1 922	1 050	1.83
116.80	2 063	1 140	1.81
117.00	2 202	1 230	1.79
117.20	2 336	1 320	1.77
117.40	2 468	1 410	1.75
117.60	2 627	1510	1.74
117.80	2 785	1 610	1.73
118.00	2 924	1 700	1.72
118.20	3 096	1 800	1.72
118.40	3 251	1 890	1.72
118.60	3 443	1 990	1.73
118.80	3 637	2 090	1.74
119.00	3 837	2 180	1.76
119.20	4 058	2 280	1.78
119.40	4 284	2 380	1.80
119.60	4 495	2 470	1.82
119.80	4 729	2 570	1.84
120.00	4 966	2 670	1.86
120.20	5 189	2 760	1.88
120.40	5 434	2 860	1.90
120.60	5 683	2 960	1.92
120.70	5 839	3 010	1.94
120.76	5 913	3 040	1.95

图 22-17　柴汶河楼德站水位 Z 与流量 Q、面积 F、流速 V 关系线图

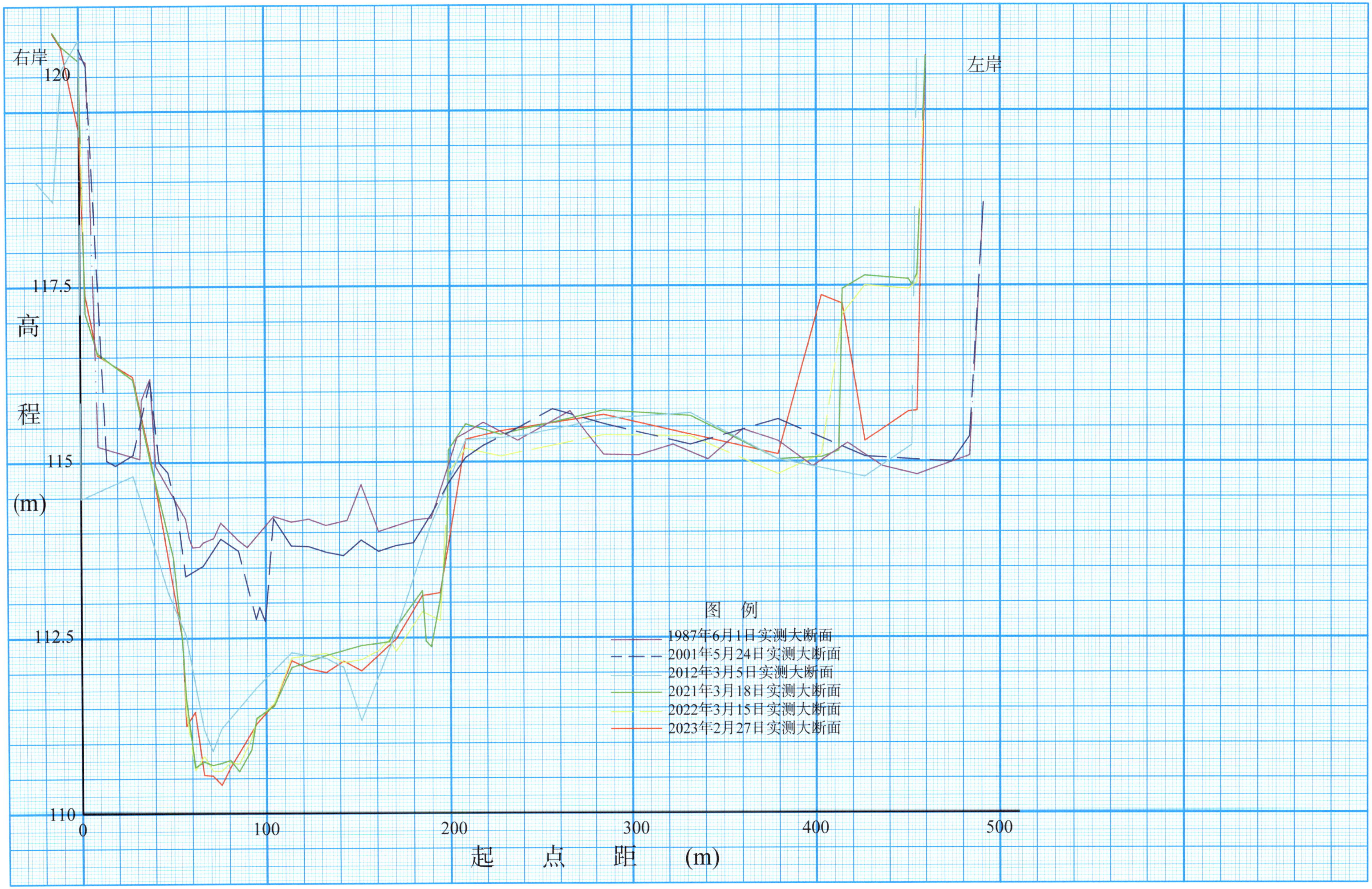

图 22-18 柴汶河楼德站实测大断面图

第二十三章　漕浊河东王庄站水文预报方案编制说明*

1　流域概况

1.1　流域自然地理特征

漕浊河为大汶河一级支流，属黄河中下游水系，位于大汶河右岸，发源于泰安市岱岳区中西部泰山山脉西南，北以北大顶山、金牛山、龙山、马山山脉分水岭为界，西与肥城市小汇河相接，东至京沪铁路，南与大汶河相连。流域呈半扇形状，自东北向西南汇聚，在肥城市安驾庄镇肖家店村南 800 m 汇入大汶河。该河特点是源短流急，河曲发育，属季节性河流，河长 39 km，流域面积 680 km^2，河道宽 100~150 m，河底落差 261 m，河流平均比降 0.715‰，多年平均年降水量 686.5 mm，多年平均年径流深 95.8 mm。东王庄站以上流域图见图 23-1。

东王庄站流域坐落于泰山山脉南麓，泰莱盆地北缘，上游为山丘区，中下游多为沿河平原，地势平坦宽阔，北高南低略向西南倾斜，漕浊河发源于泰山山脉西南部，主要岩石为太古界前震旦系泰山群黑云母粒变岩、花岗片麻岩、混合花岗岩等混合岩类。受弧形大断裂的控制，各断块隆起的南部升幅大，形成太古界变质岩系裸露山丘区；各隆起的北部形成的宽阔带状的寒武系、奥陶系地块往往为裸露型；西段多为覆盖型，分布于各断陷沉降盆地内。山前平原由坡积物、洪积物堆积而成，厚 5~15 m，岩相变化复杂。河谷平原由冲积物构成，厚 10~15 m，系松散层，具有双层结构，上层有黄土状亚黏土和亚砂土，下层为中粗砂砾石，由于植被覆盖较好，水土流失较轻。

1.2　上游水利工程概况

东王庄预报断面以上流域内有中型水库 1 座（胜利水库），小（1）型水库 10 座，小（2）型水库 36 座，中小型水库（不含套库）控制面积 154 km^2，兴利库容 6 725.9 万 m^3，详见表 23-1。

表 23-1　东王庄站以上流域内主要水利工程情况表

序号	水库名称	工程类别	所在河流	所在地	流域面积 F（km^2）	总库容 V（万 m^3）	兴利库容 $V_{兴}$（万 m^3）
1	胜利水库	中型	漕浊河	满庄镇	13.8	5 020	4 670
2	宋庄水库（套库）	小（1）型	洼里河	边院镇	14	294.25	185.2
3	北仇水库	小（1）型	洼里河	边院镇	8.6	469.5	270

续表

序号	水库名称	工程类别	所在河流	所在地	流域面积 F（km^2）	总库容 V（万 m^3）	兴利库容 $V_{兴}$（万 m^3）
4	张岭水库（套库）	小（1）型	浊河	边院镇	5	121.14	80
5	营盘水库	小（1）型	浊河	边院镇	12.14	128.16	70.1
6	况洞水库	小（1）型	浊河	夏张镇	61	410.7	107
7	南白楼水库（套库）	小（1）型	浊河	夏张镇	27.4	350	118
8	鸡鸣返水库（套库）	小（1）型	王士店河	夏张镇	9.5	379.29	230
9	王士店 1 号水库（套库）	小（1）型	王士店河	夏张镇	2.3	109.1	77.5
10	黄家庄水库	小（1）型	东牛河	满庄镇	5	210	153
11	响水河水库	小（1）型	响水河	满庄镇	11.8	433	256
12	大龙水库（套库）	小（2）型	洼里西支	安驾庄镇	1.8	31.06	29.32
13	张安东水库	小（2）型	洼里西支	安驾庄镇	1.5	18.61	12
14	东张水库（套库）	小（2）型	洼里河	安临站镇	4	10.82	2.23
15	利家庄水库（套库）	小（2）型	胜利渠	北集坡街道	1.1	34.8	10
16	兴隆水库（套库）	小（2）型	浊河	边院镇	0.9	20.23	13.9
17	朱官水库	小（2）型	浊河	边院镇	1.73	10.48	6.5
18	桃园水库	小（2）型	浊河	夏张镇	0.6	19.5	12.3
19	尹家庄水库	小（2）型	浊河	夏张镇	0.5	11.2	7
20	东辛庄水库（套库）	小（2）型	浊河	仪阳街道	8.6	44.5	17.64
21	大柱子水库（套库）	小（2）型	浊河	仪阳街道	13.35	37.33	25.06
22	南小胡水库（套库）	小（2）型	浊河	道朗镇	0.8	11.1	8
23	律家庄水库（套库）	小（2）型	浊河	夏张镇	1.5	11.2	7.8
24	南白楼一水库（套库）	小（2）型	浊河	夏张镇	20.4	17	11.2
25	于家官庄水库	小（2）型	浊河	夏张镇	0.6	10	7
26	车上章水库	小（2）型	浊河	夏张镇	0.6	10.2	6
27	孙上章水库	小（2）型	浊河	夏张镇	2.5	11.7	7.7
28	李上章水库（套库）	小（2）型	浊河	夏张镇	2.5	14.1	8.4
29	平家官庄水库	小（2）型	浊河	夏张镇	0.8	12	9
30	王士店 2 号水库	小（2）型	王士店河	夏张镇	18.5	27.1	16
31	东城上水库（套库）	小（2）型	王士店河	夏张镇	5	34.2	30
32	东城下水库	小（2）型	王士店河	夏张镇	5	29	15
33	天平店水库（套库）	小（2）型	王士店河	天平街道	0.5	12	9

续表

序号	水库名称	工程类别	所在河流	所在地	流域面积 F（km^2）	总库容 V（万 m^3）	兴利库容 $V_兴$（万 m^3）
34	田家峪水库（套库）	小（2）型	王士店河	天平街道	2	80.8	50
35	峦湾崖水库（套库）	小（2）型	王士店河	夏张镇	0.72	20.7	18
36	梨园水库（套库）	小（2）型	王士店河	夏张镇	1.5	13.7	7.7
37	刘家庄水库（套库）	小（2）型	孔家庄村河	夏张镇	2	15	8
38	宿家庄水库（套库）	小（2）型	孔家庄村河	满庄镇	0.64	17.2	11
39	孔家庄水库（套库）	小（2）型	孔家庄村河	夏张镇	0.7	21	16
40	大西牛水库	小（2）型	孔家庄村河	夏张镇	0.7	13	7
41	龙门水库（套库）	小（2）型	东牛河	满庄镇	2.3	35	22
42	西林水库（套库）	小（2）型	东牛河	满庄镇	0.7	13	7.6
43	东湖水库	小（2）型	满庄河	北集坡街道	1.5	20.5	10.5
44	水泉水库（套库）	小（2）型	满庄河	北集坡街道	0.6	16.7	10
45	东河北水库	小（2）型	满庄河	北集坡街道	4.5	95	47
46	南留南水库	小（2）型	漕浊河	满庄镇	1.1	19	10
47	北大吴水库	小（2）型	小漕河	大汶口镇	1.5	21.2	8.2
合计（流域面积扣除套库）					154	9 338.1	6 725.9

1.3 测站概况

东王庄站位于肥城市安驾庄镇东王庄村北，漕浊河下游，断面以上流域河长 32.7 km，流域面积 584 km^2。流域内主要有漕浊河、王士店河、浊河、营盘河、边院河等河流，有济漕干渠与大汶河相连，测验断面平面图见图 23-2。

东王庄站为中小河流水文站，设立于 2018 年 5 月，为汛期站；目前该站主要观测项目有水位、流量、降水量等。

东王庄预报断面以上设马庄、胜利水库 2 处专用水文站，1 处基本雨量站（夏张），6 处中小河流雨量站（河西、大尚、鸡鸣返水库、南白楼水库、郭家小庄和响水河水库）。

马庄水文站位于漕浊河中游、泰安市岱岳区马庄镇洼口村，于 2018 年 1 月设水文站，断面以上流域平均长度 20.6 km，流域面积 244 km^2，为漕浊河流域区域代表站。其测验项目有降水量、水位、流量、水准及断面测量、水文调查等，报汛任务有雨情、水情。

2 预报方案编制

2.1 资料情况

东王庄站实测资料为 5 年（2018—2022 年），本方案共选用 10 场次洪水进行编制。

2.2 产流方案

产流方案分别采用降雨径流经验相关图 $P+P_a-R$ 和 $P-P_a-R$ 进行点绘定线，详见图 23-3 和图 23-4。其中：P 为次降雨流域平均雨量（mm）；P_a 为流域平均前期影响雨量（mm）；R 为次降雨所产生的径流深（mm）。

2.2.1 主要参数的计算

2.2.1.1 流域平均雨量 P 的计算

对东王庄站 2018—2022 年资料进行了分析，共选用了 10 场次大、中、小洪水。参加流域平均雨量计算的雨量站为：2018 年选用胜利水库、夏张、南白楼水库、响水河水库、马庄共 5 站，流域平均雨量 P 采用算术平均法求得；2019—2022 年增加大尚、河西、东王庄 3 站，流域平均雨量 P 采用面积加权法计算求得，雨量站的面积控制权重见表 23-2。

表 23-2 东王庄站以上流域内雨量站的控制权重表

雨量站	胜利水库	夏张	南白楼水库	响水河水库	马庄	大尚	河西	东王庄
权重	0.14	0.14	0.09	0.16	0.11	0.16	0.15	0.05

2.2.1.2 流域平均前期影响雨量 P_a 的计算

汛前选取长时间连续无降雨（约一个多月）的日期开始计算，先计算流域平均雨量，然后计算前期影响雨量 P_a，其计算公式：

$$P_{a,t+1} = K(P_{a,t} + P_t)$$

式中：$P_{a,t+1}$ 为第 t+1 日的前期影响雨量（mm）；$P_{a,t}$ 为第 t 日的前期影响雨量（mm）；P_t 为第 t 日的流域平均雨量（mm）；K 为前期影响雨量递减系数，采用 0.9。

2.2.1.3 最大损失量 I_m 和 K 值的确定

由于东王庄站资料年限较少，缺少久旱少雨和突降大雨产生径流较小的洪水，本方案参照戴村坝水文站的 I_m 和 K 值，I_m 取 90 mm，K 取 0.9。

2.2.1.4 径流深 R 的推求

由于东王庄水文站以上流域内中型水库（胜利水库）为平原水库，常年不放水，本次编制的产流预报方案，考虑了胜利水库的拦蓄作用，未考虑上游小水库工程的拦蓄影响，集水面积采用 570 km^2。

绘制各次洪水的流量过程，采用斜线分割（或平割）法切除基流，求出次洪水径流总量，次洪水径流总量经过集水面积改正后得到洪水径流总量。

洪水径流总量 W（万 m^3）除以相应集水面积 F（km^2）即可求得径流深 R（mm），即 $R = 10\frac{W}{F}$。东王庄水文站降雨径流分析成果见表 23-3。

2.2.1.5 有效降雨历时 T_c 和洪峰滞时 T_P 的确定

有效降雨历时 T_c：采取占总降雨量 80% 的降雨连续时段数，即形成地表径流的净雨小时数。

洪峰滞时 T_P：最大时段平均降雨量到断面洪峰出现的时距。

2.2.1.6 暴雨中心位置的确定

根据流域特性和代表站分布情况一般划分为上游、中游、下游等区域。

上游区：胜利水库、夏张、南白楼水库、响水河水库站以上；

中游区：马庄、大尚站附近；

下游区：东王庄、河西站以下。

2.2.2 精度评定

按许可误差 = 20% 实测值的标准，并当许可误差大于 20.0 mm 时以 20.0 mm 为上限，小于 3.0 mm 时以 3.0 mm 为下限，进行逐次洪水评定。

东王庄站 $P+P_a-R$ 相关图共选用实测点据 10 个，综合评定 6 个合格，合格率为 60%，属于丙级方案，详见表 23-4。

东王庄站 $P-P_a-R$ 相关图共选用 10 个点据，综合评定 6 个合格，合格率为 60%，属于丙级方案，详见表 23-5。

2.3 汇流方案

汇流方案主要采用峰量关系图和经验单位线等方法。

2.3.1 峰量关系图法

2.3.1.1 峰量关系曲线 $R-T_c-Q_{m净}$

以有效降雨历时 T_c 作为参数，建立峰量关系曲线 $R-T_c-Q_{m净}$。T_c 为有效降雨历时，是指实际能产生径流、对造峰有明显影响的降雨历时，一般采取占总降雨量 80% 的降雨连续时段数；R 为一次降雨径流深，采用积分法将现状条件下的实测径流量（扣除水库放水的次洪水总量）除以相应集水面积而得；$Q_{m净}$ 为一次降雨过程所产生的区间净峰流量，采用洪峰流量减去基流而得。

根据 10 个洪水点据分析，通过点群中心并照顾同一 R 值随 T_c 增大 $Q_{m净}$ 逐渐减少的趋势定线，$R-T_c-Q_{m净}$ 关系图见图 23-5。

精度评定：按许可误差 = 20% 实测值的标准进行逐次洪水评定。本方案共选用东王庄站 2018—2022 年 10 个点据，合格 6 个，合格率为 70%，属于乙级方案，详见表 23-6。

2.3.1.2 径流深与洪水总历时相关曲线 $R-T_c-T_洪$

$T_洪$ 为洪水总历时，即洪水起涨至落平时间。以有效降雨历时 T_c 作为参数，建立径流深与洪水总历时相关曲线 $R-T_c-T_洪$。

共选用 10 个洪水总历时的点据进行分析定线，通过点群中心并照顾同一 R 值随 T_c 增大 $T_洪$ 逐渐增大的趋势定线，绘制了 T_c = 2 h、6 h、10 h、14 h、18 h 五条曲线，其余时间插补，详见图 23-6。

精度评定：按许可误差 = 30% 实测值的标准，当许可误差小于 3 h 时以 3 h 为下限，进行逐次洪水评定。本方案共选用实测点据 10 个，合格 9 个，合格率为 90%，属于甲级方案，详见表 23-7。

2.3.1.3 净雨深 R-暴雨中心位置 $P_\phi-Q_{m净}$ 关系曲线

选用 2018—2022 年 10 场次洪水，通过点群中心并照顾同一 R 值由上游向下游逐渐增大的趋势定线，绘制了暴雨中心位置分别为上游、中游、下游的三条曲线，详见图 23-7。

2.3.1.4 峰现时间关系曲线 $Q_{m净}-P_\phi-T_p$

选用 2018—2022 年共 10 场次洪水，按暴雨中心位置划分绘制了东王庄站峰现时间相关曲线，详见图 23-8。

2.3.2 经验单位线

从 2018—2022 年暴雨洪水资料中，选取了 200814 实测洪水资料，分析出东王庄站 1 条单位线，Δt 取 1 h，东王庄站单位线图见图 23-9。

2.4 水位-流量、水位-面积、水位-流速关系曲线

依据 2021—2022 年实测洪水资料，点绘了东王庄站水位-流量、水位-面积、水位-流速关系曲线图，详见图 23-10。

2.5 大断面图

依据东王庄站 2020—2023 年实测大断面资料点绘大断面图，详见图 23-11。

3 方案使用说明

3.1 径流深预报

首先计算出流域平均降雨量和流域平均前期影响雨量，再根据降雨径流关系图 $P+P_a-R$ 和 $P-P_a-R$ 的查算结果进行综合分析，确定地表径流深 R 的预报值。

3.2 洪峰流量及洪水历时预报

3.2.1 查 $R-T_c-Q_{m净}$ 图

根据 R、T_c 查询 $R-T_c-Q_{m净}$ 关系曲线得到 $Q_{m净}$，当 T_c 介于两条关系曲线之间时，首先查出两条曲线中对应 $Q_{m净}$ 的数值，然后进行插补，当 T_c 大于 20 h 或者小于 4 h 使用最近的关系线。另外，还可参照 $R-P_\phi-Q_{m净}$ 关系曲线，查算对应 $Q_{m净}$ 的数值再进行综合分析。

由东王庄站净峰流量预报值与基流计算洪峰流量，查东王庄站的水位流量关系线，得出东王庄站洪峰水位。

3.2.2 经验单位线法

由次降雨径流深 R、时段降雨量采用扣损法得到各时段净雨，然后根据暴雨中心位置选择相应单位线，各时段净雨错时段与 0.1 倍的单位线各时段流量相乘，同时段流量相加，再加上基流量即为洪水过程。最大洪峰流量及其出现时间即可得到。

3.3 洪水总量预报

由预报径流深 R 值乘以相应集水面积可得东王庄站洪水总量 W。

3.4 方案合理性检查及评定

在方案建立过程中，随时根据规范要求及有关文件规定进行合理性检查，特别对突出点据从原始资料反复查对，对中间处理过程也进行了认真审查，发现不合理的问题基本上都做了检查改正。方案建立后，先从线形进行比较，防止出现矛盾现象，然后对每个方案尽量根据规范规定采用表格形式进行了精度评定（用许可误差法）。其中，$P+P_a-R$ 相关图合格率为 60%，$P-P_a-R$ 相关图合格率为 60%，属丙级方案；$R-T_c-T_{洪}$ 相关图合格率为 90%，属甲级方案，综合评定本方案属于丙级方案，可用于参考性预报，不能用于发布正式预报。

3.5 方案适应能力

本方案适用于防洪标准以下的洪水作业预报。如遇超标准洪水，则需根据当时具体情况酌情修正。

3.6 注意事项

（1）方案的制作未考虑上游小水库、塘坝的影响，作业预报时也要根据前期降雨情况进行适当修正。

（2）应随时掌握上游工程蓄水及泄洪情况，尤其是拦河闸坝变动调蓄等因素，对预报值要根据实际情况进行及时修正。

（3）局部暴雨时要注意超渗产流，可适当加大查算的 R 值；久旱初雨时产流偏小，应适当修正所查 R 值。

总之，由于影响因素太多，本方案不能完全反映实际情况，因而不能照搬，应具体问题具体分析，并采用多种方法，考虑各种因素进行综合分析，确定采用的预报值。

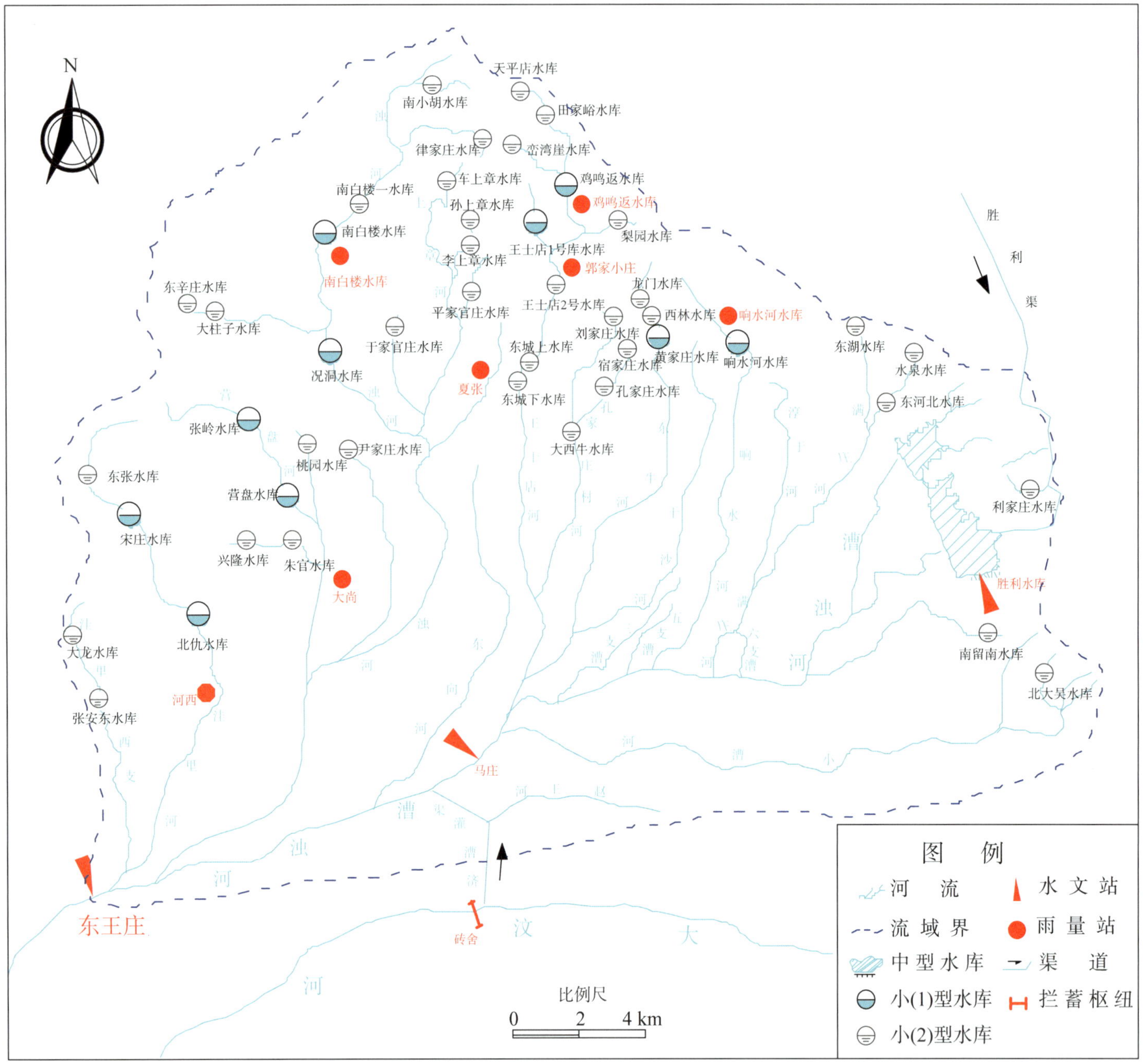

图 23-1 漕浊河东王庄站以上流域图

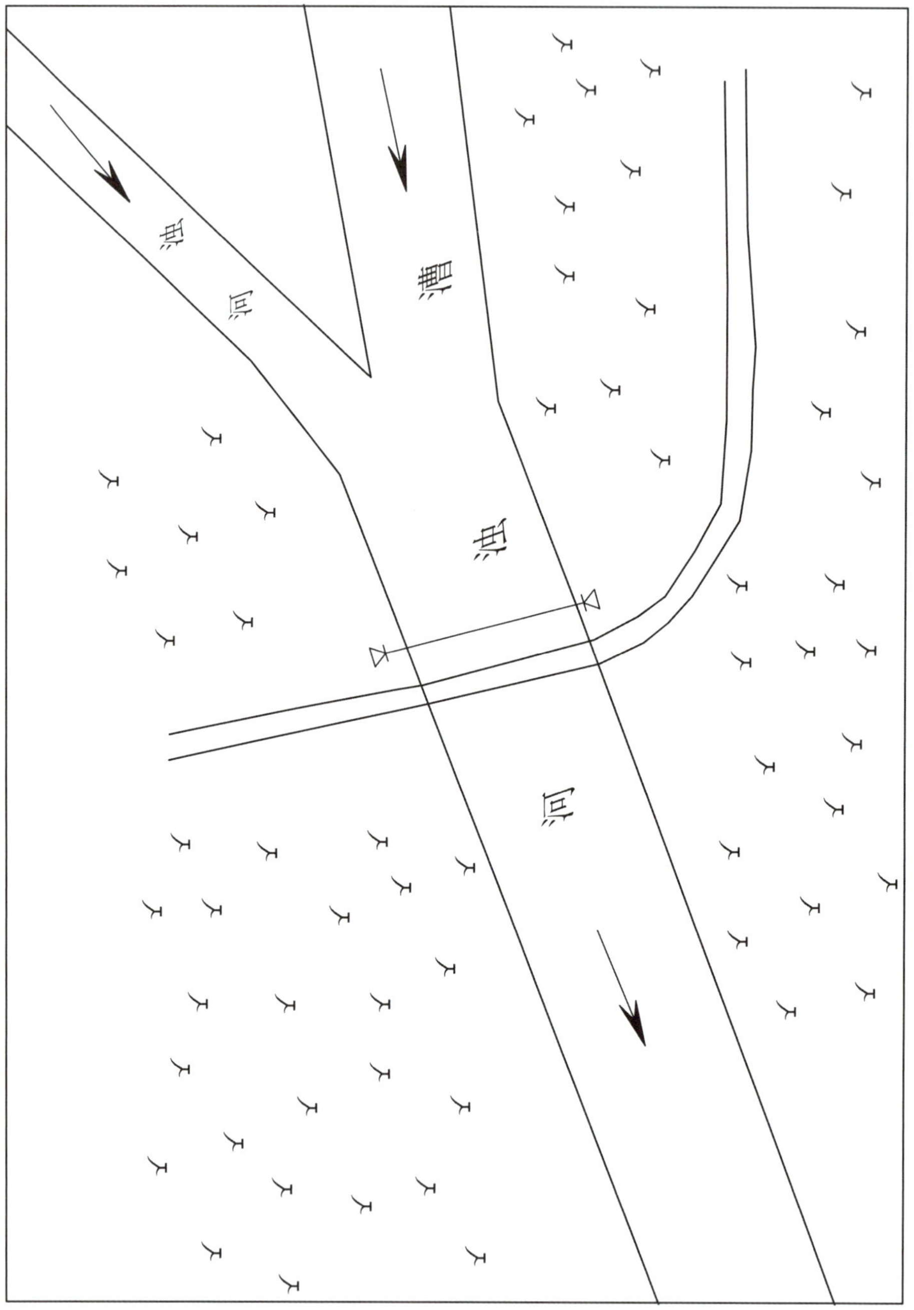

图 23-2 漕浊河东王庄站测验断面平面图

表 23-3　漕浊河东王庄站降雨径流分析成果表

序号	洪号	降雨开始日期	降雨重心	降雨结束日期	流域平均雨量 P（mm）	前期影响雨量 P_a（mm）	$P+P_a$（mm）	降雨历时（h）		暴雨中心位置	洪水发生时间			洪水历时 $T_洪$（h）	起始流量 Q_0（m^3/s）	洪峰流量 Q_m（m^3/s）	净峰流量 $Q_{m净}$（m^3/s）	洪水总量 $W_总$（万 m^3）	次径流总量 $W_次$（万 m^3）	集水面积 F（km^2）	径流深 R（mm）	降雨重心至洪峰历时 T_P（h）
								全部 T	有效 T_c		起涨	峰顶	落平									
1	180819	8 月 18 日 16：00	8 月 19 日 10：00	8 月 19 日 19：00	123.9	51.4	175.3	27	22	中上游	8 月 19 日 7：00	8 月 19 日 23：50	8 月 25 日 8：00	145	4.97	73.2	68.2	991	731	570	12.8	13.8
2	190811	8 月 10 日 12：00	8 月 11 日 8：00	8 月 11 日 21：00	105.3	67.3	172.6	33	20	上游	8 月 10 日 20：00	8 月 11 日 18：30	8 月 15 日 8：00	108	0.65	27.5	26.5	394	317	570	5.6	10.5
3	200807	8 月 6 日 15：00	8 月 6 日 18：00	8 月 7 日 8：00	100.9	70.6	171.5	17	12	中上游	8 月 7 日 0：40	8 月 7 日 15：50	8 月 8 日 6：00	29.3	9.30	100	90.0	1 137	1 033	570	18.1	21.8
4	200814	8 月 13 日 15：00	8 月 13 日 17：00	8 月 13 日 20：00	114.8	53.7	168.5	5	3	中上游	8 月 13 日 19：00	8 月 14 日 1：35	8 月 17 日 8：00	85	17.3	226	209	1 519	1 186	570	20.8	8.6
5	210920	9 月 19 日 0：00	9 月 19 日 19：00	9 月 20 日 1：00	83.1	23.1	106.2	25	14	上游	9 月 19 日 7：00	9 月 20 日 10：42	9 月 22 日 18：00	83	2.93	94.2	87.2	1 063	778	570	13.6	15.7
6	220627	6 月 26 日 12：00	6 月 26 日 17：00	6 月 27 日 5：00	101.0	26.5	127.5	17	10	上游	6 月 27 日 0：54	6 月 27 日 6：19	6 月 30 日 8：00	79.1	0.49	45.6	44.6	370	320	570	5.6	13.3
7	220706	7 月 6 日 2：00	7 月 6 日 10：00	7 月 6 日 14：00	107.9	41.4	149.3	12	9	中下游	7 月 6 日 4：00	7 月 6 日 18：54	7 月 9 日 8：00	76	3.20	61.7	57.7	539	397	570	7.0	8.9
8	220712	7 月 11 日 16：00	7 月 11 日 17：00	7 月 12 日 1：00	37.9	78.0	115.9	9	2	上游	7 月 11 日 20：00	7 月 12 日 8：08	7 月 15 日 8：00	84	8.00	49.7	40.7	669	365	570	6.4	15.1
9	220723	7 月 22 日 17：00	7 月 22 日 23：00	7 月 23 日 4：00	41.0	46.6	87.6	11	5	上游	7 月 22 日 23：00	7 月 23 日 11：21	7 月 26 日 8：00	81	8.39	42.2	33.2	630	303	570	5.3	12.4
10	220810	8 月 8 日 20：00	8 月 8 日 21：00	8 月 9 日 0：00	25.3	29.5	54.8	4	1	上游	8 月 9 日 10：00	8 月 10 日 19：00	8 月 12 日 20：00	82	11.2	54.1	42.1	625	268	570	4.7	46.0

表 23-4　漕浊河东王庄站 $P+P_a$-R 精度评定表

序号	洪号	降雨开始日期	降雨结束日期	P（mm）	P_a（mm）	$P+P_a$（mm）	实测径流深（mm）	预报径流深（mm）	预报误差（mm）	许可误差（mm）	评定结果	
											合格	不合格
1	180819	2018/8/18 16：00	2018/8/19 19：00	123.9	51.4	175.3	12.8	19.9	7.1	3.0		√
2	190811	2019/8/10 12：00	2019/8/11 21：00	105.3	67.3	172.6	5.6	18.7	13.1	3.0		√
3	200807	2020/8/6 15：00	2020/8/7 8：00	100.9	70.6	171.5	18.1	18.3	0.2	3.6	√	
4	200814	2020/8/13 15：00	2020/8/13 20：00	114.8	53.7	168.5	20.8	16.9	−3.9	4.2	√	
5	210920	2021/9/19 0：00	2021/9/20 1：00	83.1	23.1	106.2	13.6	5.0	−8.6	3.0		√
6	220627	2022/6/26 12：00	2022/6/27 5：00	101.0	26.5	127.5	5.6	7.5	1.9	3.0	√	
7	220706	2022/7/6 2：00	2022/7/6 14：00	107.9	41.4	149.3	7.0	10.1	3.1	3.0		√
8	220712	2022/7/11 16：00	2022/7/12 1：00	37.9	78.0	115.9	6.4	6.1	−0.3	3.0	√	
9	220723	2022/7/22 17：00	2022/7/23 4：00	41.0	46.6	87.6	5.3	3.7	−1.6	3.0	√	
10	220810	2022/8/8 20：00	2022/8/9 0：00	25.3	29.5	54.8	4.7	2.0	−2.7	3.0	√	

备注：共选取 2018—2022 年 10 个点据，6 个合格，合格率为 60%，属丙级方案。

表 23-5　漕浊河东王庄站 P-P_a-R 精度评定表

序号	洪号	降雨开始日期	降雨结束日期	P（mm）	P_a（mm）	径流深 R（mm）		预报误差（mm）	许可误差（mm）	评定结果	
						实测	预报			合格	不合格
1	180819	2018/8/18 16：00	2018/8/19 19：00	123.9	51.4	12.8	15.0	2.2	3.0	√	
2	190811	2019/8/10 12：00	2019/8/11 21：00	105.3	67.3	5.6	17.8	12.2	3.0		√
3	200807	2020/8/6 15：00	2020/8/7 8：00	100.9	70.6	18.1	18.6	0.5	3.6	√	
4	200814	2020/8/13 15：00	2020/8/13 20：00	114.8	53.7	20.8	13.8	-7.0	4.2		√
5	210920	2021/9/19 0：00	2021/9/20 1：00	83.1	23.1	13.6	3.3	-10.3	3.0		√
6	220627	2022/6/26 12：00	2022/6/27 5：00	101.0	26.5	5.6	4.8	-0.8	3.0	√	
7	220706	2022/7/6 2：00	2022/7/6 14：00	107.9	41.4	7.0	9.1	2.1	3.0	√	
8	220712	2022/7/11 16：00	2022/7/12 1：00	37.9	78.0	6.4	7.2	0.8	3.0	√	
9	220723	2022/7/22 17：00	2022/7/23 4：00	41.0	46.6	5.3	3.0	-2.3	3.0	√	
10	220810	2022/8/8 20：00	2022/8/9 0：00	25.3	29.5	4.7	1.2	-3.5	3.0		√

备注：共选取 2018—2022 年 10 个点据，合格 6 个，合格率为 60%，属丙级方案。

表 23-6　漕浊河东王庄站 R-T_c-$Q_{m净}$ 精度评定表

序号	洪号	峰现时间	R（mm）	T_c（h）	净峰流量（m^3/s）		预报误差（m^3/s）	许可误差（m^3/s）	评定结果	
					实测	预报			合格	不合格
1	180819	2018/8/19 23：50	12.8	22	68.2	59.0	-9.2	13.6	√	
2	190811	2019/8/11 18：30	5.6	20	26.5	23.0	-3.5	5.3	√	
3	200807	2020/8/7 15：50	18.1	12	90.0	136.7	46.7	18.0		√
4	200814	2020/8/14 1：35	20.8	3	209	216.4	7.4	41.8	√	
5	210920	2021/9/20 10：42	13.6	14	87.2	94.1	6.9	17.4	√	
6	220627	2022/6/27 6：19	5.6	10	44.6	44.4	-0.2	8.9	√	
7	220706	2022/7/6 18：54	7.0	9	57.7	60.3	2.6	11.5	√	
8	220712	2022/7/12 8：08	6.4	2	40.7	66.8	26.1	8.1		√
9	220723	2022/7/23 11：21	5.3	5	33.2	51.6	78.4	6.6		√
10	220810	2022/8/10 19：00	4.7	1	42.1	46.3	4.2	8.4	√	

备注：共选取 2018—2022 年 10 个点据，合格 7 个，合格率为 70%，属乙级方案。

表 23-7　漕浊河东王庄站 R-T_c-$T_{洪}$ 精度评定表

序号	洪号	R（mm）	T_c（h）	实测 $T_{洪实}$（h）	预报 $T_{洪预}$（h）	预报误差（h）	允许误差（h）	评定结果	
								合格	不合格
1	180819	12.8	22	145	115.1	-29.9	43.5	√	
2	190811	5.6	20	108	101.4	-6.6	32.4	√	
3	200807	18.1	12	29.3	104.7	75.3	8.8		√
4	200814	20.8	3	85	80.3	-4.7	25.5	√	
5	210920	13.6	14	83	105.6	22.6	24.9	√	
6	220627	5.6	10	79.1	81.5	2.4	23.7	√	
7	220706	7.0	9	76	82.5	6.5	22.8	√	
8	220712	6.4	2	84	63.7	-20.3	25.2	√	
9	220723	5.3	5	81	68.3	-12.7	24.3	√	
10	220810	4.7	1	82	57.6	-24.4	24.6	√	

备注：共选取 2018—2022 年 10 个点据，合格 9 个，合格率为 90%，属甲级方案。

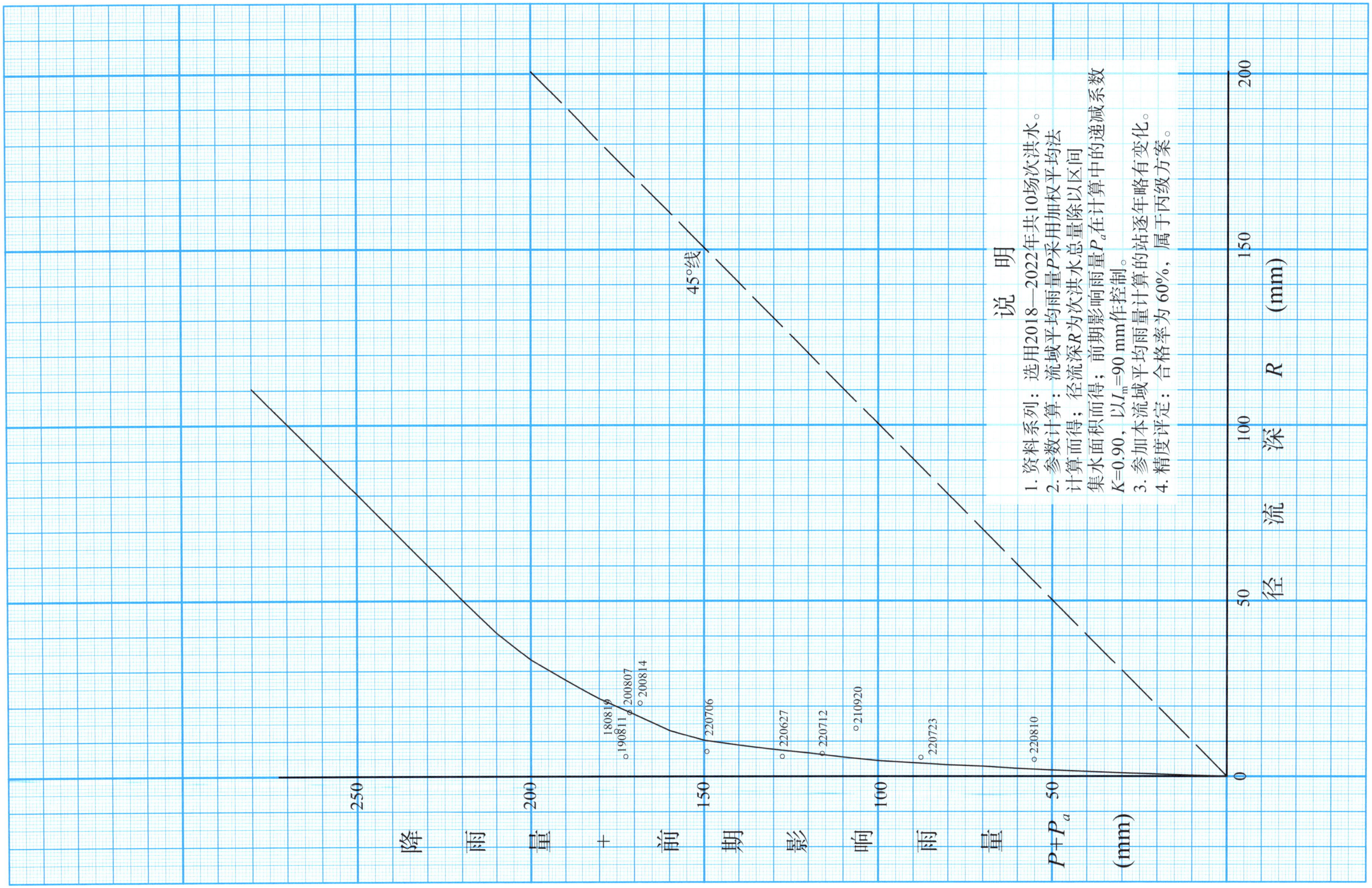

图 23-3　漕浊河东王庄站降雨径流相关图（$P+P_a$-R）

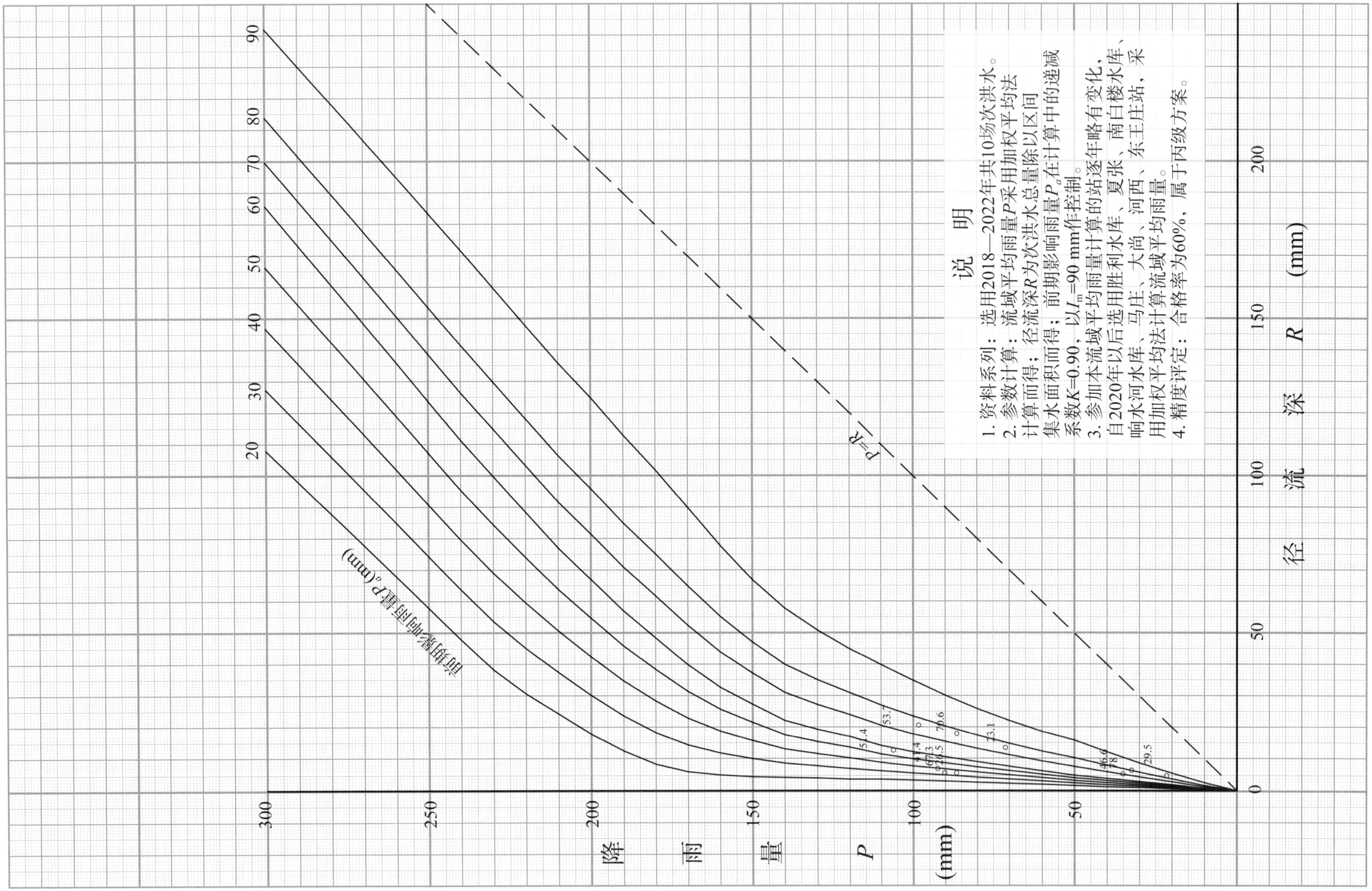

图 23-4　漕浊河东王庄站降雨径流相关图（P-P_a-R）

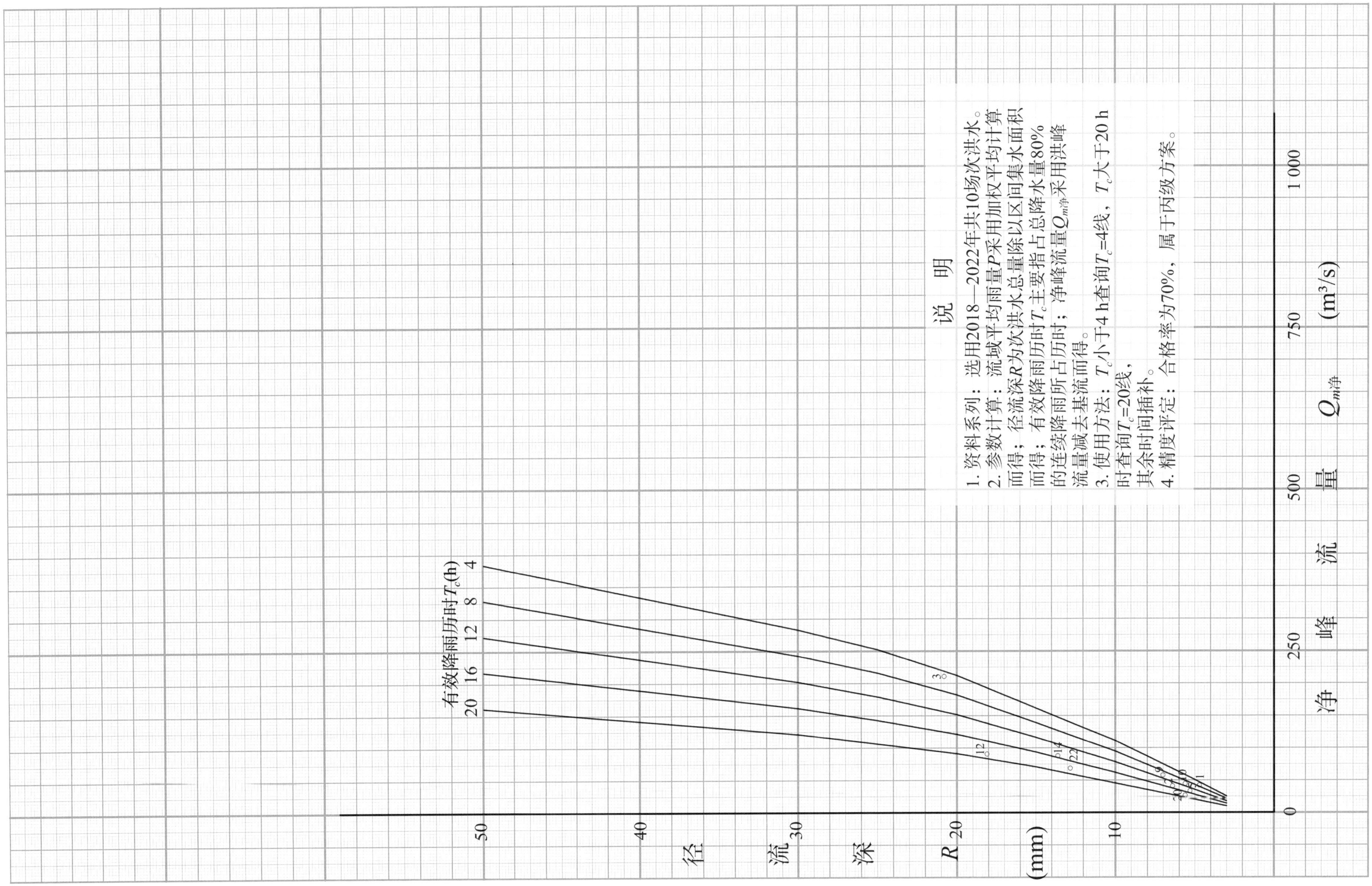

图 23-5　漕浊河东王庄站 R-T_c-$Q_{m净}$ 关系曲线图

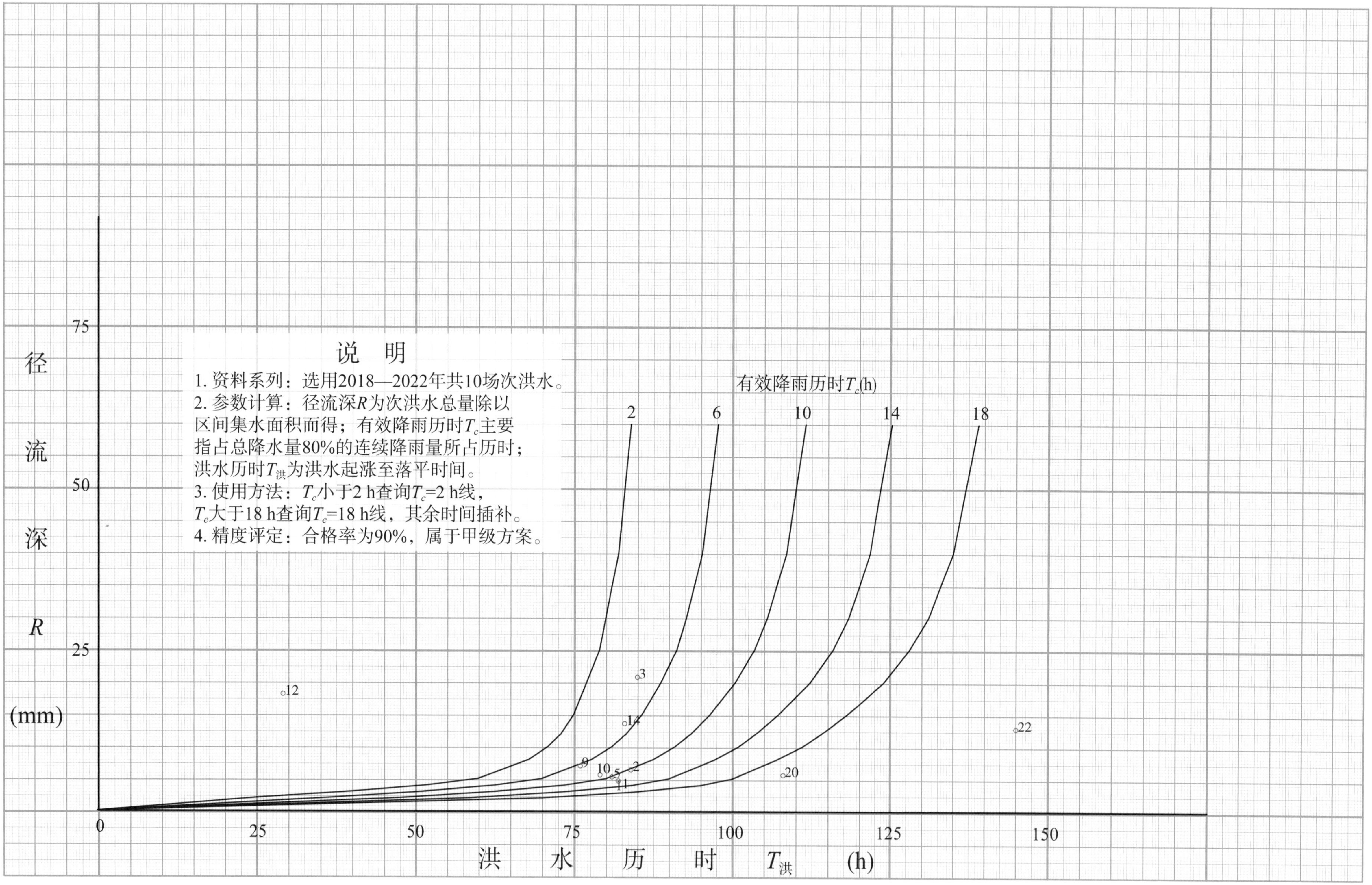

图 23-6　漕浊河东王庄站 R-T_c-$T_{洪}$ 关系曲线图

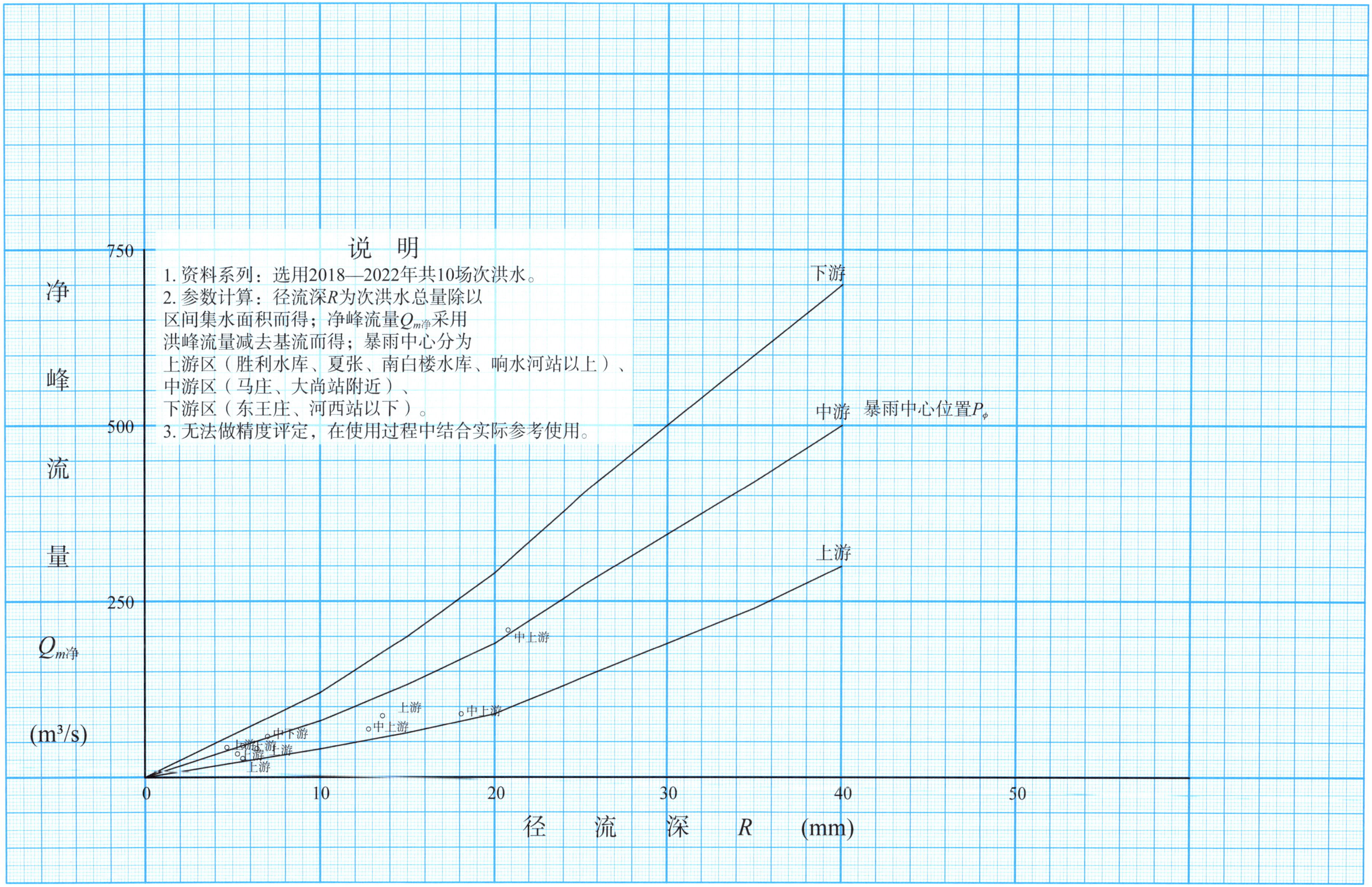

图 23-7　漕浊河东王庄站 R-P_{ϕ}-$Q_{m净}$ 关系曲线图

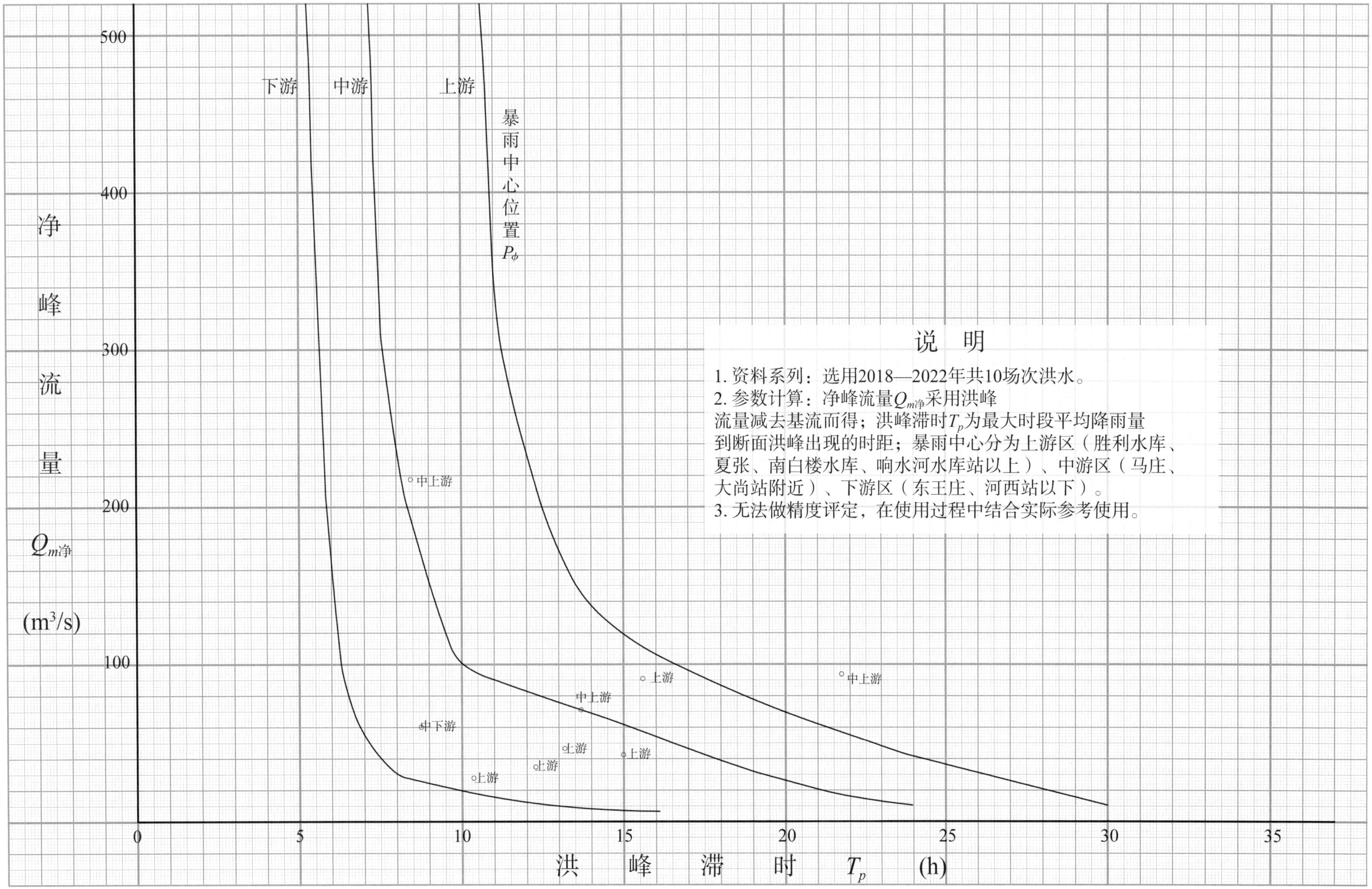

图 23-8 漕浊河东王庄站峰现时间关系曲线图（$Q_{m净}$-P_ϕ-T_p）

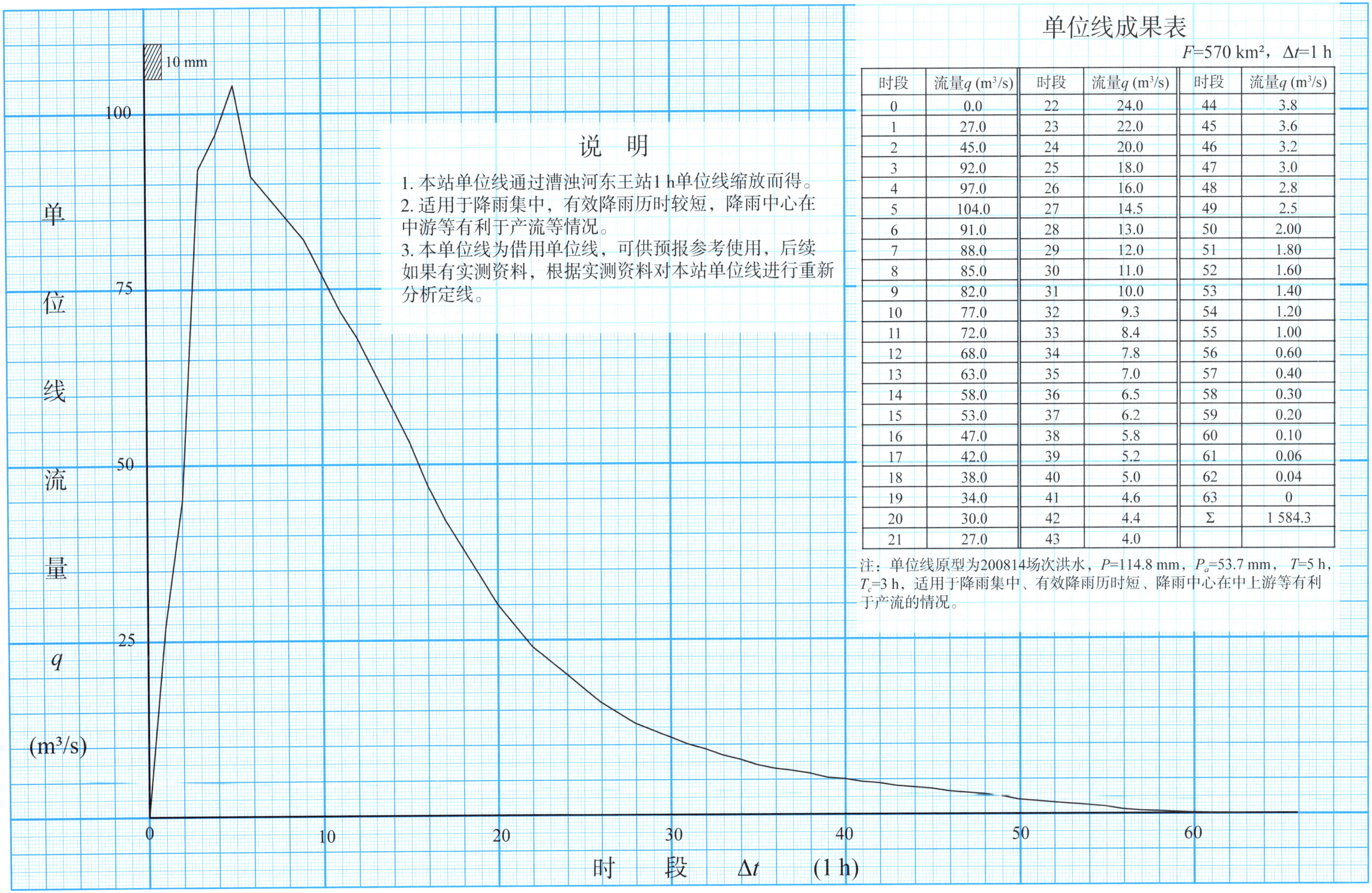

说 明

1. 本站单位线通过漕浊河东王站1 h单位线缩放而得。
2. 适用于降雨集中，有效降雨历时较短，降雨中心在中游等有利于产流等情况。
3. 本单位线为借用单位线，可供预报参考使用，后续如果有实测资料，根据实测资料对本站单位线进行重新分析定线。

单位线成果表

F=570 km²，Δt=1 h

时段	流量q (m³/s)	时段	流量q (m³/s)	时段	流量q (m³/s)
0	0.0	22	24.0	44	3.8
1	27.0	23	22.0	45	3.6
2	45.0	24	20.0	46	3.2
3	92.0	25	18.0	47	3.0
4	97.0	26	16.0	48	2.8
5	104.0	27	14.5	49	2.5
6	91.0	28	13.0	50	2.00
7	88.0	29	12.0	51	1.80
8	85.0	30	11.0	52	1.60
9	82.0	31	10.0	53	1.40
10	77.0	32	9.3	54	1.20
11	72.0	33	8.4	55	1.00
12	68.0	34	7.8	56	0.60
13	63.0	35	7.0	57	0.40
14	58.0	36	6.5	58	0.30
15	53.0	37	6.2	59	0.20
16	47.0	38	5.8	60	0.10
17	42.0	39	5.2	61	0.06
18	38.0	40	5.0	62	0.04
19	34.0	41	4.6	63	0
20	30.0	42	4.4	Σ	1 584.3
21	27.0	43	4.0		

注：单位线原型为200814场次洪水，P=114.8 mm，P_a=53.7 mm，T=5 h，T_c=3 h，适用于降雨集中、有效降雨历时短、降雨中心在中上游等有利于产流的情况。

图 23-9　漕浊河东王庄站单位线图

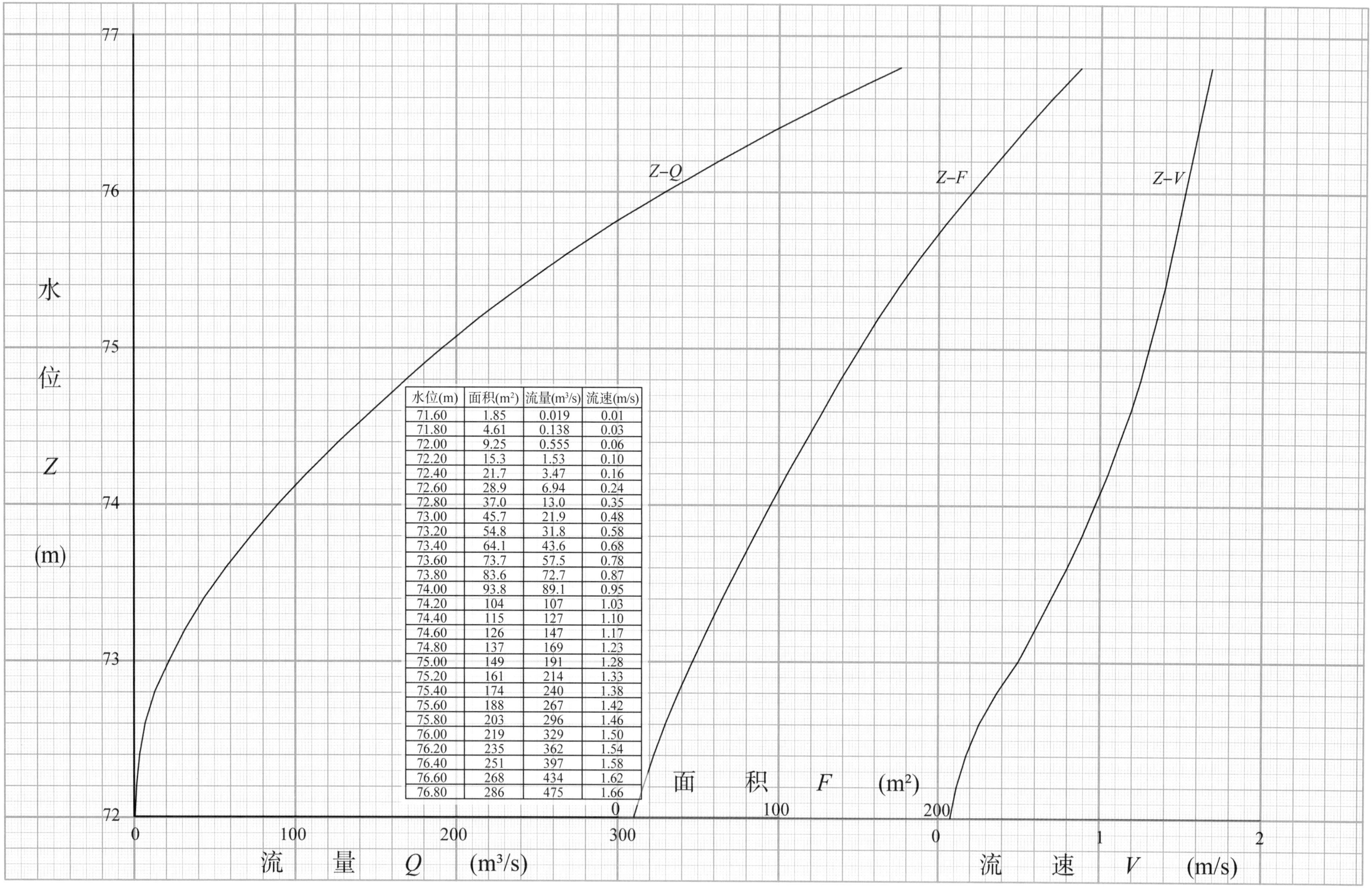

水位(m)	面积(m²)	流量(m³/s)	流速(m/s)
71.60	1.85	0.019	0.01
71.80	4.61	0.138	0.03
72.00	9.25	0.555	0.06
72.20	15.3	1.53	0.10
72.40	21.7	3.47	0.16
72.60	28.9	6.94	0.24
72.80	37.0	13.0	0.35
73.00	45.7	21.9	0.48
73.20	54.8	31.8	0.58
73.40	64.1	43.6	0.68
73.60	73.7	57.5	0.78
73.80	83.6	72.7	0.87
74.00	93.8	89.1	0.95
74.20	104	107	1.03
74.40	115	127	1.10
74.60	126	147	1.17
74.80	137	169	1.23
75.00	149	191	1.28
75.20	161	214	1.33
75.40	174	240	1.38
75.60	188	267	1.42
75.80	203	296	1.46
76.00	219	329	1.50
76.20	235	362	1.54
76.40	251	397	1.58
76.60	268	434	1.62
76.80	286	475	1.66

图 23–10　漕浊河东王庄站水位 Z 与流量 Q、面积 F、流速 V 关系曲线图

图 23-11 漕浊河东王庄站实测大断面图

第二十四章　汇河白楼站水文预报方案编制说明*

1　流域基本情况

1.1　流域自然地理特征

白楼水文站位于汇河上游康王河上，坐落在肥城市桃园镇白楼村。

汇河俗称汇泉河，是大汶河下游最大的支流，位于黄河以南、大汶河以北的狭长地带，流域东西宽 54.5 km、南北长 46.5 km，流域面积为 1 260 km^2。汇河主流发源于肥城市陶山西麓，南流穿风凰山口，至湖屯镇汇纳陶山前诸水，形成主流河道，至衡鱼村与东来的康王河汇流。汇河自衡鱼村再南流，经平阴县的孔村、店子集及东平县的大羊、接山等乡镇，至黄徐庄南，注入戴村坝下游的大清河。康王河为汇河最大的支流，发源于泰安市岱岳区道朗一带的山区，流经肥城，于衡鱼村西汇入汇河，全长 56.7 km。

流域形状呈扇形，东北高、西南低，三面环山，形成封闭的河谷盆地，地貌类型较复杂，有低山、丘陵、平原、洼地等。汇河流域绝大部分属于第四纪灰岩和石灰岩，少部分由砂页岩和变质岩组成。岩石出露明显，山区多为青石山，少部分为砂石山。受地形岩性的影响，土壤性质分为砂土、沙壤土和壤土。流域内有四条断层穿过：夏张至肥城东南西北向的断层、边院至肥城东南西北向的断层、蚜山村至石横东南西北向的断层和常庄至大羊东南西北向的断层。水文地质条件良好，地下水补给丰沛，对地表径流的形成较为不利。由于岩石出露不均，土层厚薄不一，山区土壤瘠薄，植树造林情况较差，本流域山区地带水源条件较差，植被覆盖度较小，水土流失严重；平原大部分为沙壤土和壤土，土层较厚，各种农作物生长较好，农作物以小麦、玉米、地瓜为主，兼有杂粮，经济作物主要有大豆、棉花等。汇河白楼水文站以上流域图见图 24-1。

1.2　水利工程情况

白楼预报断面以上流域内有小（1）型水库 9 座，控制面积 153.4 km^2，兴利库容 1 242.65 万 m^3。应当说明的是：石坞水库为小（1）型水库，控制面积 87.0 km^2，与其上游龙门口水库呈套库，石坞水库漏水严重，一般情况下不蓄水，其溢洪道无闸门，为开敞式。流域内主要水利工程情况见表 24-1。

表 24-1　白楼站以上流域内主要水利工程情况表

水库名称	所在地	流域面积 F（km^2）	总库容 V（万 m^3）	兴利库容 $V_{兴}$（万 m^3）	建成日期	备注
五一	泰安市岱岳区道郎镇	7.0	290	210	1958 年 7 月	
龙门口	泰安市岱岳区道郎镇	（46.5）	780	280	1960 年 5 月	与石坞水库呈套库
石坞	泰安市肥城市仪阳街道	87.0	803.06	211.52	1967 年 5 月	
车碑山	泰安市肥城市仪阳街道	6.0	127.99	65	1966 年 5 月	
潮泉	泰安市肥城市潮泉镇	20.13	139.21	56	1967 年 10 月	
大王	泰安市肥城市潮泉镇	10.8	162.7	94	1965 年 5 月	
八里庙	泰安市肥城市老城街道	5.57	141.74	92.13	1965 年 5 月	
栲山	泰安市肥城市仪阳街道	6.9	174.02	90	1965 年 6 月	
群将湖	泰安市肥城市高新区	10.0	338.10	144	1959 年 5 月	
合计		153.4	2 956.82	1 242.65		

1.3　测站概况

白楼水文站设立于 1977 年 5 月 20 日，预报断面以上流域控制面积为 426 km^2，为区域代表站。该流域内山区为浅山，约占 20%；丘陵约占 40%；平原约占 40%。1997 年 6 月 1 日停测水位、流量、含沙量项目，仅保留降水量的观测，2017 年 6 月 1 日恢复水位、流量测验。因此，现有洪水资料系列较短，测站沿革见表 24-2。

白楼预报断面以上流域内设有：中小河流水文站 1 处（石坞水文站）；水位站 1 处（康汇桥水位站）；雨量站 8 处，分别为道朗、潮泉、石坞、老城、肥城、马尾山、牛山、安乐村，详见表 24-3。

表 24-2　汇河白楼站测站沿革表

发生年月	站别	设立或变动	领导机关	说明
1977 年 5 月	水文	设立	山东省水文总站	汛期站，集水面积为 426 km^2
1983 年 6 月	水文	改为常年站	山东省水文总站	
1997 年 6 月	水文	停测	山东省水文总站	
2017 年 6 月	水文	恢复	山东省水文局	常年站

表 24-3　白楼站以上流域内雨量站情况统计表

站名	站码	类别	设站年份	详细地址
道朗	41523350	基本站	1955 年	山东泰安市岱岳区道朗镇
潮泉	41523380	中小河流站	2018 年	山东省肥城市潮泉镇
石坞	41523400	基本站	1976 年	山东省肥城市仪阳街道石坞北村

续表

站名	站码	类别	设站年份	详细地址
老城	41523455	中小河流站	2018 年	山东省肥城市老城街道老城村
肥城	41523450	基本站	1951 年	山东省肥城市老城街道水利站院内
马尾山	41523500	基本站	1966 年	山东省肥城市仪阳街道马尾山村
牛山	41523530	中小河流站	2018 年	山东省肥城市王瓜店街道牛山
安乐村	41523550	基本站	1966 年	山东省肥城市王瓜店街道安乐村

1.3.1 测验断面情况

白楼站测验河段比较顺直，高低水时无岔流、串沟、回流、死水等情况。该河宽约 72 m，水位在 74 m 左右时右岸会漫滩，漫滩宽度约 150 m；高低水时主流偏向左岸。测验河段左岸有堤防，两岸树木杂草丛生。河床由细沙组成，河床无冲淤、塌陷现象。基本水尺断面上游 500 m 处和下游 300 m 处均有弯道，在上游 100 m 处有生产桥一座，对测验影响较小。该站冻结基面以上高程+0. 000 m＝1956 年黄海基面以上高程。汇河白楼水文站测验河段平面图见图 24-2。

1.3.2 测验项目及测验设施

目前该站主要观测项目有水位、流量、水质、降水量、墒情、冰情、地下水等。现测验断面有基本水尺断面、流速仪测流断面；主要测验设施有岸式浮子水位计、直立式水尺、缆道、水文测桥。流量测验方式：中高水时采用桥测或缆道，低水时涉水，流量测验设备使用流速仪或 ADCP。

1.3.3 测洪方案

白楼水文站测洪方案见表 24-4。

表 24-4　白楼水文站测洪方案

水情级别		中、高水	一般洪水	低水
测流方法	常用方案	流速仪缆道测流	流速仪缆道测流	流速仪涉水
	备用方案	测流车或 ADCP 桥测	测流车或 ADCP 桥测	ADCP
测深方法		借用断面	悬索	悬杆

1.3.4 水文特性

白楼水文站历史调查洪水 1 120 m^3/s，发生于 1951 年 7 月 26 日，其水文特性见表 24-5。

表 24-5　白楼水文站水文特征值表

最大年降水量	1 004. 6 mm	出现年份	2004 年	多年平均年降水量	615. 1 mm
最小年降水量	252. 1 mm	出现年份	2002 年		
最大 24 h 降水量	241. 0 mm	出现年份	1978 年		
最大 72 h 降水量	250. 5 mm	出现年份	1978 年		
最大年径流量	0. 771 6 亿 m^3	出现年份	1996 年	多年平均年径流量	0. 348 6 亿 m^3
最小年径流量	0. 072 1 亿 m^3	出现年份	1989 年		
最大流量	700 m^3/s		出现时间	1978 年 7 月 14 日	
最小流量	0 m^3/s		出现时间	1978 年 6 月 1 日	
最高水位	74. 75 m		出现时间	1978 年 7 月 14 日	
最低水位	河干		出现时间	1978 年 6 月 1 日	

2 预报方案编制

2.1 预报方法的确定

预报方案采用经验和半经验法，根据水文现象形成和演变的基本规律，充分分析历史资料，建立预报要素与前期水文气象要素之间的关系。产流方案采用 API 模型，汇流方案采用峰量关系图和经验单位线等方法。

2.2 预报区间的确定

白楼水文站以上建有小（1）型水库 9 座，控制面积 153. 4 km^2，占断面控制面积的 36%。流域内有多条断层穿过其中上游区域，加上属于第四纪灰岩、石灰岩及少部分为砂页岩和变质岩，构成了对地表径流产生较为不利的条件，绝大多数小型水库没有多年调节功能。因不能掌握小水库的监测及调度运行情况，故不考虑小型水库作为上游入流站，预报区间面积确定为全流域产流的 426 km^2。

2.3 资料情况及方案沿革

2.3.1 资料情况

本次分析选用的实测资料年限为 26 年（1978—1997 年、2017—2022 年），本方案本着“高水、中水不漏，小洪水适当精简”的原则，共选取 14 场次降雨洪水资料。应当指出的是，对于自 2017 年恢复水位、流量测验以来的头几年，有 2 场大暴雨产生的相应洪水过程测验不完整（起涨段漏测），故在本次方案编制时未选取。

2.3.2 方案沿革

白楼水文站预报方案为新编制方案。

2.4 产流方案

产流方案采用降雨径流参数绘制经验相关图 $P+P_a-R$，利用分析计算的 14 个点据点绘定线，汇河白楼水文站降雨径流相关图见图 24-3。其中：P 为次降雨流域平均雨量（mm）；P_a 为流域平均前期影响雨量（mm）；R 为次降雨所产生的径流深（mm）。

2.4.1 流域平均雨量 P 的计算

对白楼站 1978—1997 年、2017—2022 年资料进行分析，从中选用了 14 场大、中、小洪水。流域平均雨量采用泰森多边形法求得，参加流域平均雨量计算的雨量站均为国家基本雨量站，分别为道朗、石坞、肥城、马尾山、安乐村和白楼。各雨量站权重见表 24-6。

表 24-6 汇河白楼站以上流域内雨量站的控制权重表

站名	道朗	石坞	肥城	马尾山	安乐村	白楼
权重	0.144	0.291	0.283	0.227	0.029	0.026

2.4.2 流域平均前期影响雨量 P_a 的计算

自 1978 年建站起开始连续计算，首先计算流域平均雨量，然后计算前期影响雨量 P_a，其计算公式如下：

$$P_{a,t} = K(P_{a,t-1} + P_{t-1})$$

式中：$P_{a,t}$ 为当日的流域平均前期影响雨量（mm）；$P_{a,t-1}$ 为前一日的流域平均前期影响雨量（mm）；P_{t-1} 为前一日流域平均降雨量（mm）；K 为前期影响雨量递减系数，$K = 1 - E_m/I_m$，本方案 K=0.90；E_m 为流域蒸发能力（mm）；I_m 为流域最大损失量（mm）。

2.4.3 最大初损值 I_m 和 K 值的确定

本次选择久旱少雨和突降大雨产生径流较小的洪水，共选取 4 场次洪水进行分析计算，I_m 取值范围在 90～162 mm，平均值为 132 mm。分别按照 100 mm、110 mm、120 mm、130 mm 进行分析，发现不同最大初损值对场次洪水前期影响雨量影响较小，由于符合久旱少雨和突降大雨产生径流较小这个条件的洪水场次相对较少，故本次暂采用 I_m = 120 mm，随着资料系列的延长再进行补充分析。

其中 I_m 采用下式计算：

$$I_m = P + P_a - R - E$$

式中：P 为流域平均降雨量（mm）；P_a 为前期影响雨量（mm）；R 为径流深（mm）；E 为雨间蒸发量（mm），采用所在降雨日的日蒸发量代替。

根据戴村坝、大汶口站蒸发资料分析了 6—9 月各月最大蒸发量 E_m，平均值分别为 12.5 mm、11.0 mm、9.3 mm、7.5 mm，则 K 值分别为：$K_{6月}$ = 0.90、$K_{7月}$ = 0.91、$K_{8月}$ = 0.92、$K_{9月}$ = 0.94。经分析，汛期采用不同系数和取用一个固定系数进行计算时，K = 0.90 效果最好。由于资料系列较短，故本次暂采用 K = 0.90，随着资料系列的延长再进行补充分析。

在分析逐日前期影响雨量递减系数时，考虑到白天、夜间蒸发损失不同，将每日的折减损失量按照黄金分割进行划分，白天乘以 0.618 并按时段划分，夜间乘以 0.382 并按时段划分，再分别计算出各时段的前期影响雨量。

2.4.4 径流深 R 的推求

本次编制的产流预报方案，未考虑上游小水库工程的拦蓄影响。绘制各场次洪水的流量过程，采用斜线分割（或平割）法切除基流求出次洪水总量，次洪水总量除以相应集水面积即可求得径流深 R。白楼水文站降雨径流分析成果见表 24-7。

2.4.5 有效降雨历时 T_c 的确定

有效降雨历时 T_c 采用占总降水量 80% 的降雨量的集中历时，当中间间隔了几个时段时，要把间隔的这几个时段也考虑在内。

2.4.6 暴雨中心位置的确定

根据流域特性和代表站分布情况划分暴雨中心位置：道朗站为上游区；肥城站—马尾山站为中游区；安乐村站—白楼站为下游区。

2.5 汇流方案

汇流方案主要采用峰量关系图、经验单位线等方法。

2.5.1 峰量关系曲线 R-T_c-$Q_{m净}$

以有效降雨历时 T_c 为参数，建立并绘制峰量关系曲线 R-T_c-$Q_{m净}$。其中，R 为一次降雨径流深；T_c 为有效降雨历时，是指实际能产生径流、对造峰有明显影响的降雨历时；$Q_{m净}$为一次降雨过程所产生的区间净峰流量。勾绘 T_c 等值线时应遵循下列原则：①小 T_c 线在右，大 T_c 线在左，各线均过原点；②各 T_c 等值线呈直线或微呈抛物线状；③各 T_c 线差值若相等，同一 R 值的各线间横差左小右大。本方案绘制了 T_c = 1 h、2 h、4 h、6 h、8 h、10 h、12 h、16 h 共 8 条曲线，其余时间插补。白楼水文站 R-T_c-$Q_{m净}$ 关系曲线图见图 24-4。

白楼水文站洪峰流量计算公式：

$$Q_m = Q_{m净} + Q_{基}$$

式中：$Q_{m净}$为净峰流量（m^3/s）；$Q_{基}$为基流量（m^3/s）。

2.5.2 净峰流量与洪峰滞时关系曲线 $Q_{m净}$-T_c-t_p

以有效降雨历时 T_c 作为参数，建立净峰流量与洪峰滞时关系曲线 $Q_{m净}$-T_c-t_p。根据 14 个洪峰滞时的点据分析定线。

通过点群中心并照顾同一 $Q_{m净}$值 t_p 逐渐增大的趋势定线，绘制了 T_c = 5 h、12 h 两条曲线，其余时间插补。白楼水文站 $Q_{m净}$-T_c-t_p 关系曲线图见图 24-5。

2.5.3 径流深与洪水总历时关系曲线 R-T_c-$T_{洪}$

以有效降雨历时 T_c 作为参数，建立径流深与洪水总历时关系曲线 R-T_c-$T_{洪}$。根据 14 个洪水总历时的点据分析定线。通过点群中心并照顾同一 R 值 $T_{洪}$ 逐渐增大的趋势定线，绘制了 T_c=6 h 和 T_c=12 h 两条曲线，其余时间插补。白楼水文站 R-T_c-$T_{洪}$ 关系曲线图见图 24-6。

2.5.4 经验单位线

从实测暴雨洪水资料中，选取分析出 780714、940808 两条单位线，分别代表暴雨中心在中游、前期较湿润和普降暴雨、前期较干旱两种情况，Δt 取 1 h。白楼水文站单位线图见图 24-7。

2.6 水位-流量、水位-面积、水位-流速关系曲线

依据白楼站实测洪水资料，点绘水位-流量、水位-面积、水位-流速关系曲线图，详见图 24-8。

2.7 大断面图

白楼水文站大断面图见图 24-9。

3 方案的评定及合理性检查

3.1 降雨径流关系线 P+P_a-R

精度评定：白楼水文站 P+P_a-R 相关图共选用实测点据 14 个。按许可误差=20%实测值的标准，并当许可误差大于 20.0 mm 时以 20.0 mm 为上限，小于 3.0 mm 时以 3.0 mm 为下限，进行逐次洪水评定。综合评定有 10 个合格，合格率为 71.4%，属乙级方案，详见表 24-8。

突出点分析：共有 4 个点据不合格，其中 780725、200802 两场较大洪水偏离较多。780725 场次洪水偏大原因：1978 年 7 月 14 日，该流域刚刚发生了建站以来的最大洪水，洪峰流量 700 m^3/s。本场暴雨中心在中游肥城、马尾山一带，由于前期土壤较湿润，再加上降水分布不均，本次洪水偏大；200802 场次洪水偏小原因：流域前期较干旱，本次降雨较均匀，为入汛后首场大暴雨，由于流域前期平均蓄水量小，本次初损值较大，洪水偏小。

3.2 峰量关系曲线 R-T_c-$Q_{m净}$

按许可误差=20%实测值的标准进行逐次洪水评定。本方案共选用白楼站实测点据 14 个，合格 11 个，合格率为 78.6%，为乙级方案，详见表 24-9。

3.3 净峰流量与洪峰滞时关系曲线 $Q_{m净}$-T_c-t_p

按许可误差=30%实测值的标准，并当许可误差小于 3 h 时以 3 h 为下限，进行逐次洪水评定。本方案共选用 14 个点据，12 个合格，合格率为 85.7%，为甲级方案，详见表 24-10。

3.4 径流深与洪水总历时相关曲线 R-T_c-$T_{洪}$

按许可误差=30%实测值的标准，并当许可误差小于 3 h 时以 3 h 为下限，进行逐次洪水评定。本方案共选用 14 个点据，10 个合格，合格率为 71.4%，属于乙级方案，详见表 24-10。

3.5 合理性检查

在方案建立过程中，随时根据规范要求及有关文件规定进行合理性检查，特别对突出点据从原始资料反复查对，对中间处理过程也进行了认真审查，发现不合理的问题基本上都做了检查改正。方案建立后，先从线形进行比较，防止出现矛盾现象，然后对每个方案尽量根据规范规定采用表格形式进行了精度评定（用许可误差法）。

4 方案使用说明

本方案适用于防洪标准以下的洪水作业预报。如遇超标准洪水，则需根据当时具体情况酌情修正。

4.1 径流深预报

首先计算出流域平均降雨量和流域平均前期影响雨量，再根据降雨径流关系图 P+P_a-R 确定地表径流深 R 的预报值。

4.2 洪峰流量预报

根据 R、T_c，查询 R-T_c-$Q_{m净}$ 关系曲线得到 $Q_{m净}$，当 T_c 介于两条关系曲线之间时，首先查出两条曲线中对应 $Q_{m净}$ 的数值，然后进行插补，当 T_c 大于 16 h 或者小于 1 h 时，根据最近两条关系线插补外延。

4.3 峰现时间预报

根据 $Q_{m净}$、T_c，查询 $Q_{m净}$-T_c-t_p 关系曲线得到洪峰滞时 t_p，净雨中心时刻加上洪峰滞时即为洪峰发生时间。当 T_c 介于两条关系曲线之间时，首先查出两条曲线中对应 $Q_{m净}$ 的数值，然后进行插补，当 T_c 大于 12 h 或者小于 5 h 时，根据最近两条关系线插补外延。

4.4 洪水历时预报

根据 R、T_c，查询 R-T_c-$T_{洪}$ 关系曲线得到洪水历时 $T_{洪}$，即为次洪水过程历时。当 T_c 介于两条关系曲线之间时，首先查出两条曲线中对应 $T_{洪}$ 的数值，然后进行插补，当 T_c 大于 12 h 或者小于 6 h 时，根据最近两条关系线插补外延。

4.5 洪水总量预报

预报径流深 R 值乘以相应集水面积即可得到白楼站洪水总量 W。

4.6 单位线法

由次雨径流深 R 和时段降雨量，采用扣损法得到各时段净雨，然后根据暴雨中心位置选择相应单位线，各时段净雨错时段与 0.1 倍的单位线各时段流量相乘，同时段流量相加，再加上基流量即为洪水过程。最大洪峰流量及其出现时间即可得到。

5 注意事项

（1）方案的制作未考虑上游小水库、塘坝的影响，作业预报时也要根据前期降雨情况进行适当修正。

（2）由于本流域属第四纪灰岩、石灰岩且有四条断层穿过，形成地表径流的条件较差。应随时掌握上游工程蓄水及泄洪情况，尤其是石坞水库流域面积约占白楼站控制流域面积的 20%，其调蓄因素对预报影响较大，要根据实际情况及时修正。

（3）局部暴雨时要注意超渗产流，可适当加大查算的 R 值；久旱初雨时产流偏小，应适当修正所查 R 值；若当年汛期第三场、第四场洪水时上游水库蓄满，流域面积仍按扣除水库流域面积进行分析，径流深会偏大，应适当修正所查 R 值。

总之，由于影响因素太多，本方案不能完全反映实际情况，因而不能照搬，应具体问题具体分析，并采用多种方法，考虑各种因素进行综合分析，确定采用的预报值。

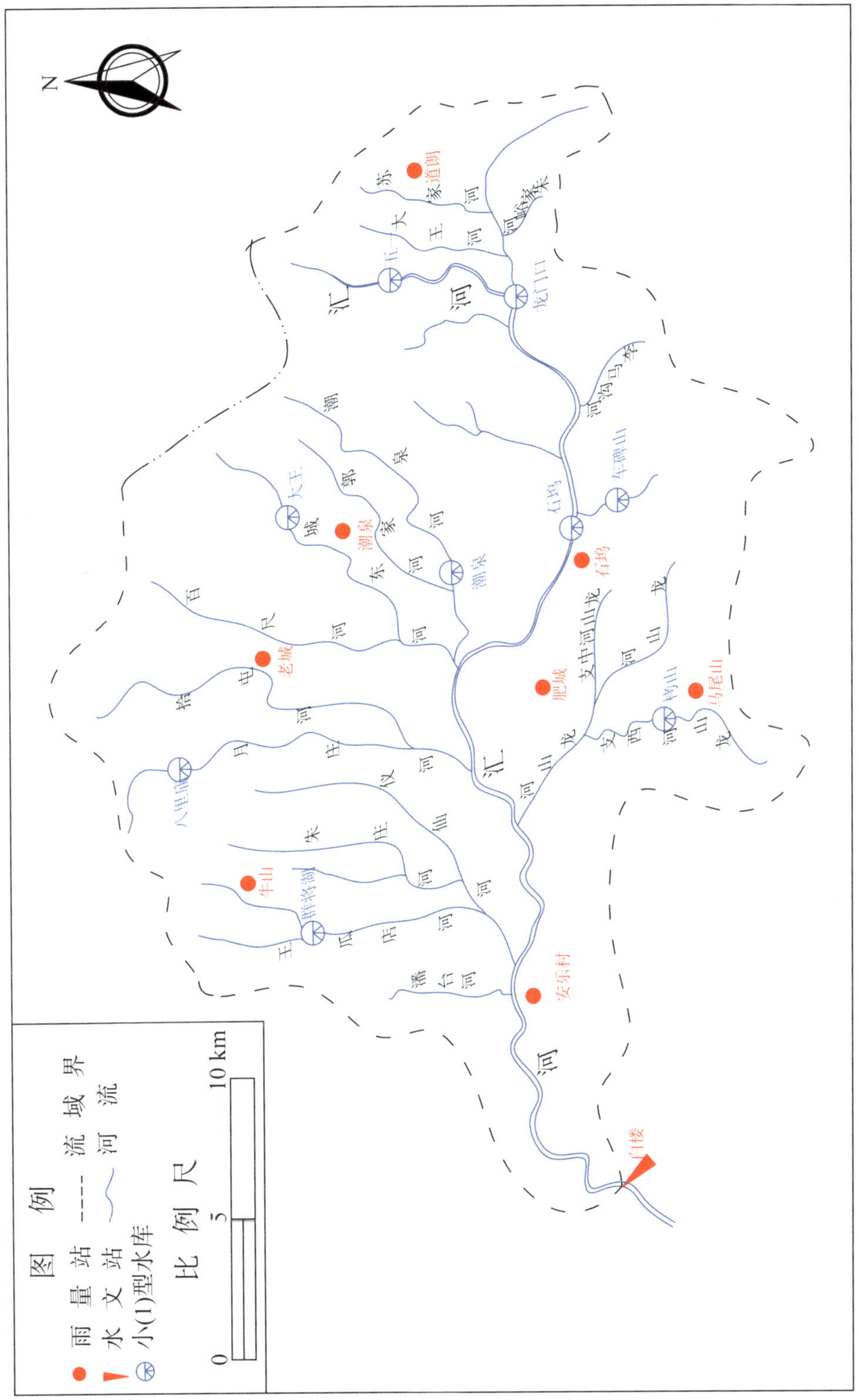

图 24-1　汇河白楼站以上流域图

图 24-2　汇河白楼站测验断面平面图（单位：m）

表 24-7　汇河白楼站降雨径流分析成果表

序号	洪号	降雨起止时间		流域平均雨量 P（mm）	前期影响雨量 P_a（mm）	$P+P_a$（mm）	降雨历时（h）		暴雨中心位置或特点	洪水起止时间			洪水总历时 $T_{洪}$（h）	涨洪历时 $T_{涨洪}$（h）	净峰流量 $Q_{m净}$（m^3/s）	径流深 R（mm）	径流系数 α	洪水总量 W（万 m^3）	地表径流总量 $W_{径}$（万 m^3）	洪峰滞时 t_p（h）
		起	止				全部 T	有效 T_c		起涨	峰顶	落平								
1	780714	07 月 13 日 18：00	07 月 14 日 00：00	194. 6	81. 7	276. 3	6	5	中游	07 月 13 日 18：00	07 月 14 日 04：00	07 月 16 日 02：00	56	10	694	59. 6	0. 31	2 538	2 538	8
2	780725	07 月 25 日 02：00	07 月 25 日 14：00	79. 5	48. 5	128. 0	12	4	中游	07 月 25 日 04：00	07 月 25 日 15：00	07 月 26 日 20：00	40	11	245	24. 0	0. 30	1 021	1 021	9
3	780726	07 月 26 日 00：00	07 月 26 日 05：00	54. 3	88. 1	142. 4	5	2	中游	07 月 26 日 00：00	07 月 26 日 09：54	07 月 27 日 14：00	38	9. 9	251	21. 6	0. 40	919	919	7. 9
4	800729	07 月 28 日 23：00	07 月 29 日 11：00	47. 4	83. 5	130. 9	12	3	下游	07 月 28 日 20：00	07 月 29 日 16：00	07 月 31 日 14：00	66	20	24	4. 6	0. 10	157	157	8
5	800904	09 月 04 日 00：00	09 月 04 日 10：00	82. 4	39. 4	121. 8	10	8	下游	09 月 04 日 00：00	09 月 04 日 21：00	09 月 06 日 20：00	68	21	17	4. 9	0. 06	167	167	16
6	910729	07 月 28 日 13：00	07 月 28 日 20：00	53. 6	85. 2	138. 8	7	3	下游	07 月 28 日 14：00	07 月 29 日 07：00	08 月 01 日 06：00	88	17	52	8. 7	0. 16	369	369	15
7	940808	08 月 06 日 19：00	08 月 07 日 21：00	166. 8	19. 4	186. 2	26	14	普雨	08 月 06 日 20：00	08 月 08 日 03：00	08 月 10 日 16：00	92	31	94	22. 2	0. 13	751	751	29
8	960731	07 月 30 日 14：00	07 月 31 日 13：00	101. 3	56. 5	157. 8	23	19	下游	07 月 30 日 20：00	07 月 31 日 18：40	08 月 03 日 08：00	84	22. 7	50	16. 0	0. 16	543	543	25. 7
9	960806	08 月 05 日 20：00	08 月 06 日 07：00	61. 9	82. 6	144. 5	11	9	下游	08 月 06 日 00：00	08 月 06 日 21：00	08 月 09 日 08：00	80	21	54	12. 8	0. 21	547	547	17
10	200802	08 月 01 日 20：00	08 月 02 日 06：00	182. 8	29. 4	212. 2	10	4	中游	08 月 01 日 22：00	08 月 02 日 03：18	08 月 05 日 20：00	94	5. 3	138	21. 4	0. 12	727	727	5. 3
11	200807	08 月 06 日 13：00	08 月 07 日 10：00	67. 5	95. 5	163. 0	21	14	上游	08 月 06 日 08：00	08 月 07 日 17：30	08 月 10 日 08：00	96	33. 5	19	7. 7	0. 11	260	260	25. 5
12	210729	07 月 28 日 10：00	07 月 29 日 15：00	93. 1	26. 3	119. 4	29	8	中游	07 月 28 日 16：00	07 月 29 日 15：14	07 月 30 日 16：00	48	23. 2	24	2. 9	0. 03	98	98	18. 2
13	210831	08 月 30 日 21：00	08 月 31 日 13：00	117. 4	49. 8	167. 2	16	8	中游	08 月 30 日 21：00	08 月 31 日 15：26	09 月 03 日 20：00	95	18. 4	61	13. 4	0. 11	455	455	13. 4
14	210927	09 月 25 日 18：00	09 月 26 日 16：00	62. 9	73. 3	136. 2	22	6	中下游	09 月 25 日 19：00	09 月 27 日 00：12	09 月 28 日 19：00	72	29. 2	41	10. 5	0. 17	355	355	16. 2

表 24-8　汇河白楼站降雨径流预报精度评定表（$P+P_a-R$）

序号	洪号	流域平均雨量 P（mm）	前期影响雨量 P_a（mm）	实测径流深 $R_{实}$（mm）	预报径流深 $R_{预}$（mm）	预报误差（mm）	许可误差（mm）	评定结果	
								合格	不合格
1	780714	194.6	81.7	59.6	61.4	1.8	11.9	√	
2	780725	79.5	48.5	24.0	6.6	-17.4	4.8		√
3	780726	54.3	88.1	21.6	9.6	-12.0	4.3		√
4	800729	47.4	83.5	4.6	7.1	2.5	3.0	√	
5	800904	82.4	39.4	4.9	5.5	0.6	3.0	√	
6	910729	53.6	85.2	8.7	8.7	0.0	3.0	√	
7	940808	166.8	19.4	22.2	21.7	-0.5	4.4	√	
8	960731	101.3	56.5	16.0	13.3	-2.7	3.2	√	
9	960806	61.9	82.6	12.8	10.0	-2.8	3.0	√	
10	200802	182.8	29.4	21.4	30.8	9.3	4.3		√
11	200807	67.5	95.5	7.7	14.7	7.1	3.0		√
12	210729	93.1	26.3	2.9	5.1	2.2	3.0	√	
13	210831	117.4	49.8	13.4	15.9	2.5	3.0	√	
14	210927	62.9	73.3	10.5	8.2	-2.3	3.0	√	

备注：1. 合格率=71.4%；2. 许可误差=实测值的 20.0%，以 20.0 mm 为上限，以 3.0 mm 为下限；3. 本方案为乙级方案。

表 24-9　汇河白楼站 $R-T_c-Q_{m净}$ 精度评定表

序号	洪号	实测径流深 $R_{实}$（mm）	有效降雨历时 T_c（h）	净峰流量（m^3/s）		预报误差（m^3/s）	许可误差（m^3/s）	评定结果	
				实测 $Q_{m净实}$	预报 $Q_{m净预}$			合格	不合格
1	780714	59.6	5	694	635	-59	139	√	
2	780725	24.0	4	245	198	-47	49.0	√	
3	780726	21.6	2	251	202	-49	50.2	√	
4	800729	4.6	3	24	27	3	4.8	√	
5	800904	4.9	8	17	16	-1	3.4	√	
6	910729	8.7	3	52	50	-2	10.4	√	
7	940808	22.2	14	94	84	-10	18.8	√	
8	960731	16.0	19	50	41	-9	10.0	√	
9	960806	12.8	9	54	49	-5	10.8	√	
10	200802	21.4	4	138	167	29	27.6		√
11	200807	7.7	14	19	15	-4	3.8		√
12	210729	2.9	8	24	10	-14	4.8		√
13	210831	13.4	8	61	58	-3	12.2	√	
14	210927	10.5	6	41	44	3	8.2	√	

备注：1. 合格率=78.6%；2. 预报误差=预报值-实测值；3. 许可误差=实测值的 20%；4. 本方案为乙级方案。

表 24-10　汇河白楼站 $Q_{m净}$-T_c-t_P 精度评定表

序号	洪号	实测净峰流量 $Q_{m净实}$ (m^3/s)	有效降雨历时 T_c (h)	洪峰滞时		预报误差 (h)	许可误差 (h)	评定结果	
				$t_{p实}$ (h)	$t_{p预}$ (h)			合格	不合格
1	780714	694	5	8	6	-2	3	√	
2	780725	245	4	9	6	-3	3	√	
3	780726	251	2	7.9	5	-2.9	3	√	
4	800729	24	3	8	17	9	3		√
5	800904	17	8	16	23	7	4.8		√
6	910729	52	3	15	13	-2	4.5	√	
7	940808	94	14	29	21	-8	8.7	√	
8	960731	50	19	25.7	25	-0.7	7.7	√	
9	960806	54	9	17	19	2	5.1	√	
10	200802	138	4	5.3	8	2.7	3	√	
11	200807	19	14	25.5	32	6.5	7.7	√	
12	210729	24	8	18.2	22	3.8	5.5	√	
13	210831	61	8	13.4	16	2.6	4.0	√	
14	210927	41	6	16.2	15	-1.2	4.9	√	

备注：1. 合格率=85.7%；2. 许可误差=实测值的30%，以3 h为下限；3. 本方案为甲级方案。

表 24-11　汇河白楼站 R-T_c-$T_洪$ 精度评定表

序号	洪号	实测径流深 $R_实$ (mm)	有效降雨历时 T_c (h)	洪水总历时		预报误差 (h)	许可误差 (h)	评定结果	
				$T_{洪实}$ (h)	$T_{洪预}$ (h)			合格	不合格
1	780714	59.6	5	56	91	35	16.8		√
2	780725	24.0	4	40	84	44	12.0		√
3	780726	21.6	2	38	73	35	11.4		√
4	800729	4.6	3	66	48	-18	19.8	√	
5	800904	4.9	8	68	70	2	20.4	√	
6	910729	8.7	3	88	59	-29	26.4		√
7	940808	22.2	14	92	112	20	27.6	√	
8	960731	16.0	19	84	107	23	25.2	√	
9	960806	12.8	9	80	93	13	24.0	√	
10	200802	21.4	4	94	82	-12	28.2	√	
11	200807	7.7	14	96	91	-5	28.8	√	
12	210729	2.9	8	48	61	13	14.4	√	
13	210831	13.4	8	95	90	-5	28.5	√	
14	210927	10.5	6	72	79	7	21.6	√	

备注：1. 合格率=71.4%；2. 许可误差=实测值的30%，以3 h为下限；3. 本方案为乙级方案。

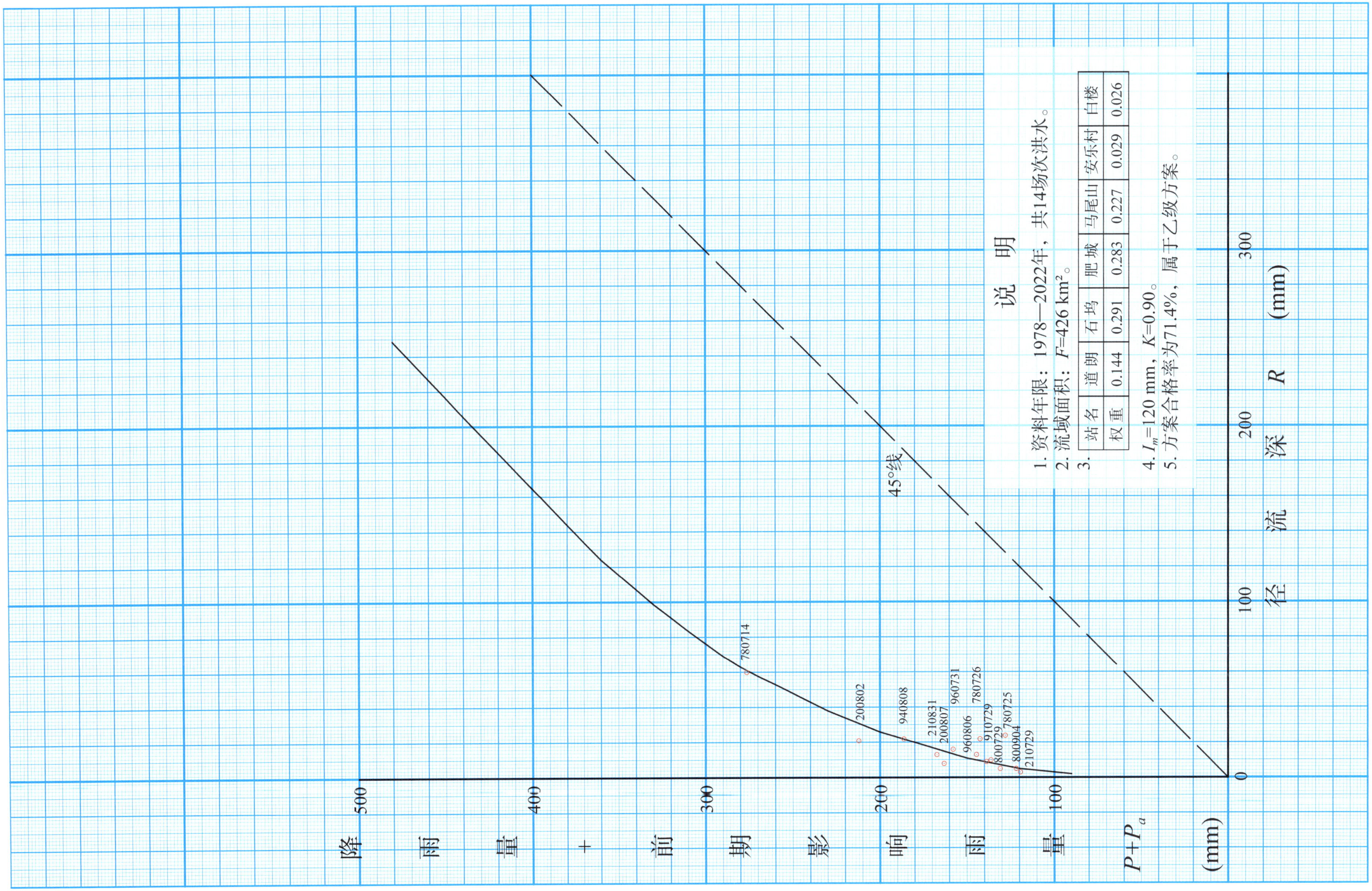

图 24-3　汇河白楼站降雨径流相关图（$P+P_a$-R）

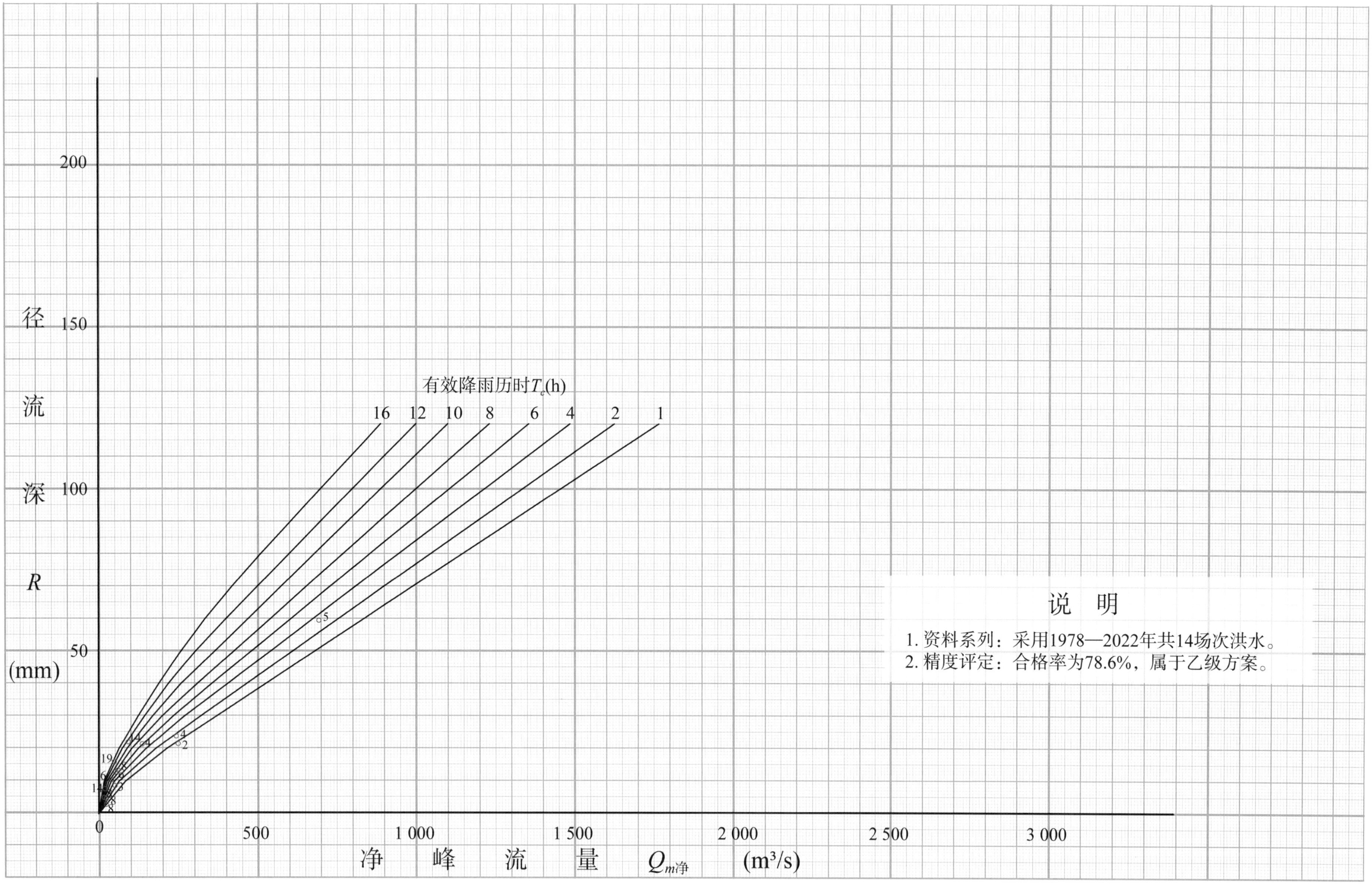

图 24-4　汇河白楼站峰量关系曲线图（R-T_c-$Q_{m净}$）

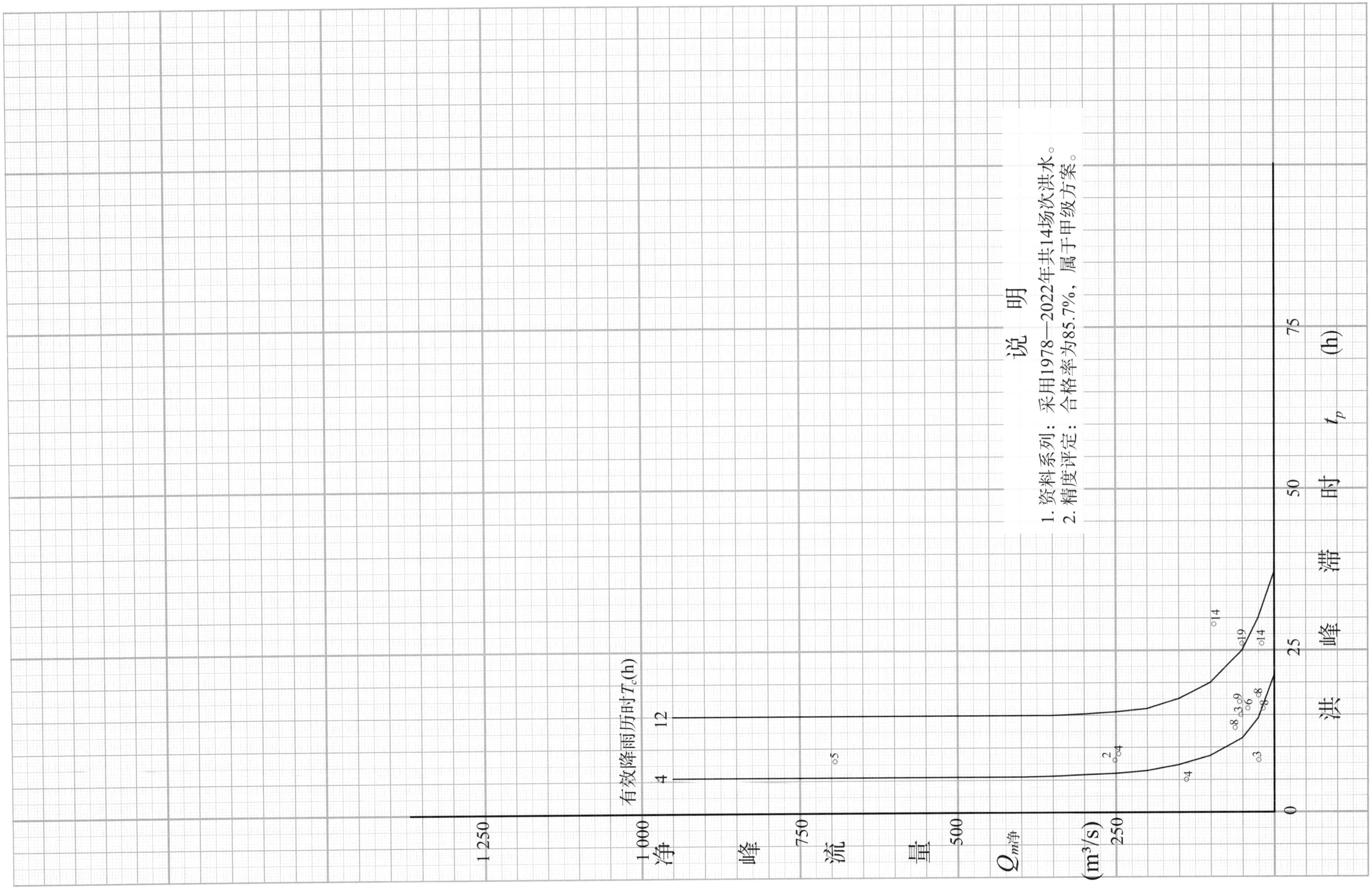

图 24-5　汇河白楼站 $Q_{m净}$-T_c-t_p 关系曲线图

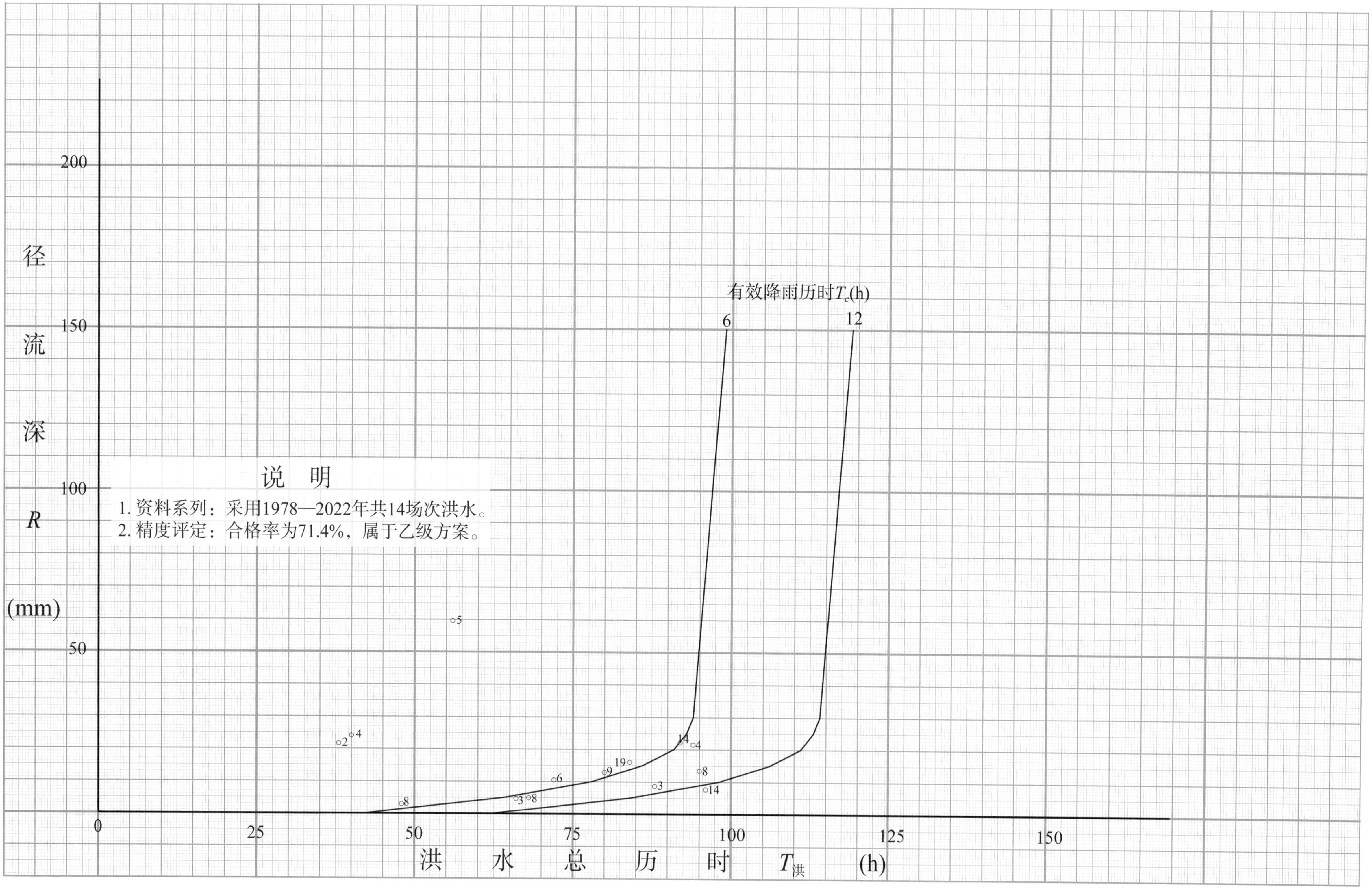

图 24-6 汇河白楼站 R-T_c-$T_洪$ 关系曲线图

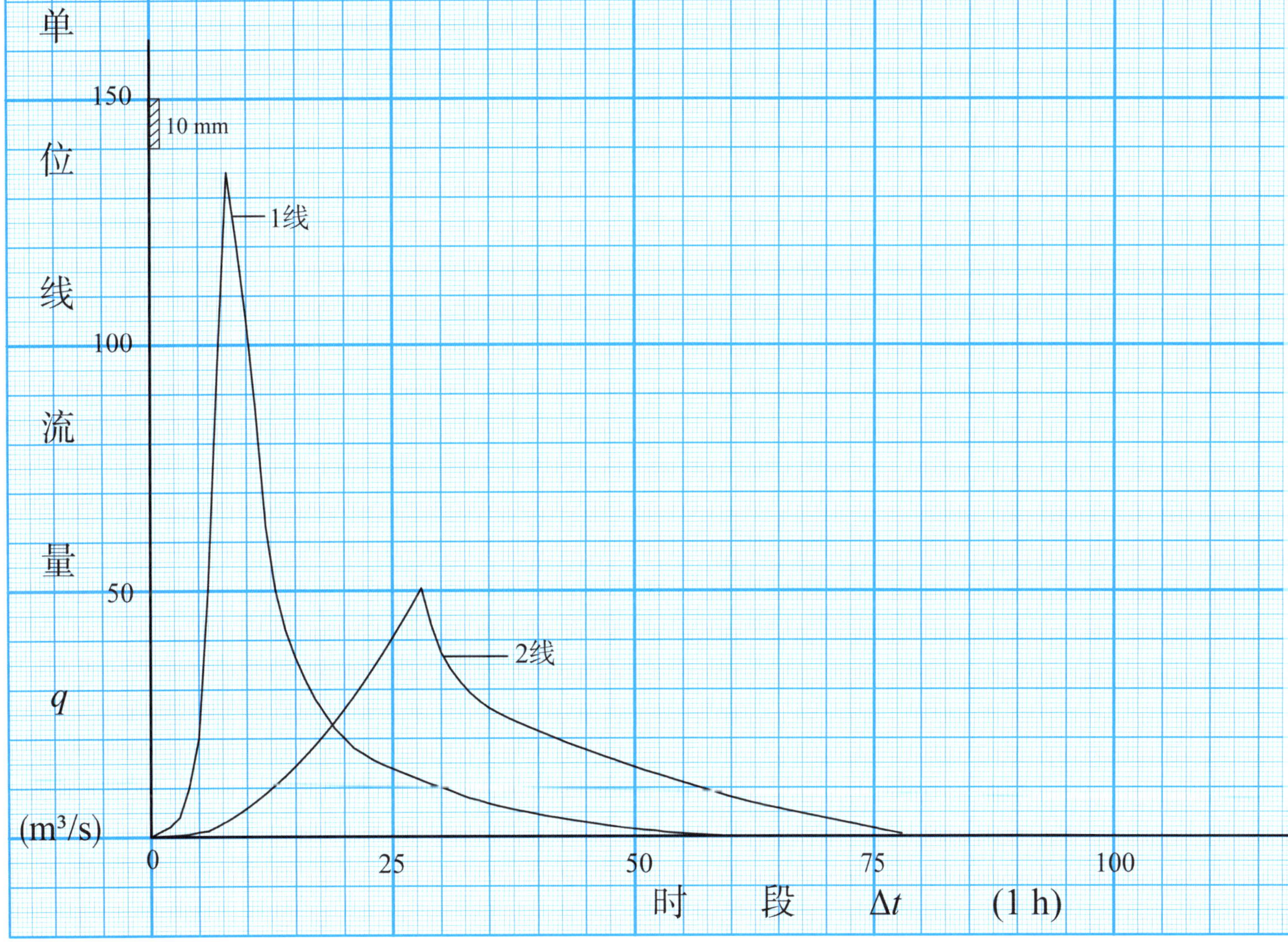

单位线成果表

F=426 km², Δt=1 h

1号线				2号线				备注
时段	流量 q(m³/s)	时段 Δt	流量 q(m³/s)	时段	流量 q(m³/s)	时段	流量 q(m³/s)	
0	0	40	4.5	0	0	40	21.4	
1	1	41	4.1	1	0.1	41	20.6	
2	2	42	3.8	2	0.1	42	19.8	
3	4	43	3.5	3	0.3	43	19.0	
4	10	44	3.2	4	0.5	44	18.3	1号线洪水原型为780714，暴雨中心在中游，流域平均降雨量194. 6 mm，前期较湿润，P_a=81.7 mm，降雨历时6 h，有效降雨历时6 h
5	20	45	2.9	5	0.9	45	17.6	
6	50	46	2.6	6	1.2	46	16.9	
7	95	47	2.3	7	2.1	47	16.2	
8	135	48	2	8	3.2	48	15.5	
9	121	49	1.7	9	4.5	49	14.8	
10	105	50	1.5	10	5.8	50	14.1	
11	86	51	1.25	11	7.9	51	13.4	
12	63	52	1.1	12	8.8	52	12.8	
13	50	53	0.82	13	10.5	53	12.2	
14	42	54	0.66	14	12.4	54	11.6	
15	36.5	55	0.51	15	14.3	55	11.0	
16	32	56	0.4	16	16.4	56	10.4	
17	28	57	0.3	17	18.5	57	9.8	
18	25	58	0.2	18	20.8	58	9.2	
19	22	59	0.1	19	23.3	59	8.6	
20	20			20	25.8	60	8.0	
21	18			21	28.5	61	7.5	
22	16.8			22	31.2	62	7.0	2号线洪水原型为940808，普降暴雨，流域平均降雨量166. 8mm，前期较干旱，P_a=19. 4 mm，降雨历时26 h，有效降雨历时14 h
23	15.6			23	34.1	63	6.5	
24	14.6			24	37.2	64	6.1	
25	13.8			25	40.3	65	5.7	
26	13			26	43.6	66	5.3	
27	12.2			27	46.9	67	4.9	
28	11.4			28	50.4	68	4.5	
29	10.6			29	43.0	69	4.1	
30	10			30	37.5	70	3.7	
31	9			31	34.0	71	3.3	
32	8.5			32	31.5	72	2.9	
33	7.8			33	29.3	73	2.5	
34	7.3			34	27.6	74	2.1	
35	6.7			35	26.1	75	1.7	
36	6.2			36	25.0	76	1.3	
37	5.7			37	24.0	77	0.9	
38	5.3			38	23.1	78	0.5	
39	4.9	Σ	1 183	39	22.2	Σ	1 184	

150

图 24-7 汇河白楼站单位线图

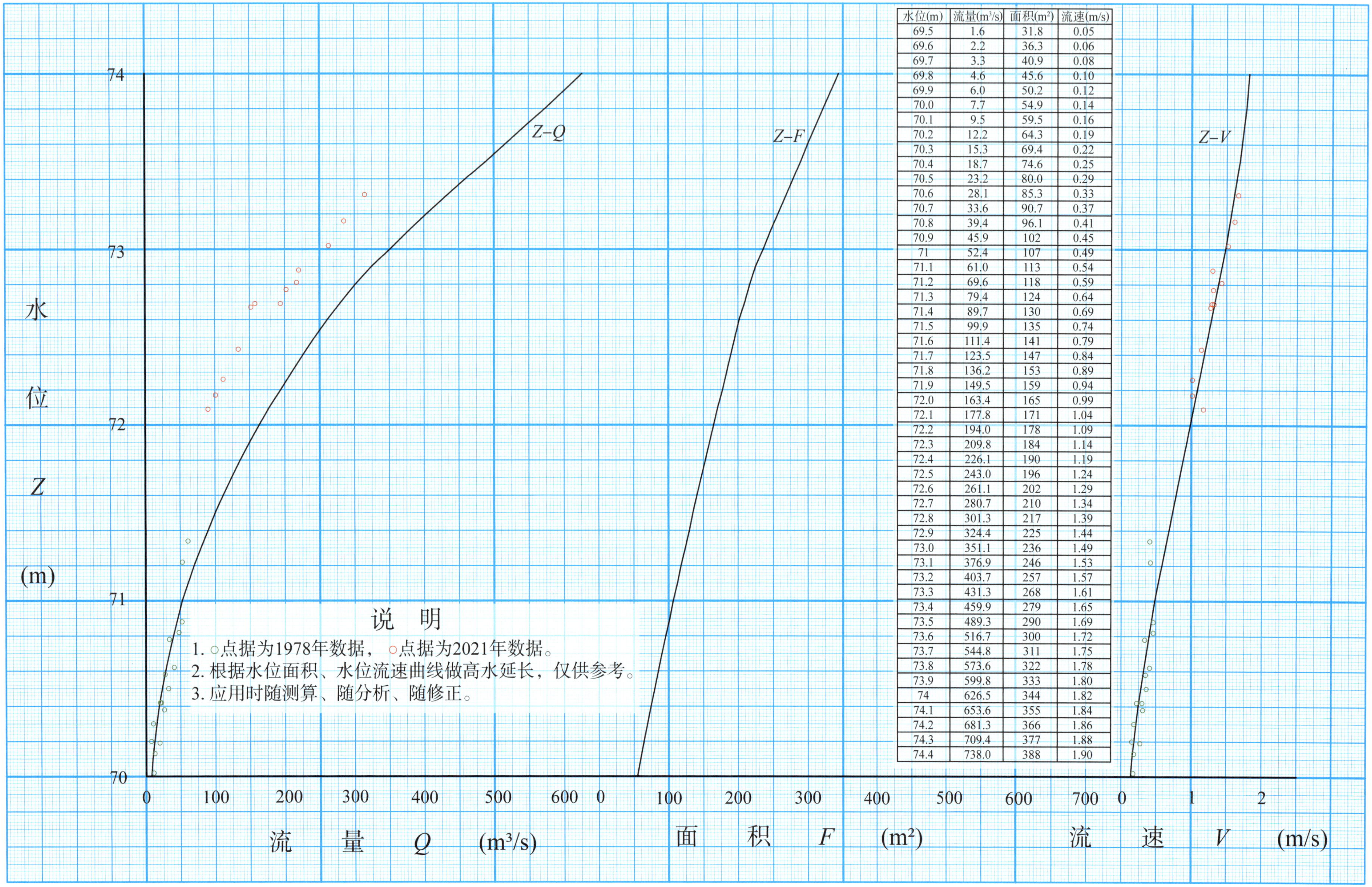

水位(m)	流量(m³/s)	面积(m²)	流速(m/s)
69.5	1.6	31.8	0.05
69.6	2.2	36.3	0.06
69.7	3.3	40.9	0.08
69.8	4.6	45.6	0.10
69.9	6.0	50.2	0.12
70.0	7.7	54.9	0.14
70.1	9.5	59.5	0.16
70.2	12.2	64.3	0.19
70.3	15.3	69.4	0.22
70.4	18.7	74.6	0.25
70.5	23.2	80.0	0.29
70.6	28.1	85.3	0.33
70.7	33.6	90.7	0.37
70.8	39.4	96.1	0.41
70.9	45.9	102	0.45
71	52.4	107	0.49
71.1	61.0	113	0.54
71.2	69.6	118	0.59
71.3	79.4	124	0.64
71.4	89.7	130	0.69
71.5	99.9	135	0.74
71.6	111.4	141	0.79
71.7	123.5	147	0.84
71.8	136.2	153	0.89
71.9	149.5	159	0.94
72.0	163.4	165	0.99
72.1	177.8	171	1.04
72.2	194.0	178	1.09
72.3	209.8	184	1.14
72.4	226.1	190	1.19
72.5	243.0	196	1.24
72.6	261.1	202	1.29
72.7	280.7	210	1.34
72.8	301.3	217	1.39
72.9	324.4	225	1.44
73.0	351.1	236	1.49
73.1	376.9	246	1.53
73.2	403.7	257	1.57
73.3	431.3	268	1.61
73.4	459.9	279	1.65
73.5	489.3	290	1.69
73.6	516.7	300	1.72
73.7	544.8	311	1.75
73.8	573.6	322	1.78
73.9	599.8	333	1.80
74	626.5	344	1.82
74.1	653.6	355	1.84
74.2	681.3	366	1.86
74.3	709.4	377	1.88
74.4	738.0	388	1.90

图 24-8　汇河白楼站历年水位 Z 与流量 Q、面积 F、流速 V 关系曲线图

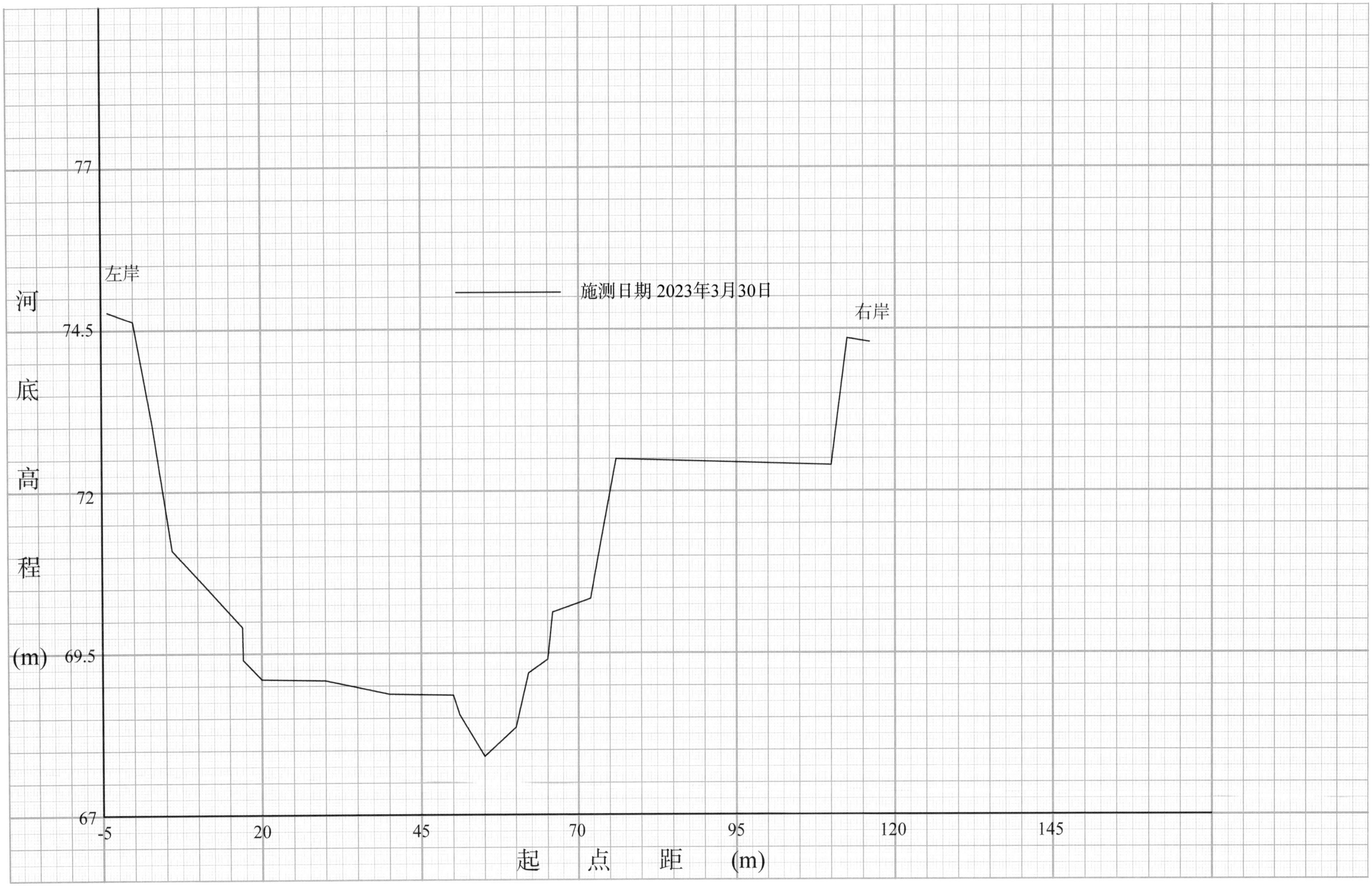

图 24-9　汇河白楼站实测大断面图

第二十五章　南大沙河钓鱼台水库站水文预报方案编制说明

1　流域概况

1.1　流域自然地理特征

钓鱼台水库位于南大沙河东支流，属黄河水系，流域呈条带状，群山环抱，流域河道长 9.7 km，平均宽 350 m，干流平均比降为 7.75‰，沿河床广泛分布第四纪沉积物，主要由洪积、冲积、坡积而成，具体岩性主要为砂质黏土、砾砂、花岗片麻岩等。水库枢纽工程布置在两山狭窄处。

该水库区域内四季分明，具有春季干旱多风、夏季炎热多雨、秋季温度雨量适中、晚秋干旱、冬季寒冷干燥的特点，属暖温带半湿润大陆性季风气候区，年平均日照时数 2 334.6 h，多年平均气温 14.1 ℃，极端最高气温 40.6 ℃（1997 年 6 月 22 日），极端最低气温-20.5 ℃（1981 年 1 月 26 日），平均无霜期 219 天，多年平均年降水量 666.0 mm，最大年降水量 909.0 mm（2004 年），最小年降水量 258.6 mm（1981 年）。降水量年内分配不均，主要集中在 7、8 月份，汛期（6—9 月）占全年降水量的 80%，雨量集中，洪涝灾害威胁严重；年际间变化较大，丰枯年悬殊，最大值为最小值的 3.5 倍。钓鱼台水库流域图见图 25-1。

1.2　水库工程概况

钓鱼台水库位于济南市长清区五峰山街道东莱园村南，水库控制流域面积 39.0 km^2。水库总库容 1 086 万 m^3，相应水位 134.16 m；兴利库容 760 万 m^3，兴利水位 131.30 m；死库容 22 万 m^3，死水位 118.15 m，是一座以防洪为主，结合农田灌溉、水产养殖等综合利用的中型水库。

钓鱼台水库是 1957 年 11 月在拦河截流灌溉的基础上经过六次扩建、续建，于 1968 年 9 月扩建成现在的规模。工程枢纽由大坝、溢洪道、放水洞组成。

水库大坝为均质土坝，总长 725 m，坝顶高程 134.60 m，最大坝高 22.60 m，坝顶宽度为 6 m，沥青混凝土路面，上游坝坡为干砌方块石护坡，在高程 128.00 m 处设戗台一处，宽 1.5 m，上、下侧边坡比分别为 1∶2.75、1∶3.0，下游采用草皮护坡，在高程 125.00 m 处设一戗台，宽 2.0 m，下游边坡均为 1∶2.70，主坝下游设干砌石排水沟。

溢洪道设在大坝的南端，为三孔闸门控制式溢洪道，底高程 127.50 m，宽 24.0 m，下游为挑流式消能，最大泄量为 955 m^3/s。

放水洞建在北主坝的北端，为一竖井式钢管有压圆涵，直径 1.10 m，进口高程 118.15 m，采用平板钢闸门控制，设计流量 13.6 m^3/s。

1.3　上游水利工程概况

该水库上游有 1 座小（2）型水库、16 座塘坝，年蓄水量 156 万 m^3。西石水库于 1978 年 5 月 30 日建成，流域控制面积 18.6 km^2，总库容 11.5 万 m^3，兴利库容 4.8 万 m^3。

1.4　测站情况

钓鱼台水库坝址以上流域内无水文测站，但设有钓鱼台雨量站和朱家庄雨量站。

2　预报方案编制

2.1　资料情况

钓鱼台水库站无实测年鉴水文摘录资料。

2.2　参证站选择

钓鱼台水库站地形地貌和下垫面基本特征与金斗水库站相似，故以金斗水库站作为钓鱼台水库站的参证站。参证站金斗水库站以上流域面积 $F_{参}=88.6$ km^2；设计站钓鱼台水库站以上流域面积 $F_{设}=39.0$ km^2。

2.3　产流方案

利用金斗水库站的产流方案推求钓鱼台水库站的产流过程，钓鱼台水库站降雨径流相关图（$P+P_a-R$，$P-P_a-R$）分别见图 25-2 和图 25-3。相关要素的分析计算如下：

2.3.1　流域平均雨量 P 的计算

根据钓鱼台水库和朱家庄站 2 站雨量，采用算术平均法计算流域平均雨量 P。

2.3.2　流域平均前期影响雨量 P_a 的计算

$$P_{a,\ t+1}=K(P_{a,\ t}+P_t)$$

式中：$P_{a,t+1}$ 为第 t+1 日的前期影响雨量（mm）；$P_{a,t}$ 为第 t 日的前期影响雨量（mm）；P_t 为第 t 日的流域平均雨量（mm）；K 为前期影响雨量递减系数。

2.3.3　产流参数 I_m、K 的确定

本方案采用金斗水库站的参数，即 $I_m=65$ mm、$K=0.9$。

2.4 汇流方案

采用金斗水库站单位线进行缩放。将金斗水库站单位线（$\Delta t=1$ h）进行缩放后作为钓鱼台水库站单位线，详见图 25-4。

单位线的缩放按下列公式计算：

$$\alpha=(F_{设}/F_{参})^{0.5}$$

$$T_{设i}=\alpha T_{参i}$$

$$q_{设i}=\alpha q_{参i}$$

式中：α 为单位线缩放系数；$F_{参}$、$F_{设}$ 分别为参证站、设计站以上控制流域面积；$T_{参i}$ 为参证站单位线逐时段，$T_{参i}=1, 2, \cdots, N$；$T_{设i}$ 为设计站单位线逐时段，通常为小数，为满足实际要求，可进一步对缩放结果进行插值，从而得到整时段单位线结果；$q_{参i}$ 为参证站单位线逐时段流量；$q_{设i}$ 为设计站单位线逐时段流量。

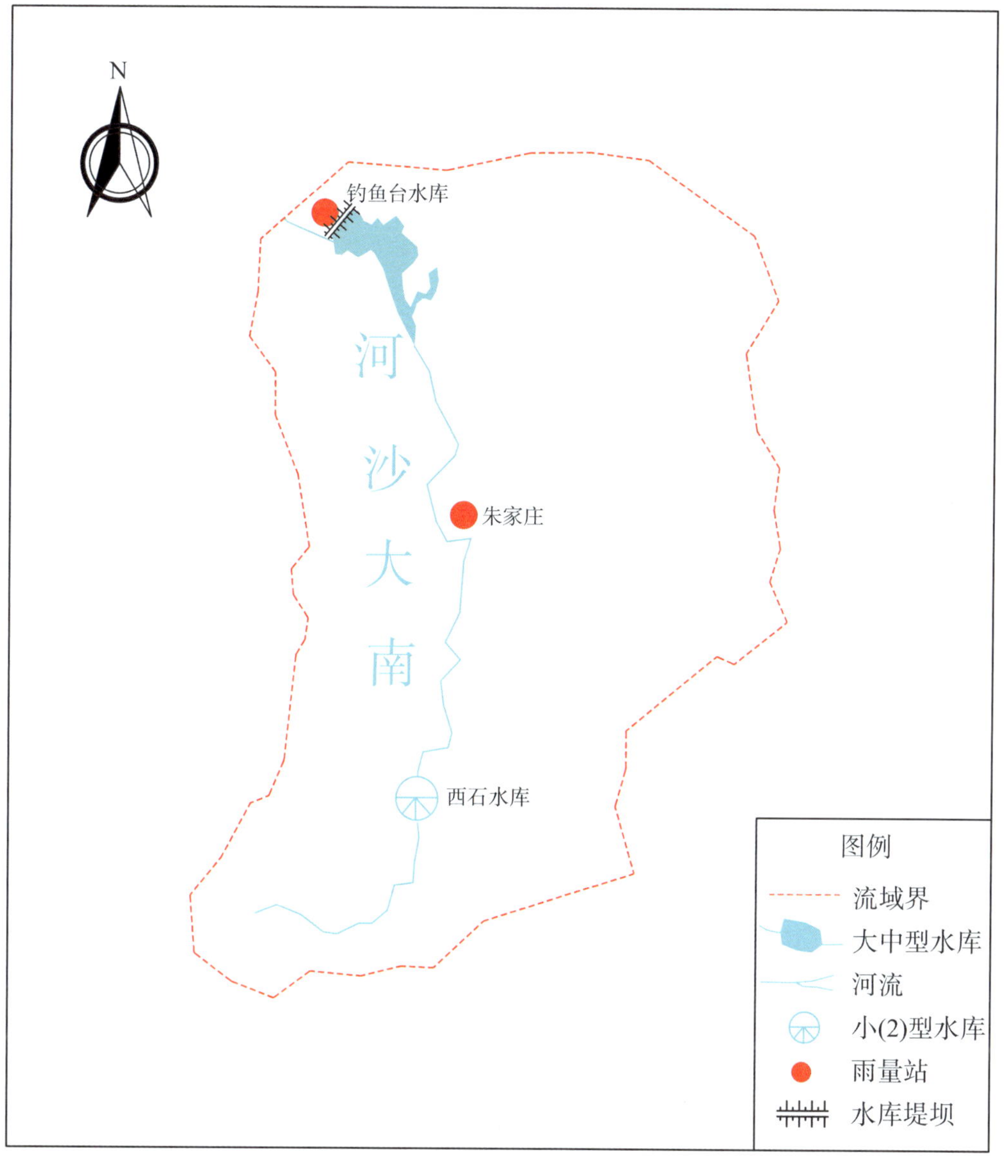

图 25-1　南大沙河钓鱼台水库流域图

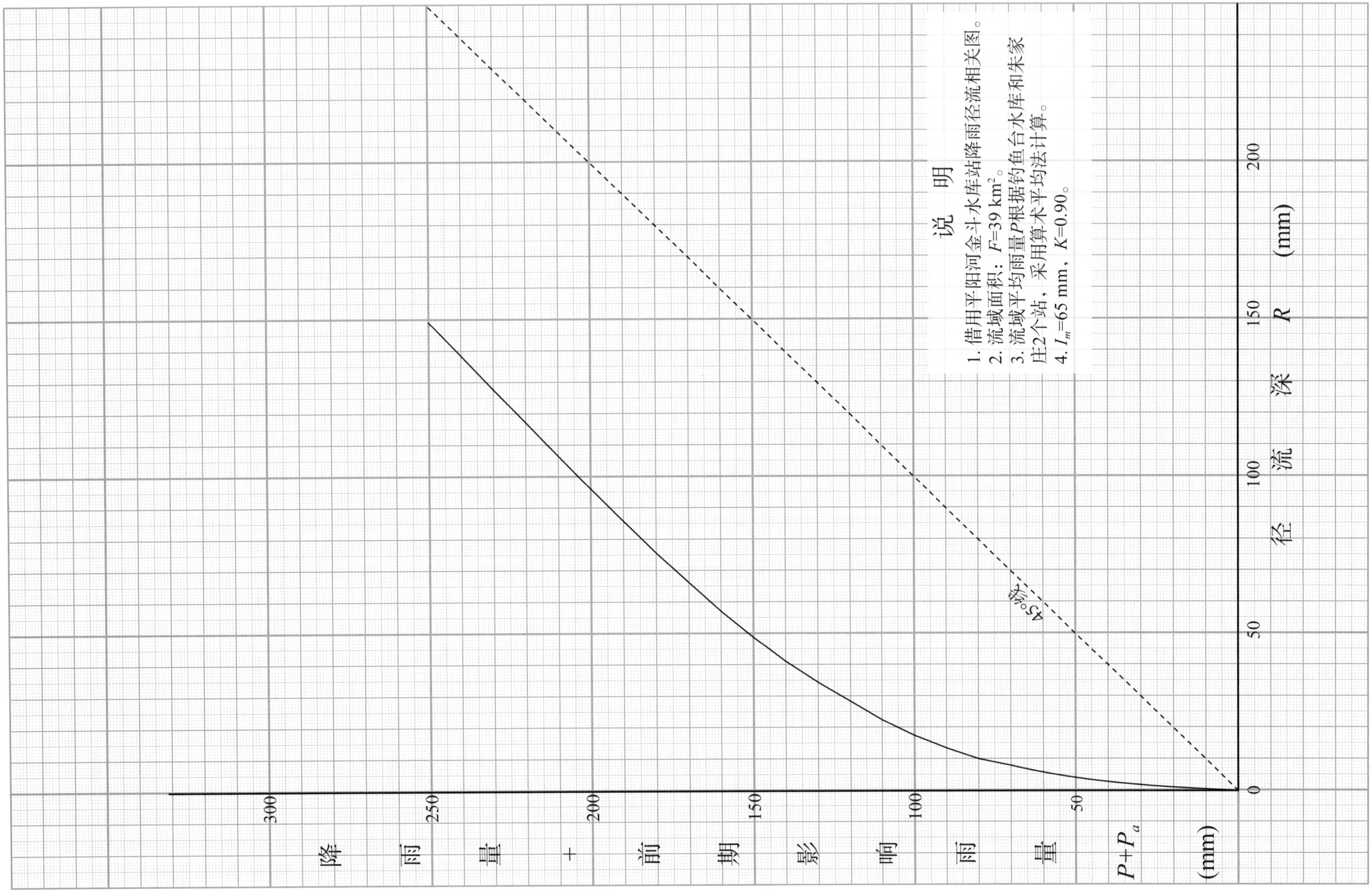

图 25-2　南大沙河钓鱼台水库站降雨径流相关图（$P+P_a$-R）

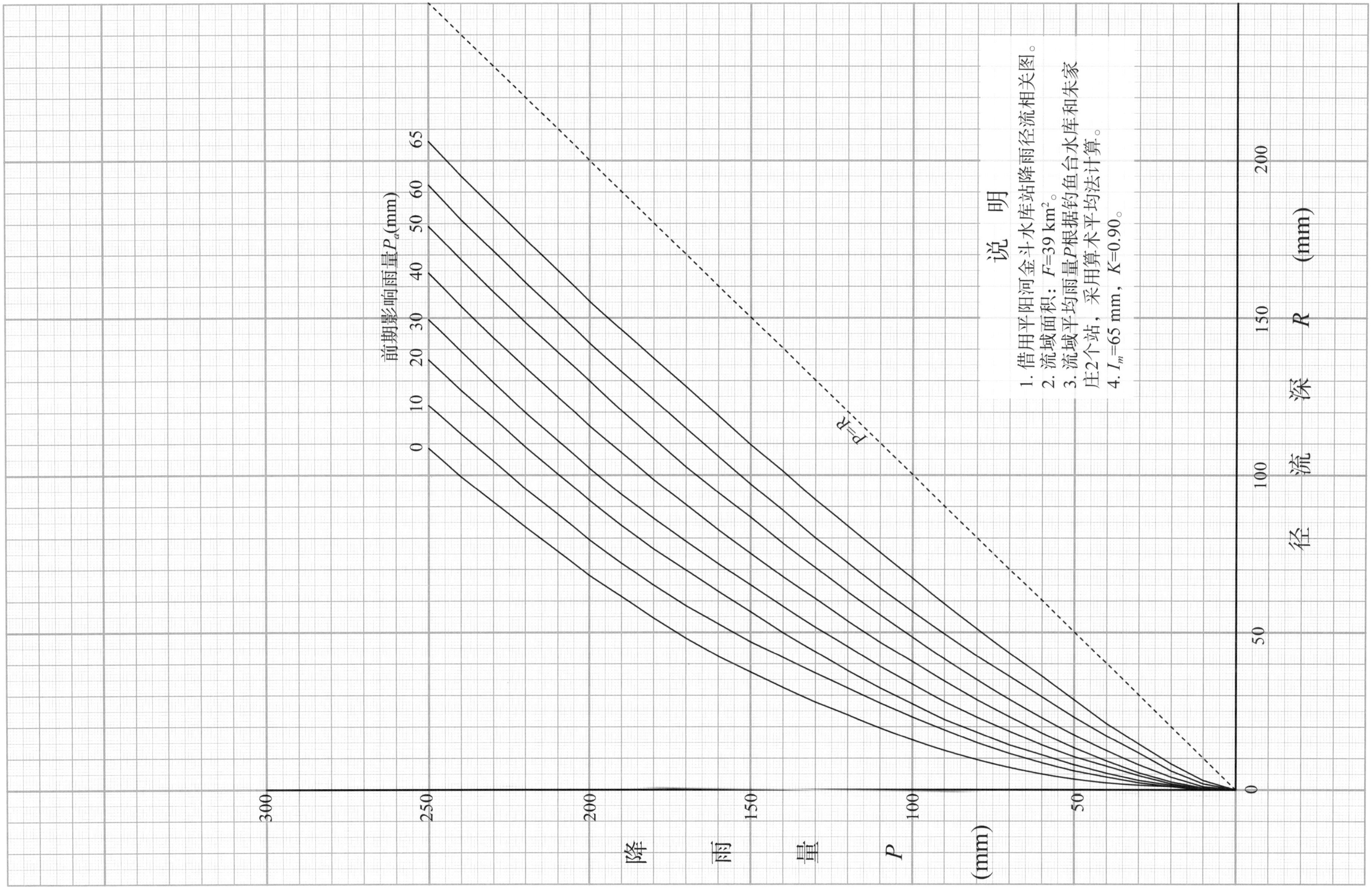

图 25-3　南大沙河钓鱼台水库站降雨径流相关图（P-P_a-R）

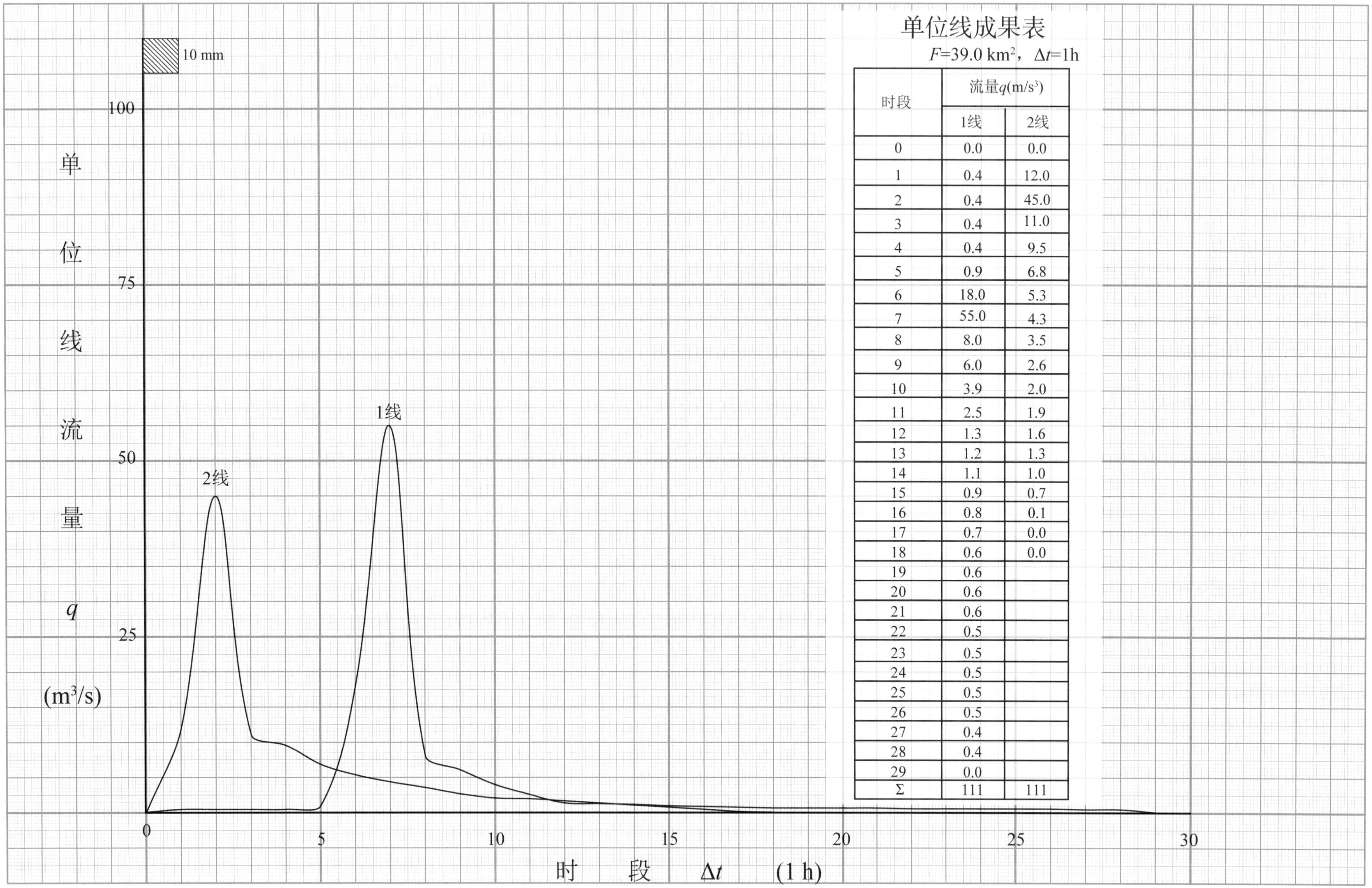

单位线成果表

F=39.0 km²，Δt=1h

时段	流量q(m/s³)	
	1线	2线
0	0.0	0.0
1	0.4	12.0
2	0.4	45.0
3	0.4	11.0
4	0.4	9.5
5	0.9	6.8
6	18.0	5.3
7	55.0	4.3
8	8.0	3.5
9	6.0	2.6
10	3.9	2.0
11	2.5	1.9
12	1.3	1.6
13	1.2	1.3
14	1.1	1.0
15	0.9	0.7
16	0.8	0.1
17	0.7	0.0
18	0.6	0.0
19	0.6	
20	0.6	
21	0.6	
22	0.5	
23	0.5	
24	0.5	
25	0.5	
26	0.5	
27	0.4	
28	0.4	
29	0.0	
Σ	111	111

图 25-4 南大沙河钓鱼台水库站单位线图

第二十六章　南大沙河崮头水库站水文预报方案编制说明

1　流域概况

1.1　流域自然地理特征

崮头水库位于济南市长清区马山镇崮头村南，属黄河水系南大沙河西支流下游，是一座具有防洪、生活供水、灌溉等综合利用的中型水库。水库控制流域面积100.0 km^2，其中裸露砂石山区24 km^2，第四纪土层覆盖面积39 km^2，流域上游与肥城市交界的牛山分水岭至该水库长17.98 km，干流平均比降为7.9‰，上游建有小（2）型水库4座，控制流域面积13.5 km^2。

崮头水库坝址以上流域地处山东中北部、泰沂山区北部，属华北暖温带半湿润大陆性季风气候区。一年四季分明，温差变化较大，冬季寒冷干燥，降水量稀少；夏季炎热，气温较高，暖空气活动较频繁，雨量充沛。流域内年平均气温12.6 ℃，无霜期在200天以上。降水量年际间变化较大，在实测降水量系列中，流域平均最大年降水量为1978年的934.1 mm，最小年降水量为1968年的260.5 mm，两者相差673.6 mm，丰枯比达3.6。降水量的年内分配极不均匀，降水主要集中在汛期6—9月份，多年平均汛期降水量为459.0 mm，占多年平均年降水量（602.8 mm）的76.1%。而主雨期又多集中在7、8两个月，较大洪水也多出现在这两个月份。

该流域地处鲁中山区西北边缘的低山丘陵区，流域形状为扇形，区内主要河流为南大沙河。库区除大面积第四系沉积物覆盖外，两岸山体均为裸露基岩，总体地势东南高西北低。南大沙河崮头水库流域图见图26-1。

1.2　水库工程概况

崮头水库于1958年兴建动工，1966年建成运行，其主要建设项目有大坝、溢洪闸、放水洞、管理处等。1996年开始实施水库除险加固工程，完成主坝培厚，护坡翻修，防浪墙、放水洞加固等工程。2005—2006年实施崮头水库除险加固、扩容工程，完成西副坝桩号0+000—0+825段混凝土防渗墙、西副坝坝坡恢复、西副坝护砌，新建防汛办公楼，改建溢洪闸，投资2 537万元。2013年10月8日至2015年5月，水库除险加固，主要内容包括：溢洪闸扩建两孔，溢洪道相应扩建；主副坝防渗、前坡护砌、路面铺装；放水洞改建、管理房维修等工程。

水库总库容1 121万 m^3，设计兴利库容676万 m^3，水库枢纽工程包括主坝、西副坝、溢洪道及放水洞四部分。

主坝坝型为黏土心墙坝，全长619 m，最大坝高19.5 m，坝顶宽7.5 m，坝顶高程84.31 m。

西副坝位于左岸，坝型为均质坝，全长2 718.6 m，最大坝高13.5 m，坝顶宽5 m，坝顶高程84.16 m。

溢洪道位于右岸，型式为宽顶堰，溢洪闸设6孔（宽10 m、高6 m）平面钢闸门，闸底高程74.04 m，最大泄洪流量2 578 m^3/s。

输水洞位于左岸，西副坝桩号0+200 m处，型式为廊道式钢管圆形有压涵管。管道直径1 m，进口高程69.00 m，最大流量4.91 m^3/s。

主要建筑物等别为3级，次要建筑物为4级。

1.3　上游水利工程概况

崮头水库坝址以上流域内有4座小（2）型水库，分别为学城水库、双泉庵水库、郝庄水库、柳杭水库，详见表26-1。

表26-1　崮头水库流域内主要水利工程表

序号	水库名称	类型	建成时间	集水面积（km^2）	总库容（万 m^3）	兴利库容（万 m^3）
1	学城水库	小（2）型	1965年	3.61	12.0	8.15
2	双泉庵水库	小（2）型	1966年	1.70	43.4	28.7
3	郝庄水库	小（2）型	1978年	5.60	21.0	18.0
4	柳杭水库	小（2）型	1958年	2.30	46.4	30.4

1.4　测站情况

崮头水库坝址以上流域内无水文测站，但设有崮头水库、段家店、黄立泉、高庄村4处雨量站。段家店雨量站于1958年1月设立，站址为济南市长清区双泉镇段店村，具有多年连续实测雨量资料。段家店雨量站由水文部门设置，2010年济南水文水资源勘测局（现为济南市水文中心）自筹资金对该站进行了升级改造，基本满足现状需求。崮头水库雨量站由崮头水库管理所设置。

2　预报方案编制

2.1　资料情况

崮头水库站无实测年鉴水文摘录资料。

2.2 参证站选择

固头水库站地形地貌和下垫面基本特征与金斗水库站相似，故以金斗水库站作为固头水库站的参证站。参证站金斗水库站以上流域面积 $F_{参}=88.6\ km^2$；设计站固头水库站以上流域面积 $F_{设}=100.0\ km^2$。

2.3 产流方案

利用金斗水库站的产流方案推求固头水库站的产流过程，固头水库站降雨径流相关图（$P+P_a-R$，$P-P_a-R$）分别见图 26-2 和图 26-3。相关要素的分析计算如下：

2.3.1 流域平均雨量 P 的计算

根据固头水库、黄立泉、段家店、高庄村 4 站雨量，采用算术平均法计算流域平均雨量 P。

2.3.2 流域平均前期影响雨量 P_a 的计算

$$P_{a,\ t+1}=K(P_{a,\ t}+P_t)$$

式中：$P_{a,t+1}$ 为第 $t+1$ 日的前期影响雨量（mm）；$P_{a,t}$ 为第 t 日的前期影响雨量（mm）；P_t 为第 t 日的流域平均雨量（mm）；K 为前期影响雨量递减系数。

2.3.3 产流参数 I_m、K 的确定

本方案采用金斗水库站的参数，即 $I_m=65$ mm、$K=0.9$。

2.4 汇流方案

采用金斗水库站单位线进行缩放。将金斗水库站单位线（$\Delta t=1$ h）进行缩放后作为固头水库站单位线，详见图 26-4。

单位线的缩放按下列公式计算：

$$\alpha=(F_{设}/F_{参})^{0.5}$$

$$T_{设i}=\alpha T_{参i}$$

$$q_{设i}=\alpha q_{参i}$$

式中：α 为单位线缩放系数；$F_{参}$、$F_{设}$ 分别为参证站、设计站以上控制流域面积；$T_{参i}$ 为参证站单位线逐时段，$T_{参i}=1,\ 2,\ \cdots,\ N$；$T_{设i}$ 为设计站单位线逐时段，通常为小数，为满足实际要求，可进一步对缩放结果进行插值，从而得到整时段单位线结果；$q_{参i}$ 为参证站单位线逐时段流量；$q_{设i}$ 为设计站单位线逐时段流量。

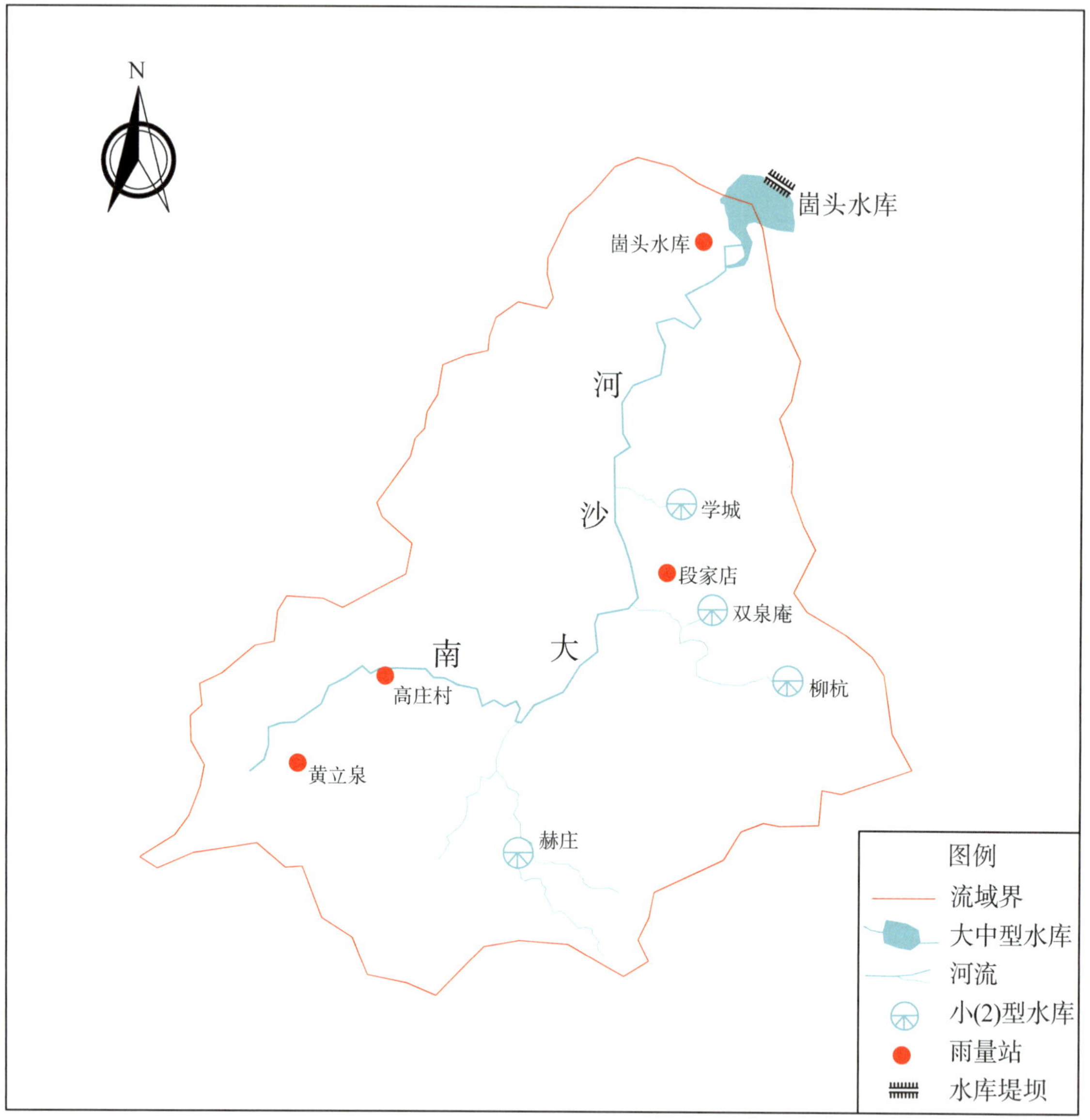

图 26-1 南大沙河固头水库流域图

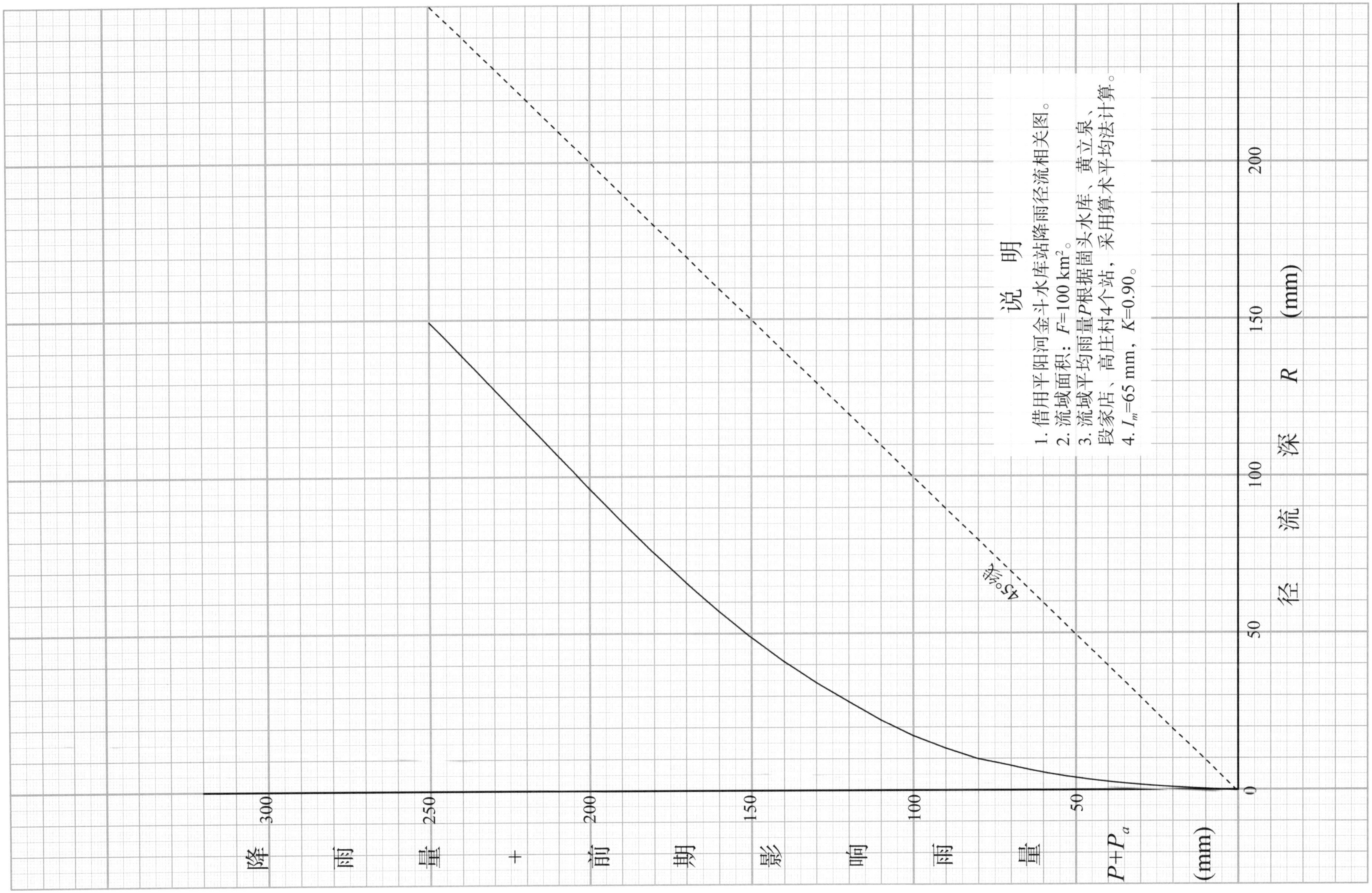

图 26-2　南大沙河崮头水库站降雨径流相关图（$P+P_a$-R）

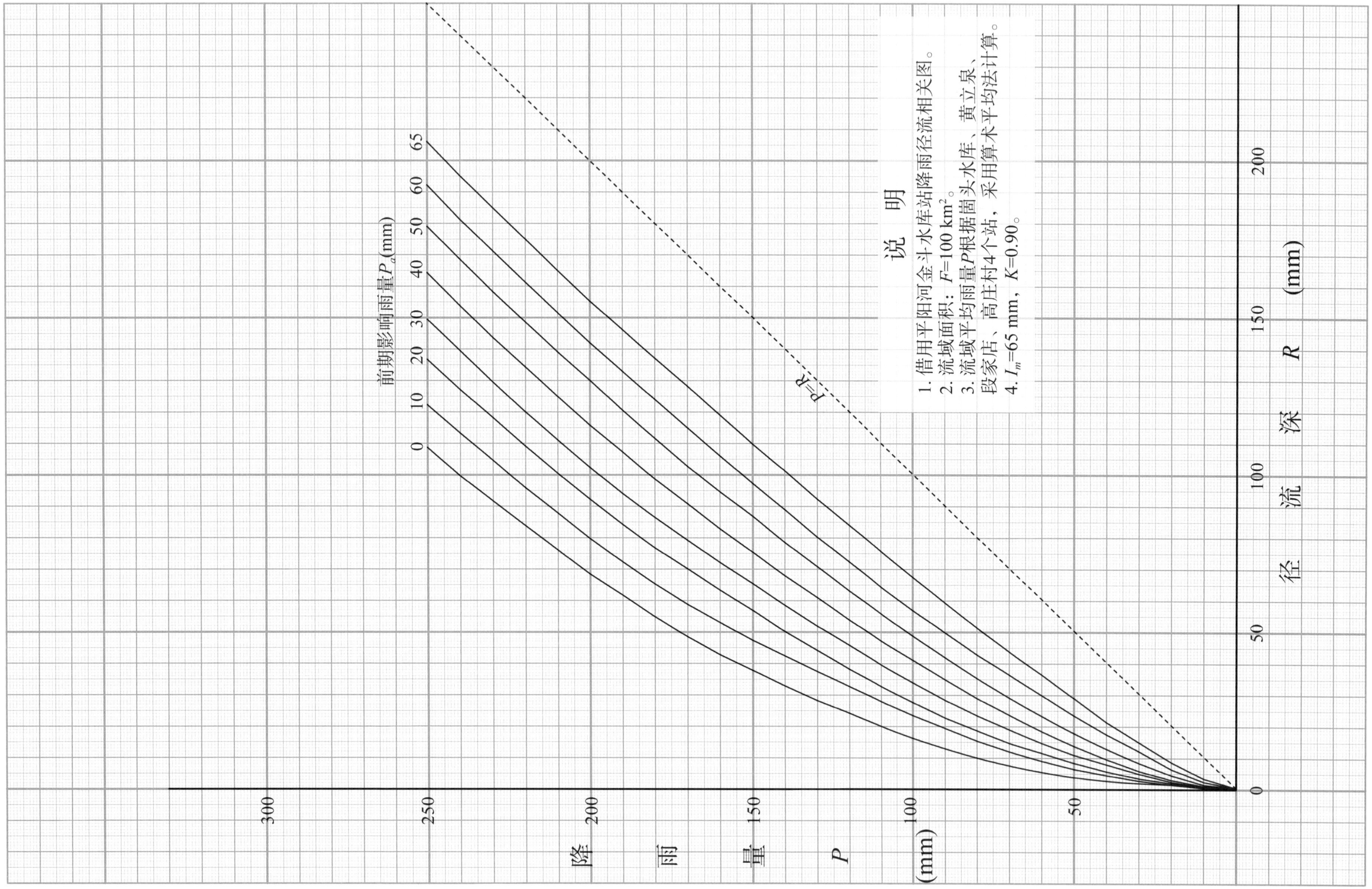

图 26-3　南大沙河崮头水库站降雨径流相关图（P-P_a-R）

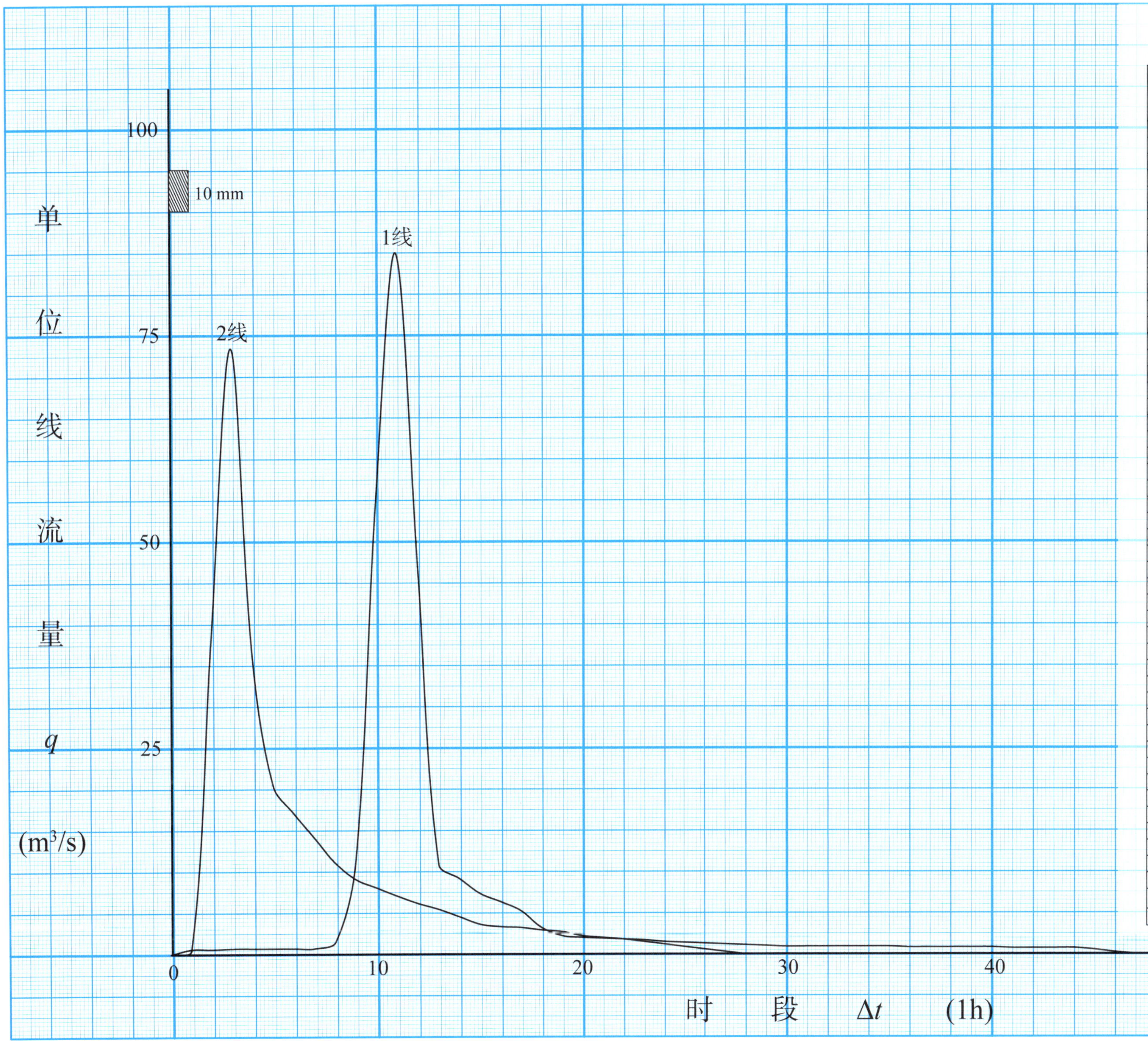

单位线成果表

F=100 km²，Δt=1 h

时段	单位线流量q(m/s³)	
	1线	2线
0	0.0	0.0
1	0.6	0.5
2	0.6	37.7
3	0.7	73.2
4	0.7	36.0
5	0.7	20.3
6	0.7	17.0
7	0.7	14.0
8	1.5	11.0
9	11.5	9.0
10	54.3	8.0
11	84.7	7.0
12	46.8	6.1
13	10.8	5.4
14	9.1	4.5
15	7.3	3.6
16	6.3	3.3
17	5.2	3.2
18	3.2	2.9
19	2.2	2.7
20	2.0	2.2
21	1.9	2.0
22	1.8	1.8
23	1.7	1.5
24	1.5	1.2
25	1.4	0.9
26	1.3	0.6
27	1.2	0.3
28	1.1	0.0
29	1.0	
30	0.9	
31	0.9	
32	0.9	
33	0.9	
34	0.9	
35	0.9	
36	0.8	
37	0.8	
38	0.8	
39	0.8	
40	0.8	
41	0.7	
42	0.7	
43	0.7	
44	0.7	
45	0.5	
46	0.2	
47	0.0	
Σ	275.4	275.9

图 26-4　南大沙河崮头水库站单位线图

第二十七章　北大沙河石店水库站水文预报方案编制说明

1　流域概况

1.1　流域自然地理特征

石店水库位于济南市长清区张夏街道石店村东，属黄河水系北大沙河，控制流域面积 40.2 km²，呈条带状。石店水库流域图见图 27-1。

1.2　水库工程概况

石店水库防洪标准“三查三定”为 50 年一遇设计、1 000 年一遇校核，水库总库容 1 091 万 m³，其中兴利库容 752 万 m³。

水库枢纽工程共有大坝、溢洪道、放水洞三大建筑物，大坝为均质土坝，坝顶长 850 m，最大坝高 33.3 m，坝顶宽 7 m，坝顶高程 143.00 m，坝体前 121.00 m 和 132.00 m 高程上各设 2 m 宽的戗台两道。坝体后 120.00 m 和 132.00 m 上各设 2 m 宽的戗台两道，迎水坡面分三级，自上而下坡比分别为 1∶2.25、1∶2.75、1∶3.25，背水坡面自上而下坡比分别为 1∶2.5、1∶3、1∶3.25。

溢洪道设在大坝南端，设 3 孔 6 m×5 m 平板钢闸门，底高程 134.00 m。

放水洞为双排钢筋混凝土压力管，管长 112 m，内径 1.15 m，最大泄量 2.2 m³/s，洞前建有启闭塔，用引桥与大坝连接，塔内装有一平板钢闸门，坝后有两个钢阀门。放水洞在 1995 年维修时内衬玻璃钢管，夹层充填砂浆。

1.3　上游水利工程概况

石店水库上游有一座小（1）型水库即葡萄湾水库。该水库于 1963 年 3 月 20 日建成，流域控制面积 18.5 km²，总库容 100.5 万 m³，兴利库容 46 万 m³。

1.4　测站情况

石店水库站流域内无水文站，设有石店水库、积家峪、积家峪中小河流站、灵岩寺 4 处雨量站。

2　预报方案编制

2.1　资料情况

石店水库站无实测年鉴水文摘录资料。

2.2　参证站选择

石店水库站地形地貌和下垫面基本特征与金斗水库站相似，故以金斗水库站作为石店水库站的参证站。参证站金斗水库站以上流域面积 $F_{参}=88.6\ km^2$；设计站石店水库站以上流域面积 $F_{设}=40.2\ km^2$。

2.3　产流方案

利用金斗水库站的产流方案推求石店水库站的产流过程，石店水库站降雨径流相关图（$P+P_a-R$，$P-P_a-R$）分别见图 27-2 和图 27-3。相关要素的分析计算如下：

2.3.1　流域平均雨量 *P* 的计算

根据石店、积家峪、积家峪中小河流站、灵岩寺 4 站雨量，采用算术平均法计算流域平均雨量 P。

2.3.2　流域平均前期影响雨量 P_a 的计算

$$P_{a,\ t+1}=K(P_{a,\ t}+P_t)$$

式中：$P_{a,t+1}$ 为第 $t+1$ 日的前期影响雨量（mm）；$P_{a,t}$ 为第 t 日的前期影响雨量（mm）；P_t 为第 t 日的流域平均雨量（mm）；K 为前期影响雨量递减系数。

2.3.3　产流参数 I_m、K 的确定

本方案采用金斗水库站的参数，即 $I_m=65$ mm、$K=0.9$。

2.4　汇流方案

采用金斗水库站单位线进行缩放。将金斗水库站单位线（$\Delta t=1$ h）进行缩放后作为石店水库站单位线，详见图 27-4。

单位线的缩放按下列公式计算：

$$\alpha=(F_{设}/F_{参})^{0.5}$$

$$T_{设i}=\alpha T_{参i}$$

$$q_{设i}=\alpha q_{参i}$$

式中：α 为单位线缩放系数；$F_{参}$、$F_{设}$ 分别为参证站、设计站以上控制流域面积；$T_{参i}$ 为参证站单位线逐时段，$T_{参i}=1,\ 2,\ \cdots,\ N$；$T_{设i}$ 为设计站单位线逐时段，通常为小数，为满足实际要求，可进一步对缩放结果进行插值，从而得到整时段单位线结果；$q_{参i}$ 为参证站单位线逐时段流量；$q_{设i}$ 为设计站单位线逐时段流量。

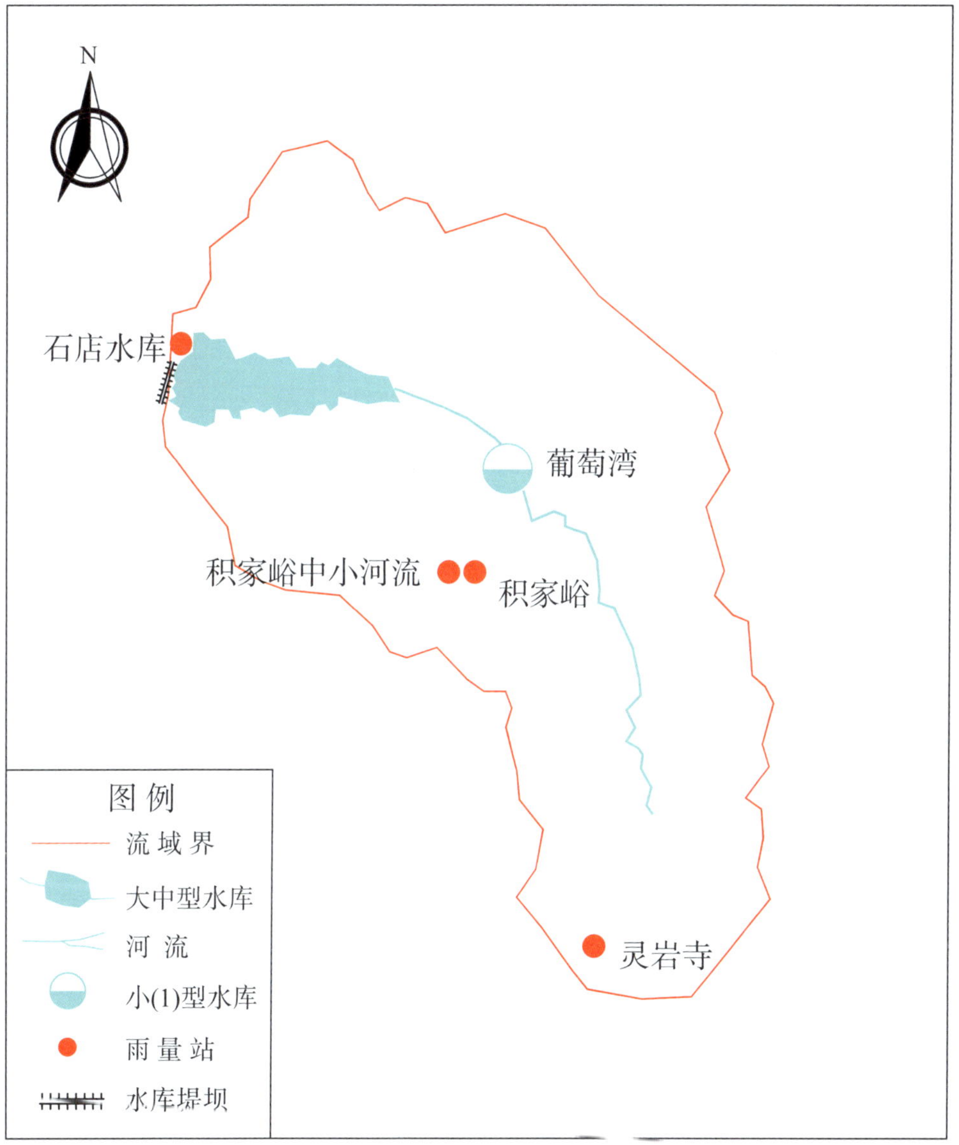

图 27-1　北大沙河石店水库流域图

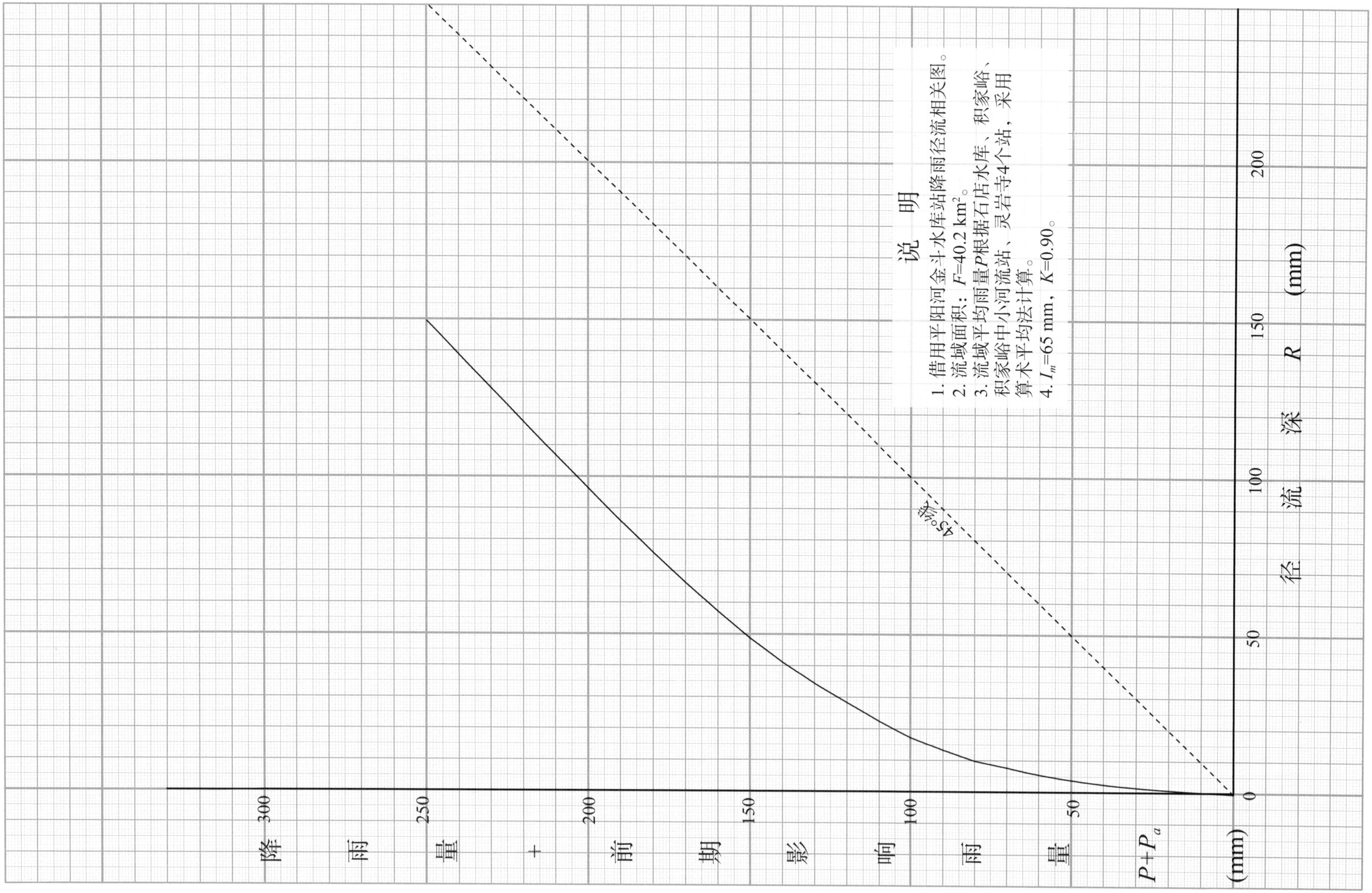

图 27-2 北大沙河石店水库站降雨径流相关图（$P+P_a$-R）

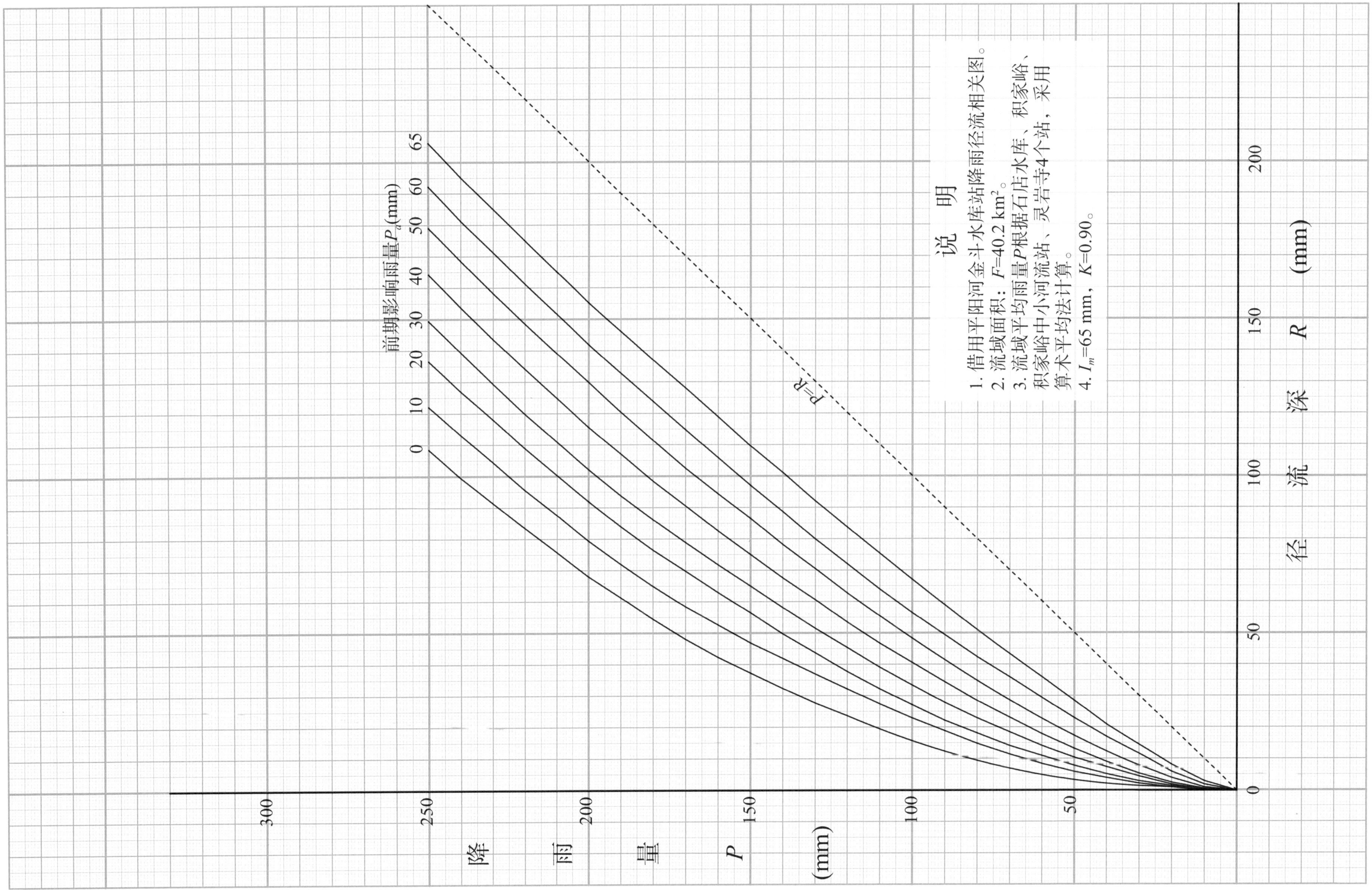

图 27-3　北大沙河石店水库站降雨径流相关图（P-P_a-R）

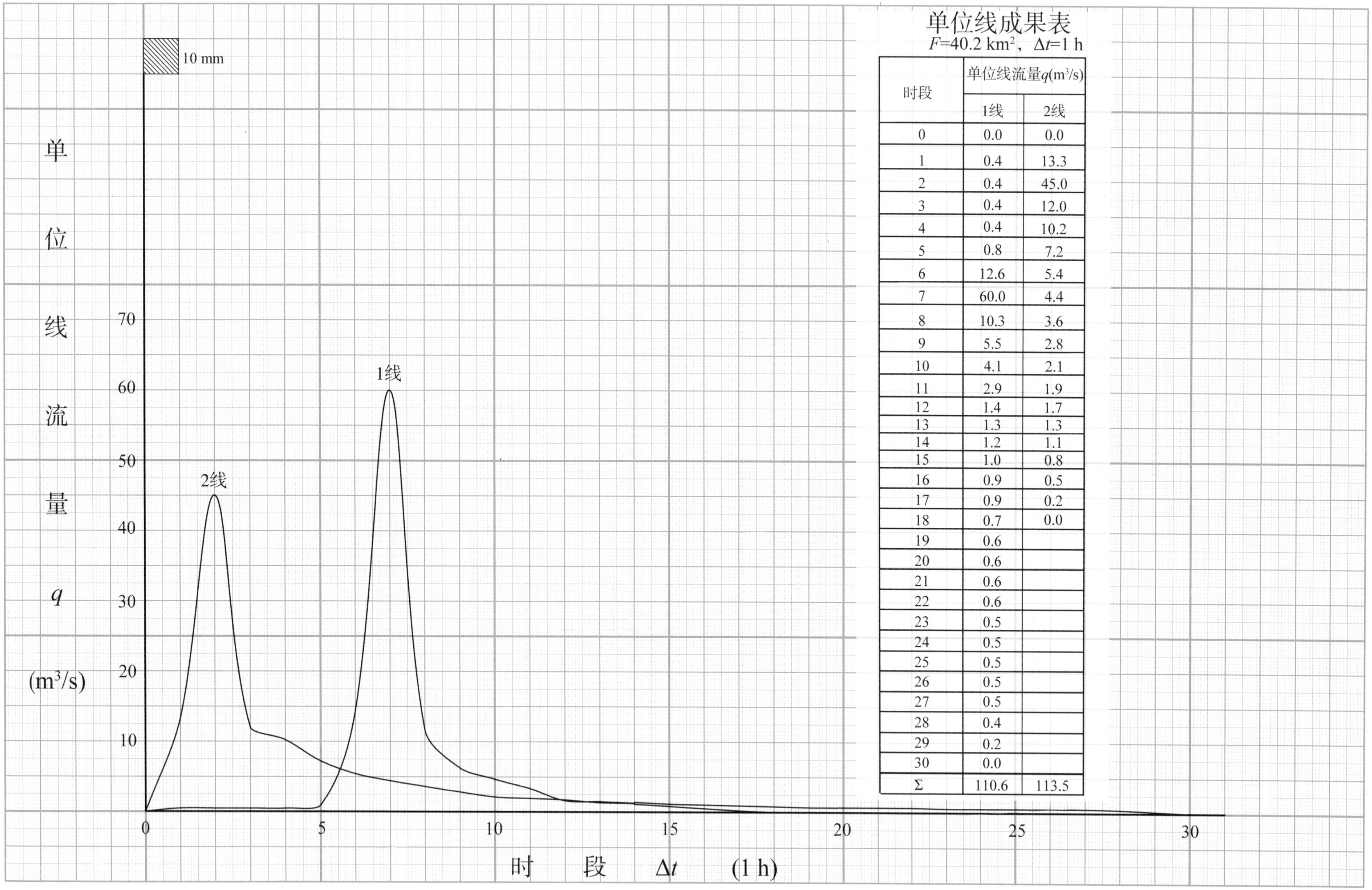

图 27-4　北大沙河石店水库站单位线图

单位线成果表

F=40.2 km²，Δt=1 h

时段	单位线流量q(m³/s)	
	1线	2线
0	0.0	0.0
1	0.4	13.3
2	0.4	45.0
3	0.4	12.0
4	0.4	10.2
5	0.8	7.2
6	12.6	5.4
7	60.0	4.4
8	10.3	3.6
9	5.5	2.8
10	4.1	2.1
11	2.9	1.9
12	1.4	1.7
13	1.3	1.3
14	1.2	1.1
15	1.0	0.8
16	0.9	0.5
17	0.9	0.2
18	0.7	0.0
19	0.6	
20	0.6	
21	0.6	
22	0.6	
23	0.5	
24	0.5	
25	0.5	
26	0.5	
27	0.5	
28	0.4	
29	0.2	
30	0.0	
Σ	110.6	113.5

第二十八章　玉符河锦绣川水库站水文预报方案编制说明

1　流域概况

1.1　流域自然地理特征

锦绣川水库位于济南市南部山区，玉符河上游锦绣川支流上，属黄河水系，控制流域面积 166 km^2。

锦绣川水库流域地处泰山北麓山区，属季风大陆性气候，春季少雨，多西南风；夏季炎热，雨量集中；秋季天高气爽；冬季寒冷干燥，多东北风。受泰山地形影响，雨量一般较山前为小，暴雨多系气旋雨，流域内降水量由东南向西北减少。据资料统计，1949 年之后，水库流域内多年平均降水量 733.0 mm，年际变化较大，最大年降水量 1 273.0 mm（1964 年），最小年降水量 272.1 mm（2002 年）。降水量年内分配也很不均匀，枯季少雨，汛期降雨集中。6—9 月降水量占全年降水量的 75%左右，易形成春旱、夏涝、秋后又旱的局面。径流与大气降水规律相似，但年际、年内变化更大。

由于水库流城地处石灰岩地区，风化岩层较厚，中小强度降雨易形成蓄满产流，其入渗较大，地表径流甚少，洪水过程平缓，退水时间较长。锦绣川水库流域图见图 28-1。

1.2　水库工程概况

锦绣川水库始建于 1966 年 10 月，1970 年 10 月竣工。2000 年对大坝进行加固扩建工程并于同年年底竣工，大坝抗滑安全稳定系数大大提高，兴利库容达到 3 600 万 m^3，总库容 4 102 万 m^3。

该水库坝型为浆砌石重力溢流坝，坝体由挡水坝段与溢流段两部分组成。坝体全长 378 m，其中拦水坝长 260.2 m，最大坝高 47.38 m，坝顶高程 254.19 m，坝后边坡 1∶0.7，坝顶宽 6.4 m。溢流段位于坝体的南部，长度为 117.8 m，设溢流孔 10 个，每孔净宽 10.39 m，最大高度 4.89 m，由液压启闭闸门控制，溢流堰为曲线型实用断面堰，堰顶高程为 248.50 m。

泄水建筑物包括两个放水洞，坝右边放水洞内径 105 cm，钢筋混凝土管长 22.7 m，进口底部高程 225.00 m，由内径 100 cm 的平板闸阀控制，最大放水流量 6.0 m^3/s；坝左边放水洞内径 50 cm，钢管长 26.05 m，进口底部高程 226.00 m，由内径 50 cm 的平板闸阀控制，设计流量 1.0 m^3/s。

大坝右岸有小水电站一座，布置形式为坝后式，2014 年进行增效扩容改造，装机容量为 520 kW，电站输入管道为内径 105 cm 的钢筋混凝土管，长度为 19.4 m，底部高程 227.00 m，设计流量 3.2 m^3/s。锦绣川水库工程技术特性见表 28-1。

表 28-1　锦绣川水库工程技术特性表

水库名称		锦绣川水库	主坝	坝型	浆砌石重力溢流坝		
建设地点		仲宫街道	主坝	坝顶高程（m）	254.19		
所在河流		玉符河	主坝	最大坝高（m）	47.38		
流域面积（km^2）		166	主坝	坝体长度（m）	378		
管理单位名称		济南市锦绣川水库管理处	主坝	坝顶宽度（m）	6.4		
主管单位名称		济南市城乡水务局	主坝	坝基地质	片麻岩		
竣工日期		1970 年 1 月	主坝	坝基防渗措施	排水管防渗		
工程等别		Ⅲ级	正常溢洪道	型式	溢流		
地震基本烈度/抗震设计烈度		六度/七度	正常溢洪道	堰顶高程（m）	248.50		
多年平均年降水量		733.0 mm	正常溢洪道	堰顶净宽（m）	6.6		
设计	洪水标准（%）	1	正常溢洪道	闸门型式	平板闸门		
设计	洪峰流量（m^3/s）	1 526	正常溢洪道	闸门尺寸（m）	10.39×10		
设计	3 日洪峰（万 m^3）	3 573	正常溢洪道	最大泄量（m^3/s）	1 321		
校核	洪水标准（%）	0.1	正常溢洪道	消能型式	挑流		
校核	洪峰流量（m^3/s）	2 378	正常溢洪道	启闭设备	液压启闭		
校核	3 日洪峰（万 m^3）	4 309	其他泄洪设施	放水洞编号	1	2	3
水库特性	水库调节特性	多年调节	其他泄洪设施	进口底高程（m）	227.00	225.00	226.00
水库特性	校核洪水位（m）	253.15	其他泄洪设施	断面尺寸（m）	内径 ϕ1.05	内径 ϕ1.0	内径 ϕ0.5
水库特性	设计洪水位（m）	252.02	其他泄洪设施	最大泄量（m^3/s）	3.17	6	1
水库特性	正常蓄水位（m）	251.00	工程运行	历史最高库水位（m）及发生日期	251.00 2016 年 9 月 7 日		
水库特性	汛限水位（m）	248.50	工程运行				
水库特性	死水位（m）	225.00	工程运行	历史最大入库流量（m^3/s）及发生日期	400.41 2022 年 7 月 12 日		
水库特性	总库容（万 m^3）	4 102	工程运行				
水库特性	调洪库容（万 m^3）	985	工程运行	历史最大出库流量（m^3/s）及发生日期	100.00 1996 年 8 月 6 日		
水库特性	兴利库容（万 m^3）	3 600	工程运行				
水库特性	死库容（万 m^3）	108	工程运行				

1.3 上游水利工程概况

锦绣川水库上游已修建小型水库8座，控制流域面积48.21 km^2，拦蓄总库容395.8万m^3，兴利库容273.5万m^3，详见表28-2。

表28-2 锦绣川水库上游水利工程统计表

水库名称	规模	建成时间	控制流域面积（km^2）	总库容（万m^3）	兴利库容（万m^3）
白炭窖水库	小（1）型	1973年1月	6.83	189.0	125.0
葫芦峪水库	小（2）型	1973年5月	5.43	21.0	12.0
积米峪水库	小（2）型	1960年1月	5.20	26.8	19.0
龙湾水库	小（2）型	1958年5月	9.50	26.0	15.0
藕池水库	小（2）型	1958年1月	1.75	13.0	12.0
下降甘水库	小（2）型	1972年6月	1.25	15.0	12.0
下罗伽水库	小（2）型	1964年1月	3.25	33.0	29.0
枣林水库	小（2）型	1966年6月	15.00	72.0	49.5

1.4 测站情况

流域内没有水文站，设有锦绣川、枣林、西营、大水井及北龙湾5处雨量站。

2 预报方案编制

2.1 资料情况

锦绣川水库站无实测年鉴水文摘录资料。

2.2 参证站选择

锦绣川水库站地形地貌和下垫面基本特征与卧虎山水库站相似，故以卧虎山水库站作为锦绣川水库站的参证站。参证站卧虎山水库站以上流域面积$F_{参}=384$ km^2；设计站锦绣川水库站以上流域面积$F_{设}=166$ km^2。

2.3 产流方案

利用卧虎山水库站的产流方案推求锦绣川水库站的产流过程，锦绣川水库站降雨径流相关图见图28-2。

2.3.1 流域平均雨量P的计算

根据锦绣川、枣林、西营、大水井、北龙湾5站的雨量，采用算术平均法计算流域平均雨量P。

2.3.2 流域平均前期影响雨量P_a的计算

$$P_{a,\ t+1}=K(P_{a,\ t}+P_t)$$

式中：$P_{a,t+1}$为第t+1日的前期影响雨量（mm）；$P_{a,t}$为第t日的前期影响雨量（mm）；P_t为第t日的流域平均雨量（mm）；K为前期影响雨量递减系数。

2.3.3 产流参数I_m、K的确定

本方案采用卧虎山水库站的参数，即$I_m=65$ mm、$K=0.85$。

2.4 汇流方案

采用卧虎山水库站单位线进行缩放。将卧虎山水库站单位线（$\Delta t=2$ h）进行缩放后作为锦绣川水库站单位线，详见图28-3。

单位线的缩放按下列公式计算：

$$\alpha=(F_{设}/F_{参})^{0.5}$$

$$T_{设i}=\alpha T_{参i}$$

$$q_{设i}=\alpha q_{参i}$$

式中：α为单位线缩放系数；$F_{参}$、$F_{设}$分别为参证站、设计站以上控制流域面积；$T_{参i}$为参证站单位线逐时段，$T_{参i}=1, 2, \cdots, N$；$T_{设i}$为设计站单位线逐时段，通常为小数，为满足实际要求，可进一步对缩放结果进行插值，从而得到整时段单位线结果；$q_{参i}$为参证站单位线逐时段流量；$q_{设i}$为设计站单位线逐时段流量。

图 28-1　玉符河锦绣川水库流域图

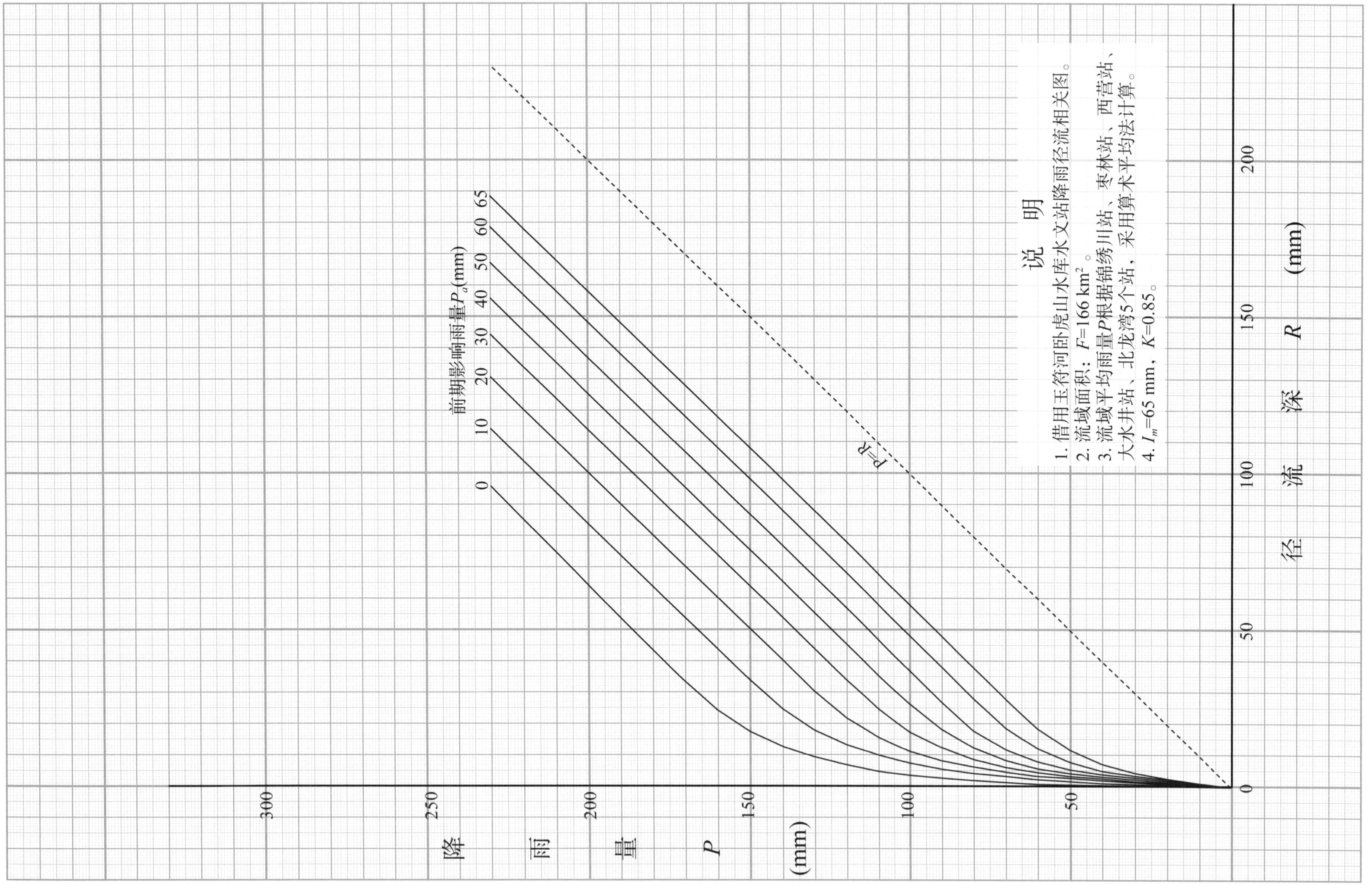

图 28-2　玉符河锦绣川水库站降雨径流相关图

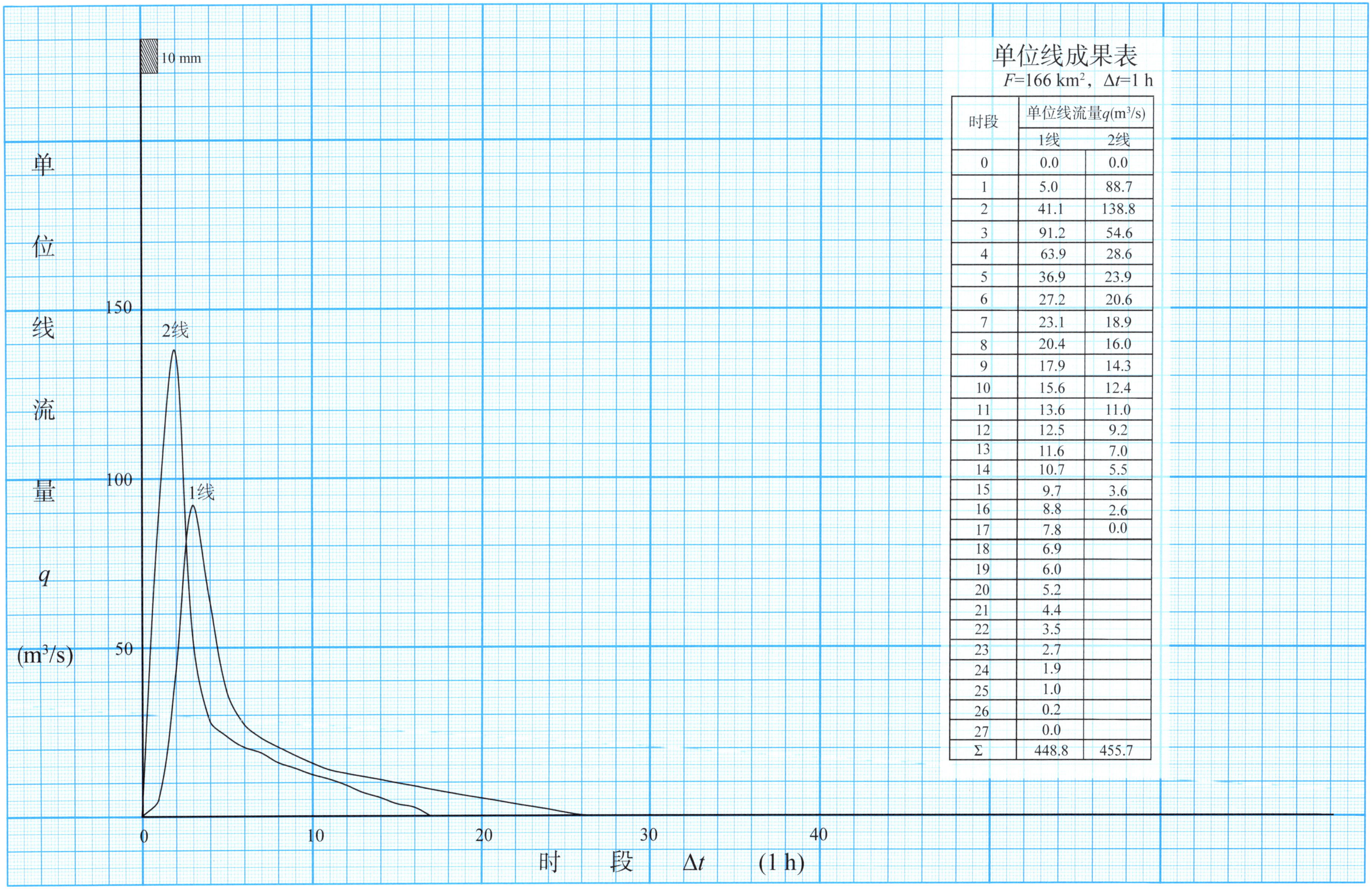

单位线成果表

F=166 km²，Δt=1 h

时段	单位线流量q(m³/s)	
	1线	2线
0	0.0	0.0
1	5.0	88.7
2	41.1	138.8
3	91.2	54.6
4	63.9	28.6
5	36.9	23.9
6	27.2	20.6
7	23.1	18.9
8	20.4	16.0
9	17.9	14.3
10	15.6	12.4
11	13.6	11.0
12	12.5	9.2
13	11.6	7.0
14	10.7	5.5
15	9.7	3.6
16	8.8	2.6
17	7.8	0.0
18	6.9	
19	6.0	
20	5.2	
21	4.4	
22	3.5	
23	2.7	
24	1.9	
25	1.0	
26	0.2	
27	0.0	
Σ	448.8	455.7

图 28-3　玉符河锦绣川水库站单位线图

第二十九章　牟汶河葫芦山水库站水文预报方案编制说明

1　流域概况

1.1　流域自然地理特征

葫芦山水库位于济南市钢城区颜庄街道牛马庄村南、大汶河支流牟汶河上游，是一座集防洪、灌溉和供水等综合利用为一体的中型水库。水库控制流域面积 187 km^2，流域干流河道长度 26 km，干流平均比降 4‰。葫芦山水库库区位于华北地台鲁西隆起区、泰莱断陷盆地东南边缘。库区的地貌形态主要有低山丘陵和河谷，地形起伏变化较大，地势南高北低，东高西低，总体趋势自东南向西北方向倾斜。

葫芦山水库全流域为山区地形，地面高程一般在 250～500 m，东南部的旋崮山山顶高程 729 m，东部的历山山顶高程 610.4 m。西北部山岭高程一般在 400～500 m，卧虎山主峰高 602.7 m，九龙山主峰高 615.8 m。河流迂回曲折于山岭之间，河谷地带地势低平，河流走向基本与山脉走向一致。葫芦山水库流域图见图 29-1。

1.2　水库工程概况

葫芦山水库总库容 2 273 万 m^3，兴利库容 717 万 m^3，水库枢纽工程包括大坝、溢洪道和放水洞三部分。

大坝由主坝和副坝组成。主坝为土石混合坝，长 572.1 m，坝顶高程 238.93 m（1985 年国家基准高程，下同），坝顶宽 6 m。上游坡面为干砌方块石护坡，在高程 230.93 m 处设一条宽 2 m 的戗台，戗台以下坡比为 1∶3.16，戗台以上坡比为 1∶2.75；下游坡面为草皮护坡，在高程 227.93 m 处设一条戗台，宽 6 m，坝后坡比 1∶2。壤土斜墙顶高程 238.93 m，坝基帷幕灌浆截渗，坝体为混凝土防渗板墙，顶高程 232.13 m，坝顶宽 6 m。

副坝长 98.8 m，其中 60 m 为浆砌石坝体，38.8 m 为黏土坝体，坝顶高程 238.93 m，顶宽为（5.4+2×0.25）m。

溢洪道位于大坝左端，由引水渠、闸室段、过渡段和挑流消能段组成。闸室段溢洪闸 5 孔（10 m×4.5 m），长 15.5 m，每孔净宽 10 m，总宽 54.80 m，闸底高程 229.43 m，卷扬式启闭机控制平板钢闸门。挑流消能工程由泄槽、挑流鼻坎和冲坑组成，两侧为混凝土挡墙。泄槽长 100 m，底坡 0.095；挑流鼻坎长 11 m；冲坑长 54.80 m，底高程 208.37 m。最大泄量 2 071.9 m^3/s。

葫芦山水库共有两个放水洞，自西向东分别为西放水洞、东放水洞。西放水洞位于大坝西端桩号 0+512 处，为箱涵式混凝土管，闸后长 49 m。西放水洞进口底高程 226.23 m，出口底高程 225.31 m，设计流量 4 m^3/s，闸门为提升式平面钢闸门，尺寸为 1.5 m×1.5 m，采用 1 台 QPQ2×16 kN 双吊点卷扬式启闭机控制。

东放水洞位于大坝桩号 0+100 处，主要用于灌溉，为直径 0.2 m 的铸铁管，进口底高程 227.43 m，采用手动闸阀控制，设计流量 0.3 m^3/s。

1.3　上游水利工程概况

葫芦山水库流域内建有中型水库 1 座、小（1）型水库 2 座、小（2）型水库 17 座，总流域控制面积 71.74 km^2，总库容 2 065.45 万 m^3，总兴利库容 1 073.13 万 m^3（说明：流域内的卞泉水库由于功能衰减已于 2018 年注销，未统计在内），详见表 29-1。

表 29-1　葫芦山水库上游水利工程统计表

序号	水库名称	类型	建成年月	集水面积（km^2）	总库容（万 m^3）	兴利库容（万 m^3）
1	金水河水库	中型	2020 年 8 月	41	1 264.86	643.68
2	霞峰	小（1）型	1966 年 1 月	12.5	316	174
3	八大庄	小（1）型	1977 年 8 月	2.6	145	81
4	高峪	小（2）型	1964 年 12 月	0.6	14.4	10.4
5	大龙门南	小（2）型	1970 年 8 月	1.1	14.6	6.9
6	大龙门北	小（2）型	2003 年 1 月	1.2	29.2	13.5
7	纸坊	小（2）型	1967 年 6 月	1	10.48	4.3
8	八大庄 2 号	小（2）型	1971 年 1 月	0.7	15	5.9
9	幸福村	小（2）型	1974 年 9 月	0.41	10.6	5.55
10	官庄	小（2）型	1976 年 7 月	0.8	29.42	18.4
11	小上峪	小（2）型	1977 年 8 月	1	28.36	17.6
12	台子	小（2）型	1978 年 9 月	4	63	21
13	台子 2 号	小（2）型	2004 年 6 月	0.91	25.36	19
14	贤女庙上	小（2）型	2000 年 12 月	0.9	18.1	4.6
15	贤女庙下	小（2）型	1964 年 1 月	0.6	12.97	5.5
16	杨家大峪	小（2）型	1999 年 6 月	0.49	12.24	8
17	涝洼村北	小（2）型	1973 年 5 月	0.4	10.7	5.1
18	青冶行	小（2）型	1997 年 7 月	0.47	12.26	6.7
19	东王庄	小（2）型	1999 年 11 月	0.52	16.4	12
20	桑家庄	小（2）型	2000 年 7 月	0.54	16.5	10
合计				71.74	2 065.45	1 073.13

1.4 测站情况

流域内有 7 处雨量站，分别为葫芦山水库、寨子、艾山、霞峰、台子、黄庄、纸坊。

葫芦山水库站观测项目有坝上水位，溢洪道、放水洞出库流量，溢洪道水位、流量、降水量等。采用 YQZ-2A 型报汛前置机报汛，特殊情况用手机或电话。

2 预报方案编制

2.1 资料情况

葫芦山水库站无实测年鉴水文摘录资料。

2.2 参证站选择

葫芦山水库站地形地貌和下垫面基本特征与金斗水库站相似，故以金斗水库站作为葫芦山水库站的参证站。参证站金斗水库站以上流域面积 $F_{参}=88.6\ km^2$；设计站葫芦山水库站以上流域面积 $F_{设}=187\ km^2$。

2.3 产流方案

利用金斗水库站的产流方案推求葫芦山水库站的产流过程，葫芦山水库站降雨径流相关图（$P+P_a$-R，P-P_a-R）分别见图 29-2 和图 29-3。相关要素的分析计算如下：

2.3.1 流域平均雨量 P 的计算

根据葫芦山水库、寨子、艾山、霞峰、台子、黄庄、纸坊站雨量，采用算术平均法计算流域平均雨量 P。

2.3.2 流域平均前期影响雨量 P_a 的计算

$$P_{a,\ t+1}=K(P_{a,\ t}+P_t)$$

式中：$P_{a,t+1}$ 为第 t+1 日的前期影响雨量（mm）；$P_{a,t}$ 为第 t 日的前期影响雨量（mm）；P_t 为第 t 日的流域平均雨量（mm）；K 为前期影响雨量递减系数。

2.3.3 产流参数 I_m、K 的确定

本方案采用金斗水库站的参数，即 $I_m=65$ mm、$K=0.9$。

2.4 汇流方案

采用金斗水库站单位线进行缩放。将金斗水库站单位线（$\Delta t=1$ h）进行缩放后作为葫芦山水库站单位线，详见图 29-4。

单位线的缩放按下列公式计算：

$$\alpha=(F_{设}/F_{参})^{0.5}$$

$$T_{设i}=\alpha T_{参i}$$

$$q_{设i}=\alpha q_{参i}$$

式中：α 为单位线缩放系数；$F_{参}$、$F_{设}$ 分别为参证站、设计站以上控制流域面积；$T_{参i}$ 为参证站单位线逐时段，$T_{参i}=1,\ 2,\ \cdots,\ N$；$T_{设i}$ 为设计站单位线逐时段，通常为小数，为满足实际要求，可进一步对缩放结果进行插值，从而得到整时段单位线结果；$q_{参i}$ 为参证站单位线逐时段流量；$q_{设i}$ 为设计站单位线逐时段流量。

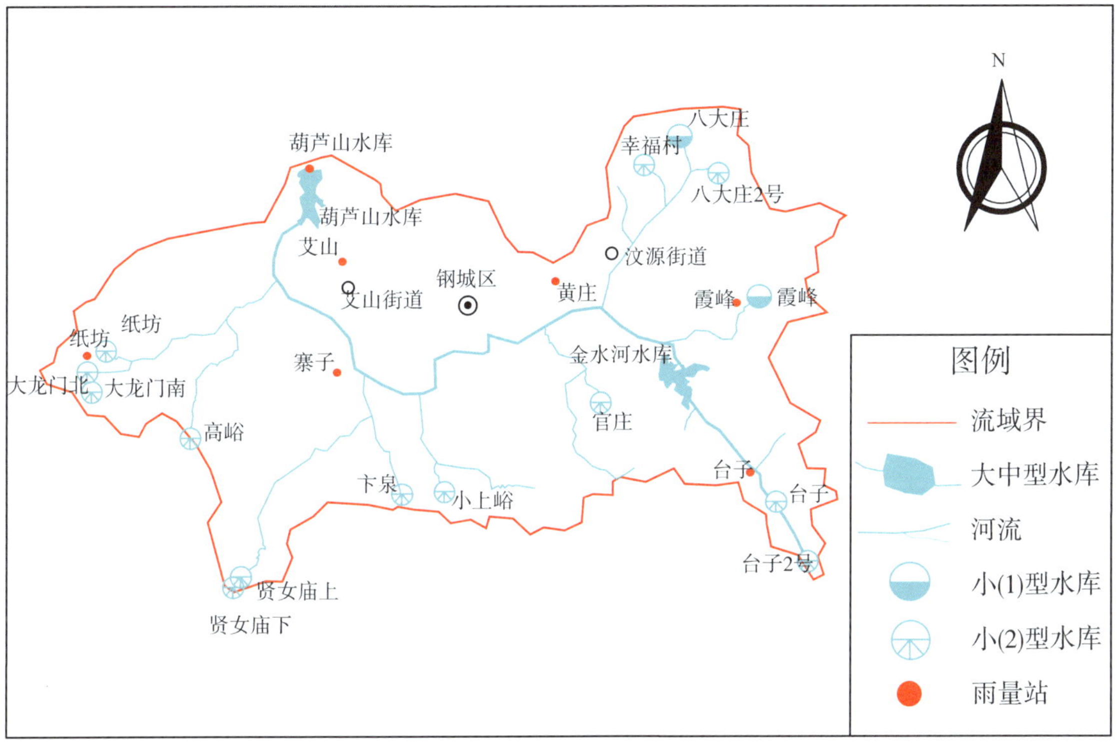

图 29-1 牟汶河葫芦山水库流域图

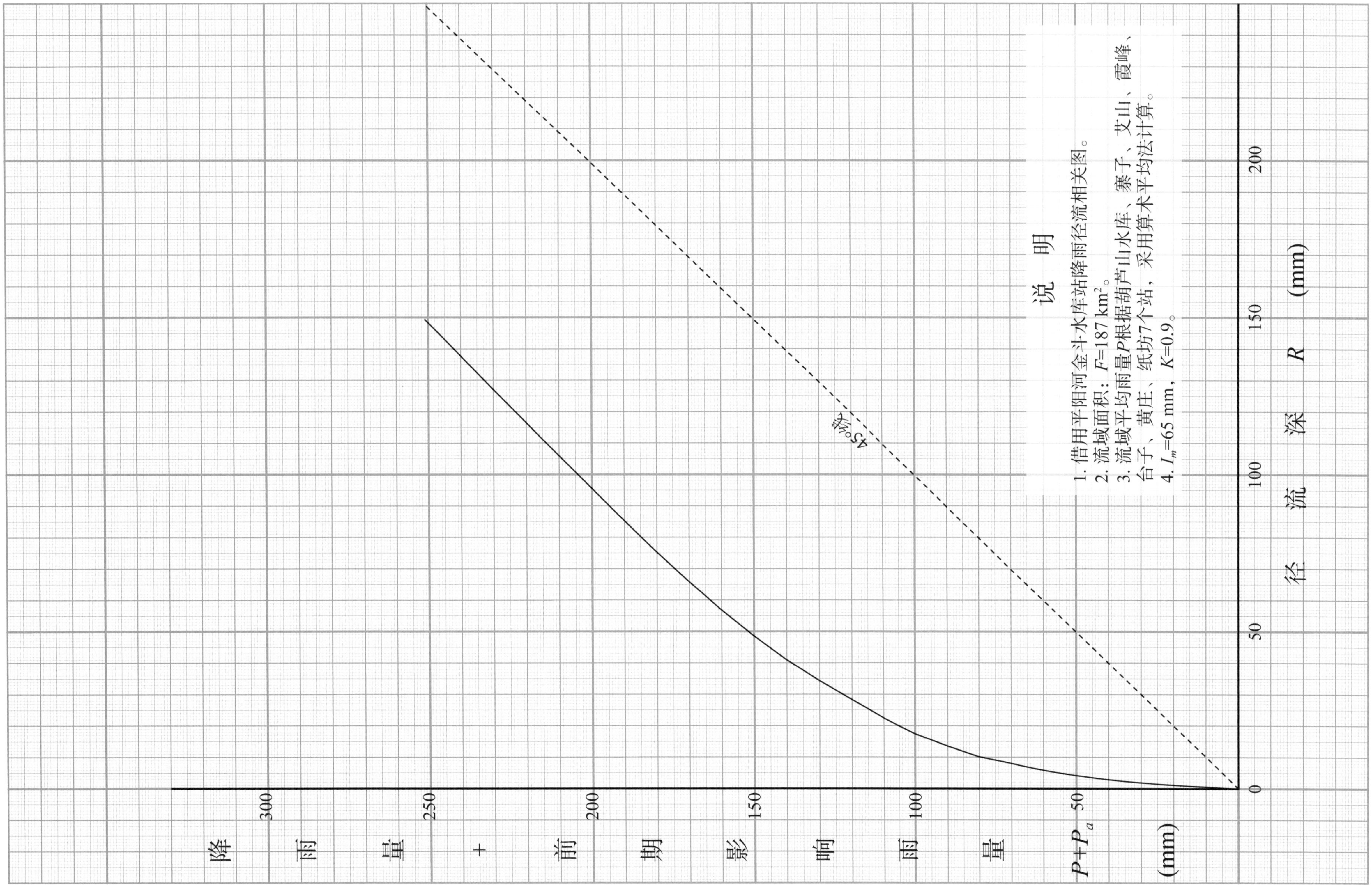

图 29-2　牟汶河葫芦山水库站降雨径流相关图（$P+P_a$-R）

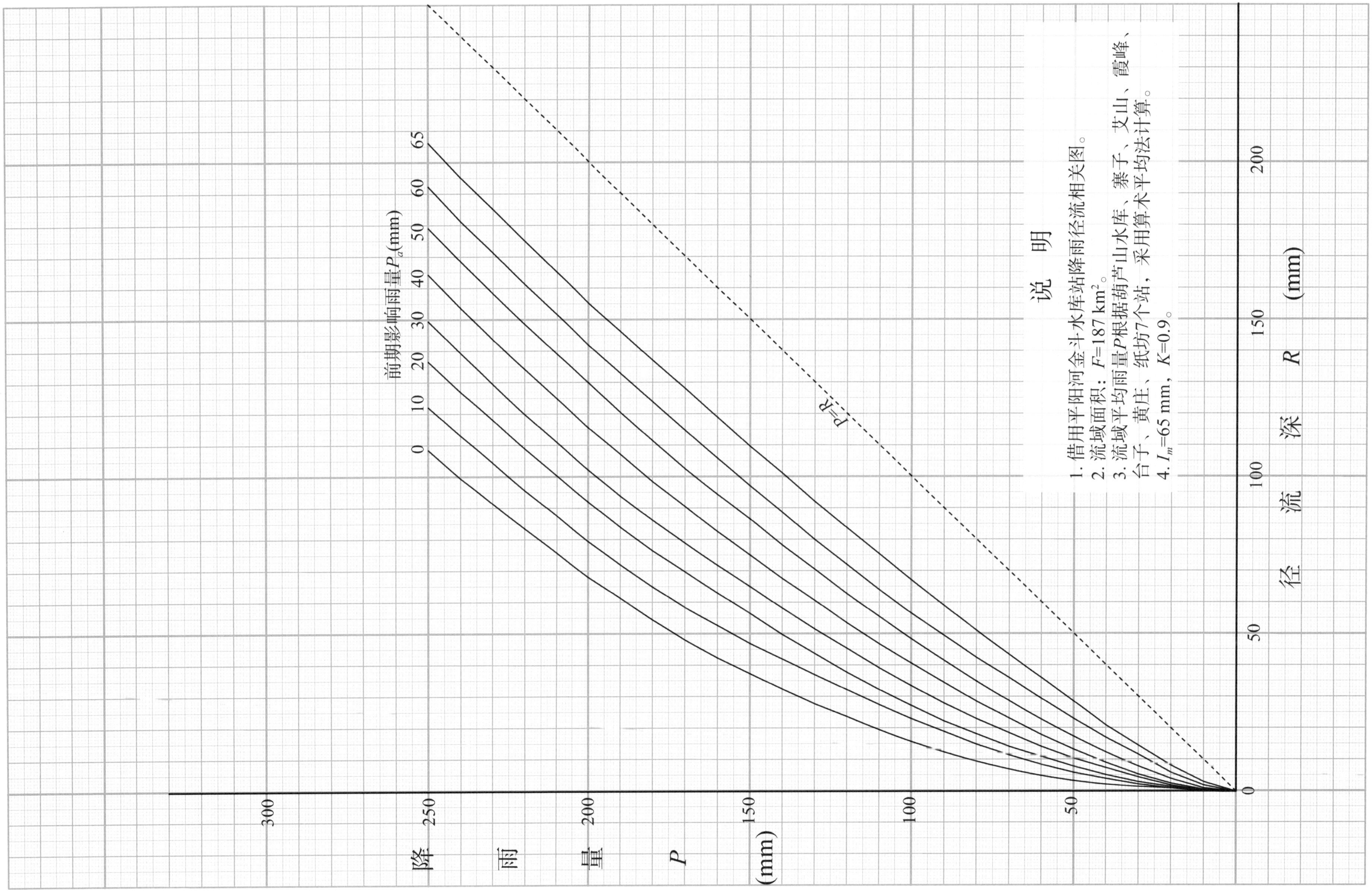

图 29-3　牟汶河葫芦山水库站降雨径流相关图（P-P_a-R）

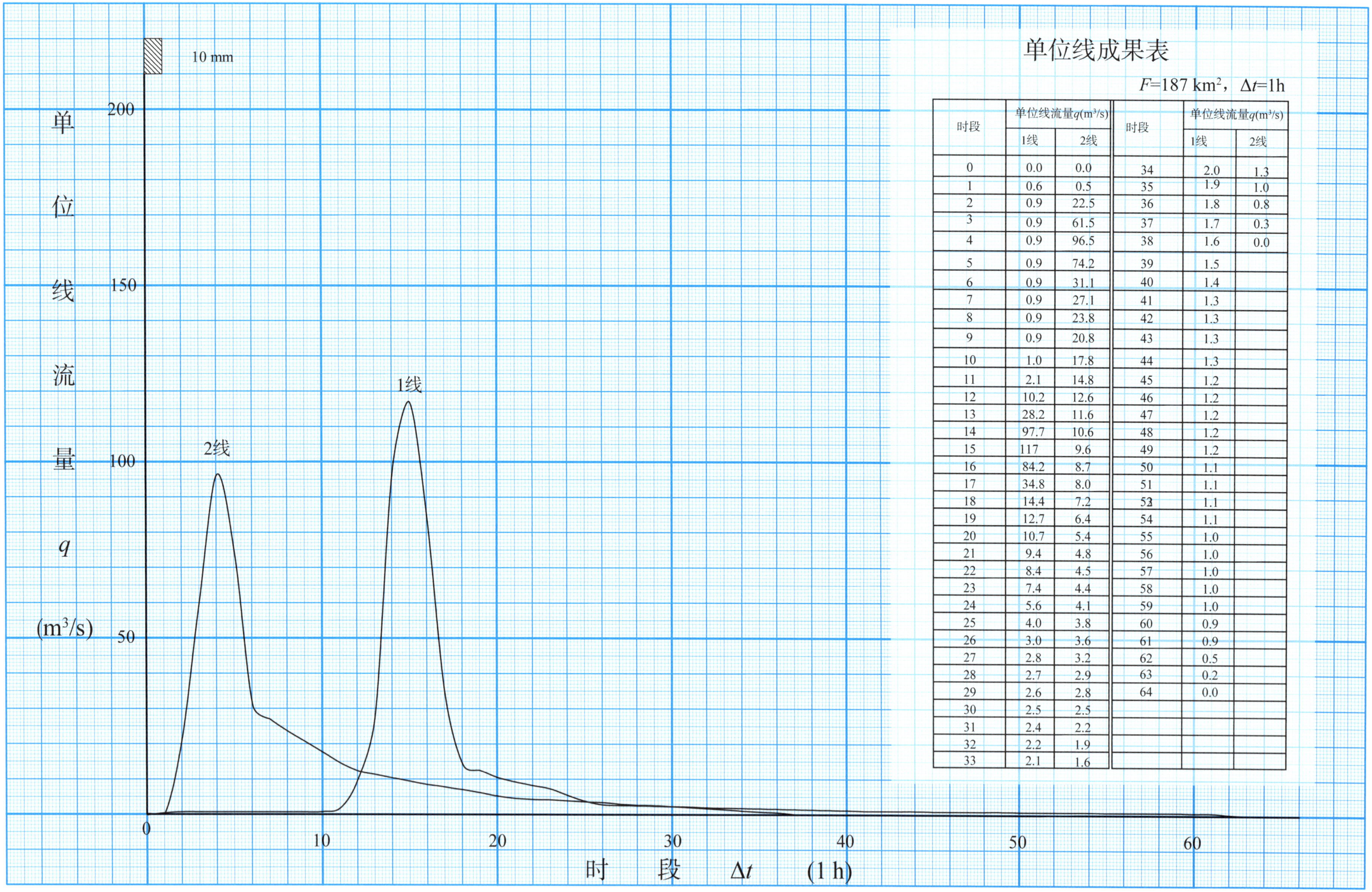

单位线成果表

F=187 km²，Δt=1h

时段	单位线流量q(m³/s)		时段	单位线流量q(m³/s)	
	1线	2线		1线	2线
0	0.0	0.0	34	2.0	1.3
1	0.6	0.5	35	1.9	1.0
2	0.9	22.5	36	1.8	0.8
3	0.9	61.5	37	1.7	0.3
4	0.9	96.5	38	1.6	0.0
5	0.9	74.2	39	1.5	
6	0.9	31.1	40	1.4	
7	0.9	27.1	41	1.3	
8	0.9	23.8	42	1.3	
9	0.9	20.8	43	1.3	
10	1.0	17.8	44	1.3	
11	2.1	14.8	45	1.2	
12	10.2	12.6	46	1.2	
13	28.2	11.6	47	1.2	
14	97.7	10.6	48	1.2	
15	117	9.6	49	1.2	
16	84.2	8.7	50	1.1	
17	34.8	8.0	51	1.1	
18	14.4	7.2	52	1.1	
19	12.7	6.4	54	1.1	
20	10.7	5.4	55	1.0	
21	9.4	4.8	56	1.0	
22	8.4	4.5	57	1.0	
23	7.4	4.4	58	1.0	
24	5.6	4.1	59	1.0	
25	4.0	3.8	60	0.9	
26	3.0	3.6	61	0.9	
27	2.8	3.2	62	0.5	
28	2.7	2.9	63	0.2	
29	2.6	2.8	64	0.0	
30	2.5	2.5			
31	2.4	2.2			
32	2.2	1.9			
33	2.1	1.6			

图 29-4　牟汶河葫芦山水库站单位线图

第三十章　辛庄河乔店水库站水文预报方案编制说明

1　流域概况

1.1　流域自然地理特征

乔店水库位于济南市钢城区辛庄街道乔店村东，大汶河支流辛庄河上，水库流域形状近似菱形，地势东高西低，流域长度 15.7 km，平均干流坡度为 10.8‰，坝址以上控制流域面积 85 km^2。乔店水库流域图见图 30-1。

1.2　水库工程概况

乔店水库始建于 1965 年 3 月，1967 年 5 建成，工程采取了边勘测、边规划、边设计、边筹备、边施工的方法。2006 年除险加固后设计洪水位（P=2%）283.88 m，校核洪水位（P=0.1%）285.09 m，兴利水位 282.90 m，死水位 266.10 m，总库容 2 540 万 m^3，兴利库容 1 970 万 m^3，死库容 49 万 m^3，是一座集防洪、灌溉、城市供水为一体的综合运用中型水库。

乔店水库主要建筑物包括主坝、副坝、溢洪道、放水洞。主坝为黏土心墙砂壳坝，坝顶长 810 m、宽 7 m，坝顶高程 286.27 m，最大坝高 26.20 m。副坝亦为黏土心墙砂壳坝，坝顶高程 286.27 m，最大坝高 4.20 m，坝顶总长 160 m。溢洪道设在大坝右端，新建 4×10 m 四孔平板钢闸门溢洪闸，堰顶高程 279.32 m，堰顶净宽 40 m，型式为闸控实用堰，消能型式为消力池和挑流两级消能，最大泄量 1 052 m^3/s。泄洪建筑分为南、北两个放水洞，北放水洞位于主坝的右端，为钢筋混凝土压力涵管，内衬钢管，管内径 1.3 m，进口底高程 265.02 m，最大输水流量 13.67 m^3/s，由坝前竖井式钢板闸门控制；南放水洞位于主坝左端，为钢筋混凝土有压涵管，内衬钢管，管内径 0.8 m，进口底高程 271.27 m，最大流量 4.35 m^3/s，由坝前竖井式钢板闸门和坝后蝶阀双门控制。

1.3　上游水利工程概况

乔店水库站流域内建有小（1）型水库 1 座、小（2）型水库 10 座，总控制流域面积 26.64 km^2，总库容 393.5 万 m^3，兴利库容 278.15 万 m^3。乔店水库上游水利工程情况见表 30-1。

表 30-1　乔店水库上游水库统计表

序号	水库名称	类型	建成时间	控制流域面积（km^2）	总库容（万 m^3）	兴利库容（万 m^3）
1	裴家庄	小（1）	1973 年 5 月	7.9	246.5	179.5
2	裴家庄 2 号	小（2）	1978 年 6 月	0.63	13.9	8.8
3	天井峪	小（2）	1989 年 3 月	5.0	10.5	3.7
4	城岭	小（2）	1978 年 6 月	3.9	11.9	7.2
5	西铁车	小（2）	1975 年 2 月	0.75	14.9	10.6
6	东铁车	小（2）	1974 年 5 月	1.4	19.6	10.9
7	张砟峪	小（2）	1973 年 5 月	0.43	11.2	7.65
8	旋车沟	小（2）	1976 年 5 月	0.55	15.5	10.4
9	团坡子	小（2）型	1979 年 5 月	0.68	10.2	6.4
10	枪杆峪	小（2）型	1990 年 6 月	0.9	22.3	19.0
11	回鱼湾	小（2）型	2001 年 5 月	4.5	17.0	14.0

1.4　测站情况

乔店水库站以上流域内没有水文测站，有 3 处雨量站，即乔店水库、桃峪和裴家庄站。

乔店水库站观测项目：坝上水位、放水洞出库流量、降水量等。通过 YCZ-Ⅲ遥测终端机进行雨量登记，使用莱芜水文中心提供的通信控制机报汛，特殊情况用手机或电话。

2　预报方案编制

2.1　资料情况

乔店水库站无实测年鉴水文摘录资料。

2.2　参证站选择

乔店水库站地形地貌和下垫面基本特征与金斗水库站相似，故以金斗水库站作为乔店水库站的参证站。参证站金斗水库站以上流域面积 $F_{参}=88.6\ km^2$；设计站乔店水库站以上流域面积 $F_{设}=85\ km^2$。

2.3　产流方案

利用金斗水库站的产流方案推求乔店水库站的产流过程，乔店水库站降雨径流相关图（$P+P_a-R$，$P-P_a-R$）分别见图 30-2、图 30-3。相关要素的分析计算如下：

2.3.1　流域平均雨量 P 的计算

根据乔店水库、桃峪、裴家庄站雨量采用算术平均法计算流域平均雨量 P。

2.3.2 流域平均前期影响雨量 P_a 的计算

$$P_{a,\ t+1} = K(P_{a,\ t} + P_t)$$

式中：$P_{a,t+1}$ 为第 t+1 日的前期影响雨量（mm）；$P_{a,t}$ 为第 t 日的前期影响雨量（mm）；P_t 为第 t 日的流域平均雨量（mm）；K 为前期影响雨量递减系数。

2.3.3 产流参数 I_m、K 的确定

本方案采用金斗水库站的参数，即 I_m=65 mm、K=0.9。

2.4 汇流方案

采用金斗水库站单位线进行缩放。将金斗水库站单位线（Δt=1 h）进行缩放后作为乔店水库站单位线，详见图 30-4。

单位线的缩放按下列公式计算：

$$\alpha = (F_{设} / F_{参})^{0.5}$$

$$T_{设i} = \alpha T_{参i}$$

$$q_{设i} = \alpha q_{参i}$$

式中：α 为单位线缩放系数；$F_{参}$、$F_{设}$ 分别为参证站、设计站以上控制流域面积；$T_{参i}$ 为参证站单位线逐时段，$T_{参i}$=1，2，…，N；$T_{设i}$ 为设计站单位线逐时段，通常为小数，为满足实际要求，可进一步对缩放结果进行插值，从而得到整时段单位线结果；$q_{参i}$ 为参证站单位线逐时段流量；$q_{设i}$ 为设计站单位线逐时段流量。

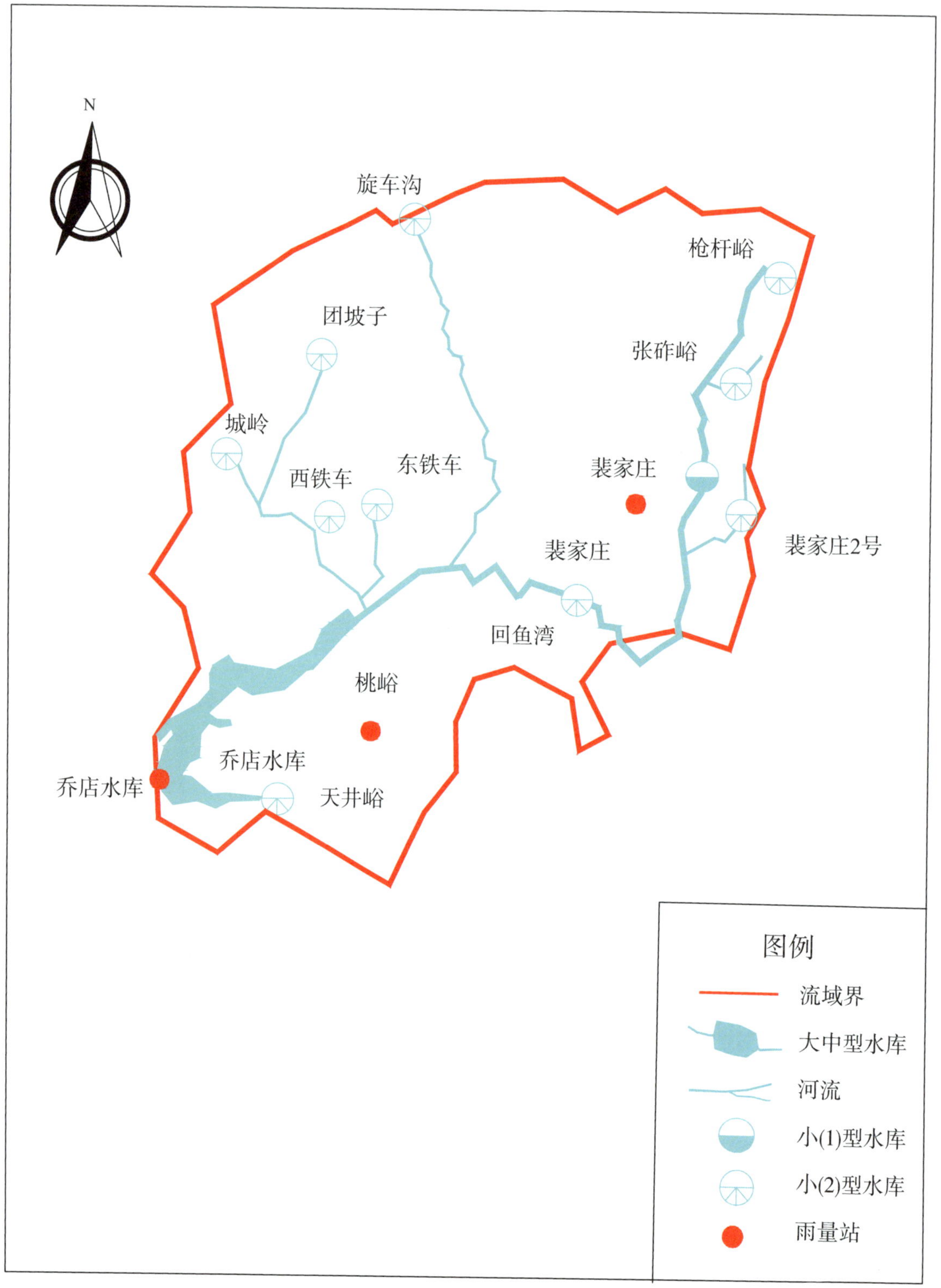

图 30-1　辛庄河乔店水库流域图

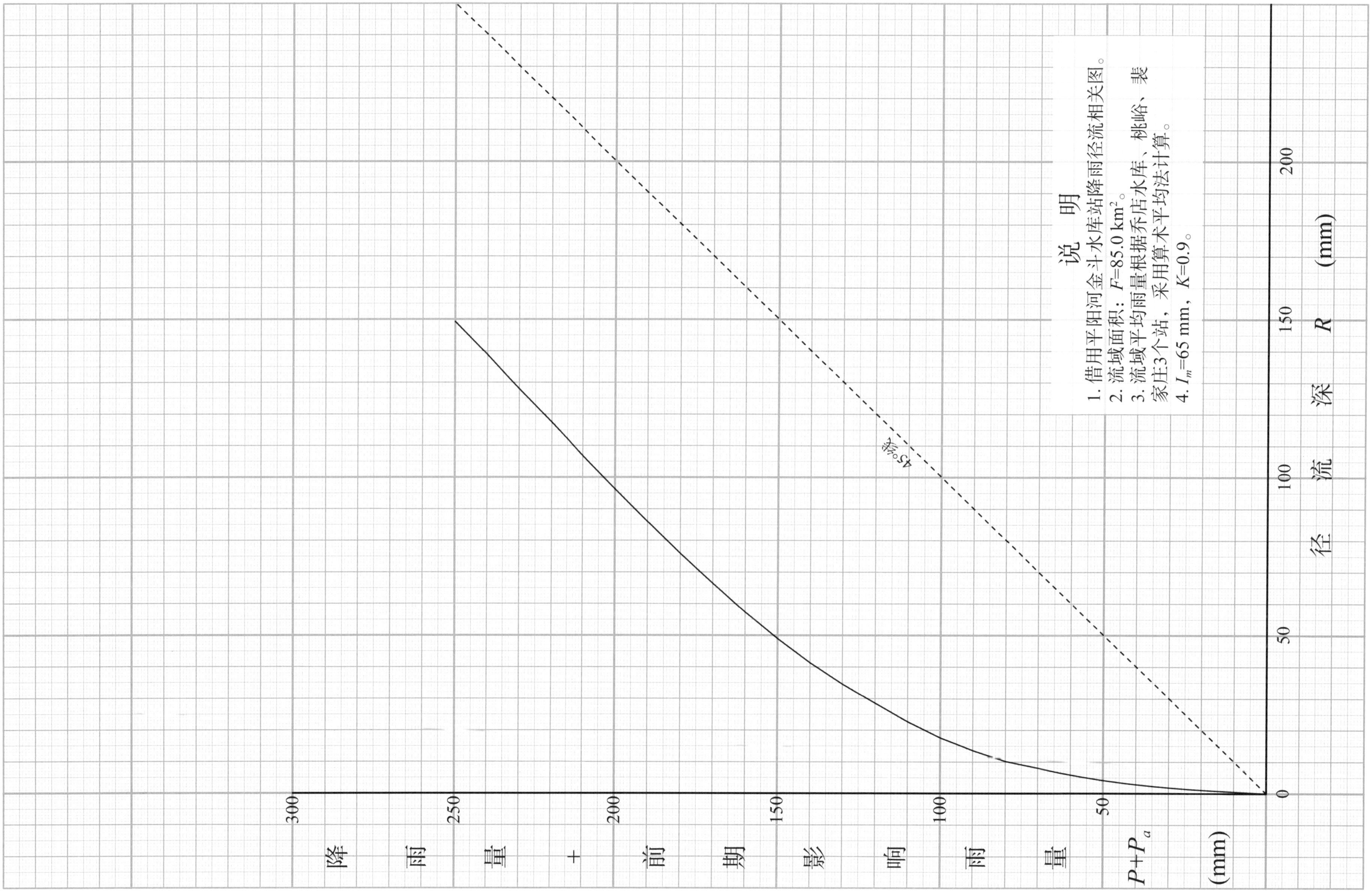

图 30-2　辛庄河乔店水库站降雨径流相关图（$P+P_a$-R）

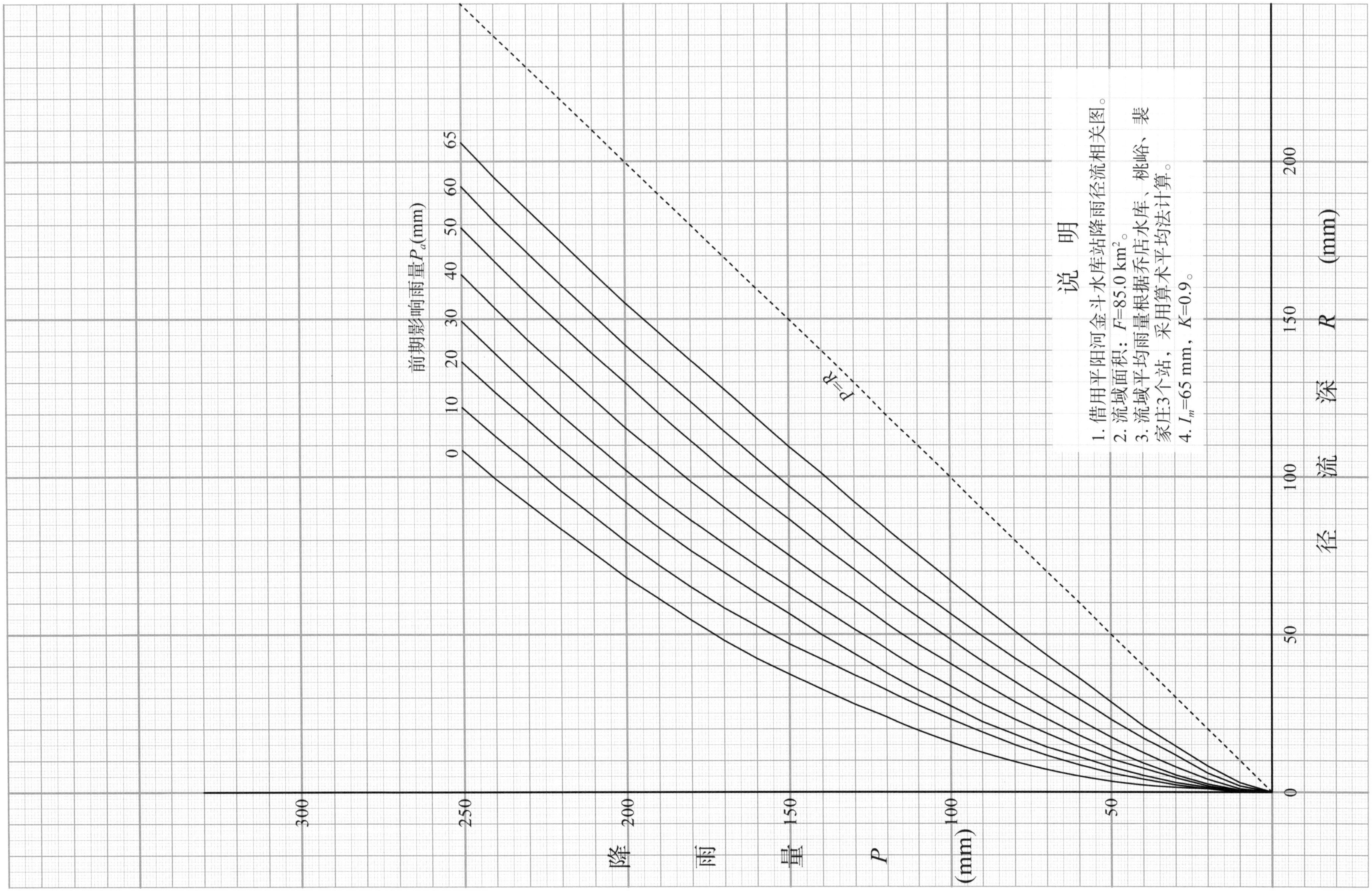

图 30-3　辛庄河乔店水库站降雨径流相关图（P-P_a-R）

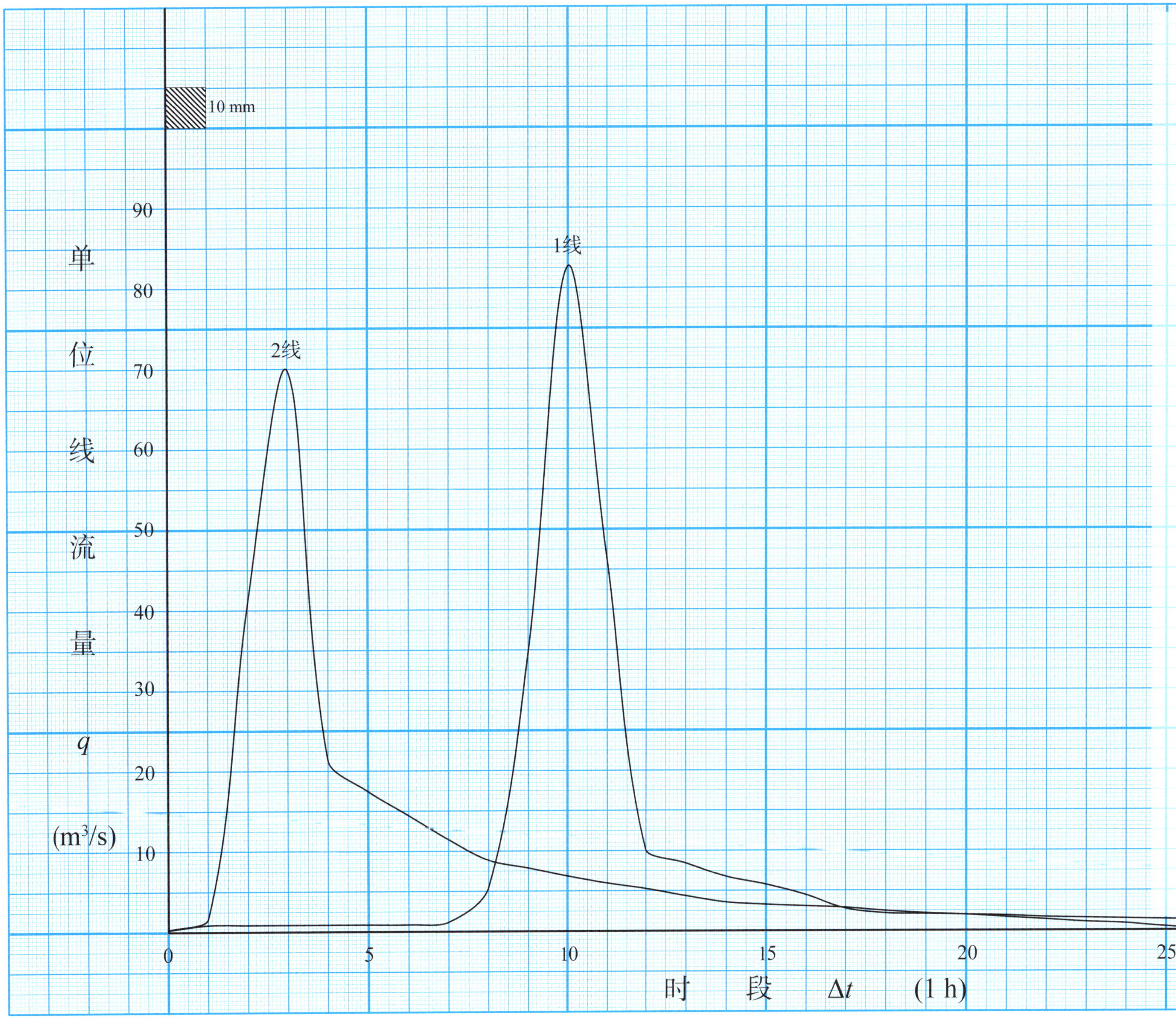

单位线成果表

F=85 km^2，Δt=1 h

时段t	单位线流量q(m^3/s)	
	1线	2线
0	0.0	0.0
1	0.6	1.4
2	0.6	40.7
3	0.6	69.7
4	0.6	21.1
5	0.6	17.2
6	0.6	14.2
7	0.9	11.2
8	5.2	8.6
9	34.3	7.6
10	82.6	6.6
11	46.3	5.7
12	9.9	5.0
13	8.2	4.1
14	6.5	3.3
15	5.5	3.0
16	4.2	2.8
17	2.5	2.6
18	1.9	2.2
19	1.8	1.9
20	1.7	1.7
21	1.6	1.4
22	1.4	1.1
23	1.3	0.8
24	1.2	0.6
25	1.1	0.2
26	1.0	0.0
27	0.9	
28	0.9	
29	0.9	
30	0.8	
31	0.8	
32	0.8	
33	0.8	
34	0.8	
35	0.7	
36	0.7	
37	0.7	
38	0.7	
39	0.7	
40	0.6	
41	0.6	
42	0.0	
Σ	234.1	234.7

图 30-4　辛庄河乔店水库站单位线图

第三十一章　盘龙河杨家横水库站水文预报方案编制说明

1　流域概况

1.1　流域自然地理特征

杨家横水库位于济南市钢城区辛庄街道杨家横村北、大汶河支流盘龙河上游，距辛庄街道 10 km、莱芜城区 15 km，控制流域面积 39 km^2。盘龙河发源于济南市莱芜区古德范一带，来自库区上游的北围河和桃园河在坝前上游 80 m 处汇流成盘龙河，全长 22 km，流域平均长度 9. 53 km，流域呈扇形。盘龙河支流为山溪性雨源型河流，坡度大，源短流急，洪水陡涨陡落。坝址区为不对称型河谷，由于河流侧蚀剧烈，阶地发育不全多处遭到破坏，大坝桩号 0+108—0+206 段为盘龙河河床段，岩性主要有砾质粗砂、卵砾石，局部夹含砂轻粉质壤土。杨家横水库流域图见图 31-1。

杨家横水库库区周围地貌形态以坝址区为界，上下游具有不同的特点：坝址上游属低山区，海拔在 350~750 m，相对高度 200~450 m，山坡较陡，沟谷较窄；坝址以下主要为低缓的丘陵，呈馒头状，海拔为 290~350 m，相对高度 25~50 m，组成山体的岩性主要为条带状中细粒二长花岗岩。

1.2　水库工程概况

杨家横水库是一座集防洪、城市供水、灌溉、养殖等综合利用的中型水库。该水库于 1959 年 10 月动工，1960 年 10 月建成。2010 年完成水库除险加固工程，水库枢纽工程主要由大坝、放水洞和溢洪道三部分组成。水工程等别为Ⅲ等，大坝、放水洞、溢洪道等主要建筑物级别为 3 级。2023 年水库增容工程完成后，经库容复核，设计洪水位（$P=1\%$）304. 34 m，校核洪水位（$P=0.1\%$）305. 48 m，兴利水位 302. 00 m，死水位 282. 52 m，总库容 1 281 万 m^3，兴利库容 911 万 m^3，死库容 3. 98 万 m^3。

大坝为心墙坝，坝顶总长 307 m，坝顶高程 307. 46 m，最大坝高 29. 5 m。坝顶宽 7. 0 m，上下游坝肩设安全护栏。上游坝坡采用干砌粗料石护坡，下游坝面设草皮护坡，坝脚设排水棱体。

溢洪道为开敞式，位于大坝桩号 D0+539 两山垭口之间。溢洪道总长度 343. 05 m，由进水段、闸室段、泄槽段、消能段和出水渠组成。闸室段共 3 孔，总宽 20. 4 m，净宽 18 m，闸底板顶高程 297. 83 m，闸门采用露顶式平板钢闸门，启闭机采用 Q250kN 双吊点卷扬式启闭机。最大泄量 561 m^3/s。

放水洞位于大坝桩号 D0+094 处，主要由进口段、箱涵段、闸室段（竖井、启闭机房、引桥）、渐变段、涵管段、出口段六部分组成。进口底高程 282. 52 m，设计流量 1. 31 m^3/s。

水库灌区设计灌溉面积 1. 84 万亩，现实际有效灌溉面积 1. 0 万亩。同时，水库担负着向莱芜高新技术产业开发区供应生活用水的任务，设计年供水能力 730 万 m^3。

1.3　上游水利工程概况

杨家横水库上游建有小（1）型水库 1 座、小（2）型水库 3 座，详见表 31-1。

表 31-1　杨家横水库上游水库统计表

序号	水库名称	类型	建成时间	控制流域面积（km^2）	总库容（万 m^3）	兴利库容（万 m^3）
1	古德范	小（1）型	1967 年 12 月	3. 0	104	79. 1
2	东泉	小（2）型	1959 年 10 月	6. 2	42. 2	14. 4
3	南围	小（2）型	2004 年 10 月	0. 68	16. 9	9. 6
4	文字岭	小（2）型	1958 年 12 月	2. 25	21. 95	8. 4

上游小型水库工程对杨家横水库入库洪水起到了一定的削峰滞洪作用，但这些小型水库工程均无实测的入库洪水资料，无法定量分析其对杨家横水库入库洪水峰量的影响，虽然在不同时期洪水系列中，流域内小型水库对洪水的影响作用不同，但总体影响不大。

1.4　测站情况

杨家横水库站流域内无水文站，有杨家横水库、北围、西坡、古德范 4 处雨量站。

杨家横水库站观测项目有降水量，坝前水位，溢洪道、放水洞出库流量，溢洪道水位、流量等。

2　预报方案编制

2.1　资料情况

杨家横水库站无实测年鉴水文摘录资料。

2.2　参证站选择

杨家横水库站地形地貌和下垫面基本特征与金斗水库站相似，故以金斗水库站作为杨家横水库站的参证站。参证站金斗水库站以上流域面积 $F_{参}=88.6$ km^2；设计站杨家横水库站以上流域面积 $F_{设}=39$ km^2。

2.3 产流方案

利用金斗水库站的产流方案推求杨家横水库站的产流过程，杨家横水库站降雨径流相关图（$P+P_a-R$，$P-P_a-R$）分别见图 31-2、图 31-3。相关要素的分析计算如下：

2.3.1 流域平均雨量 *P* 的计算

根据杨家横水库、北围、西坡、古德范 4 站雨量，采用算术平均法计算流域平均雨量 P。

2.3.2 流域平均前期影响雨量 P_a 的计算

$$P_{a,\ t+1} = K(P_{a,\ t} + P_t)$$

式中：$P_{a,t+1}$ 为第 t+1 日的前期影响雨量（mm）；$P_{a,t}$ 为第 t 日的前期影响雨量（mm）；P_t 为第 t 日的流域平均雨量（mm）；K 为前期影响雨量递减系数。

2.3.3 产流参数 I_m、K 的确定

本方案采用金斗水库站的参数，即 I_m=65 mm、K=0.9。

2.4 汇流方案

采用金斗水库站单位线进行缩放。将金斗水库站单位线（Δt=1 h）进行缩放后作为杨家横水库站单位线，详见图 31-4。

单位线的缩放按下列公式计算：

$$\alpha = (F_{设} / F_{参})^{0.5}$$

$$T_{设i} = \alpha T_{参i}$$

$$q_{设i} = \alpha q_{参i}$$

式中：α 为单位线缩放系数；$F_{参}$、$F_{设}$ 分别为参证站、设计站以上控制流域面积；$T_{参i}$ 为参证站单位线逐时段，$T_{参i}$=1，2，…，N；$T_{设i}$ 为设计站单位线逐时段，通常为小数，为满足实际要求，可进一步对缩放结果进行插值，从而得到整时段单位线结果；$q_{参i}$ 为参证站单位线逐时段流量；$q_{设i}$ 为设计站单位线逐时段流量。

图 31-1　盘龙河杨家横水库流域图

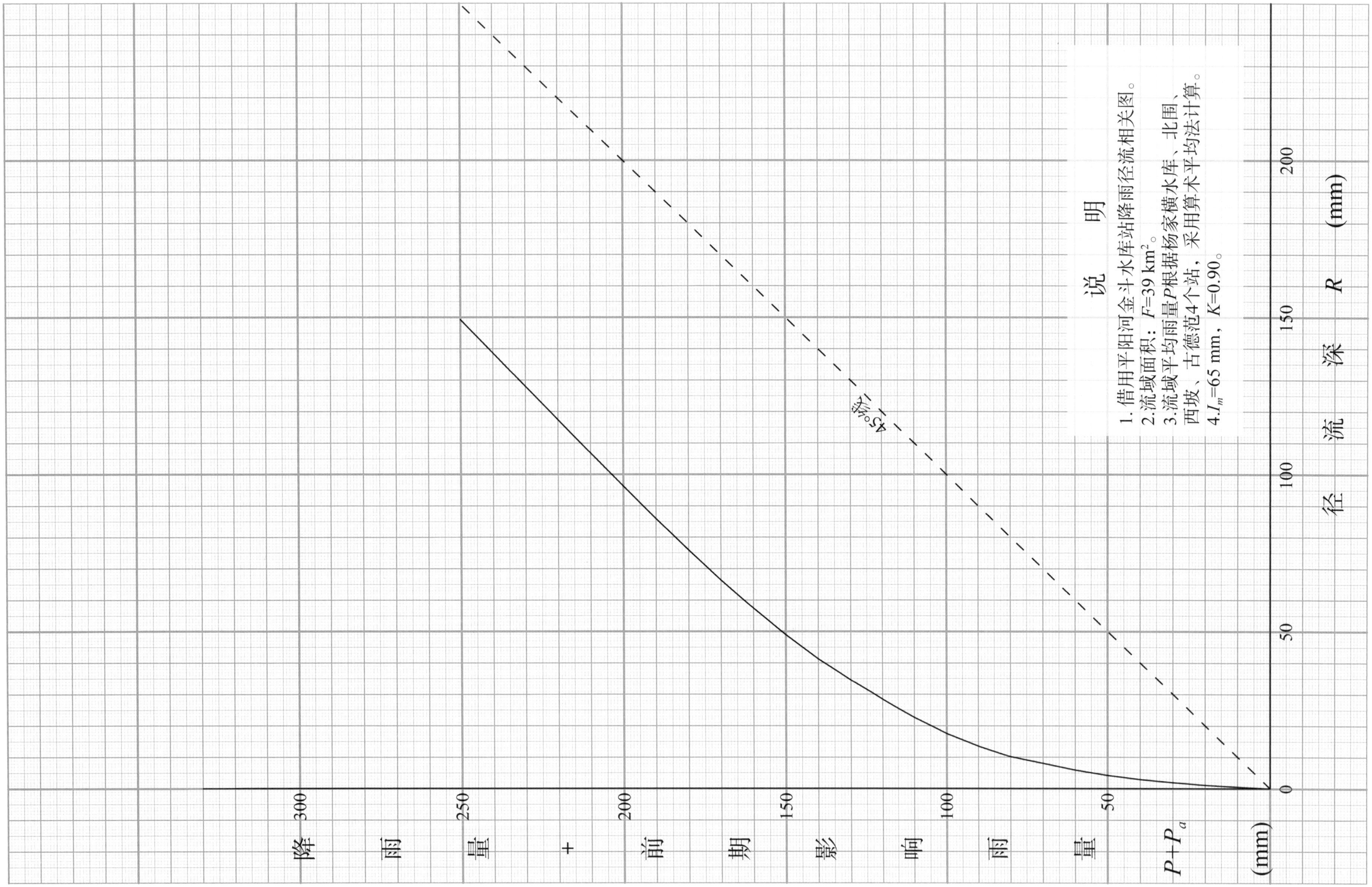

图 31-2　盘龙河杨家横水库站降雨径流相关图（$P+P_a$-R）

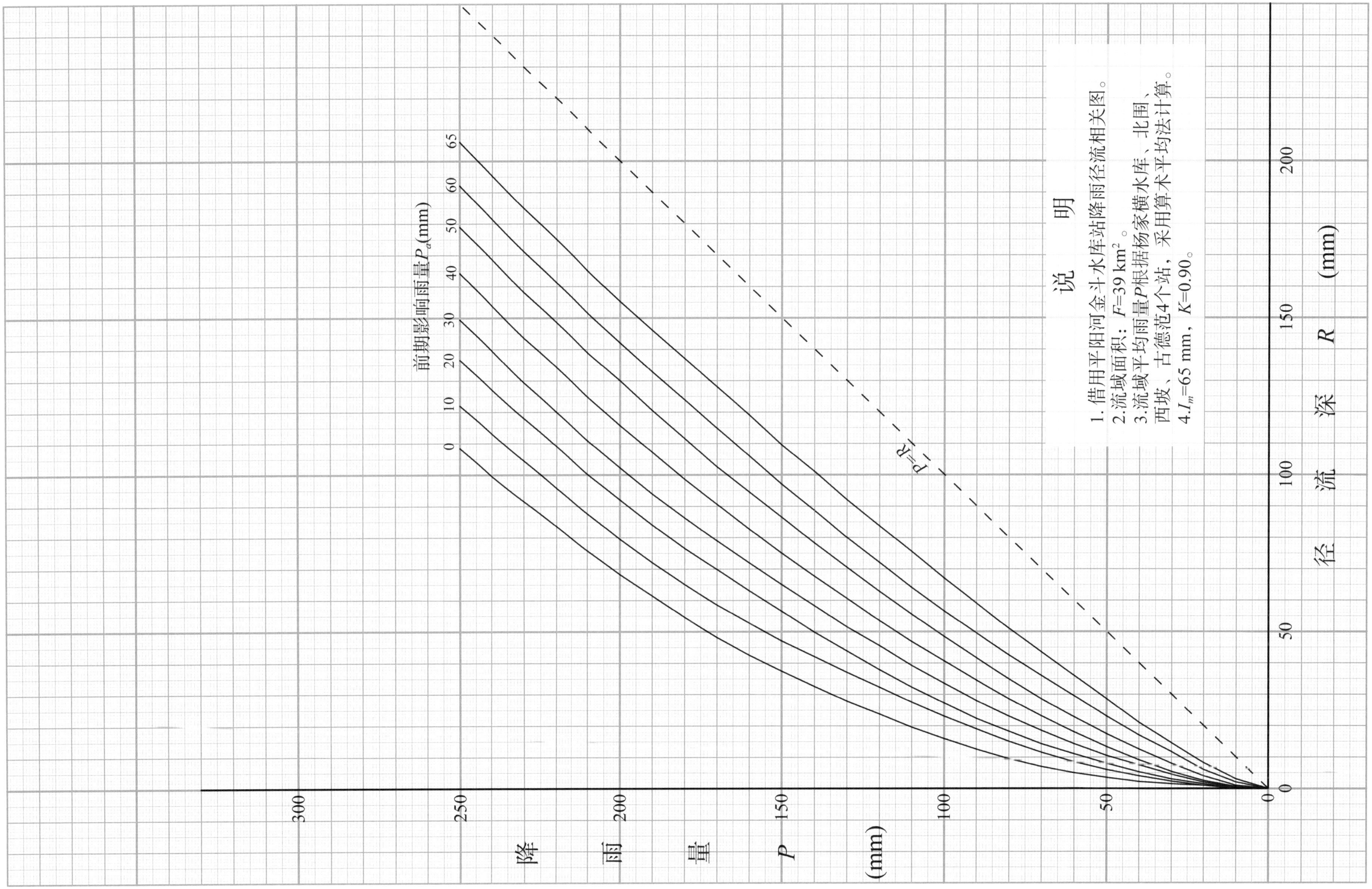

图 31-3　盘龙河杨家横站降雨径流相关图（P-P_a-R）

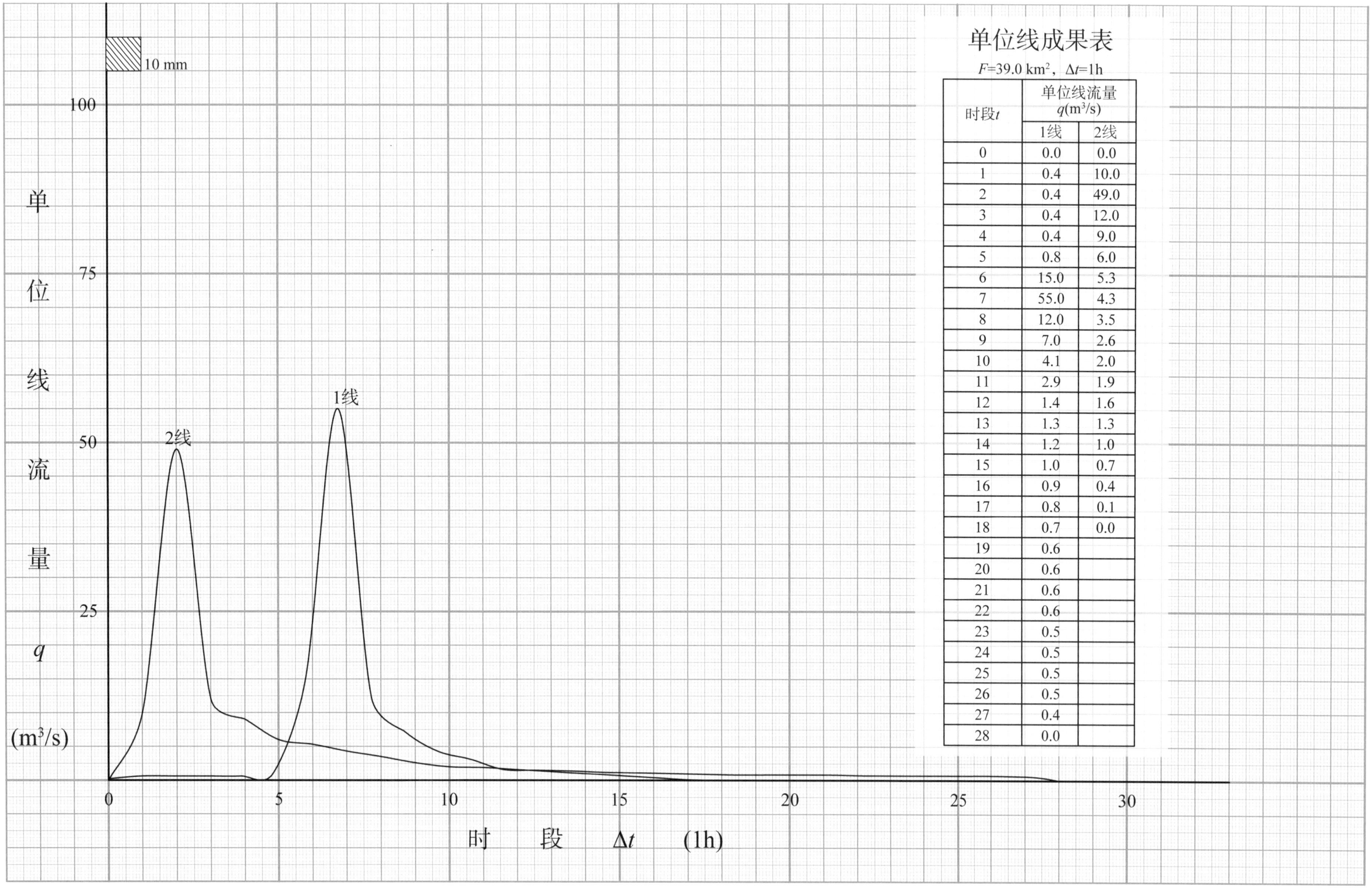

单位线成果表

F=39.0 km^2，Δt=1h

时段t	单位线流量q(m^3/s)	
	1线	2线
0	0.0	0.0
1	0.4	10.0
2	0.4	49.0
3	0.4	12.0
4	0.4	9.0
5	0.8	6.0
6	15.0	5.3
7	55.0	4.3
8	12.0	3.5
9	7.0	2.6
10	4.1	2.0
11	2.9	1.9
12	1.4	1.6
13	1.3	1.3
14	1.2	1.0
15	1.0	0.7
16	0.9	0.4
17	0.8	0.1
18	0.7	0.0
19	0.6	
20	0.6	
21	0.6	
22	0.6	
23	0.5	
24	0.5	
25	0.5	
26	0.5	
27	0.4	
28	0.0	

图 31-4　盘龙河杨家横水库站单位线图

第三十二章　方下河大冶水库站水文预报方案编制说明

1　流域概况

1.1　流域自然地理特征

大冶水库位于济南市莱芜区大冶村以北、牟汶河支流方下河上，控制流域面积 163 km^2。库区地处鲁中山区中北部，以低山丘陵为主，地势东高西低。流域平均长度 16 km，平均干流坡度 5.7‰。大冶水库流域图见图 32-1。

大冶水库所在的大汶河流域属暖温带季风区，四季分明，温差变化较大。据莱芜气象站观测资料统计，最高气温 39.2 ℃，最低气温-22.5 ℃，多年平均气温 12.6 ℃。

据 1956—2023 年连续 56 年降水量观测资料统计分析，大冶水库多年平均年降水量 716.7 mm。降水主要集中在汛期 6—9 月，其中 7—8 月尤为集中。多年平均汛期（6—9 月）降水量 551.1 mm，占多年平均年降水量的 76.9%。该地区降水量年际变化较大，最大年降水量为 1964 年的 1 322.9 mm，最小年降水量为 1989 年的 304.5 mm，丰枯比 4.34。

1.2　水库工程概况

大冶水库于 1958 年 3 月动工修建，1958 年 7 月建成；2015 年对大坝实施了增容工程，增容后，设计洪水位（$P=1\%$）237.87 m，校核洪水位（$P=0.1\%$）239.27 m，兴利水位 236.40 m，死水位 221.63 m，总库容 5 622 万 m^3，兴利库容 3 914 万 m^3，死库容 70.05 万 m^3。大冶水库工程规模为中型，工程等别为Ⅲ等，大坝、放水洞、溢洪道主要建筑物等级为 3 级。水库枢纽工程由大坝、溢洪道和放水洞等组成。

大坝主坝为均质土坝，大坝全长 447.5 m，坝顶高程 239.94 m，坝顶宽 6 m，最大坝高 24 m，主坝迎水坡为干砌方块石护坡。

溢洪道位于北副坝中间段，全长 550 m，由引水渠、溢洪闸、泄槽段、消能防冲段、尾水渠段组成。

放水洞位于主坝左端，进口为引渠渐变段，引渠段长 7 m，底宽由 4.5 m 渐变至 1.5 m，底高程 221.69 m。

1.3　上游水利工程概况

大冶水库上游建有小（1）型水库 2 座、小（2）型水库 12 座、塘坝 36 座。小型水库共控制流域面积 45.82 km^2，总库容 626.72 万 m^3，总兴利库容 409.3 万 m^3，详见表 32-1。

表 32-1　大冶水库上游水利工程统计表

序号	水库名称	类型	建成年月	控制面积（km^2）	总库容（万 m^3）	兴利库容（万 m^3）
1	北苗山	小（1）型	1966 年 6 月	13	175	120
2	杓山	小（1）型	1977 年 6 月	5.85	179.4	125.1
3	石山子	小（2）型	1970 年 10 月	0.6	10.6	3.9
4	北祝洼	小（2）型	1980 年 2 月	0.61	20	12.7
5	马湾沟	小（2）型	1977 年 4 月	0.63	14.32	8.2
6	东沟	小（2）型	1977 年 6 月	11.2	16.8	10.9
7	东泉	小（2）型	1959 年 10 月	6.2	42.2	14.4
8	西沟	小（2）型	1977 年 3 月	0.68	16.1	9.6
9	大后坡	小（2）型	1979 年 10 月	1.2	20.6	10.2
10	陡峪	小（2）型	1977 年 6 月	0.7	28.7	20.1
11	野雀窝	小（2）型	1976 年 5 月	0.36	13.2	9
12	兰子北峪	小（2）型	1976 年 4 月	0.49	11	7.8
13	向阳	小（2）型	1977 年 6 月	0.7	39.2	29.4
14	响水湾（苗山）	小（2）型	1976 年 6 月	3.6	39.6	28
合计				45.82	626.72	409.3

1.4　测站情况

大冶水库站流域内设遥测雨量站 3 处，分别为杓山站、大冶水库站和苗山镇站。

大冶水库站观测项目有坝上水位，溢洪道、放水洞出库流量，溢洪道水位、流量、降水量等。采用 YQZ-2A 型报汛前置机报汛，特殊情况用手机或电话。

2　预报方案编制

2.1　资料情况

大冶水库站无实测年鉴水文摘录资料。

2.2　参证站选择

大冶水库站地形地貌和下垫面基本特征与金斗水库站相似，故以金斗水库站作为大冶水库站的参证站。参证站金斗水库站以上流域面积 $F_{参}=88.6\ m^2$；设计站大冶水库站以上流域面积 $F_{设}=163\ km^2$。

2.3 产流方案

利用金斗水库站的产流方案推求大冶水库站的产流过程，大冶水库站降雨径流相关图（$P+P_a-R$，$P-P_a-R$）分别见图 32-2 和图 32-3。相关要素的分析计算如下：

2.3.1 流域平均雨量 *P* 的计算

根据杓山站、大冶水库站和苗山镇站雨量，采用算术平均法计算流域平均雨量 P。

2.3.2 流域平均前期影响雨量 P_a 的计算

$$P_{a,\ t+1}=K(P_{a,\ t}+P_t)$$

式中：$P_{a,t+1}$ 为第 $t+1$ 日的前期影响雨量（mm）；$P_{a,t}$ 为第 t 日的前期影响雨量（mm）；P_t 为第 t 日的流域平均雨量（mm）；K 为前期影响雨量递减系数。

2.3.3 产流参数 I_m、*K* 的确定

本方案采用金斗水库站的参数，即 $I_m=65$ mm、$K=0.9$。

2.4 汇流方案

采用金斗水库站单位线进行缩放。将金斗水库站单位线（$\Delta t=1$ h）进行缩放后作为大冶水库站单位线，详见图 32-4。

单位线的缩放按下列公式计算：

$$\alpha=(F_{设}/F_{参})^{0.5}$$

$$T_{设i}=\alpha T_{参i}$$

$$q_{设i}=\alpha q_{参i}$$

式中：α 为单位线缩放系数；$F_{参}$、$F_{设}$ 分别为参证站、设计站以上控制流域面积；$T_{参i}$ 为参证站单位线逐时段，$T_{参i}=1，2，\cdots，N$；$T_{设i}$ 为设计站单位线逐时段，通常为小数，为满足实际要求，可进一步对缩放结果进行插值，从而得到整时段单位线结果；$q_{参i}$ 为参证站单位线逐时段流量；$q_{设i}$ 为设计站单位线逐时段流量。

图 32-1 方下河大冶水库流域图

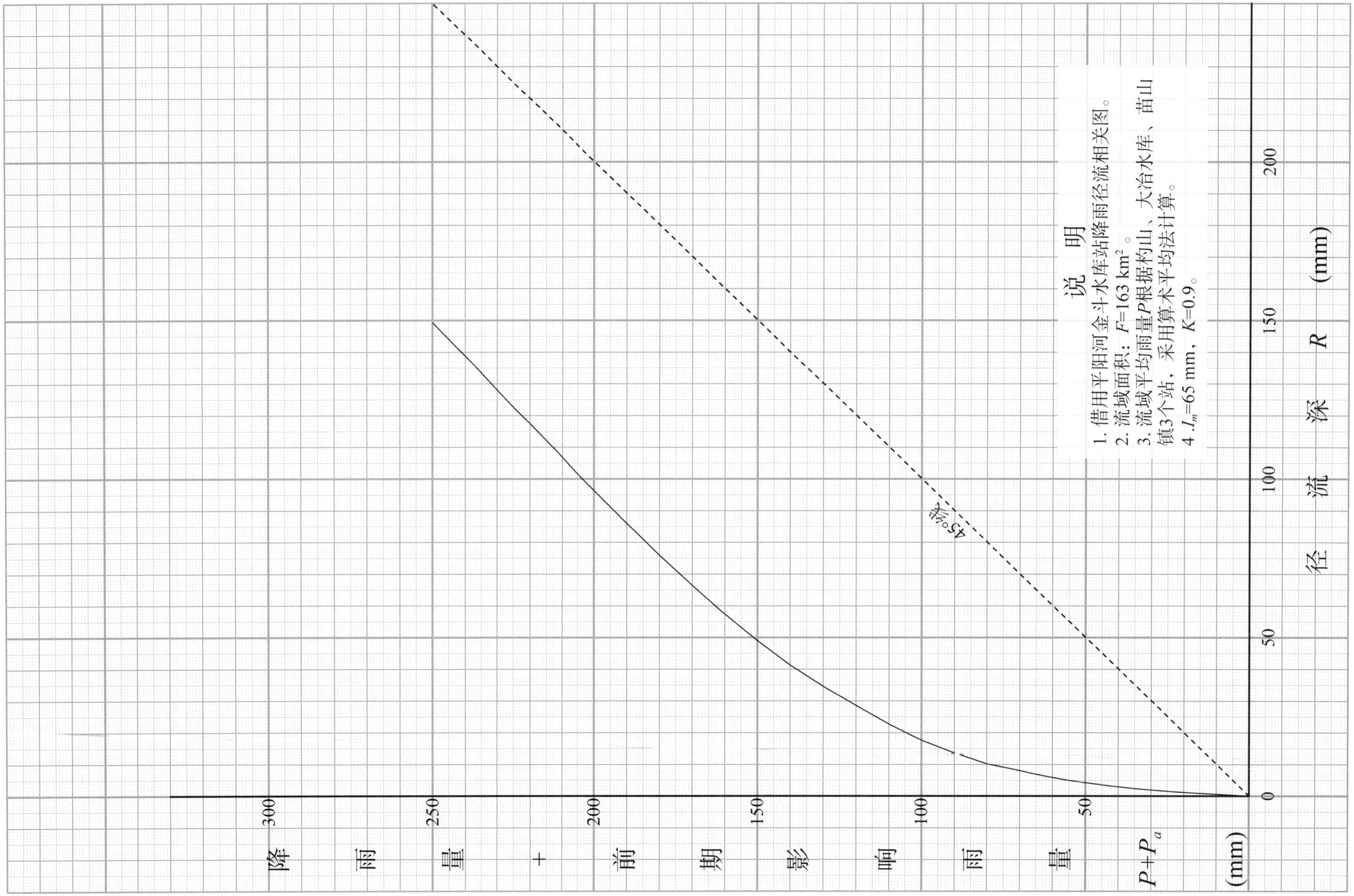

图 32-2　方下河大冶水库站降雨径流相关图（$P+P_a$-R）

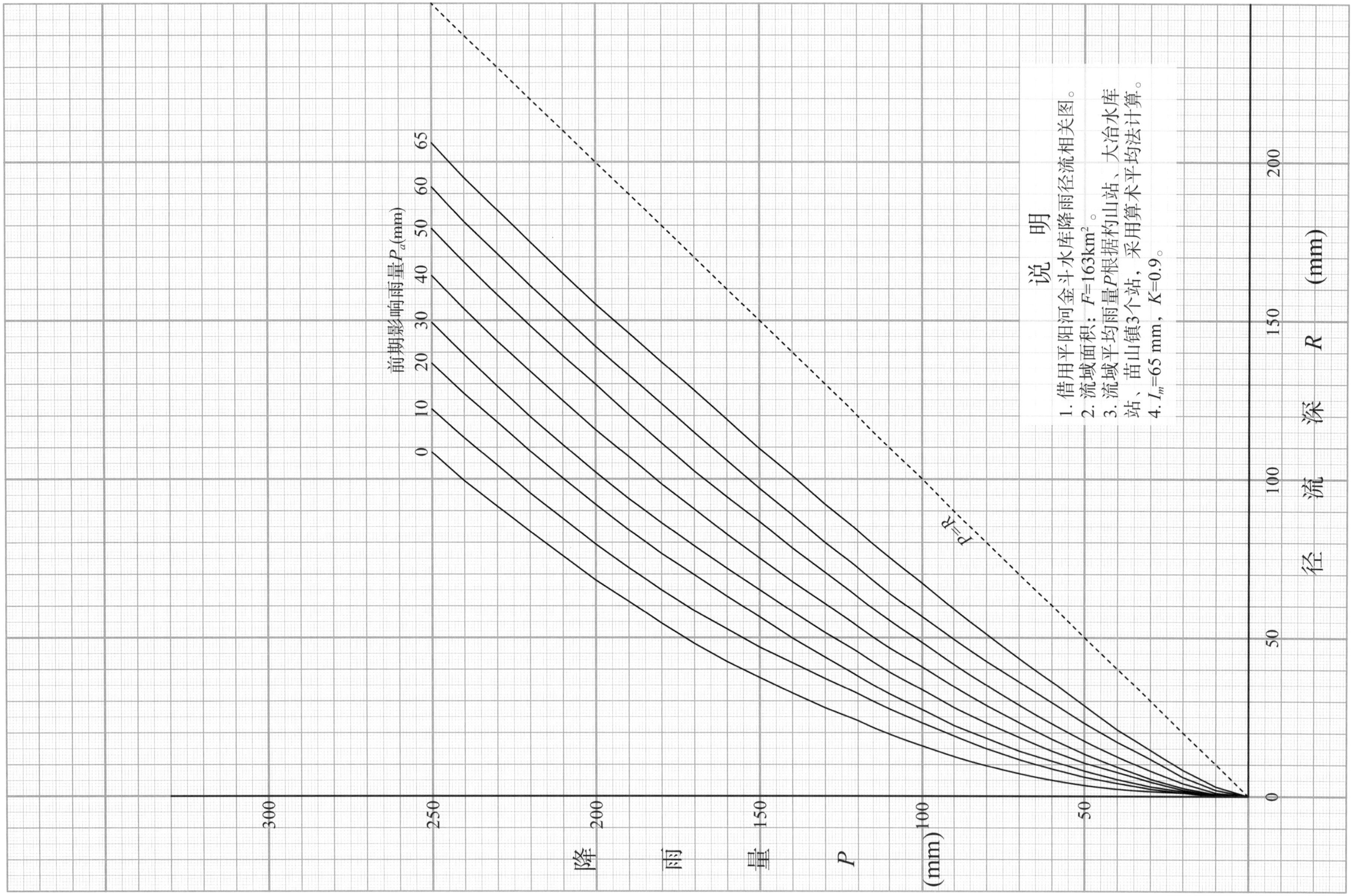

图 32-3　方下河大冶水库站降雨径流相关图（P-P_a-R）

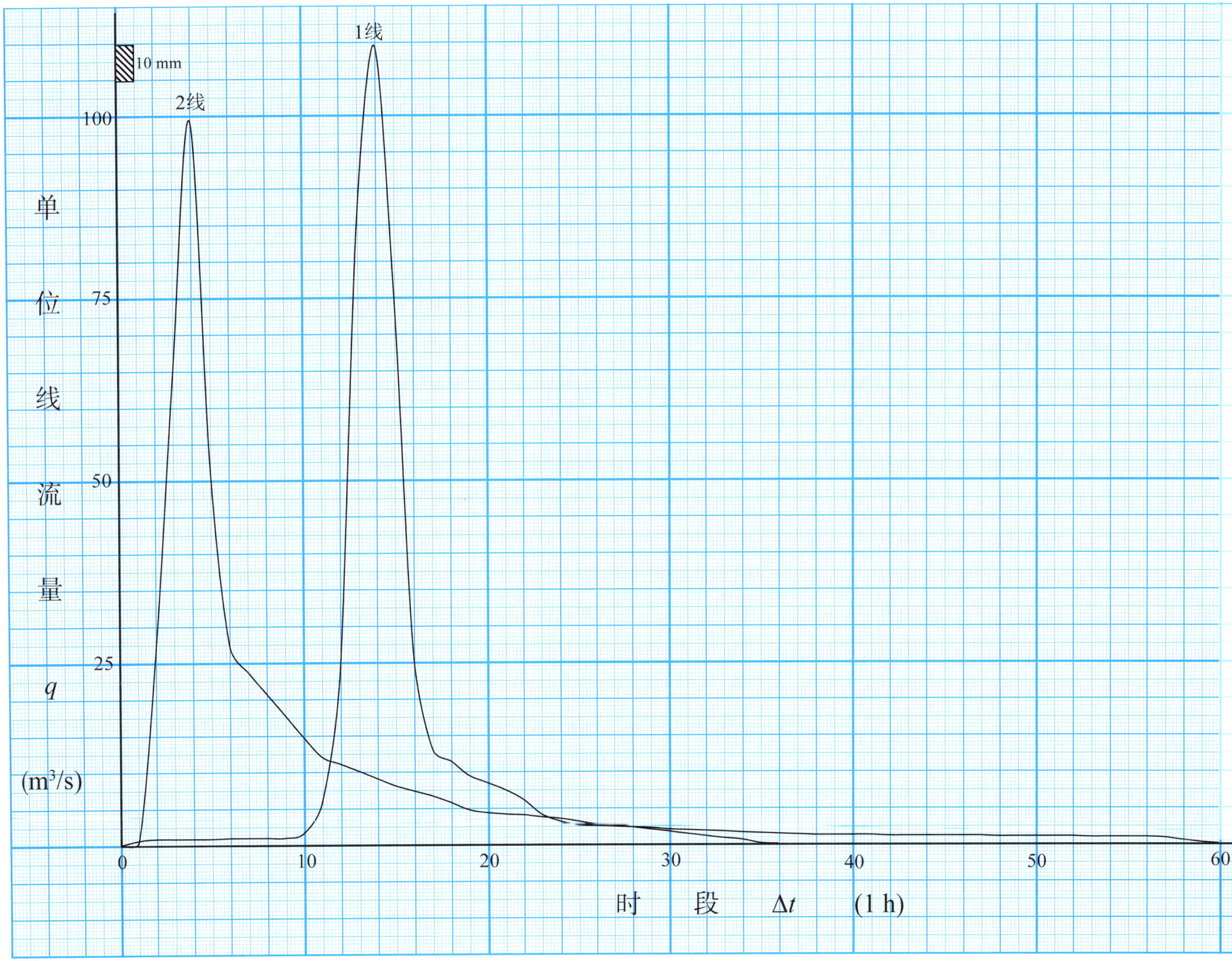

单位线成果表

F=163 km^2，Δt=1 h

时段	单位线流量q（m^3/s）	
	1线	2线
0	0.0	0.0
1	0.6	0.5
2	0.8	26.2
3	0.8	64.4
4	0.8	99.4
5	0.8	51.7
6	0.9	27.4
7	0.9	23.7
8	0.9	20.7
9	0.9	17.7
10	1.6	14.7
11	5.8	12.0
12	23.8	11.0
13	86.1	10.0
14	109.6	9.0
15	75.6	8.0
16	26.2	7.3
17	13.1	6.6
18	11.4	5.7
19	9.4	4.7
20	8.4	4.3
21	7.4	4.1
22	6.1	4.0
23	4.1	3.7
24	3.1	3.5
25	2.6	3.1
26	2.5	2.7
27	2.4	2.6
28	2.3	2.3
29	2.2	2.0
30	2.0	1.7
31	1.9	1.4
32	1.8	1.1
33	1.7	0.8
34	1.6	0.6
35	1.5	0.1
36	1.4	0.0
37	1.3	
38	1.2	
39	1.2	
40	1.2	
41	1.2	
42	1.1	
43	1.1	
44	1.1	
45	1.1	
46	1.1	
47	1.1	
48	1.0	
49	1.0	
50	1.0	
51	1.0	
52	1.0	
53	0.9	
54	0.9	
55	0.9	
56	0.9	
57	0.8	
58	0.5	
59	0.2	
60	0.0	
Σ	115.8	158.7

图 32-4　方下河大冶水库站单位线图

第三十三章　大槐树河公庄水库站水文预报方案编制说明

1　流域概况

1.1　流域自然地理特征

公庄水库位于济南市莱芜区西北部，大汶河水系瀛汶河支流大槐树河上，坝址坐落在莱芜区寨里镇公家庄村东，是一座集防洪、工业供水、灌溉、水产养殖等综合利用的中型水库。公庄水库流域为山区地形，地势北高南低，库区周围属砂石山，坝址以上干流长度 11.5 km，干流平均比降为 10‰，流域形状为枝形，水库坝址以上控制流域面积 31.1 km^2。

公庄水库流域图见图 33-1。

1.2　水库工程概况

公庄水库枢纽工程由大坝、溢洪道、放水洞三部分组成。2010 年除险加固后设计洪水位（$P=1\%$）197.03 m，校核洪水位（$P=0.1\%$）198.07 m，兴利水位 194.80 m，死水位 185.00 m，总库容 1 216.22 万 m^3，兴利库容 663 万 m^3，死库容 135 万 m^3。

公庄水库大坝为砂壳心墙坝，坝长 464 m，坝顶高程 199.15 m，坝顶宽 6 m，最大坝高 23.15 m；防浪墙高程 200.15 m。溢洪道位于大坝左端东北侧，设有 3 孔平面钢闸门，每孔净宽 6 m，总净宽 18 m，闸底板高程 191.80 m，闸门尺寸为 6 m×4.5 m，卷扬式启闭机 3 台。放水洞位于大坝右端，为钢筋混凝土竖井加箱涵，进口底高程 185.00 m。

1.3　上游水利工程概况

自 1979 年以来，公庄水库坝址以上流域内先后建成小（2）型水库 9 座、塘坝 16 座，公庄水库上游小型水库统计详见表 33-1。小水库对公庄水库入库洪水起到了一定的削峰滞洪作用，但这些小水库均无实测的入库洪水资料，无法定量分析其对公庄水库入库洪水峰量的影响，虽然在不同时期洪水系列中，流域内小型水库对洪水的影响作用不同，但总体影响不大。

表 33-1　公庄水库上游小型水库统计表

序号	水库名称	类型	建成年月	集水面积（km^2）	总库容（万 m^3）	兴利库容（万 m^3）
1	西店子水库	小（2）	1977 年 5 月	0.95	30.3	23.2
2	南店子水库	小（2）	1968 年 5 月	1.24	22.6	15.8
3	姚家庄水库	小（2）	1977 年 5 月	0.26	9.0	5.6
4	西风炉 1 号水库	小（2）	1967 年 5 月	0.32	11.17	5.78
5	西风炉 2 号水库	小（2）	1972 年 3 月	0.41	15.55	7.65
6	焉家林水库	小（2）	1975 年 5 月	0.82	9.15	1.85
7	李家庄水库	小（2）	1975 年 5 月	0.24	9.4	3.7
8	公家庄 1 号水库	小（2）	1967 年 5 月	0.37	11.4	7.0
9	公家庄 2 号水库	小（2）	1969 年 5 月	0.35	9.45	6.1
合计				4.96	128.02	76.68

1.4　测站情况

公庄水库流域内无国家水文测站，自 2010 年公庄水库除险加固工程后，流域内共设雨量站 3 处，分别是公庄水库、道洼、大槐树，全部为汛期雨量站。

公庄水库站观测项目有坝上水位，溢洪道、放水洞出库流量，溢洪道水位、流量、降水量等。采用 YQZ-2A 型报汛前置机报汛，特殊情况用手机或电话报汛。

2　预报方案编制

2.1　资料情况

公庄水库站无实测年鉴水文摘录资料。

2.2　参证站选择

公庄水库站地形地貌和下垫面基本特征与金斗水库站相似，故以金斗水库站作为公庄水库站的参证站。参证站金斗水库站以上流域面积 $F_{参}=88.6\ km^2$；设计站公庄水库站以上流域面积 $F_{设}=31.1\ km^2$。

2.3　产流方案

利用金斗水库站的产流方案推求公庄水库站的产流过程，公庄水库站降雨径流相关图（$P+P_a-R$，$P-P_a-R$）分别见图 33-2、图 33-3。相关要素的分析计算如下：

2.3.1　流域平均雨量 P 的计算

根据公庄水库、道洼、大槐树 3 站雨量，采用算术平均法计算流域平均雨量 P。

2.3.2 流域平均前期影响雨量 P_a 的计算

$$P_{a,\ t+1} = K(P_{a,\ t} + P_t)$$

式中：$P_{a,t+1}$ 为第 t+1 日的前期影响雨量（mm）；$P_{a,t}$ 为第 t 日的前期影响雨量（mm）；P_t 为第 t 日的流域平均雨量（mm）；K 为前期影响雨量递减系数。

2.3.3 产流参数 I_m、K 的确定

本方案采用金斗水库站的参数，即 I_m=65 mm、K=0.9。

2.4 汇流方案

采用金斗水库站单位线进行缩放。将金斗水库站单位线（Δt=1 h）进行缩放后作为公庄水库站单位线，详见图 33-4。

单位线的缩放按下列公式计算：

$$\alpha = (F_{设}/F_{参})^{0.5}$$

$$T_{设i} = \alpha T_{参i}$$

$$q_{设i} = \alpha q_{参i}$$

式中：α 为单位线缩放系数；$F_{参}$、$F_{设}$ 分别为参证站、设计站以上控制流域面积；$T_{参i}$ 为参证站单位线逐时段，$T_{参i}$=1，2，…，N；$T_{设i}$ 为设计站单位线逐时段，通常为小数，为满足实际要求，可进一步对缩放结果进行插值，从而得到整时段单位线结果；$q_{参i}$ 为参证站单位线逐时段流量；$q_{设i}$ 为设计站单位线逐时段流量。

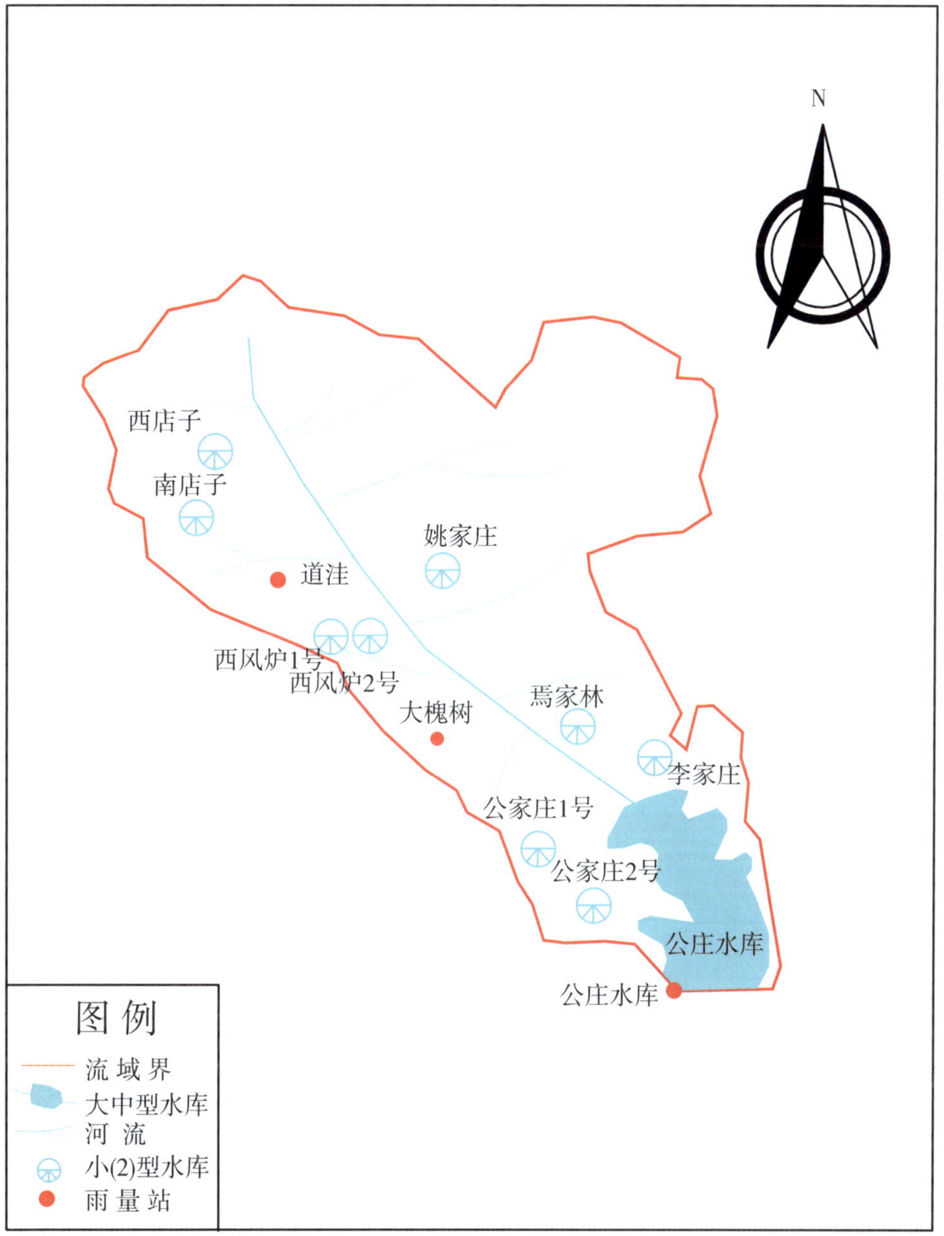

图 33-1 大槐树河公庄水库流域图

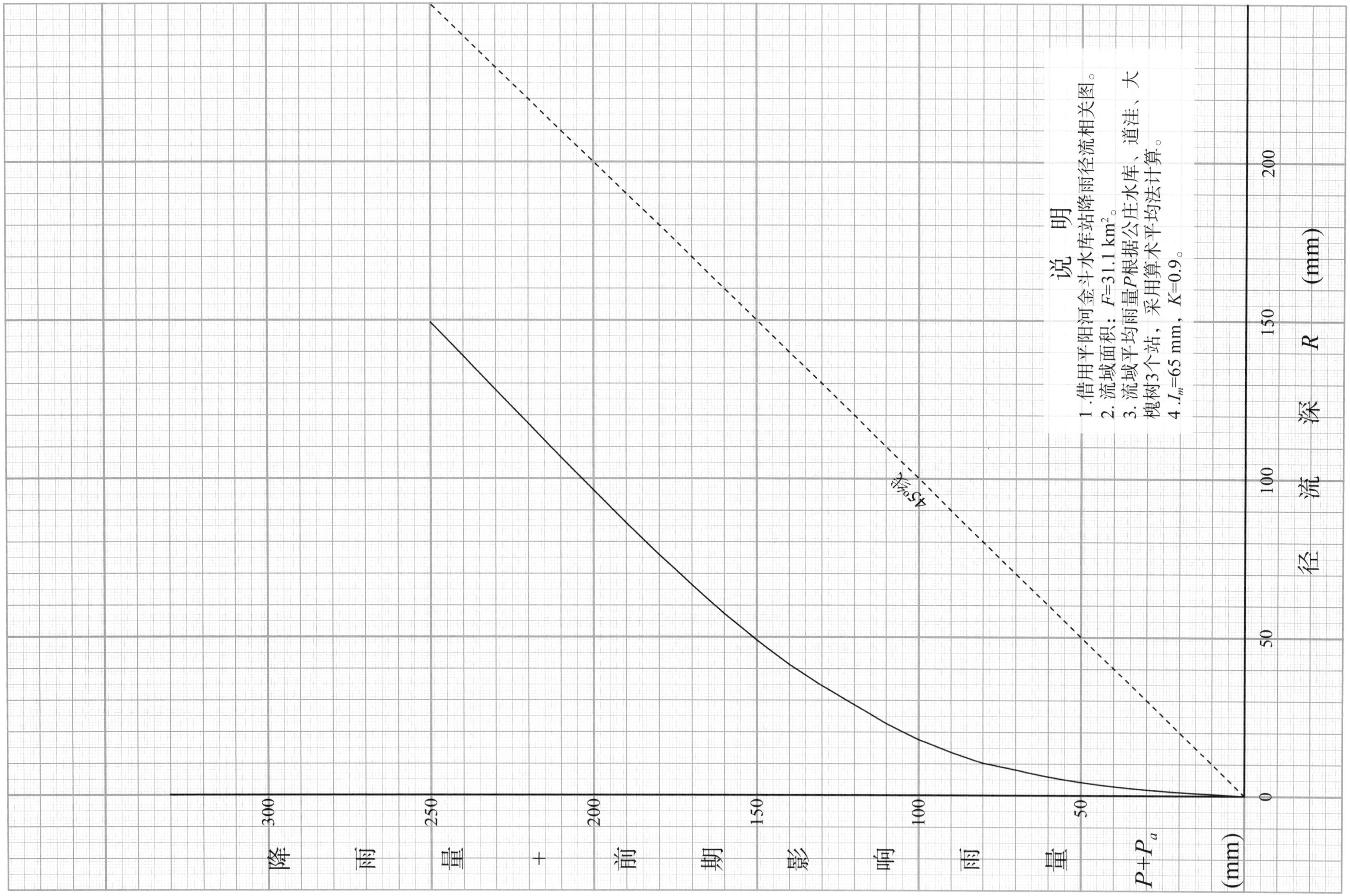

图 33-2　大槐树河公庄水库站降雨径流相关图（$P+P_a$-R）

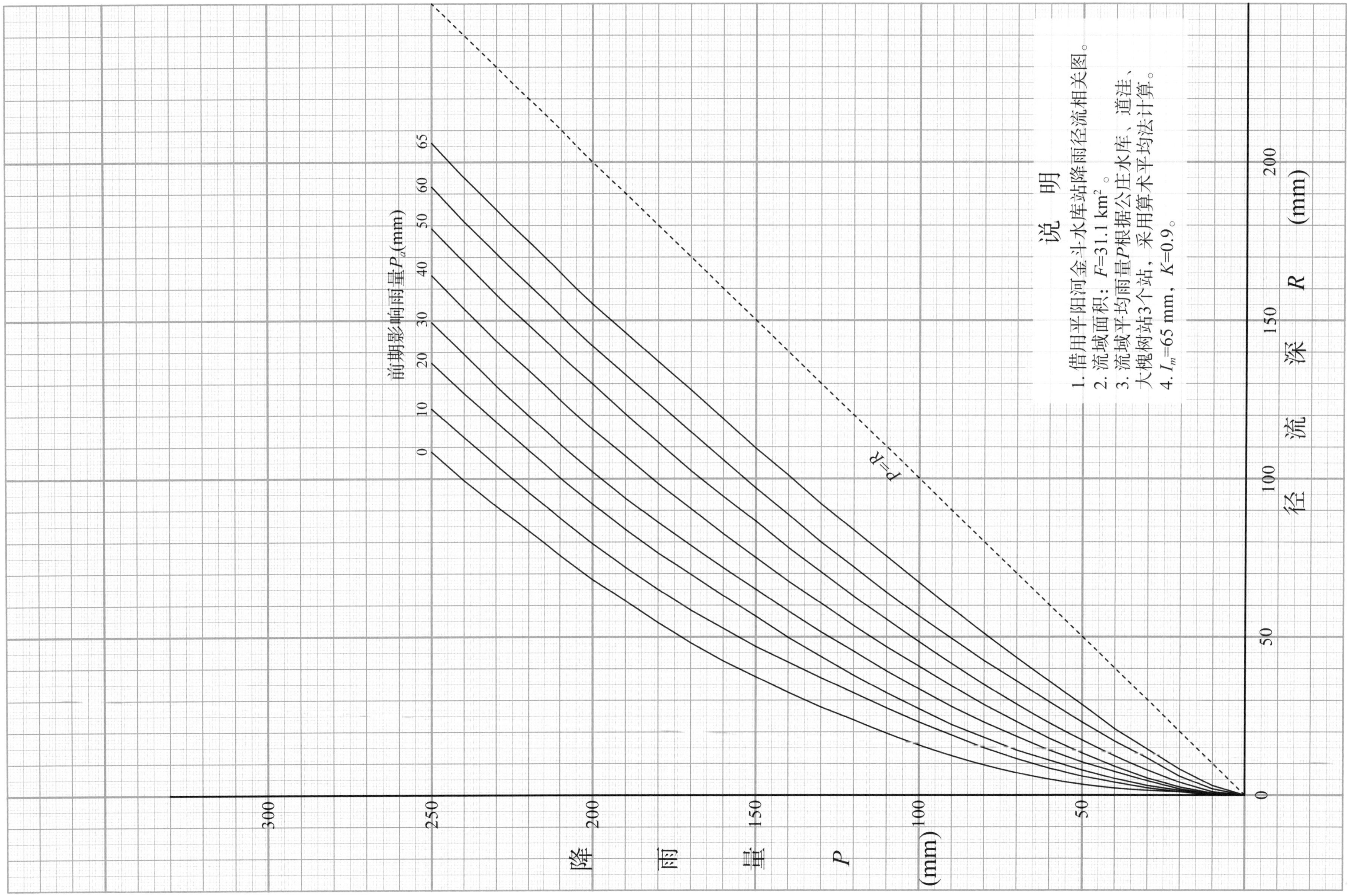

图 33-3　大槐树河公庄水库站降雨径流相关图（P-P_a-R）

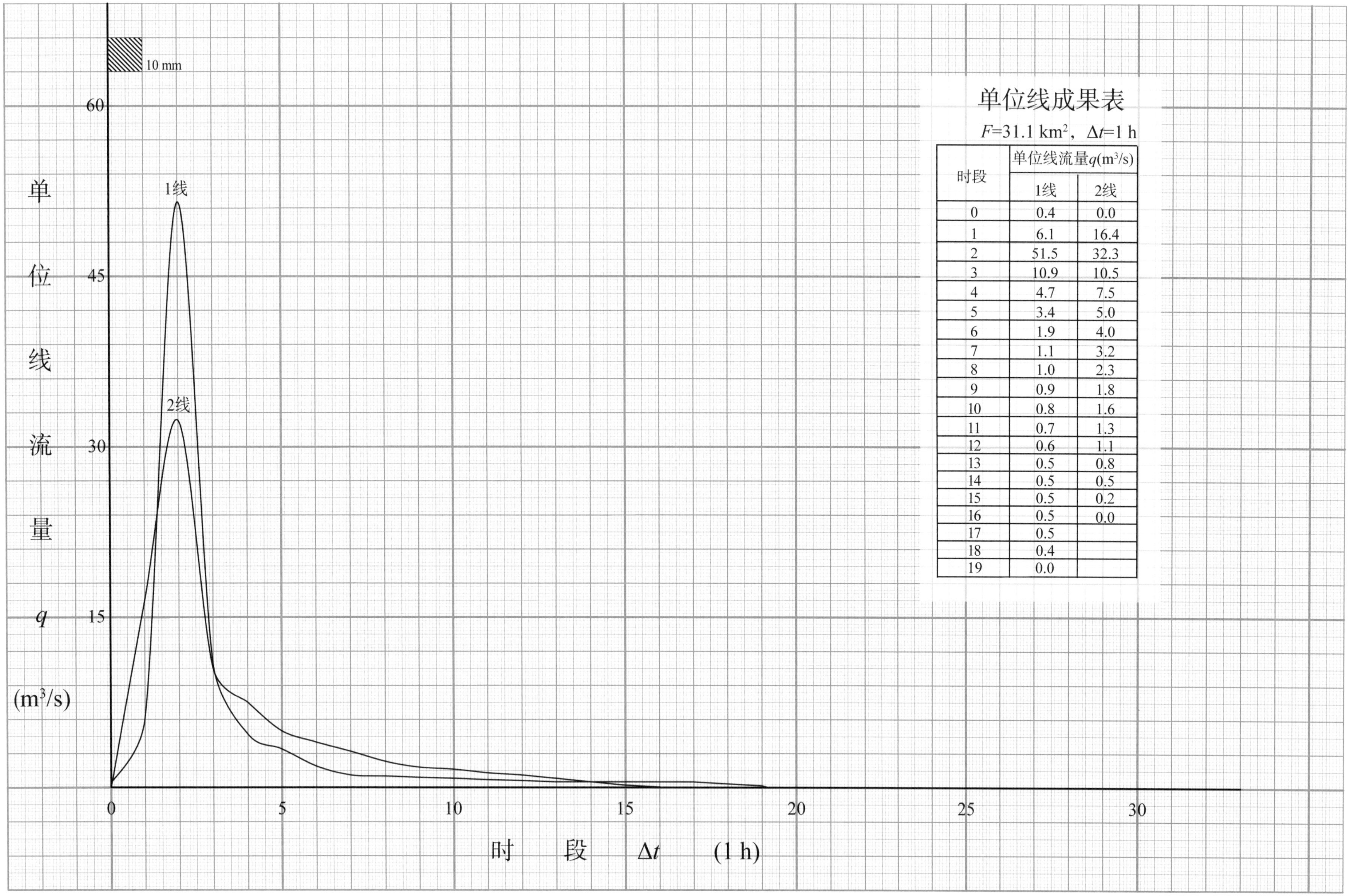

单位线成果表

F=31.1 km^2，Δt=1 h

时段	单位线流量q(m^3/s)	
	1线	2线
0	0.4	0.0
1	6.1	16.4
2	51.5	32.3
3	10.9	10.5
4	4.7	7.5
5	3.4	5.0
6	1.9	4.0
7	1.1	3.2
8	1.0	2.3
9	0.9	1.8
10	0.8	1.6
11	0.7	1.3
12	0.6	1.1
13	0.5	0.8
14	0.5	0.5
15	0.5	0.2
16	0.5	0.0
17	0.5	
18	0.4	
19	0.0	

图 33-4　大槐树河公庄水库站单位线图

第三十四章　公家汶河小安门水库站水文预报方案编制说明

1　流域概况

1.1　流域自然地理特征

小安门水库坐落在山东省泰安市岱岳区祝阳镇金井村北，位于瀛汶河支流公家汶河上，属黄河流域大汶河水系。水库控制流域面积 36.3 km²，总库容 1 964 万 m³，兴利库容 1 380 万 m³，死库容 15 万 m³。坝址以上最大干流长 9 km，平均比降 15‰，水库上游系泰沂山区，坝址以上流域水系呈阔叶状分布，四周为由花岗岩组成的群山，山高坡陡，中间有小块丘陵薄地，均是花岗片麻岩，为第四系覆盖层，植被覆盖率较低，水土流失严重。小安门水库站流域图见图 34-1。

1.2　水库工程情况

小安门水库始建于 1959 年，1961 年完成第一期工程就开始兴利运行，后经三次续建，达到现有规模。水库枢纽主要包括大坝、溢洪道、南放水洞和北放水洞等。

大坝为壤土心墙防渗体分区坝，全长 525 m，顶宽 5 m，最大坝高 20.5 m，坝顶高程 188.87 m，防渗体顶高程 188.50 m，上游坝肩设有 1.0 m 的防浪墙，防浪墙顶高程 189.87 m。迎水坡坡比为 1∶3.00，背水坡坡比为 1∶2.75，在迎水坡高程 179.87 m 处设有 1.0 m 宽的戗台。

溢洪道位于大坝北端山凹中，为钢筋混凝土结构，共 3 孔，每孔净宽 8 m，闸底板顶高程 180.52 m，工作闸门为平板钢闸门，检修闸门为叠梁式平面钢闸门。启闭机型式为卷扬式，设计泄洪流量 559 m³/s，消能型式为挑流式。

南放水洞位于大坝南端，为钢筋混凝土结构，进口底高程 172.89 m，闸门为 1.5 m×2.0 m 的平板钢闸门，启闭机型式为卷扬式，设计流量 3.5 m³/s，兴利水位对应流量 23.88 m³/s。

北放水洞位于溢洪道南端，为钢筋混凝土结构，进口底高程 178.72 m，闸门为 1.0 m×1.0 m 的平板钢闸门，启闭机型式为卷扬式，设计流量 1.0 m³/s，兴利水位对应流量 4.27 m³/s。

小安门水库平面布置图见图 34-2，小安门水库主要工程技术特性指标见表 34-1。

表 34-1　小安门水库主要工程技术特性指标表

序号	主要指标	单位	数量	备注
1	兴利水位	m	184.52	
2	死水位	m	172.89	
3	百年一遇设计洪水位	m	186.40	$P=1\%$
4	相应最大泄量	m³/s	559	
5	千年一遇设计洪水位	m	186.79	$P=0.1\%$
6	相应最大泄量	m³/s	615	
7	总库容	万 m³	1 964	
8	兴利库容	万 m³	1 380	
9	死库容	万 m³	15	

1.3　上游水利工程概况

小安门水库自建库以来，先后建成小型水库 8 座，总控制流域面积 11.2 km²，总库容 228.7 万 m³，兴利库容 185.6 万 m³。小安门水库上游水利工程情况见表 34-2。

表 34-2　小安门水库上游水利工程情况表

名称	类型	流域面积（km²）	总库容（万 m³）	兴利库容（万 m³）
九曲	小（1）型	2.5	125	100
石门	小（2）型	4.5	10.2	6.3
豆角峪	小（2）型	0.6	10	7.2
黄巢冠	小（2）型	1.36	40	37
黑峰山	小（2）型	0.55	10	8.7
后崖头	小（2）型	0.7	12	9.8
涝沟	小（2）型	0.49	10.5	7.8
周家庄	小（2）型	0.5	11	8.8
合计		11.2	228.7	185.6

1.4　测站概况

小安门水库流域内设有水文站 1 处，即小安门水库水文站，其观测项目有降水量、放水洞出库流量，服务于区域水量监测。雨量站有杨家庄、八亩地、辛庄、黄巢观 4 处。小安门水库站水位与库容、面积关系曲线见图 34-3，小安门水库流域内雨量站情况见表 34-3。

表 34-3　小安门水库流域内雨量站情况表

站名	站码	设站年份	详细地址
小安门水库	41521140	2011 年	山东省泰安市岱岳区祝阳镇金井村北
杨家庄	41521110	2011 年	山东省泰安市岱岳区下港镇杨家庄村
八亩地	41521120	2011 年	山东省泰安市岱岳区下港镇八亩地村
辛庄	41521130	2011 年	山东省泰安市岱岳区下港镇辛庄村
黄巢观	41521040	2018 年	山东省泰安市岱岳区下港镇黄巢观村

2　预报方案编制

2.1　资料情况

小安门水库站仅有降水量和放水洞出库流量资料，无实测洪水摘录等整编系列资料。

2.2　参证站选择

小安门水库站位于黄前水库附近，由于其地形地貌和下垫面基本特征与黄前水库站相似，故以黄前水库站作为小安门水库站的参证站。参证站黄前水库站以上流域面积 $F_{参}=292\ km^2$，预报站小安门水库站以上流域面积 $F_{预}=36.3\ km^2$。

2.3　产流方案

利用黄前水库站的产流方案推求小安门水库站的产流过程，小安门水库站降雨径流相关图（$P+P_a-R$）见图 34-4。

2.3.1　流域平均雨量 P 的计算

根据杨家庄、八亩地、辛庄、小安门水库和黄巢观 5 站雨量，采用算术平均法计算流域平均雨量 P。

2.3.2　流域平均前期影响雨量 P_a 的计算

$$P_{a,\ t+1}=K(P_{a,\ t}+P_t)$$

式中：$P_{a,t+1}$ 为第 $t+1$ 日的前期影响雨量（mm）；$P_{a,t}$ 为第 t 日的前期影响雨量（mm）；P_t 为第 t 日的流域平均雨量（mm）；K 为前期影响雨量递减系数。

2.3.3　产流参数 I_m、K 的确定

本方案采用黄前水库站的参数，即 $I_m=65$ mm、$K=0.9$。

2.3.4　暴雨中心位置的确定

根据流域特性和代表站分布情况划分为：上游、下游区域。

上游区：杨家庄、八亩地、辛庄、黄巢观站；

下游区：小安门水库站。

2.4　汇流方案

采用参证站黄前水库站单位线进行缩放。将黄前水库站单位线（$\Delta t=1$ h）进行缩放后作为小安门水库站单位线，详见图 34-5。

单位线的缩放按下列公式计算：

$$\alpha=(F_{预}/F_{参})^{0.5}$$

$$T_{预i}=\alpha T_{参i}$$

$$q_{预i}=\alpha q_{参i}$$

式中：α 为单位线缩放系数；$F_{参}$、$F_{预}$ 分别为参证站、预报站以上控制流域面积；$T_{参i}$ 为参证站单位线逐时段，$T_{参i}=1，2，\cdots，N$；$T_{预i}$ 为预报站单位线逐时段，通常为小数，为满足实际要求，需进一步对缩放结果进行插值，从而得到整时段单位线结果；$q_{参i}$ 为参证站单位线逐时段流量；$q_{预i}$ 为预报站单位线逐时段流量。

3　方案使用说明

3.1　径流深预报

首先计算出流域平均降雨量和流域平均前期影响雨量，再根据降雨径流相关图（$P+P_a-R$）的查算结果进行综合分析，确定地表径流深 R 的预报值。

3.2　洪水过程预报

由次雨径流深 R、时段降雨量采用扣损法得到各时段净雨，然后根据暴雨中心位置选择相应单位线，各时段净雨错时段与 0.1 倍的单位线各时段流量相乘，同时段流量相加，再加上基流量即为入库流量过程。最大入库流量及其出现时间即可得到。

3.3　入库洪水总量预报

根据公式 $W=0.1FR$ 得到入库洪水总量 W。

3.4　方案适应能力

本方案适用于防洪标准以下的洪水作业预报。如遇超标准洪水，则需根据当时具体情况酌情修正。

3.5　注意事项

（1）方案的制作未考虑上游塘坝的影响，作业预报时也要根据前期降雨情况进行适当修正。

（2）应随时掌握上游工程蓄水及泄洪情况，要根据实际情况对预报值进行及时修正。

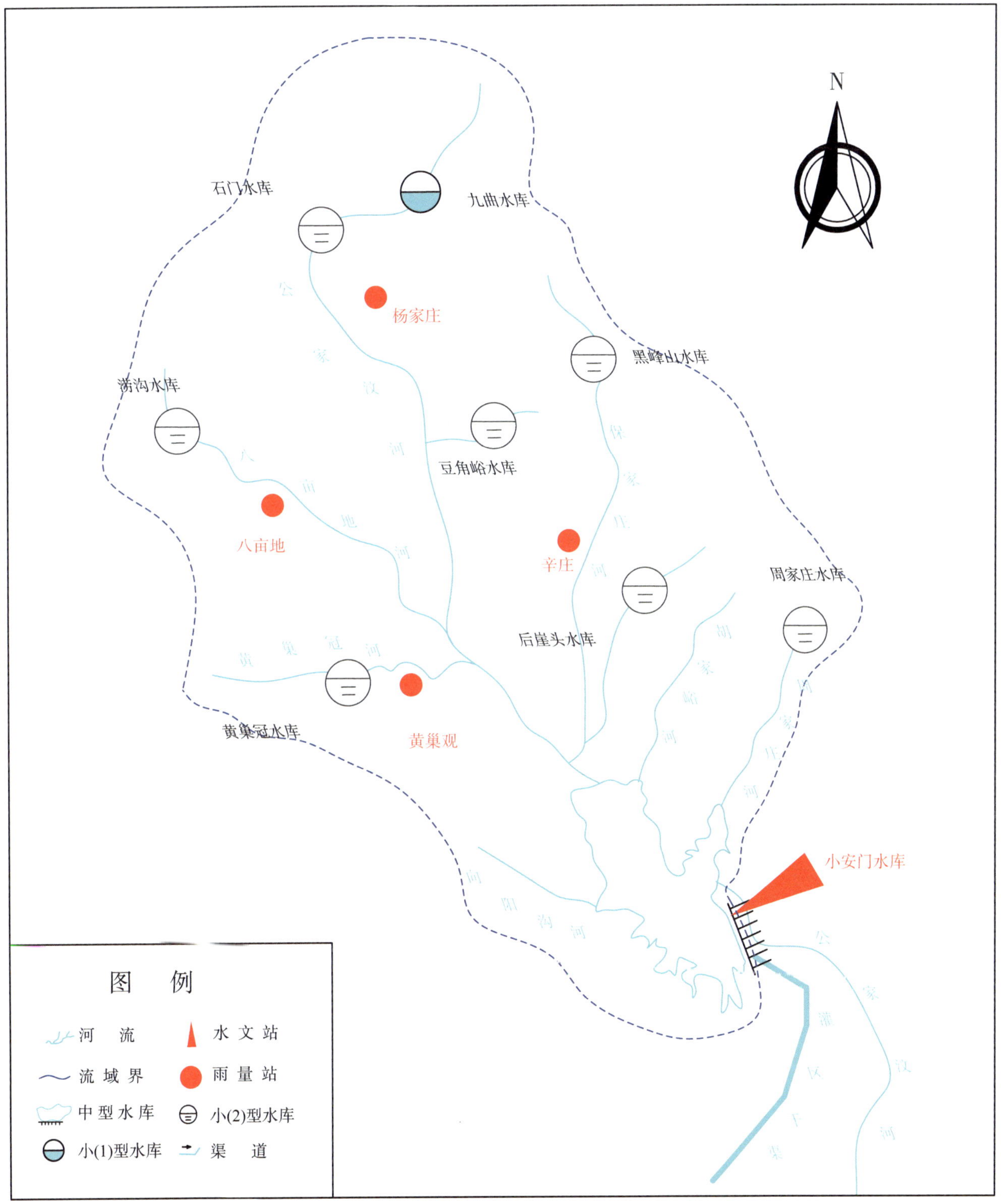

图 34-1 公家汶河小安门水库站流域图

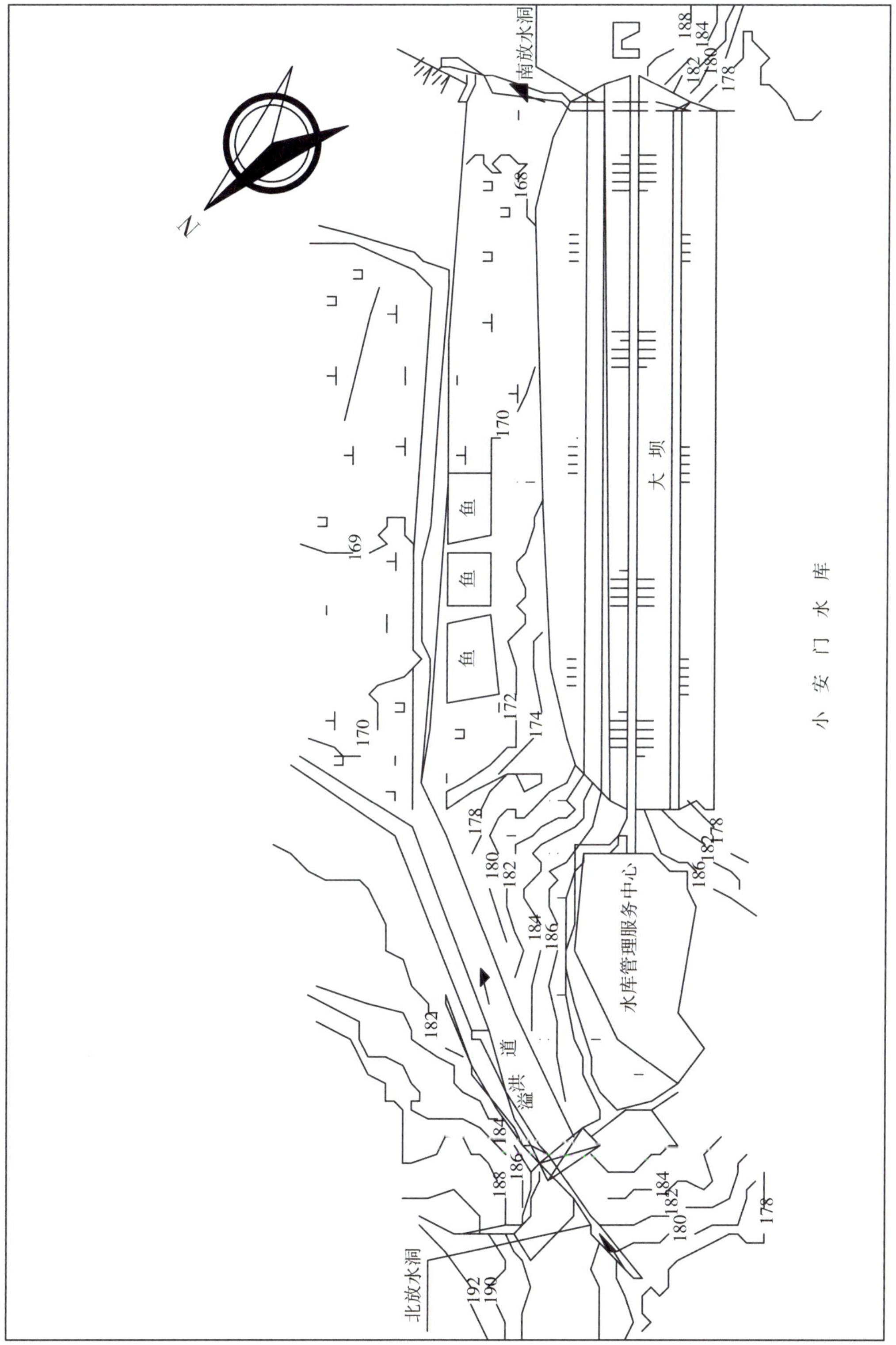

图 34-2 公家汶河小安门水库平面布置图

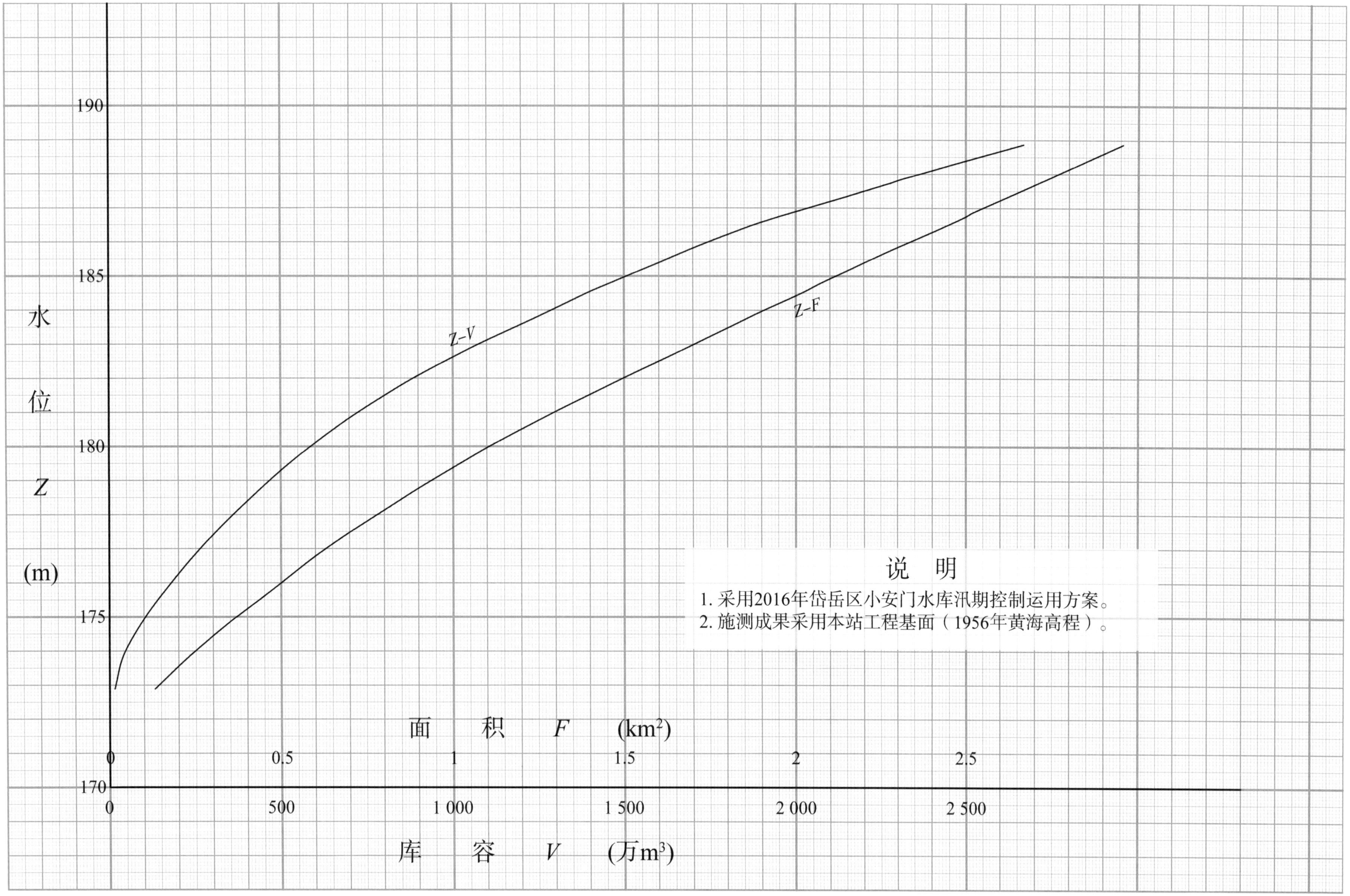

图 34–3　公家汶河小安门水库水位与库容、面积关系曲线图

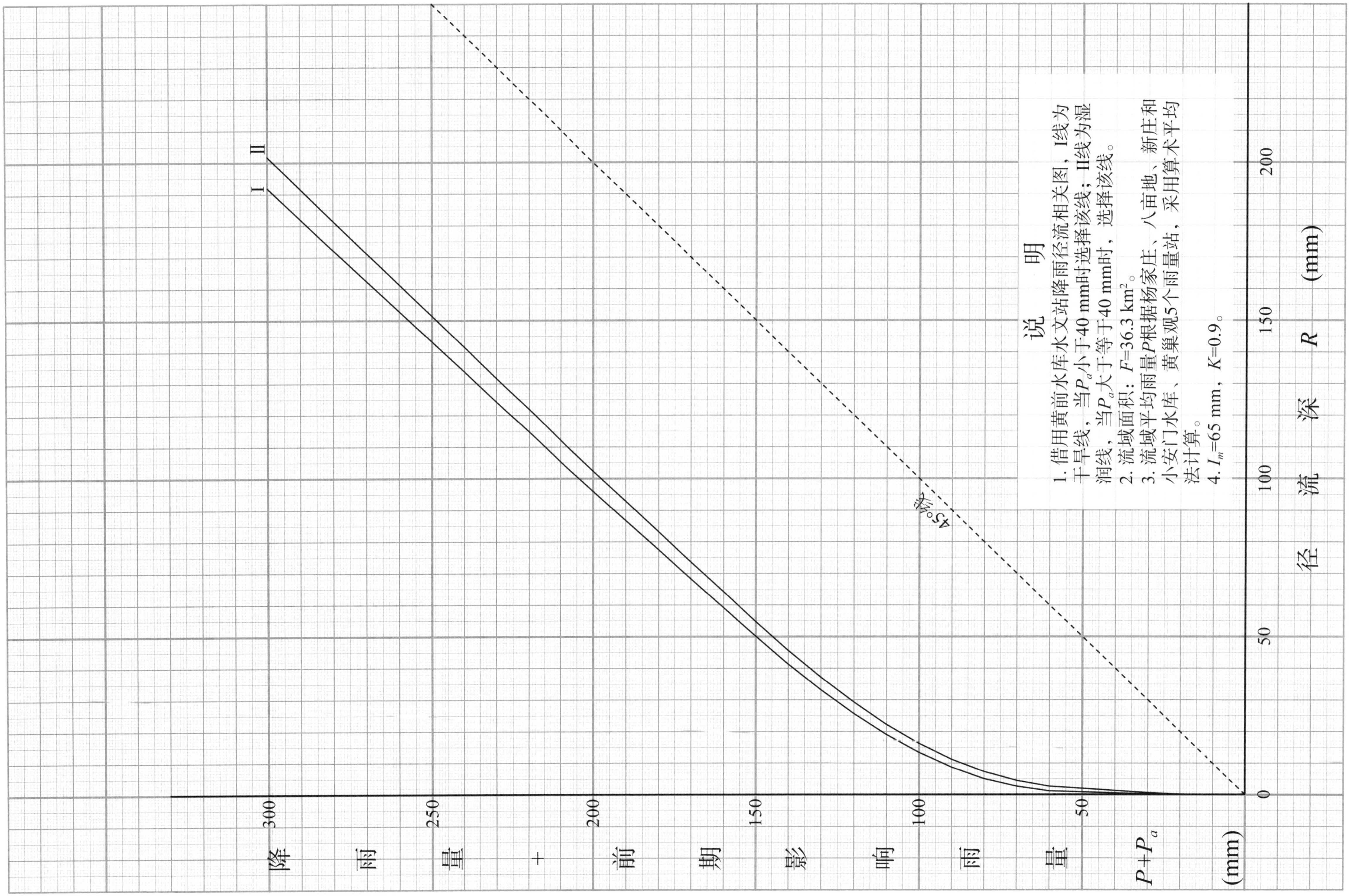

图 34-4　公家汶河小安门水库站降雨径流相关图（$P+P_a$-R）

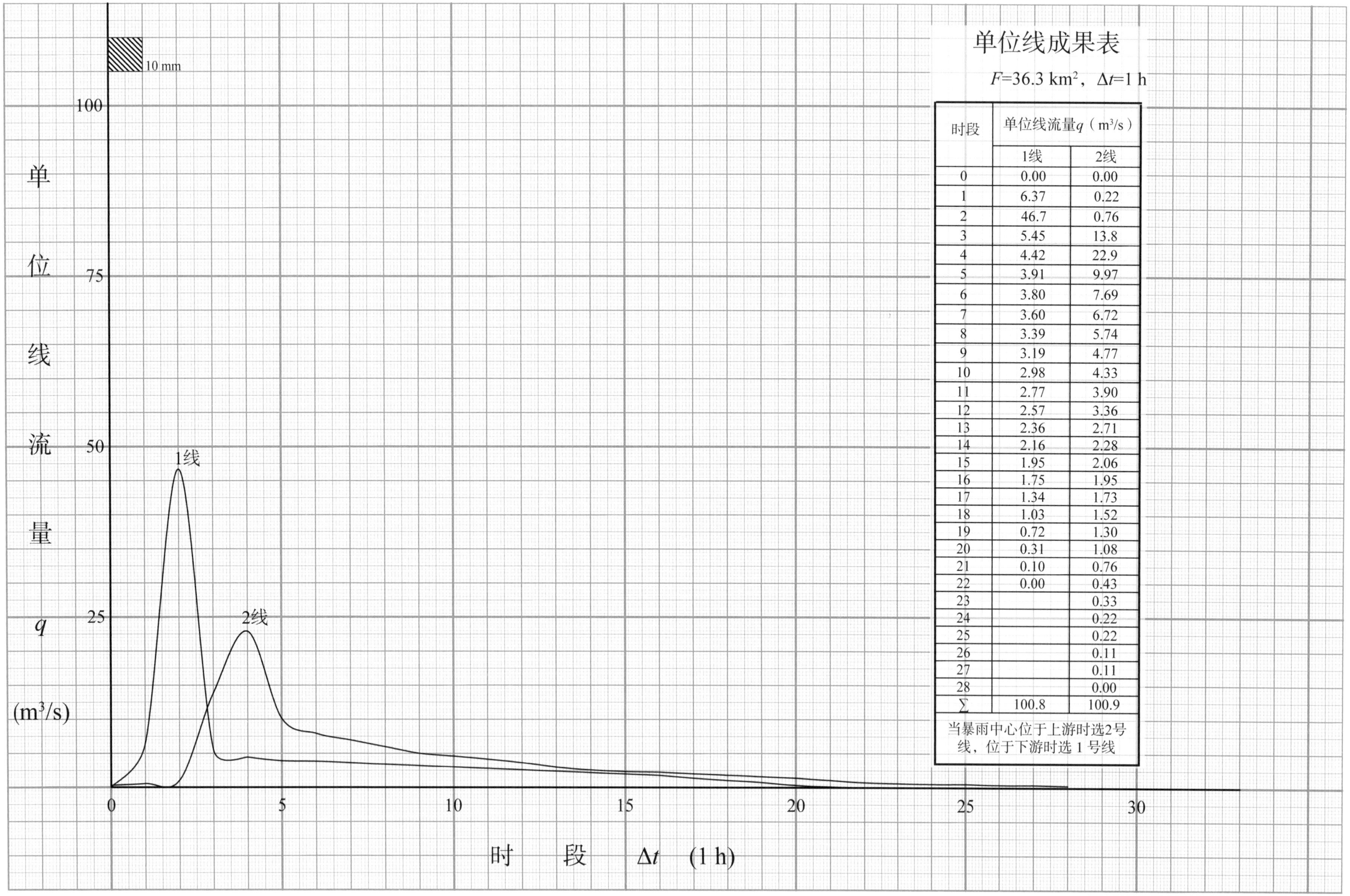

单位线成果表

F=36.3 km²，Δt=1 h

时段	单位线流量q（m³/s）	
	1线	2线
0	0.00	0.00
1	6.37	0.22
2	46.7	0.76
3	5.45	13.8
4	4.42	22.9
5	3.91	9.97
6	3.80	7.69
7	3.60	6.72
8	3.39	5.74
9	3.19	4.77
10	2.98	4.33
11	2.77	3.90
12	2.57	3.36
13	2.36	2.71
14	2.16	2.28
15	1.95	2.06
16	1.75	1.95
17	1.34	1.73
18	1.03	1.52
19	0.72	1.30
20	0.31	1.08
21	0.10	0.76
22	0.00	0.43
23		0.33
24		0.22
25		0.22
26		0.11
27		0.11
28		0.00
∑	100.8	100.9

当暴雨中心位于上游时选2号线，位于下游时选 1 号线

图 34-5　公家汶河小安门水库站单位线图

第三十五章　泮汶河大河水库站水文预报方案编制说明

1　流域概况

1.1　流域自然地理特征

大河水库为泰安抽水蓄能电站的下水库，位于山东省泰安市西郊，黄河下游大汶河二级支流泮汶河中游。泮汶河发源于泰山主峰以西的桃花峪，流经泰安市至北店子村入牟汶河，河长44 km，流域面积379 km^2。大河水库始建于1960年，是一座以灌溉为主，兼顾防洪、供水、养鱼等综合利用的中型水库。2002年1月23日，在国务院第53次常务会议上，经国务院批准，同意将大河水库作为泰安抽水蓄能电站的下水库，对大河水库进行加固改建，其功能变为以发电为主，兼顾灌溉、防洪和工业供水。坝址以上控制流域面积为84.53 km^2，主河道长21.2 km，河道平均坡降为22‰。坝址以上流域基本以京沪铁路为界分为东西两部分，西部主要为丘陵，约占40%，东部主要为泰山山区，约占60%。大河水库流域图见图35-1。

1.2　水库工程情况

大河水库正常蓄水位165.00 m，汛限水位164.00 m，警戒水位164.29 m，允许最高水位165.13 m。泮汶河大河水库站工程布置见图35-2。大河水库工程技术特性指标见表35-1。

表35-1　大河水库工程技术特性指标表

序号	主要指标	单位	数量	备注
1	正常蓄水位	m	165.00	
2	汛限水位	m	164.00	
3	死水位	m	154.00	
4	灌溉低水位	m	161.48	
5	发电保证水位	m	160.59	
6	消落深度	m	11	
7	设计洪水位	m	164.29	$P=1\%$
8	相应最大泄量	m^3/s	1 170.0	
9	校核洪水位	m	165.13	$P=0.1\%$

续表

序号	主要指标	单位	数量	备注
10	相应最大泄量	m^3/s	1 407.0	
11	防洪高水位	m	164.21	$P=2\%$
12	相应最大泄量	m^3/s	800.0	
13	总库容（校核洪水位以下库容）	万 m^3	2 997.1	
14	正常蓄水位以下库容	万 m^3	2 234.7	
15	调节库容（正常蓄水位至死水位）	万 m^3	2 030.0	
16	调洪库容（校核洪水位至汛限水位）	万 m^3	340.0	
17	防洪库容（防洪高水位至汛限水位）	万 m^3	65.0	
18	发电库容	万 m^3	890.6	
19	死库容	万 m^3	204.7	

1.3　上游水利工程概况

大河水库站流域内现已建有曹家庄水库、南马套水库、大陡山水库、后陡水库、小辛庄水库以及抽水蓄能电站上库等小中型水库和部分塘坝，大河水库上游主要水利工程情况见表35-2，大河水库水位与库容、面积关系曲线见图35-3。

表35-2　大河水库上游主要水利工程情况表

名称	型式	流域面积（km^2）	总库容（万 m^3）	兴利库容（万 m^3）
山里水库	小（2）型	4.0	11.0	6.6
南马套水库	小（2）型	4.0	18.7	12.0
曹家庄水库	小（2）型	5.0	21.1	14.0
石腊水库	小（2）型	0.9	16.0	12.0
小辛庄水库	小（2）型	1.6	24.3	14.3
黄草岭家北水库	小（2）型	1.2	13.0	9.0
房庄水库	小（1）型	3.0	122.5	100.0
后陡水库	小（2）型	0.7	15.1	9.2
大陡山水库	小（2）型	0.5	11.4	8.5
抽水蓄能电站上库	中型	1.4	1 043.0	890.0
合计		22.3	1 296.1	1 075.6

1.4　测站概况

大河水库流域内设有大河水库水文站，设立于2018年，控制流域面积84.53 km^2，上游雨量站均为新建站。大河水库站观测项目有降水量、放水洞出库流量，服务于区域水量监测。

2 预报方案编制

2.1 资料情况

大河水库站仅有降水量和放水洞出库流量资料，无实测洪水摘录等整编系列资料。

2.2 参证站选择

大河水库站位于黄前水库附近，由于其地形地貌和下垫面基本特征与黄前水库站相似，故以黄前水库站作为大河水库站的参证站。参证站黄前水库站以上流域面积 $F_{参}=292\ km^2$，预报站大河水库站以上流域面积 $F_{预}=84.53\ km^2$。

2.3 产流方案

利用黄前水库站的产流方案推求大河水库站的产流过程，大河水库站降雨径流相关图（$P+P_a-R$）见图35-4。

2.3.1 流域平均雨量 *P* 的计算

采用房庄水库、大河水库、樱桃园3站雨量的算术平均值计算流域平均雨量 P。

2.3.2 流域平均前期影响雨量 P_a 的计算

$$P_{a,\ t+1}=K(P_{a,\ t}+P_t)$$

式中：$P_{a,t+1}$ 为第 t+1 日的前期影响雨量（mm）；$P_{a,t}$ 为第 t 日的前期影响雨量（mm）；P_t 为第 t 日的流域平均雨量（mm）；K 为前期影响雨量递减系数。

2.3.3 产流参数 I_m、K 的确定

本方案采用黄前水库站的参数，即 $I_m=65$ mm、$K=0.9$。

2.4 汇流方案

采用参证站黄前水库水文站单位线进行缩放。将黄前水库水文站单位线（$\Delta t=1$ h）进行缩放后作为大河水库站单位线，详见图35-5。

单位线的缩放按下列公式计算：

$$\alpha=(F_{预}/F_{参})^{0.5}$$

$$T_{预i}=\alpha T_{参i}$$

$$q_{预i}=\alpha q_{参i}$$

式中：α 为单位线缩放系数；$F_{参}$、$F_{预}$ 分别为参证站、预报站以上控制流域面积；$T_{参i}$ 为参证站单位线逐时段，$T_{参i}=1, 2, \cdots, N$；$T_{预i}$ 为预报站单位线逐时段，通常为小数，为满足实际要求，需进一步对缩放结果进行插值，从而得到整时段单位线结果；$q_{参i}$ 为参证站单位线逐时段流量；$q_{预i}$ 为预报站单位线逐时段流量。

3 方案使用说明

3.1 径流深预报

首先计算出流域平均降雨量和流域平均前期影响雨量，再根据降雨径流关系图（$P+P_a-R$）的查算结果进行综合分析，确定地表径流深 R 的预报值。

3.2 洪水过程预报

由次雨径流深 R、时段降雨量采用扣损法得到各时段净雨，然后根据暴雨中心位置选择相应单位线，各时段净雨错时段与0.1倍的单位线各时段流量相乘，同时段流量相加，再加上基流量即为入库流量过程。最大入库流量及其出现时间即可得到。

3.3 入库洪水总量预报

根据公式 $W=0.1FR$ 得到入库洪水总量 W。

3.4 方案适应能力

本方案适用于防洪标准以下的洪水作业预报。如遇超标准洪水，则需根据当时具体情况酌情修正。

3.5 注意事项

（1）方案的制作未考虑上游塘坝的影响，作业预报时也要根据前期降雨情况进行适当修正。

（2）应随时掌握上游工程蓄水及泄洪情况，要根据实际情况对预报值进行及时修正。

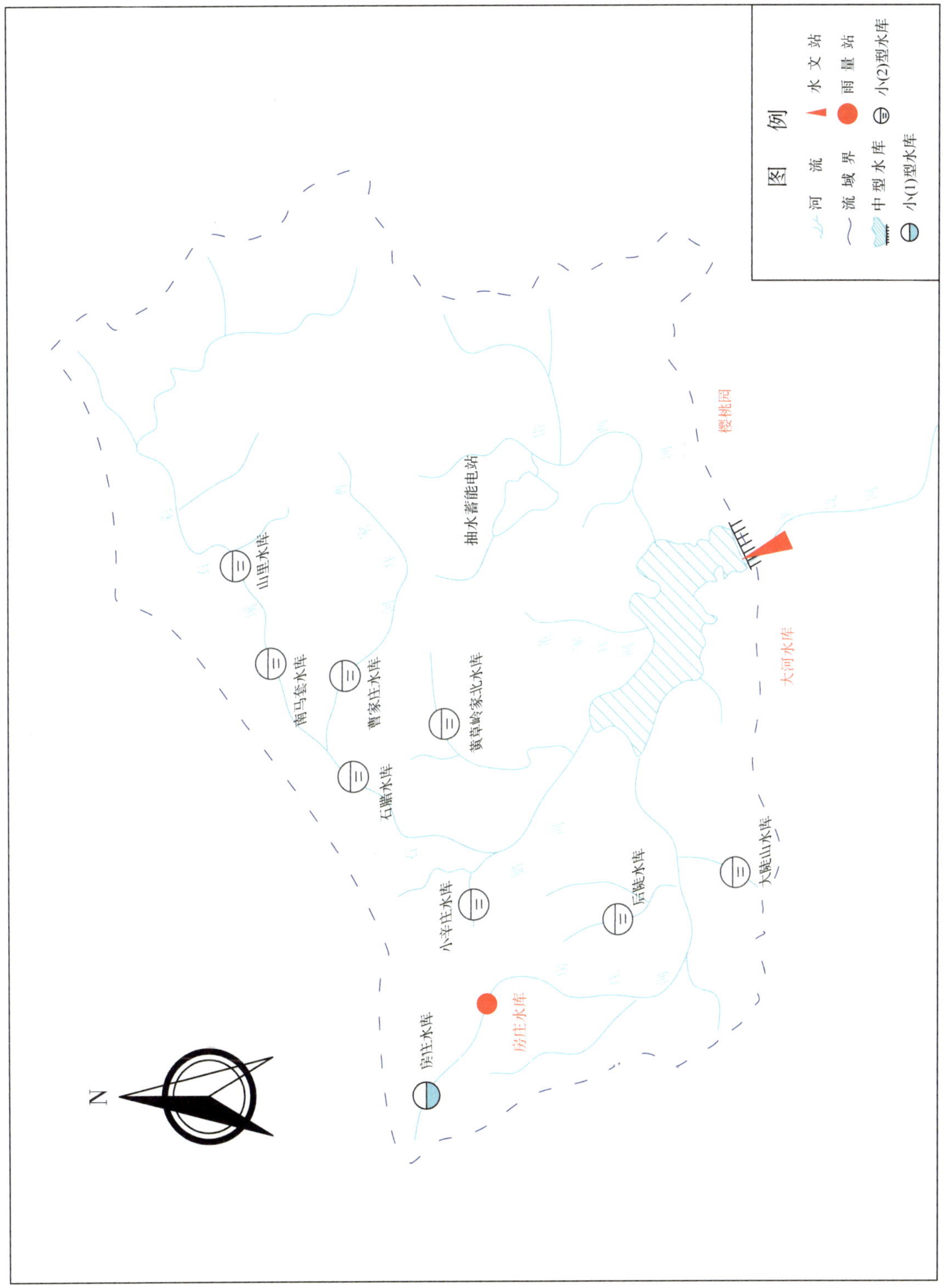

图 35-1　洋汶河大河水库流域图

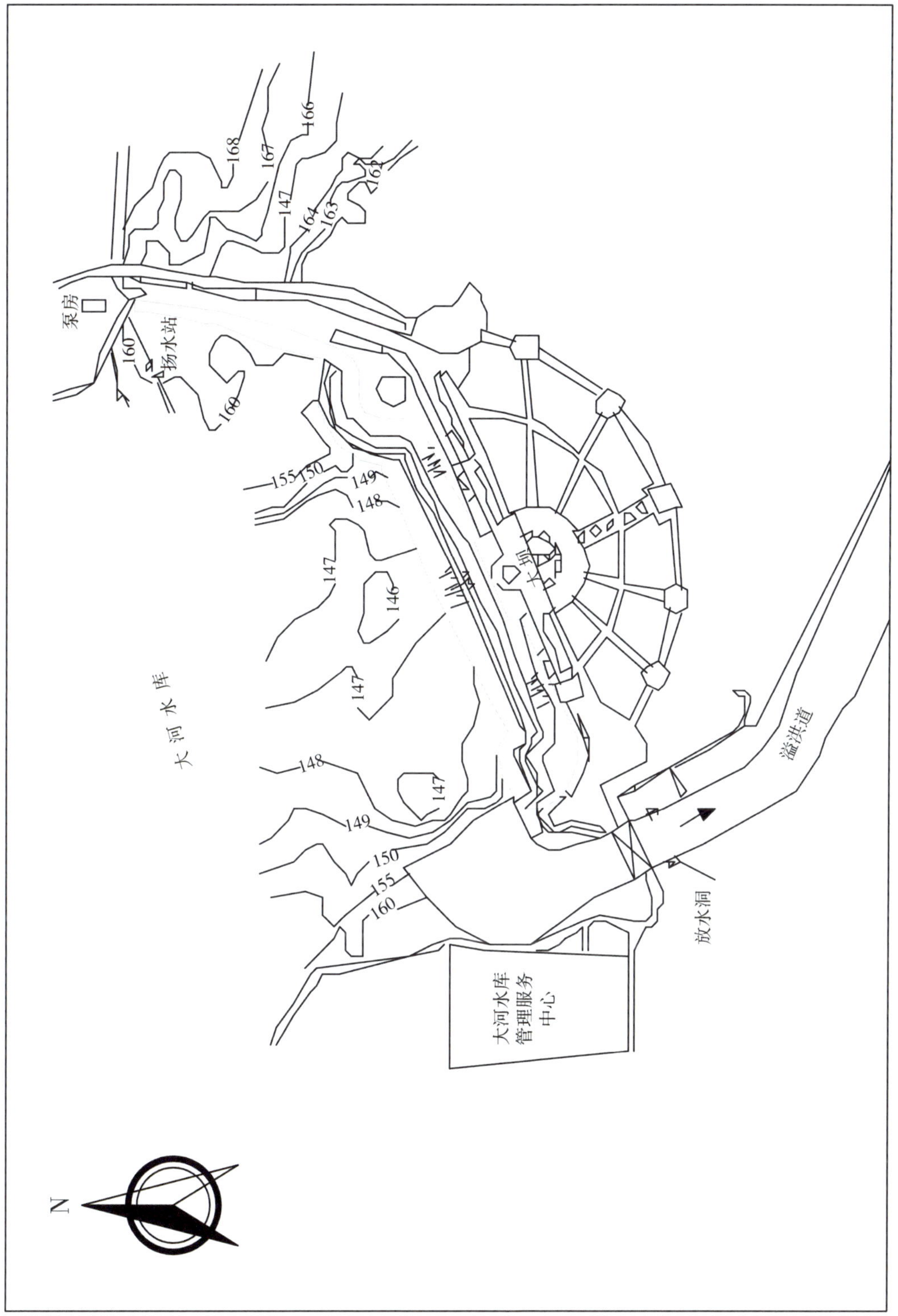

图 35-2　洋汶河大河水库工程布置图（单位：m）

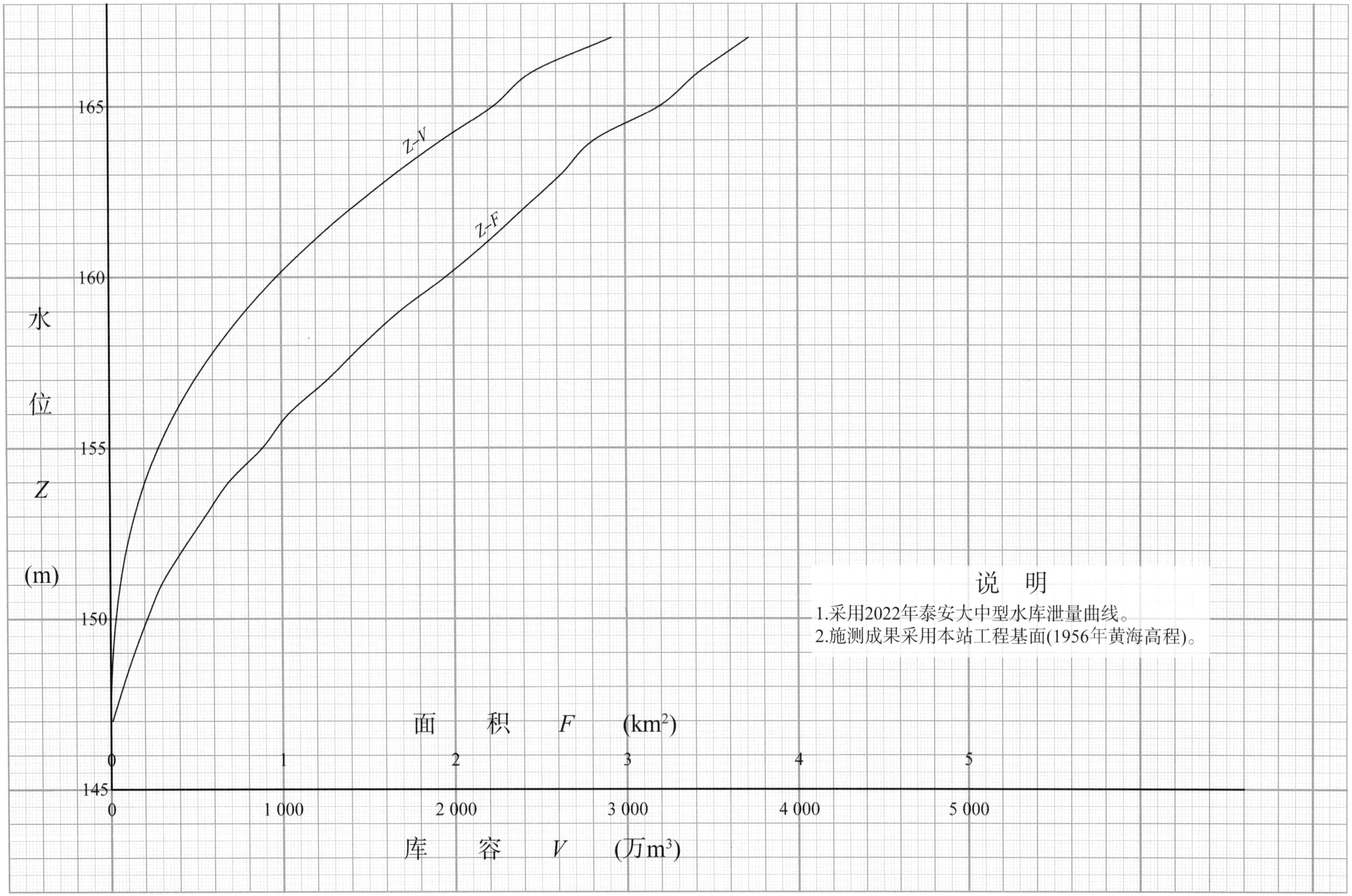

图 35-3　洋汶河大河水库水位与库容、面积关系曲线图

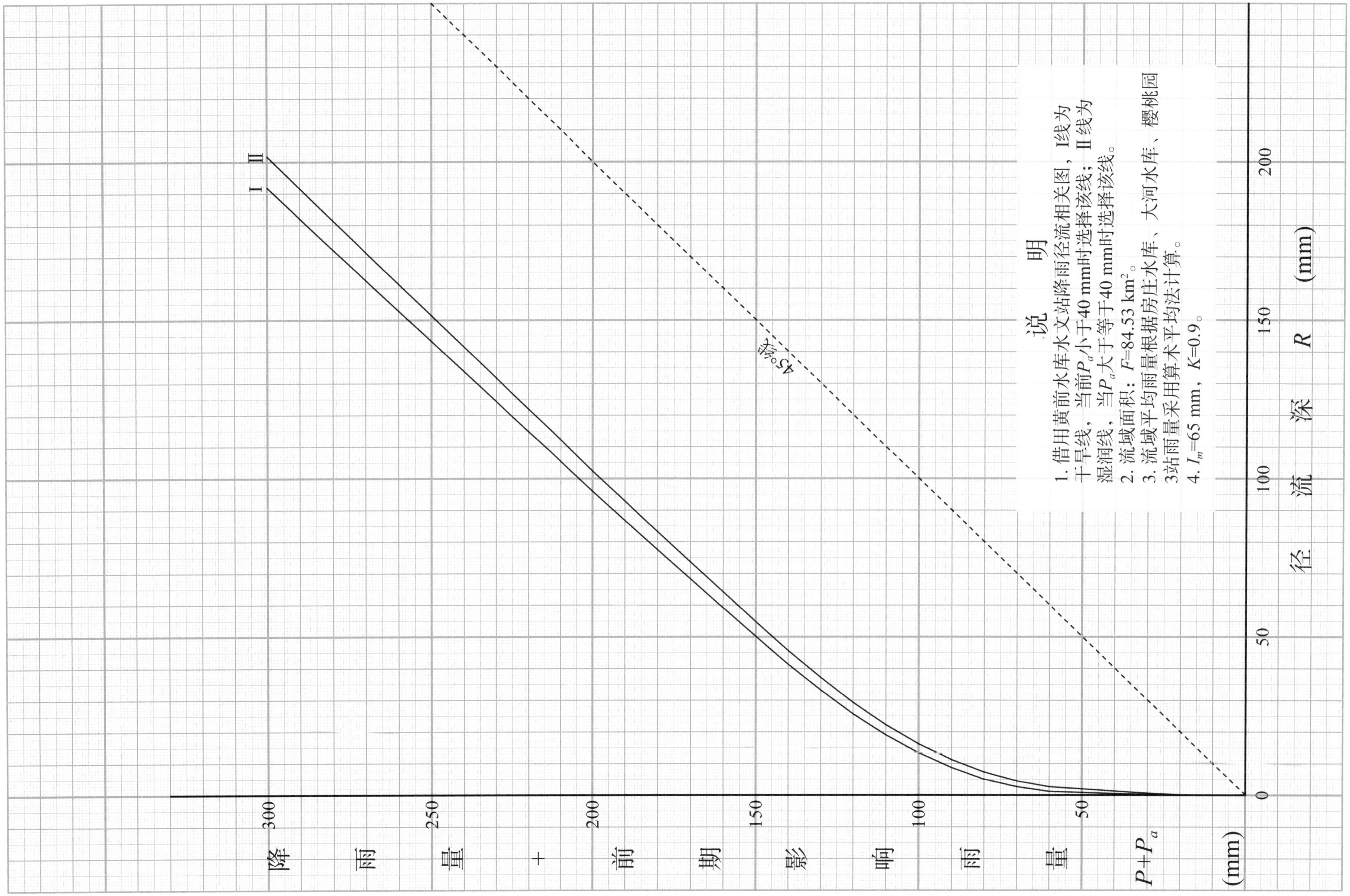

图 35-4　洋汶河大河水库水文站降雨径流相关图（$P+P_a$-R）

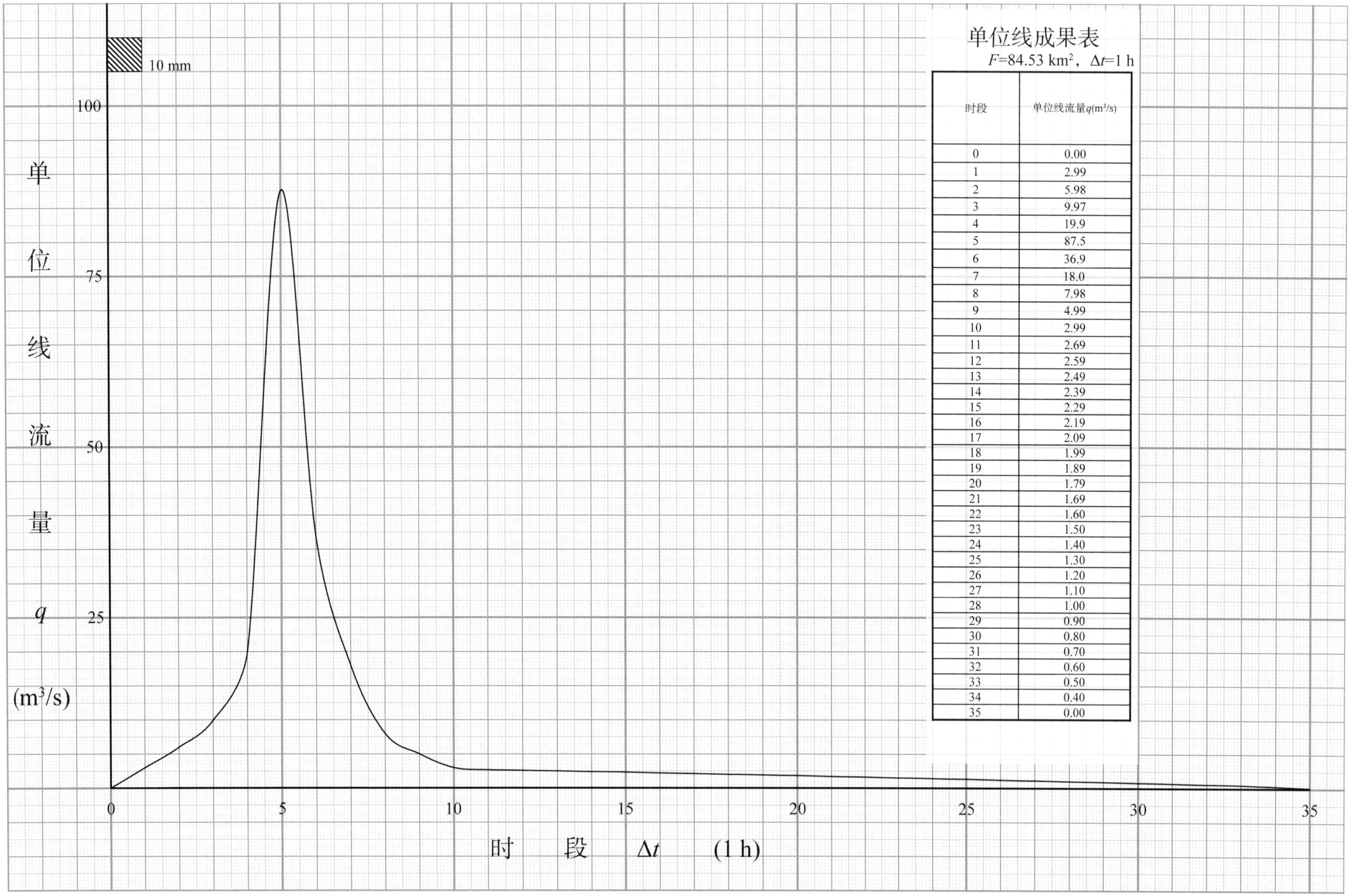

单位线成果表

F=84.53 km²，Δt=1 h

时段	单位线流量q(m³/s)
0	0.00
1	2.99
2	5.98
3	9.97
4	19.9
5	87.5
6	36.9
7	18.0
8	7.98
9	4.99
10	2.99
11	2.69
12	2.59
13	2.49
14	2.39
15	2.29
16	2.19
17	2.09
18	1.99
19	1.89
20	1.79
21	1.69
22	1.60
23	1.50
24	1.40
25	1.30
26	1.20
27	1.10
28	1.00
29	0.90
30	0.80
31	0.70
32	0.60
33	0.50
34	0.40
35	0.00

图 35-5　洋汶河大河水库水文站单位线图

第三十六章　莲花河沟里水库站水文预报方案编制说明

1　流域概况

1.1　流域自然地理特征

沟里水库坐落于济南市莱芜区高庄街道西沟里村南，牟汶河支流莲花河上，距莱芜城区4.9 km，控制流域面积44.6 km^2。水库坝址以上主河道长14.8 km，干流平均比降16.2‰。水库流域形状为叶形，平均宽度为3.4 km，支流分布为单支。流域内石山区占95%，丘陵区占5%。

该流域属暖温带大陆性季风气候区，四季分明，夏季以西南季风为主，多年平均最大风速13.43 m/s，最大风力达8~10级。多年平均气温12.6 ℃，历年最高气温39.2 ℃（7月），最低气温-22.5 ℃（1月）。最大冻土深0.5 m。

据历史资料统计，水库流域多年平均降水量597.2 mm，年际变化较大，最大年降水量在1 165 mm左右，最小年降水量为240.1 mm。降水年内分配也很不均匀，枯季少雨，汛期降水集中，6—9月降水量占全年的70%以上，易形成春旱、夏涝、秋后又旱的局面。

暴雨是造成本流域洪水的主要原因。形成流域内暴雨的因素主要有黄淮气旋、台风、南北切变、冷锋等。区内长历时降水多由维系时间较长的切变线或低压气旋连续发生造成，受台风天气系统影响，有时亦可造成较大暴雨，但维持时间一般较短。流域内暴雨多发生在7—9月，季节特征十分明显。

沟里水库流域图见图36-1。

1.2　水库工程概况

沟里水库是一座以防洪为主、兼有灌溉和供水等综合利用的中型水库，总库容1 073万m^3，兴利库容698万m^3，死库容25万m^3。水库枢纽工程主要由主坝、副坝、溢洪道、放水洞等组成。

主坝为浆砌石重力坝，坝长89.6 m，坝顶高程211.17 m，坝顶宽6.35 m，最大坝高21.5 m，防浪墙顶高程212.17 m。副坝为均质土坝，坝顶总长620 m（东坝段560 m、西坝段60 m），坝顶高程211.17 m，最大坝高12.4 m。桩号0+000—0+560段坝顶宽6 m，上游坝肩设高1.0 m、厚0.5 m的防浪墙，墙顶高程212.17 m。

溢洪道为开敞式，位于主坝西（左）端，由闸前进水段、溢洪闸、陡坡段、底流鼻坎、尾水渠段组成。

闸前进水段由浆砌石扭面和钢筋混凝土铺盖组成，顶面高程203.44 m；两岸翼墙与闸轴线平行布置，均分为两级阶地。

溢洪闸由3孔10 m×4.4 m（宽×高）平板钢闸门组成，净宽30 m，总宽32.4 m。闸上建有机架桥、交通桥和工作桥。其中机架桥为梁板式钢筋混凝土结构，桥上设有启闭机房，闸门启吊采用3台QPQ2×160kN型双吊点卷扬式启闭机。检修闸门有1套启闭设备，带有移动式启闭机和自动挂钩梁。交通桥位于闸室下游，为空腹式钢筋混凝土双曲拱，净宽30 m，共3孔，桥面高程211.17 m。

放水洞位于东副坝桩号0+017 m处，全长78.8 m，进口底高程196.07 m，出口底高程196.67 m。洞身结构形式分两种：竖井以上为浆砌石拱涵，长70 m，洞身宽×墩高为1.0 m×1.0 m。竖井段长8.8 m，钢筋混凝土结构，进口底高程196.07 m，设有1.0 m×1.0 m平面钢闸门（工作闸门），检修闸门有1套启闭设备，带有移动式启闭机和自动挂钩梁；进口处设尺寸为1.0 m×1.0 m的拦污栅一扇，其相应的启吊设备为HS3 t手摇葫芦一台。竖井以下洞身结构为钢筋混凝土箱涵，内径1.0 m，比降1∶200；出口采用闸阀控制。最大设计流量1.0 m^3/s。

沟里水库工程技术特性详见表36-1。

表36-1　沟里水库工程技术特性表

<table>
<tr><td colspan="2">水库名称</td><td>沟里水库</td><td rowspan="8">主坝</td><td>坝型</td><td>浆砌石重力坝</td></tr>
<tr><td colspan="2">建设地点</td><td>高庄街道西沟里村南</td><td>坝顶高程（m）</td><td>211.17</td></tr>
<tr><td colspan="2">所在河流</td><td>牟汶河支流莲花河</td><td>最大坝高（m）</td><td>21.5</td></tr>
<tr><td colspan="2">流域面积（km^2）</td><td>44.6</td><td>坝顶长度（m）</td><td>89.6</td></tr>
<tr><td colspan="2">管理单位名称</td><td>沟里水库管理所</td><td>坝顶宽度（m）</td><td>6.35</td></tr>
<tr><td colspan="2">主管单位名称</td><td>济南市莱芜区城乡水务局</td><td>坝基地质</td><td>奥陶系厚层泥晶灰岩</td></tr>
<tr><td colspan="2">竣工日期</td><td>1965年7月</td><td>坝基防渗措施</td><td>帷幕灌浆</td></tr>
<tr><td colspan="2">工程等别</td><td>Ⅲ</td><td>防浪墙顶高程（m）</td><td>212.17</td></tr>
<tr><td colspan="2">地震基本烈度/抗震设计烈度</td><td>7</td><td rowspan="5">副坝</td><td>坝型</td><td>均质土坝</td></tr>
<tr><td colspan="2">多年平均降水量（mm）</td><td>611.0</td><td>坝顶高程（m）</td><td>211.17</td></tr>
<tr><td rowspan="3">设计</td><td>洪水标准（%）</td><td>2</td><td rowspan="2">坝顶长度（m）</td><td rowspan="2">620（东坝段560、西坝段60）</td></tr>
<tr><td>洪峰流量（m^3/s）</td><td>594</td></tr>
<tr><td>1日洪量（万m^3）</td><td>1 177</td><td>坝顶宽度（m）</td><td>6</td></tr>
</table>

续表

校核	洪水标准（%）	0.1
	洪峰流量（m^3/s）	849
	1 日洪峰（万 m^3）	2 118
水库特性	水库调节特性	年调节
	校核洪水位（m）	210.36
	设计洪水位（m）	208.81
	正常蓄水位（m）	207.37
	汛限水位（m）	206.37
	死水位（m）	196.67
	总库容（万 m^3）	1 073
	调洪库容（万 m^3）	350
	兴利库容（万 m^3）	698
	死库容（万 m^3）	25

正常溢洪道	型式	开敞溢流式
	堰顶高程（m）	203.44
	堰顶净宽（m）	30
	闸门型式	平板钢闸门
	闸门尺寸（m×m）	10×4.4
	最大泄量（m^3/s）	849
	消能型式	底流消能
	启闭设备	卷扬式
其他泄洪设施	放水洞最大泄量（m^3/s）	1
	放水洞长度（m）	78.8
工程运行	历史最高库水位（m）及发生日期	208.14 1979-07-31
	历史最大入库流量（m^3/s）及发生日期	191 1979-07-31
	历史最大出库流量（m^3/s）及发生日期	186 1979-07-31

1.3 上游水利工程概况

沟里水库上游建有小型水库 2 座，其中尚家庄水库为小（1）型水库，响水湾水库为小（2）型水库，总控制流域面积 19.9 km^2，总库容 200.7 m^3，兴利库容 110.9 万 m^3，详见表 36-2。上游水库对沟里水库入库洪水起到了一定的削峰滞洪作用，但这些小水库均无实测的入库洪水资料，无法定量分析其对沟里水库入库洪水峰量的影响，虽然在不同时期洪水系列中，流域内小型水库对洪水的影响作用不同，但总体影响不大。

表 36-2　沟里水库上游水利工程概况

水库名称	工程规模	建成时间	控制面积（km^2）	总库容（万 m^3）	兴利库容（万 m^3）
尚家庄	小（1）型	1975 年 3 月	11.5	186.0	101.0
响水湾	小（2）型	1979 年 12 月	8.4	14.7	9.9
合计			19.9	200.7	110.9

1.4 测站情况

沟里水库坝址以上流域内无水文站，2005 年除险加固工程后，流域内共设雨量站 3 处，分别是沟里水库、谭家楼及刘家林雨量站，全部为汛期雨量站。

沟里水库站观测项目有水位、降水量等。用 YQZ-2A 型报汛前置机报汛，特殊情况用手机或电话报汛。

2 预报方案编制

2.1 资料情况

沟里水库站无实测年鉴水文摘录资料。2.2　参证站选择

沟里水库站地形地貌和下垫面基本特征与金斗水库站相似，故以金斗水库站作为沟里水库站的参证站。参证站金斗水库站以上流域面积 $F_{参}=88.6\ km^2$；设计站沟里水库站以上流域面积 $F_{设}=44.6\ km^2$。

2.3 产流方案

利用金斗水库站的产流方案推求沟里水库站的产流过程，沟里水库站降雨径流相关图（$P+P_a-R$，$P-P_a-R$）分别见图 36-2、图 36-3。

2.3.1 流域平均雨量 *P* 的计算

根据沟里水库、谭家楼及刘家林 3 站雨量，采用算术平均法计算流域平均雨量 P。

2.3.2 流域平均前期影响雨量 P_a 的计算

$$P_{a,\ t+1}=K(P_{a,\ t}+P_t)$$

式中：$P_{a,t+1}$ 为第 t+1 日的前期影响雨量（mm）；$P_{a,t}$ 为第 t 日的前期影响雨量（mm）；P_t 为第 t 日的流域平均雨量（mm）；K 为前期影响雨量递减系数。

2.3.3 产流参数 I_m、K 的确定

本方案采用金斗水库站的参数，即 $I_m=65$ mm、$K=0.9$。

2.4 汇流方案

采用金斗水库站单位线进行缩放。将金斗水库站单位线（$\Delta t=1$ h）进行缩放后作为沟里水库站单位线，详见图 36-4。

单位线的缩放按下列公式计算：

$$\alpha=(F_{设}/F_{参})^{0.5}$$

$$T_{设i}=\alpha T_{参i}$$

$$q_{设i}=\alpha q_{参i}$$

式中：α 为单位线缩放系数；$F_{参}$、$F_{设}$ 分别为参证站、设计站以上控制流域面积；$T_{参i}$ 为参证站单位线逐时段，$T_{参i}=1,2,\cdots,N$；$T_{设i}$ 为设计站单位线逐时段，通常为小数，为满足实际要求，可进一步对缩放结果进行插值，从而得到整时段单位线结果；$q_{参i}$ 为参证站单位线逐时段流量；$q_{设i}$ 为设计站单位线逐时段流量。

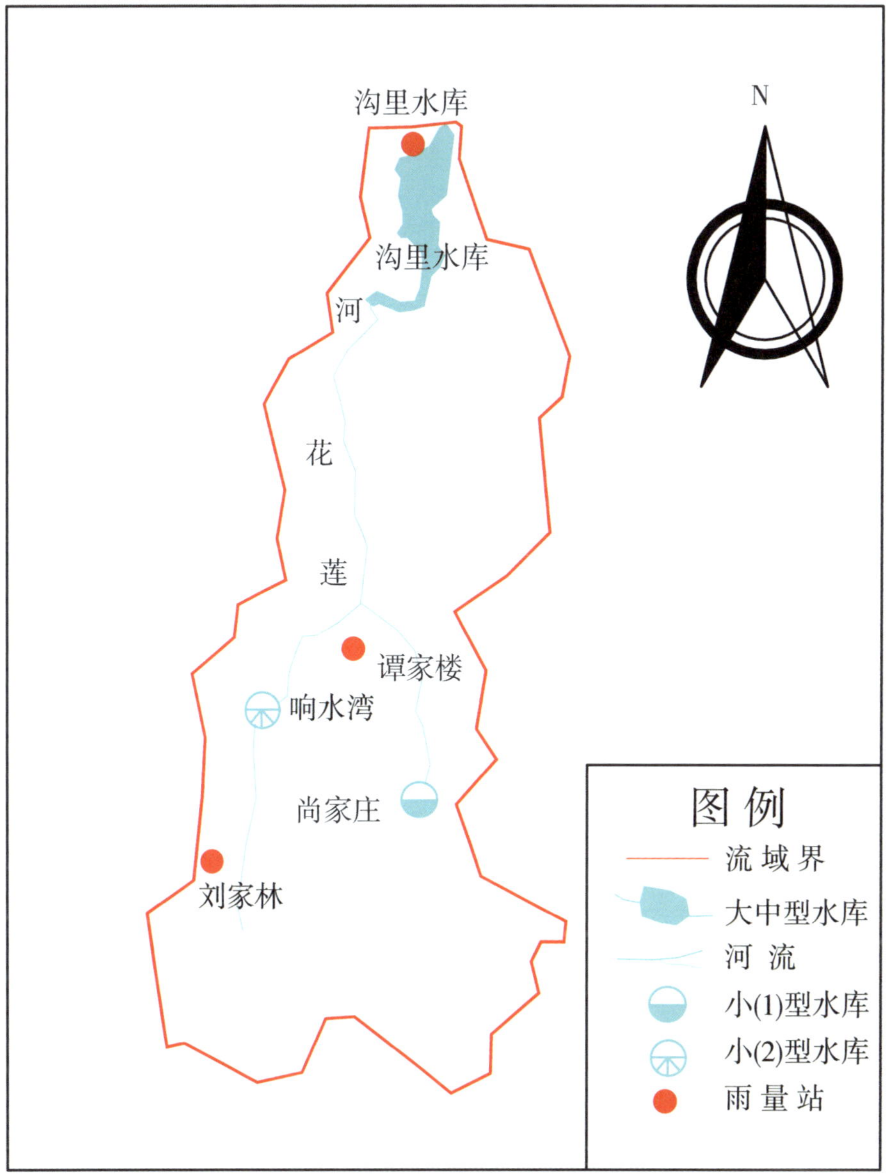

图 36-1　莲花河沟里水库流域图

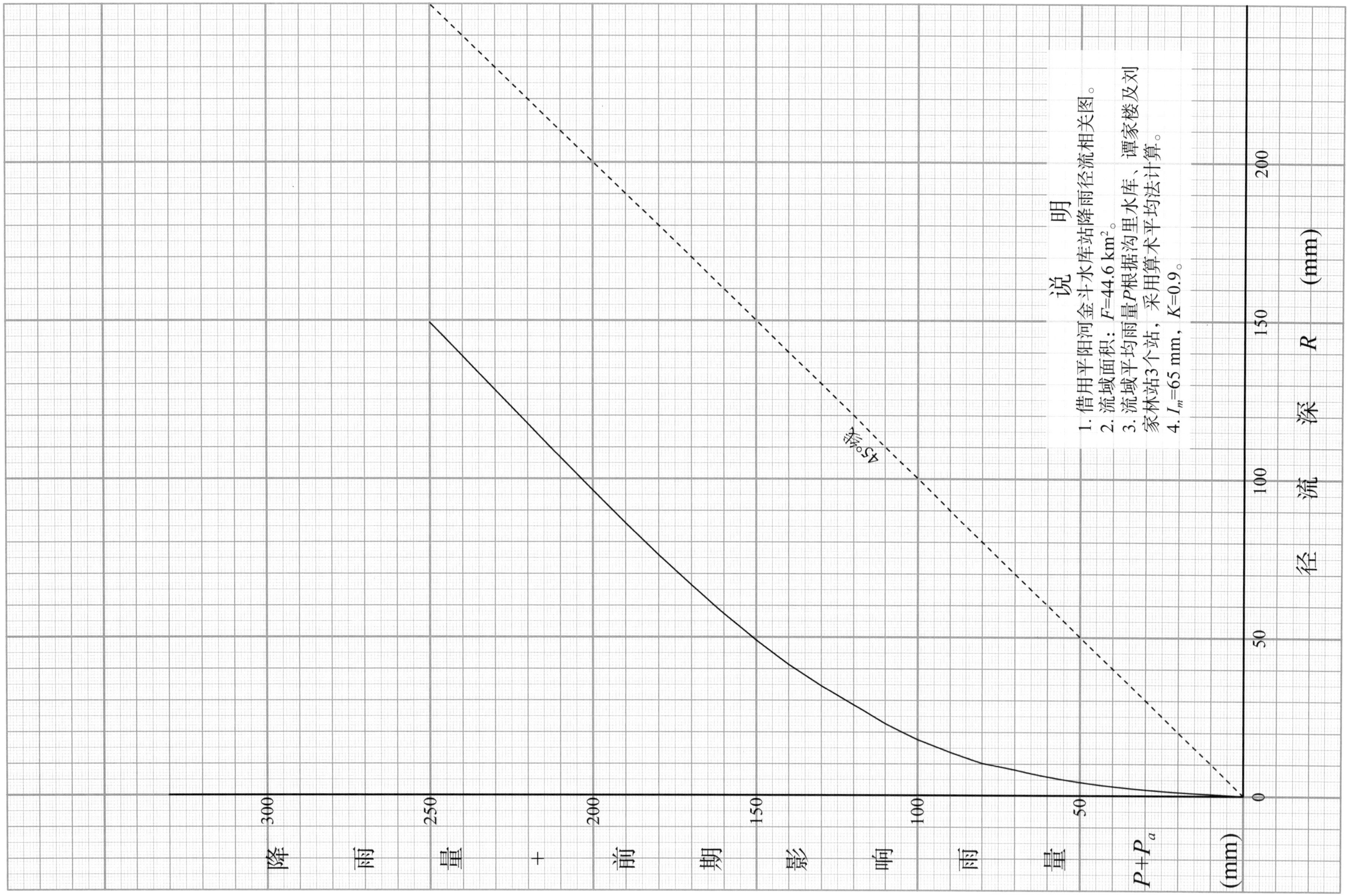

图 36-2　莲花河沟里水库站降雨径流相关图（$P+P_a$-R）

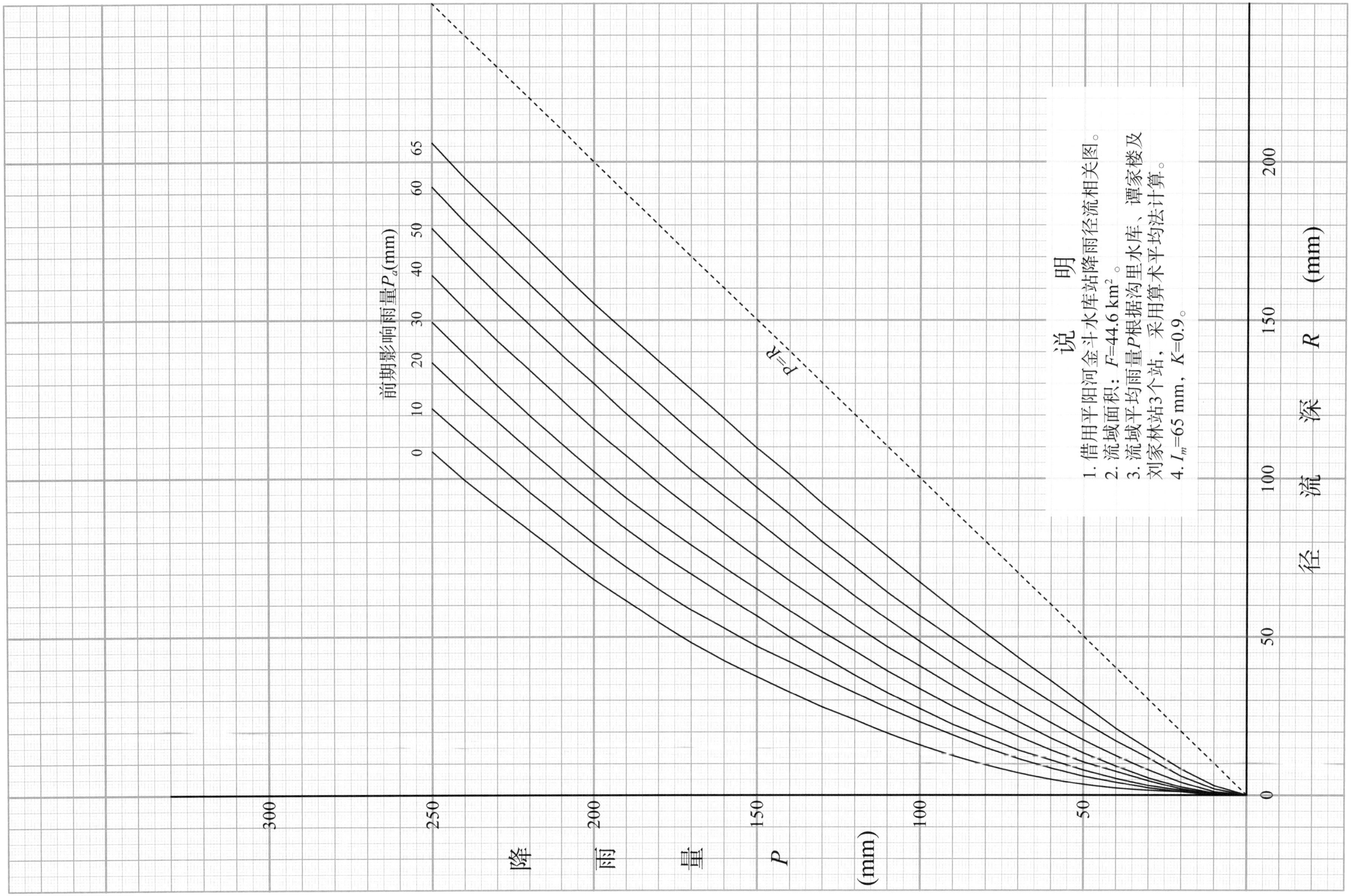

图 36-3　莲花河沟里水库站降雨径流相关图（P-P_a-R）

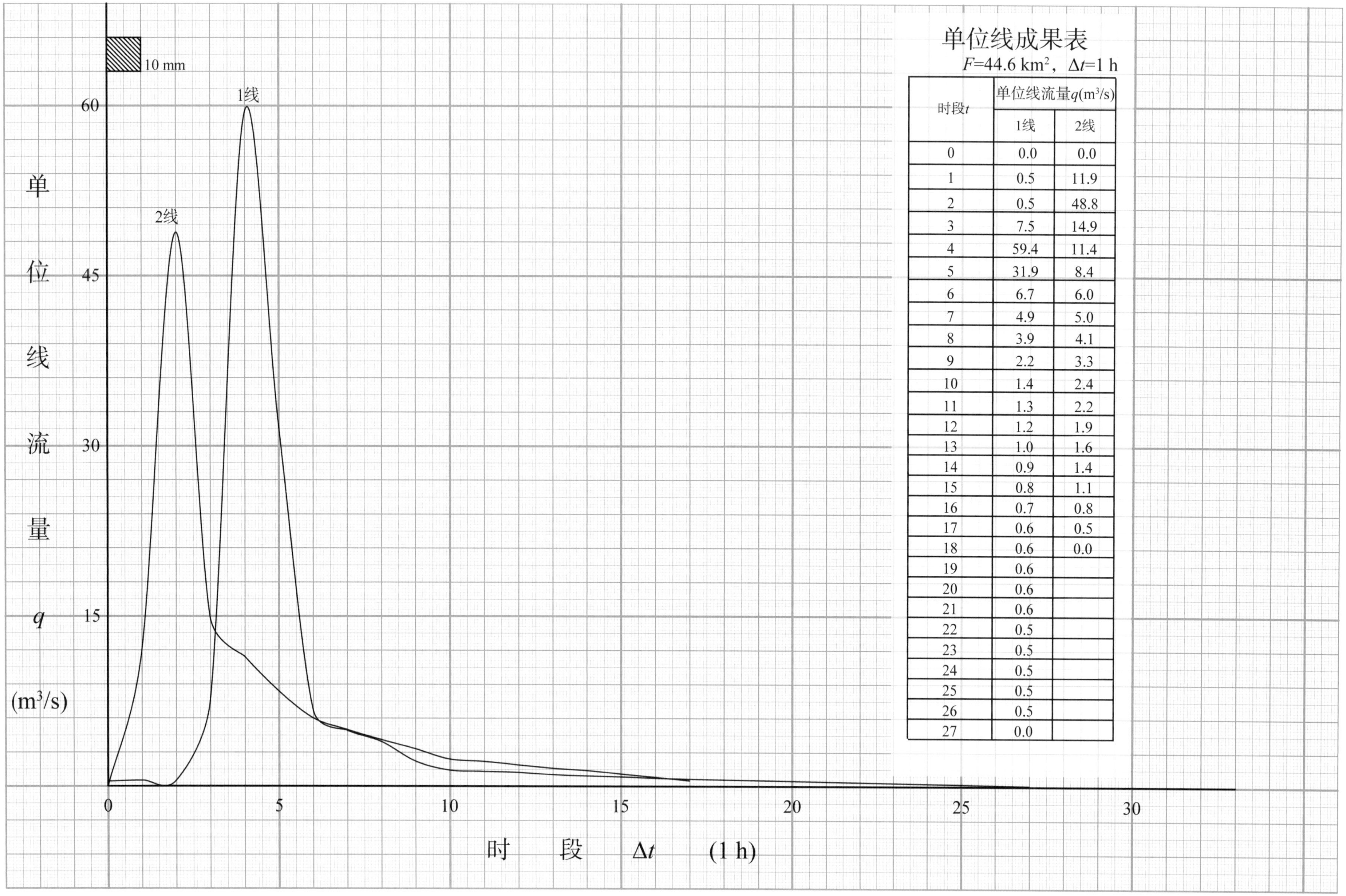

单位线成果表

F=44.6 km²，Δt=1 h

时段t	单位线流量q(m³/s)	
	1线	2线
0	0.0	0.0
1	0.5	11.9
2	0.5	48.8
3	7.5	14.9
4	59.4	11.4
5	31.9	8.4
6	6.7	6.0
7	4.9	5.0
8	3.9	4.1
9	2.2	3.3
10	1.4	2.4
11	1.3	2.2
12	1.2	1.9
13	1.0	1.6
14	0.9	1.4
15	0.8	1.1
16	0.7	0.8
17	0.6	0.5
18	0.6	0.0
19	0.6	
20	0.6	
21	0.6	
22	0.5	
23	0.5	
24	0.5	
25	0.5	
26	0.5	
27	0.0	

图 36-4　莲花河沟里水库站单位线图

第三十七章　牛泉河鹁鸽楼水库站水文预报方案编制说明

1　流域概况

1.1　流域自然地理特征

鹁鸽楼水库位于济南市莱芜区牛泉镇鹁鸽楼村东南约 4 km 处的牟汶河支流牛泉河上，是一座集防洪、灌溉、供水、养殖等综合利用的重点中型水库。水库流域内多为青石山区，地势南高北低，河道干流长度 11 km，河道干流平均坡度 7.7‰，流域长度 9.0 km，平均宽度 2.7 km，呈扁形分布，该水库坝址以上控制流域面积 24.9 km^2。鹁鸽楼水库流域图见图 37-1。

1.2　水库工程概况

鹁鸽楼水库工程等别为Ⅲ等，总库容 1 095 万 m^3，兴利库容 695 万 m^3，死库容 52.5 万 m^3。

水库枢纽工程由大坝、溢洪道和放水洞等组成，主要建筑物大坝、放水洞、溢洪道等别为 3 级。鹁鸽楼水库工程技术特性指标详见表 37-1。

大坝为黏土斜墙土坝，全长 620 m，坝顶宽 6 m，最大坝高 30 m，坝顶高程 236.02 m；防浪墙宽 0.6 m、高 1.0 m，防浪墙顶高程 237.02 m。鹁鸽楼水库大坝主要技术特性指标详见表 37-2。

溢洪道（闸）位于大坝左端，设有 2 孔平面钢闸门，每孔净宽 5 m，总净宽 10 m，闸底板高程 227.52 m，闸门尺寸为 5 m×3.5 m。设有固定卷扬式启闭机 2 台。鹁鸽楼水库溢洪道主要技术指标详见表 37-3。

放水洞位于大坝右端，为钢筋混凝土箱涵，进口底高程 216.52 m，设有平面钢闸门，闸门尺寸为 1.5 m×2.0 m。鹁鸽楼水库放水洞主要技术指标详见表 37-4。

表 37-1　鹁鸽楼水库工程技术特性指标表

序号	主要指标	单位	数量	备注
1	兴利水位	m	230.52	
2	死水位	m	216.52	
3	百年一遇设计洪水位	m	232.32	$P=1\%$
4	相应最大泄量	m^3/s	156	
5	千年一遇设计洪水位	m	234.06	$P=0.1\%$
6	相应最大泄量	m^3/s	248	
7	总库容	万 m^3	1 095	
8	兴利库容	万 m^3	695	
9	死库容	万 m^3	52.5	

表 37-2　鹁鸽楼水库大坝主要技术特性指标表

名称	单位	
坝型		黏土斜墙土坝
坝长	m	620
最大坝高	m	30
坝顶宽	m	6
坝顶高程	m	236.02
防浪墙顶高程	m	237.02
坝基地质		寒武系页岩、灰岩
坝基防渗措施		混凝土墙下帷幕灌浆

表 37-3　鹁鸽楼水库溢洪道主要技术指标表

名称	单位	数量	备注
闸底高程	m	227.52	
闸门总净宽	m	10	
消能方式		底流消能	
闸门孔数	个	2	
设计泄洪流量	m^3/s	156	
校核泄洪流量	m^3/s	248	
闸门　宽×高	m×m	5×3.5	露顶式平面定轮钢闸门
闸门　启闭机型式		卷扬式双吊点启闭机	

表 37-4　鹁鸽楼水库放水洞主要技术指标表

名称		单位	数量
放水洞型式			无压混凝土箱涵
闸门	型式		平面定轮钢闸门
	尺寸	m×m	1.5×2.0
设计流量		m^3/s	3.6
启闭机			卷扬式 100 kN
进口底高程		m	216.52

1.3　上游水利工程概况

鹁鸽楼水库上游建有 2 座小（2）型水库，为任家庄水库和蔺家庄水库，详见表 37-5。上游水库对鹁鸽楼水库入库洪水起到了一定的削峰滞洪作用，但这些小水库均无实测的入库洪水资料，无法定量分析其对鹁鸽楼水库入库洪水峰量的影响，虽然在不同时期洪水系列中，流域内小水库对洪水的影响作用不同，但总体影响不大。

表 37-5　鹁鸽楼水库上游水库统计表

序号	水库名称	类型	控制面积（km^2）	总库容（万 m^3）	兴利库容（万 m^3）
1	任家庄	小（2）型	0.60	31.9	20.2
2	蔺家庄	小（2）型	0.37	17.4	14.2
合计			0.97	49.3	34.4

1.4　测站情况

鹁鸽楼水库坝址以上流域内无国家水文测站。2010 年鹁鸽楼水库除险加固工程之后，流域内共设雨量站 4 处，分别是鹁鸽楼水库站、绿凡崖村站、庞家庄站及任家庄站，全部为汛期雨量站。

鹁鸽楼水库站观测项目有坝上水位，溢洪道、放水洞出库流量，溢洪道水位、流量、降水量等。

2　预报方案编制

2.1　资料情况

鹁鸽楼水库站无实测年鉴水文摘录资料。

2.2　参证站选择

鹁鸽楼水库站地形地貌和下垫面基本特征与金斗水库站相似，故以金斗水库站作为鹁鸽楼水库站的参证站。参证站金斗水库站以上流域面积 $F_{参}=88.6\ km^2$；设计站鹁鸽楼水库站以上流域面积 $F_{设}=24.9\ km^2$。

2.3　产流方案

利用金斗水库站的产流方案推求鹁鸽楼水库站的产流过程，鹁鸽楼水库站降雨径流相关图（$P+P_a-R$，$P-P_a-R$）分别见图 37-2 和图 37-3。

2.3.1　流域平均雨量 P 的计算

根据鹁鸽楼水库、绿凡崖村、庞家庄及任家庄 4 站雨量，采用算术平均法计算流域平均雨量 P。

2.3.2　流域平均前期影响雨量 P_a 的计算

$$P_{a,\ t+1}=K(P_{a,\ t}+P_t)$$

式中：$P_{a,t+1}$ 为第 t+1 日的前期影响雨量（mm）；$P_{a,t}$ 为第 t 日的前期影响雨量（mm）；P_t 为第 t 日的流域平均雨量（mm）；K 为前期影响雨量递减系数。

2.3.3　产流参数 I_m、K 的确定

本方案采用金斗水库站的参数，即 $I_m=65$ mm、$K=0.9$。

2.4　汇流方案

采用金斗水库站单位线进行缩放。将金斗水库站单位线（$\Delta t=1$ h）进行缩放后作为鹁鸽楼水库站单位线，详见图 37-4。

单位线的缩放按下列公式计算：

$$\alpha=(F_{设}/F_{参})^{0.5}$$

$$T_{设i}=\alpha T_{参i}$$

$$q_{设i}=\alpha q_{参i}$$

式中：α 为单位线缩放系数；$F_{参}$、$F_{设}$ 分别为参证站、设计站以上控制流域面积；$T_{参i}$ 为参证站单位线逐时段，$T_{参i}=1，2，\cdots，N$；$T_{设i}$ 为设计站单位线逐时段，通常为小数，为满足实际要求，可进一步对缩放结果进行插值，从而得到整时段单位线结果；$q_{参i}$ 为参证站单位线逐时段流量；$q_{设i}$ 为设计站单位线逐时段流量。

图 37-1　牛泉河鸨鸽楼水库流域图

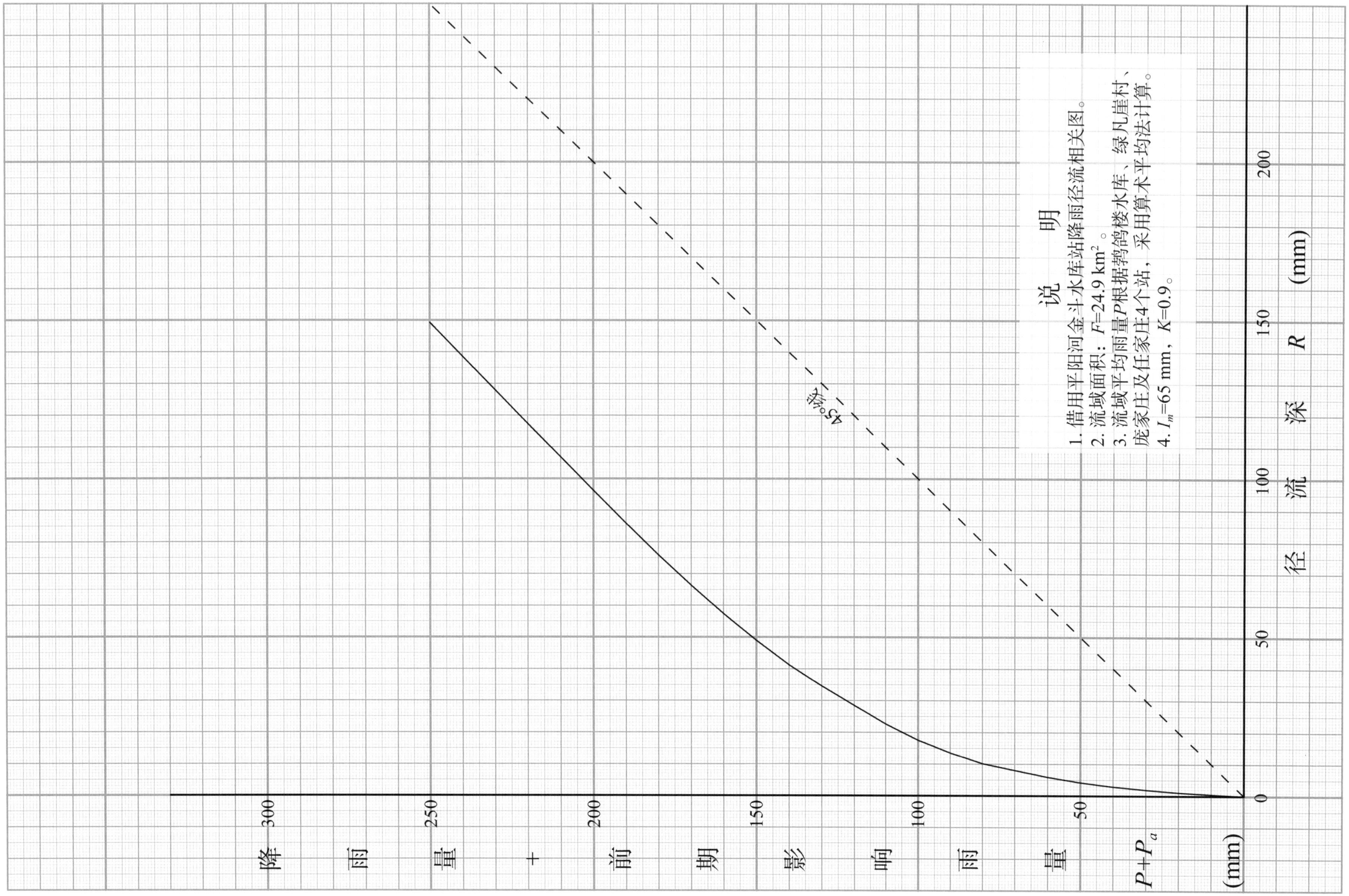

图 37-2　牛泉河鹁鸽楼水库站降雨径流相关图（$P+P_a$-R）

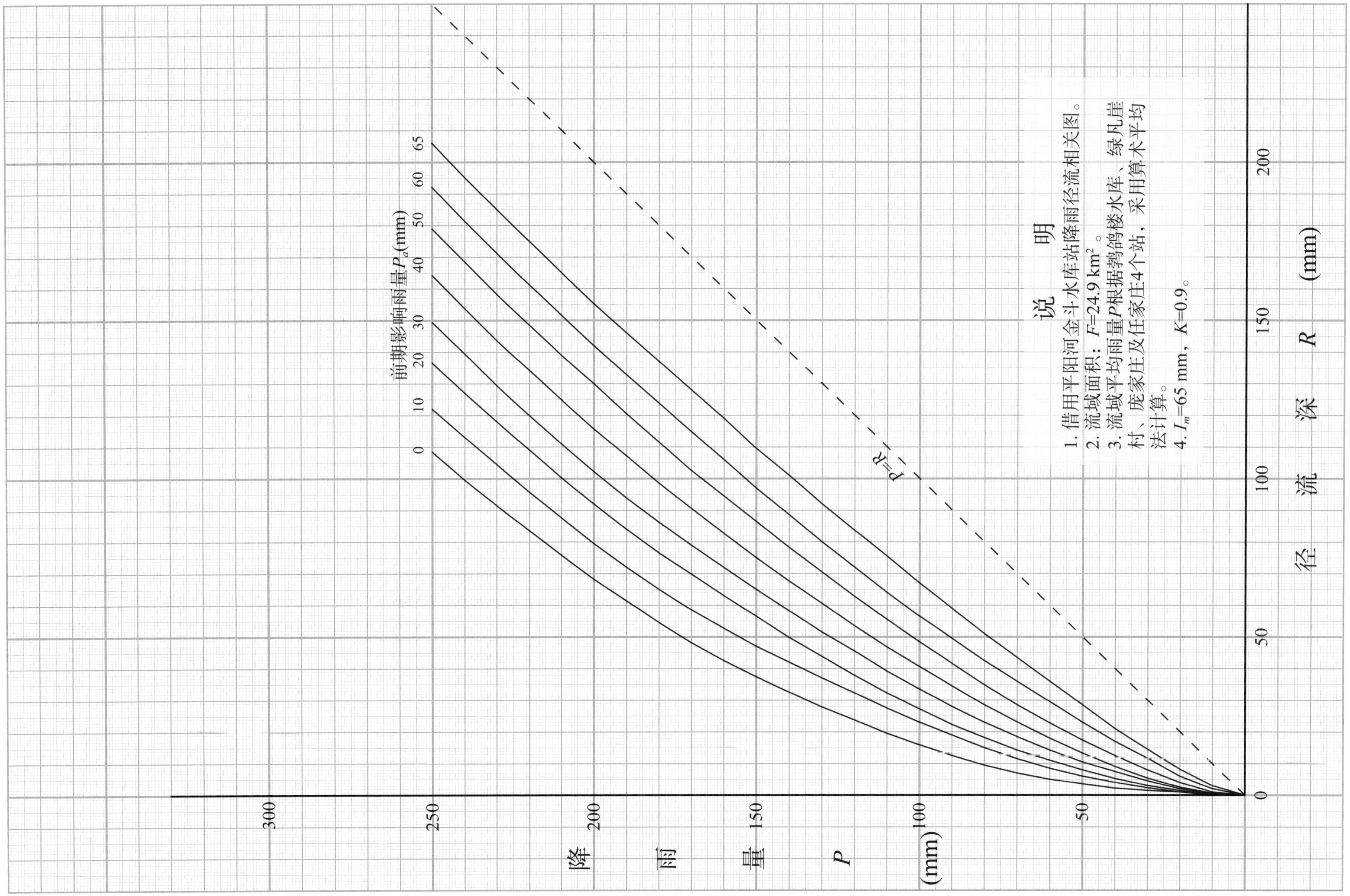

图 37-3　牛泉河鹁鸽楼水库站降雨径流相关图（P-P_a-R）

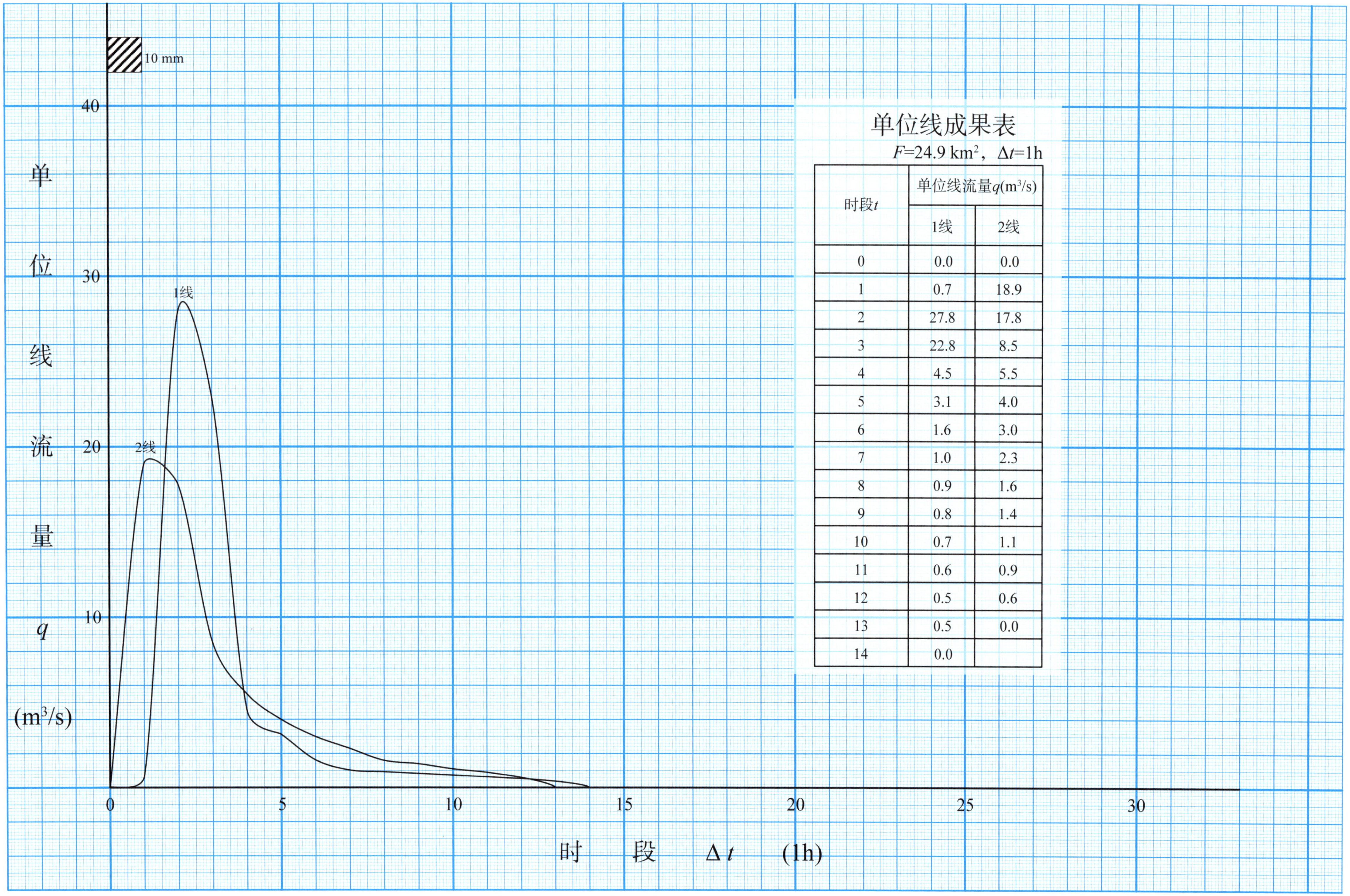

单位线成果表

F=24.9 km²，Δt=1h

时段t	单位线流量q(m³/s)	
	1线	2线
0	0.0	0.0
1	0.7	18.9
2	27.8	17.8
3	22.8	8.5
4	4.5	5.5
5	3.1	4.0
6	1.6	3.0
7	1.0	2.3
8	0.9	1.6
9	0.8	1.4
10	0.7	1.1
11	0.6	0.9
12	0.5	0.6
13	0.5	0.0
14	0.0	

图 37-4　牛泉河鹁鸽楼水库站单位线图

第三十八章　牧汶河角峪水库站水文预报方案编制说明

1　流域概况

1.1　流域自然地理特征

角峪水库位于山东省泰安市岱岳区角峪镇纸房村东南，大汶河一级支流牧汶河上，是一座以防洪为主，兼顾农业灌溉、水产养殖等综合利用的中型水库。水库总库容 2 109 万 m^3，死库容 166 万 m^3，兴利库容 924 万 m^3。

角峪水库位于鲁中山区南部、徂徕山东北，北邻泰莱平原。坝址以上控制流域面积 44 km^2，水库流域呈扇形，主要发源于泰安市岱岳区的周家庄，河道长度 14 km，干流平均比降 3.7‰，流域内以山地、丘陵为主，山区植被较差，农作物以小麦、玉米为主。牧汶河角峪水库流域图见图 38-1。

1.2　水库工程情况

角峪水库经 1958 年砌石扩建、1960 年改建、1966 年 4 月由小（1）型水库扩建成中型水库、1976 年扩建等过程达到现有规模。

角峪水库枢纽主要由大坝、溢洪道、东放水洞和西放水洞等组成，工程基面为 1956 年黄海基面。

大坝为均质土坝，全长 1 142 m，最大坝高 16.8 m，坝顶高程 167.50 m。坝顶宽 6 m，防浪墙顶高程 168.50 m。上、下游坝坡均为干砌石护坡。

溢洪道（闸）位于大坝右岸，总长 536.37 m，设有 3 孔平面钢闸门，每孔净宽 5 m，总净宽 15 m，闸底板高程 162.00 m，闸门尺寸为 5.0 m×5.9 m。

东放水洞位于大坝桩号 D0+865 处，为钢筋混凝土结构，断面形式为“城门洞”形，洞底进口底高程 156.57 m，尺寸为 1.5 m×2.0 m。

西放水洞位于大坝桩号 D0+058 处，为钢筋混凝土结构，断面形式为“城门洞”形，洞底进口底高程 157.07 m，尺寸为 1.5 m×2.0 m。

角峪水库工程布置图见图 38-2，角峪水库工程技术特性指标见表 38-1。

表 38-1　角峪水库工程技术特性指标表

序号	主要指标	单位	数量	备注
1	兴利水位	m	163.57	
2	死水位	m	156.57	
3	百年一遇设计洪水位	m	166.34	$P=1\%$
4	千年一遇设计洪水位	m	167.35	$P=0.1\%$
5	总库容	万 m^3	2 109	
6	兴利库容	万 m^3	924	
7	死库容	万 m^3	166	

1.3　上游水利工程概况

角峪水库流域内共有小（2）型水库 3 座，共控制流域面积 6.67 km^2，总兴利库容 29 万 m^3。水库上游水利工程情况见表 38-2。

表 38-2　角峪水库上游现有水利工程情况表

名称	类型	流域面积（km^2）	兴利库容（万 m^3）	备注
将山后	小（2）	5.64	4.5	资料来源于 1985 年“三查三定”记录
青沙沟	小（2）	0.6	17.7	
南白塔	小（2）	0.43	6.8	
合计		6.67	29.0	

1.4　测站概况

角峪水库流域内设有水文站 1 处，即角峪水库水文站。其观测项目有降雨量、放水洞出库流量，服务于区域水量监测。雨量站有西南峪、大青沙沟 2 处。角峪水库水位与库容、面积关系曲线见图 38-3，角峪水库流域内雨量站情况见表 38-3。

表 38-3　角峪水库流域内雨量站情况表

站名	站码	设站年份	详细地址
角峪水库	41500288	2011 年	山东省泰安市岱岳区角峪镇纸坊村
西南峪	41522580	2011 年	山东省泰安市岱岳区角峪镇西南峪村
大青沙沟	41520581	2011 年	山东省济南市莱芜区牛泉镇青沙沟村

2 预报方案编制

2.1 资料情况

角峪水库站仅有降雨量和放水洞出库流量资料，无实测洪水摘录等整编系列资料。

2.2 参证站选择

角峪水库站位于黄前水库东南方向，由于其地形地貌和下垫面基本特征与黄前水库站相似，故以黄前水库站作为角峪水库站的参证站。参证站黄前水库站以上流域面积 $F_{参}=292\ km^2$，预报站角峪水库站以上流域面积 $F_{预}=44\ km^2$。

2.3 产流方案

利用黄前水库站的产流方案推求角峪水库站的产流过程，角峪水库水文站降雨径流相关图（$P+P_a-R$）见图 38-4。

2.3.1 流域平均雨量 *P* 的计算

根据西南峪、大青沙沟和角峪水库 3 站雨量，采用算术平均法计算流域平均雨量 P。

2.3.2 流域平均前期影响雨量 P_a 的计算

$$P_{a,\ t+1}=K(P_{a,\ t}+P_t)$$

式中：$P_{a,t+1}$ 为第 t+1 日的前期影响雨量（mm）；$P_{a,t}$ 为第 t 日的前期影响雨量（mm）；P_t 为第 t 日的流域平均雨量（mm）；K 为前期影响雨量递减系数。

2.3.3 产流参数 I_m、*K* 的确定

本方案采用黄前水库站的参数，即 $I_m=65$ mm、$K=0.9$。

2.3.4 暴雨中心位置的确定

根据流域特性和代表站分布情况，将暴雨中心位置划分为上游、下游区域。

上游区：西南峪、大青沙沟站；

下游区：角峪水库站。

2.4 汇流方案

采用参证站黄前水库水文站单位线进行缩放。将黄前水库水文站单位线（$\Delta t=1$ h）进行缩放后作为角峪水库站单位线，详见图 38-5。

单位线的缩放按下列公式计算：

$$\alpha=(F_{预}/F_{参})^{0.5}$$

$$T_{预i}=\alpha T_{参i}$$

$$q_{预i}=\alpha q_{参i}$$

式中：α 为单位线缩放系数；$F_{参}$、$F_{预}$ 分别为参证站、预报站以上控制流域面积；$T_{参i}$ 为参证站单位线逐时段，$T_{参i}=1, 2, \cdots, N$；$T_{预i}$ 为预报站单位线逐时段，通常为小数，为满足实际要求，需进一步对缩放结果进行插值，从而得到整时段单位线结果；$q_{参i}$ 为参证站单位线逐时段流量；$q_{预i}$ 为预报站单位线逐时段流量。

3 方案使用说明

3.1 径流深预报

首先计算出流域平均降雨量和流域平均前期影响雨量，再根据降雨径流关系图（$P+P_a-R$）的查算结果进行综合分析，确定地表径流深 R 的预报值。

3.2 洪水过程预报

由次雨径流深 R、时段降雨量采用扣损法得到各时段净雨，然后根据暴雨中心位置选择相应单位线，各时段净雨错时段与 0.1 倍的单位线各时段流量相乘，同时段流量相加，再加上基流量即为入库流量过程。最大入库流量及其出现时间即可得到。

3.3 入库洪水总量预报

根据公式 $W=0.1FR$ 得到入库洪水总量 W。

3.4 方案适应能力

本方案适用于防洪标准以下的洪水作业预报。如遇超标准洪水，则需根据当时具体情况酌情修正。

3.5 注意事项

（1）方案的制作未考虑上游塘坝的影响，作业预报时也要根据前期降雨情况进行适当修正。

（2）应随时掌握上游工程蓄水及泄洪情况，要根据实际情况对预报值进行及时修正。

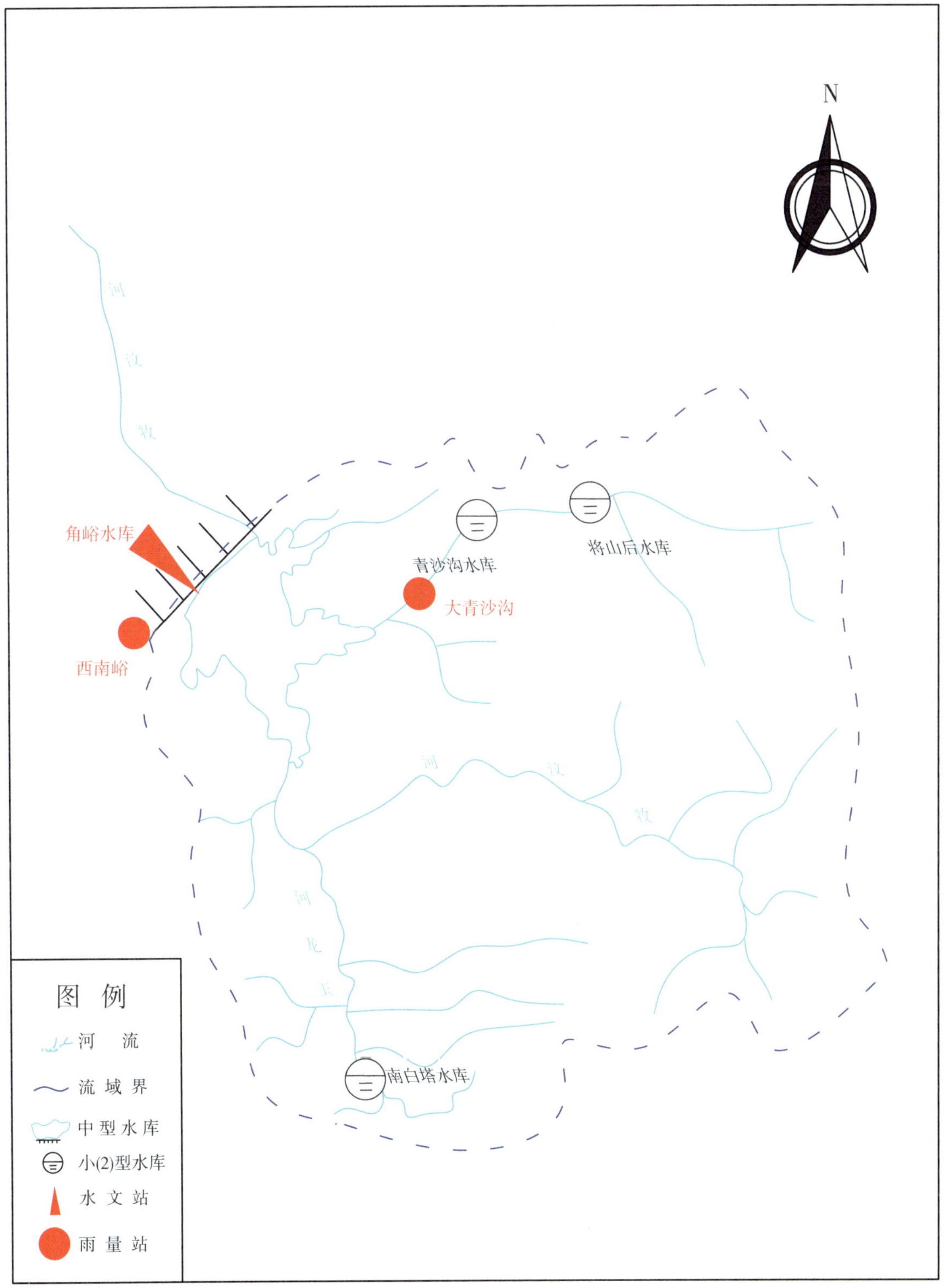

图 38-1 牧汶河角峪水库流域图

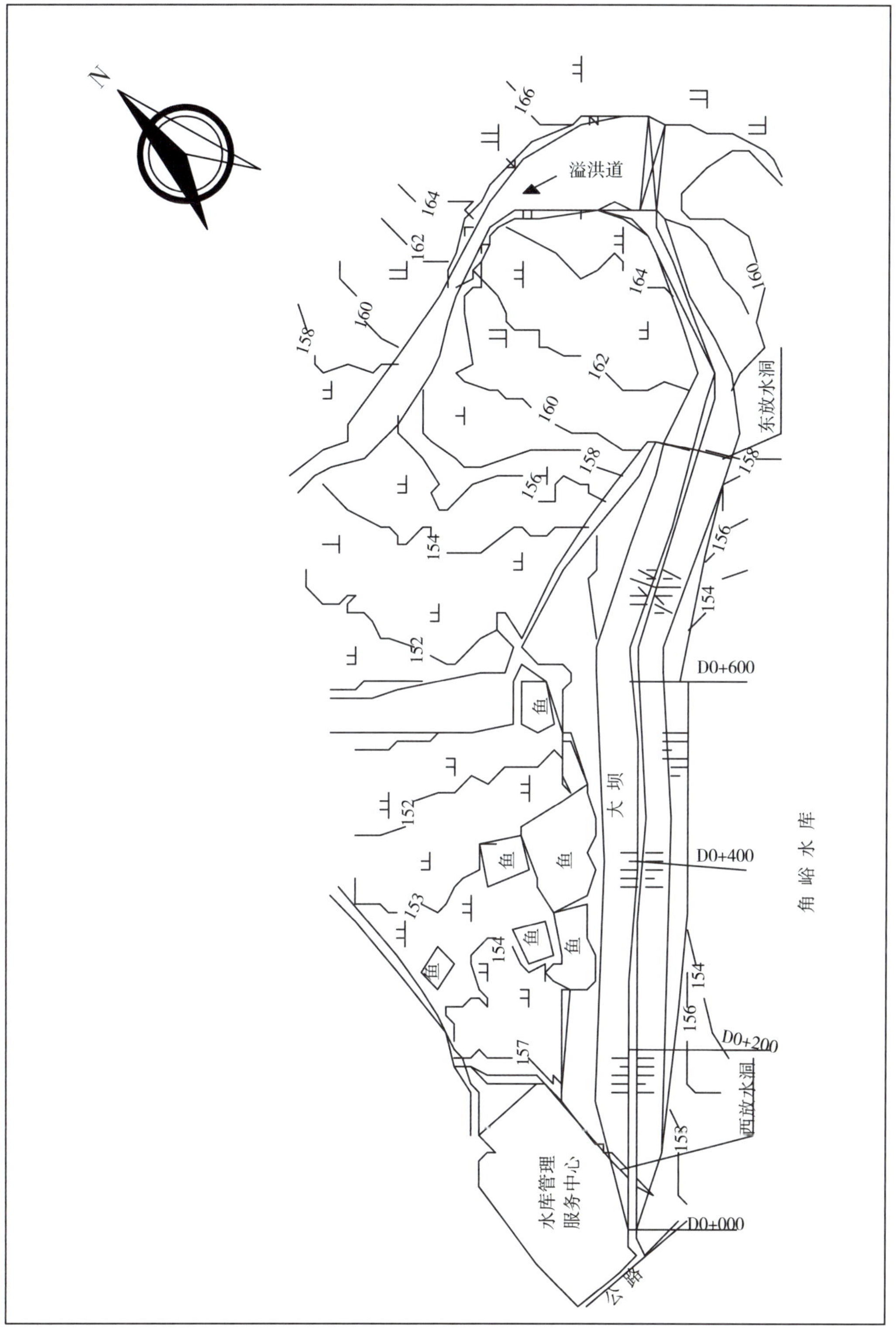

图 38-2 牧汶河角峪水库工程布置图（单位：m）

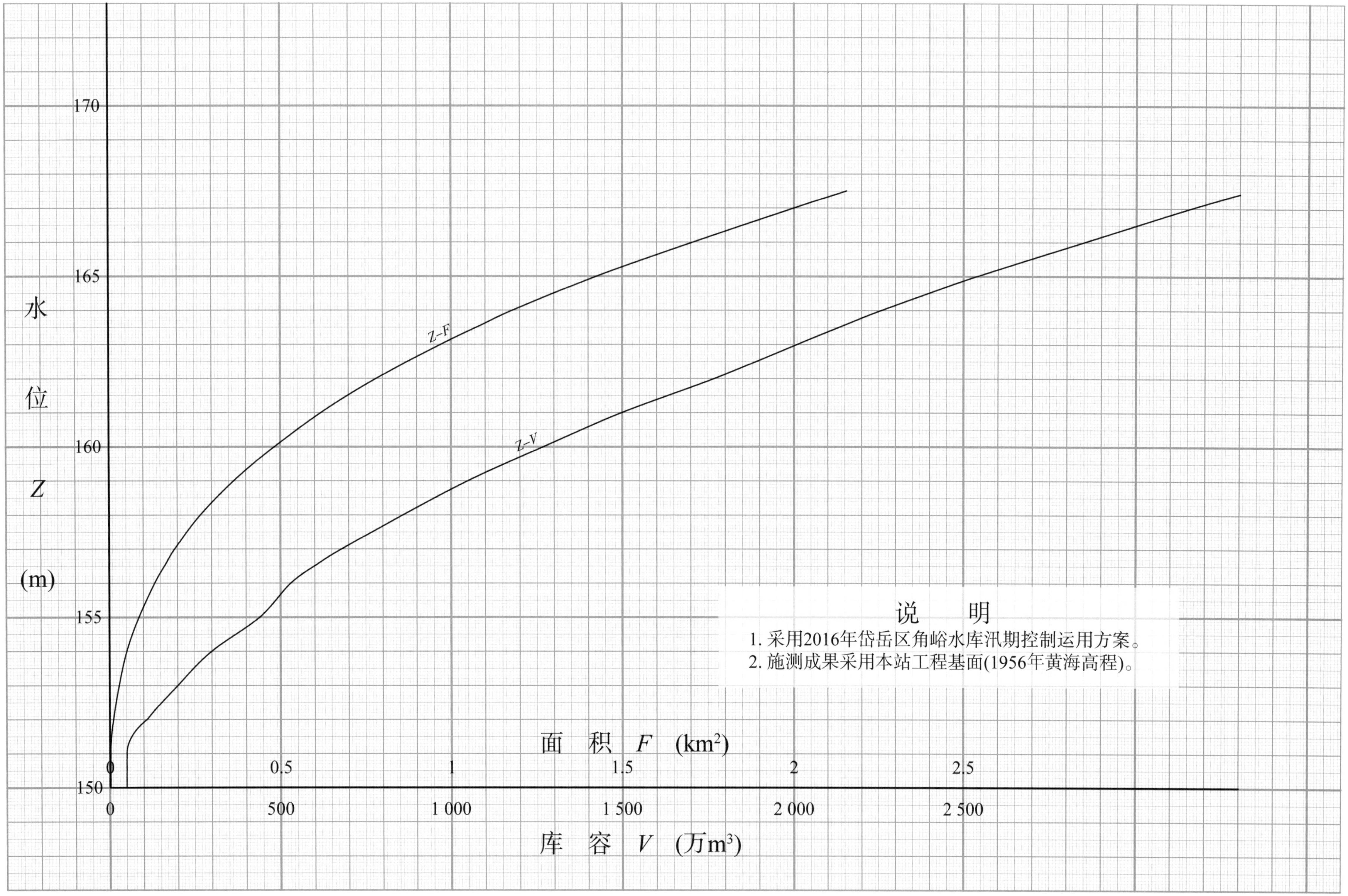

图 38–3 牧汶河角峪水库水位与库容、面积关系曲线图

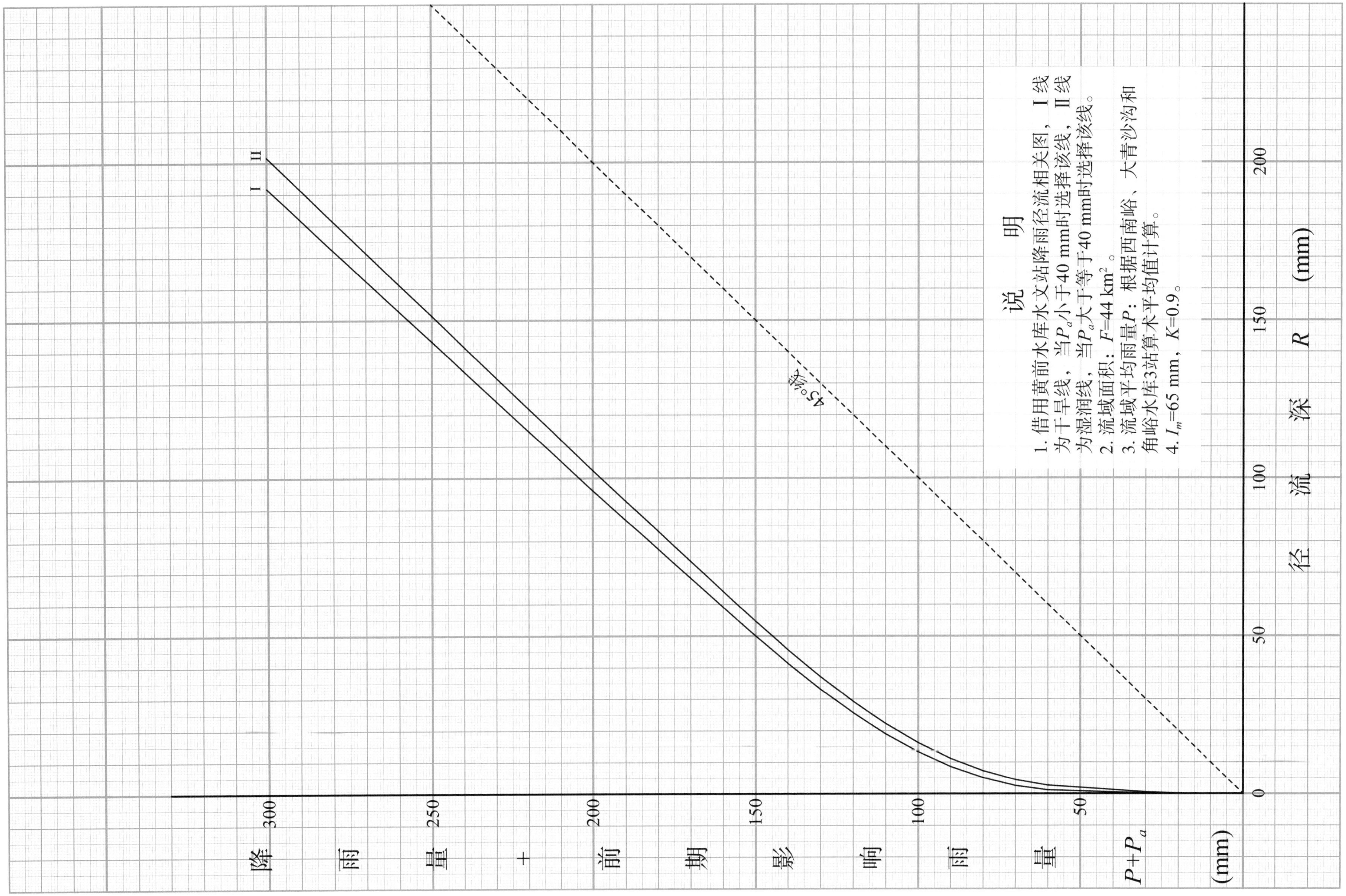

图 38-4　牧汶河角峪水库水文站降雨径流相关图（$P+P_a-R$）

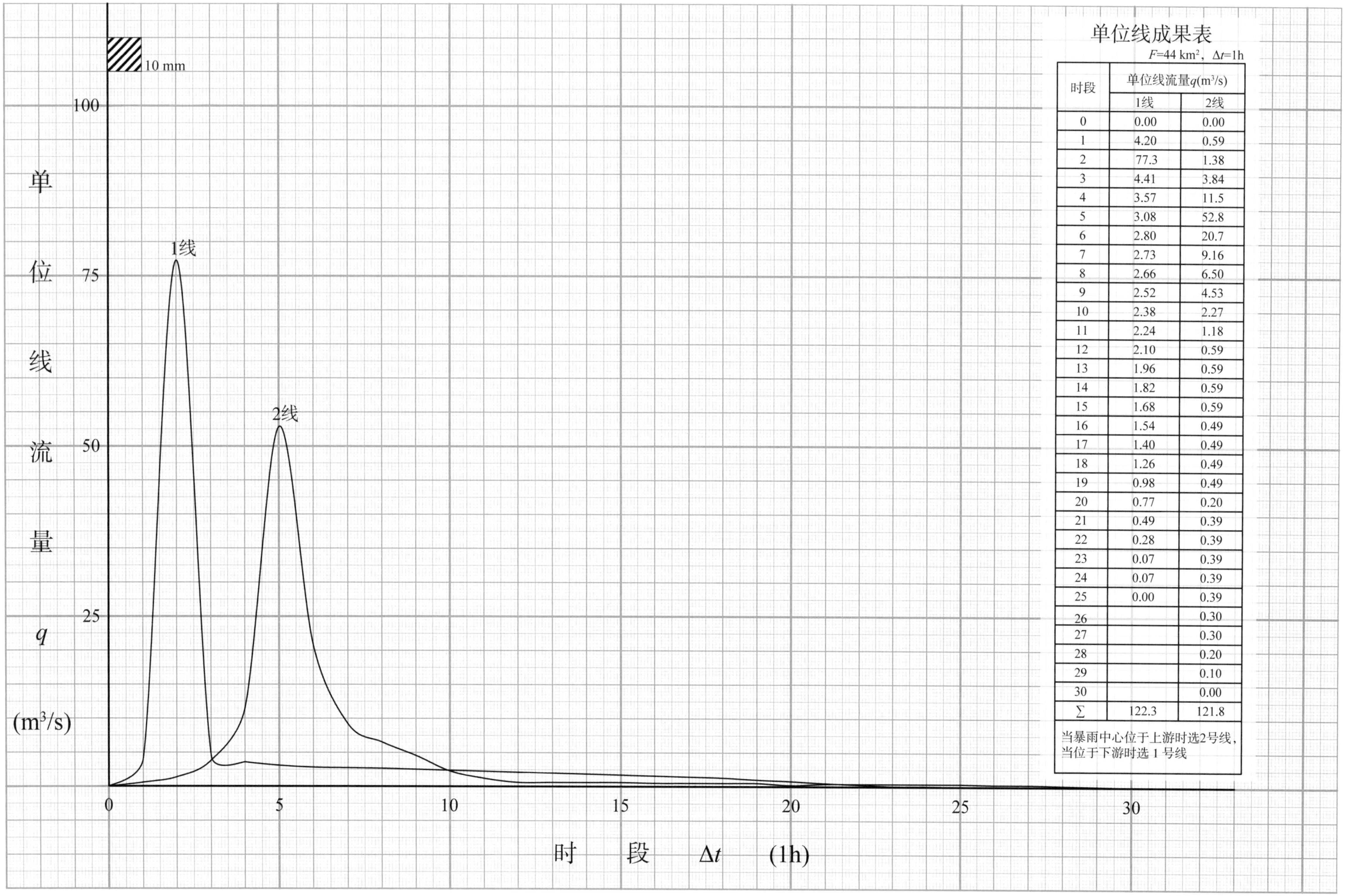

单位线成果表

F=44 km², Δt=1h

时段	单位线流量q(m³/s)	
	1线	2线
0	0.00	0.00
1	4.20	0.59
2	77.3	1.38
3	4.41	3.84
4	3.57	11.5
5	3.08	52.8
6	2.80	20.7
7	2.73	9.16
8	2.66	6.50
9	2.52	4.53
10	2.38	2.27
11	2.24	1.18
12	2.10	0.59
13	1.96	0.59
14	1.82	0.59
15	1.68	0.59
16	1.54	0.49
17	1.40	0.49
18	1.26	0.49
19	0.98	0.49
20	0.77	0.20
21	0.49	0.39
22	0.28	0.39
23	0.07	0.39
24	0.07	0.39
25	0.00	0.39
26		0.30
27		0.30
28		0.20
29		0.10
30		0.00
∑	122.3	121.8

当暴雨中心位于上游时选2号线，当位于下游时选 1 号线

图 38-5　牧汶河角峪水库水文站单位线图

第三十九章　淘河彩山水库站水文预报方案编制说明

1　流域概况

1.1　流域自然地理特征

彩山水库位于山东省泰安市岱岳区徂徕山北部化马湾乡，控制流域面积37.5 km^2，总库容1 686万m^3，兴利库容1 055.8万m^3，死库容129万m^3，是一座以防洪、灌溉为主，兼顾供水及水产养殖等综合利用的中型水库。

彩山水库位于大汶河北支牟汶河支流淘河上游，属黄河流域大汶河水系。水库流域形状呈扇形，植被良好。流域内多为砂石山区，河床一般覆盖沙层。流域干流河道长度10.0 km，平均比降32‰，坡面陡峻，河道属山溪性河流。彩山水库流域图见图39-1。

1.2　水库工程情况

彩山水库始建于1959年，标准为小（1）型水库，1978年扩建成中型水库，水库由主坝、副坝、溢洪道、东西放水洞等建筑物组成。根据《水利水电工程等级划分及洪水标准》（SL 252—2017），水库枢纽工程等别为Ⅲ等，主要建筑物级别为3级，次要建筑物为4级。设计洪水标准为100年一遇，校核洪水标准为1 000年一遇。

主坝为壤土心墙砂壳坝，水库经多次续建，坝顶高程184.50 m，长1 350 m，最大坝高24.5 m。大坝防渗分别为黏土心墙、混凝土防渗墙（轴线长130 m）和黏土心墙上部接水泥土搅拌桩（轴线长920 m），上游现浇混凝土板下接干砌料石护坡，下游草皮护坡，加设坝脚贴坡排水；副坝为壤土心墙，坝顶高程184.50 m，长180 m，最大坝高10.5 m，上游现浇混凝土板下接干砌料石护坡，下游草皮护坡；溢洪道位于大坝右侧自然冲沟处，原址新建3孔8 m宽顶堰溢洪闸，8 m×5.8 m平板闸门，双吊点卷扬式启闭机，堰顶高程174.00 m，设计泄流量340 m^3/s，校核泄流量903 m^3/s；东、西放水洞分别加固廊道，更新输水管、闸门启闭设备，进口底高程168.50 m，设计流量各为4.00 m^3/s。彩山水库工程布置图见图39-2，彩山水库工程技术特性指标见表39-1。

表39-1　彩山水库工程技术特性指标表

序号	主要指标	单位	数量	备注
1	兴利水位	m	179.40	
2	死水位	m	169.25	
3	百年一遇设计洪水位	m	181.74	$P=1\%$
4	相应最大泄量	m^3/s	340	
5	千年一遇洪水位	m	182.03	$P=0.1\%$
6	相应最大泄量	m^3/s	903	
7	总库容	万m^3	1 686	
8	兴利库容	万m^3	1 055.8	
9	死库容	万m^3	129	

1.3　上游水利工程概况

彩山水库流域内自1978年以来，先后建成小（2）型水库4座，总库容58.5万m^3，小水库对彩山水库入库洪水起到了一定的削峰滞洪作用，但这些小水库、塘坝均无实测的入库洪水资料，无法定量分析其对彩山水库入库洪水峰量的影响，虽然在不同时期洪水系列中，流域内小型水库对洪水的影响作用不同，但总体影响不大。彩山水库上游水利工程情况见表39-2。

表39-2　彩山水库上游水利工程情况表

名称	型式	流域面积（km^2）	总库容（万m^3）	兴利库容（万m^3）
龙湾水库	小（2）型	3.5	21.6	16.6
栅栏门子水库	小（2）型	2	11	8
劝崖水库	小（2）型	15	11	8.4
王家庄水库	小（2）型	7.2	14.9	11.4
合计		27.7	58.5	44.4

1.4　测站概况

彩山水库流域内设有水文站1处，即彩山水库水文站。其观测项目有降雨量、放水洞出库流量，服务于区域水量监测。雨量站有黄泊峪、王家庄2个雨量站。彩山水库水位与库容、面积关系曲线见图39-3，水库流域内雨量站情况见表39-3。

表39-3　彩山水库流域内雨量站情况表

站名	设站年份	详细地址
彩山水库	2011年	山东省泰安市岱岳区化马湾乡彩山水库
黄泊峪	2011年	山东省泰安市岱岳区化马湾乡黄泊峪村
王家庄	2022年	山东省泰安市岱岳区化马湾乡王家庄

2 预报方案编制

2.1 资料情况

彩山水库站仅有降雨量和放水洞出库流量资料，无实测洪水摘录等整编系列资料。

2.2 参证站选择

彩山水库站位于黄前水库附近，由于其地形地貌和下垫面基本特征与黄前水库站相似，故以黄前水库站作为彩山水库站的参证站。参证站黄前水库站以上流域面积 $F_{参}=292\ km^2$；预报站彩山水库站以上流域面积 $F_{预}=37.5\ km^2$。

2.3 产流方案

利用黄前水库站的产流方案推求彩山水库站的产流过程，彩山水库水文站降雨径流相关图（$P+P_a-R$）见图 39-4。

2.3.1 流域平均雨量 *P* 的计算

根据彩山水库、黄泊峪、王家庄 3 个雨量站雨量，采用算术平均法计算流域平均雨量 P。

2.3.2 流域平均前期影响雨量 P_a 的计算

$$P_{a,\ t+1}=K(P_{a,\ t}+P_t)$$

式中：$P_{a,t+1}$ 为第 t+1 日的前期影响雨量（mm）；$P_{a,t}$ 为第 t 日的前期影响雨量（mm）；P_t 为第 t 日的流域平均雨量（mm）；K 为前期影响雨量递减系数。

2.3.3 产流参数 I_m、K 的确定

本方案采用黄前水库站的参数，即 $I_m=65$ mm、$K=0.9$。

2.3.4 暴雨中心位置的确定

根据流域特性和代表站分布情况，将暴雨中心位置划分为上游、下游区域。

上游区：黄泊峪、王家庄站；

下游区：彩山水库站。

2.4 汇流方案

采用参证站黄前水库水文站单位线进行缩放。将黄前水库水文站单位线（$\Delta t=1$ h）进行缩放后作为彩山水库站单位线，详见图 39-5。

单位线的缩放按下列公式计算：

$$\alpha=(F_{预}/F_{参})^{0.5}$$

$$T_{预i}=\alpha T_{参i}$$

$$q_{预i}=\alpha q_{参i}$$

式中：α 为单位线缩放系数；$F_{参}$、$F_{预}$ 分别为参证站、预报站以上控制流域面积；$T_{参i}$ 为参证站单位线逐时段，$T_{参i}=1$，2，…，N；$T_{预i}$ 为预报站单位线逐时段，通常为小数，为满足实际要求，需进一步对缩放结果进行插值，从而得到整时段单位线结果；$q_{参i}$ 为参证站单位线逐时段流量；$q_{预i}$ 为预报站单位线逐时段流量。

3 方案使用说明

3.1 径流深预报

首先计算出流域平均降雨量和流域平均前期影响雨量，再根据降雨径流关系图（$P+P_a-R$）的查算结果进行综合分析，确定地表径流深 R 的预报值。

3.2 洪水过程预报

由次雨径流深 R、时段降雨量采用扣损法得到各时段净雨，然后根据暴雨中心位置选择相应单位线，各时段净雨错时段与 0.1 倍的单位线各时段流量相乘，同时段流量相加，再加上基流量即为入库流量过程。最大入库流量及其出现时间即可得到。

3.3 入库洪水总量预报

根据公式 $W=0.1FR$ 得到入库洪水总量 W。

3.4 方案适应能力

本方案适用于防洪标准以下的洪水作业预报。如遇超标准洪水，则需根据当时具体情况酌情修正。

3.5 注意事项

（1）方案的制作未考虑上游塘坝的影响，作业预报时也要根据前期降雨情况进行适当修正。

（2）应随时掌握上游工程蓄水及泄洪情况，要根据实际情况对预报值进行及时修正。

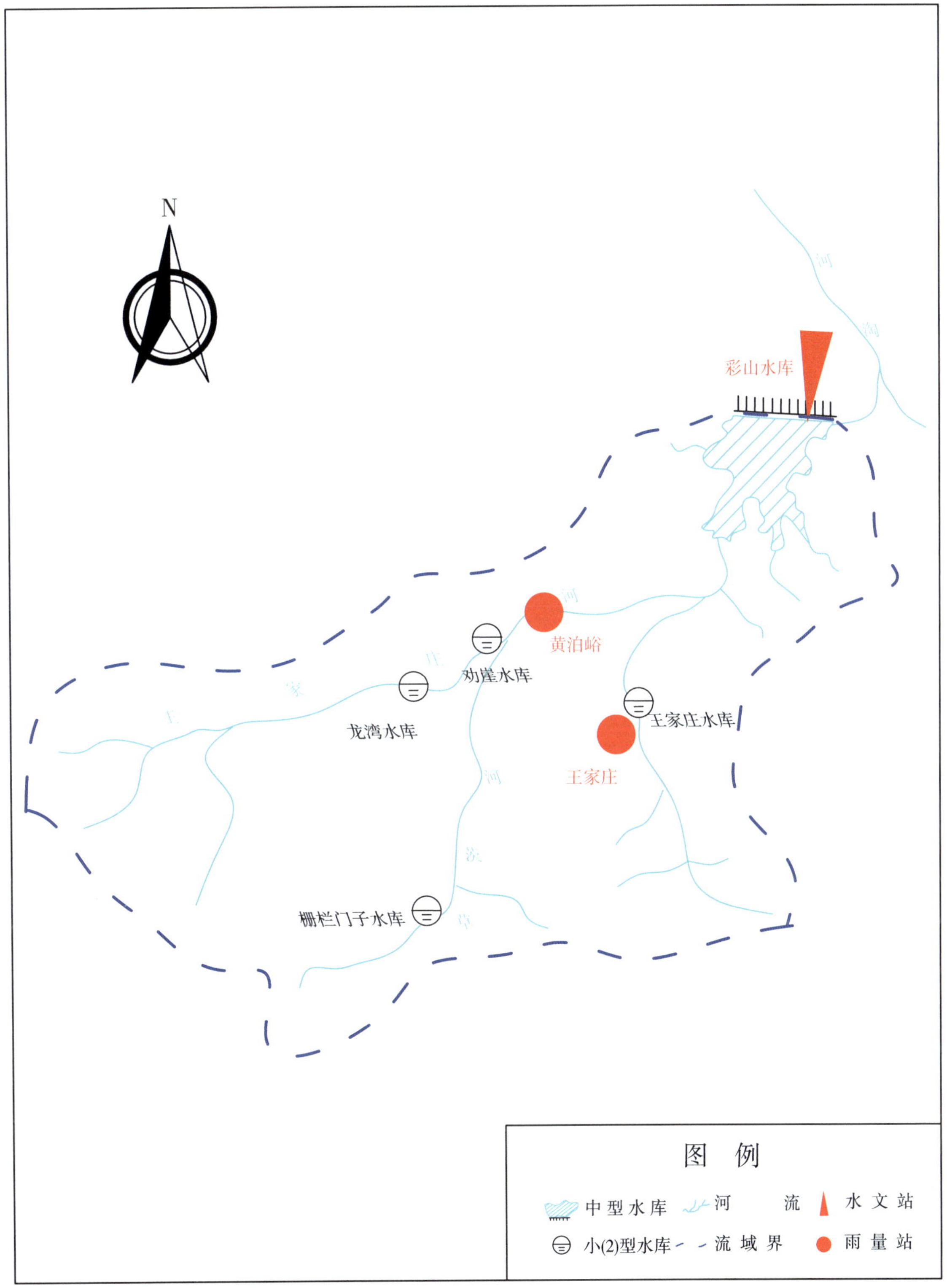

图 39-1　淘河彩山水库流域图

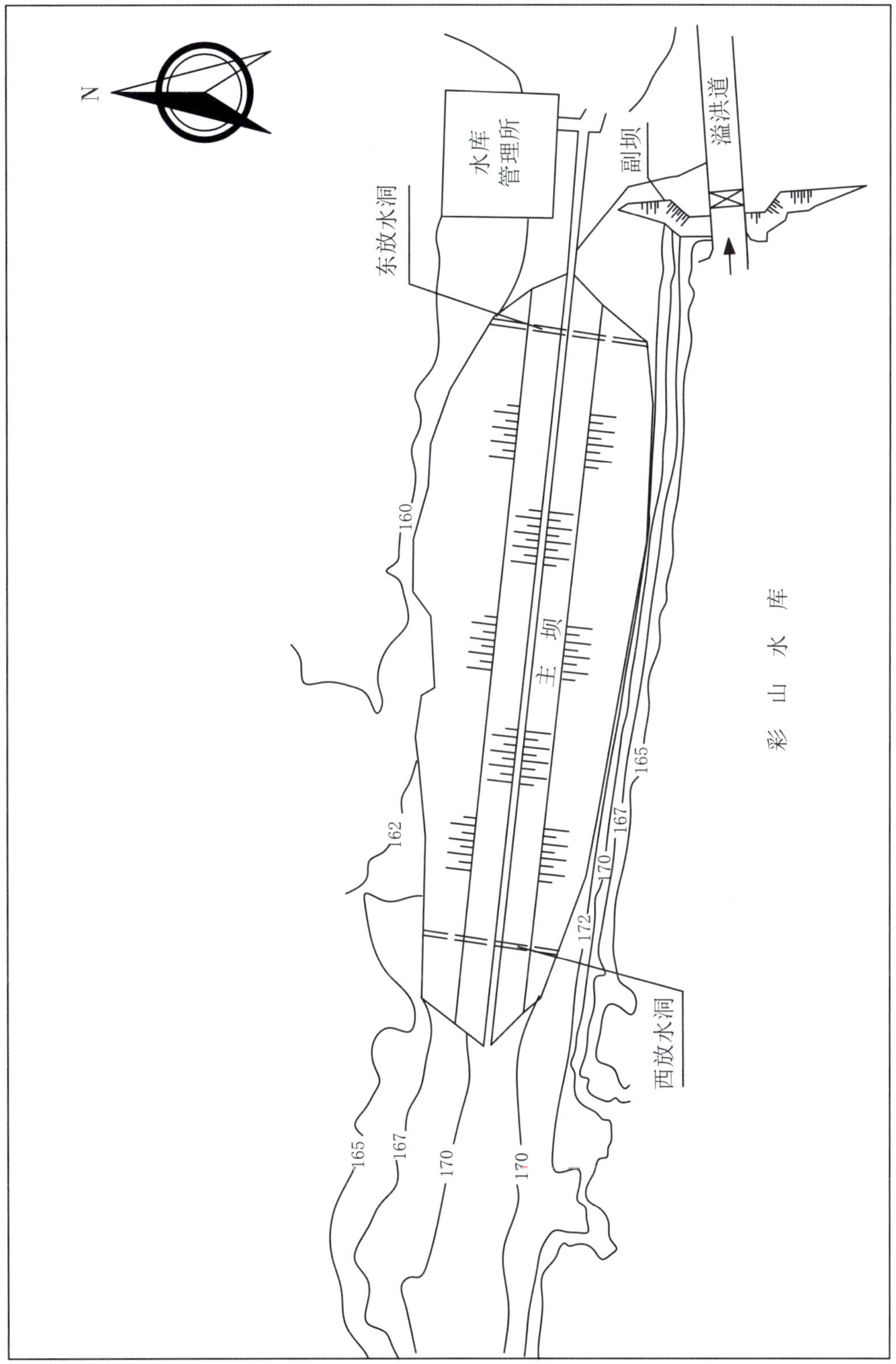

图 39-2　淘河彩山水库工程布置图（单位：m）

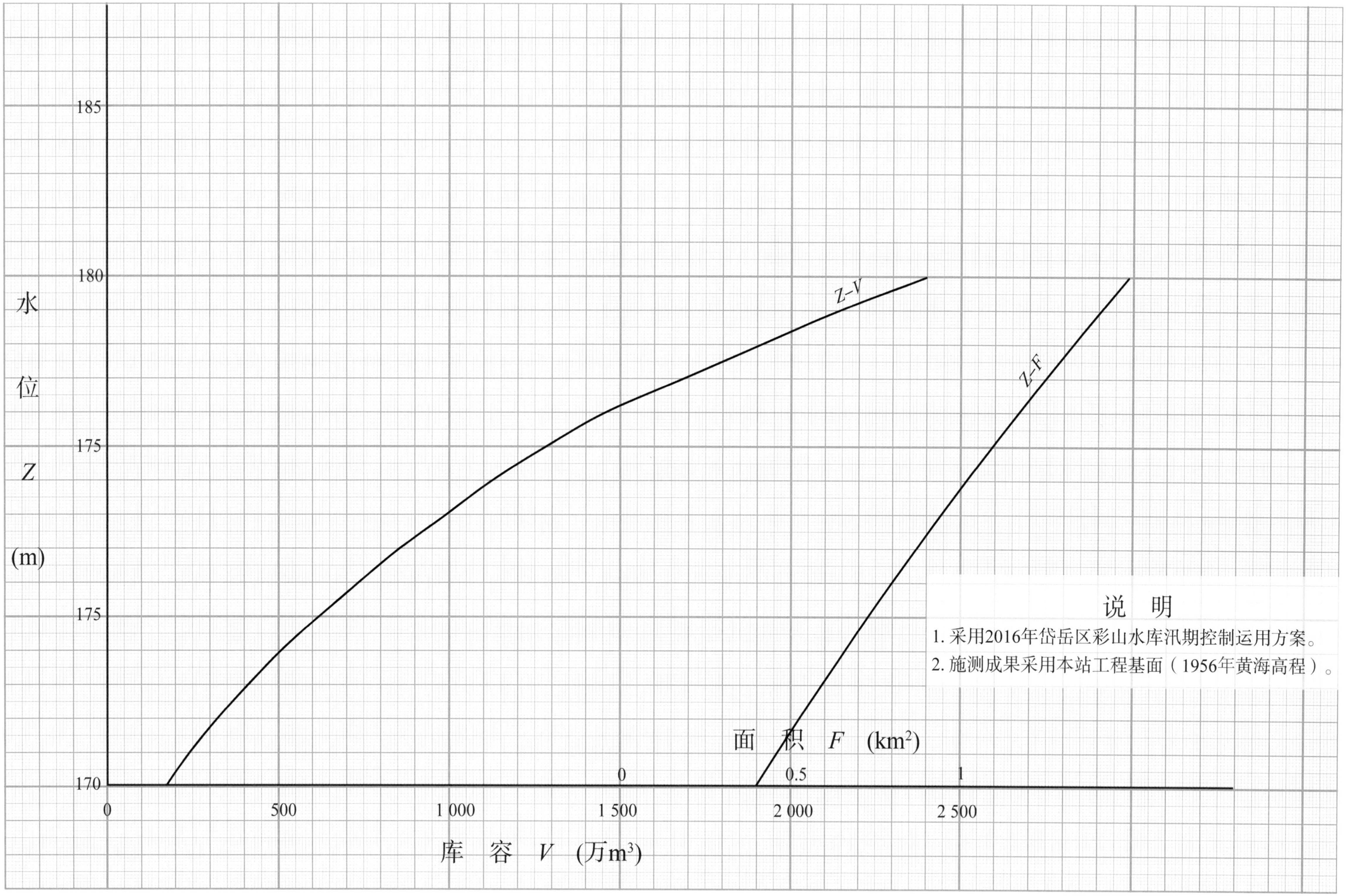

图 39-3　淘河彩山水库水位与库容、面积关系曲线图

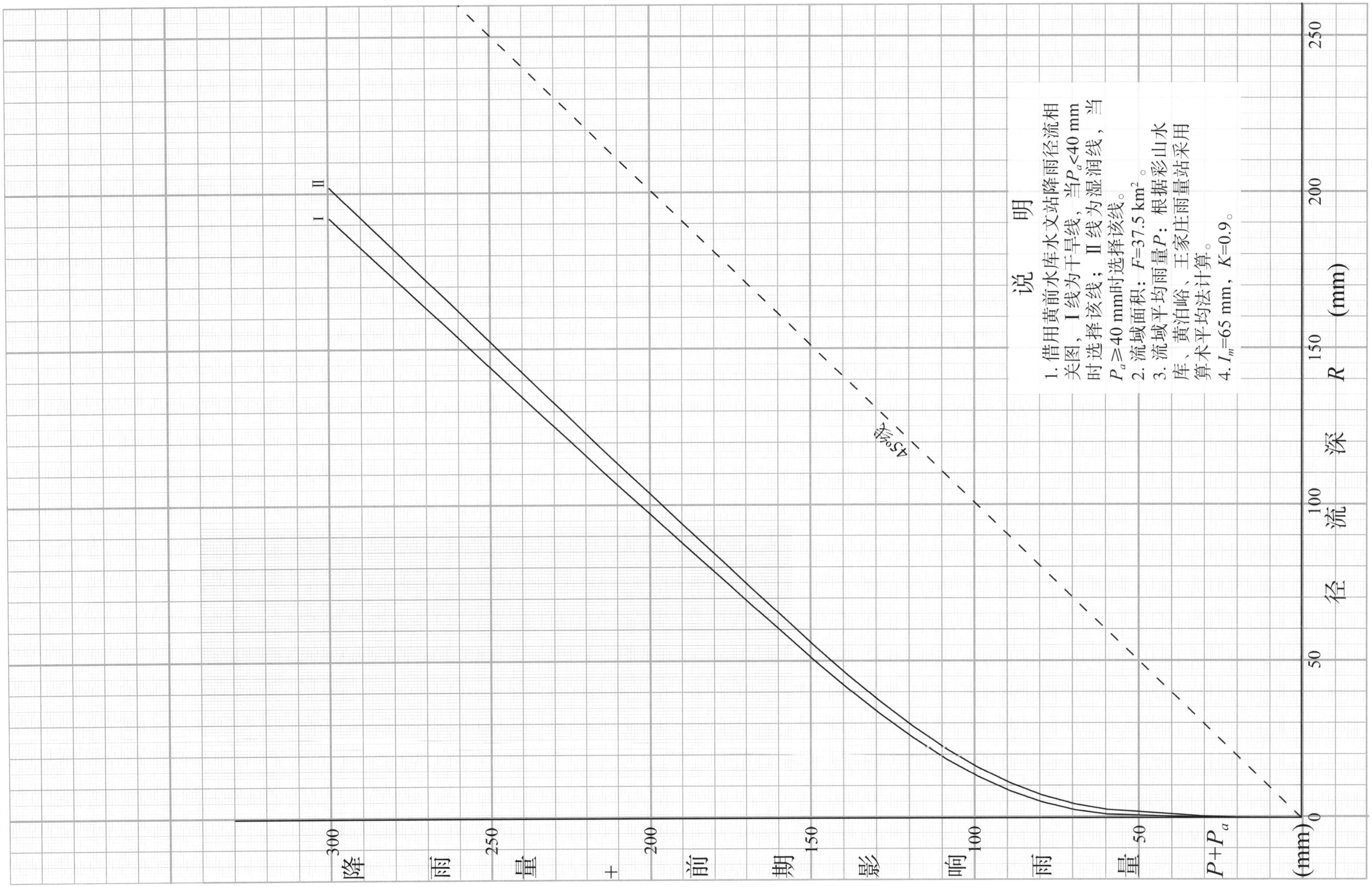

图 39-4　淘河彩山水库水文站降雨径流相关图（P+P_a-R）

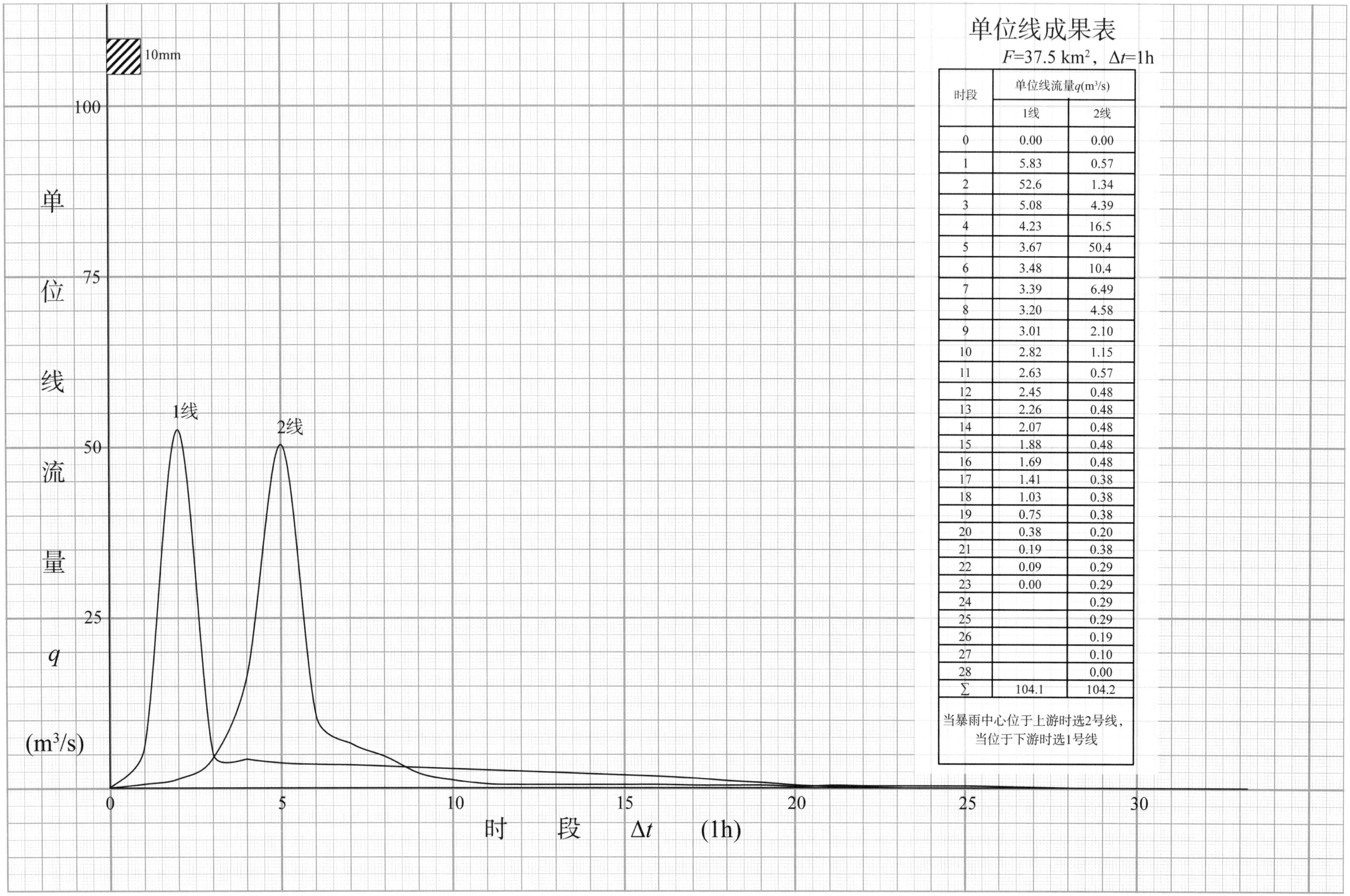

单位线成果表

F=37.5 km²，Δt=1h

时段	单位线流量q(m³/s)	
	1线	2线
0	0.00	0.00
1	5.83	0.57
2	52.6	1.34
3	5.08	4.39
4	4.23	16.5
5	3.67	50.4
6	3.48	10.4
7	3.39	6.49
8	3.20	4.58
9	3.01	2.10
10	2.82	1.15
11	2.63	0.57
12	2.45	0.48
13	2.26	0.48
14	2.07	0.48
15	1.88	0.48
16	1.69	0.48
17	1.41	0.38
18	1.03	0.38
19	0.75	0.38
20	0.38	0.20
21	0.19	0.38
22	0.09	0.29
23	0.00	0.29
24		0.29
25		0.29
26		0.19
27		0.10
28		0.00
∑	104.1	104.2

当暴雨中心位于上游时选2号线，当位于下游时选1号线

图 39-5　淘河彩山水库水文站单位线图

第四十章 八里沟河山阳水库站水文预报方案编制说明

1 流域概况

1.1 流域自然地理特征

山阳水库位于黄河流域大汶河水系牟汶河支流八里沟河上游，徂徕山南侧，泰安市岱岳区良庄镇新庄村东 300 m 处，是一座集防洪、灌溉及水库养殖综合利用的中型水库。水库控制流域面积 47 km^2，其中，山区占 75%，丘陵占 25%。流域形状为扇叶形，平均干流坡度 21‰。流域内是砂石山区，植树造林后，可控制水土流失面积 70% 以上，年输沙量 2.3 万 m^3。水库大坝距泰良公路 2.5 km，距津浦铁路 18 km。水库下游主要保护良庄镇、房村镇 4.9 万人和 5.0 万亩农田。水库自建成以来对下游农田灌溉和促进当地经济发展起到了重要作用。

根据 2024 年山东省大中型水库汛期调度运用指标表，山阳水库采用 100 年一遇洪水设计，相应水位 138.13 m，1 000 年一遇洪水校核，相应水位 138.95 m，兴利水位 136.80 m，死水位 131.50 m；总库容 2 201 万 m^3，兴利库容 1 151 万 m^3，死库容 87 万 m^3。山阳水库流域图见图 40-1。

1.2 水库工程情况

山阳水库始建于 1959 年，标准为小（1）型水库，1978 年扩建成中型水库，水库由大坝、副坝、溢洪道、放水洞等建筑物组成，主坝总长 940 m，为均质坝，最大坝高 13.2 m。根据《水利水电工程等级划分及洪水标准》（SL 252—2017），水库枢纽工程等级为Ⅲ等，主要建筑物级别为 3 级，次要建筑物为 4 级。山阳水库工程布置图见图 40-2，山阳水库主要工程技术指标见表 40-1。

表 40-1 山阳水库主要工程技术指标表

	项目	主坝	副坝
大坝	坝型	均质土坝	
	坝长（m）	940	2 283
	最大坝高（m）	13.2	5.5
	坝顶宽	5.0	3.0
	坝顶高程（m）	139.90	139.50

续表

溢洪道	堰顶高程（m）	134.60
	堰总净宽（m）	18
	消能方式	底流消能
	闸门孔数	3
放水洞	型式	浆砌石拱涵衬混凝土管
	进口底高程（m）	131.50

1.3 上游水利工程概况

山阳水库流域内自建库以来，先后建成小（1）型水库 1 座、小（2）型水库 5 座，其控制流域面积 33.8 km^2，总库容 291.1 万 m^3，兴利库容 177.5 万 m^3。水库水位与库容、面积关系曲线见图 40-3，山阳水库上游水利工程情况见表 40-2。

表 40-2 山阳水库上游水利工程情况表

名称	型式	流域面积（km^2）	总库容（万 m^3）	兴利库容（万 m^3）
黄石崖	小（1）型	11.40	113.00	55.00
涝洼	小（2）型	4.00	56.20	40.00
石良	小（2）型	12.00	74.00	52.00
庙子	小（2）型	4.00	20.86	17.80
二圣宫	小（2）型	0.60	12.00	5.70
白庙	小（2）型	1.76	15.00	7.00
合计		33.8	291.1	177.5

1.4 测站概况

山阳水库流域内设有雨量站 3 处，即山阳水库、黄崖口水库、高胡庄雨量站，详见表 40-3。

表 40-3 山阳水库流域内雨量站情况表

站名	站码	设站年份	详细地址
山阳水库	41521680	2011 年	山东省泰安市岱岳区良庄镇新庄村
黄崖口水库	41521660	2011 年	山东省泰安市岱岳区良庄镇山阳西村
高胡庄	41521670	2011 年	山东省泰安市岱岳区良庄镇高胡庄村

2 预报方案编制

2.1 资料情况

山阳水库站仅有降雨量和放水洞出库流量资料，无实测洪水摘录等整编系列资料。

2.2 参证站选择

山阳水库站东南方向邻近光明水库，由于二者地形地貌和下垫面特征基本相似，故以光明水库站作为山阳水库站的参证站。参证站光明水库站以上流域面积 $F_{参}=132\ km^2$；预报站山阳水库站以上流域面积 $F_{预}=47\ km^2$。

2.3 产流方案

利用光明水库站的产流方案推求山阳水库站的产流过程，山阳水库水文站降雨径流相关图（$P+P_a-R$）见图 40-4。

2.3.1 流域平均雨量 *P* 的计算

采用黄崖口水库、高胡庄和山阳水库 3 站雨量，采用算术平均法计算流域平均雨量 P。

2.3.2 流域平均前期影响雨量 P_a 的计算

$$P_{a,\ t+1}=K(P_{a,\ t}+P_t)$$

式中：$P_{a,t+1}$ 为第 t+1 日的前期影响雨量（mm）；$P_{a,t}$ 为第 t 日的前期影响雨量（mm）；P_t 为第 t 日的流域平均雨量（mm）；K 为前期影响雨量递减系数。

2.3.3 产流参数 I_m、K 的确定

本方案采用光明水库站的参数，即 $I_m=65$ mm、$K=0.9$。

2.3.4 暴雨中心位置的确定

根据流域特性和代表站分布情况，将暴雨中心位置划分为上游、下游区域。

上游区：高胡庄站；

下游区：黄崖口水库、山阳水库站。

2.4 汇流方案

采用参证站光明水库水文站单位线进行缩放。将光明水库水文站单位线（$\Delta t=1$ h）进行缩放后作为山阳水库站单位线，详见图 40-5。

单位线的缩放按下列公式计算：

$$\alpha=(F_{预}/F_{参})^{0.5}$$

$$T_{预i}=\alpha T_{参i}$$

$$q_{预i}=\alpha q_{参i}$$

式中：α 为单位线缩放系数；$F_{参}$、$F_{预}$ 分别为参证站、预报站以上控制流域面积；$T_{参i}$ 为参证站单位线逐时段，$T_{参i}=1, 2, \cdots, N$；$T_{预i}$ 为预报站单位线逐时段，通常为小数，为满足实际要求，需进一步对缩放结果进行插值，从而得到整时段单位线结果；$q_{参i}$ 为参证站单位线逐时段流量；$q_{预i}$ 为预报站单位线逐时段流量。

3 方案使用说明

3.1 径流深预报

首先计算出流域平均降雨量和流域平均前期影响雨量，再根据降雨径流关系图（$P+P_a-R$）的查算结果进行综合分析，确定地表径流深 R 的预报值。

3.2 洪水过程预报

由次雨径流深 R、时段降雨量采用扣损法得到各时段净雨，然后根据暴雨中心位置选择相应单位线，各时段净雨错时段与 0.1 倍的单位线各时段流量相乘，同时段流量相加，再加上基流量即为入库流量过程。最大入库流量及其出现时间即可得到。

3.3 入库洪水总量预报

根据公式 $W=0.1FR$ 得到入库洪水总量 W。

3.4 方案适应能力

本方案适用于防洪标准以下的洪水作业预报。如遇超标准洪水，则需根据当时具体情况酌情修正。

3.5 注意事项

（1）方案的制作未考虑上游塘坝的影响，作业预报时也要根据前期降雨情况进行适当修正。

（2）应随时掌握上游工程蓄水及泄洪情况，要根据实际情况对预报值进行及时修正。

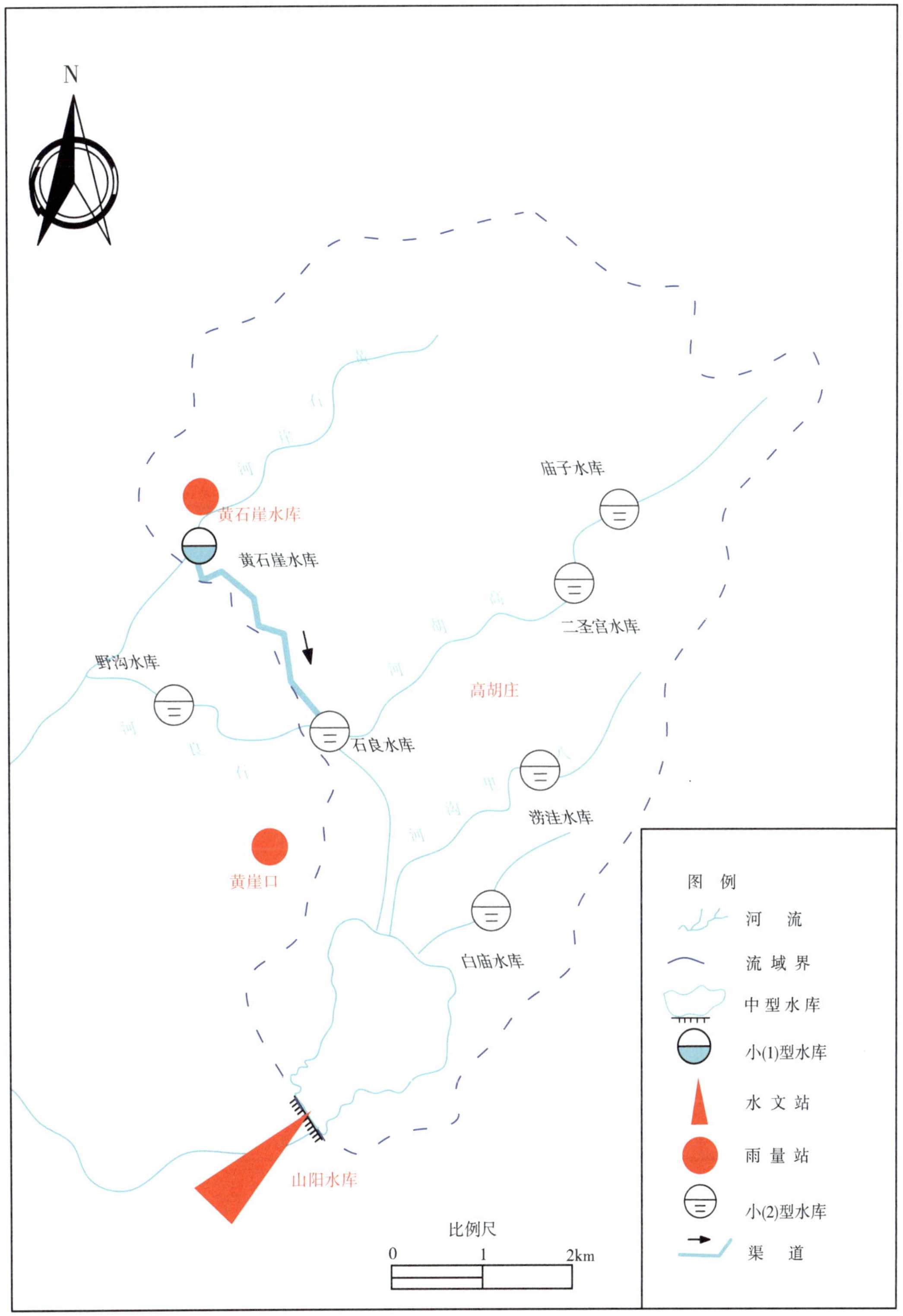

图 40-1 八里沟河山阳水库流域图

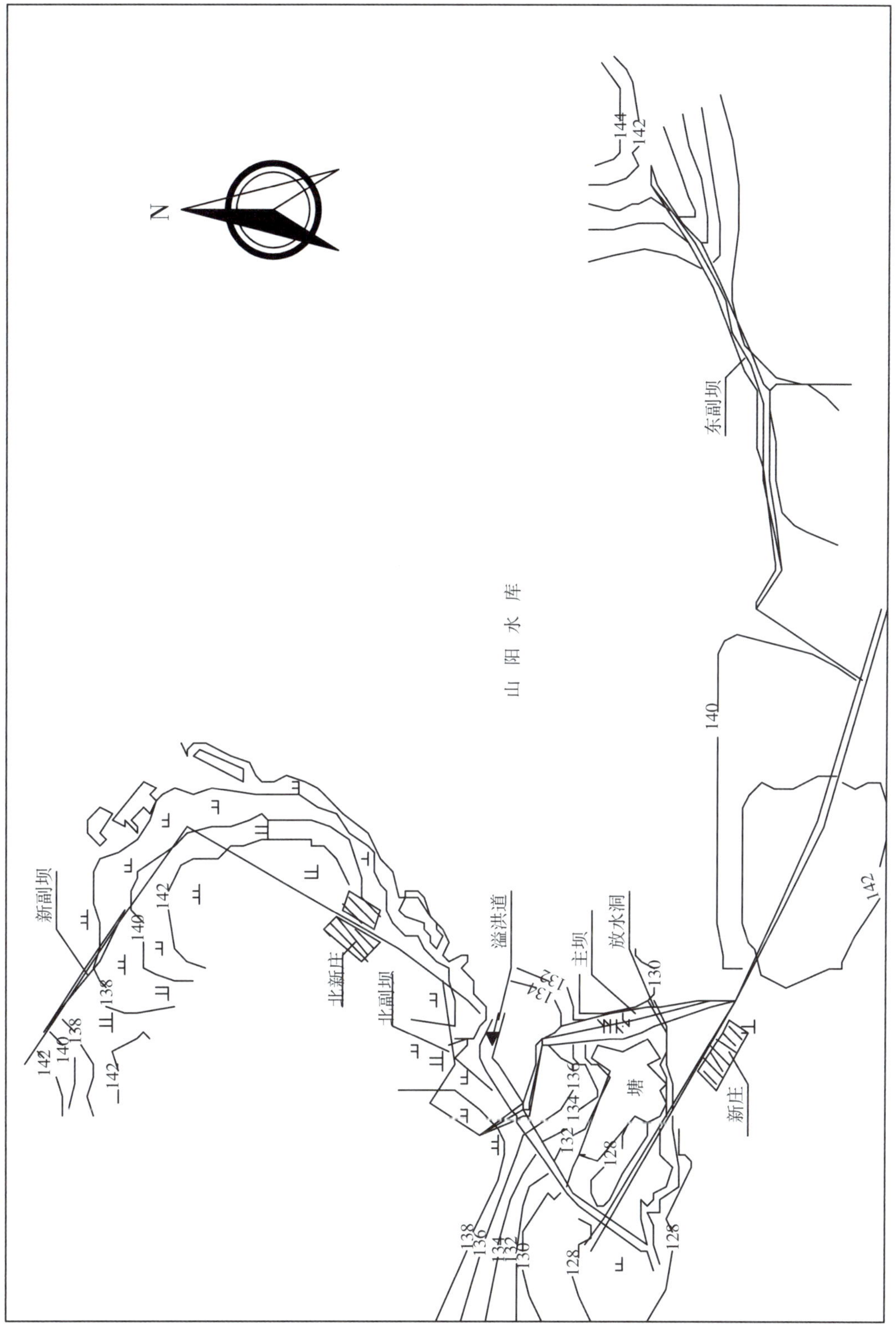

图 40-2 八里沟河山阳水库工程布置图（单位：m）

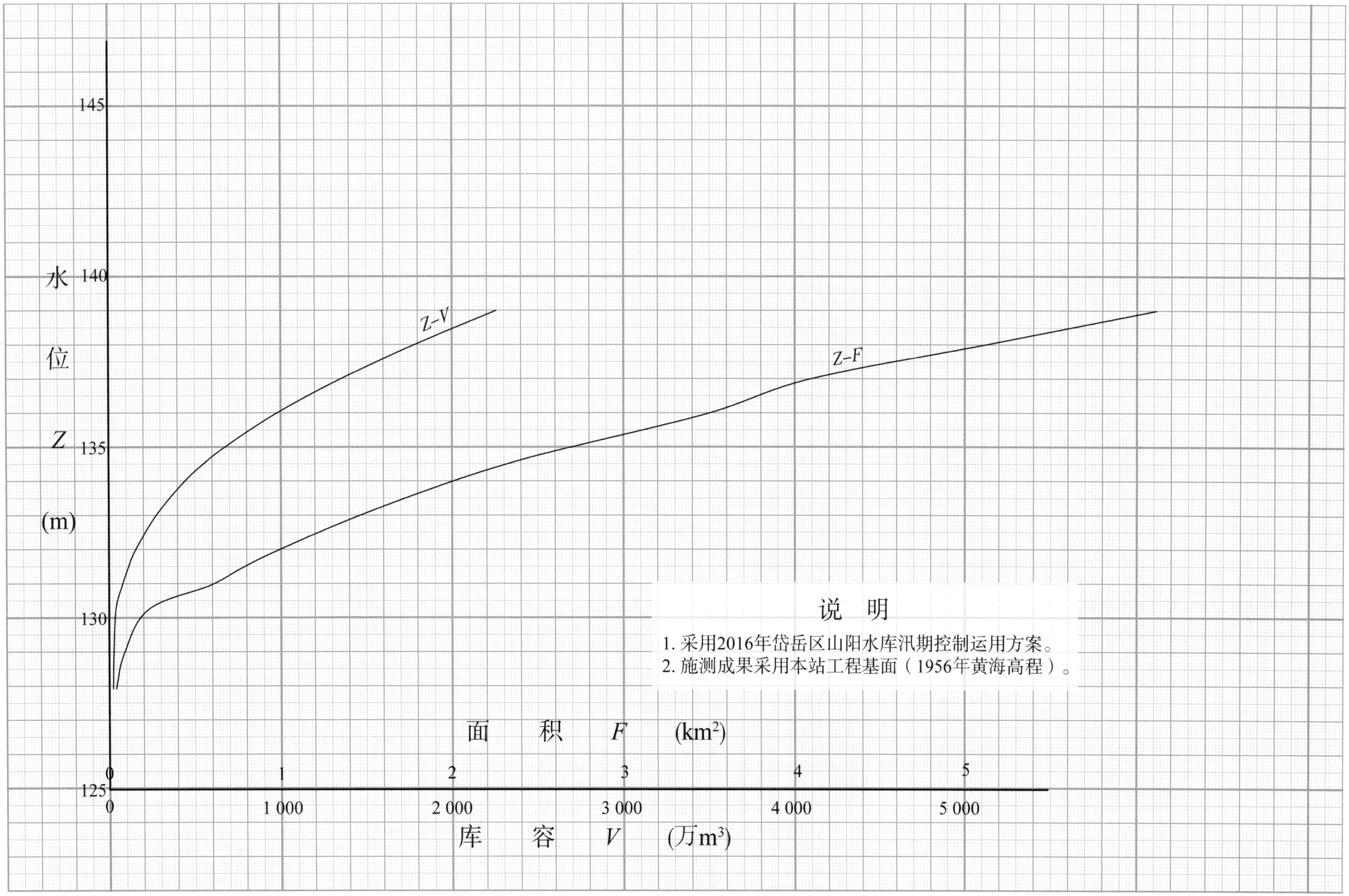

图 40–3　八里沟河山阳水库水位与库容、面积关系曲线图

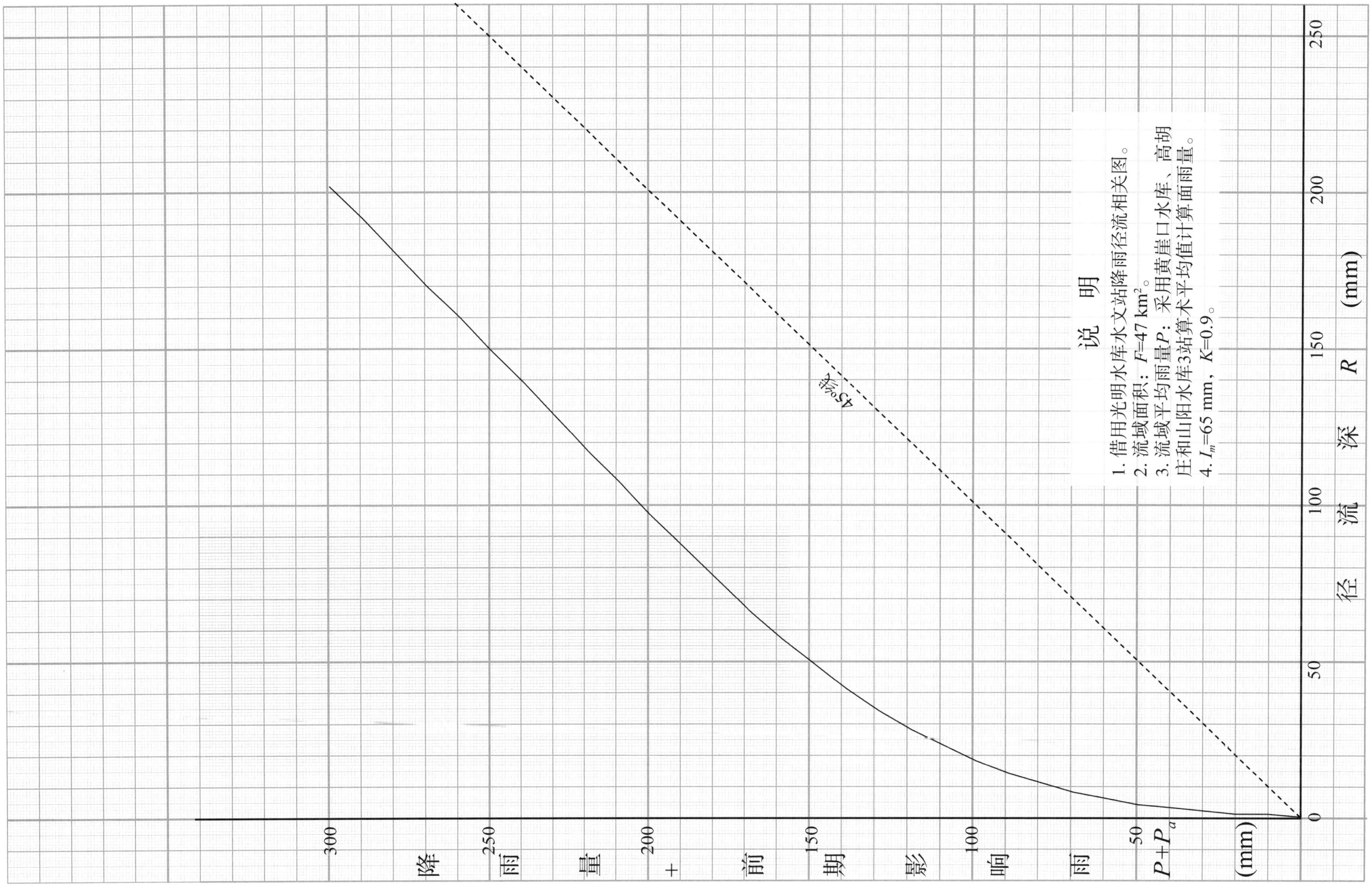

图 40-4　八里沟河山阳水库水文站降雨径流相关图（P+P_a-R）

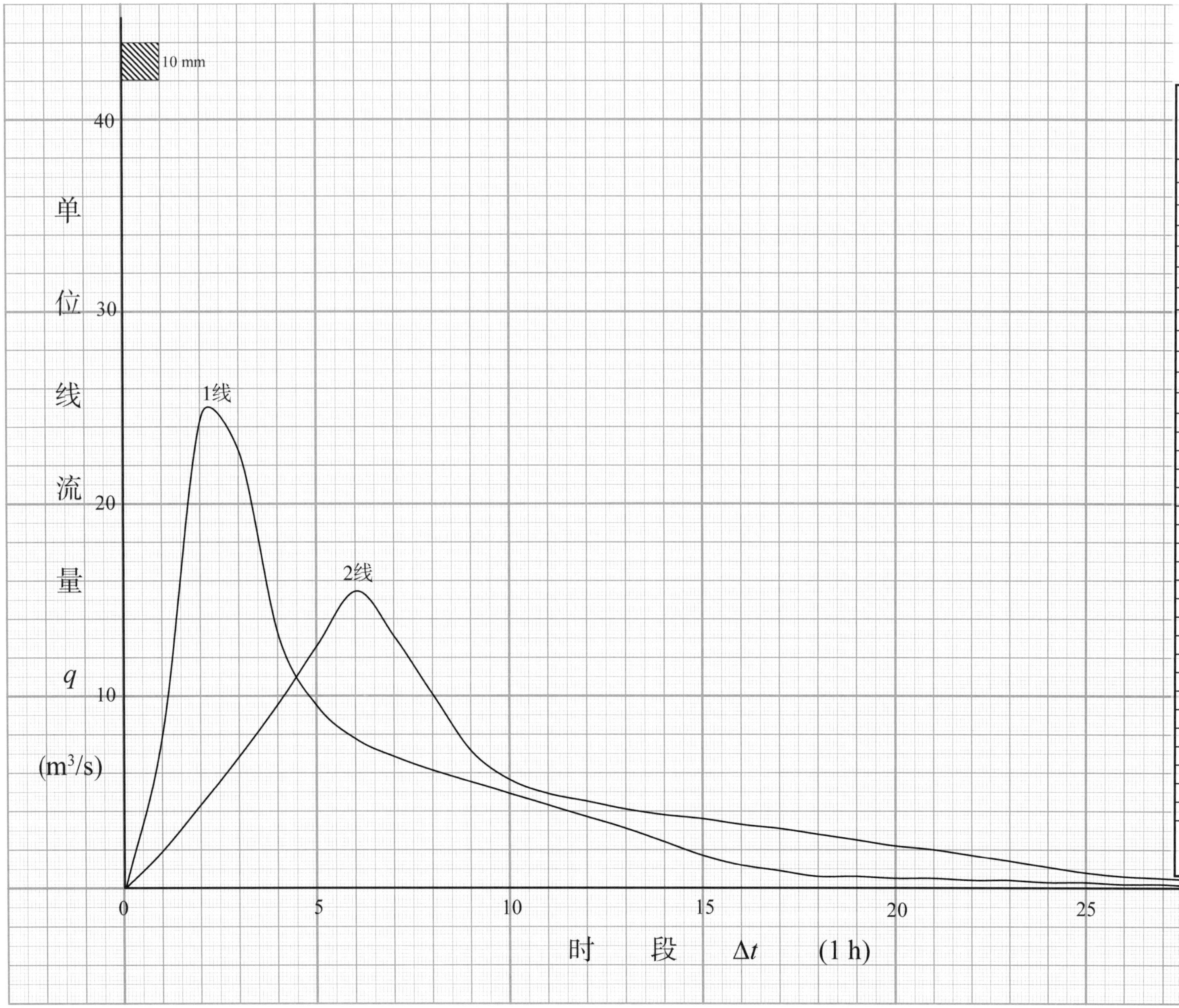

单位线成果表

F=47.0 km^2，Δt=1 h

时段	单位线流量q（m³/s）	
	1线	2线
0	0.00	0.00
1	8.31	2.00
2	24.5	4.40
3	22.5	6.91
4	13.0	9.61
5	9.41	12.6
6	7.71	15.4
7	6.81	13.0
8	6.11	10.0
9	5.51	7.11
10	4.90	5.61
11	4.30	4.90
12	3.70	4.50
13	3.10	4.10
14	2.40	3.80
15	1.70	3.60
16	1.20	3.30
17	0.90	3.10
18	0.60	2.80
19	0.60	2.50
20	0.50	2.20
21	0.50	2.00
22	0.40	1.70
23	0.40	1.40
24	0.30	1.10
25	0.30	0.80
26	0.20	0.60
27	0.20	0.50
28	0.10	0.40
29	0.10	0.20
30	0.10	0.20
31	0.10	0.10
32	0.00	0.00
Σ	130.4	130.4

当暴雨中心位于上游时选2号线，当位于下游时选 1 号线

图 40-5 八里沟河山阳水库水文站单位线图

第四十一章　柴汶河东周水库站水文预报方案编制说明*

1　流域概况

1.1　流域自然地理特征

东周水库位于新泰市汶南镇东周村北，大汶河南支柴汶河的上游，是一座以防洪为主，结合灌溉、城市供水、发电等综合利用的重点中型水库。水库流域呈扇形，流域形状系数0.27，平均宽度7.7 km，平均长度26.7 km，干流平均坡度5.52‰，坝址以上控制流域面积189 km^2，总库容8 612.5万 m^3，兴利库容6 626万 m^3。

东周水库是新泰市的重点中型水库，该流域均属山区，土层较瘠薄，平均厚度在0.3 m左右。大部分土壤为砂土、沙壤土。水库下游有新汶城区、沿河120个村庄、50万人、23万亩耕地以及新汶矿业集团有限公司、10余处煤矿等重要基础设施，人口密集，经济发达；同时还有磁莱铁路、京沪高速公路、济新公路、博徐公路等重要交通设施，地理位置十分重要。东周水库流域图见图41-1。

1.2　水库工程概况

东周水库枢纽工程包括大坝、溢洪道（闸）、放水洞等。大坝为黏土心墙砂壳坝，坝长1 390 m，最大坝高23.72 m，坝顶宽7 m，坝顶高程232.72 m。溢洪道位于大坝左端，设4孔弧形钢闸门，尺寸为8.86 m×10 m（高×宽），堰顶高程221.50 m，总净宽40 m。放水洞分东放水洞和西放水洞，具有向农业灌溉和腾空库容的作用。东放水洞位于大坝东端，进水口底高程219.00 m；西放水洞位于大坝西端，进水口底高程215.40 m。东周水库主要工程技术指标见表41-1，东周水库平面布置图见图41-2，东周水库水位与库容关系曲线见图41-3。

东周水库流域内自1963年以来先后建成小（1）型水库3座、小（2）型水库19座，总控制流域面积87.21 km^2，总库容1 331.0万 m^3，兴利库容830.39万 m^3。小水库对东周水库入库洪水起到了一定的削峰滞洪作用，但这些小水库均无实测的入库洪水资料，无法定量分析其对东周水库入库洪水峰量的影响，虽然在不同时期洪水系列中，流域内小型水库对洪水的影响作用不同，但总体影响不大。东周水库流域内主要水利工程统计见表41-2。

表41-1　东周水库主要工程技术指标表

	项目	主坝
大坝	坝顶高程（m）	232.72
	最大坝高（m）	23.72
	坝顶长度（m）	1 390
	坝顶宽（m）	7.0
溢洪道	闸门型式	弧形钢闸门
	堰顶高程（m）	221.50
	孔数	4
	闸门尺寸（m×m）（高×宽）	8.86×10
	最大泄量（m^3/s）	2 300
放水洞	型式	钢筋混凝土有压管/浆砌石廊道混凝土管内衬夹砂玻璃管
	进口底高程（m）	219.00/215.40
	设计流量（m^3/s）	3.28

备注：资料抄自2013年6月山东省水利厅《山东省水库资料汇编》（中型水库分册），基面高程为1956年黄海高程。

表41-2　东周水库流域内主要水利工程统计表

序号	水库名称	工程类别	流域面积 F（km^2）	总库容 V（万 m^3）	兴利库容 $V_{兴}$（万 m^3）
1	下演马水库	小（1）型	3.4	152.6	114
2	龙池庙水库	小（1）型	50	626.7	372
3	石柱水库	小（1）型	2.7	163.8	105.2
4	小上庄水库	小（2）型	3.24	10.7	3.6
5	苗西水库	小（2）型	1.25	20	8
6	北太公水库	小（2）型	0.93	19.5	16
7	仉家林水库	小（2）型	1.5	46	36
8	南太公水库	小（2）型	0.7	18.7	14.9
9	老瓜峪水库	小（2）型	0.7	13.5	8.5
10	公馆水库	小（2）型	8	14.4	10
11	杨庄子水库	小（2）型	0.6	10.8	4.2
12	黑沟水库	小（2）型	1	28	23
13	上豹峪水库	小（2）型	1.75	29.8	13
14	南沟水库	小（2）型	1.2	10.8	7.5

续表

序号	水库名称	工程类别	流域面积 F（km^2）	总库容 V（万 m^3）	兴利库容 $V_兴$（万 m^3）
15	黄山坡水库	小（2）型	4	81.6	48
16	苗东水库	小（2）型	1.92	10.43	3.34
17	山后水库	小（2）型	1.1	10.7	5.25
18	上升科峪水库	小（2）型	0.65	11.08	7.1
19	下升科峪水库	小（2）型	1.1	20.65	16.1
20	上于土地水库	小（2）型	0.47	10	3.05
21	保安庄水库	小（2）型	0.42	11.24	5.7
22	牛栏峪水库	小（2）型	0.58	10	5.95
合计			87.21	1 331.0	830.39

1.3 测站概况

东周水库水文站于1977年6月设立，控制流域面积189 km^2。东周水库站属区域代表站，测验任务有库内水位、出库流量、降水量、水面蒸发量、冰情、水质、墒情、水文调查等；该站还担负着向国家防汛抗旱总指挥部（以下简称国家防总），省、市防汛抗旱指挥部（以下简称省、市防指）提供水情、雨情、墒情等报汛任务，东周水库水文站概况详见表41-3。流域内有雨量站6处：保安庄、古石官庄、龙廷、下演马、西峪、东周水库，详见表41-4。

该站冻结基面高程+0.140 m=1985年国家高程基准高程。

表41-3 东周水库水文站概况说明表

测站沿革	设立或变动	发生年月	站名	站别	领导机关	说明
	设立	1977年6月	东周水库	水文	山东省水文总站	常年站
	领导机关更名	1998年4月	东周水库	水文	山东省水文水资源勘测局	
		2011年12月	东周水库	水文	山东省水文局	
		2021年3月	东周水库	水文	山东省水文中心	
断面及主要测验设施布设情况	名称		位置	布设年月	使用情况	
	基本水尺断面（坝上）		站房西北50 m	1977年6月	各级水位使用	
	西放水洞测流断面		西放水洞闸下190 m	1978年1月	各级水位使用	
	东放水洞测流断面		东放水洞闸下250 m	1978年1月	各级水位使用	

表41-4 东周水库以上流域内雨量站情况表

站名	设站年份	详细地址
保安庄	1982年	山东省沂源县大张庄镇保安庄村
古石官庄	1978年	山东省新泰市龙廷镇古石官庄村
龙廷	1965年	山东省新泰市龙廷镇龙池庙水库
下演马	2018年	山东省新泰市龙廷镇下演马水库
西峪	2018年	山东省新泰市龙廷镇西峪村
东周水库	1977年	山东省新泰市汶南镇东周水库

2 预报方案编制

2.1 预报区间的确定

东周水库上游均为小型水库汇入东周水库，无较大支流汇入，因此预报区间面积确定为189 km^2。

2.2 资料情况及方案沿革

2.2.1 资料情况

东周水库水文站预报方案为新编制预报方案。本次分析选用的实测资料年限为43年（1978—2020年），共计35场次降雨洪水资料。本方案涵盖了大、中、小洪水资料，满足了方案编制规范的要求。

2.2.2 方案沿革

本方案为新编订方案，产流方案采用降雨径流相关图；汇流方案采用峰量关系图、径流深与洪水历时相关曲线、经验单位线，单位线由时段单位线计算而得，时段长为1 h。

2.3 产流方案

产流方案采用降雨径流相关图（$P+P_a-R$，$P-P_a-R$），利用分析计算的35个点据点绘定线，分别见图41-4和图41-5。其中：P为次降雨流域平均雨量（mm）；P_a为流域平均前期影响雨量（mm）；R为次降雨所产生的径流深（mm）。

2.3.1 主要参数的计算

2.3.1.1 流域平均雨量 P 的计算

流域平均雨量采用泰森多边形法计算求得，雨量站的面积控制权重见表41-5。

表 41-5　东周水库以上流域内雨量站的控制权重表

站名	保安庄	古石官庄	龙廷	东周水库
权重	0.213	0.118	0.404	0.265

2.3.1.2　流域平均前期影响雨量 P_a 的计算

选取汛前长时间连续无降雨（约一个多月）的日期开始连续计算，首先计算流域平均雨量，然后计算前期影响雨量 P_a，其计算公式如下：

$$P_{a,\ t+1} = K(P_{a,\ t} + P_t)$$

式中：$P_{a,t+1}$ 为第 t+1 日的前期影响雨量（mm）；$P_{a,t}$ 为第 t 日的前期影响雨量（mm）；P_t 为第 t 日的流域平均雨量（mm）；K 为前期影响雨量递减系数。

2.3.1.3　最大初损值 I_m 和 K 值的确定

本次选择久旱少雨和突降大雨产生径流较小的洪水。共选取 5 次洪水采用四站平均值计算法，计算出符合条件的流域最大初损值，经计算，I_m 为 60～70 mm，经综合分析，确定 I_m 为 65 mm。

$$I_m = P + P_a - R - E$$

式中：P 为流域平均降雨量（mm）；P_a 为前期影响雨量（mm）；R 为径流深（mm）；E 为雨间蒸发量（mm），采用所在降雨日的日蒸发量代替。

东周水库 6—10 月份蒸发能力最大，为了便于分析 P_a，概化出一个适当的 E_m，选取 6—10 月份历年日蒸发量最大值的均值进行率定分析，$E_{m,6}$ = 8.6 mm、$E_{m,7}$ = 7.3 mm，$E_{m,8}$ = 6.7 mm，$E_{m,9}$ = 6.0 mm，$E_{m,10}$ = 4.9 mm，均值为 6.7 mm。经综合考虑，取 E_m 为 6.5 mm。根据 $K=1-E_m/I_m$ 得出 K = 0.90。

在分析逐日前期影响雨量递减系数 K 时，考虑到白天、夜间蒸发损失不同，把每日的折减损失量按照黄金分割进行划分，白天乘以 0.618 并按时段划分，夜间乘以 0.382 并按时段划分，分别计算出各时段的前期影响雨量。

2.3.1.4　径流深 R 的推求

在一次洪水过程线上采用斜线分割法切除基流，本次洪水径流深 R 等于洪水总量 W（扣除基流量）除以集水面积 F 而得。其中流域面积 $F_{全}$ = 189 km^2。第一场降雨洪水选用的流域面积为扣除 22 座小型水库后的 101.8 km^2，第二场降雨洪水选用的流域面积为扣除 3 座小（1）型水库后的 132.9 km^2。东周水库水文站降雨径流分析成果见表 41-6。

2.3.1.5　有效降雨历时 T_c 和洪峰滞时 t_p 的确定

有效降雨历时 T_c 采取占总降雨量 80% 的降雨连续时段数，即形成地表径流的净雨小时数。洪峰滞时 t_p 为最大时段平均降雨量到断面洪峰出现的时距。

2.3.1.6　暴雨中心位置的确定

根据流域特性和代表站分布情况如下。

上游区：保安庄站、古石官庄站；
中游区：龙廷站；
下游区：东周水库站。

2.3.2　精度评定

按许可误差 = 20% 实测值的标准（并当许可误差大于 20.0 mm 时以 20.0 mm 为上限，小于 3.0 mm 时以 3.0 mm 为下限）进行逐次洪水评定。$P+P_a-R$ 相关图共选用 35 个点据，28 个合格，合格率为 80.0%，属于乙级方案，详见表 41-7、图 41-4；$P-P_a-R$ 相关图共选用 35 个点据，27 个合格，合格率为 77.1%，属于乙级方案，详见表 41-8、图 41-5。

2.3.3　突出点分析

910725 场次洪水实测径流深偏大，其主要原因是降水分布不均匀，雨强较大，且前期有较大降雨，P_a 值较大。

2.4　汇流方案

汇流方案主要采用峰量关系图、径流深与洪水历时相关曲线和经验单位线等方法。

2.4.1　峰量关系曲线 R-T_c-$Q_{m净}$

以有效降雨历时 T_c 作为参数，建立峰量关系曲线 R-T_c-$Q_{m净}$。其中，R 为一次降雨径流深，由次洪水总量除以相应集水面积所得；T_c 为有效降雨历时；$Q_{m净}$ 为一次降雨过程所产生的净峰流量。

根据对 1978—2020 年 35 个洪水点据的分析，通过点群中心并照顾同一 R 值的 $Q_{m净}$ 逐渐减少的趋势定线，R-T_c-$Q_{m净}$ 关系图见图 41-6。

精度评定：按许可误差 = 20% 实测值的标准进行逐次洪水评定。本方案共选用 1978—2020 年 35 个点据，25 个合格，合格率为 71.4%，属于乙级方案，详见表 41-9。

2.4.2　径流深与洪水历时相关曲线 R-T_c-$T_{洪}$

以有效降雨历时 T_c 作为参数，建立径流深与洪水历时相关曲线 R-T_c-$T_{洪}$。根据 1978—2020 年 35 个洪水历时点据分析定线。通过点群中心并照顾同一 R 值的 $T_{洪}$ 逐渐增大的趋势定线，绘制了 T_c = 2 h、T_c = 4 h、T_c = 8 h 及 T_c = 16 h 四条曲线，其余时间插补，详见图 41-7。

精度评定：按许可误差 = 30% 实测值的标准（并当许可误差小于 3 h 时以 3 h 为下限）进行逐次洪水评定。本方案共选用 1978—2020 年 35 个点据，25 个合格，合格率为 71.4%，属于乙级方案，详见表 41-10。

2.4.3　经验单位线

根据 850715、090619 场次洪水资料分析出东周水库站 2 条单位线，Δt 均取 1 h。东周水库水文站单位线图见图 41-8。

3 方案使用说明

3.1 径流深预报

首先计算出流域平均降雨量和流域平均前期影响雨量，再根据降雨径流关系图 $P+P_a-R$ 和 $P-P_a-R$ 的查算结果进行综合分析，确定地表径流深 R 的预报值。

3.2 最大入库洪峰流量预报

3.2.1 查 $R-T_c-Q_{m净}$ 关系图

根据 R，T_c 查询 $R-T_c-Q_{m净}$ 关系曲线得到 $Q_{m净}$，当 T_c 介于两条关系曲线之间时，首先查出两条曲线对应 $Q_{m净}$ 的数值，然后进行插补；当 T_c 大于 7 h 或者小于 2 h 时，根据最近两条关系线插补外延。

3.2.2 查 $R-T_c-T_{洪}$ 关系图

根据 R，T_c 查询 $R-T_c-T_{洪}$ 关系曲线得到 $T_{洪}$，当 T_c 介于两条关系曲线之间时，首先查出两条曲线对应 $T_{洪}$ 的数值，然后进行插补；当 T_c 大于 16 h 或者小于 2 h 时，根据最近两条关系线插补外延。

3.2.3 经验单位线法

由次雨径流深 R、时段降雨量采用扣损法得到各时段净雨，然后根据暴雨中心位置选择相应单位线，各时段净雨错时段与 0.1 倍的单位线各时段流量相乘，同时段流量相加，再加上基流量即为入库流量过程。最大入库洪峰流量及其出现时间即可得到。

3.3 入库洪水总量预报

根据公式 $W=0.1FR$ 得到入库洪水总量 W。

3.4 方案合理性检查及评定

在方案建立过程中，随时根据规范要求及有关文件规定进行合理性检查，特别对突出点据从原始资料反复查对，对中间处理过程也进行了认真审查，发现不合理的问题基本上都做了检查改正。方案建立后，先从线形进行比较，防止出现矛盾现象，然后对每个方案尽量根据规范规定采用表格形式进行了精度评定（用许可误差法）。其中，$P+P_a-R$ 相关图合格率为 80.0%，属乙级方案；$P-P_a-R$ 相关图合格率为 77.1%，属乙级方案；$R-T_c-Q_{m净}$ 相关图合格率为 71.4%，属乙级方案；$R-T_c-T_{洪}$ 相关图合格率为 71.4%，属乙级方案。综合来说，本方案属于乙级方案。

3.5 方案适应能力

本方案适用于防洪标准以下的洪水作业预报。如遇超标准洪水，则需根据当时具体情况酌情修正。

3.6 注意事项

（1）方案的制作未考虑上游小水库、塘坝的影响，作业预报时也要根据前期降雨情况进行适当修正。

（2）应随时掌握上游工程蓄水及泄洪情况，要根据实际情况对预报值进行及时修正。

（3）局部暴雨时要注意超渗产流，可适当将查算的 R 值加大；久旱初雨时产流偏小，应适当修正所查 R 值。

总之，由于影响因素太多，本方案不能完全反映实际情况，因而不能照搬，应具体问题具体分析，采用多种方法，考虑各种因素进行综合分析，从而确定采用的预报值。

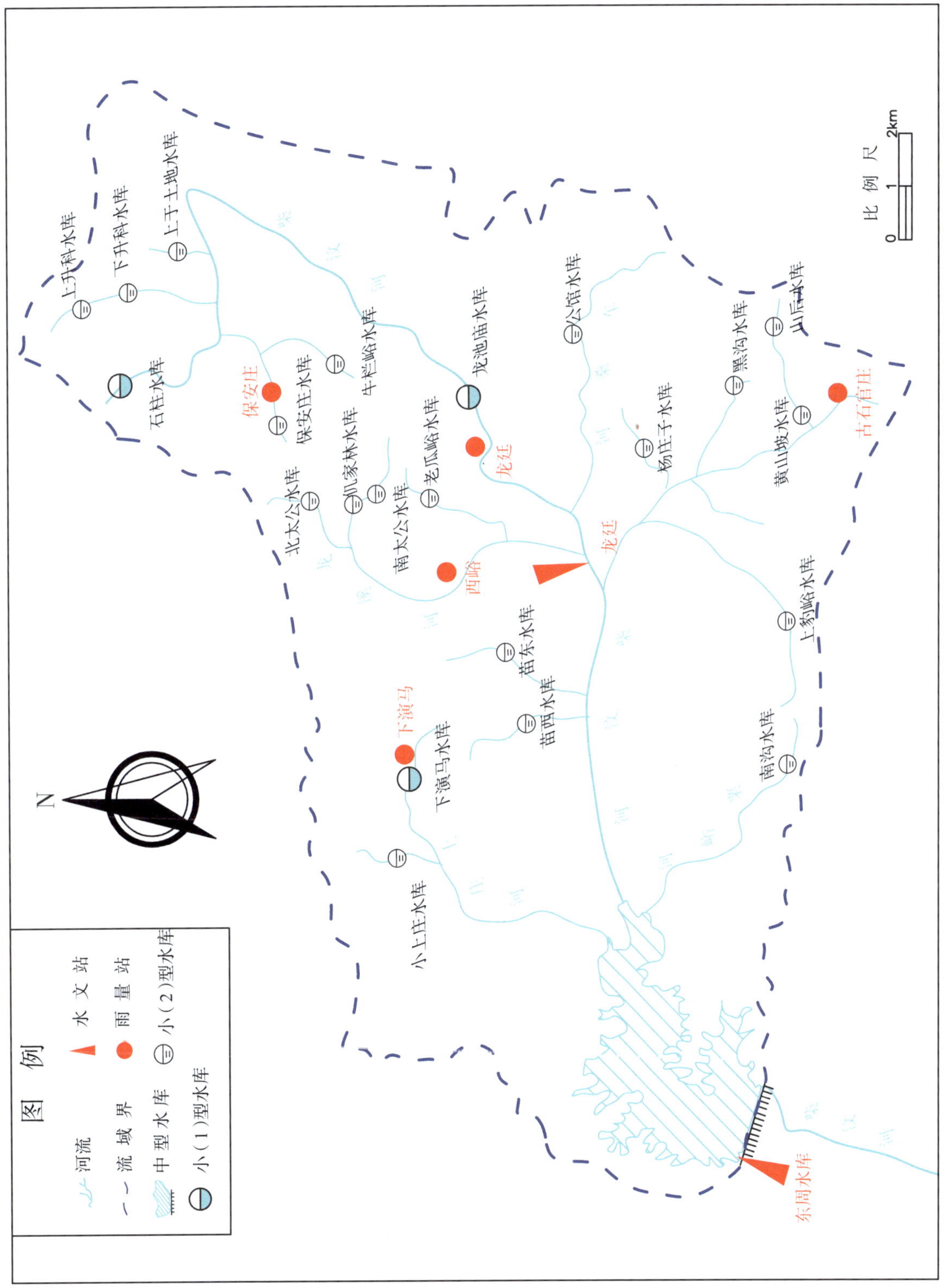

图 41-1 柴汶河东周水库流域图

图 41-2 柴汶河东周水库平面布置图（单位：m）

表 41-6　柴汶河东周水库站降雨径流分析成果表

$I_m=65.0$　$K=0.90$

序号	洪号	降雨起止时间			流域平均雨量 P（mm）	前期影响雨量 P_a（mm）	$P+P_a$（mm）	降雨历时（h）		暴雨中心位置	洪水起止时间			洪水总历时 $T_洪$（h）	洪峰流量 Q_m（m^3/s）	净峰流量 $Q_{m净}$（m^3/s）	地表径流量 W（万 m^3）	总集水面积 $F_总$（km^2）	径流深 R（mm）	径流系数 α
		年	起	止				全部 T	有效 T_c		起涨	峰顶	落平							
1	780625	1978	6 月 25 日 7：00	6 月 25 日 20：00	59.9	6.6	66.5	13	7	下游	6 月 25 日 9：00	6 月 25 日 16：00	6 月 27 日 8：00	47	37.5	36.9	153	189	8.1	0.14
2	790624	1979	6 月 23 日 19：00	6 月 24 日 5：00	92.9	12.5	105.4	10	6	上游古石官庄	6 月 23 日 22：00	6 月 24 日 4：00	6 月 25 日 20：00	46	212.5	202.3	646	189	34.2	0.37
3	790921	1979	9 月 20 日 16：00	9 月 21 日 7：00	58.8	16.7	75.5	15	6	下游	9 月 20 日 16：00	9 月 21 日 4：00	9 月 22 日 8：00	40	70.8	66.3	249	189	13.2	0.22
4	800606	1980	6 月 6 日 15：00	6 月 7 日 0：00	64.4	6.9	71.3	9	3	中游龙廷，偏中下游	6 月 6 日 15：00	6 月 6 日 23：00	6 月 7 日 20：00	29	136.1	135.0	282	189	14.9	0.23
5	800706	1980	7 月 6 日 18：00	7 月 6 日 23：00	88.6	32.1	120.7	5	2	下游	7 月 6 日 19：00	7 月 6 日 21：00	7 月 7 日 8：00	13	577.8	565.6	552	189	29.2	0.33
6	810725	1981	7 月 25 日 7：00	7 月 26 日 4：00	77.8	16.9	94.7	21	7	下游	7 月 25 日 8：00	7 月 25 日 18：00	7 月 27 日 0：00	40	80.6	79.1	268	189	14.2	0.18
7	830831	1983	8 月 31 日 9：00	8 月 31 日 23：00	101.0	33.5	134.5	14	3	下游	8 月 31 日 9：00	8 月 31 日 16：00	9 月 1 日 2：00	17	500.0	493.1	675	189	35.7	0.35
8	850709	1985	7 月 8 日 23：00	7 月 9 日 14：00	152.0	12.7	164.7	15	6	上游保安庄	7 月 9 日 4：00	7 月 9 日 11：00	7 月 10 日 8：00	28	744.4	721.8	1070	189	56.6	0.37
9	850715	1985	7 月 15 日 15：00	7 月 15 日 19：00	52.1	60.6	112.7	4	2	中游	7 月 15 日 15：00	7 月 15 日 18：00	7 月 16 日 2：00	11	458.3	444.4	459	189	24.3	0.47
10	870904	1987	9 月 3 日 13：00	9 月 4 日 6：00	76.6	13.4	90.0	17	8	下游	9 月 3 日 14：00	9 月 4 日 4：00	9 月 5 日 20：00	54	55.6	53.3	297	189	15.7	0.20
11	880716	1988	7 月 15 日 16：00	7 月 16 日 6：00	100.6	46.1	146.7	14	4	下游	7 月 15 日 16：00	7 月 16 日 4：00	7 月 17 日 8：00	40	316.7	315.1	631	189	33.4	0.33
12	890710	1989	7 月 10 日 15：00	7 月 11 日 3：00	50.6	14.6	65.2	12	4	上游保安庄	7 月 10 日 16：00	7 月 10 日 22：00	7 月 11 日 20：00	28	18.9	18.0	51	189	2.7	0.05
13	900614	1990	6 月 13 日 18：00	6 月 14 日 9：00	100.3	10.7	111.0	15	4	上游古石官庄	6 月 13 日 18：00	6 月 14 日 7：00	6 月 15 日 0：00	30	209.7	202.9	473	189	25.0	0.25
14	900717	1990	7 月 16 日 23：00	7 月 17 日 7：00	52.6	60.4	113.0	8	3	上游古石官庄	7 月 17 日 0：00	7 月 17 日 4：00	7 月 17 日 20：00	20	315.6	298.6	524	189	27.7	0.53
15	910725	1991	7 月 24 日 18：00	7 月 25 日 3：00	62.8	61.7	124.5	9	4	上游古石官庄	7 月 24 日 17：00	7 月 25 日 1：00	7 月 26 日 8：00	39	368.9	366.6	1019	189	53.9	0.86
16	930713	1993	7 月 12 日 17：00	7 月 13 日 9：00	79.1	62	141.1	16	2	中游	7 月 12 日 18：00	7 月 13 日 3：00	7 月 14 日 2：00	32	552.2	525.3	975	189	51.6	0.65
17	930716	1993	7 月 15 日 17：00	7 月 16 日 1：00	67.2	50.3	117.5	8	4	下游	7 月 15 日 18：00	7 月 16 日 1：00	7 月 16 日 14：00	20	249.7	235.8	501	189	26.5	0.39

续表

序号	洪号	降雨起止时间			流域平均雨量 P（mm）	前期影响雨量 P_a（mm）	$P+P_a$（mm）	降雨历时（h）		暴雨中心位置	洪水起止时间			洪水总历时 $T_{洪}$（h）	洪峰流量 Q_m（m^3/s）	净峰流量 $Q_{m净}$（m^3/s）	地表径流量 W（万 m^3）	总集水面积 $F_{总}$（km^2）	径流深 R（mm）	径流系数 α
		年	起	止				全部 T	有效 T_c		起涨	峰顶	落平							
18	940824	1994	8月23日 17：00	8月24日 4：00	52.0	16.3	68.3	11	4	下游	8月23日 17：00	8月24日 0：00	8月25日 8：00	39	32.4	32.2	55	189	2.9	0.06
19	970803	1997	8月3日 17：00	8月3日 23：00	57.4	33.9	91.3	6	2	下游	8月3日 17：00	8月3日 18：00	8月4日 15：00	22	322.2	320.9	282	189	14.9	0.26
20	990615	1999	6月15日 0：00	6月15日 8：00	76.1	4.5	80.6	8	2	中游龙廷，偏中上游	6月15日 1：00	6月15日 6：00	6月15日 20：00	19	250.0	245.3	227	189	12	0.16
21	010629	2001	6月29日 1：00	6月29日 13：00	78.4	26.9	105.3	12	5	下游	6月29日 2：00	6月29日 9：00	7月1日 8：00	54	111.7	107.6	361	189	19.1	0.24
22	010721	2001	7月21日 5：00	7月21日 14：00	120.2	23.4	143.6	9	3	下游	7月21日 5：00	7月21日 10：00	7月22日 12：00	31	361.1	358.5	648	189	34.3	0.29
23	040914	2004	9月14日 0：00	9月14日 20：00	81.7	12.0	93.7	20	7	上游古石官庄	9月14日 1：00	9月14日 18：00	9月16日 6：00	53	78.6	75.0	304	189	16.1	0.2
24	090619	2009	6月19日 13：00	6月19日 20：00	107.8	13.1	120.9	7	3	中游龙廷，偏中上游	6月19日 13：00	6月19日 19：00	6月21日 6：00	41	273.3	271.6	431	189	22.8	0.21
25	090706	2009	7月6日 0：00	7月6日 14：00	96.8	26.8	123.6	14	7	下游	7月6日 0：00	7月6日 11：00	7月8日 8：00	56	112.2	111.2	423	189	22.4	0.23
26	090709	2009	7月8日 16：00	7月9日 9：00	72.4	56.1	128.5	17	4	下游	7月8日 17：00	7月9日 1：00	7月10日 8：00	39	401.0	394.5	856	189	45.3	0.63
27	110703	2011	7月2日 19：00	7月3日 13：00	153.8	26.1	179.9	18	9	上游保安庄	7月2日 20：00	7月3日 5：00	7月4日 20：00	48	365.8	360.8	1253	189	66.3	0.43
28	120705	2012	7月4日 22：00	7月5日 17：00	53.5	15.0	68.5	19	9	下游	7月4日 22：00	7月5日 6：00	7月6日 10：00	36	24.1	24.0	72	189	3.8	0.07
29	120708	2012	7月7日 23：00	7月8日 12：00	80.0	50.9	130.9	13	5	下游	7月8日 0：00	7月8日 14：00	7月9日 8：00	32	50.9	47.3	223	189	11.8	0.15
30	120710	2012	7月9日 12：00	7月10日 3：00	97.5	63.7	161.2	15	5	中游	7月9日 13：00	7月10日 2：00	7月12日 2：00	61	342.1	335.0	1130	189	59.8	0.61
31	180626	2018	6月25日 7：00	6月26日 11：00	172.2	5.4	177.6	28	7	上游保安庄	6月25日 8：00	6月26日 7：00	6月29日 8：00	96	283.6	281.3	988	189	52.3	0.3
32	200722	2020	7月22日 8：00	7月23日 2：00	58.2	16.4	74.6	18	5	下游	7月22日 8：00	7月22日 20：00	7月25日 8：00	72	12.7	12.5	89	189	4.7	0.08
33	200802	2020	8月1日 22：00	8月2日 8：00	111.2	46.7	157.9	10	5	下游	8月1日 22：00	8月2日 7：00	8月4日 8：00	58	171.2	170.7	748	189	39.6	0.36
34	200807	2020	8月6日 15：00	8月7日 12：00	67.5	58.9	126.4	21	14	中游	8月6日 16：00	8月7日 8：00	8月10日 10：00	90	60.6	54.2	620	189	32.8	0.49
35	200814	2020	8月13日 17：00	8月14日 3：00	120.7	39.9	160.6	10	3	上游保安庄	8月13日 17：00	8月14日 2：00	8月15日 8：00	39	300.6	265.4	956	189	50.6	0.42

表 41-7 柴汶河东周水库站 $P+P_a$-R 精度评定表

序号	洪号	$P+P_a$（mm）	径流深（mm）		预报误差（mm）	许可误差（mm）	评定结果	
			实测 $R_{实}$	预报 $R_{预}$			合格	不合格
1	780625	66.5	8.1	5.3	-2.8	3.0	√	
2	790624	105.4	34.2	18.8	-15.4	6.8		√
3	790921	75.5	13.2	7.7	-5.6	3.0		√
4	800606	71.3	14.9	6.4	-8.5	3.0		√
5	800706	120.7	29.2	25.4	-3.9	5.8	√	
6	810725	94.7	14.2	14.5	0.3	3.0	√	
7	830831	134.5	35.7	32.2	-3.5	7.1	√	
8	850709	164.7	56.6	50.4	-6.3	11.3	√	
9	850715	112.7	24.3	22.1	-2.2	4.9	√	
10	870904	90.0	15.7	13.0	-2.7	3.1	√	
11	880716	146.7	33.4	38.4	5.0	6.7	√	
12	890710	65.2	2.7	5.0	2.3	3.0	√	
13	900614	111.0	25.0	21.4	-3.6	5.0	√	
14	900717	113.0	27.7	22.2	-5.5	5.5	√	
15	910725	124.5	53.9	27.3	-26.7	10.8		√
16	930713	141.1	51.6	35.6	-16.1	10.3		√
17	930716	117.5	26.5	24.0	-2.5	5.3	√	
18	940824	68.3	2.9	5.7	2.8	3.0	√	
19	970803	91.3	14.9	13.4	-1.5	3.0	√	
20	990615	80.6	12.0	9.2	-2.8	3.0	√	
21	010629	105.3	19.1	18.7	-0.4	3.8	√	
22	010721	143.6	34.3	36.8	2.5	6.9	√	
23	040914	93.7	16.1	14.2	-1.9	3.2	√	
24	090619	120.9	22.8	25.5	2.7	4.6	√	
25	090706	123.6	22.4	26.8	4.4	4.5	√	
26	090709	128.5	45.3	29.3	-16.0	9.1		√
27	110703	179.9	66.3	59.9	-6.4	13.3	√	
28	120705	68.5	3.8	5.7	1.9	3.0	√	
29	120708	130.9	11.8	30.5	18.7	3.0		√
30	120710	161.2	59.8	48.6	-11.2	12.0	√	
31	180626	177.6	52.3	58.3	6.0	10.5	√	
32	200722	74.6	4.7	7.4	2.7	3.0	√	
33	200802	157.9	39.6	46.3	6.7	7.9	√	
34	200807	126.4	32.8	28.2	-4.6	6.6	√	
35	200814	160.6	50.6	48.3	-2.3	10.1	√	

备注：共选取 1978—2020 年 35 个点据，合格 28 个，不合格 7 个，合格率为 80.0%，为乙级方案。

表 41-8 柴汶河东周水库站 P-P_a-R 精度评定表

序号	洪号	降雨量 P（mm）	前期影响雨量 P_a（mm）	径流深（mm）		预报误差（mm）	许可误差（mm）	评定结果	
				实测 $R_{实}$	预报 $R_{预}$			合格	不合格
1	780625	59.9	6.6	8.1	5.3	-2.8	3.0	√	
2	790624	92.9	12.5	34.2	18.8	-15.4	6.8		√
3	790921	58.8	16.7	13.2	7.8	-5.4	3.0		√
4	800606	64.4	6.9	14.9	6.6	-8.3	3.0		√
5	800706	88.6	32.1	29.2	23.6	-5.6	5.8	√	
6	810725	77.8	16.9	14.2	14.2	0.0	3.0	√	
7	830831	101.0	33.5	35.7	31.3	-4.4	7.1	√	
8	850709	152.0	12.7	56.6	47.4	-9.2	11.3	√	
9	850715	52.1	60.6	24.3	19.8	-4.5	4.9	√	
10	870904	76.6	13.4	15.7	12.7	-3.0	3.1	√	
11	880716	100.6	46.1	33.4	39.5	6.1	6.7	√	
12	890710	50.6	14.6	2.7	4.6	1.9	3.0	√	
13	900614	100.3	10.7	25	20.9	-4.1	5.0	√	
14	900717	52.6	60.4	27.7	19.9	-7.8	5.5		√
15	910725	62.8	61.7	53.9	25.5	-28.4	10.8		√
16	930713	79.1	62.0	51.6	35.4	-16.2	10.3		√
17	930716	67.2	50.3	26.5	23.7	-2.8	5.3	√	
18	940824	52.0	16.3	2.9	5.5	2.6	3.0	√	
19	970803	57.4	33.9	14.9	13.2	-1.7	3.0	√	
20	990615	76.1	4.5	12	9.5	-2.5	3.0	√	
21	010629	78.4	26.9	19.1	17.5	-1.6	3.8	√	
22	010721	120.2	23.4	34.3	36.8	2.5	6.9	√	
23	040914	81.7	12.0	16.1	14.3	-1.8	3.2	√	
24	090619	107.8	13.1	22.8	25.2	2.4	4.6	√	
25	090706	96.8	26.8	22.4	25.2	2.8	4.5	√	
26	090709	72.4	56.1	45.3	28.2	-17.1	9.1		√
27	110703	153.8	26.1	66.3	56.8	-9.5	13.3	√	
28	120705	53.5	15.0	3.8	5.6	1.8	3.0	√	
29	120708	80.0	50.9	11.8	30.4	18.6	3.0		√
30	120710	97.5	63.7	59.8	50.5	-9.3	12.0	√	
31	180626	172.2	5.4	52.3	55.0	2.7	10.5	√	
32	200722	58.2	16.4	4.7	7.5	2.8	3.0	√	
33	200802	111.2	46.7	39.6	47.2	7.6	7.9	√	
34	200807	67.5	58.9	32.8	26.4	-6.4	6.6	√	
35	200814	120.7	39.9	50.6	49.2	-1.4	10.1	√	

备注：共选取 1978—2020 年 35 个点据，合格 27 个，不合格 8 个，合格率为 77.1%，为乙级方案。

表 41-9　柴汶河东周水库站 R-T_c-$Q_{m净}$ 精度评定表

序号	洪号	$R_实$（mm）	有效降雨历时 T_c（h）	实测净峰流量 $Q_{m净实}$（m^3/s）	预报净峰流量 $Q_{m净预}$（m^3/s）	预报误差（m^3/s）	许可误差（m^3/s）	评定结果	
								合格	不合格
1	780625	8.1	7	36.9	34.8	-2.1	7.4	√	
2	790624	34.2	6	202.3	201.3	-1.0	40.5	√	
3	790921	13.2	6	66.3	60.4	-5.9	13.3	√	
4	800606	14.9	3	135.0	157.5	22.5	27.0	√	
5	800706	29.2	2	565.6	496.8	-68.8	113.1	√	
6	810725	14.2	7	79.1	66.1	-13.0	15.8	√	
7	830831	35.7	3	493.1	372.7	-120.4	98.6		√
8	850709	56.6	6	721.8	352.9	-368.9	144.4		√
9	850715	24.3	2	444.4	416.0	-28.4	88.9	√	
10	870904	15.7	8	53.3	59.5	6.2	10.7	√	
11	880716	33.4	4	315.1	273.2	-41.9	63.0	√	
12	890710	2.7	4	18.0	24.3	6.3	3.6		√
13	900614	25	4	202.9	206.0	3.1	40.6	√	
14	900717	27.7	3	298.6	286.3	-12.3	59.7	√	
15	910725	53.9	4	366.6	439.4	72.8	73.3	√	
16	930713	51.6	2	525.3	894.6	369.3	105.1		√
17	930716	26.5	4	235.8	217.7	-18.1	47.2	√	
18	940824	2.9	4	32.2	26.1	-6.1	6.4	√	
19	970803	14.9	2	320.9	258.3	-62.6	64.2	√	
20	990615	12	2	245.3	209.0	-36.3	49.1	√	
21	010629	19.1	5	107.6	126.2	18.6	21.5	√	
22	010721	34.3	3	358.5	357.3	-1.2	71.7	√	
23	040914	16.1	7	75.0	76.6	1.6	15.0	√	
24	090619	22.8	3	271.6	235.8	-35.8	54.3	√	
25	090706	22.4	7	111.2	112.4	1.2	22.2	√	
26	090709	45.3	4	394.5	369.9	-24.6	78.9	√	
27	110703	66.3	9	360.8	318.7	-42.1	72.2	√	
28	120705	3.8	9	24.0	7.2	-16.8	4.8		√
29	120708	11.8	5	47.3	79.5	32.2	9.5		√
30	120710	59.8	5	335.0	418.5	83.5	67.0		√
31	180626	52.3	7	281.3	295.4	14.1	56.3	√	
32	200722	4.7	5	12.5	20.2	7.7	2.5		√
33	200802	39.6	5	170.7	272.0	101.3	34.1		√
34	200807	32.8	14	54.2	43.9	-10.3	10.8	√	
35	200814	50.6	3	265.4	536.6	271.2	53.1		√

备注：共选取 1978—2020 年 35 个点据，合格 25 个，不合格 10 个，合格率为 71.4%，为乙级方案。

表 41-10　柴汶河东周水库站 R-T_c-$T_洪$ 精度评定表

序号	洪号	$R_实$（mm）	有效降雨历时 T_c（h）	实测洪水总历时 $T_{洪实}$（h）	预报洪水总历时 $T_{洪预}$（h）	预报误差（h）	许可误差（h）	评定结果	
								合格	不合格
1	780625	8.1	7	47	33.3	-13.7	14.1	√	
2	790624	34.2	6	46	45.5	-0.5	13.8	√	
3	790921	13.2	6	40	34.3	-5.7	12.0	√	
4	800606	14.9	3	29	28.1	-0.9	8.7	√	
5	800706	29.2	2	13	31.6	18.6	3.9		√
6	810725	14.2	7	40	38.5	-1.5	12.0	√	
7	830831	35.7	3	17	38.7	21.7	5.1		√
8	850709	56.6	6	28	51.8	23.8	8.4		√
9	850715	24.3	2	11	29.0	18.0	3.3		√
10	870904	15.7	8	54	41.3	-12.7	16.2	√	
11	880716	33.4	4	40	42.0	2.0	12.0	√	
12	890710	2.7	4	28	19.9	-8.1	8.4	√	
13	900614	25.0	4	30	38.7	8.7	9.0	√	
14	900717	27.7	3	20	35.4	15.4	6.0		√
15	910725	53.9	4	39	48.3	9.3	11.7	√	
16	930713	51.6	2	32	40.4	8.4	9.6	√	
17	930716	26.5	4	20	39.4	19.4	6.0		√
18	940824	2.9	4	39	20.2	-18.8	11.7		√
19	970803	14.9	2	22	23.3	1.3	6.6	√	
20	990615	12.0	2	19	21.4	2.4	5.7	√	
21	010629	19.1	5	54	37.8	-16.2	16.2	√	
22	010721	34.3	3	31	38.1	7.1	9.3	√	
23	040914	16.1	7	53	39.6	-13.4	15.9	√	
24	090619	22.8	3	41	33.0	-8.0	12.3	√	
25	090706	22.4	7	56	42.9	-13.1	16.8	√	
26	090709	45.3	4	39	46.0	7.0	11.7	√	
27	110703	66.3	9	48	57.7	9.7	14.4	√	
28	120705	3.8	9	36	30.5	-5.5	10.8	√	
29	120708	11.8	5	32	32.8	0.8	9.6	√	
30	120710	59.8	5	61	51.1	-9.9	18.3	√	
31	180626	52.3	7	96	52.3	-43.7	28.8		√
32	200722	4.7	5	72	24.6	-47.4	21.6		√
33	200802	39.6	5	58	45.7	-12.3	17.4	√	
34	200807	32.8	14	90	54.0	-36.0	27.0		√
35	200814	50.6	3	39	43.9	4.9	11.7	√	

备注：共选取 1978—2020 年 35 个点据，合格 25 个，不合格 10 个，合格率为 71.4%，为乙级方案。

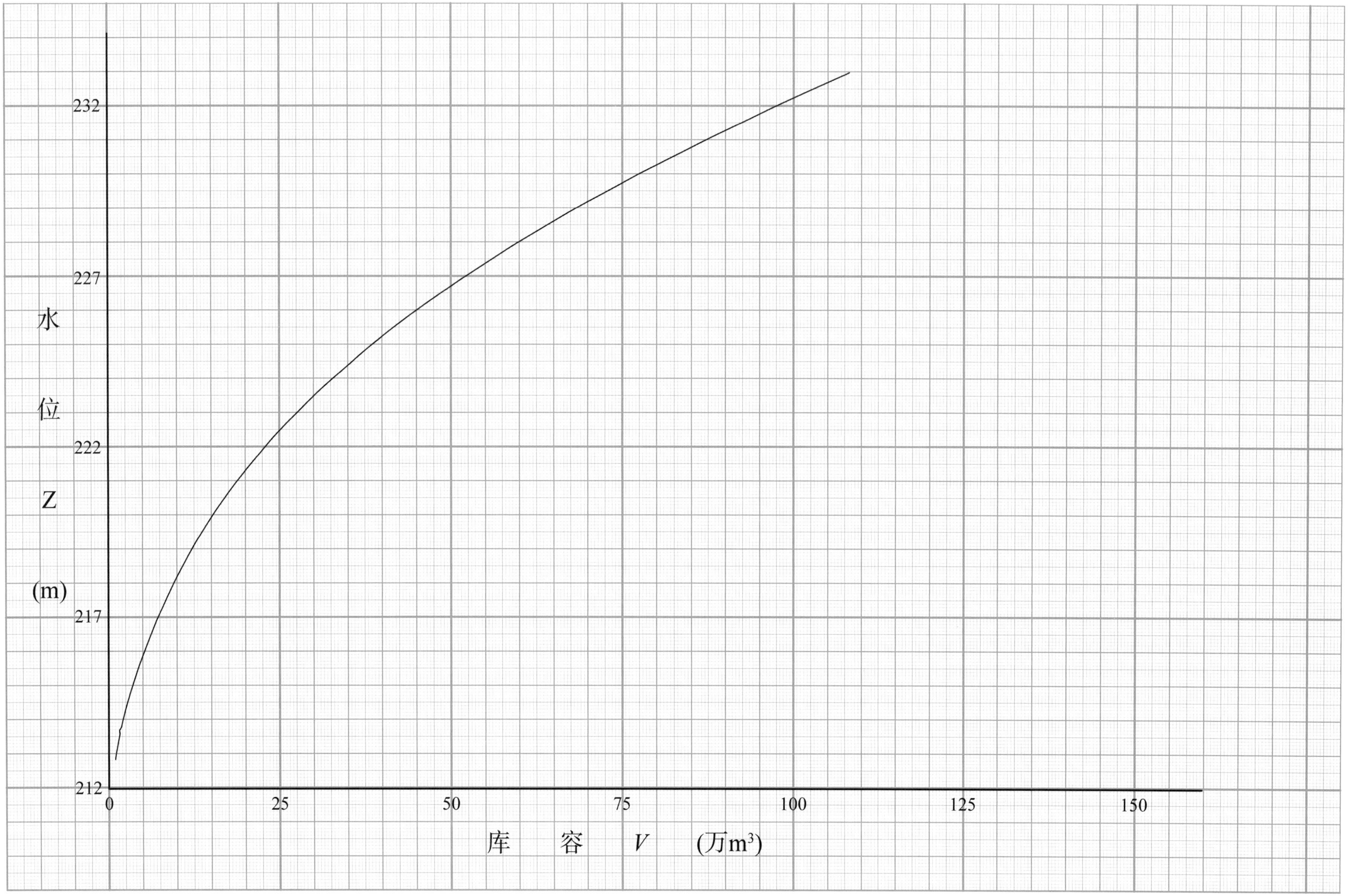

图 41-3 柴汶河东周水库水位与库容关系曲线图

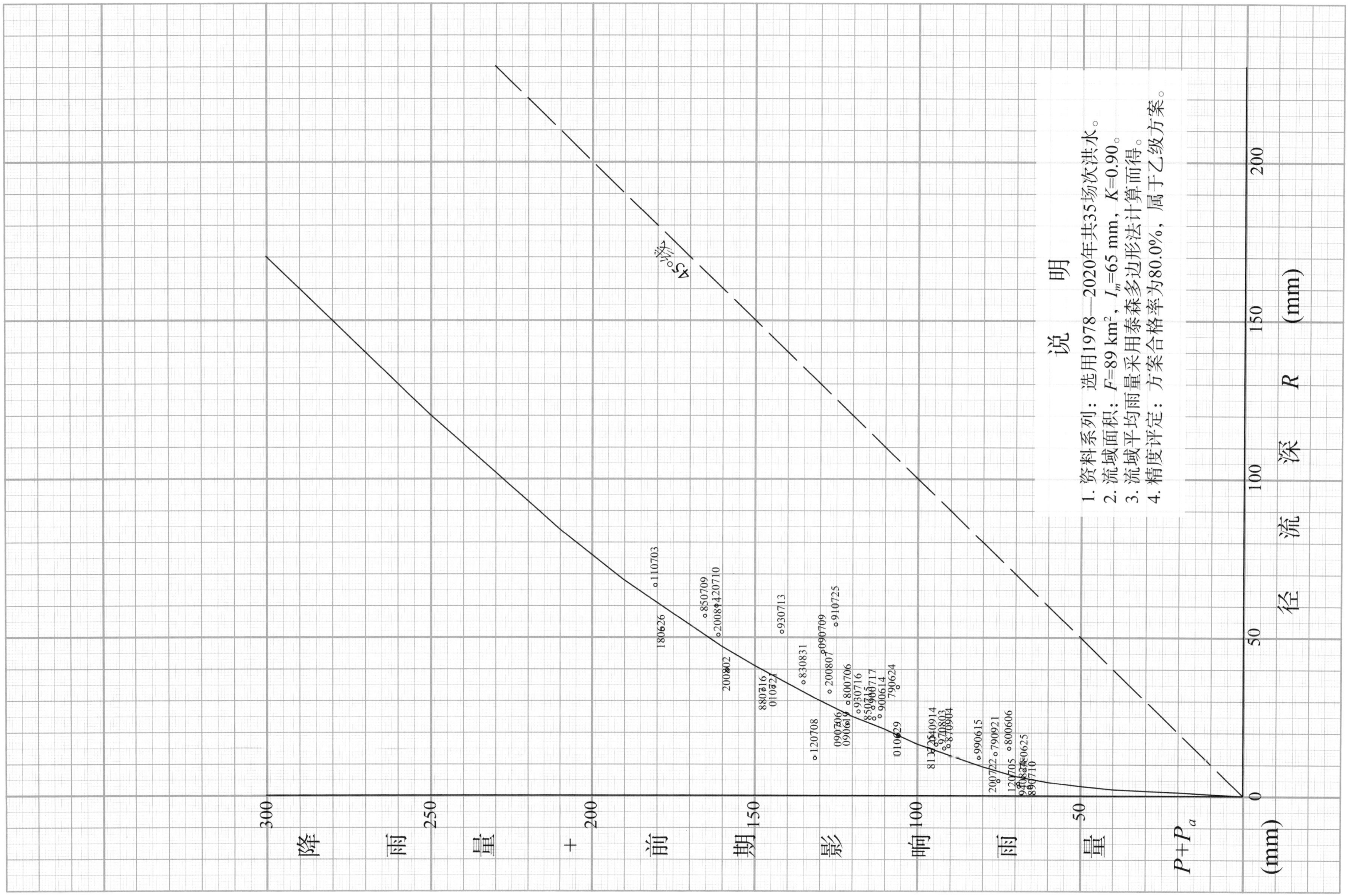

图 41-4　柴汶河东周水库站降雨径流相关图（$P+P_a$-R）

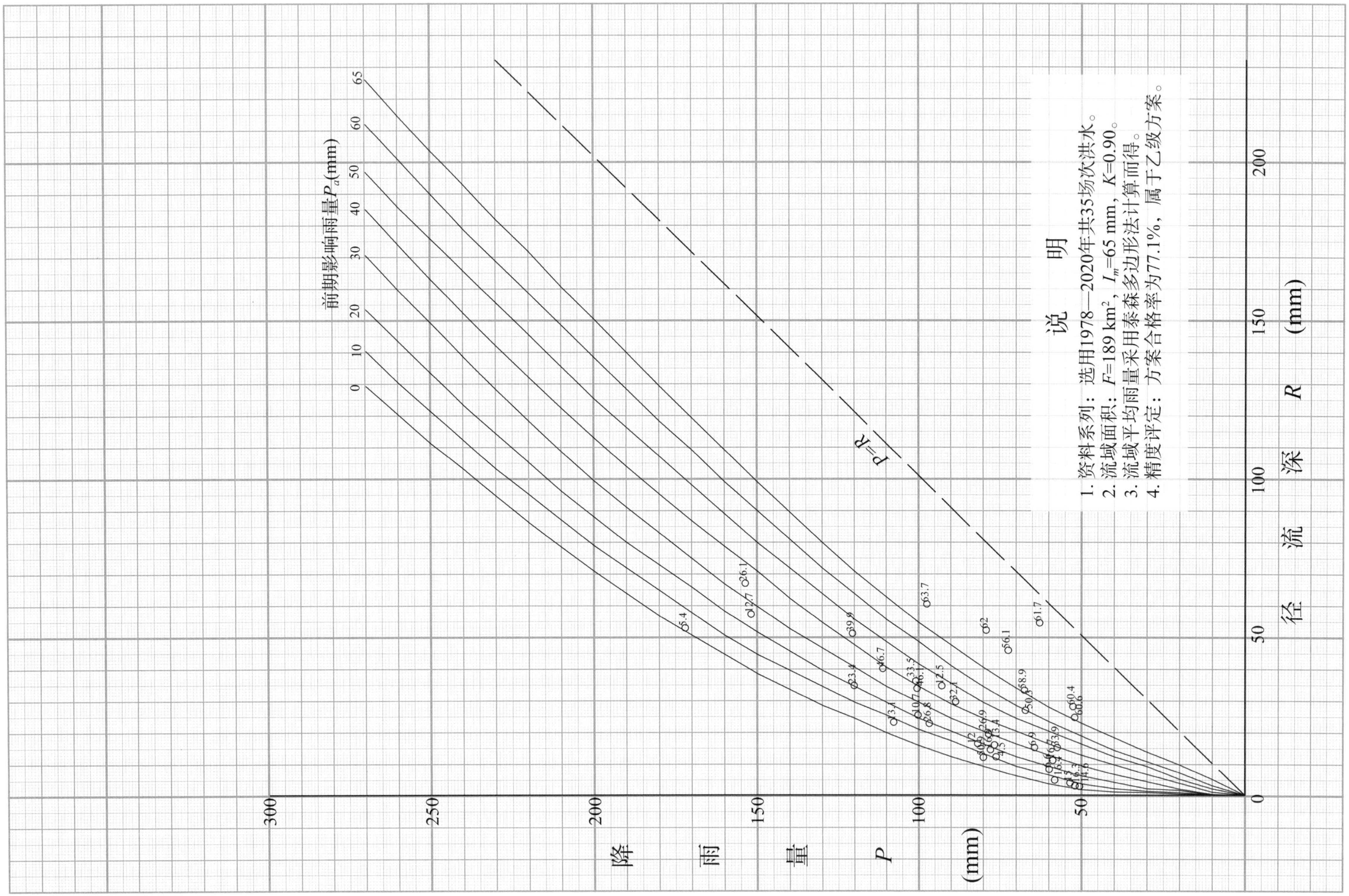

图 41-5　柴汶河东周水库站降雨径流相关图（P-P_a-R）

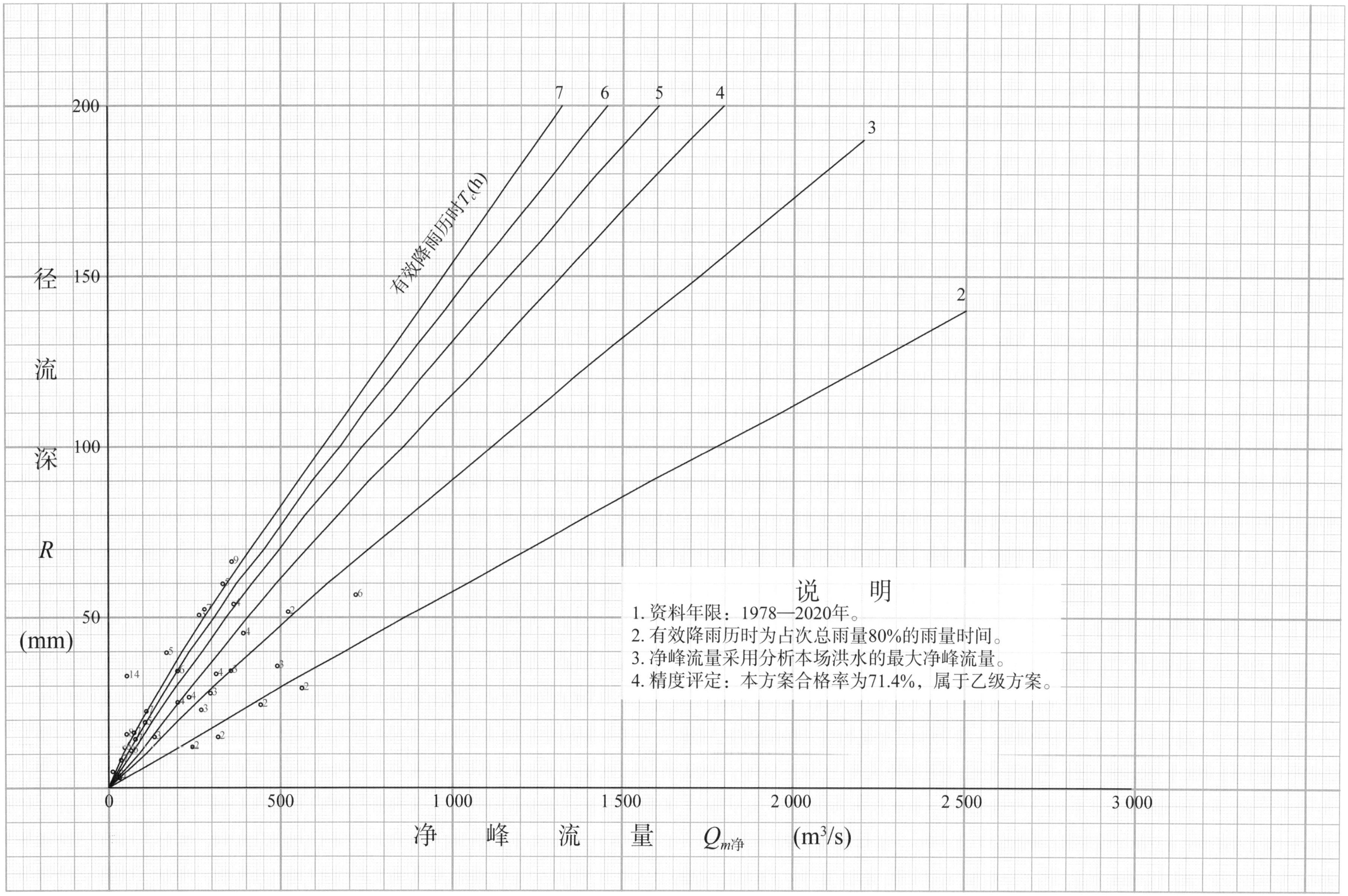

图 41-6　柴汶河东周水库站峰量关系图（R-T_c-$Q_{m净}$）

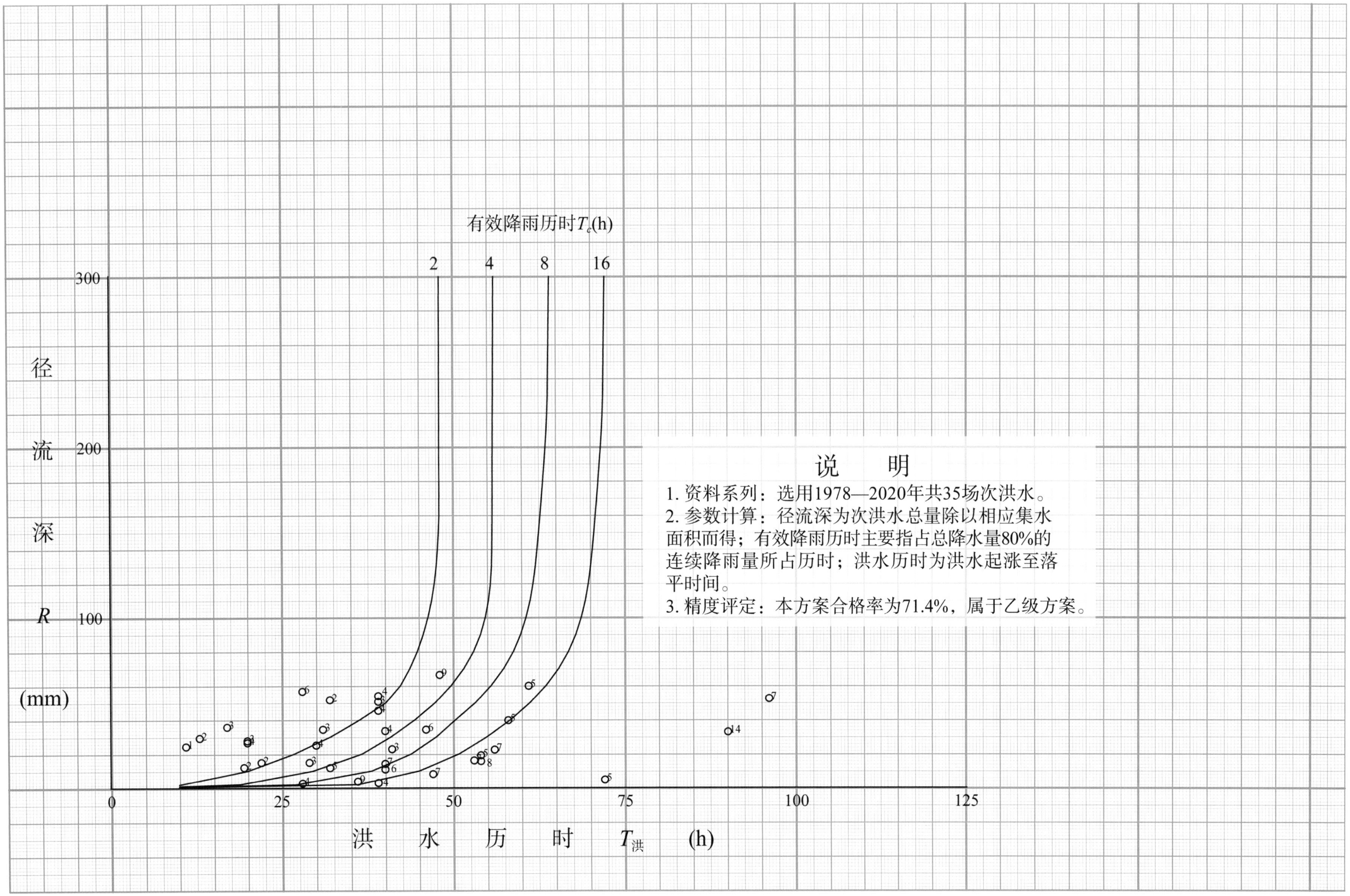

图 41-7　柴汶河东周水库站 R-T_c-$T_{洪}$ 关系图

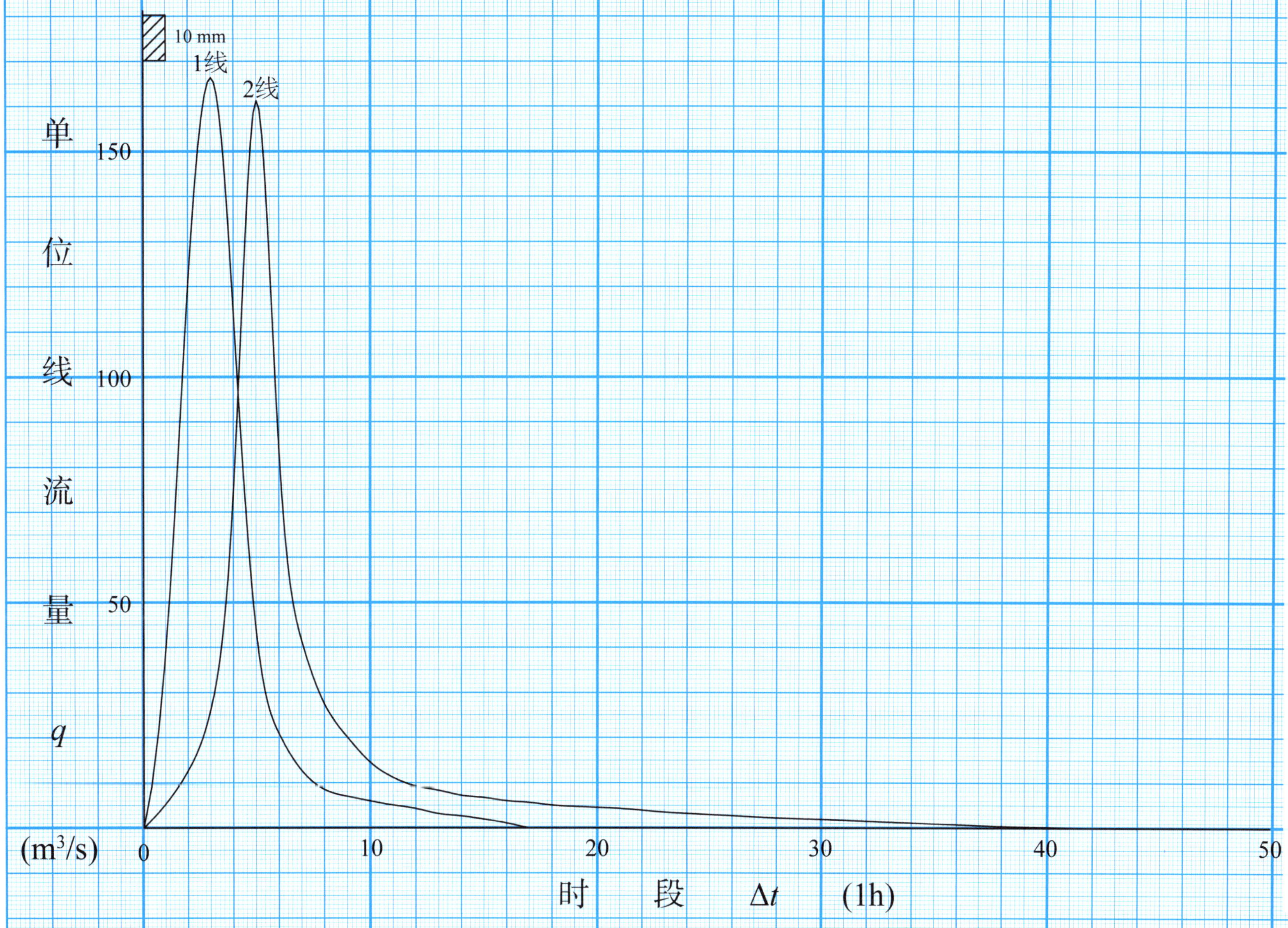

单位线成果表

F=189 km², Δt=1 h

时段	单位线流量q（m³/s）1线	2线	备注
0	0.0	0.0	
1	20	5.0	
2	140	12.0	
3	165	23.0	
4	110	55.0	
5	32.0	16.0	
6	20.0	61.0	
7	12.0	40.0	
8	8.0	26.0	
9	7.0	20.0	
10	6.0	14.0	1号线洪水原型为850715，暴雨中心偏中游，平均降雨52.1 mm，P_a=60.6 mm，降雨4 h，有效降雨历时1 h
11	5.0	11.0	
1:2	4.5	9.0	
13	3.0	8.5	
14	2.8	7.0	
15	2.0	6.9	
16	1.2	5.9	
17	0.0	5.8	
18		5.0	
19		4.8	
20		4.6	2号线洪水原型为090619，暴雨中心偏中上游，平均降雨107.8 mm，P_a=13.1 mm，降雨7 h，有效降雨历时3 h
21		4.4	
22		4.0	
23		3.5	
24		3.3	
25		3.0	
26		2.8	
27		2.5	
28		2.3	
29		2.1	
30		2.0	
31		1.8	
32		1.6	
33		1.4	
34		1.2	
35		1.0	
36		0.8	
37		0.6	
38		0.4	
39		0.3	
40		0.2	
41		0.1	
42		0.0	

图 41-8　柴汶河东周水库站单位线图

第四十二章　平阳河金斗水库站水文预报方案编制说明*

1　流域概况

1.1　流域自然地理特征

金斗水库位于黄河流域大汶河南支柴汶河支流平阳河上游、新泰市区北约 2 km 处，是一座以防洪为主，兼城市供水、农业灌溉等综合利用的重点中型水库。水库流域形状呈带状，基本上为山区，植被稀少，水土流失较重，干流平均坡度 4.65‰，坝址以上控制流域面积 88.6 km^2。

金斗水库流域属于暖温带大陆性季风气候区，雨热同期，流域内多年平均年降水量 734.4 mm，降水量年际变化较大，最大年降水量为 1 453.0 mm（1964 年），最小年降水量为 443.7 mm（1989 年）；年内分配不均，其中 6—9 月降水量占全年的 75% 左右，形成春旱、夏涝、秋后又旱的局面。年平均气温 12.6 ℃，最高气温 39.5 ℃，最低气温-21.6 ℃，全年无霜期 198 天。春、夏、秋三季以东南风为主导风向，冬季以东北风和北风为主导风向，年均风速 2.4 m/s，多年平均最大风速 14 m/s。自然灾害以旱灾为重，雹灾次于旱灾，霜冻、干热风和部分地区的涝灾也时有发生。

平阳河属雨源型河流，洪水与降雨变化规律一致，年际和季节性变化非常明显。流域地处山区，地形坡度大，植被稀少，河流源短流急，洪水过程陡涨陡落，次洪水过程持续时间较短，一般在 24 h 左右。洪水主要集中在汛期，枯水期来水较小，常常断流。建库后，多年平均最大入库洪峰流量为 135 m^3/s，其中大于 500 m^3/s 的洪水有 2 次，实测年最大入库洪峰流量为 1964 年的 974.4 m^3/s，实测年最小入库洪峰流量为 1978 年的 13.9 m^3/s。

金斗水库流域图见图 42-1。

1.2　水库工程概况

金斗水库枢纽工程包括大坝、溢洪道（闸）、放水洞三部分。水库大坝全长 653 m，坝顶宽 6 m，坝顶高程 234.20 m；溢洪道位于大坝左端，金斗水库主要工程技术指标详见表 42-1，金斗水库枢纽平面布置见图 42-2，水位与库容关系曲线见图 42-3。

金斗水库流域内建有小（1）型水库 1 座、小（2）型水库 10 座，控制流域面积 12.44 km^2，总库容 430.6 万 m^3，兴利库容 298.43 万 m^3，详见表 42-2。

表 42-1　金斗水库主要工程技术指标表

	项目	主坝
大坝	坝长（m）	653
	最大坝高（m）	19.6
	坝顶高程（m）	234.20
	坝顶宽（m）	6.0
溢洪闸	闸门型式	平板钢闸门
	堰顶高程（m）	225.10
	孔数	3
	闸门尺寸（m×m）（高×宽）	6.5×10.0
	最大泄量（m^3/s）	1 343.46
放水洞	位置	大坝左端
	型式	钢筋混凝土无压拱涵
	进口底高程（m）	220.84
	最大泄量（m^3/s）	3.6

备注：资料抄自 2013 年 6 月山东省水利厅《山东省水库资料汇编》（中型水库分册），基面高程为 1956 年黄海基面高程。

表 42-2　金斗水库流域内主要水利工程统计表

序号	水库名称	类型	流域面积 F（km^2）	总库容 V（万 m^3）	兴利库容 $V_{兴}$（万 m^3）
1	旋崮河水库	小（1）型	6	285	204
2	清泉水库	小（2）型	0.3	10.5	5.8
3	后古山水库	小（2）型	0.78	12.4	5.3
4	围场水库	小（2）型	0.7	13.2	9
5	大盘头水库	小（2）型	0.8	20.1	12.37
6	卧龙沟水库	小（2）型	0.8	13.5	11
7	胜利水库	小（2）型	0.53	16.6	13.05
8	官庄河水库	小（2）型	0.48	18.3	11.8
9	陡山峪水库	小（2）型	0.75	18.4	11.81
10	高玉铺水库	小（2）型	0.5	10	6.3
11	黄山沟水库	小（2）型	0.8	12.6	8
合计			12.44	430.6	298.43

1.3　测站概况

金斗水库水文站设立于 1962 年 6 月 1 日，1965 年 12 月停测，1969 年 6 月 1 日恢复，

1986 年 1 月 1 日撤销。金斗水库水文站概况详见表 42-3。

金斗水库站属区域代表站，测验任务有库内水位、出库流量、降水量、冰情等，该站还担负着向国家防总，省、市防指提供水情、雨情等报汛工作的任务。

金斗水库流域内设有雨量站 4 处：金斗水库、北马庄、前孤山、旋崮河水库雨量站，详见表 42-4。

该站冻结基面高程+60.28 m=1956 年黄海基面高程。

表 42-3　金斗水库水文站概况说明表

<table>
<tr><td rowspan="7">测站沿革</td><td>设立或变动</td><td>发生年月</td><td>站名</td><td>站别</td><td>领导机关</td><td>说明</td></tr>
<tr><td>设立</td><td>1962 年 6 月</td><td>金斗水库</td><td>水文</td><td>山东省水利厅</td><td>集水面积 87.0 km²</td></tr>
<tr><td>领导关系转移</td><td>1964 年 1 月</td><td>金斗水库</td><td>水文</td><td>山东省水文总站</td><td>集水面积 87.0 km²</td></tr>
<tr><td>停测</td><td>1965 年 12 月</td><td>金斗水库</td><td>水文</td><td>山东省水文总站</td><td>集水面积 89.4 m²，重新量算</td></tr>
<tr><td>恢复</td><td>1969 年 6 月</td><td>金斗水库</td><td>水文</td><td>山东省水文总站</td><td>集水面积 89.4 m²</td></tr>
<tr><td>集水面积变动</td><td>1971 年 1 月</td><td>金斗水库</td><td>水文</td><td>山东省水文总站</td><td>集水面积 88.6 km²，重新量算</td></tr>
<tr><td>撤销</td><td>1986 年 1 月</td><td>金斗水库</td><td>水文</td><td>山东省水文总站</td><td></td></tr>
<tr><td rowspan="2">断面及主要测验设施布设情况</td><td colspan="2">名称</td><td colspan="2">位置</td><td>布设年月</td><td>使用情况</td></tr>
<tr><td colspan="2">基本水尺断面（坝上）</td><td colspan="2">大坝西头</td><td>1962 年 6 月</td><td>兼放水洞测流断面</td></tr>
</table>

表 42-4　金斗水库流域内雨量站情况表

站名	设站年份	详细地址
金斗水库	1962 年	山东省新泰市青云街道金斗水库
北马庄	2011 年	山东省新泰市青云街道北马庄村
前孤山	2018 年	山东省新泰市青云街道前孤山村
旋崮河水库	2018 年	山东省新泰市青云街道旋崮河水库

2　预报方案编制

金斗水库上游均为小型水库汇入金斗水库断面，因此预报区间确定为 88.6 km²。

2.1　资料情况及方案沿革

2.1.1　资料情况

本次分析选用实测资料年限为 22 年（1964—1985 年），共计 25 场次降雨洪水资料。本方案涵盖了大、中、小洪水资料，满足了方案编制规范的要求。

2.1.2　方案沿革

本次为新编制洪水预报方案。产流方案采用降雨径流相关图；汇流方案采用峰量关系图、径流深与洪水历时相关曲线及经验单位线，单位线由时段单位线计算而得，时段长为 1 h。

2.2　产流方案

产流方案采用分析计算的 25 个点据，分别绘制出降雨径流相关图 $P+P_a-R$ 和 $P-P_a-R$，详见图 42-4 和图 42-5。其中：P 为次降雨流域平均雨量（mm）；P_a 为流域平均前期影响雨量（mm）；R 为次降雨所产生的径流深（mm）。

2.2.1　主要参数的计算

2.2.1.1　流域平均雨量 P 的计算

流域平均雨量采用金斗水库、北马庄、前孤山、旋崮河水库 4 站雨量，采用算术平均法计算求得。

2.2.1.2　流域平均前期影响雨量 P_a 的计算

选取汛前长时间连续无降雨（约一个多月）的日期开始连续计算，首先计算流域平均雨量，然后计算前期影响雨量 P_a，其计算公式如下：

$$P_{a,\ t+1} = K(P_{a,\ t} + P_t)$$

式中：$P_{a,t+1}$ 为第 t+1 日的前期影响雨量（mm）；$P_{a,t}$ 为第 t 日的前期影响雨量（mm）；P_t 为第 t 日的流域平均雨量（mm）；K 为前期影响雨量递减系数。

2.2.1.3　最大初损值 I_m 和 K 值的确定

本次选择久旱少雨和突降大雨产生径流较小的洪水。选取 5 场洪水分析计算，得出 I_m 值在 60~70 mm，经综合分析，确定 I_m 为 65 mm。

$$I_m = P + P_a - R - E$$

式中：P 为流域平均降雨量（mm）；P_a 为前期影响雨量（mm）；R 为径流深（mm）；E 为雨间蒸发量（mm），借用降雨日的东周水库站日蒸发量。

考虑流域特性，金斗水库距离东周水库较近，流域地形相似，因此选用东周水库站蒸发资料 E_m=6.5 mm，根据 $K=1-E_m/I_m$ 得出 K=0.90。

在分析逐日前期影响雨量递减系数 K 时，考虑到白天、夜间蒸发损失不同，把每日的折减损失量按照黄金分割进行划分，白天乘以 0.618 并按时段划分，夜间乘以 0.382 并按时段划分，分别计算出各时段的前期影响雨量。

2.2.1.4　径流深 R 的推求

在一次洪水过程线上采用斜线分割法切除基流，本次洪水径流深 R 等于洪水总量 W（扣除基流量）除以集水面积 F 而得。其中，流域面积 $F_{全}$=88.6 km²。金斗水库水文站降雨径流分析成果见表 42-5。

2.2.1.5　有效降雨历时 T_c 和洪峰滞时 t_p 的确定

有效降雨历时 T_c 采取占总降雨量 80% 的降雨连续时段数，即形成地表径流的净雨小时数。

洪峰滞时 t_p 为最大时段平均降雨量到断面洪峰出现的时距。

2.2.1.6　暴雨中心位置的确定

根据流域特性和代表站分布情况一般是：北马庄站为上游区；金斗水库站为下游区。

2.2.2　精度评定

按许可误差=20%实测值的标准（并当许可误差大于 20.0 mm 时以 20.0 mm 为上限，小于 3.0 mm 时以 3.0 mm 为下限）进行逐次洪水评定。

$P+P_a-R$ 相关图共选用 25 个点据，18 个合格，合格率为 72.0%，属于乙级方案，详见表 42-6；$P-P_a-R$ 相关图共选用 25 个点据，18 个合格，合格率为 72.0%，属于乙级方案，详见表 42-7。

2.2.3　突出点分析

830831 场次洪水实测径流深偏小，其主要原因是前期干旱，前期影响雨量 P_a 值小。

2.3　汇流方案

汇流方案主要采用峰量关系图、径流深与洪水历时相关曲线和经验单位线方法。

2.3.1　峰量关系曲线 $R-T_c-Q_m$

以有效降雨历时 T_c 作为参数，建立峰量关系曲线 $R-T_c-Q_m$。其中，R 为一次降雨径流深，由次洪水总量除以相应集水面积所得；T_c 为有效降雨历时；Q_m 为一次降雨过程所产生的洪峰流量。

根据对 1964—1985 年 25 个洪水点据的分析，通过点群中心并照顾同一 R 值的 Q_m 逐渐减少的趋势定线，$R-T_c-Q_m$ 关系图见图 42-6。

精度评定：按许可误差 = 20% 实测值的标准进行逐次洪水评定。本方案共选用 1964—1985 年 25 个点据，18 个合格，合格率为 72.0%，属于乙级方案，详见表 42-8。

2.3.2　径流深与洪水历时相关曲线 $R-T_c-T_{洪}$

以有效降雨历时 T_c 作为参数，建立径流深与洪水历时相关曲线 $R-T_c-T_{洪}$。根据 1964—1985 年 25 个洪水历时点据分析定线。通过点群中心并照顾同一 R 值的 $T_{洪}$ 逐渐增大的趋势定线，绘制了 $T_c=2$ h、$T_c=4$ h、$T_c=8$ h 及 $T_c=16$ h 四条曲线，其余时间插补，详见图 42-7。

精度评定：按许可误差=30%实测值的标准（并当许可误差小于 3 h 时以 3 h 为下限）进行逐次洪水评定。本方案共选用 1964—1985 年 25 个点据，19 个合格，合格率为 76.0%，属于乙级方案，详见表 42-9。

2.3.3　经验单位线

根据 750728 场次洪水资料分析出金斗水库水文站 1 条单位线，Δt 取 1 h。由于该流域面积较小，经综合分析，该单位线适用于不同的暴雨中心。金斗水库水文站单位线图见图 42-8。

3　方案使用说明

3.1　径流深预报

首先计算出流域平均降雨量和流域平均前期影响雨量，再根据降雨径流关系图 $P+P_a-R$ 和 $P-P_a-R$ 的查算结果进行综合分析，确定地表径流深 R 的预报值。

3.2　最大入库洪峰流量预报

3.2.1　查 $R-T_c-Q_m$ 图

根据 R，T_c 查询 $R-T_c-Q_m$ 关系曲线得到 Q_m，当 T_c 介于两条关系曲线之间时，首先查出两条曲线对应 Q_m 的数值，然后进行插补；当 T_c 大于 14 h 或者小于 2 h 时，根据最近两条关系线插补外延。

3.2.2　查 $R-T_c-T_{洪}$ 图

根据 R，T_c 查询 $R-T_c-T_{洪}$ 关系曲线得到 $T_{洪}$，当 T_c 介于两条关系曲线之间时，首先查出两条曲线对应 $T_{洪}$ 的数值，然后进行插补；当 T_c 大于 16 h 或者小于 2 h 时，根据最近两条关系线插补外延。

3.2.3　经验单位线法

由次雨径流深 R、时段降雨量采用扣损法得到各时段净雨，然后选择单位线，各时段净雨错时段与 0.1 倍的单位线各时段流量相乘，同时段流量相加，再加上基流量即为入库流量过程。最大入库洪峰流量及其出现时间即可得到。

3.3　入库洪水总量预报

根据公式 $W=0.1FR$，得到入库洪水总量 W。

3.4　方案合理性检查及评定

在方案建立过程中，随时根据规范要求及有关文件规定进行合理性检查，特别对突出点据从原始资料反复查对，对中间处理过程也进行了认真审查，发现不合理的问题基本上都做了检查改正。方案建立后，先从线形进行比较，防止出现矛盾现象，然后对每个方案尽量根据规范规定采用表格形式进行了精度评定（用许可误差法）。其中，$P+P_a-R$ 相关图合格率为 72.0%，属乙级方案；$P-P_a-R$ 相关图合格率为 72.0%，属乙级方案；$R-T_c-Q_m$ 相关图合格率为 72.0%，属乙级方案；$R-T_c-T_{洪}$ 相关图合格率为 76.0%，属乙级方案。综合来说，本方案属于乙级方案。

3.5　方案适应能力

本方案适用于防洪标准以下的洪水作业预报。如遇超标准洪水，则需根据当时具体情况酌情修正。

3.6　注意事项

（1）方案的制作未考虑上游小水库、塘坝的影响，作业预报时也要根据前期降雨情况进行适当修正。

（2）应随时掌握上游工程蓄水及泄洪情况，要根据实际情况对预报值进行及时修正。

（3）局部暴雨时要注意超渗产流，可适当将查算的 R 值加大；久旱初雨时产流偏小，应适当修正所查 R 值。

总之，由于影响因素太多，本方案不能完全反映实际情况，因而不能照搬，应具体问题具体分析，采用多种方法，考虑各种因素进行综合分析，从而确定采用的预报值。

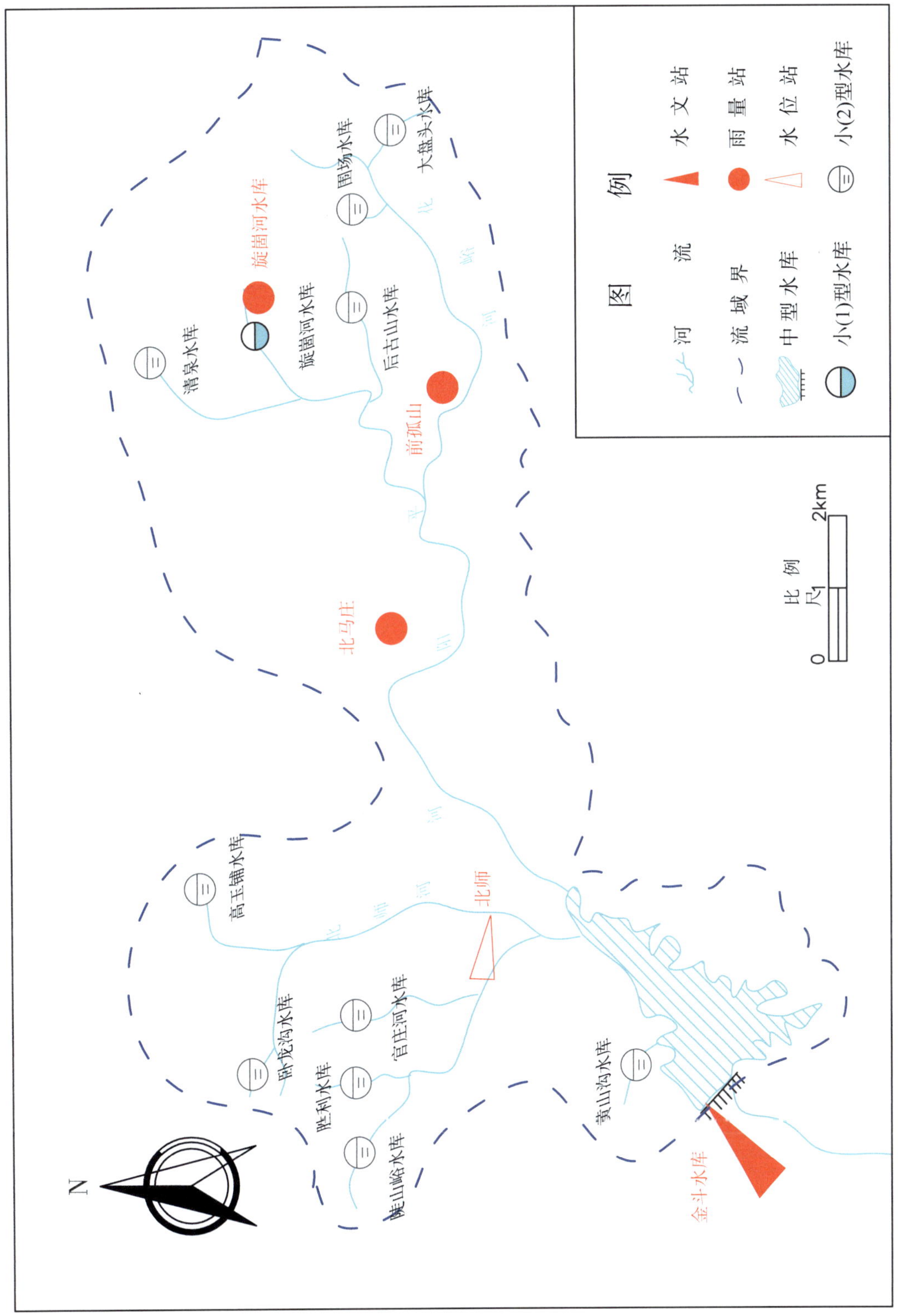

图 42-1　平阳河金斗水库流域图

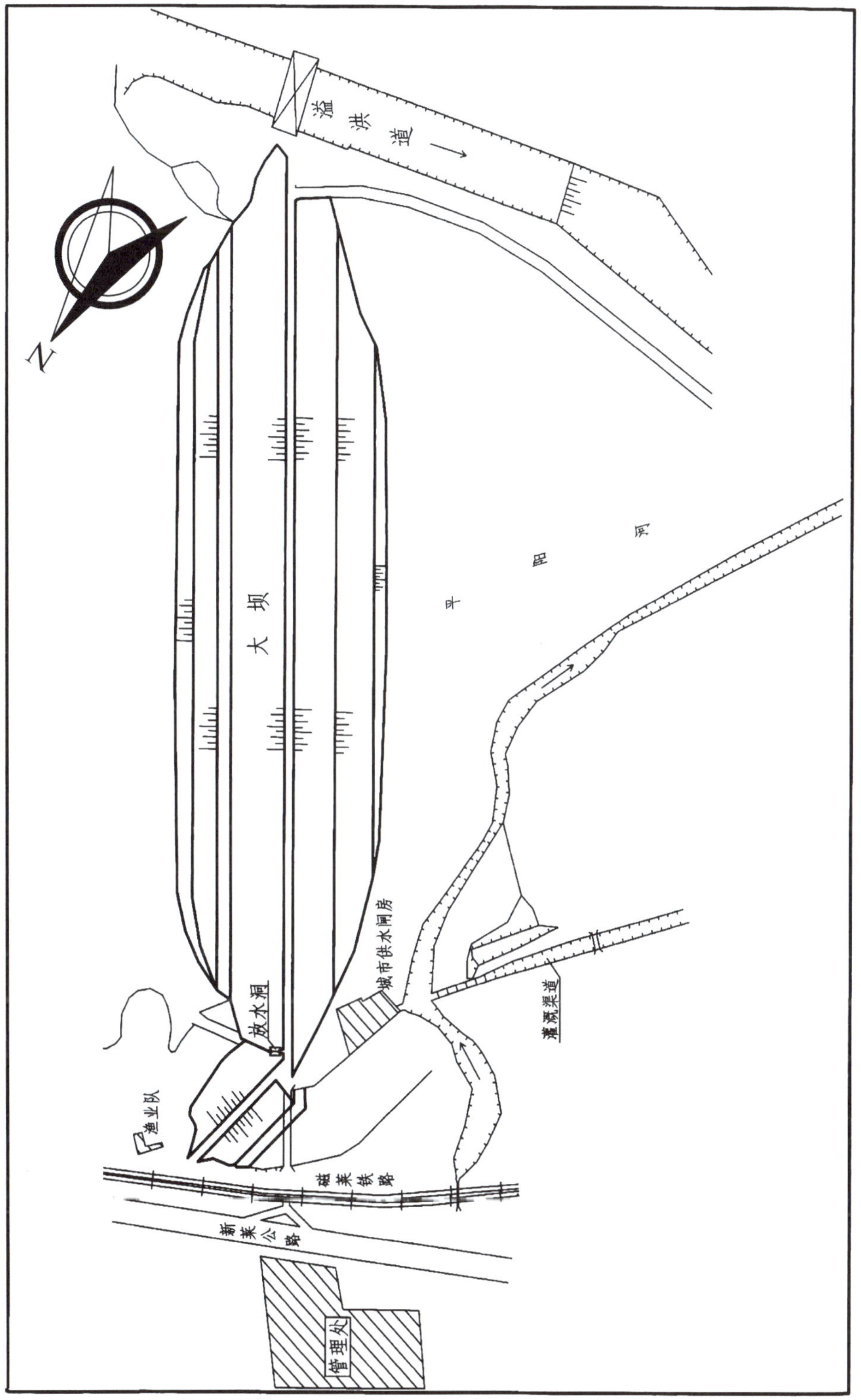

图 42-2　平阳河金斗水库枢纽平面布置图

表 42-5　平阳河金斗水库站降雨径流分析成果表

序号	洪号	降雨起止时间			流域平均雨量 P（mm）	前期影响雨量 P_a（mm）	$P+P_a$（mm）	降雨历时（h）		暴雨中心位置	洪水起止时间			洪水总历时 $T_{洪}$（h）	洪峰流量 Q_m（m^3/s）	地表径流量 W（万 m^3）	总集水面积 $F_{总}$（km^2）	径流深 R（m）	径流系数 α
		年	起	止				全部 T	有效 T_c		起涨	峰顶	落平						
1	640912	1964	9月12日5：00	9月12日14：00	129.7	43.9	173.6	9	6	下游	9月12日05：00	9月12日11：00	9月13日02：00	21	974.4	703	88.6	79.3	0.61
2	650709	1965	7月9日7：00	7月10日0：00	101.3	38.3	139.6	17	7	下游	7月9日07：00	7月9日18：00	7月11日08：00	49	183.3	289	88.6	32.6	0.32
3	700723	1970	7月22日20：00	7月23日5：00	60.7	59.7	120.4	9	5	下游	7月22日20：00	7月23日00：00	7月24日08：00	36	62.5	250	88.6	28.2	0.46
4	710710	1971	7月9日17：00	7月10日10：00	51.6	52.9	104.5	17	8	普雨	7月9日17：00	7月10日02：00	7月11日08：00	39	88.9	203	88.6	22.9	0.44
5	710822	1971	8月21日13：00	8月22日3：00	52.0	48.4	100.4	14	6	普雨	8月21日14：00	8月22日08：00	8月24日20：00	78	25.7	160	88.6	18.1	0.35
6	740801	1974	8月1日1：00	8月1日15：00	83.4	54.0	137.4	14	5	上游	8月1日02：00	8月1日12：00	8月3日08：00	54	344.4	380	88.6	42.9	0.51
7	740813	1974	8月13日6：00	8月13日21：00	78.9	48.7	127.6	15	8	普雨	8月13日06：00	8月13日14：42	8月15日02：00	44	131.0	359	88.6	40.5	0.51
8	740827	1974	8月27日9：00	8月27日14：00	47.6	32.8	80.4	5	1	下游	8月27日09：00	8月27日10：54	8月28日01：00	16	116.7	89	88.6	10.0	0.21
9	750728	1975	7月28日18：00	7月28日21：00	68.7	53.5	122.2	3	1	上游	7月28日18：00	7月28日20：30	7月29日20：00	26	605.6	298	88.6	33.6	0.49
10	760728	1976	7月28日12：00	7月28日18：00	31.4	49.0	80.4	6	3	上游	7月28日12：00	7月28日16：00	7月29日08：00	20	197.2	150	88.6	16.9	0.54
11	770720	1977	7月19日15：00	7月20日4：00	62.4	45.6	108.0	13	5	下游	7月19日16：00	7月20日05：12	7月21日08：00	40	67.1	92	88.6	10.4	0.17
12	780625	1978	6月25日7：00	6月25日19：00	66.1	11.0	77.1	12	5	下游	6月25日08：00	6月25日20：00	6月28日08：00	72	13.9	74	88.6	8.3	0.13
13	790624	1979	6月23日19：00	6月24日4：00	72.4	27.5	99.9	9	5	普雨	6月23日20：00	6月24日04：30	6月25日02：00	30	66.7	130	88.6	14.7	0.20
14	790717	1979	7月17日17：00	7月17日23：00	55.5	40.9	96.4	6	4	普雨	7月17日18：00	7月17日20：00	7月18日20：00	26	72.2	118	88.6	13.3	0.24
15	790921	1979	9月20日7：00	9月21日6：00	75.7	18.8	94.5	23	7	下游	9月20日08：00	9月21日02：00	9月21日18：00	34	83.3	165	88.6	18.6	0.25
16	800606	1980	6月6日15：00	6月7日1：00	91.3	11.7	103.0	10	4	普雨	6月6日16：00	6月6日22：00	6月8日08：00	40	76.4	208	88.6	23.5	0.26
17	800706	1980	7月6日17：00	7月6日22：00	47.6	36.8	84.4	5	2	下游	7月6日18：00	7月6日21：00	7月7日08：00	14	233.3	167	88.6	18.8	0.39
18	800904	1980	9月4日4：00	9月4日11：00	66.2	18.0	84.2	7	4	普雨	9月4日05：00	9月4日12：42	9月5日20：00	39	98.7	154	88.6	17.4	0.26
19	810726	1981	7月25日7：00	7月26日3：00	62.5	31.2	93.7	20	8	下游	7月25日08：00	7月26日00：00	7月27日12：00	52	33.3	123	88.6	13.9	0.22
20	830727	1983	7月27日16：00	7月27日20：00	53.9	17.4	71.3	4	2	下游	7月27日17：00	7月27日20：00	7月28日20：00	27	94.4	92	88.6	10.4	0.19
21	830831	1983	8月31日12：00	8月31日17：00	68.4	19.7	88.1	5	4	下游	8月31日12：00	8月31日16：00	9月1日08：00	20	41.7	78	88.6	8.8	0.13
22	840707	1984	7月6日19：00	7月7日13：00	61.9	34.3	96.2	18	9	普雨	7月6日19：00	7月7日11：30	7月8日20：00	49	17.5	116	88.6	13.1	0.21
23	850709	1985	7月9日1：00	7月9日12：00	120.3	20.5	140.8	11	4	上游	7月9日02：00	7月9日11：00	7月10日20：00	42	340.3	367	88.6	41.4	0.34
24	850711	1985	7月11日4：00	7月11日21：00	79.6	59.3	138.9	17	13	普雨	7月11日04：00	7月11日18：12	7月12日21：00	41	266.0	431	88.6	48.7	0.61
25	850821	1985	8月20日23：00	8月21日11：00	73.1	25.8	98.9	12	4	上游	8月21日00：00	8月21日09：00	8月22日08：00	32	116.7	199	88.6	22.5	0.31

表 42-6　平阳河金斗水库站 $P+P_a-R$ 精度评定表

序号	洪号	$P+P_a$（mm）	径流深（mm）		预报误差（mm）	许可误差（mm）	评定结果	
			实测 $R_实$	预报 $R_预$			合格	不合格
1	640912	173.6	79.3	69.7	-9.6	15.9	√	
2	650709	139.6	32.6	40.9	8.3	6.5		√
3	700723	120.4	28.2	28.6	0.4	5.6	√	
4	710710	104.5	22.9	19.8	-3.1	4.6	√	
5	710822	100.4	18.1	17.7	-0.4	3.6	√	
6	740801	137.4	42.9	39.5	-3.4	8.6	√	
7	740813	127.6	40.5	33.0	-7.5	8.1	√	
8	740827	80.4	10.0	10.2	0.2	3.0	√	
9	750728	122.2	33.6	29.7	-3.9	6.7	√	
10	760728	80.4	16.9	10.2	-6.7	3.4		√
11	770720	108.0	10.4	21.6	11.2	3.0		√
12	780625	77.1	8.3	9.5	1.2	3.0	√	
13	790624	99.9	14.7	17.5	2.8	3.0	√	
14	790717	96.4	13.3	16.1	2.8	3.0	√	
15	790921	94.5	18.6	15.3	-3.3	3.7	√	
16	800606	103.0	23.5	19.0	-4.5	4.7	√	
17	800706	84.4	18.8	11.6	-7.2	3.8		√
18	800904	84.2	17.4	11.5	-5.9	3.5		√
19	810726	93.7	13.9	15.0	1.1	3.0	√	
20	830727	71.3	10.4	8.3	-2.1	3.0	√	
21	830831	88.1	8.8	12.9	4.1	3.0		√
22	840707	96.2	13.1	16.0	2.9	3.0	√	
23	850709	140.8	41.4	41.8	0.4	8.3	√	
24	850711	138.9	48.7	40.5	-8.2	9.7	√	
25	850821	98.9	22.5	17.1	5.4	4.5		√

备注：共选取 1964—1985 年 25 个点据，合格 18 个，不合格 7 个，合格率为 72.0%，为乙级方案。

表 42-7　平阳河金斗水库站 $P-P_a-R$ 精度评定表

序号	洪号	降雨量 P（mm）	前期影响雨量 P_a（mm）	径流深（mm）		预报误差（mm）	许可误差（mm）	评定结果	
				实测 $R_实$	预报 $R_预$			合格	不合格
1	640912	129.7	43.9	79.3	63.4	-15.9	15.9	√	
2	650709	101.3	38.3	32.6	39.0	6.4	6.5	√	
3	700723	60.7	59.7	28.2	28.5	0.3	5.6	√	
4	710710	51.6	52.9	22.9	19.5	-3.4	4.6	√	
5	710822	52.0	48.4	18.1	17.6	-0.5	3.6	√	
6	740801	83.4	54.0	42.9	39.7	-3.2	8.6	√	
7	740813	78.9	48.7	40.5	33.0	-7.5	8.1	√	
8	740827	47.6	32.8	10.0	10.6	0.6	3.0	√	
9	750728	68.7	53.5	33.6	29.8	-3.8	6.7	√	
10	760728	31.4	49.0	16.9	8.3	-8.6	3.4		√
11	770720	62.4	45.6	10.4	21.6	11.2	3.0		√
12	780625	66.1	11.0	8.3	10.4	2.1	3.0	√	
13	790624	72.4	27.5	14.7	18.7	4.0	3.0		√
14	790717	55.5	40.9	13.3	16.0	2.7	3.0	√	
15	790921	75.7	18.8	18.6	16.2	-2.4	3.7	√	
16	800606	91.3	11.7	23.5	19.1	-4.4	4.7	√	
17	800706	47.6	36.8	18.8	11.5	-7.3	3.8		√
18	800904	66.2	18.0	17.4	12.5	-4.9	3.5		√
19	810726	62.5	31.2	13.9	16.0	2.1	3.0	√	
20	830727	53.9	17.4	10.4	8.5	-1.9	3.0	√	
21	830831	68.4	19.7	8.8	13.8	5.0	3.0		√
22	840707	61.9	34.3	13.1	16.7	3.6	3.0		√
23	850709	120.3	20.5	41.4	38.1	-3.3	8.3	√	
24	850711	79.6	59.3	48.7	41.2	-7.5	9.7	√	
25	850821	73.1	25.8	22.5	18.2	-4.3	4.5	√	

备注：共选取 1964—1985 年 25 个点据，合格 18 个，不合格 7 个，合格率为 72.0%，为乙级方案。

表 42-8　平阳河金斗水库站 R-T_c-Q_m 精度评定表

序号	洪号	$R_{实}$（mm）	有效降雨历时 T_c（h）	实测洪峰流量 $Q_{m实}$（m^3/s）	预报洪峰流量 $Q_{m预}$（m^3/s）	预报误差（m^3/s）	许可误差（m^3/s）	评定结果	
								合格	不合格
1	640912	79.3	6	974.4	780.2	-194.2	194.9	√	
2	650709	32.6	7	183.3	180.9	-2.4	36.7	√	
3	700723	28.2	5	62.5	176.7	114.2	12.5		√
4	710710	22.9	8	88.9	90.3	1.4	17.8	√	
5	710822	18.1	6	25.7	82.3	56.6	5.1		√
6	740801	42.9	5	344.4	337.3	-7.1	68.9	√	
7	740813	40.5	8	131.0	224.5	93.5	26.2		√
8	740827	10.0	1	116.7	132.5	15.8	23.3	√	
9	750728	33.6	1	605.6	651.0	45.4	121.1	√	
10	760728	16.9	3	197.2	158.2	-39.0	39.4	√	
11	770720	10.4	5	67.1	47.1	-20.0	13.4		√
12	780625	8.3	5	13.9	37.1	23.2	2.8		√
13	790624	14.7	5	66.7	72.8	6.2	13.3	√	
14	790717	13.3	4	72.2	73.8	1.6	14.4	√	
15	790921	18.6	7	83.3	74.0	-9.3	16.7	√	
16	800606	23.5	4	76.4	148.9	72.5	15.3		√
17	800706	18.8	2	233.3	251.2	17.9	46.7	√	
18	800904	17.4	4	98.7	99.6	0.9	19.7	√	
19	810726	13.9	8	33.3	39.5	6.2	6.7	√	
20	830727	10.4	2	94.4	112.6	18.2	18.9	√	
21	830831	8.8	4	41.7	46.6	4.9	8.3	√	
22	840707	13.1	9	17.5	33.6	16.1	3.5		√
23	850709	41.4	4	340.3	348.2	7.9	68.1	√	
24	850711	48.7	13	266.0	226.0	-40.0	53.2	√	
25	850821	22.5	4	116.7	139.5	22.8	23.3	√	

备注：共选取 1964—1985 年 25 个点据，合格 18 个，不合格 7 个，合格率为 72.0%，为乙级方案。

表 42-9　平阳河金斗水库站 R-T_c-$T_{洪}$ 精度评定表

序号	洪号	$R_{实}$（mm）	有效降雨历时 T_c（h）	实测洪水总历时 $T_{洪实}$（h）	预报洪水总历时 $T_{洪预}$（h）	预报误差（h）	许可误差（h）	评定结果	
								合格	不合格
1	640912	79.3	6	21	55.8	34.8	6.3		√
2	650709	32.6	7	49	46.3	-2.7	14.7	√	
3	700723	28.2	5	36	41.6	5.6	10.8	√	
4	710710	22.9	8	39	43.8	4.8	11.7	√	
5	710822	18.1	6	78	38.2	-39.8	23.4		√
6	740801	42.9	5	54	46.7	-7.3	16.2	√	
7	740813	40.5	8	44	50.5	6.5	13.2	√	
8	740827	10.0	1	16	17.0	1.0	4.8	√	
9	750728	33.6	1	26	32.5	6.5	7.8	√	
10	760728	16.9	3	20	30.9	10.9	6.0		√
11	770720	10.4	5	40	28.3	-11.7	12.0	√	
12	780625	8.3	5	72	23.3	-48.7	21.6		√
13	790624	14.7	5	30	34.1	4.1	9.0	√	
14	790717	13.3	4	26	30.6	4.6	7.8	√	
15	790921	18.6	7	34	40.0	6.0	10.2	√	
16	800606	23.5	4	40	38.1	-1.9	12.0	√	
17	800706	18.8	2	14	29.0	15.0	4.2		√
18	800904	17.4	4	39	34.7	-4.3	11.7	√	
19	810726	13.9	8	52	37.7	-14.3	15.6	√	
20	830727	10.4	2	27	20.5	-6.5	8.1	√	
21	830831	8.8	4	20	22.9	2.9	6.0	√	
22	840707	13.1	9	49	37.8	-11.2	14.7	√	
23	850709	41.4	4	42	44.8	2.8	12.6	√	
24	850711	48.7	13	41	57.8	16.8	12.3		√
25	850821	22.5	4	32	37.7	5.7	9.6	√	

备注：共选取 1964—1985 年 25 个点据，合格 19 个，不合格 6 个，合格率为 76.0%，为乙级方案。

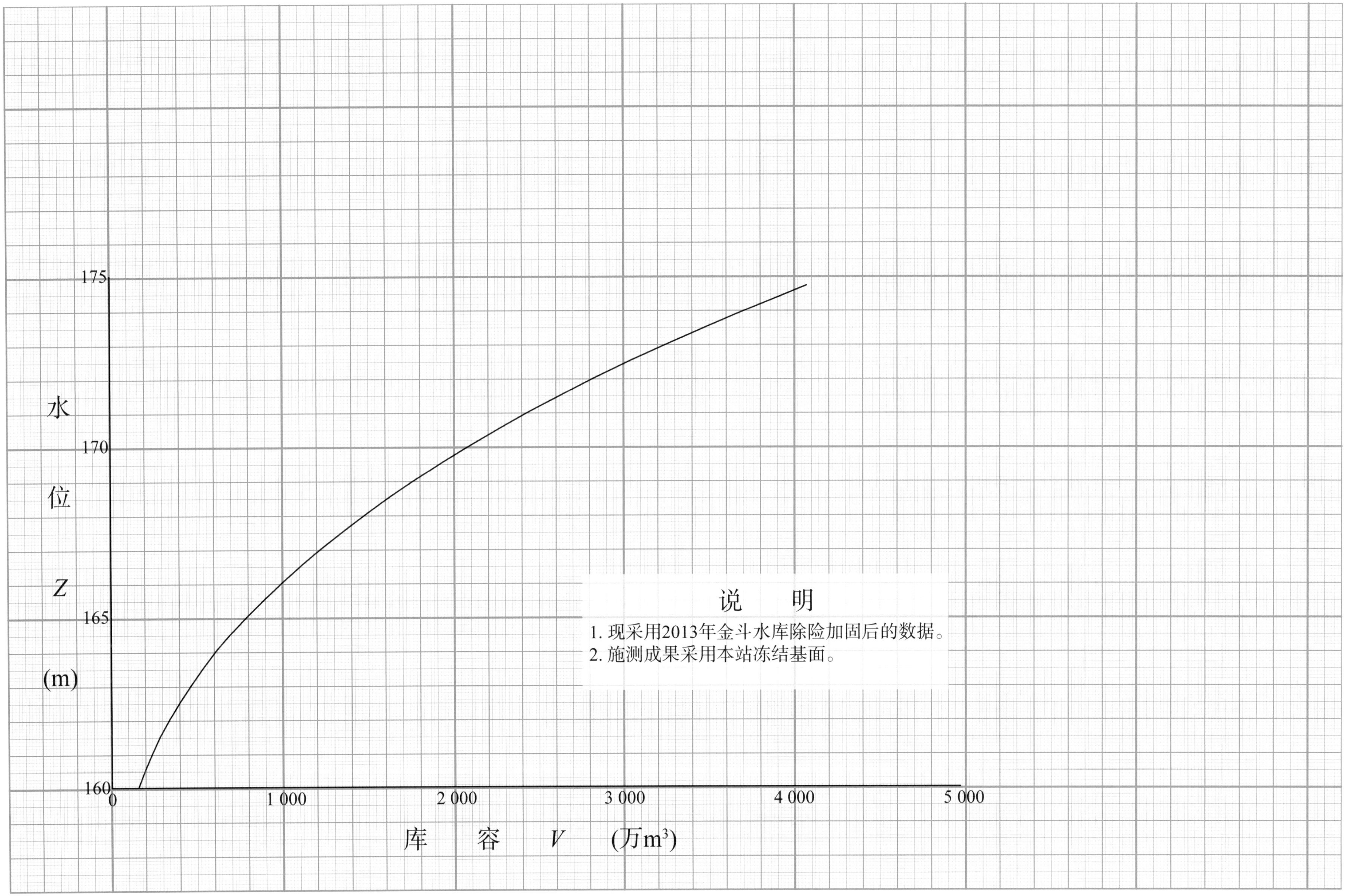

图 42-3　平阳河金斗水库水位与库容关系曲线图

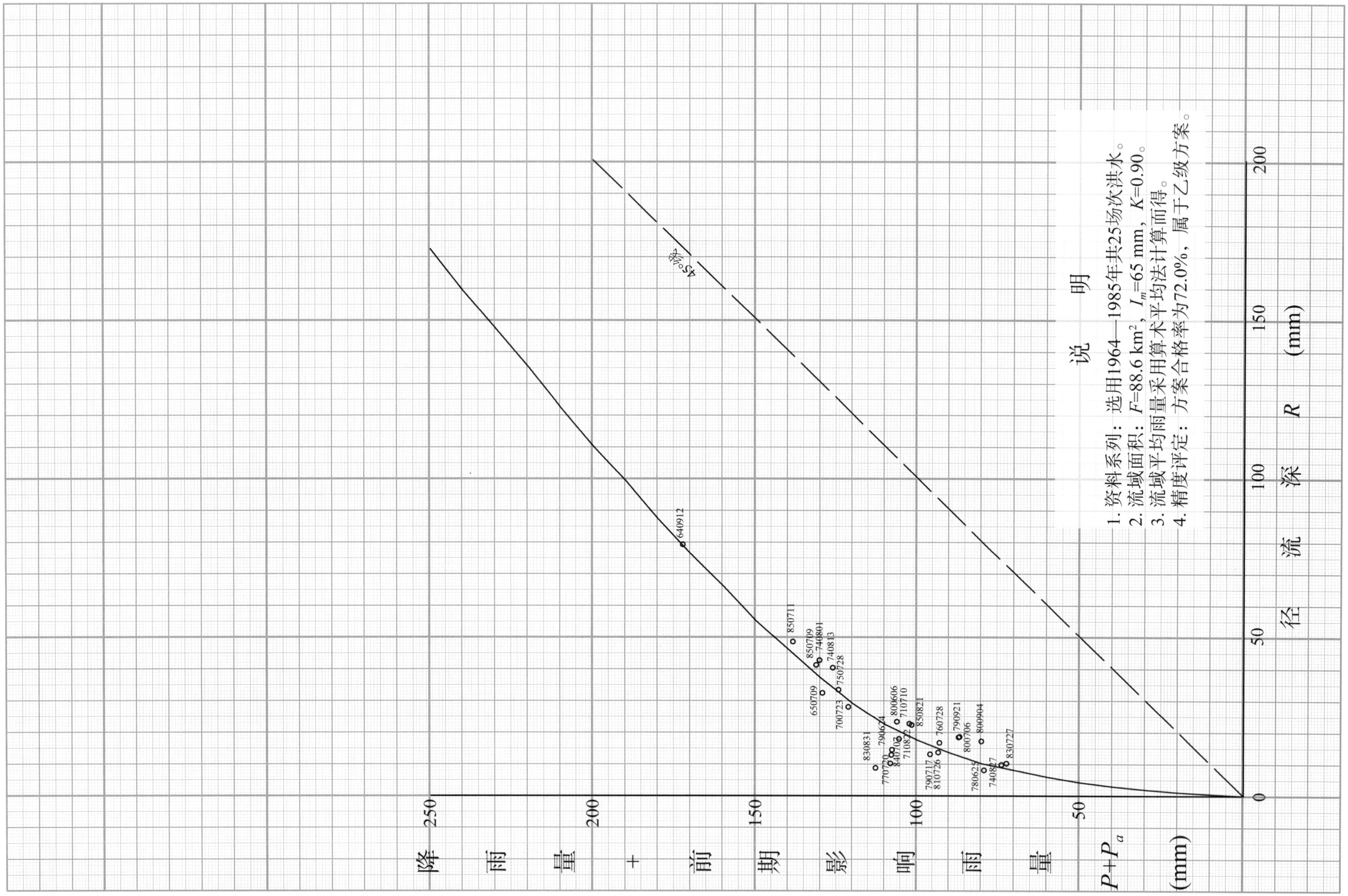

图 42-4　平阳河金斗水库站降雨径流相关图（$P+P_a$-R）

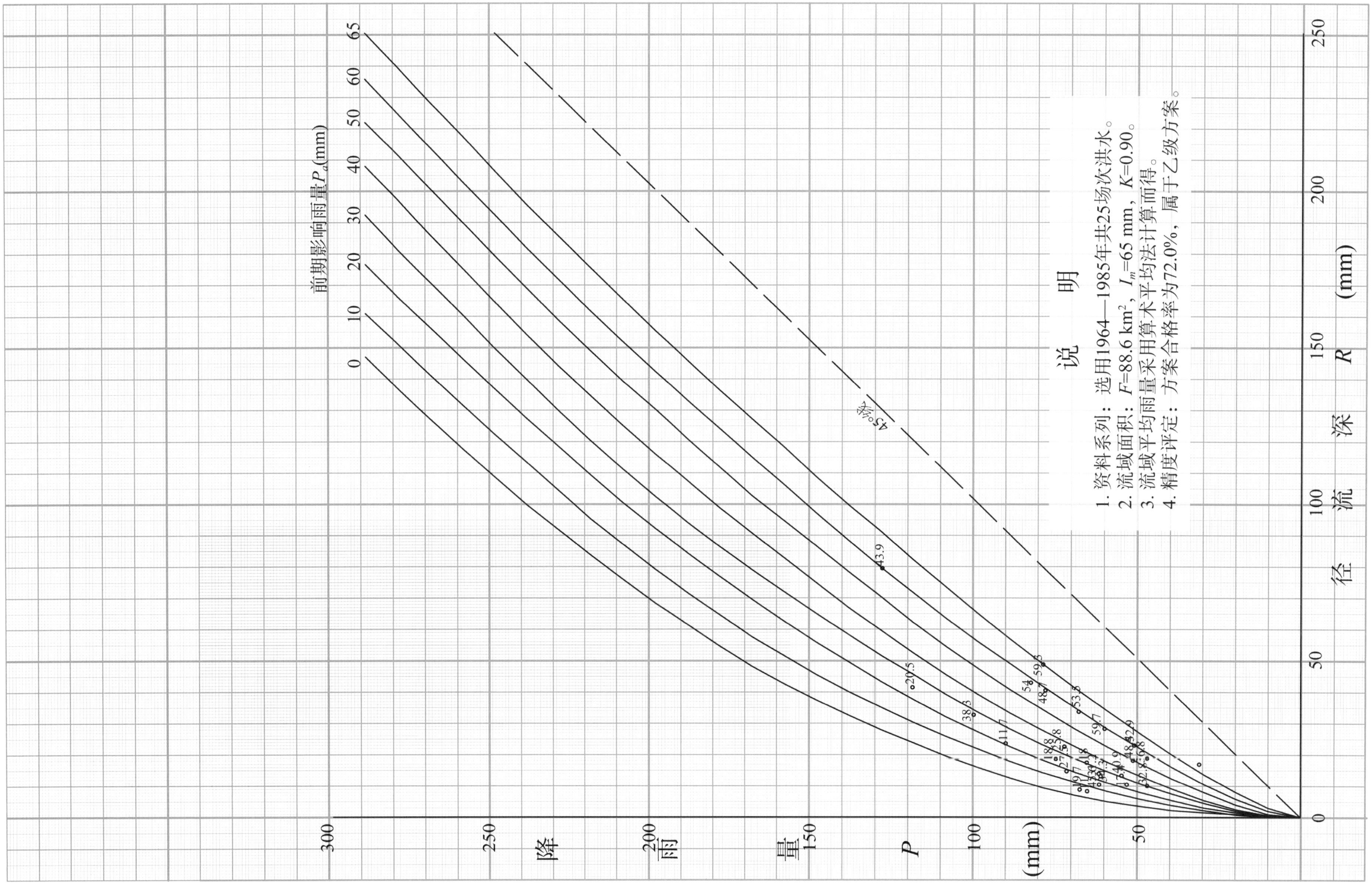

图 42-5　平阳河金斗水库站降雨径流相关图（P-P_a-R）

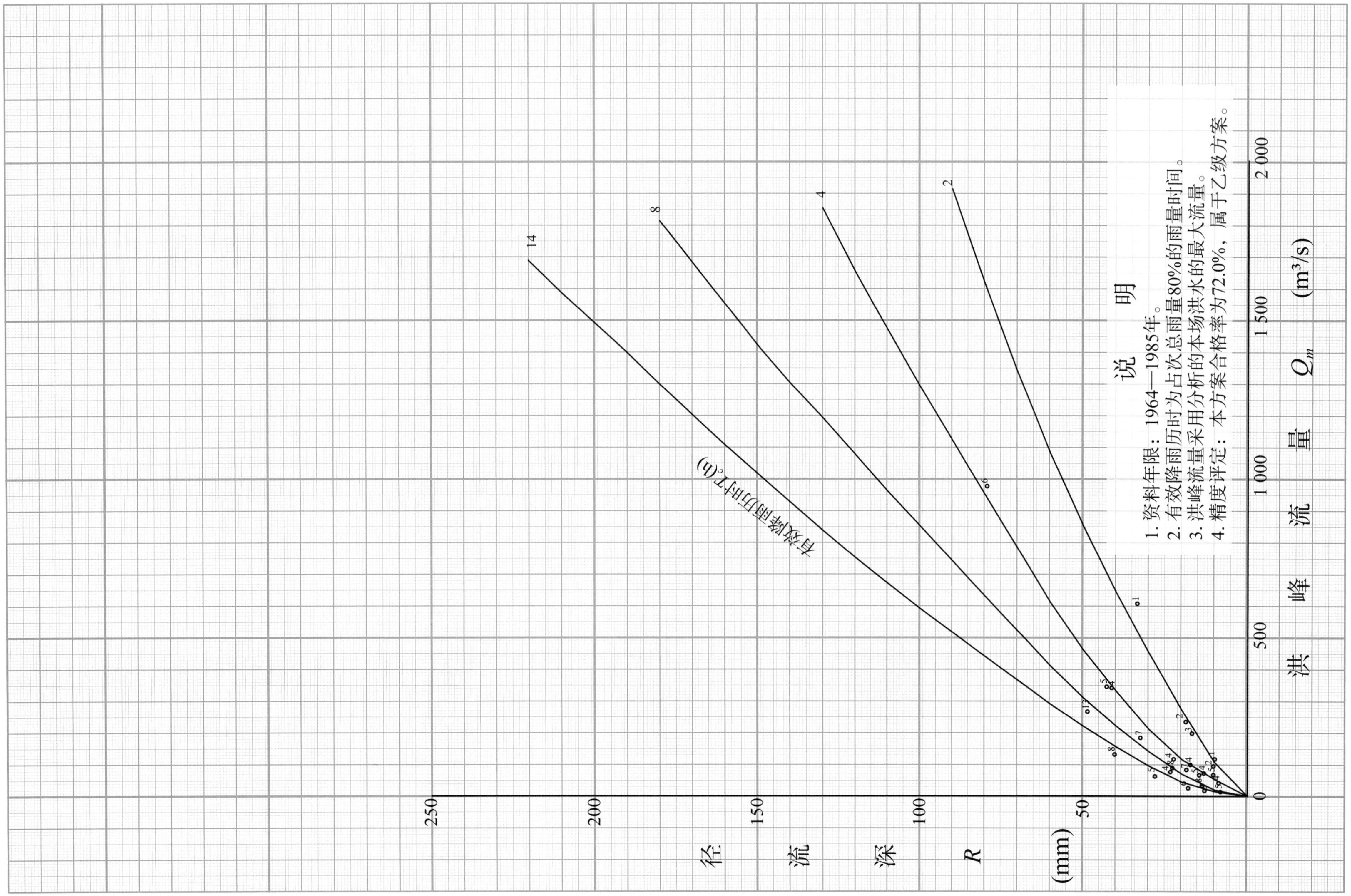

图 42-6　平阳河金斗水库站峰量关系图（R-T_c-Q_m）

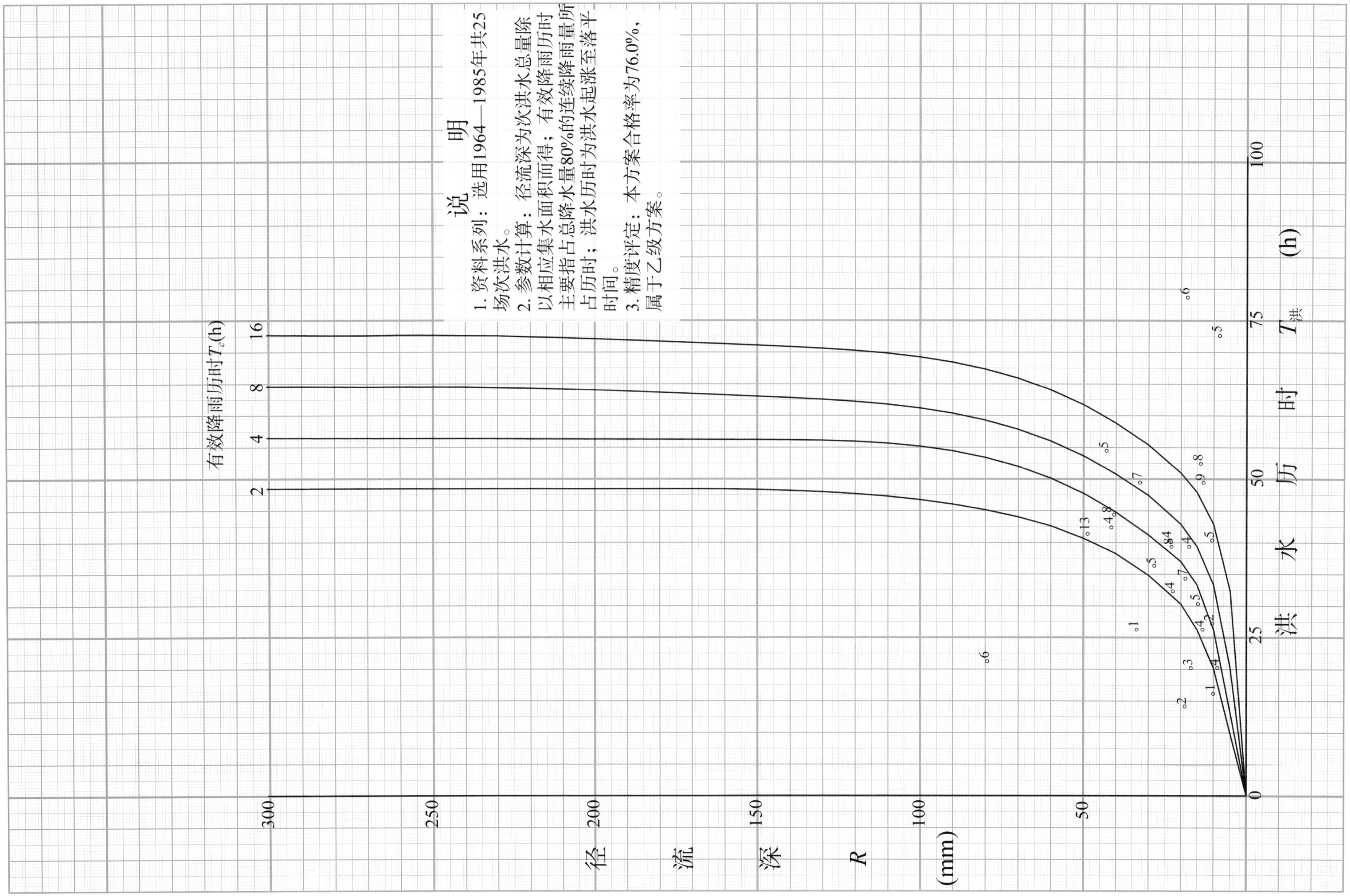

图 42-7　平阳河金斗水库站 R-T_c-$T_洪$ 关系曲线图

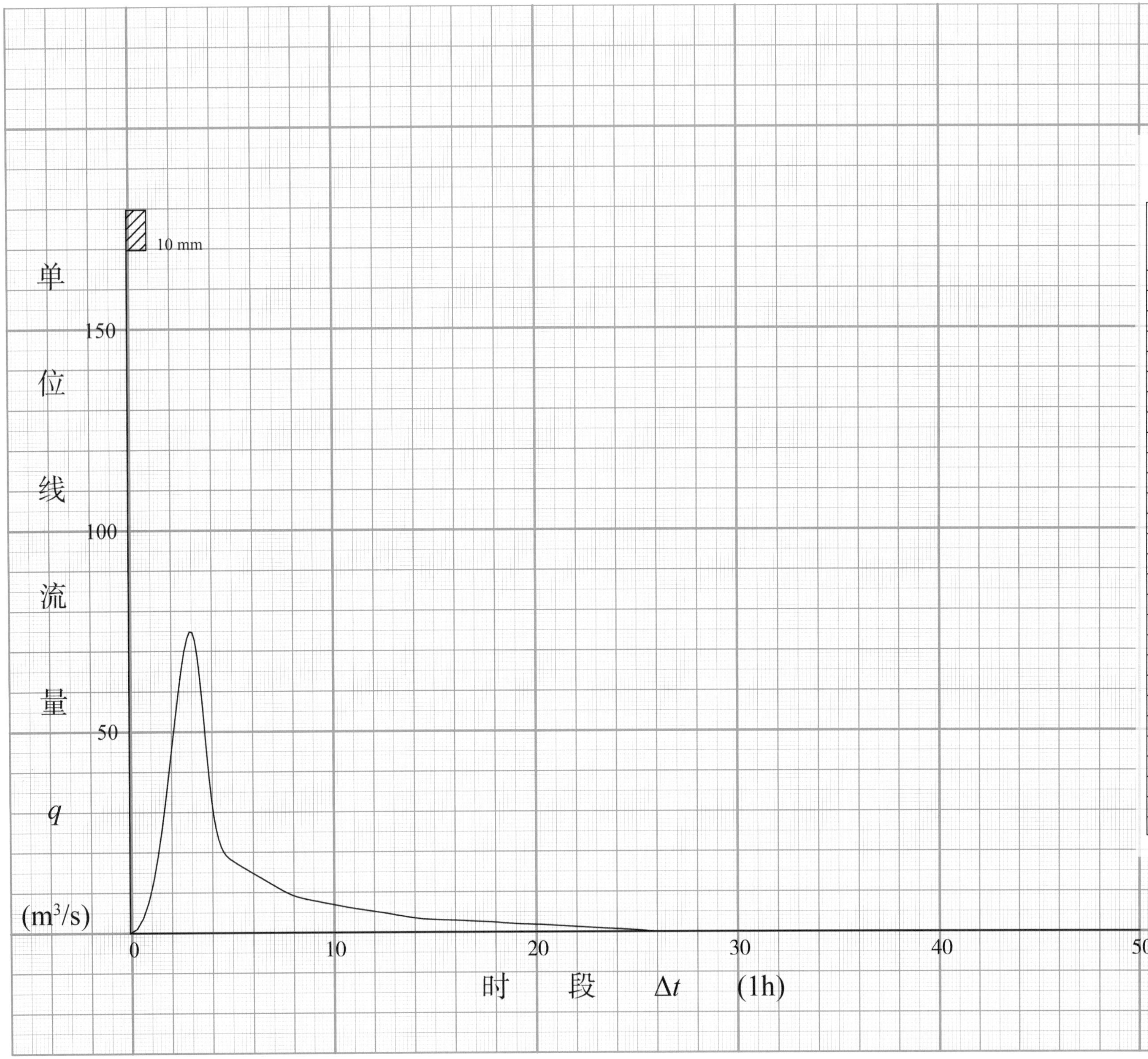

单位线成果表

F=88.6 km²，Δt=1 h

时段	单位线流量 q(m³/s)	备注
0	0.0	该线洪水原型为750728，P=68.7 mm，P_e=53.5 mm，降雨3 h，有效降雨历时1 h
1	0.5	
2	40.0	
3	75.0	
4	22.0	
5	18.0	
6	15.0	
7	12.0	
8	9.0	
9	8.0	
10	7.0	
11	6.0	
12	5.3	
13	4.5	
14	3.5	
15	3.1	
16	3.0	
17	2.7	
18	2.5	
19	2.0	
20	1.9	
21	1.6	
22	1.3	
23	1.0	
24	0.7	
25	0.5	
26	0.0	
Σ	246.1	

图 42-8 平阳河金斗水库站单位线图

第四十三章　羊流河苇池水库站水文预报方案编制说明

1　流域概况

1.1　流域自然地理特征

苇池水库位于黄河流域大汶河南支柴汶河支流羊流河上游，海拔在180 m以上，控制流域面积25.3 km^2。水库流域呈带状，主河道长度6.4 km，平均坡度66‰。流域内山高坡陡，地面坡度一般为0.364~0.577。流域内植被情况较差，裸露岩石受风化侵蚀严重。苇池水库流域图见图43-1。

苇池水库地理位置十分重要，坝址下游主要保护对象有羊流镇、果都镇及众多工矿企业，沿河两岸48个行政村8万人口，12万亩耕地，京沪高速公路、山东103省道、磁莱铁路干线及羊流国家级经济开发区等。

1.2　水库工程概况

苇池水库为中型水库，工程等别为Ⅲ等，主要建筑物大坝、放水洞、溢洪道等级为3级，次要建筑物为4级。羊流河苇池水库平面布置图见图43-2。苇池水库主要工程技术指标见表43-1。

苇池水库流域内自1958年建成小（2）型水库4座，总控制流域面积3.71 km^2，总库容82.3万m^3，兴利库容48.6万m^3。小水库对苇池水库入库洪水起到了一定的削峰滞洪作用，但这些小水库均无实测的入库洪水资料，无法定量分析其对苇池水库入库洪水峰量的影响，虽然在不同时期洪水系列中，流域内小水库对洪水的影响作用不同，但总体影响不大。苇池水库流域内主要水利工程统计见表43-2。

表43-1　苇池水库主要工程技术指标表

	项目	主坝
大坝	坝型	壤土均质坝
大坝	坝长（m）	466
大坝	最大坝高（m）	22.5
大坝	坝顶宽（m）	5.5

续表

溢洪道	堰顶高程（m）	195.00
溢洪道	闸门总净宽（m）	18.0
溢洪道	闸门孔数	3
溢洪道	设计泄洪流量（m^3/s）	339
放水洞	型式	廊道内衬混凝土方涵
放水洞	进口底高程（m）	186.80
放水洞	设计流量（m^3/s）	3.6

备注：资料抄自《2015年泰安市苇池水库汛期控制运用方案》，基面高程为1956年黄海高程。

表43-2　苇池水库流域内主要水利工程统计表

序号	水库名称	类型	建成时间	集水面积（km^2）	库容（万m^3）	
					总	兴利
1	雁翎关	小（2）	1991年7月	1.66	35.9	16.3
2	雌山	小（2）	1970年	0.25	15.0	10.6
3	东石棚	小（2）	1958年12月	1.30	20.4	16.1
4	北单家庄	小（2）	1976年12月	0.50	11.0	5.6
合计				3.71	82.3	48.6

1.3　测站概况

苇池水库流域内设有水文站1处，即苇池水库水文站，其观测项目有降雨量和放水洞出库流量，服务于区域水量监测；雨量站有北单家庄、大雌山和苇池水库3处。苇池水库水位与库容、面积关系曲线见图43-3，苇池水库流域内雨量站情况见表43-3。

表43-3　苇池水库流域内雨量站情况表

站名	站码	设站年份	详细地址
苇池水库	41522600	2011年	山东省新泰市羊流镇西石棚村苇池水库
北单家庄	41522500	2011年	山东省新泰市羊流镇北单家庄村
大雌山	41522550	2011年	山东省新泰市羊流镇雌山村

2　预报方案编制

2.1　资料情况说明

苇池水库站仅有降雨量和放水洞出库流量资料，无实测洪水摘录等整编系列资料。

2.2 参证站选择

苇池水库站距光明水库站较近，均位于柴汶河流域，由于两站地形地貌和下垫面基本特征相似，故以光明水库站作为苇池水库站的参证站。参证站光明水库站以上流域面积 $F_{参}$ = 132 km^2，预报站苇池水库站以上流域面积 $F_{预}$ = 25.3 km^2。

2.3 产流方案

利用光明水库站的产流方案推求苇池水库站的产流过程，苇池水库水文站降雨径流相关图（$P+P_a-R$）见图 43-4。

2.3.1 流域平均雨量 P 的计算

采用北单家庄、大雌山和苇池水库 3 站雨量，采用算术平均法计算流域平均雨量 P。

2.3.2 流域平均前期影响雨量 P_a 的计算

$$P_{a,\ t+1} = K(P_{a,\ t} + P_t)$$

式中：$P_{a,t+1}$ 为第 t+1 日的前期影响雨量（mm）；$P_{a,t}$ 为第 t 日的前期影响雨量（mm）；P_t 为第 t 日的流域平均雨量（mm）；K 为前期影响雨量递减系数。

2.3.3 产流参数 I_m、K 的确定

本方案采用光明水库站的参数，即 I_m = 65 mm、K = 0.9。

2.3.4 暴雨中心位置的确定

根据流域特性和代表站分布情况将暴雨中心位置划分为上游、下游区域。

上游区：北单家庄站；

下游区：大雌山、苇池水库站。

2.4 汇流方案

采用参证站光明水库水文站单位线进行缩放。将光明水库水文站单位线（Δt = 1 h）进行缩放后作为苇池水库水文站单位线，详见图 43-5。

单位线的缩放按下列公式计算：

$$\alpha = (F_{预} / F_{参})^{0.5}$$

$$T_{预i} = \alpha T_{参i}$$

$$q_{预i} = \alpha q_{参i}$$

式中：α 为单位线缩放系数；$F_{参}$、$F_{预}$ 分别为参证站、预报站以上控制流域面积；$T_{参i}$ 为参证站单位线逐时段，$T_{参i}$ = 1，2，…，N；$T_{预i}$ 为预报站单位线逐时段，通常为小数，为满足实际要求，需进一步对缩放结果进行插值，从而得到整时段单位线结果；$q_{参i}$ 为参证站单位线逐时段流量；$q_{预i}$ 为预报站单位线逐时段流量。

3 方案使用说明

3.1 径流深预报

首先计算出流域平均降雨量和流域平均前期影响雨量，再根据降雨径流关系图（$P+P_a-R$）的查算结果进行综合分析，确定地表径流深 R 的预报值。

3.2 洪水过程预报

3.2.1 单位线法

由次雨径流深 R、时段降雨量采用扣损法得到各时段净雨，然后根据暴雨中心位置选择相应单位线，各时段净雨错时段与 0.1 倍的单位线各时段流量相乘，同时段流量相加，再加上基流量即为入库流量过程。最大入库流量及其出现时间即可得到。

3.2.2 入库洪水总量预报

根据公式 W = 0.1FR 得到入库洪水总量 W。

3.3 方案适应能力

本方案适用于防洪标准以下的洪水作业预报。如遇超标准洪水，则需根据当时具体情况酌情修正。

3.4 注意事项

（1）方案的制作未考虑上游塘坝的影响，作业预报时也要根据前期降雨情况进行适当修正。

（2）应随时掌握上游工程蓄水及泄洪情况，要根据实际情况对预报值进行及时修正。

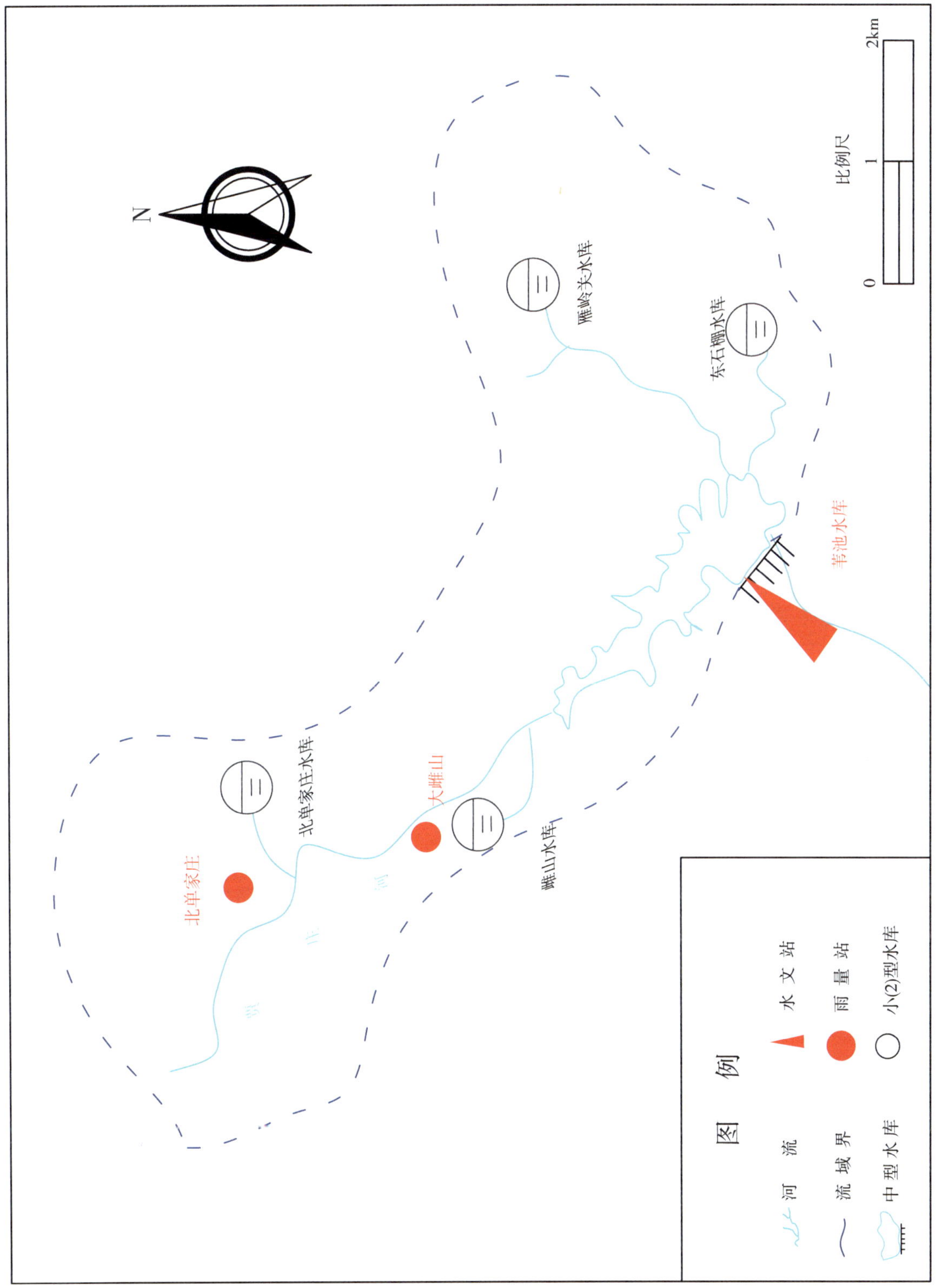

图 43-1　羊流河苇池水库流域图

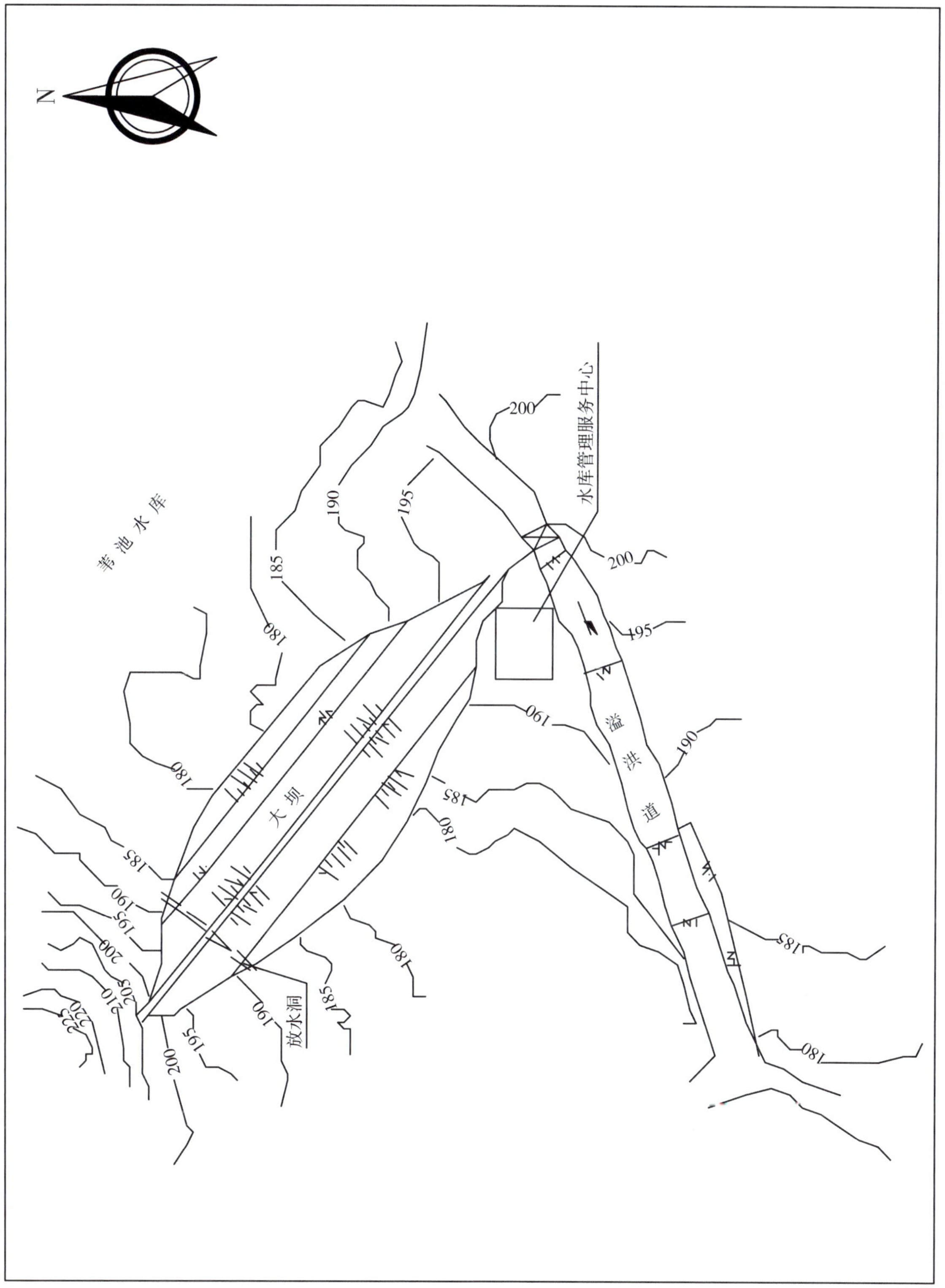

图 43-2　羊流河苇池水库平面布置图（单位：m）

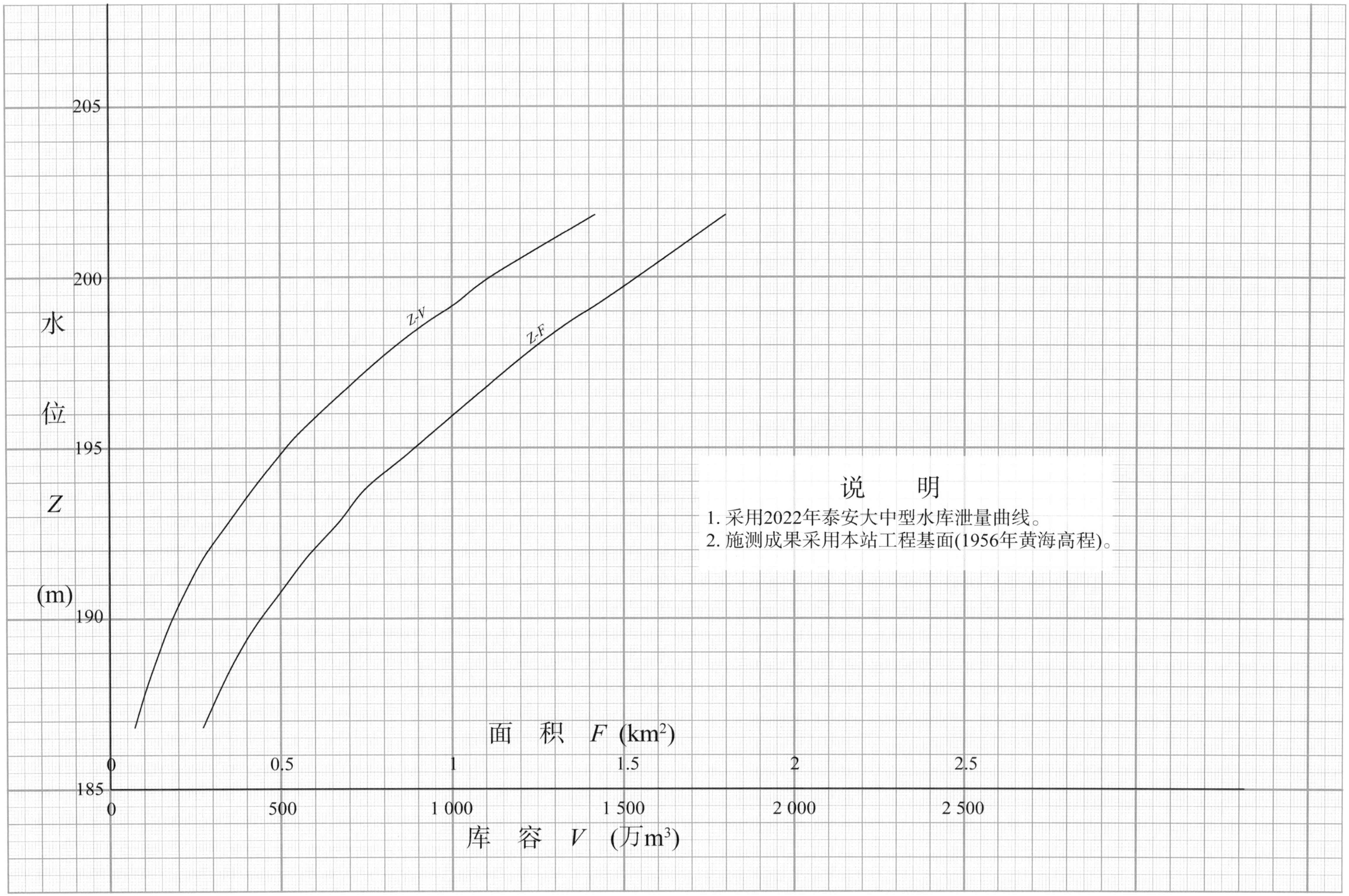

图 43-3 羊流河苇池水库水位与库容、面积关系曲线图

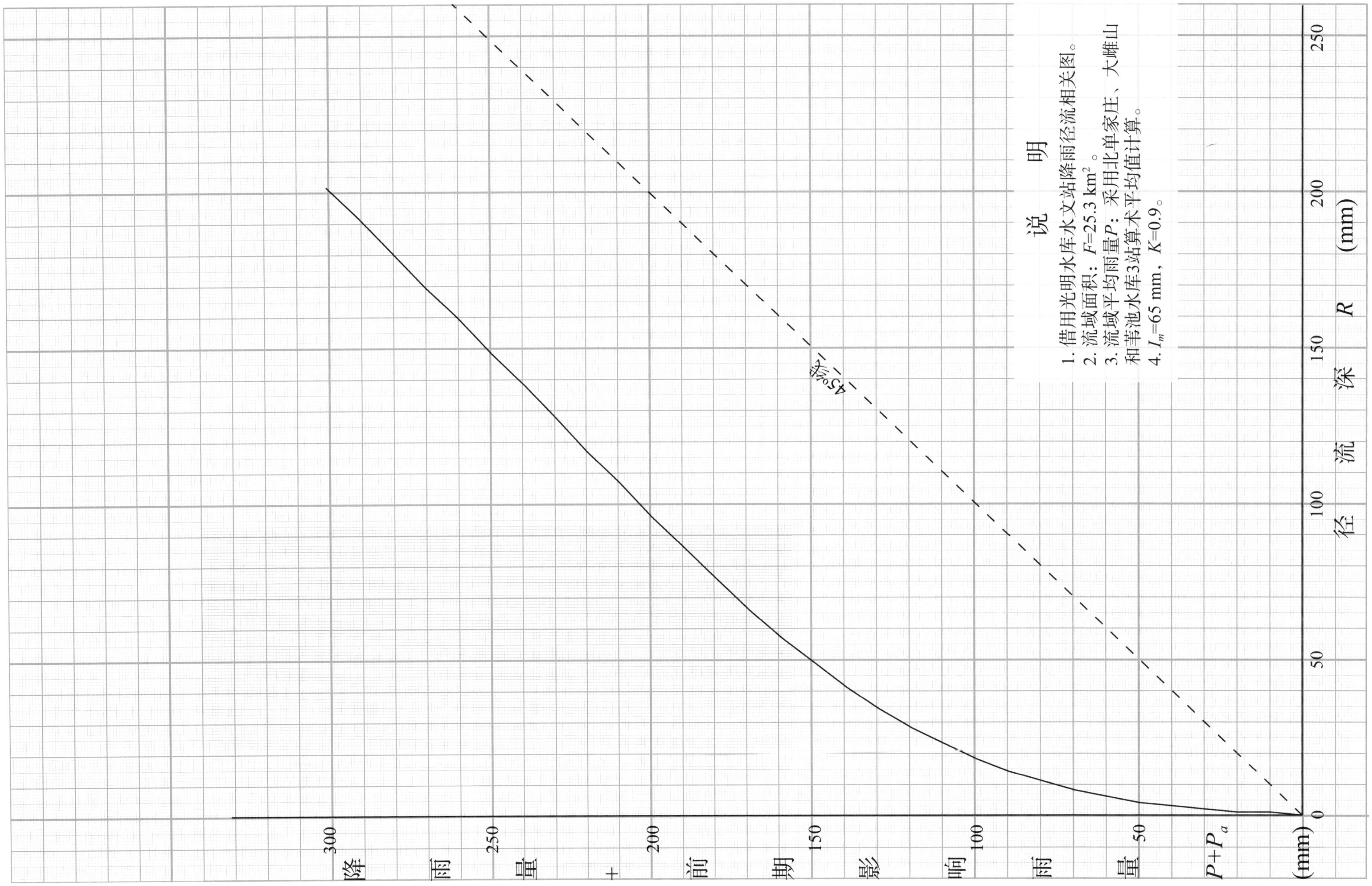

图 43-4　羊流河苇池水库水文站降雨径流相关图（$P+P_a$-R）

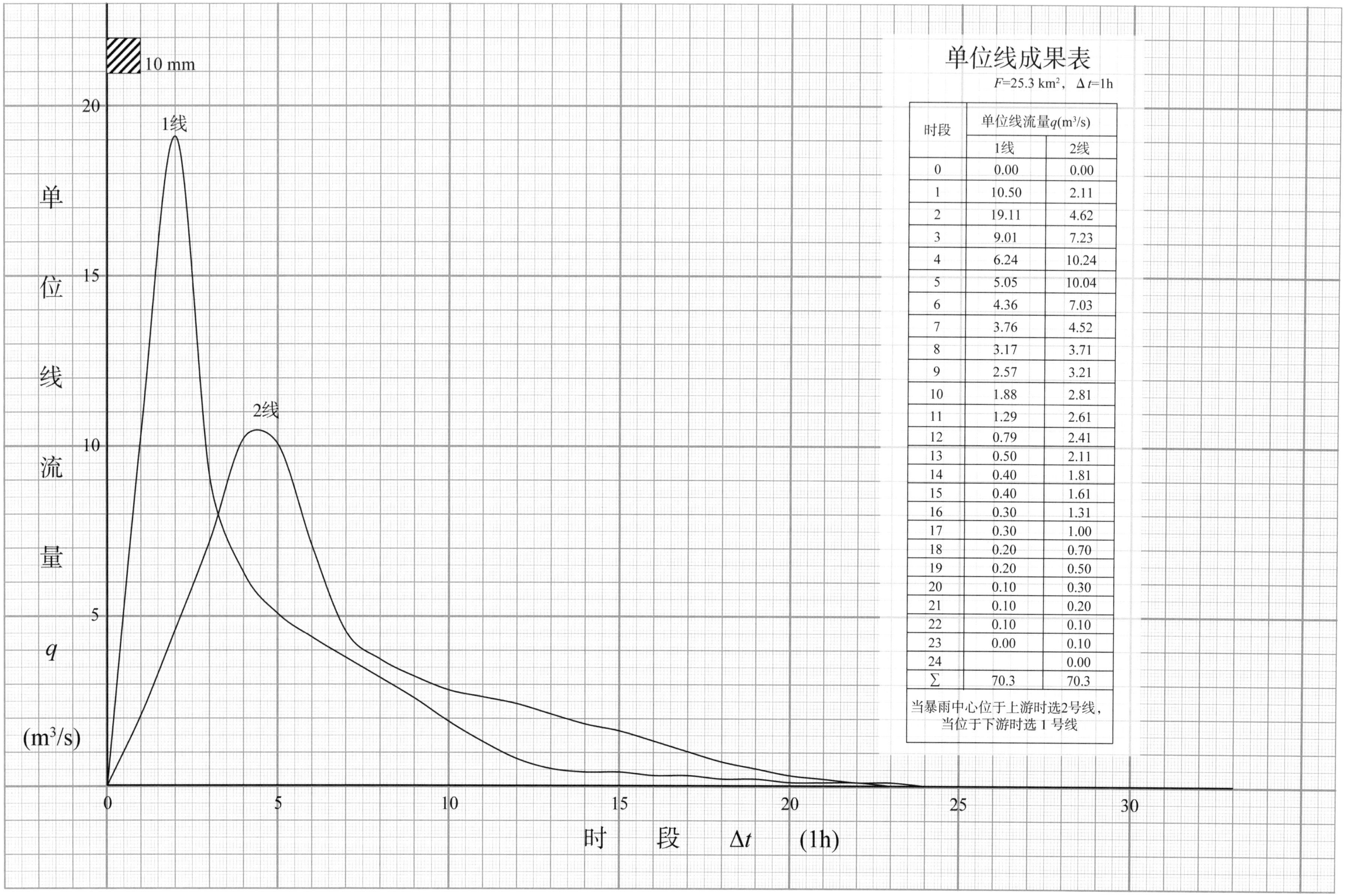

单位线成果表

F=25.3 km²，Δt=1h

时段	单位线流量q(m³/s)	
	1线	2线
0	0.00	0.00
1	10.50	2.11
2	19.11	4.62
3	9.01	7.23
4	6.24	10.24
5	5.05	10.04
6	4.36	7.03
7	3.76	4.52
8	3.17	3.71
9	2.57	3.21
10	1.88	2.81
11	1.29	2.61
12	0.79	2.41
13	0.50	2.11
14	0.40	1.81
15	0.40	1.61
16	0.30	1.31
17	0.30	1.00
18	0.20	0.70
19	0.20	0.50
20	0.10	0.30
21	0.10	0.20
22	0.10	0.10
23	0.00	0.10
24		0.00
∑	70.3	70.3

当暴雨中心位于上游时选2号线，当位于下游时选 1 号线

图 43-5　羊流河苇池水库水文站单位线图

第四十四章　禹村河田村水库站水文预报方案编制说明

1　流域概况

1.1　流域自然地理特征

田村水库位于新泰市禹村镇境内、柴汶河支流禹村河上游，是一座集防洪、农业灌溉、渔业养殖等综合运用的中型水库。水库流域呈扇形，流域内低矮山丘较多，海拔一般在200~400 m，地势东高西低、南高北低，干流平均坡度9‰，坝址以上控制流域面积15 km^2，田村水库流域图见图44-1。

田村水库位于鲁中山区，属低山与丘陵的过渡地带，主要地貌类型有低山丘陵地貌和河谷地貌。水库右岸多呈低矮丘陵地貌，地势起伏不大，裸露岩石为花岗片麻岩，由于长期的剥蚀切割作用，岩石裸露，植被条件较差；左岸为低山地貌，岩性为石灰岩，部分基岩裸露，植被较好。

1.2　水库工程概况

田村水库始建于1979年5月，水库校核洪水位（$P=0.1\%$）185.18 m，设计洪水位（$P=1\%$）184.55 m，兴利水位182.74 m，死水位174.80 m，总库容1 068.53万m^3，兴利库容640万m^3，死库容60万m^3。田村水库枢纽由大坝、溢洪道、放水洞等组成。田村水库主要工程技术指标见表44-1，田村水库水位与库容、面积关系曲线图见图44-2。

田村水库流域内现建有2座小（2）型水库：贾家庄水库和西张庄水库，总控制面积为3.45 km^2，总库容29.3万m^3，兴利库容16.1万m^3，设计灌溉面积0.04万亩。田村水库流域内主要水利工程见表44-2。

表44-1　田村水库主要工程技术指标表

	项目	主坝
大坝	坝型	均质土坝
	坝长（m）	784
	最大坝高（m）	16.50
	坝顶宽（m）	6.0
溢洪道	堰顶高程（m）	182.74
	堰宽（m）	17.87
	结构型式	消力池
放水洞	型式	廊道压力管式
	进口底高程（m）	174.80
	设计流量（m^3/s）	1.5

备注：资料抄自《2014年泰安市田村水库汛期控制运用方案》，基面高程为1956年黄海基面高程。

表44-2　田村水库流域内主要水利工程统计表

水库名称	所在位置	工程类别	流域面积（km^2）	建成年份	库容（万m^3）	
					总库容	兴利库容
贾家庄水库	石莱镇	小（2）型	0.75	1969年	15.7	10.7
西张庄水库	石莱镇	小（2）型	2.7	1966年	13.6	5.4

1.3　测站概况

田村水库水文站设立于2020年，观测项目有降雨量和放水洞出库流量，服务于区域水量监测。田村水库流域内雨量站有田村水库和南孙家泉2处，详见表44-3。

表44-3　田村水库流域内雨量站情况表

站名	站码	设站年份	详细地址
田村水库	41522911	2020年	山东省新泰市禹村镇田村水库
南孙家泉	41522909	2020年	山东省新泰市禹村镇南孙家泉村

2　预报方案编制

2.1　资料情况

田村水库水文站为新建站，仅有降雨量和放水洞出库流量资料，无实测洪水摘录等整编系列资料。

2.2　参证站选择

田村水库站位于光明水库西侧附近，由于其地形地貌和下垫面基本特征与光明水库站相似，故将光明水库站作为田村水库站的参证站。参证站光明水库站以上流域面积$F_{参}=132$ km^2；预报站田村水库站以上流域面积$F_{预}=15$ km^2。

2.3 产流方案

利用光明水库站的产流方案推求田村水库站的产流过程，田村水库水文站降雨径流相关图（$P+P_a-R$）见图44-3。

2.3.1 流域平均雨量 P 的计算

采用田村水库和南孙家泉2站雨量，采用算术平均法计算流域平均雨量 P。

2.3.2 流域平均前期影响雨量 P_a 的计算

$$P_{a,\ t+1} = K(P_{a,\ t} + P_t)$$

式中：$P_{a,t+1}$ 为第 $t+1$ 日的前期影响雨量（mm）；$P_{a,t}$ 为第 t 日的前期影响雨量（mm）；P_t 为第 t 日的流域平均雨量（mm）；K 为前期影响雨量递减系数。

2.3.3 产流参数 I_m、K 的确定

本方案采用光明水库站的参数，即 $I_m=65$ mm、$K=0.9$。

2.3.4 暴雨中心位置的确定

根据流域特性和代表站分布情况，将暴雨中心位置划分为上游、下游区域。

上游区：南孙家泉站；

下游区：田村水库站。

2.4 汇流方案

采用参证站光明水库水文站单位线进行缩放。将光明水库水文站单位线（$\Delta t=1$ h）进行缩放后作为田村水库站单位线，详见图44-4。

单位线的缩放按下列公式计算：

$$\alpha = (F_{预} / F_{参})^{0.5}$$

$$T_{预i} = \alpha T_{参i}$$

$$q_{预i} = \alpha q_{参i}$$

式中：α 为单位线缩放系数；$F_{参}$、$F_{预}$ 分别为参证站、预报站以上控制流域面积；$T_{参i}$ 为参证站单位线逐时段，$T_{参i}=1, 2, \cdots, N$；$T_{预i}$ 为预报站单位线逐时段，通常为小数，为满足实际要求，需进一步对缩放结果进行插值，从而得到整时段单位线结果；$q_{参i}$ 为参证站单位线逐时段流量；$q_{预i}$ 为预报站单位线逐时段流量。

3 方案使用说明

3.1 径流深预报

首先计算出流域平均降雨量和流域平均前期影响雨量，再根据降雨径流关系图（$P+P_a-R$）的查算结果进行综合分析，确定地表径流深 R 的预报值。

3.2 洪水过程预报

由次雨径流深 R、时段降雨量采用扣损法得到各时段净雨，然后根据暴雨中心位置选择相应单位线，各时段净雨错时段与0.1倍的单位线各时段流量相乘，同时段流量相加，再加上基流量即为入库流量过程。最大入库流量及其出现时间即可得到。

3.3 入库洪水总量预报

根据公式 $W=0.1FR$ 得到入库洪水总量 W。

3.4 方案适应能力

本方案适用于防洪标准以下的洪水作业预报。如遇超标准洪水，则需根据当时具体情况酌情修正。

3.5 注意事项

（1）方案的制作未考虑上游塘坝的影响，作业预报时也要根据前期降雨情况进行适当修正。

（2）应随时掌握上游工程蓄水及泄洪情况，要根据实际情况对预报值进行及时修正。

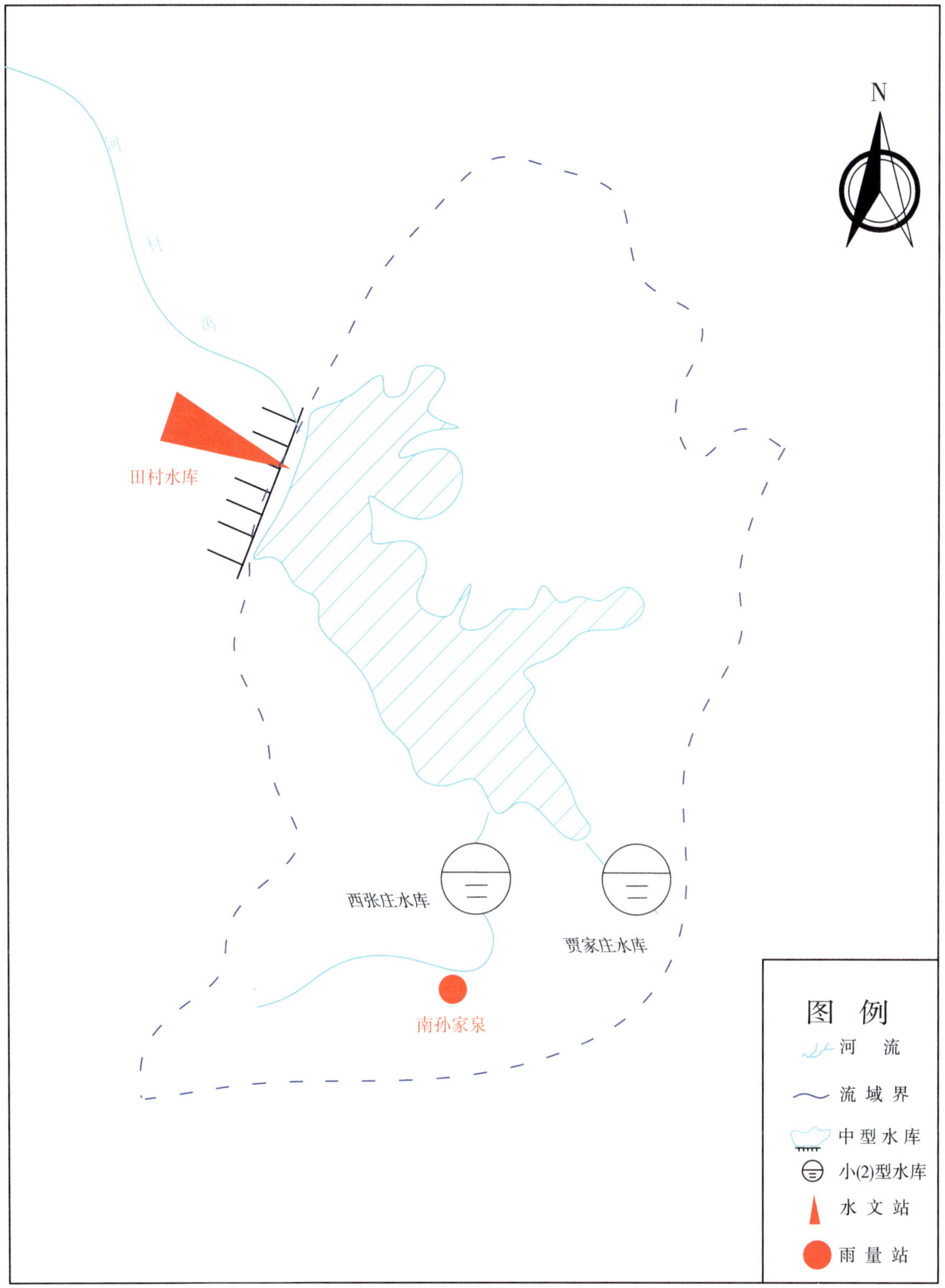

图 44-1　禹村河田村水库站流域图

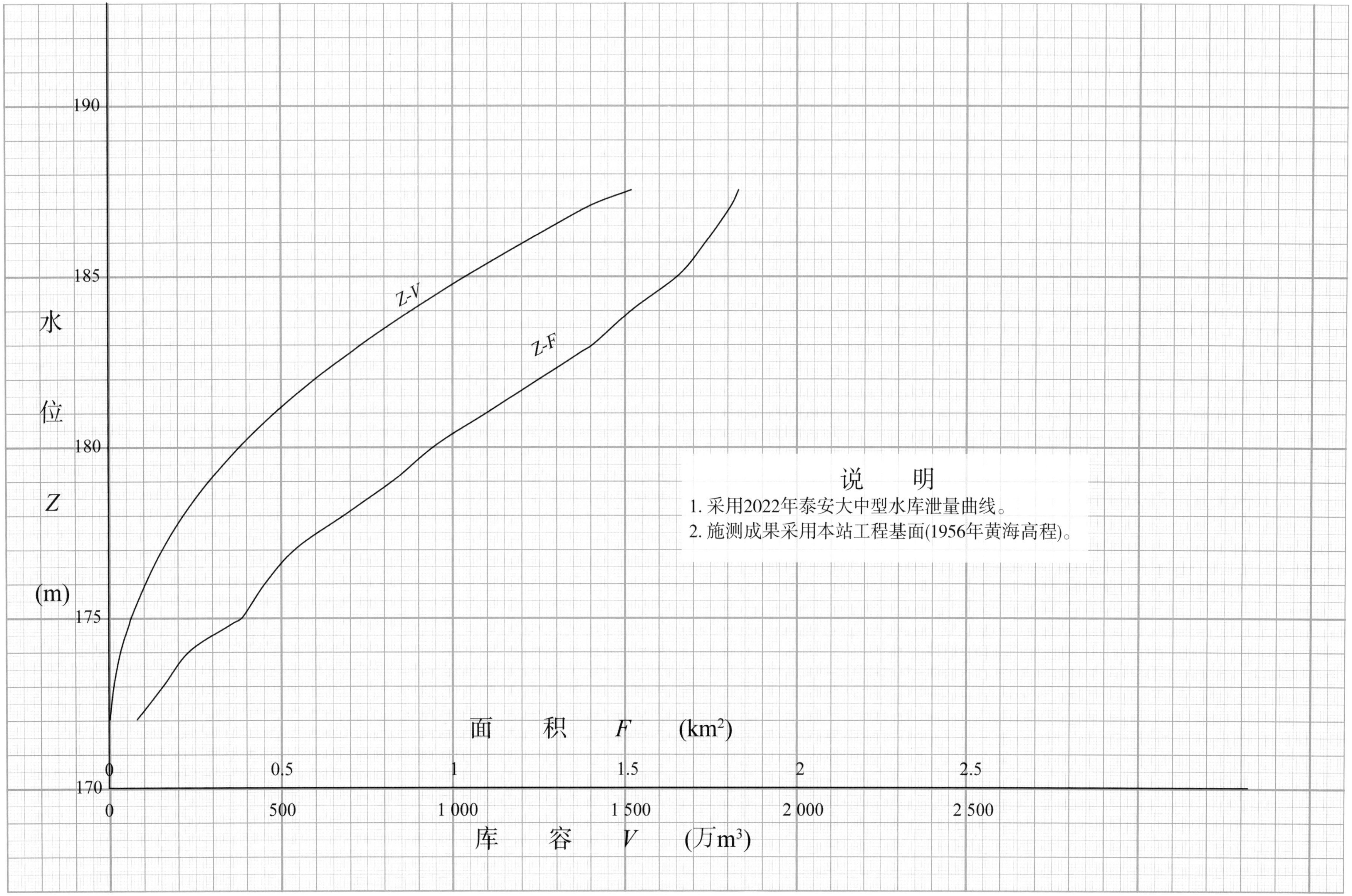

图 44-2 禹村河田村水库站水位与库容、面积关系曲线图

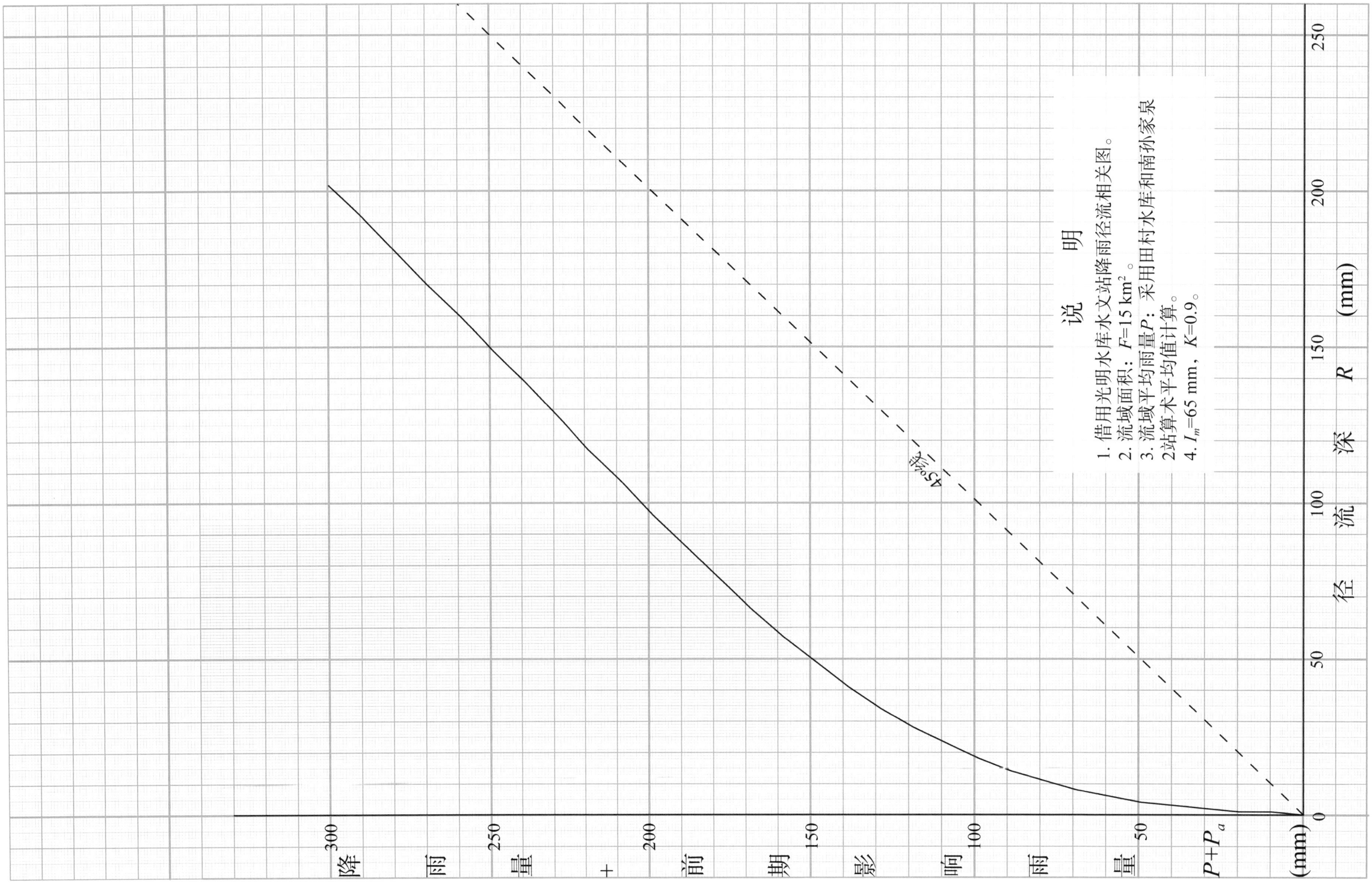

图 44-3　禹村河田村水库水文站降雨径流相关图（$P+P_a-R$）

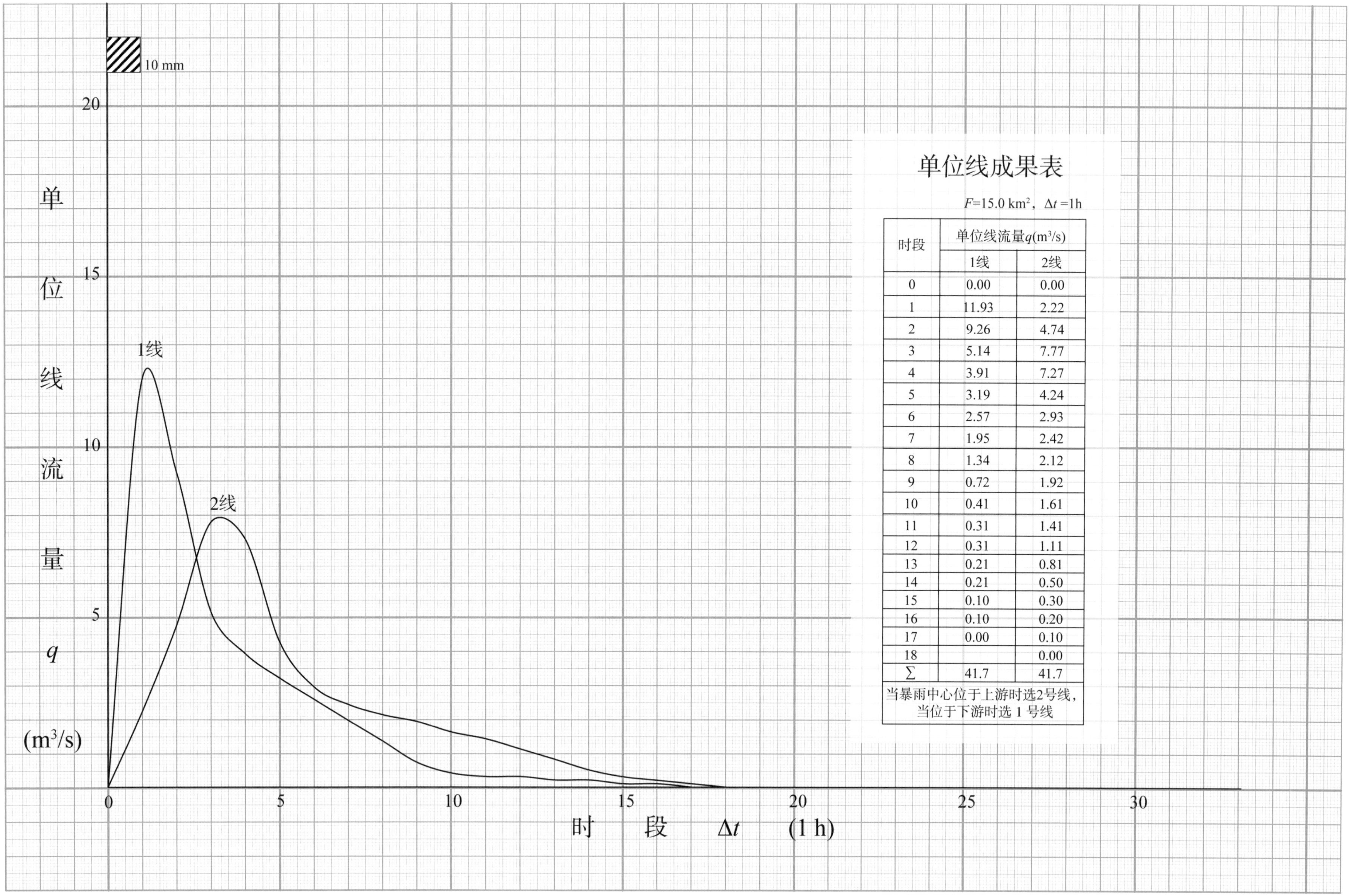

单位线成果表

F=15.0 km², Δt =1h

时段	单位线流量q(m³/s)	
	1线	2线
0	0.00	0.00
1	11.93	2.22
2	9.26	4.74
3	5.14	7.77
4	3.91	7.27
5	3.19	4.24
6	2.57	2.93
7	1.95	2.42
8	1.34	2.12
9	0.72	1.92
10	0.41	1.61
11	0.31	1.41
12	0.31	1.11
13	0.21	0.81
14	0.21	0.50
15	0.10	0.30
16	0.10	0.20
17	0.00	0.10
18		0.00
Σ	41.7	41.7
当暴雨中心位于上游时选2号线，当位于下游时选 1 号线		

图 44-4　禹村河田村水库水文站单位线图

第四十五章　石崮河直界水库站水文预报方案编制说明

1　流域概况

1.1　流域自然地理特征

直界水库位于泰安市宁阳县东庄镇东直界村、黄河流域大汶河二级支流石崮河上游，是一座以防洪为主，兼农业灌溉、水产养殖等综合利用的中型水库。水库流域呈扇形，平均宽度3.24 km，控制流域面积约26 km^2，较大支流有两条。坝址以上主河槽长10.25 km，干流平均坡度2.63‰，流域内地貌单元属丘陵平原，植被较差，水土流失严重。直界水库流域图见图45-1。

直界水库地理位置十分重要。它保障着下游15 km处的京沪铁路，2 km处的磁莱铁路、蒙馆公路，下游5 km范围内年产100万t的华丰煤矿，山东华阳农药化工集团有限公司，3个乡镇的41个厂矿企业、5万亩农田、4.5万人的防洪安全，水库一旦失事，将给下游人民生命财产造成巨大威胁。

1.2　水库工程概况

直界水库于1966年11月动工兴建，1967年6月拦洪蓄水，并于1972年、1976年进行过两次加固。2003年进行除险加固工程，在原溢洪道处建3孔6 m×3.5 m的溢洪闸。除险加固后总库容为1 180万 m^3，兴利库容为663万 m^3，死库容为32万 m^3。依据《水利水电工程等级划分及洪水标准》（SL 252—2017），确定直界水库枢纽工程等别为Ⅲ等，主要建筑物级别为3级，次要建筑物为4级。直界水库主要工程技术指标见表45-1，石崮河直界水库平面布置图见图45-2，直界水库水位与库容、面积关系曲线见图45-3。

直界水库流域内建有小（2）型水库7座，控制流域面积11.2 km^2，总库容136.7万 m^3，兴利库容78.2万 m^3。小水库对直界水库入库洪水起到了一定的削峰滞洪作用，但这些小水库均无实测的入库洪水资料，无法定量分析其对直界水库入库洪水峰量的影响，虽然在不同时期洪水系列中，流域内小型水库对洪水的影响作用不同，但总体影响不大。直界水库流域内主要水利工程见表45-2。

表45-1　直界水库主要工程技术指标表

	项目	主坝	
大坝	坝长（m）	600	
	最大坝高（m）	14.3	
	坝顶宽（m）	6	
	坝顶高程（m）	140.00	
溢洪闸	堰顶高程（m）	133.40	
	闸门总净宽（m）	18.0	
	消能方式	消力池	
	闸门孔数	3	
	宽×高（m×m）	6.0×3.5	
放水洞	项目	东放水洞	西放水洞
	型式	混凝土管	浆砌石涵洞
	进口底高程（m）	129.50	129.00
	设计流量（m^3/s）	1.14	4.9

备注：资料抄自《2012年泰安市直界水库汛期控制运用方案》，基面高程为1956年黄海高程。

表45-2　直界水库以上流域内主要水利工程统计表

水库名称	类型	建成时间	流域面积（km^2）	总库容（万 m^3）	兴利库容（万 m^3）
王庄水库	小（2）型	1970年4月	0.52	11.32	7.2
徐林水库	小（2）型	1967年1月	0.78	15.8	8.1
仁门水库	小（2）型	1969年3月	0.69	14.47	2.6
南葛南水库	小（2）型	1979年12月	2.5	53	37.5
中谷水库	小（2）型	1967年10月	0.37	11.35	7.97
南葛北水库	小（2）型	1980年6月	3.8	18.8	10.8
官庄水库	小（2）型	1969年5月	2.53	12	4
合计			11.2	136.7	78.2

1.3　测站概况

直界水库流域内设有水文站1处，即直界水库水文站，设立于2018年，观测项目有降雨量和放水洞出库流量，服务于区域水量监测。

2 预报方案编制

2.1 资料情况

直界水库站仅有降雨量和放水洞出库流量资料，无实测洪水摘录等整编系列资料。

2.2 参证站选择

直界水库站距光明水库较近，均位于柴汶河流域，两站地形地貌和下垫面基本特征相似，故以光明水库站作为直界水库站的参证站。参证站光明水库站以上流域面积 $F_{参}=132\ km^2$；预报站直界水库站以上流域面积 $F_{预}=26\ km^2$。

2.3 产流方案

利用光明水库站的产流方案推求直界水库站的产流过程，直界水库水文站降雨径流相关图（$P+P_a-R$）见图 45-4。

2.3.1 流域平均雨量 *P* 的计算

流域平均雨量采用直界水库站降雨量乘以点面换算系数 0.98 计算而得。

2.3.2 流域平均前期影响雨量 P_a 的计算

每年自汛初开始，首先连续计算流域平均雨量，然后计算流域平均前期影响雨量，P_a 的计算公式如下：

$$P_{a,t}=K(P_{a,t-1}+P_{t-1})$$

式中：$P_{a,t}$ 为当日的流域平均前期影响雨量（mm）；$P_{a,t-1}$ 为前一日的流域平均前期影响雨量（mm）；P_{t-1} 为前一日流域平均降雨量（mm）；K 为前期影响雨量递减系数，$K=1-\frac{E_m}{I_m}$；E_m 为流域蒸发能力；I_m 为流域最大损失量。

2.3.3 产流参数 I_m、K 的确定

本方案采用光明水库站的参数，即 $I_m=65$ mm、$K=0.9$。

2.4 汇流方案

采用参证站光明水库水文站单位线进行缩放。将光明水库水文站单位线（$\Delta t=1$ h）进行缩放后作为直界水库站单位线，详见图 45-5。

单位线的缩放按下列公式计算：

$$\alpha=(F_{预}/F_{参})^{0.5}$$

$$T_{预i}=\alpha T_{参i}$$

$$q_{预i}=\alpha q_{参i}$$

式中：α 为单位线缩放系数；$F_{参}$、$F_{预}$ 分别为参证站、预报站以上控制流域面积；$T_{参i}$ 为参证站单位线逐时段，$T_{参i}=1，2，\cdots，N$；$T_{预i}$ 为预报站单位线逐时段，通常为小数，为满足实际要求，需进一步对缩放结果进行插值，从而得到整时段单位线结果；$q_{参i}$ 为参证站单位线逐时段流量；$q_{预i}$ 为预报站单位线逐时段流量。

3 方案使用说明

3.1 径流深预报

首先计算出流域平均降雨量和流域平均前期影响雨量，再根据降雨径流关系图（$P+P_a-R$）的查算结果进行综合分析，确定地表径流深 R 的预报值。

3.2 洪水过程预报

由次雨径流深 R、时段降雨量采用扣损法得到各时段净雨，然后根据暴雨中心位置选择相应单位线，各时段净雨错时段与 0.1 倍的单位线各时段流量相乘，同时段流量相加，再加上基流量即为入库流量过程。最大入库流量及其出现时间即可得到。

3.3 入库洪水总量预报

根据公式 $W=0.1FR$ 得到入库洪水总量 W。

3.4 方案适应能力

本方案适用于防洪标准以下的洪水作业预报。如遇超标准洪水，则需根据当时具体情况酌情修正。

3.5 注意事项

（1）方案的制作未考虑上游塘坝的影响，作业预报时也要根据前期降雨情况进行适当修正。

（2）应随时掌握上游工程蓄水及泄洪情况，要根据实际情况对预报值进行及时修正。

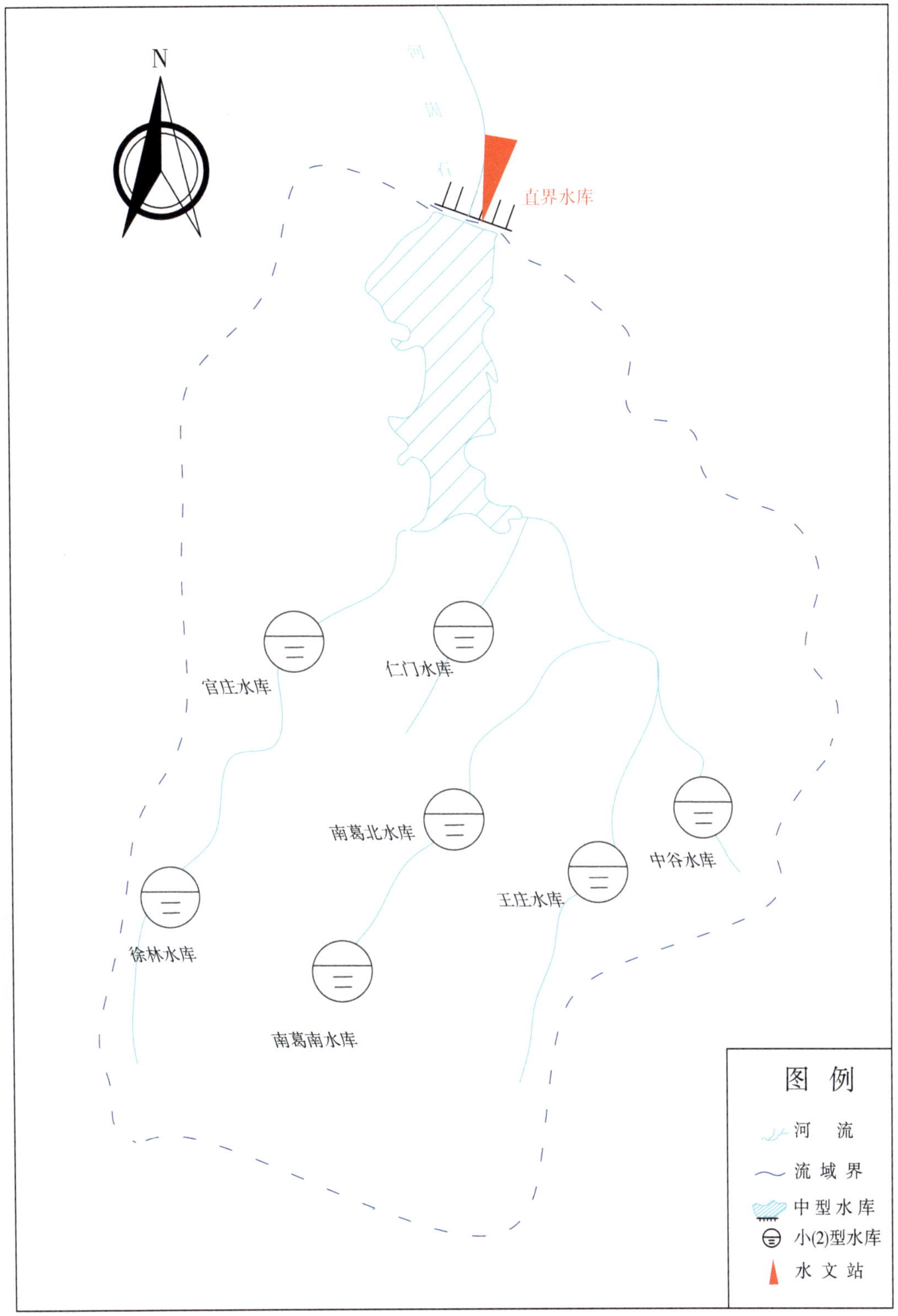

图 45-1　石崮河直界水库流域图

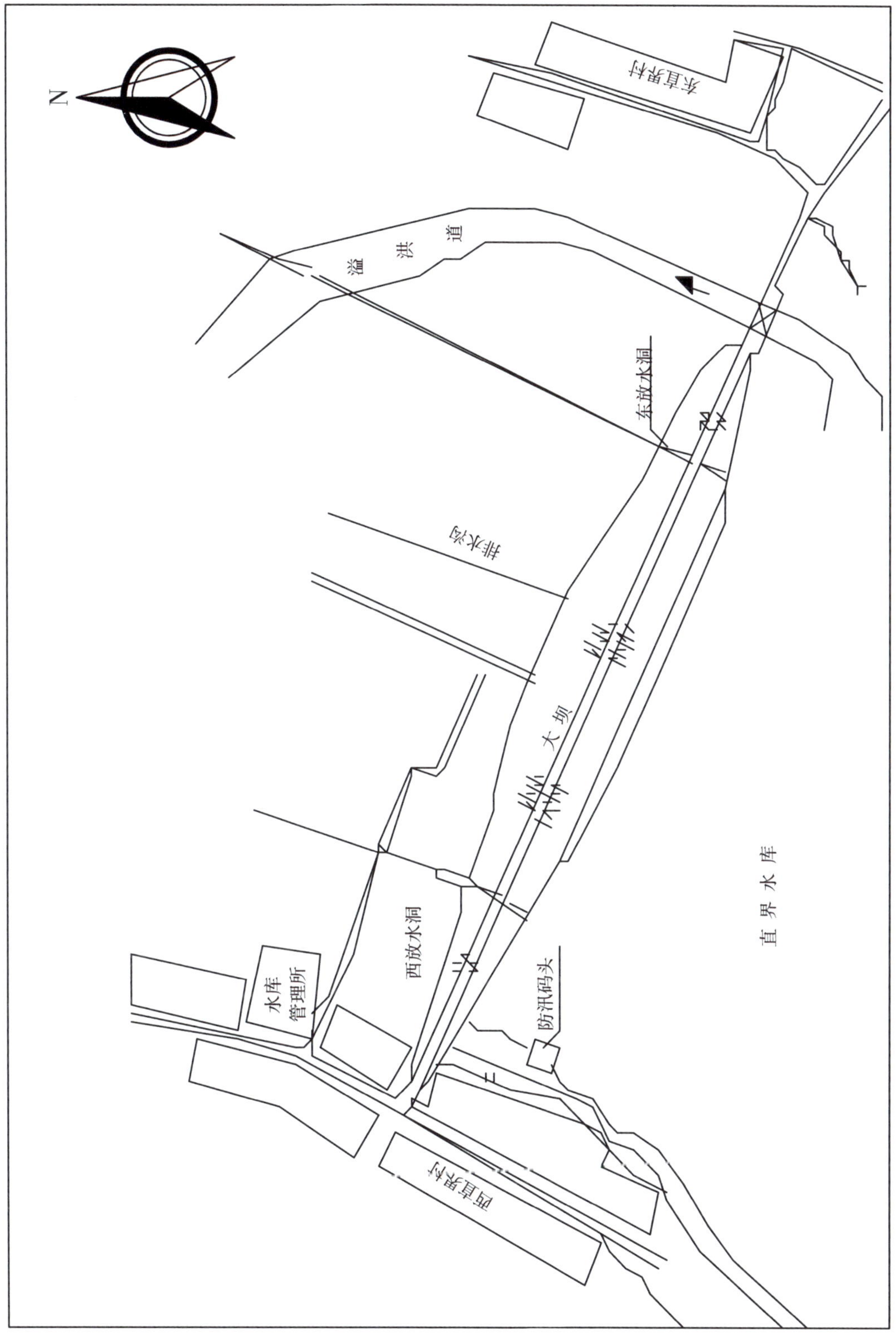

图 45-2　石崮河直界水库平面布置图

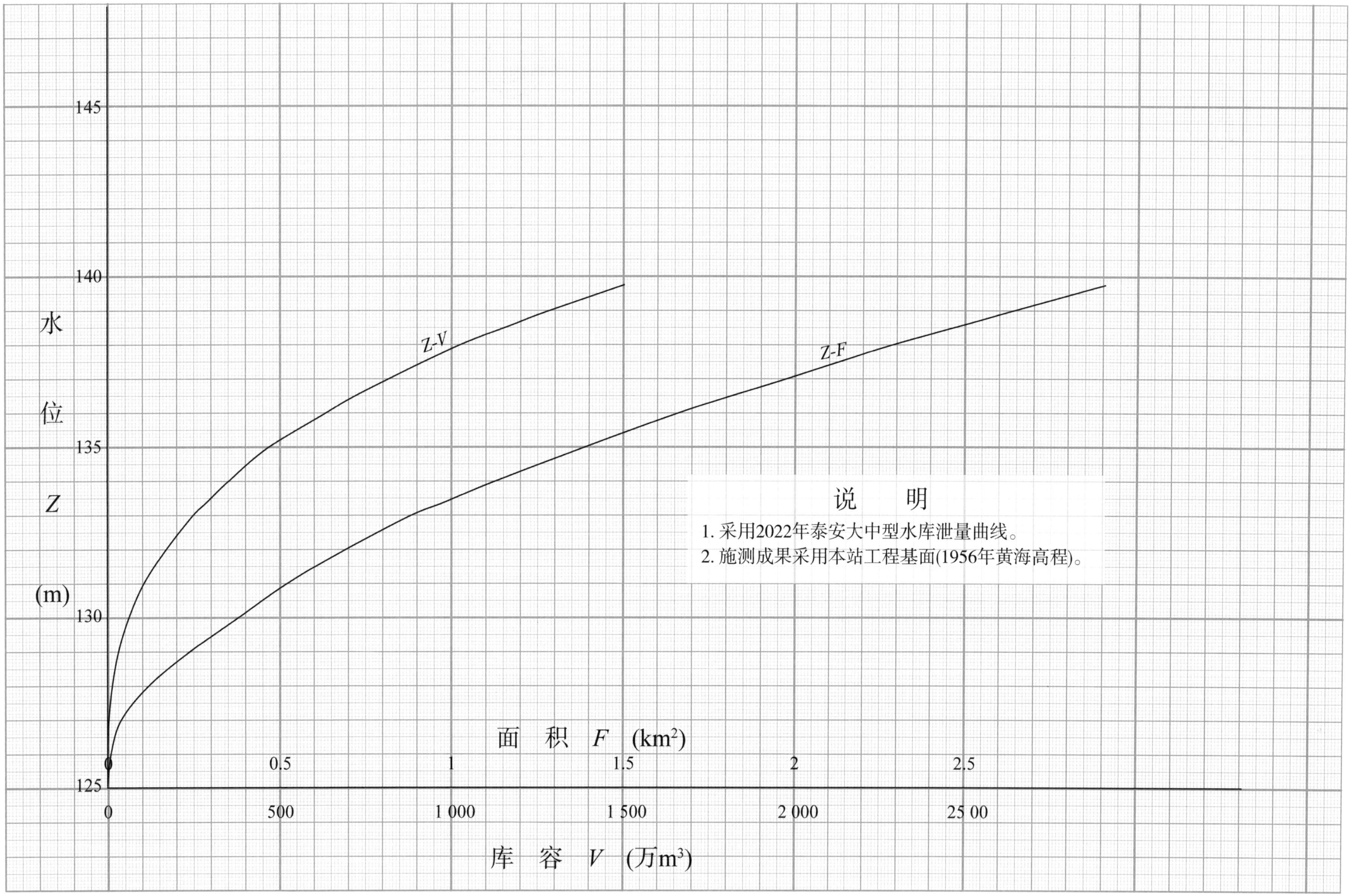

图 45-3 石崮河直界水库水位与库容、面积关系曲线图

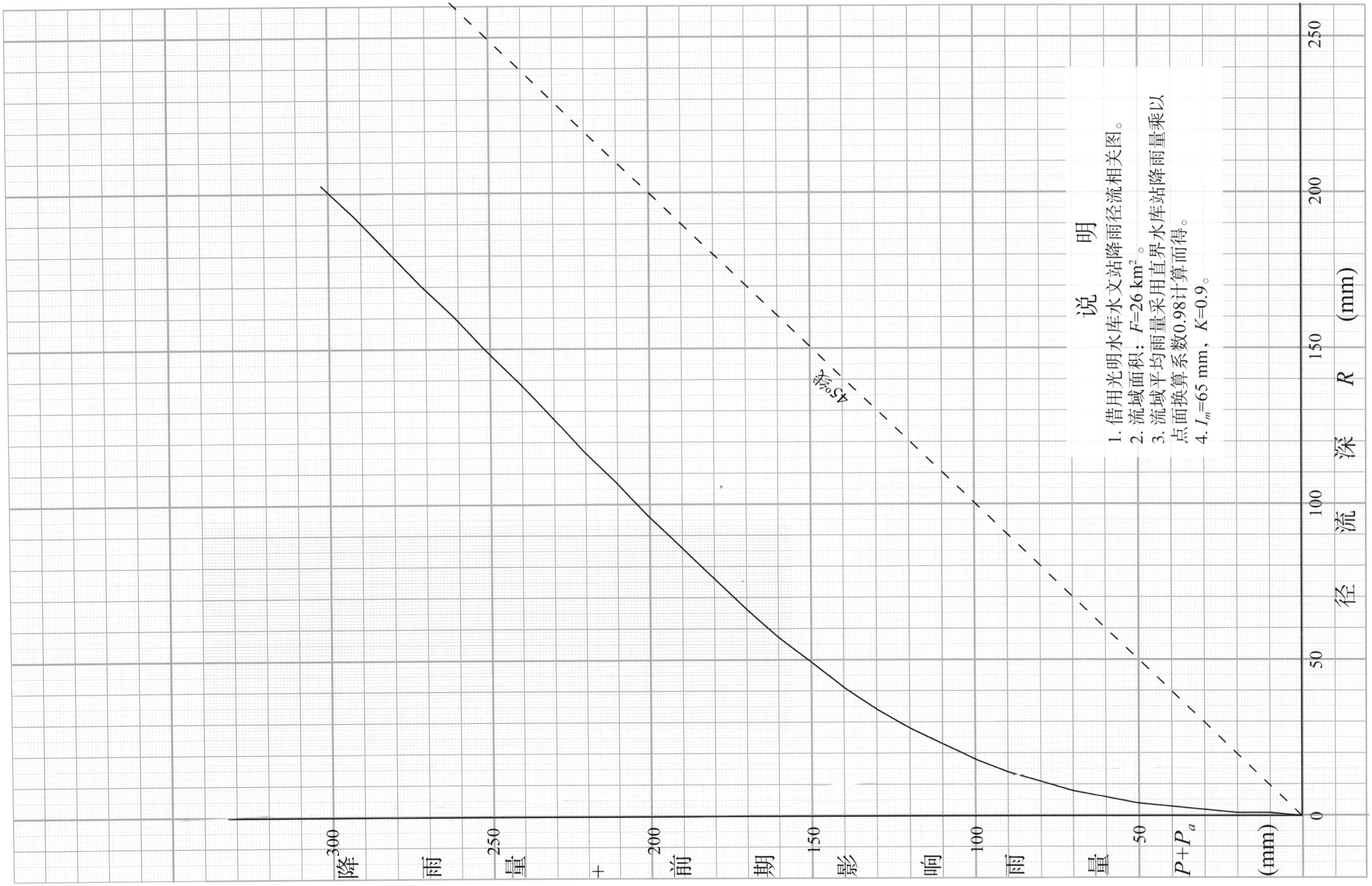

图 45-4　石崮河直界水库水文站降雨径流相关图（$P+P_a$-R）

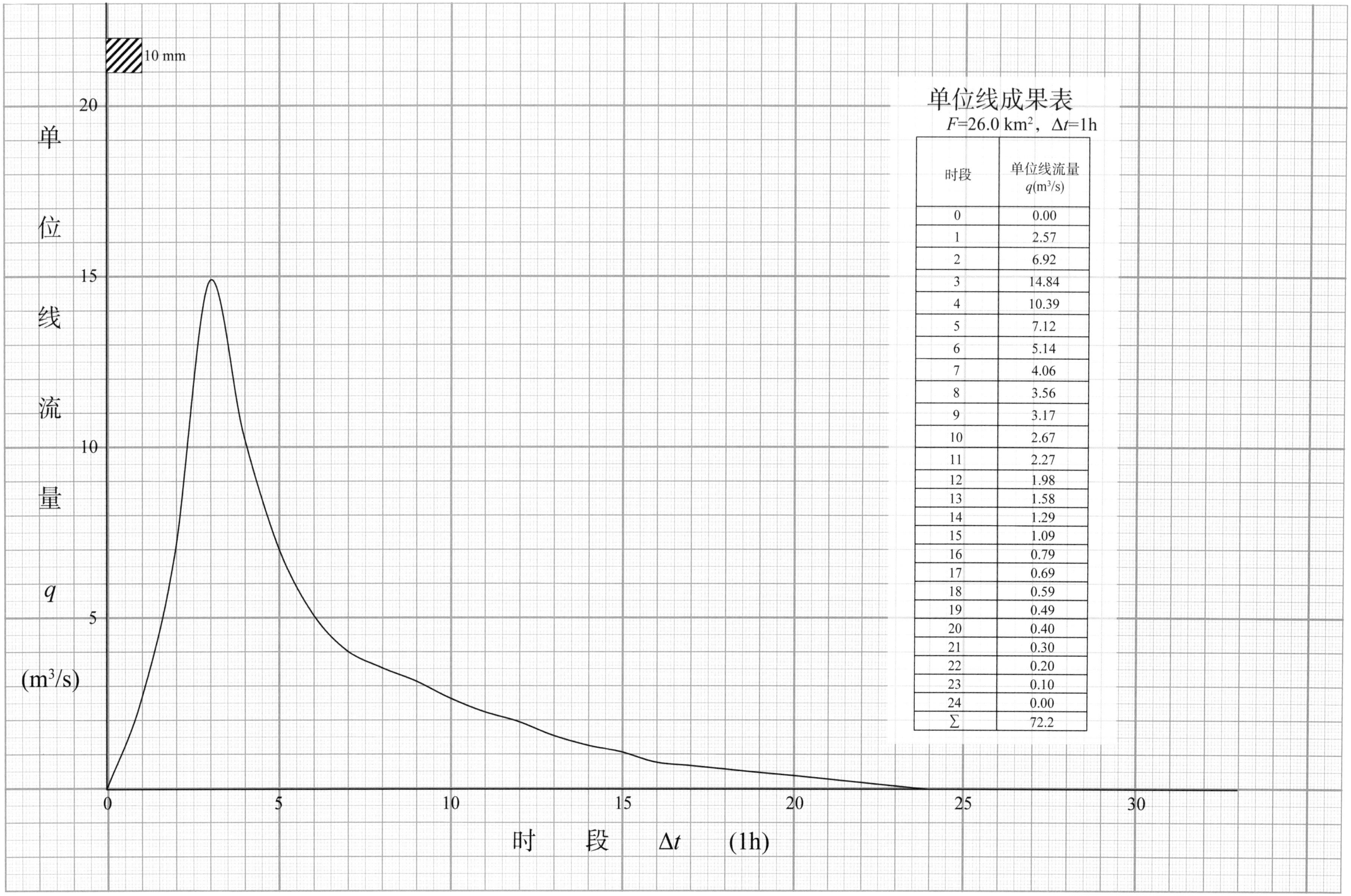

单位线成果表

F=26.0 km², Δt=1h

时段	单位线流量 q(m³/s)
0	0.00
1	2.57
2	6.92
3	14.84
4	10.39
5	7.12
6	5.14
7	4.06
8	3.56
9	3.17
10	2.67
11	2.27
12	1.98
13	1.58
14	1.29
15	1.09
16	0.79
17	0.69
18	0.59
19	0.49
20	0.40
21	0.30
22	0.20
23	0.10
24	0.00
Σ	72.2

图 45-5　石崮河直界水库水文站单位线图

第四十六章　漕河胜利水库站水文预报方案编制说明

1　流域概况

1.1　流域自然地理特征

胜利水库坐落于黄河流域大汶河一级支流漕河上游，泰安市岱岳区满庄镇北留村东，是一座以农业灌溉为主，兼水力发电、水产养殖等综合利用的中型水库。水库控制流域面积 13.8 km^2，总库容 5 020 万 m^3，兴利库容 4 670 万 m^3，死库容 350 万 m^3。流域呈半圆形，干流平均坡度 11‰，流域在地貌单元上属低山丘陵区，库区内地层岩性较简单，出露的地层主要为泰山群花岗片麻岩、角闪石岩和第四系堆积物。

胜利水库于 1978 年 7 月建成，引水入库。它是在 2 座小（1）型和 1 座小（2）水库的基础上，重新清基筑坝扩建而成的。设计引水渠一条，设计引水流量 15 m^3/s；引水枢纽三处，即牟汶河引水枢纽、瀛汶河引水枢纽和石汶河引水枢纽。胜利水库流域图见图 46-1。

1.2　水库及上游水利工程概况

胜利水库溢洪道为正槽无控制开敞式，原设计堰顶净宽 40 m，堰顶高程 129.00 m，总长 338.5 m，现有溢洪道基本上为一条冲沟，无溢流堰和消能防冲工程，自建库以来从未出现溢洪事故；放水洞共四座，1、2、3 号放水洞型式为浆砌石廊道内设钢筋混凝土压管，管内径 1 m；4 号放水洞压力管为发电钢管。

大坝为壤土心墙坝，大坝全长 4 727 m，其中主坝长 2 737 m，最大坝高 27.1 m，副坝长 1 990 m，最大坝高 18.5 m；坝顶高程 132.00 m。胜利水库枢纽工程基本情况见表 46-1，水库枢纽平面布置见图 46-2，水库水位与面积、库容关系曲线见图 46-3。

1.3　测站概况

胜利水库流域内设有水文站 1 处，即胜利水库水文站，该站设立于 2018 年，观测项目有降雨量和放水洞出库流量。

表 46-1　胜利水库主要工程技术指标表

主坝	坝型	壤土心墙坝
主坝	最大坝高	27.1 m
主坝	坝顶高程	132.00 m
主坝	坝长	2 737 m
副坝（2 座）	坝型	黏土心墙坝
副坝（2 座）	最大坝高	18.5 m
副坝（2 座）	坝顶高程	132.00 m
副坝（2 座）	副坝总长	1 990 m
总库容		0.502 亿 m^3
调洪库容		0.090 亿 m^3
兴利库容		0.467 亿 m^3
死库容		0.035 亿 m^3
死水位		114.50 m
下游情况	保护城镇、重要工矿区及距离	满庄、马庄、大汶口镇，石膏矿、盐化矿 4~12 km
下游情况	保护铁路、公路等交通设施及距离	104 国道、京福高速公路、京沪铁路 0.5~1 km
下游情况	保护人口	8.6 万人
下游情况	保护耕地	10.4 万亩
下游情况	保护社会资产总量	20 亿元

设计洪水标准（$P=1\%$）	入库洪峰	192.6 m^3/s
设计洪水标准（$P=1\%$）	洪量（1 日/3 日）	18.5/427.5 万 m^3
设计洪水标准（$P=1\%$）	控泄流量（敞泄）	24 m^3/s
设计洪水标准（$P=1\%$）	设计洪水位	129.56 m
校核洪水标准（$P=0.1\%$）	入库洪峰	300.7 m^3/s
校核洪水标准（$P=0.1\%$）	洪量（1 日/3 日）	27.2/653.9 万 m^3
校核洪水标准（$P=0.1\%$）	最大泄量	45 m^3/s
校核洪水标准（$P=0.1\%$）	校核洪水位	129.83 m
现状防洪能力（$P=1\%$）	入库洪峰	192.6 m^3/s
现状防洪能力（$P=1\%$）	洪量（1 日/3 日）	18.5/427.5 万 m^3
现状防洪能力（$P=1\%$）	最大泄量	24 m^3/s
现状防洪能力（$P=1\%$）	允许最高水位	129.56 m
下游河道设计泄流量		24 m^3/s
现状实际允许过流量能力		20 m^3/s
洪水预报	预报方案类别	暴雨径流关系法
洪水预报	预报精度	合格
洪水预报	预报单位	胜利水库管理局
库区移民	设计搬迁高程	129.00 m
库区移民	实际搬迁高程	129.00 m
供水	灌溉供水	1 600 万 m^3
供水	灌溉面积	4 万亩

2　预报方案编制

2.1　资料情况

胜利水库站仅有降雨量和放水洞出库流量资料，无实测洪水摘录等整编系列资料。

2.2　参证站选择

胜利水库为平原水库，本地来水量相对较小。经分析，采用相邻的白楼水文站作为胜利水库站的参证站。参证站白楼水文站以上流域面积 $F_{参}=426\ km^2$，预报站胜利水库站以上流域

面积 $F_{预}=13.8\ km^2$。

2.3 产流方案

利用白楼水文站的产流方案推求胜利水库站的产流过程，胜利水库站降雨径流相关图（$P+P_a-R$）见图46-4。

2.3.1 流域平均雨量 *P* 的计算

采用胜利水库站降雨量乘以点面换算系数0.98计算流域平均雨量 P。

2.3.2 流域平均前期影响雨量 P_a 的计算

$$P_{a,\ t+1}=K(P_{a,\ t}+P_t)$$

式中：$P_{a,t+1}$ 为第 t+1日的前期影响雨量（mm）；$P_{a,t}$ 为第 t 日的前期影响雨量（mm）；P_t 为第 t 日的流域平均雨量（mm）；K 为前期影响雨量递减系数。

2.3.3 产流参数 I_m、*K* 的确定

本方案采用白楼站参数，即 $I_m=65$ mm、$K=0.9$。

2.4 汇流方案

采用参证站白楼水文站单位线进行缩放，将白楼水文站单位线（$\Delta t=1$ h）进行缩放后作为胜利水库站单位线，详见图46-5。

单位线的缩放按下列公式计算：

$$\alpha=(F_{预}/F_{参})^{0.5}$$
$$T_{预i}=\alpha T_{参i}$$
$$q_{预i}=\alpha q_{参i}$$

式中：α 为单位线缩放系数；$F_{参}$、$F_{预}$ 分别为参证站、预报站以上控制流域面积；$T_{参i}$ 为参证站单位线逐时段，$T_{参i}=1, 2, \cdots, N$；$T_{预i}$ 为预报站单位线逐时段，通常为小数，为满足实际要求，需进一步对缩放结果进行插值，从而得到整时段单位线结果；$q_{参i}$ 为参证站单位线逐时段流量；$q_{预i}$ 为预报站单位线逐时段流量。

3 方案使用说明

3.1 径流深预报

首先计算出流域平均降雨量和流域平均前期影响雨量，根据降雨径流关系图 $P+P_a-R$ 的查算结果进行综合分析，确定地表径流深 R 的预报值。

3.2 洪水过程预报

由次雨径流深 R、时段降雨量采用扣损法得到各时段净雨，然后根据暴雨中心位置选择相应单位线，各时段净雨错时段与0.1倍的单位线各时段流量相乘，同时段流量相加，再加上基流量即为入库流量过程。最大入库流量及其出现时间即可得到。

3.3 入库洪水总量预报

根据公式 $W=0.1FR$ 得到入库洪水总量 W。

3.4 方案适应能力

本方案适用于防洪标准以下的洪水作业预报。如遇超标准洪水，则需根据当时具体情况酌情修正。

3.5 注意事项

（1）方案的制作未考虑上游塘坝的影响，作业预报时也要根据前期降雨情况进行适当修正。

（2）应随时掌握上游工程蓄水及泄洪情况，要根据实际情况对预报值进行及时修正。

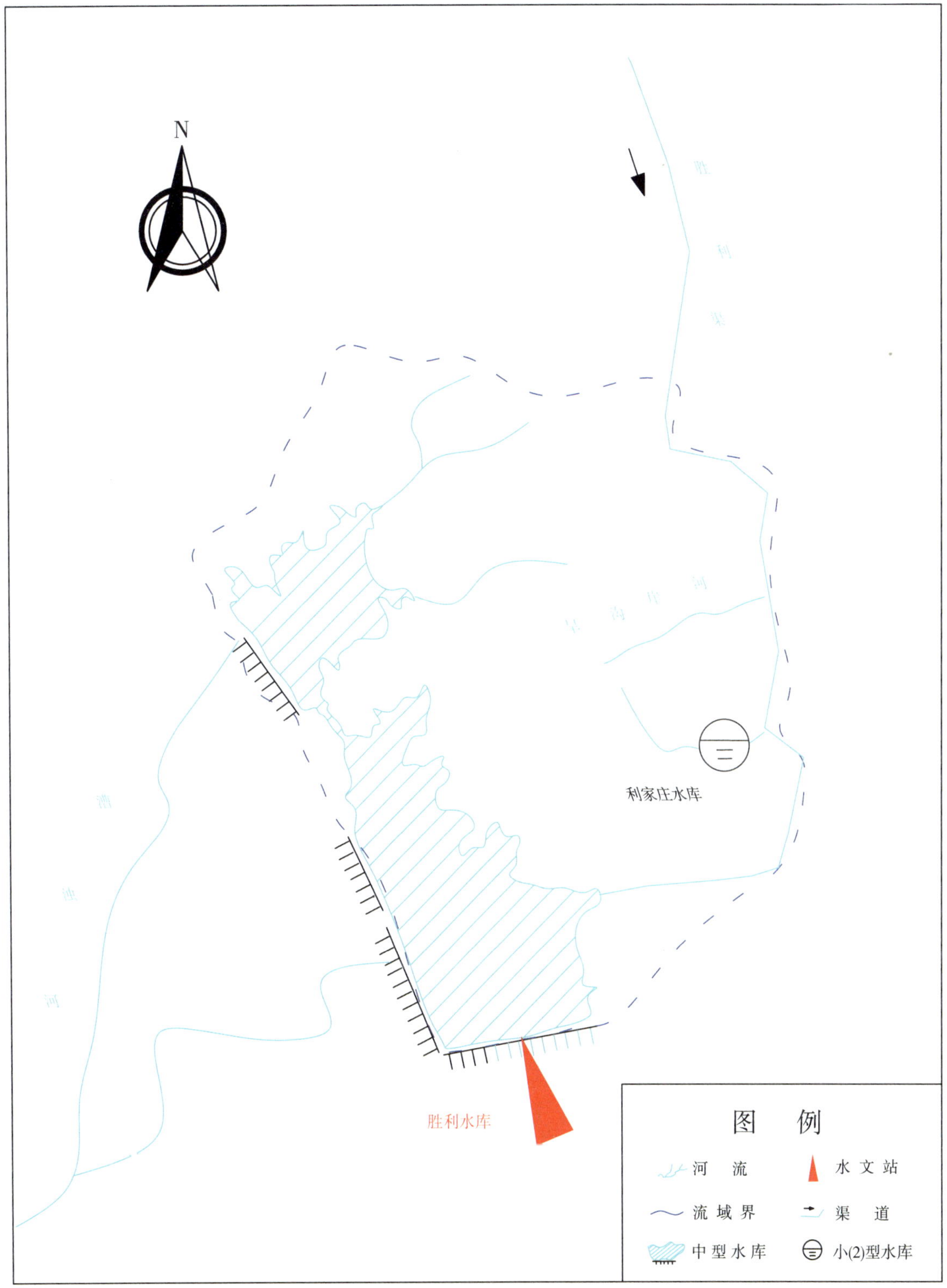

图 46-1 漕河胜利水库流域图

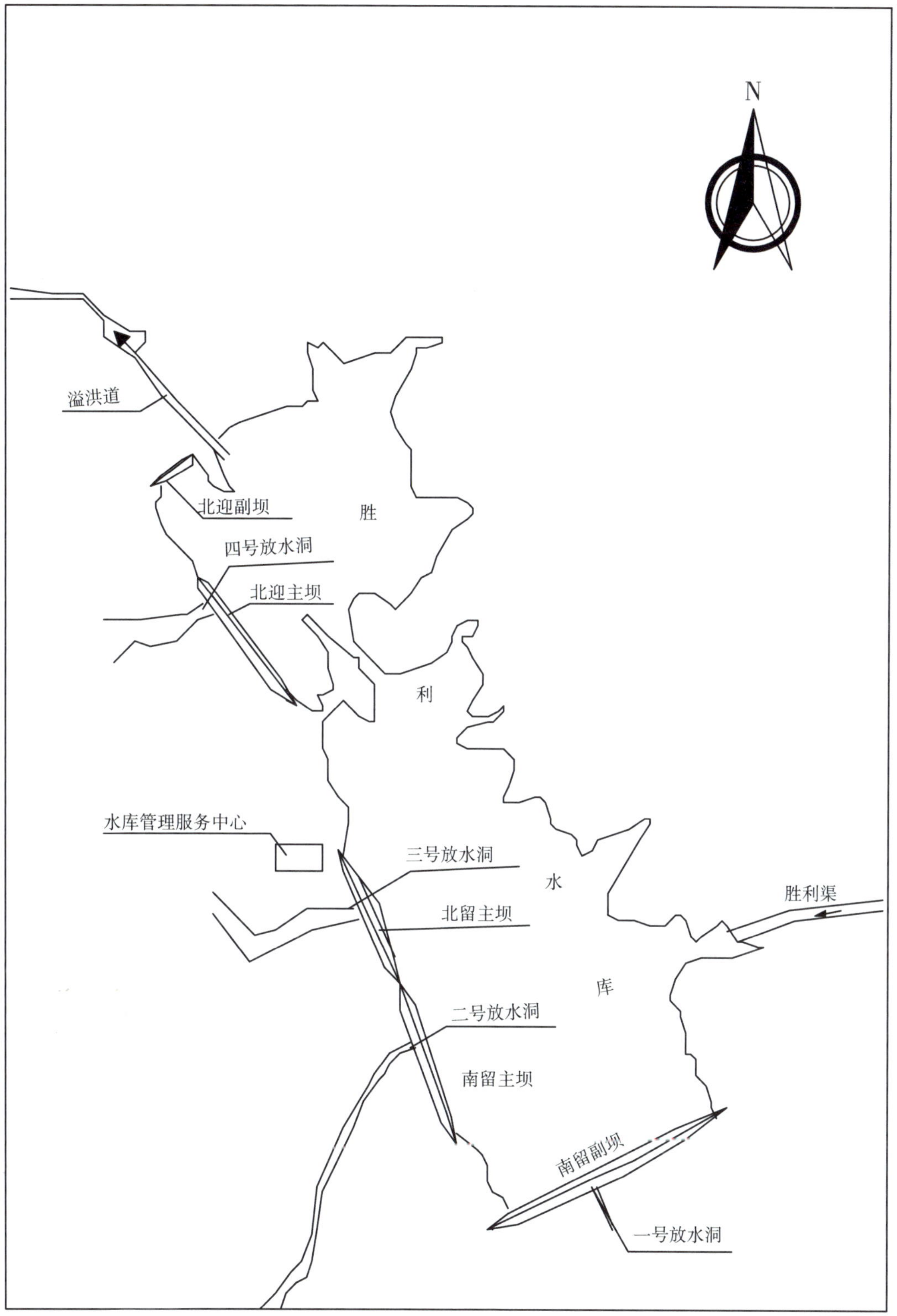

图 46-2 漕河胜利水库枢纽平面布置图

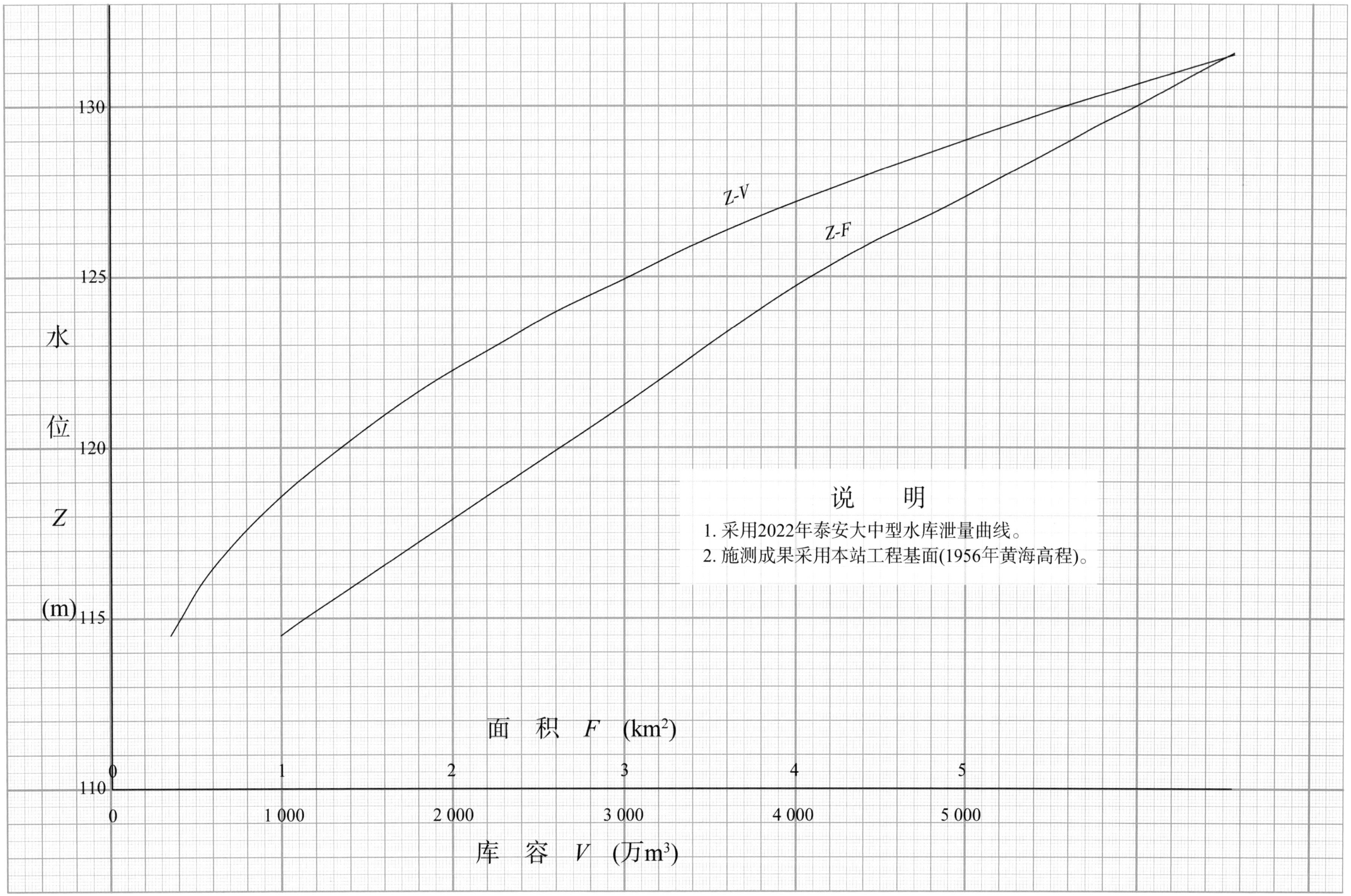

图 46-3　漕河胜利水库水位与面积、库容关系曲线图

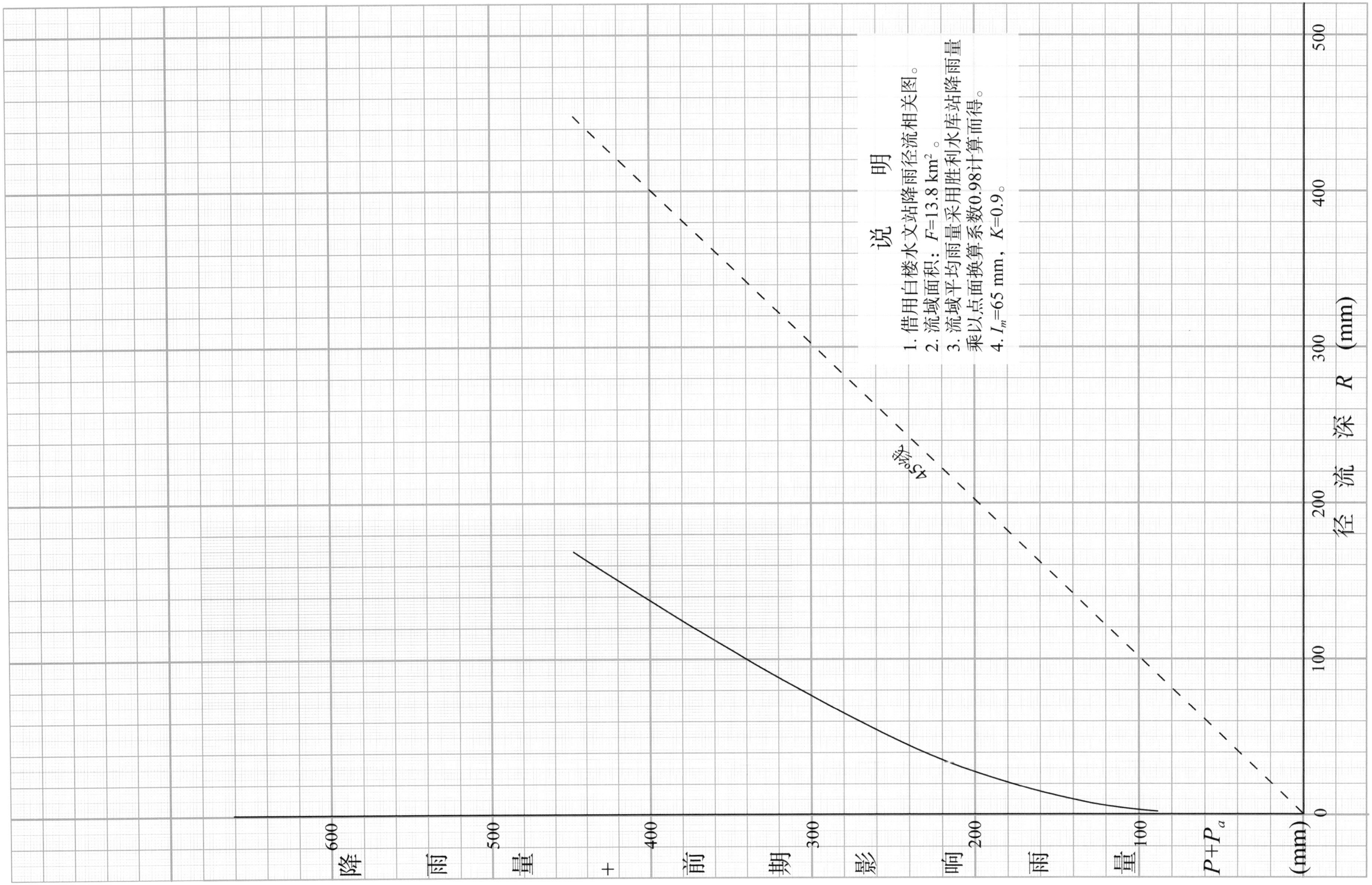

图 46-4　漕河胜利水库水文站降雨径流相关图（$P+P_a$-R）

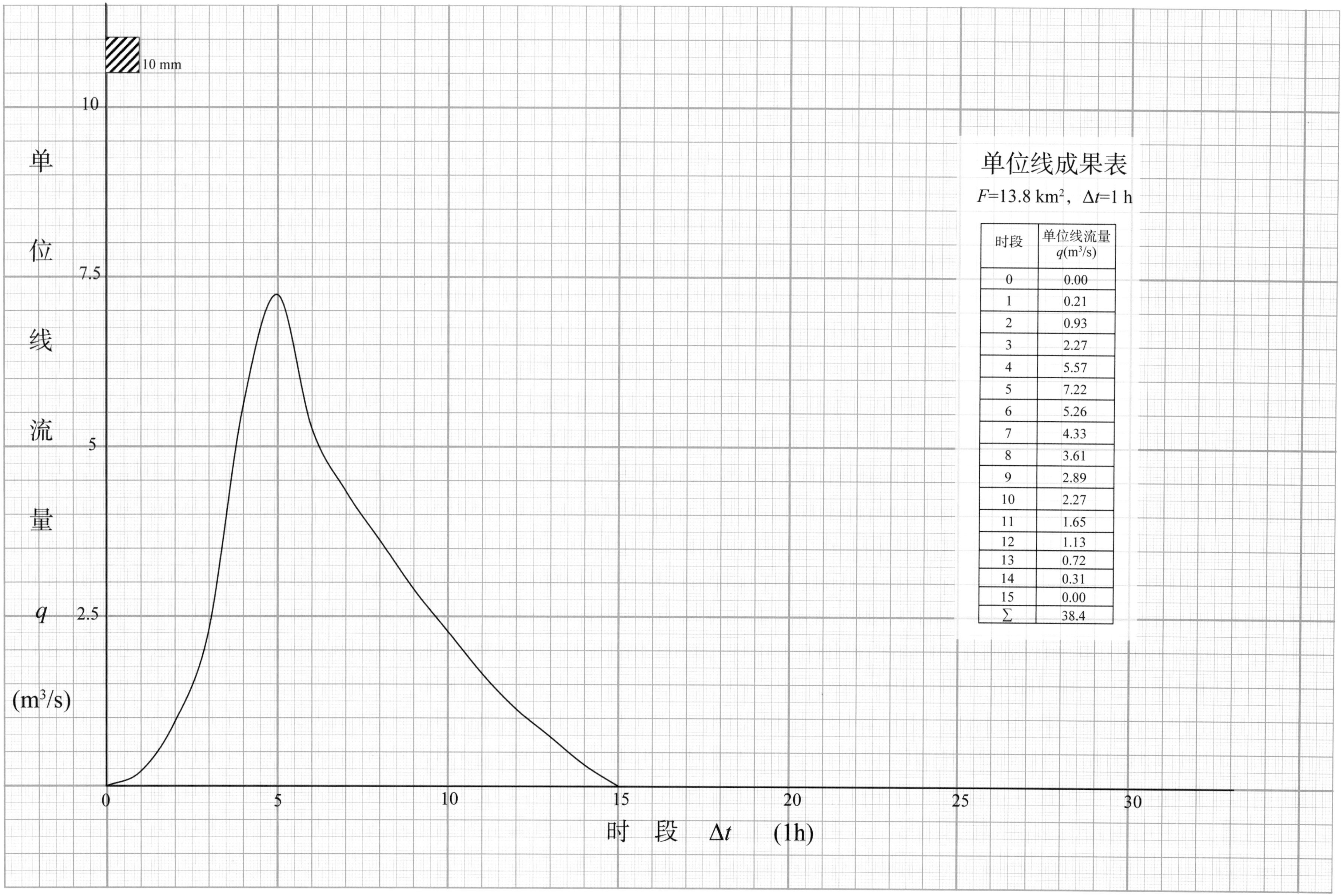

单位线成果表

F=13.8 km²，Δt=1 h

时段	单位线流量 q(m³/s)
0	0.00
1	0.21
2	0.93
3	2.27
4	5.57
5	7.22
6	5.26
7	4.33
8	3.61
9	2.89
10	2.27
11	1.65
12	1.13
13	0.72
14	0.31
15	0.00
Σ	38.4

图 46-5　漕河胜利水库水文站单位线图

第四十七章 小汇河尚庄炉水库站水文预报方案编制说明

1 流域概况

1.1 流域自然地理特征

尚庄炉水库位于肥城市安驾庄镇尚庄炉村北、大汶河支流小汇河上，是一座以防洪为主，兼顾灌溉、水产养殖等综合利用的中型水库。水库控制流域面积 141 km^2，总库容 3 422 万 m^3，兴利库容 1 014 万 m^3，死库容 6 万 m^3。尚庄炉水库流域图见图 47-1。

尚庄炉水库流域呈扇形，在地貌单元上属低山丘陵向平原过渡地带，山低坡缓，沟谷开阔。其北、西方向为低山丘陵区，海拔一般在 80~500 m，相对高差不大，河曲发育，植被较好，水土流失较轻。向北及东北方向，地势逐渐增高，至泰山山脉则属中低山区；向西仍属低山丘陵区；向南，地势平坦，地形起伏不大，流域为大汶河流域的冲洪积平原。

尚庄炉水库工程区域内地层岩性简单，出露的地层主要为花岗片麻岩和第四系堆积物。土壤以沙壤土、壤土为主，主要农作物为小麦、玉米等。

1.2 水库及上游水利工程概况

尚庄炉水库大坝为均质土坝，全长 808 m，坝顶宽 6 m，坝顶高程 101. 10 m，防浪墙顶高程 102. 10 m，最大坝高 17. 1 m，溢洪道设有 4 孔平板直升式闸门，闸门尺寸为 7 m×4 m，闸底高程 92. 00 m，闸门顶高程 96. 00 m。尚庄炉水库主要工程技术指标见表 47-1，水库水位与库容、面积关系曲线见图 47-2。

尚庄炉水库流域内自 1959 年以来先后建成小（1）型水库 5 座、小（2）型水库 13 座，总控制流域面积 92. 78 km^2，总库容 1 495. 62 万 m^3，兴利库容 931. 364 万 m^3。水库上游主要水利工程情况见表 47-2。

表 47-1 尚庄炉水库主要工程技术指标表

序号	主要指标	单位	数量	备注
1	兴利水位	m	95. 50	
2	死水位	m	86. 30	
3	百年一遇设计洪水位	m	98. 50	$P=1\%$
4	相应最大泄量	m^3/s	657. 36	
5	千年一遇设计洪水位	m	100. 23	$P=0.1\%$
6	相应最大泄量	m^3/s	936. 56	
7	总库容	万 m^3	3 422	
8	兴利库容	万 m^3	1 016	
9	防洪库容	万 m^3	1 226. 53	
10	死库容	万 m^3	6	

表 47-2 尚庄炉水库上游主要水利工程情况表

序号	水库名称	类型	地址	集水面积（km^2）	库容（万 m^3）		建成年月	灌溉面积（亩）	备注
					总	兴利			
1	虎门	小（1）	安临站镇	5. 98	119. 8	80	1965 年 6 月	200	
2	胡桥	小（1）	安临站镇	9. 8	170. 74	121	1958 年 12 月	500	
3	西陆房	小（1）	安临站镇	6. 86	192. 59	97. 12	1965 年 5 月	1 100	
4	张南阳	小（1）	仪阳街道	7. 3	336. 32	274	1966 年 5 月	140	
5	西张	小（1）	安临站镇	3. 25	132. 82	104. 8	1966 年 6 月	1 000	
6	王晋	小（2）	仪阳街道	8. 0	49. 24	28. 5	1959 年 6 月	500	
7	董南阳	小（2）	仪阳街道	5. 98	32. 09	8. 41	1978 年 7 月	200	
8	胡台	小（2）	仪阳街道	3. 32	48. 02	35. 5	1966 年 11 月	400	
9	邓庄北	小（2）	安临站镇	20. 0	90. 88	39	1965 年 2 月	200	
10	邓庄南	小（2）	安临站镇	0. 7	76. 57	46. 4	1978 年 11 月	400	
11	安站	小（2）	安临站镇	1. 72	59. 8	9. 84	1956 年 5 月	400	
12	贺庄	小（2）	安临站镇	6. 5	11. 54	8. 244	1963 年 5 月	400	
13	人河口	小（2）	安临站镇	1. 0	20	4. 24	1970 年 3 月	600	
14	陈楼	小（2）	安临站镇	3. 95	53. 63	34. 04	1959 年 10 月	600	
15	辛庄	小（2）	安临站镇	0. 9	47. 8	11. 84	1970 年 3 月	1 700	
16	沟南	小（2）	安临站镇	3. 98	17. 61	9. 6	1965 年 10 月	500	
17	白庄	小（2）	安临站镇	0. 6	11. 27	8. 41	1963 年 10 月	150	

续表

序号	水库名称	类型	地址	集水面积（km^2）	库容（万 m^3）		建成年月	灌溉面积（亩）	备注
					总	兴利			
18	大董	小（2）	安临站镇	2.94	24.9	10.42	1967 年 2 月	400	
合计				92.78	1495.62	931.364		9 390	

1.3 测站概况

尚庄炉水库流域内设有水文站 1 处，即尚庄炉水库水文站；有雨量站 2 处，分别为董南阳、安临站雨量站。尚庄炉水库流域内雨量站情况见表 47-3。

表 47-3 尚庄炉水库流域内雨量站情况表

站名	站码	设站年份	详细地址
尚庄炉水库	41500988	2018 年	山东省肥城市安驾庄镇尚庄炉水库
董南阳	41523220	2018 年	山东省肥城市仪阳街道董南阳村
安临站	41523250	1963 年	山东省肥城市安临站镇安临站村

2 预报方案编制

2.1 资料情况

尚庄炉水库站无实测年鉴水文摘录资料。

2.2 参证站选择

根据地形地貌和下垫面基本特征分析，尚庄炉水库站与白楼水文站基本相似，故以白楼站作为尚庄炉水库站的参证站。参证站白楼水库站以上流域面积 $F_{参}=426\ km^2$；预报站尚庄炉水库站以上流域面积 $F_{预}=141\ km^2$。

2.3 产流方案

利用白楼站的产流方案推求尚庄炉水库站的产流过程，尚庄炉水库站降雨径流相关图（$P+P_a-R$）见图 47-3。

2.3.1 流域平均雨量 P 的计算

根据尚庄炉水库、董南阳、安临站 3 站雨量，采用算术平均法计算流域平均雨量 P。

2.3.2 流域平均前期影响雨量 P_a 的计算

$$P_{a,\ t+1}=K(P_{a,\ t}+P_t)$$

式中：$P_{a,t+1}$ 为第 $t+1$ 日的前期影响雨量（mm）；$P_{a,t}$ 为第 t 日的前期影响雨量（mm）；P_t 为第 t 日的流域平均雨量（mm）；K 为前期影响雨量递减系数。

2.3.3 产流参数 I_m、K 的确定

本方案采用白楼站的参数，即 $I_m=65$ mm、$K=0.9$。

2.3.4 暴雨中心位置的确定

根据流域特性和代表站分布情况，将暴雨中心位置划分为上游、下游区域。

上游区：董南阳、安临站；

下游区：尚庄炉水库站。

2.4 汇流方案

采用参证站白楼站单位线进行缩放。将白楼站单位线（$\Delta t=1$ h）进行缩放后作为尚庄炉水库站单位线，详见图 47-4。

单位线的缩放按下列公式计算：

$$\alpha=(F_{预}/F_{参})^{0.5}$$

$$T_{预i}=\alpha T_{参i}$$

$$q_{预i}=\alpha q_{参i}$$

式中：α 为单位线缩放系数；$F_{参}$、$F_{预}$ 分别为参证站、预报站以上控制流域面积；$T_{参i}$ 为参证站单位线逐时段，$T_{参i}=1，2，\cdots，N$；$T_{预i}$ 为预报站单位线逐时段，通常为小数，为满足实际要求，需进一步对缩放结果进行插值，从而得到整时段单位线结果；$q_{参i}$ 为参证站单位线逐时段流量；$q_{预i}$ 为预报站单位线逐时段流量。

3 方案使用说明

3.1 径流深预报

首先计算出流域平均降雨量和流域平均前期影响雨量，再根据降雨径流关系图 $P+P_a-R$ 的查算结果进行综合分析，确定地表径流深 R 的预报值。

3.2 洪水过程预报

由次雨径流深 R、时段降雨量采用扣损法得到各时段净雨，然后根据暴雨中心位置选择相应单位线，各时段净雨错时段与 0.1 倍的单位线各时段流量相乘，同时段流量相加，再加上基流量即为入库流量过程。最大入库流量及其出现时间即可得到。

3.3 入库洪水总量预报

根据公式 $W=0.1FR$ 得到入库洪水总量 W。

3.4 方案适应能力

本方案适用于防洪标准以下的洪水作业预报。如遇超标准洪水，则需根据当时具体情况酌情修正。

3.5 注意事项

（1）方案的制作未考虑上游塘坝的影响，作业预报时也要根据前期降雨情况进行适当修正。

（2）应随时掌握上游工程蓄水及泄洪情况，要根据实际情况对预报值进行及时修正。

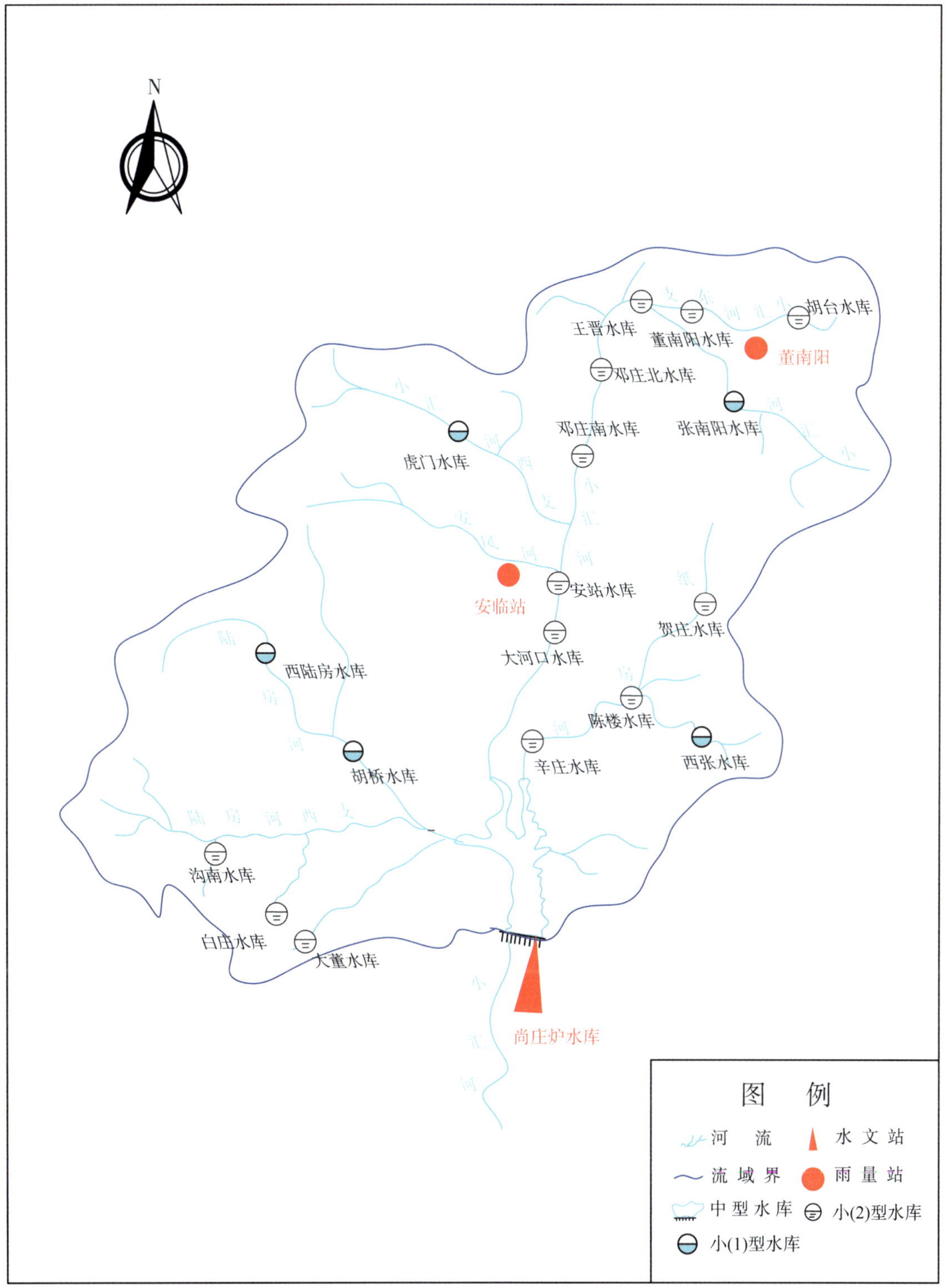

图 47-1 小汇河尚庄炉水库流域图

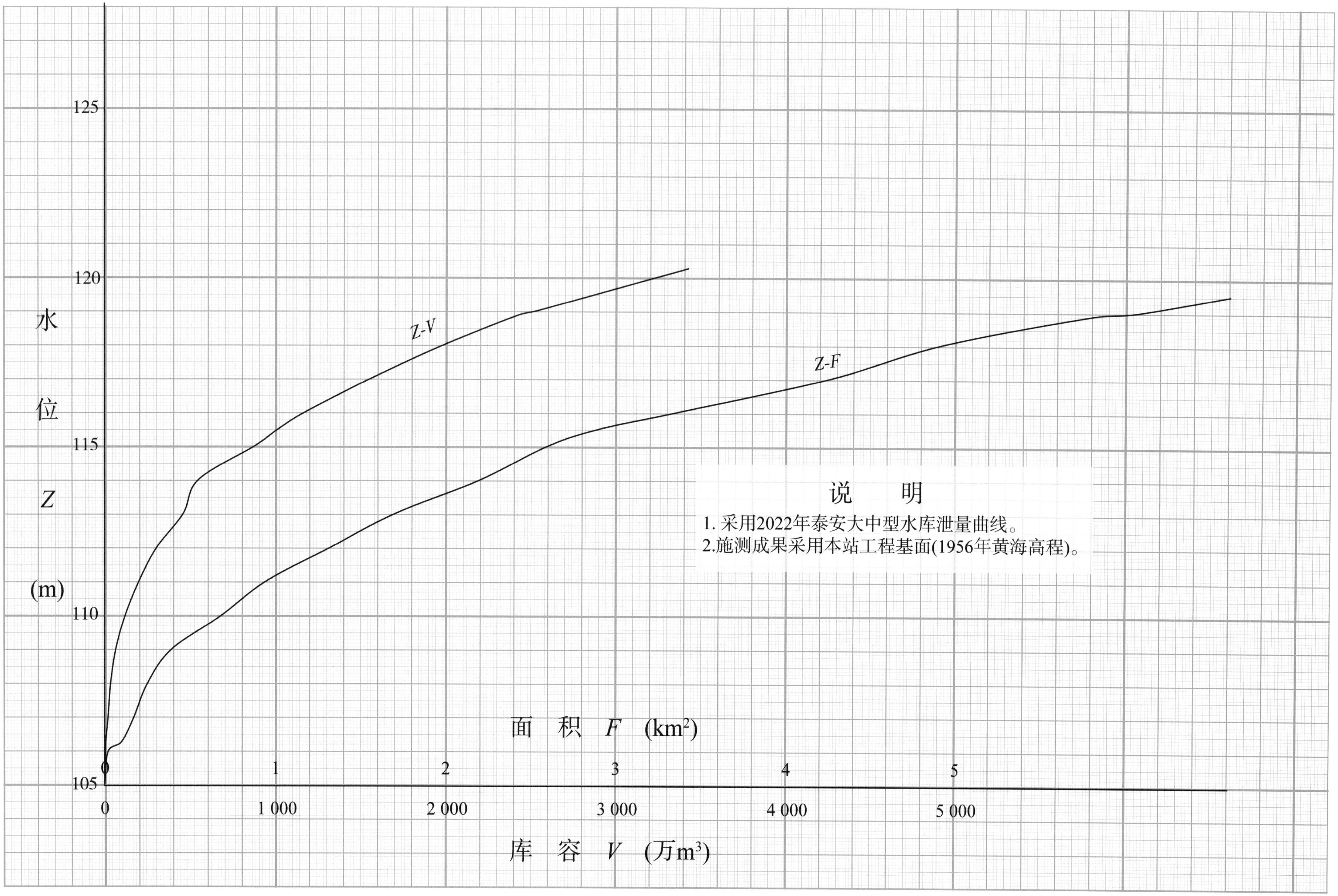

图 47-2　小汇河尚庄炉水库水位与库容、面积关系曲线图

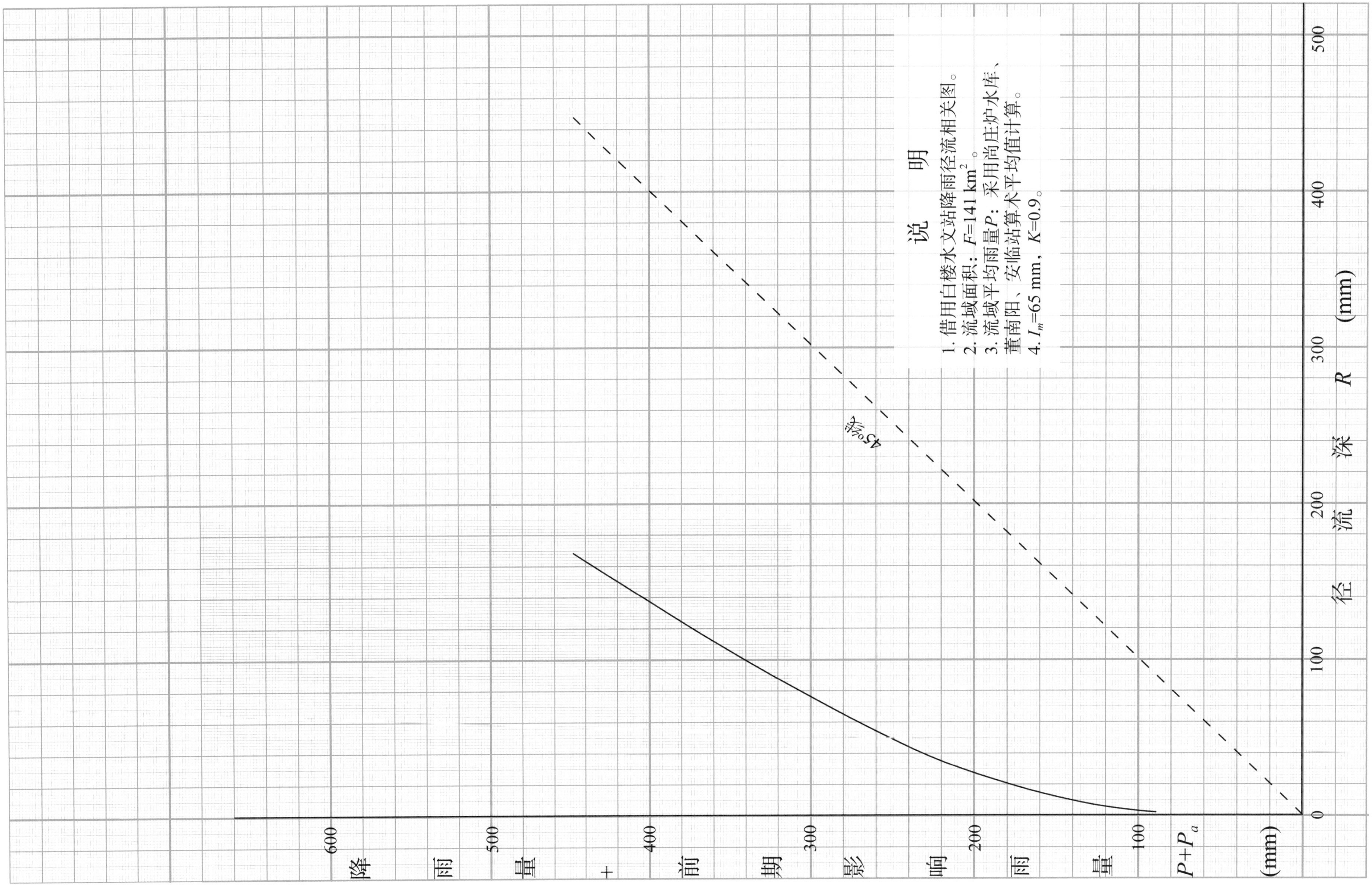

图 47-3 小汇河尚庄炉水库水文站降雨径流相关图（$P+P_a-R$）

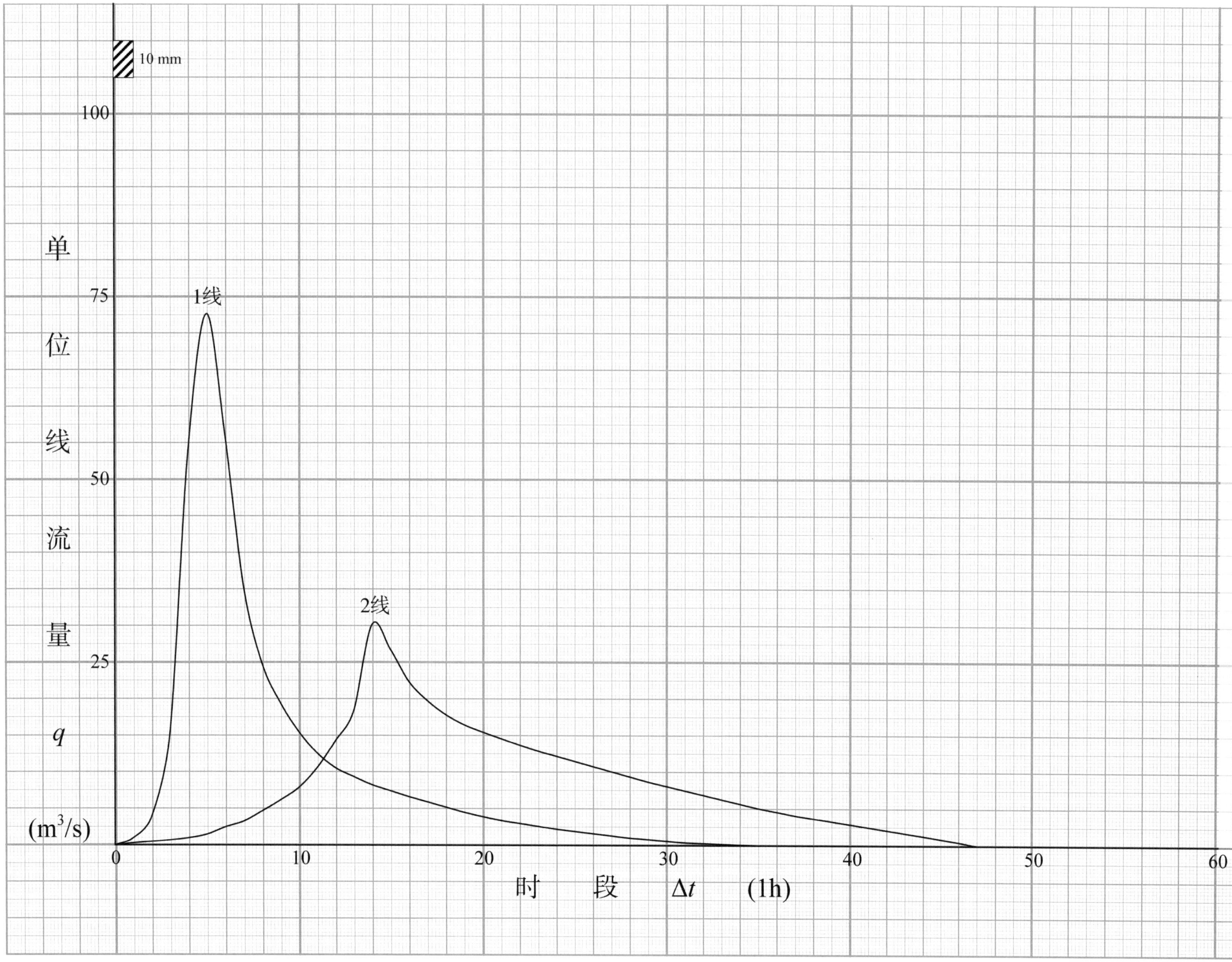

单位线成果表

F=141.0 km^2，Δt=1h

时段	单位线流量q(m^3/s)	
	1线	2线
0	0.00	0.00
1	1.01	0.30
2	3.93	0.50
3	15.31	0.70
4	53.78	1.00
5	72.61	1.50
6	56.09	2.50
7	35.25	3.30
8	24.77	4.70
9	19.44	6.19
10	15.51	7.89
11	12.59	10.59
12	10.57	14.29
13	9.37	18.38
14	8.26	30.17
15	7.45	26.77
16	6.65	22.38
17	5.94	19.78
18	5.24	17.88
19	4.53	16.48
20	3.93	15.48
21	3.42	14.59
22	3.02	13.69
23	2.62	12.89
24	2.22	12.19
25	1.91	11.49
26	1.61	10.79
27	1.31	10.09
28	1.01	9.39
29	0.81	8.69
30	0.60	8.09
31	0.40	7.49
32	0.30	6.89
33	0.20	6.29
34	0.10	5.69
35	0.00	5.09
36		4.60
37		4.10
38		3.70
39		3.30
40		2.90
41		2.50
42		2.10
43		1.70
44		1.30
45		0.90
46		0.50
47		0.00
Σ	391.8	391.7
当暴雨中心位于上游时选2号线，当位于下游时选1号线		

图 47-4 小汇河尚庄炉水库水文站单位线图

第四十八章　海子河贤村水库站水文预报方案编制说明

1　流域概况

1.1　流域自然地理特征

贤村水库位于泰安市宁阳县磁窑镇南驿村西 1 km 处、大汶河一级支流海子河上游，是一座以防洪为主，兼顾灌溉、水产养殖等综合利用的中型水库，控制流域面积 32 km^2。水库流域呈扇形，河道长度 10 km，干流平均坡度 10‰。水库上游发源于凤凰山，属于低山丘陵向平原过渡地带，其西南方向为低山丘陵区，沟谷开阔，河曲发育，植被相对较好，水土流失较轻；其东北方向地势平坦，土地肥沃，为大汶河流域冲洪积平原。

贤村水库地理位置十分重要，防洪任务十分艰巨。水库大坝下游距津浦铁路 1.5 km、距 104 国道 300 m，京福高速公路穿越库区，保护大坝以下人口 9.2 万人、农田 8.63 万亩。水库 5 km 范围内有山东华阳农药化工集团有限公司、山东海化魁兴化工集团有限公司及中央储备粮泰安直属库有限公司宁阳分公司等大型企业。

贤村水库流域图见图 48-1，贤村水库枢纽平面位置图见图 48-2。

1.2　水利工程情况

贤村水库始建于 1958 年，当时为小型水库；1977 年 11 月至 1978 年 5 月扩建成中型水库；1979 年 11 月修建了大坝防浪墙、坝外排水槽、排水沟；2010 年进行除险加固工程，并在原溢洪道处建三孔 6 m×3.5 m 的溢洪闸。除险加固后总库容为 1 301 万 m^3，兴利库容为 683 万 m^3，考虑淤积，死库容现状为 27 万 m^3。依据《水利水电工程等级划分及洪水标准》（SL 252—2017），确定贤村水库枢纽工程等别为Ⅲ等，主要建筑物级别为 3 级，次要建筑物为 4 级。贤村水库主要工程技术指标见表 48-1。贤村水库水位与库容、面积关系曲线见图 48-3。

贤村水库流域内建有小（1）型水库 1 座、小（2）型水库 9 座，控制流域面积 16.94 km^2，总库容 374.7 万 m^3，兴利库容 209 万 m^3。小水库对贤村水库入库洪水起到了一定的削峰滞洪作用，但这些小水库均无实测的入库洪水资料，无法定量分析其对贤村水库入库洪水峰量的影响，虽然在不同时期洪水系列中，流域内小型水库对洪水的影响作用不同，但总体影响不大。贤村水库流域内主要水利工程统计见表 48-2。

1.3　测站概况

贤村水库流域内设有水文站 1 处，即贤村水库水文站，观测项目有降雨量和放水洞出库流量，服务于区域水量监测；雨量站有贤村水库、西贤村、朝东庄 3 处。贤村水库流域内雨量站情况见表 48-3。

表 48-1　贤村水库主要工程技术指标表

	项目	主坝	副坝
大坝	坝长（m）	1 156	105
	最大坝高（m）	15.1	4.1
	坝顶宽（m）	6	6
	坝顶高程（m）	129.35	129.35
溢洪道	堰顶高程（m）	123.45	
	堰总净宽（m）	18.0	
	消能方式	消力池	
	闸门孔数	3	
	宽×高（m×m）	6.0×3.5	
放水洞	型式	混凝土箱涵	
	进口底高程（m）	120.25	
	设计流量（m^3/s）	2.36	

备注：资料抄自《2015 年泰安市贤村水库汛期控制运用方案》，基面高程为 1956 年黄海高程。

表 48-2　贤村水库流域内主要水利工程统计表

水库名称	类型	建成时间	流域面积（km^2）	库容（万 m^3）	
				总库容	兴利库容
王府水库	小（1）型	1967 年 11 月	4.7	123.1	72.7
王家庄水库	小（2）型	1974 年 11 月	0.5	11.8	5.8
茂义水库	小（2）型	1967 年 5 月	0.6	17.3	11.2
关山口水库	小（2）型	1966 年 5 月	0.6	10.1	6.6
后泗望水库	小（2）型	1957 年 5 月	1.0	11.9	6.6
尹家洼水库	小（2）型	1967 年 5 月	0.7	18.9	8.3
高家村水库	小（2）型	1973 年 11 月	3.2	63.9	30.8
龙山水库	小（2）型	1958 年 5 月	2.9	60	25.8
朝东庄水库	小（2）型	1965 年 5 月	1.3	41.3	29.9
安子沟水库	小（2）型	1970 年 11 月	1.44	16.4	11.3
合计			16.94	374.7	209

表 48-3 贤村水库流域内雨量站情况表

站名	站码	设站年份	详细地址
贤村水库	41500750	2011 年	山东省泰安市宁阳县磁窑镇贤村水库
西贤村	41523010	2018 年	山东省泰安市宁阳县磁窑镇范家园村
朝东庄	41523098	2018 年	山东省泰安市宁阳县葛石镇朝东庄村

2 预报方案编制

2.1 资料情况

贤村水库站仅有降雨量和放水洞出库流量资料，无实测洪水摘录等整编系列资料。

2.2 参证站选择

贤村水库站距光明水库站较近，由于两站地形地貌和下垫面基本特征相似，故以光明水库水文站作为贤村水库站的参证站。参证站光明水库站以上流域面积 $F_{参}=132\ km^2$；预报站贤村水库站以上流域面积 $F_{预}=32\ km^2$。

2.3 产流方案

利用光明水库站的产流方案推求贤村水库站的产流过程，贤村水库水文站降雨径流相关图（$P+P_a-R$）见图 48-4。

2.3.1 流域平均雨量 *P* 的计算

流域平均雨量根据贤村水库、西贤村、朝东庄 3 站雨量，采用算术平均法计算而得。

2.3.2 流域平均前期影响雨量 P_a 的计算

每年自汛初开始，采用算术平均法连续计算流域平均雨量，然后计算流域平均前期影响雨量，P_a 计算公式如下：

$$P_{a,\ t+1}=K(P_{a,\ t}+P_t)$$

式中：$P_{a,t+1}$ 为第 $t+1$ 日的前期影响雨量（mm）；$P_{a,t}$ 为第 t 日的前期影响雨量（mm）；P_t 为第 t 日的流域平均雨量（mm）；K 为前期影响雨量递减系数。

2.3.3 产流参数 I_m、K 的确定

本方案采用光明水库站的参数，即 $I_m=65$ mm、$K=0.9$。

2.3.4 暴雨中心位置的确定

根据流域特性和代表站分布情况，将暴雨中心位置划分为：上游、下游区域。

上游区：朝东庄站；

下游区：西贤村、贤村水库站。

2.3.5 径流深 *R* 的推求

在一次洪水过程线上采用斜线分割法切除基流，地表径流终止点采用在退水过程线找出转折点的办法求得。径流深 R 通过洪水总量 W 除以集水面积 F 而得。

2.4 汇流方案

采用参证站光明水库水文站单位线进行缩放。将光明水库水文站单位线（$\Delta t=1$ h）进行缩放后作为贤村水库站单位线，详见图 48-5。

单位线的缩放按下列公式计算：

$$\alpha=(F_{预}/F_{参})^{0.5}$$

$$T_{预i}=\alpha T_{参i}$$

$$q_{预i}=\alpha q_{参i}$$

式中：α 为单位线缩放系数；$F_{参}$、$F_{预}$ 分别为参证站、预报站以上控制流域面积；$T_{参i}$ 为参证站单位线逐时段，$T_{参i}=1,\ 2,\ \cdots,\ N$；$T_{预i}$ 为预报站单位线逐时段，通常为小数，为满足实际要求，需进一步对缩放结果进行插值，从而得到整时段单位线结果；$q_{参i}$ 为参证站单位线逐时段流量；$q_{预i}$ 为预报站单位线逐时段流量。

3 方案使用说明

3.1 径流深预报

首先计算出流域平均降雨量和流域平均前期影响雨量，再根据降雨径流关系图（$P+P_a-R$）的查算结果进行综合分析，确定地表径流深 R 的预报值。

3.2 洪水过程预报

由次雨径流深 R、时段降雨量采用扣损法得到各时段净雨，然后根据暴雨中心位置选择相应单位线，各时段净雨错时段与 0.1 倍的单位线各时段流量相乘，同时段流量相加，再加上基流量即为入库流量过程。最大入库流量及其出现时间即可得到。

3.3 入库洪水总量预报

根据公式 $W=0.1FR$ 得到入库洪水总量 W。

3.4 方案适应能力

本方案适用于防洪标准以下的洪水作业预报。如遇超标准洪水，则需根据当时具体情况酌情修正。

3.5 注意事项

（1）方案的制作未考虑上游塘坝的影响，作业预报时也要根据前期降雨情况进行适当修正。

（2）应随时掌握上游工程蓄水及泄洪情况，要根据实际情况对预报值进行及时修正。

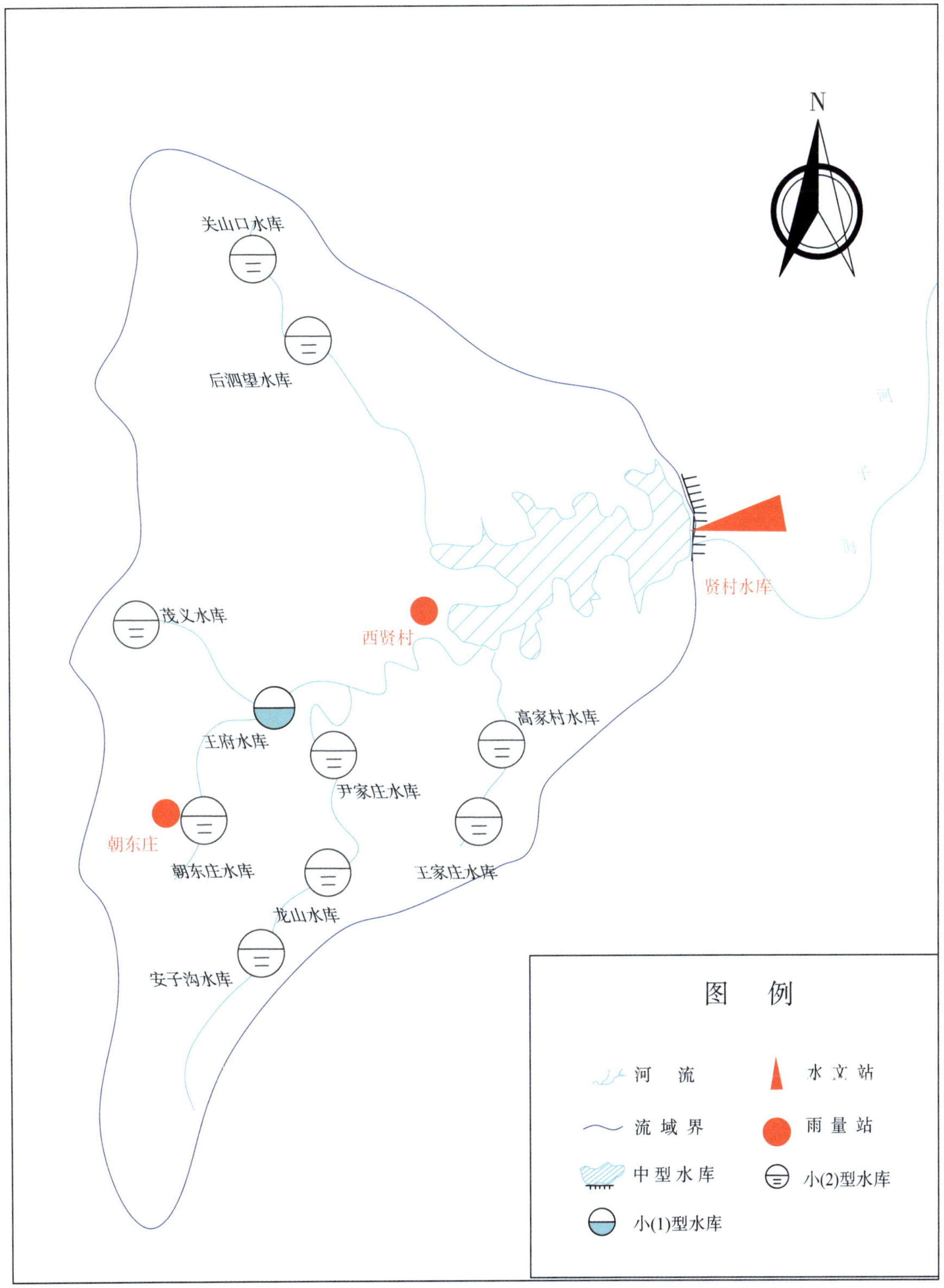

图 48-1　海子河贤村水库流域图

图 48-2　海子河贤村水库枢纽平面布置图（单位：m）

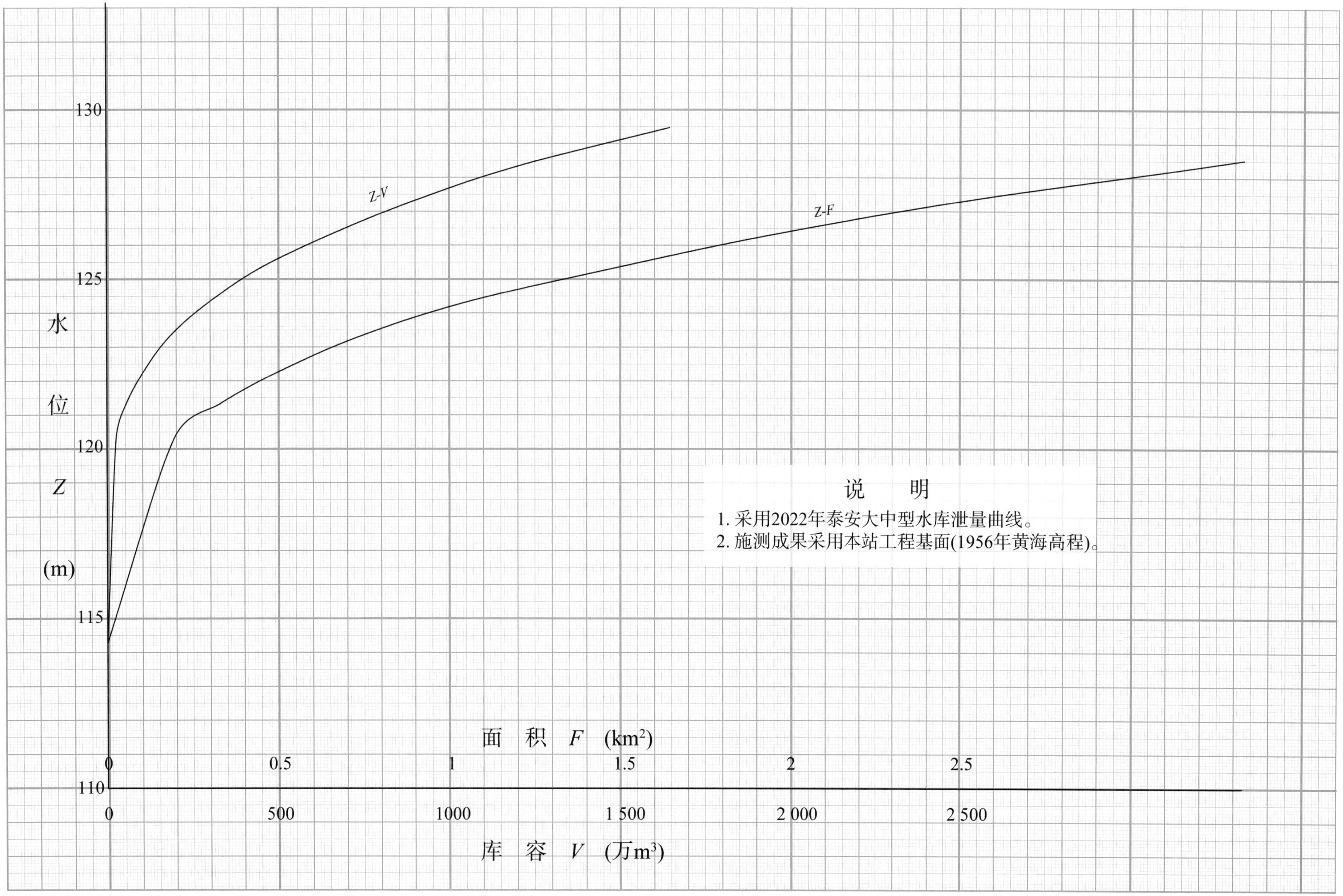

图 48-3　海子河贤村水库水位与库容、面积关系曲线图

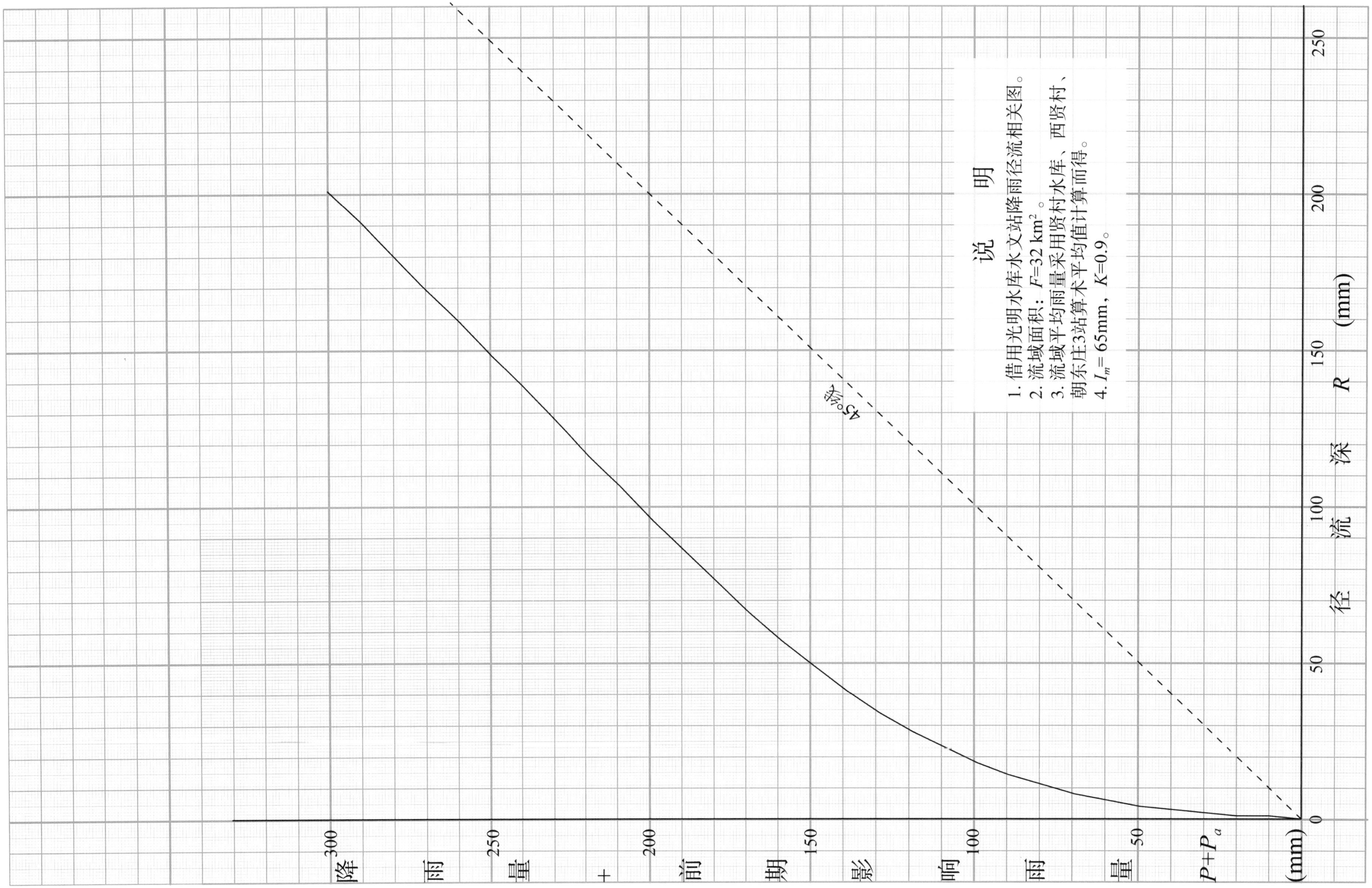

图 48-4 海子河贤村水库水文站降雨径流相关图（$P+P_a$-R）

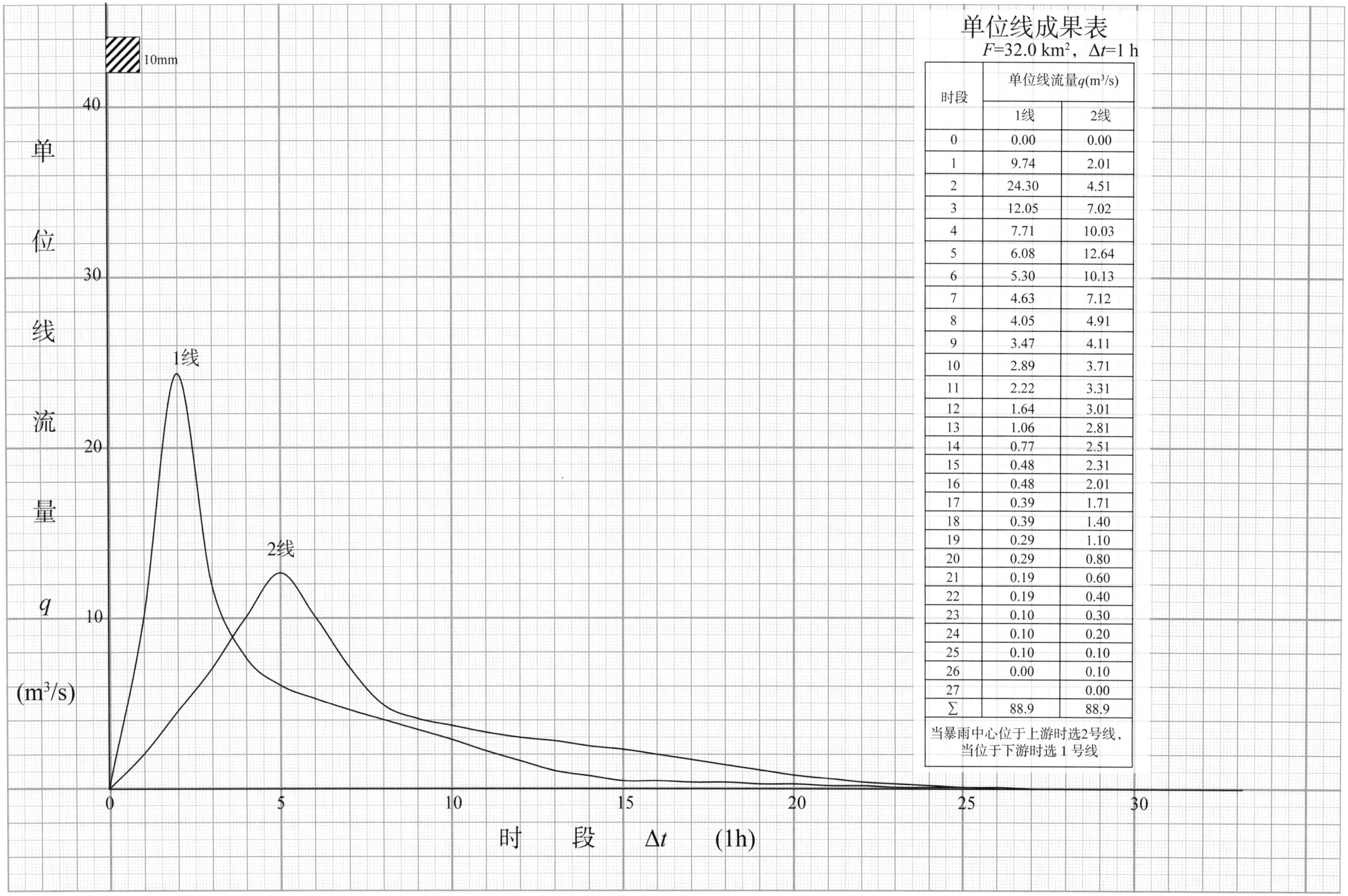

单位线成果表

F=32.0 km²，Δt=1 h

时段	单位线流量q(m³/s)	
	1线	2线
0	0.00	0.00
1	9.74	2.01
2	24.30	4.51
3	12.05	7.02
4	7.71	10.03
5	6.08	12.64
6	5.30	10.13
7	4.63	7.12
8	4.05	4.91
9	3.47	4.11
10	2.89	3.71
11	2.22	3.31
12	1.64	3.01
13	1.06	2.81
14	0.77	2.51
15	0.48	2.31
16	0.48	2.01
17	0.39	1.71
18	0.39	1.40
19	0.29	1.10
20	0.29	0.80
21	0.19	0.60
22	0.19	0.40
23	0.10	0.30
24	0.10	0.20
25	0.10	0.10
26	0.00	0.10
27		0.00
Σ	88.9	88.9

当暴雨中心位于上游时选2号线，当位于下游时选 1 号线

图 48-5　海子河贤村水库水文站单位线图